統計
クイックリファレンス
第2版

Sarah Boslaugh　著
黒川 利明、木下 哲也
中山 智文、本藤 孝　訳
樋口 匠

本書で使用するシステム名、製品名は、それぞれ各社の商標、または登録商標です。
なお、本文中では™、®、© マークは省略しています。

STATISTICS

IN A NUTSHELL

Second Edition

Sarah Boslaugh

Beijing · Cambridge · Farnham · Köln · Sebastopol · Tokyo

© 2015 O'Reilly Japan, Inc. Authorized Japanese translation of the English edition of "Statistics in a Nutshell, Second Edition". © 2013 Sarah Boslaugh. This translation is published and sold by permission of O'Reilly Media, Inc., the owner of all rights to publish and sell the same.

本書は、株式会社オライリー・ジャパンがO'Reilly Media, Inc.との許諾に基づき翻訳したものです。日本語版についての権利は、株式会社オライリー・ジャパンが保有します。

日本語版の内容について、株式会社オライリー・ジャパンは最大限の努力をもって正確を期していますが、本書の内容に基づく運用結果について責任を負いかねますので、ご了承ください。

はじめに

本書の『統計クイックリファレンス』(原書タイトル『Statistics in a Nutshell』)の原書第1版は成功だったが、どの本でも改善の余地はあるもので、本書にも改版の機会が訪れたことに私は感謝している。この第2版も基本方針に変わりはない。本書は、統計を理解し統計について考えたい人のためのものであって、特定の統計パッケージの使い方や統計公式の背後にある数学理論をほじくり返すためのものではない。また、オライリーのクイックリファレンスシリーズの多くとは異なり、統計について既に知っている人のためのハンドブックと初めて統計を学ぶ人のための入門書とのちょうど中間に位置する。

生活のさまざまな方面に統計が使われる場面が増え続けているが、変わっていないことがある。パーティで、統計をやっていますと言うと、せっかくの会話が途切れてしまうのだ。どういうわけか、人々は、大学のときの統計の必修クラスがどんなに嫌だったかとか、マーク・トウェインが、世の中には3種類の嘘がある、嘘、真っ赤な嘘、それに統計だ、と述べた言い古された文句を言い始めるのだ。

個人的に、私は、統計が好きで、この分野の仕事が楽しい。統計を教えるのも好きで、この楽しみを他の人に伝えられると信じている。しかし、それは困難なことだ。多くの人が、統計とは、真実をねじ曲げて人を納得させる操作や誤魔化しに過ぎないといまだに信じている。反対に、自分たちに代わって考えてくれる魔法の手続きの集まりだと信じている人々もいる。

OK、では統計とは何なのか

統計を学習し使うという技術的詳細に入る前に、少し振り返って「統計」という言葉が何を意味するか考えてみよう。すべての単語がわからなくても気にする必要はない。本書を読み進めるうちにわかってくるはずだから。

統計という言葉を口にする人は、次のようなことを言っているはずだ。

1. 数値データ、例えば、失業率、1年間で蜂に刺されて死亡する人の数、2006年のニューヨーク市の人口の1906年との比較など。
2. データ標本を記述するのに使われる数、(母集団記述に使われる数である) パラメータに対比して使う。例えば、広告会社は、スポーツ・イラストレイテッド購読者の平均年齢が知りたい。これに答えるには、購読者の無作為抽出による標本を取り、その平均 (統計) を計算し、それを使って購読者母集団全体の平均 (パラメータ) を推計する。
3. データを分析する手続き、および、t 統計量やカイ二乗統計量のようなその手続きの結果。
4. データを記述し、それに関する意志決定を行うために数学的手続きを開発・活用する学問分野。

　1. の定義に関する統計は、本書の主題ではない。失業、保健、その他多数のテーマに関して政府その他機関が定期的に発表している統計データの最新の数字を知りたいだけなら、図書館のレファレンスサービス担当司書や内容領域の専門家に尋ねるのが一番だ。ただし、これらの数値をどう理解したらよいのか (例えば、なぜ平均値が平均の値という文言で誤解を与えることが多いのかとか、死亡率の生データと標準化した値との違いなど) を調べたいなら、本書が間違いなく役立つはずだ。

　2. の定義に含まれる概念は、推測統計学を紹介する3章で論じるが、この手の概念は本書全体にわたるものだ。それは単純に用語の問題 (**統計**は**標本**の記述に用いる数値、**パラメータ**は**母集団**の記述に用いる数値) ではあるが、統計の現場における基本的な事柄に関するものでもある。標本を検討して得られた情報を用いて母集団について言明するという概念は、推測統計学の基本であり、推測統計学こそは、(統計に関するほとんどの本がそうであるように) 本書の主題なのだ。

　3. の定義も本書のほとんどの章で基本的なものだ。統計を学ぶ過程は、どうしても特定の統計手続きを学ぶ過程になるし、どのように計算し解釈するか、与えられた状況に適切な統計をどのようにして選ぶかということを含むものだ。実際、統計を学ぶ新入生は、この定義に従い、統計を学ぶことすなわち一連の統計手続きのやり方を学ぶことになっている。これは、不完全ではあっても悪い方法ではない。統計手続きのやり方を学ぶのは統計の実践で必須ではあるが、それですべてというわけではない。特に、コンピュータソフトがこれを数学的基礎の有無に関わらず、誰にでも容易にできるようにしたので、統計的な分析を行う上で、統計を正しく理解して解釈することが、自分で計算するにはどうすればよいかを学ぶことよりもはるかに重要となっているのだ。

　4. の定義は、私が統計を自分の専門分野として選んでいることからもわかるように、私の

思いに一番近いものだ。高校生や大学生なら、多くの大学の統計学科や数学科の専攻コースに統計があるので、この定義に馴染んでいることだろう†。統計は、高校でも教えられるようになっている。特に米国の高校では、アドバンスド・プレースメント（AP）クラスの1つとして統計クラスを置くところが急速に増えている。

統計は、大学の専門課程に留まらない。多くの大学の学科では、専門コースの他に1つ以上の統計のコースを必修としている。さらに、現代統計学の重要な技法の多くが、他分野での専門の一部として統計を学び活用した人々によって開発されてきたことは知っておく価値がある。線形階層モデルの開拓者、Stephen Raudenbush は、ハーバード大の政策分析評価研究所で勉強したし、統計グラフィックスで世界の第一人者と目されるタフト（Edward Tufte）は、もともとは政治学の学生で、イェール大学の博士論文は、米国の公民権運動に関するものだった。

多くの専門分野や現場作業者から管理者までほとんどの階層で統計利用が増えているために、統計の基礎知識を身につけることが、大学を出て何年も経つ多くの人に必要となってきている。このような人は、大学の入門コースの教科書が、専門的すぎたり、計算に特化しすぎたり、高価過ぎたりして、不便を被ってきた。

最後になるが、統計は統計専門家だけに委ねられてはならない。現代の市民生活に必須のものであり、新聞を読んだり、テレビやラジオで見聞きしたことを理解するのに欠かせないからだ。毎日受け取るニュースの中で増加する一方の（政治家、広告主、社会改革主義者など）虚偽の数字や誤解を生む数字を含んだ事柄を広めようとする動きをチェックする最良の武器は、統計を使える知識だ。ハフ（Darryl Huff）が 1954 年に出版した古典、『統計でウソをつく法』（ブルーバックス、講談社）がいまだに版を重ねているのには理由がある。統計は誤用されやすく、統計的歪曲の一般技法は何十年も前から存在する。統計で嘘をつく人々に対する最良の防御法は、自分自身が勉強して、嘘を見抜き、嘘を止めさせることなのだ。

本書の特長

統計の本は既に多数出版されているので、私がなぜそれらに付け加えてさらに一冊出す気になったのか不思議に思われるかもしれない。理由は、本書で述べたいと思った事柄に応える本がこれまで一冊もなかったことだ。実際、コウルリッジの『老水夫行』‡の一節をもじるなら「本、本、あらゆるところに、だが学ぶにたるものはない」という状況なのだ。本書で取り上げたいと思ったのは次のような課題だ。

---

† 訳注：残念ながら、現時点で日本の大学では、統計学科を置いているところはないようだ。
‡ 訳注：Coleridge, Ancient Mariner、邦訳は、上島建吉編、対訳コウルリッジ詩集—イギリス詩人選〈7〉（岩波文庫）2002 など。もとの言葉は「Water, water everywhere, nor any drop to drink.」

- 数学技法をバラバラに示すのではなく、数についての合理的過程の一環として、研究や実践の文脈で統計を理解し活用することに焦点を当てた本の必要性。
- 統計の入門書において、測定の問題とデータ管理の問題などを統合した議論の必要性。
- 特定分野に閉じない統計の本の必要性。初等統計の多くは分野に関わらず共通（t 検定は、データが薬学、金融、刑事事件のいずれであっても同じ）なので、同じ情報を分野ごとに手直しして何冊も本を作る必要はない。
- コンパクトで、安価で、初心者にわかりやすく、へつらうことなく単純化しすぎない、統計入門書の必要性。

したがって本書の想定読者としては、次のような必要性を抱える3つのグループを考えた。

- 高校や大学などで統計の入門クラスを取っている学生。
- 業務上あるいは昇進のために統計を学ぶ必要のある社会人。
- 知的好奇心から統計を学ぼうとする人々。

多くの技法を取り上げるが、本書では個別の技法には焦点を当てず、統計的推論に焦点を当てる。本書の焦点は、**統計をする**ことよりも**統計的に考える**ことだとも言える。これはどういうことだろうか。数で考えるプロセスには、いくつかのことができなければならない。さらに言うと、データについて考え、統計を使ってそのプロセスを手助けすることに私は焦点を当てる。ほとんどの章に練習問題があるが、これは内容を復習し、その章の重要な概念を考えるためのもので、何も考えずに計算すればよいというものではない。

本書の内容はすべて初版から改訂されており、ほとんどの章で新しい例と練習問題が追加された。特に、割合に関する例や国連人間開発（Human Development）プロジェクトや行動危険因子サーベイランスシステム（Behavioral Risk Factor Surveillance System）などの情報源の実データを用いた例を追加した。これらは、インターネットから無料でダウンロードでき、自分で調べたり、本書と同じ分析を試してみることができる。新しい章、19章も追加した。理由は、仕事上の理由から統計を勉強する人に特にあてはまるのだが、統計情報についてコミュニケーションする能力が統計計算を行う能力と同じくらい重要だという私の観察による。新しい付録も、この一冊で済ませられるようにと使いやすいよう追加した。一般的な分布に対する確率表、オンライン情報源の一覧、用語集と統計記法の表などである。

情報の時代（Age of Information）における統計

　我々が情報の時代を生きていると述べることは時流に乗った発言だが、誰もこの変化に追随できそうにない多くの事実が集められ配布されている。真実に基づいた決まり文句だが、社会全体で、我々はデータの海に溺れており、課題は増える一方に見える。この状況には、プラスマイナス両面がある。プラスの面では、データの蓄積配布に対する計算技術と電子的手段への広範なアクセスで情報を閲覧入手しやすくなり、研究者は、印刷されたデータを読むために図書館や保管所までわざわざ出向かなくて済むようになった。

　しかし、データはそれ自体では、それ自体の中にも意味を持たない。意味を持つには、人間によって組織化され解釈されねばならないので、情報の時代に完全に参加するには、データの収集・分析・解釈の方法を含めて、データの理解がしっかりしていなければならない。同じデータがさまざまな方法で解釈され、全く異なる結論を支持できるので、統計作業そのものに関わっていない人々も、統計がどう働くかを理解して、不当な言明やデータの誤用に基づく議論をどのようにして見分けるかが必要となる。

本書の構成

　本書は3部からなる。入門編（1-4章）は、後の章で必要な基礎を学ぶ。推測統計技法（5-13章）とさまざまな専門分野で使われる個別技法編（14-16章）。そして、厳密には統計分野ではなくても統計家の仕事の一部となっている付随的内容編（17-20章）である。

　各章の詳細な内容は次の通り。

1章　測定の基本概念
　統計の基本事項を論じる。測定のレベル、操作化、近似測定、偶然誤差と系統誤差、信頼性と妥当性、バイアスの種類を扱う。

2章　確率
　確率の基本概念を紹介する。試行、事象、独立事象、互いに排反、加法および乗法則、組合せと順列、条件付き確率、ベイズの定理を扱う。

3章　推測統計
　推測統計の基本概念を紹介する。確率分布、独立および従属変数、母集団と標本、よく使われるサンプリング形式、中心極限定理、仮説検定、第一種および第二種の過誤、信頼区間とp値、データ変換を扱う。

4章　記述統計と図表示
　代表値と散らばりによく使われる測定を、平均、中央値、モード、範囲、四分位範囲、分散、

標準偏差を含めて紹介し、外れ値を論じる。統計情報を提示するためよく使われるグラフ化技法を、度数分布表、棒グラフ、円グラフ、パレート図、幹葉図、箱ひげ図、ヒストグラム、散布図、折れ線グラフを含めて扱う。

5章　カテゴリデータ

カテゴリデータと間隔尺度データという概念を説明して $R \times C$ 表を導入する。本章では、独立性のカイ二乗検定、割合の等価性、適合のよさ、フィッシャーの正確確率検定、マクネマー検定、母集団に対する大規模標本検定、カテゴリデータと順序尺度データとの関連尺度を扱う。

6章　t 検定

t 分布、一標本 t 検定、2 独立標本 t 検定、反復測定 t 検定、不等分散 t 検定の理論と利用を論じる。

7章　ピアソン相関係数

2 変数間の関連の異なる強さを表示するグラフによる関連概念を導入して、ピアソン相関係数と係数決定を論じる。

8章　回帰と ANOVA

線形回帰と ANOVA を一般線形モデルの概念に関係付けて使うときの仮定について論じる。単純（2 変数）回帰、一元配置 ANOVA、ポストホック検定を示して論じる。

9章　多元配置 ANOVA と ANCOVA

より複雑な ANOVA の設計を、二元および三元配置 ANOVA と ANCOVA を含めて論じ、交互作用主題を提示する。

10章　多重線形回帰

重回帰モデルを拡張して多重予測子を含める。予測変数間の関係、標準的および非標準的係数、ダミー変数、モデル構築手法、さらに、非線形性、自己相関、不等分散性といった線形回帰の仮定が破綻する事項を扱う。

11章　ロジスティック回帰、多重回帰、多項式回帰

回帰技法をデータで二値出力（ロジスティック回帰）、カテゴリ出力（多重ロジスティック回帰）、非線形モデル（多項式回帰）に拡張し、モデルの過学習問題を論じる。

12章　因子分析、クラスター分析、判別関数分析

因子分析、クラスター分析、判別関数分析という 3 つの高度な統計手続きを説明して、各技法が有用となる問題の種類について論じる。

13章　ノンパラメトリック統計

パラメトリック統計ではなくノンパラメトリック統計をいつ使うべきかを論じ、対象群間および対象群内でのノンパラメトリック統計設計を、ウィルコクソンの順位和、マン・ホイットニーのU検定、符号検定、中央値検定、クラスカル＝ウォリスのH検定、ウィルコクソンの符号順位検定、フリードマン検定で扱う。

14章　業務と品質改善の統計

業務や品質改善の文脈でよく使われる統計手続きを示す。検定力、時系列、ミニマックス、マクシマックス、マクシミニ決定基準、リスク下の意思決定、決定木、管理図といった分析および統計手続きを扱う。

15章　医療統計および疫学統計

特に医療と疫学に関係する統計についての概念と手続きを説明する。比、割合、比率の定義と利用、有病率と罹病率の測定、粗比率と標準化比率、直接標準化と間接標準化、リスク測定、交絡、単純およびマンテル＝ヘンツェルオッズ比、精度、検定力、標本サイズ計算などの概念と統計量を扱う。

16章　教育および心理統計

教育学と心理学の分野でよく使われる統計についての概念と手続きを説明する。百分位数、標準得点、テスト構築手法、古典的テスト理論、総合テストの信頼性、アルファ係数を含めた内部整合性の尺度、項目分析手続きなどをはじめとした項目反応理論の概観も示す。

17章　データ管理

データ管理の実際の問題を、コードブック、分析単位、既存ファイルのトラブルシューティングの手続き、データを電子的に保存する手段、文字および数値データ、欠損データなどを含めて論じる。

18章　実験計画

観察および実験研究、優れた研究計画の共通要素、データ収集のためのステップ、妥当性の種類、バイアスの影響を限定または排除する手法などを論じる。

19章　統計についてのコミュニケーション

統計情報をさまざまな聴衆に伝えるときの一般的な問題を取り上げ、学術専門誌向け、一般大衆向け、および仕事上で統計について書くときの詳細について述べる。

20章　他人が提示した統計を批判する

他人の統計をレビューするときのガイドラインを、提示された統計について検討するチェックリストと、まともな統計手続きが問題のある結論を補強するために操作される実例などとともに示す。

6つの付録は、本編で扱った内容に必要な背景情報と、読んでおくべき参考文献を示す。

付録A　数学基礎の復習

数学の授業が記憶の彼方に消えてしまったという人のための初等算術と代数の自習と復習を行う。算術、指数、根と対数の法則、方程式や連立方程式の解法、分数、階乗、順列および組合せを扱う。

付録B　統計パッケージの紹介

統計アプリケーションによく使われるソフトウェアを紹介し、各ソフトウェアでの基本的な分析を示し、長所と短所とを比較して論じる。Minitab、SPSS、SAS、Rを取り上げ、(統計パッケージではないが) マイクロソフトExcelの統計分析への利用についても述べる。

付録C　参考文献

章ごとに参考文献を注釈付きで示す。本文で参照したものだけでなく、その分野の研究にも役立つと思う論文や書籍、ウェブサイトを挙げた。

付録D　よく使われる分布の確率表

よく使われる統計分布、正規分布、t分布、二項分布、カイ二乗分布の表を掲載するだけでなく、表の使い方も述べる。コンピュータとインターネットの時代であっても、分布表の読み方を知ることには価値があり、印刷された表があると便利だ。

付録E　オンライン情報源

統計を学習、利用、教授する人向けのインターネットの最良サイトの一覧表。この付録は、一般情報源、用語集、確率表、オンライン電卓、オンライン教科書という項目に分かれている。

付録F　統計用語集

本書で使われる (統計の初心者が悩む) ギリシャ文字の表、統計記法の表、および主な統計用語の一覧表。

本書は、読者一人一人の背景や必要に応じて使うことのできるツールだ。統計の入門書で

は省かれているが私は重要だと考える内容の章もある。例えば、「データ管理」、「統計について書く」、「他人が書いた統計論文を読む」などだ。突然、プロジェクトでデータを管理しなければならなくなったとか、チームの成果について統計を含めたプレゼンをする羽目になったような人にとっても手引として役立つはずだ。そういうことは、決して稀ではない。

何が初等で基本的で、何が高等で先進的かは、個人の背景と目的による。私は、本書を多様な利用者の必要性に応えるものとして設計した。万人のニーズに応えられるように内容を構成する完璧な方法はあり得ないので、ページの順に章を読んでいく必要はないという重要なことも確認した。統計には、鶏と卵的なジレンマが多数ある。例えば、どんな統計が使えるのか知らないと実験の設計ができないのだが、研究計画について何がしかわかっていないと統計がどのように使われるか理解できない。同様に、データ管理を任された人は統計分析について経験しているべきだというのは、論理的にまっとうなことに見えるが、私は実際に、大規模データ集合の責任者になった研究助手やプロジェクトマネージャーが統計のコースを1つも終えていない状況で助言する羽目になったことがままある。したがって本書の各章を、読書の目的に応じて使ってもらえればよくて、途中を飛ばしたり、必要な部分を拾い読みすることを恥じる必要は一切ない。

本書の内容すべてが、万人に関係するというものでもないだろう。特に、第14-16章は、特定の領域（業務と品質改善、医療と疫学、教育と心理学）を念頭に置いて書いたので、それが当てはまる。しかし、統計についてなにを知るべきかということについては、心を開いて臨むのが賢明だろう。現時点では、ノンパラメトリック検定やロジスティック回帰分析は絶対必要ないと思っていても、将来必要にならないとも限らない。対象分野に閉じこもりすぎるのも誤りだろう。統計技法は、結局のところ、内容よりは数値についてのものであり、ある分野で開発された技法が他の分野で役立つことがよくあるからだ。例えば、管理図（14章）は、製品製造という文脈で開発されたが、現在では、薬学から教育学まで多くの分野で使われており、オッズ比（15章）は、疫学で開発されたが、今ではあらゆる種類のデータで使われている。

本書の表記法

本書では次の表記法に従う。

ゴシック（サンプル）
　　新出用語や強調を示す。

イタリック（*sample*）
　　集合、実数、整数、関数など数式全般に使う。

このアイコンはヒント、提案、または一般的な注記を示す。

このアイコンは警告や注意事項を示す。

コード例の使用

本書は、読者の仕事の実現を手助けするためのものである。一般に、本書のコードを読者のプログラムやドキュメントで使用できる。コードの大部分を複製しない限り、O'Reilly の許可を得る必要はない。例えば、本書のコードの一部をいくつか使用するプログラムを書くのに許可は必要ない。O'Reilly の書籍のサンプルを含む CD-ROM の販売や配布には許可が必要である。本書を引き合いに出し、サンプルコードを引用して質問に答えるのには許可は必要ない。本書のサンプルコードの大部分を製品のマニュアルに記載する場合は許可が必要である。

出典を明らかにしていただくのはありがたいことだが、必須ではない。出典を示す際は、通常、題名、著者、出版社、ISBN を入れてほしい。例えば、『Statistics in a Nutshell 2nd Edition』(Sarah Boslaugh 著、O'Reilly、Copyright 2013 Sarah Boslaugh、ISBN978-1-449-31682-2、邦題『統計クイックリファレンス 第 2 版』オライリー・ジャパン、ISBN978-4-87311-710-2)のようになる。

コード例の使用が、公正な使用や上記に示した許可の範囲外であると感じたら、遠慮なく permissions@oreilly.com に連絡してほしい。

ご意見とご質問

本書に関するコメントや質問は以下まで知らせてほしい。

    株式会社オライリー・ジャパン
    電子メール   japan@oreilly.co.jp

本書には、正誤表、サンプル、およびあらゆる追加情報を掲載したウェブサイトがある。このページには以下のアドレスでアクセスできる。

    http://oreil.ly/stats-nutshell (英語)
    https://www.oreilly.co.jp/books/9784873117102/ (日本語)

本書に関する技術的な質問やコメントは、以下に電子メールを送信してほしい。

bookquestions@oreilly.com

当社の書籍、コース、カンファレンス、ニュースに関する詳しい情報は、当社のウェブサイトを参照してほしい。

https://www.oreilly.com（英語）
https://www.oreilly.co.jp（日本語）

当社のFacebookは以下の通り。

https://facebook.com/oreilly

当社のTwitterは以下でフォローできる。

https://twitter.com/oreillymedia

YouTubeで見るには以下にアクセスしてほしい。

https://www.youtube.com/oreillymedia

謝辞

本書の表紙には、1人しか著者の名前がないが、本書ができるには大勢の人の貢献があった。エージェントのNeil Salkindは、ガイドと支援を続けてくれた。表紙は、Mary Treseler、Sarah Schneider、Meghan Blanchetteが手伝ってくれた。技術的な査読をしてくれたすべての統計家にも感謝する。統計概念を説明するよう悩ましてくれた統計以外の友人にも、本書を書くよう励ましてくれたということで感謝したい。ケネソー・ジョージア州立大学持続可能ジャーナリズムセンターの同僚にも、本書改訂中に示された寛容な態度に感謝する。個人的な意味では、セントルイスのワシントン大学にいる元共著者のRand Rossには、初版執筆時の助力に対して、夫のDan Peckには、現代の配偶者の鑑としての助力に感謝したい。

目 次

はじめに v

1章　測定の基本概念 1
　　1.1　測定 2
　　1.2　測定のレベル 2
　　1.3　真の値と誤差 8
　　1.4　信頼性と妥当性 10
　　1.5　測定バイアス 14
　　1.6　練習問題 17

2章　確率 21
　　2.1　数式について 22
　　2.2　基本定義 23
　　2.3　確率の定義 29
　　2.4　ベイズの定理 34
　　2.5　解説は十分なので、統計を実行しよう 36
　　2.6　練習問題 38
　　2.7　結びの注記：統計とギャンブルの関係 43

3章　推測統計 45
　　3.1　確率分布 46
　　3.2　独立変数と従属変数 53

	3.3	母集団と標本 54
	3.4	中心極限定理 58
	3.5	仮説検定 63
	3.6	信頼区間 66
	3.7	p 値 67
	3.8	Z 統計量 68
	3.9	データ変換 70
	3.10	練習問題 74

4 章　記述統計と図表示 83

	4.1	母集団と標本 83
	4.2	代表値 84
	4.3	散らばりの測定 91
	4.4	外れ値 97
	4.5	図示手法 98
	4.6	棒グラフ 100
	4.7	二変量図 113
	4.8	練習問題 119

5 章　カテゴリデータ 125

	5.1	R × C 表 126
	5.2	カイ二乗分布 129
	5.3	カイ二乗検定 131
	5.4	フィッシャーの正確確率検定 137
	5.5	対応のある対でのマクネマー検定 139
	5.6	割合：大規模標本の場合 140
	5.7	カテゴリデータの相関統計量 143
	5.8	リッカート尺度と SD 法 150
	5.9	練習問題 151

6 章　t 検定 159

	6.1	t 分布 159

	6.2	一標本 t 検定 161
	6.3	独立標本 t 検定 164
	6.4	反復測定の t 検定 168
	6.5	不等分散の t 検定 170
	6.6	練習問題 172
7 章	ピアソンの相関係数 175	
	7.1	関連性 175
	7.2	散布図 177
	7.3	ピアソンの相関係数 184
	7.4	決定係数 189
	7.5	練習問題 189
8 章	回帰と ANOVA 入門 195	
	8.1	一般線形モデル 195
	8.2	線形回帰 197
	8.3	分散分析（ANOVA） 207
	8.4	手による単純回帰の計算 214
	8.5	練習問題 217
9 章	因子 ANOVA と ANCOVA 225	
	9.1	因子 ANOVA 225
	9.2	ANCOVA 235
	9.3	練習問題 241
10 章	多重線形回帰 247	
	10.1	重回帰モデル 247
	10.2	練習問題 271
11 章	ロジスティック回帰、多重回帰、多項式回帰 277	
	11.1	ロジスティック回帰 277
	11.2	多重ロジスティック回帰 283

	11.3	多項式回帰	286
	11.4	過適合	289
	11.5	練習問題	291

12章　因子分析、クラスター分析、判別関数分析 ... 295
- 12.1 因子分析 ... 295
- 12.2 クラスター分析 ... 303
- 12.3 判別関数分析 ... 307
- 12.4 練習問題 ... 310

13章　ノンパラメトリック統計 ... 313
- 13.1 被験者間計画 ... 314
- 13.2 被験者内計画 ... 323
- 13.3 練習問題 ... 327

14章　業務と品質改善のための統計 ... 331
- 14.1 指数 ... 331
- 14.2 時系列 ... 336
- 14.3 決定分析 ... 340
- 14.4 品質改善 ... 345
- 14.5 練習問題 ... 353

15章　医療統計および疫学統計 ... 359
- 15.1 有病頻度の尺度 ... 359
- 15.2 比、割合、比率 ... 359
- 15.3 有病率と罹病率 ... 362
- 15.4 粗比率、カテゴリ別比率、標準化比率 ... 365
- 15.5 リスク比 ... 370
- 15.6 オッズ比 ... 374
- 15.7 交絡、層別分析、マンテル=ヘンツェル共通オッズ比 ... 378
- 15.8 検定力分析 ... 382
- 15.9 標本サイズ計算 ... 385

	15.10	練習問題	388

16章　教育および心理統計 ... 393
- 16.1　百分位 ... 394
- 16.2　偏差値 ... 396
- 16.3　試験作成 ... 398
- 16.4　古典的テスト理論：真の得点モデル ... 401
- 16.5　総合テストの信頼性 ... 402
- 16.6　内部整合性尺度 ... 403
- 16.7　項目分析 ... 408
- 16.8　項目反応理論 ... 411
- 16.9　練習問題 ... 416

17章　データ管理 ... 419
- 17.1　やり方を集めたものではなくて、アプローチを示すもの ... 420
- 17.2　指揮命令系統 ... 421
- 17.3　コードブック ... 421
- 17.4　表形式長方形ファイル ... 423
- 17.5　スプレッドシートとリレーショナルデータベース ... 426
- 17.6　新しいデータファイルを検査する ... 427
- 17.7　文字列および数値データ ... 430
- 17.8　欠損データ ... 431

18章　実験計画 ... 435
- 18.1　基本用語 ... 436
- 18.2　観察的調査研究 ... 439
- 18.3　準実験的研究 ... 441
- 18.4　実験研究 ... 446
- 18.5　実験データの収集 ... 448
- 18.6　実験計画例 ... 458

19章　統計についてのコミュニケーション 461
　　19.1　一般的な注意 461
　　19.2　専門学術誌への投稿 463
　　19.3　論文を書く 464
　　19.4　査読プロセス 465
　　19.5　一般向けに書く 466
　　19.6　職場で書く 467

20章　他人が提示した統計を批判する 469
　　20.1　論文全体の評価 469
　　20.2　統計の誤用 470
　　20.3　共通の問題 471
　　20.4　簡単なチェックリスト 473
　　20.5　研究計画での課題 476
　　20.6　記述統計 478
　　20.7　推測統計 483

付録A　数学基礎の復習 487

付録B　統計パッケージの紹介 515

付録C　参考文献 531

付録D　よく使われる分布の確率表 547

付録E　オンライン情報源 559

付録F　統計用語集 563

訳者あとがき 575

索引 579

1章
測定の基本概念

　そもそも統計を使って問題を分析しようとする前に、問題に関する情報をデータにしなければならない。つまり、問題の中心対象または概念を値（たいていは数）として扱えるシステムを構築または採用しなければならない。これは、特別難解なプロセスではなく、実は人々が毎日行っている。例えば、店で何かを買うときに支払う値段は測定値であり、商品を買うために払わなければならない金額を表す数字だ。同様に、朝、体重計に乗って目にする数字はその人の体重の測定値である。その人が住んでいる場所によって、ポンドまたはキログラムで、体重計の数字は表示されるが、いずれにせよ物理量（重さ）に数を対応させるという原則が成り立っている。

　データは、分析しやすければ、数である必要はない。例えば、「男性」と「女性」というカテゴリは人々を分類するのに科学でも日常生活でも用いられるが、この2つのカテゴリはもともと数ではない。同様に、物体の色は「赤」と「青」のようなさまざまな形容で述べられるが、色というカテゴリも本質的に数ではない（光の波長を持ち出すこともできるが、この知識は物体を色によって分類するのに必要とは言えない）。

　この種のカテゴリの考え方は全くありふれた、日常経験することであり、異なるカテゴリが異なる状況で適用されるということにも悩まされることはほとんどない。例えば、芸術家は「カーマイン」や「クリムゾン」、「ガーネット」のように色を区別するが、素人にはそれらはすべて「赤」で十分だ。同様に、社会科学者は「独身」を「未婚」、「離婚」、「未亡人」に分けて婚姻状態の情報を集めようとするが、他の人には、それらの3つのカテゴリは単に独身と捉えられる。つまり分類システムで使われる詳細さの適切な水準とは、分類を行う理由と分類した情報の用途に基づいて変わるということだ。

1.1 測定

測定（measurement）とは、対象や対象間の関係を研究し、記述する際に数学を容易に利用できるように、対象とそれらの特性に数値を系統的につけていく過程である。測定の中には、具体的なものもある。例えば、ある人の体重をポンドかキログラムで、また身長をフィートやインチ、メートルで測ることである。注意すべきは、同じ規則を一貫して適用することの方が、どの単位系を用いるかより重要であるということだ。例えば、キログラムで表された重さは簡単にポンドに換算できる。どの単位を使うかは、使う人間の裁量次第であるように思えるかもしれないが（メートル法で育った人にフィートとインチの良さを議論してみるといい）、その単位系が計測中の特性と一貫した関係を持つ限り、それを使って計算できる。

測定は、（高さ、重さなど）物理量に限定されていない。知力、または学習能力といった抽象的な要素を測るテストは教育や心理学でよく使われる。また、心理測定の分野はこの種の要素を調査する手段の開発と改善に関係してきた。測定値が直接観測できない場合、それが正確で意義深いと立証することはより難しくなる。重さについてのように、正確であるとわかっている他の尺度と結果を比較して正確さを確認することができるものもあるが、知能（intelligence）のようなものを測る場合には、話はずっと複雑になる。この場合、新しい尺度と比べることができる知能の一般的に認められた尺度が1つも存在しないばかりか、「知能」とは何かということすら合意ができていない。言い換えると、知能を測る方法がないがゆえに、その人が本当はどんな知能を持つかを自信を持って言うことが難しい。実際、それが何であるかという合意さえおそらくないだろう。これらの問題は特に研究がそのような抽象要素に焦点を当てる、社会科学や教育学にあてはまる。

1.2 測定のレベル

統計家は、一般に測定の4種類、すなわちレベルを以下に示すように区別する。各レベルで測られたデータも、それぞれのレベル名で呼ばれる。各測定レベルには、測定システムで使われる数値の意味においても、測定データに使うべき統計手続きの種類においても違いがある。

1.2.1 名義尺度データ

名義尺度データ（nominal data）では、その名の通り数値は、名前またはラベルとして機能しており、数字としての意味はない。例えば、性別を表す変数の値に、例えば、その人が男性ならば1を、女性ならば0の値を当てる。この0と1には数としての意味はなく、M（男性）、F（女性）のような値と同様に、単にラベルとしての機能しか持っていない。しかし、研究者が数で符号化するのを好むのにはいくつか理由がある。1つは、これによってデータを分析する作業を単純化できるためである。なぜなら、統計プログラムのいくつかは特定の

処理では、数ではない値を受け付けないためだ（その場合、非数値符号化データは、分析する前に数で符号化し直さなければならない）。2つ目は、数を使った符号化はデータ入力の問題をいくつか回避する。例えば大文字 / 小文字の混同のような問題である（コンピュータにとって、Mはmとは異なる値だが、データ入力者はこの2つの文字を同じものとして扱う可能性がある）。

名義尺度データはカテゴリが2つとは限らない。例えば、野球選手の経験の長さと年俸の関係を調査しているならば、おそらく、1はピッチャー、2はキャッチャー、3はファースト等々の伝統的な割り振り方を使って選手をポジションで分類するだろう。

データが名義尺度のレベルかどうかわからなければ、次の質問をしてほしい。「このデータに付けられた数は、高い値が低い値のものよりその対象の質が高いことを示しているのか」と。0が女性、1が男性を意味する性別の符号化例を考えてみよう。性別特性として女性より男性の方が多く持つ何かがあるだろうか。明らかにそんなことはない。女性を1、男性を0と符号化しても、符号化の結果は同じようにうまくいくはずだ。

同じ原理は野球の例にも当てはまる。外野手がピッチャーより野球の質が高いわけでは決してない。そういった数値は、研究では対象にラベルを付けるのにただ便利な方法だというだけだ。そして、最も重要なポイントはすべてのポジションが異なる値を付けられているという点である。名義尺度データは**カテゴリデータ**（categorical data）とも呼ばれる。名前が示す通り、質を測るのではなく、対象をカテゴリに振り分ける測定法（男性または女性、キャッチャーまたはファーストというように）である。5章ではこの種のデータに適切な分析法について述べる。ノンパラメトリック統計（分布に依存しない統計）について13章で取り扱う技法のうちいくつかは、カテゴリデータにも適用される。

データが、男性・女性の例のように2つの値だけを取るとき、それは**二値データ**（binary data）とも呼ばれる。この種のデータはそれ自体を研究するため、11章で論じるが、多くの分野で利用されるロジスティック回帰をはじめ、特別な技術が開発されるほど一般的なものであり、（15章で議論する）オッズ比とリスク比など多くの医療統計も医学研究では二値変数の関係を述べるために開発された。

1.2.2 順序尺度データ

順序尺度データ（ordinal data）は意味のある**順序**を持つデータを指す。低い値より高い値は何らかの特性が強いということだ。例を挙げると、医療現場で普通は火傷を「度」で表す。「度」とは、火傷で破壊された細胞の量を表す。1度の火傷は、肌が赤くなり、痛みはそれほどではなく、損傷は上皮（皮膚の外側の層）までという特徴がある。2度の火傷では水膨れを起こし、真皮（上皮と皮下の細胞の間の皮膚層）の表面にまで関わってくる。3度では真皮の奥まで範囲は広がり、肌が黒く焦げ、神経が破壊し尽くされる、と特徴付けられている。

これらのカテゴリは論理的順序で順番が決められている。1度の火傷は、細胞の損傷からいえば最もひどくなく、2度の火傷はそれよりも、そして3度の火傷は最も損傷が深刻だ。しかし、カテゴリ間で違いがどれほどあるのかは測定尺度がない。1度と2度の火傷の差が、2度と3度の火傷の差と同じであるか否かは確定すらできない。

多くの順序尺度データが順位を持つ。例えば、仕事に応募した候補者は新入社員として最も望ましい順に人事部によって順位がつけられるだろう。この順位から誰が最も望ましい候補者なのか、2番目は、その次は、とわかる。しかし実のところ1位と2位は僅差なのか、1位が2位を大きく上回ってるのかはわからない。国々をその人口でランク付けすることもできる。意味のある順に並べることはできるが、例えば、30位と31位の国の差が、31位と32位の差と同じかどうかには何も触れない。順序尺度データで計測に使われる数字は、名義尺度データよりも多くの意味を持っている。多くの統計技術は順序情報をその特性だけで利用するよう開発されてきた。例えば、順序尺度データでは、平均ではなく中央値（中点の値）を計算するほうが適切である。なぜならば、平均はデータが間隔尺度であることが前提であり、比尺度レベルデータの除法を必要とするからである。

1.2.3　間隔尺度データ

間隔尺度データ（interval data）には、意味のある順序があり、計測値の間が等間隔という性質を対象の量変化として表す。間隔レベルでの計測の最も一般的な例は、華氏温度である。華氏10度と25度の違い（15度の差）の違いは60度と75度の違いと同じだけの温度変化量を意味する。10度の違いがすべての目盛上で同じ変化量を意味するため、加法と減法が間隔尺度データでは可能となる。華氏目盛の0は温度がないという意味ではなく、単に他の温度と比較したときその地点にあるというだけで、華氏目盛は自然数的な0点を持たない。80度は40度よりも40度熱いと言えるが、80度は40度の2倍熱いという意味はなく、乗法/除法は間隔尺度データには使えない。間隔尺度データがそれだけで使われることはあまりなく、華氏目盛以外に一般的な例は思いつかない。このため、「間隔尺度データ」という用語は、間隔尺度データと比尺度データの両方を指すように用いられることがある。

1.2.4　比尺度データ

比尺度データ（ratio data）は、順序と等間隔という性質の間隔尺度データと自然数的な0点の存在という性質を持っている。多くの物理的な計測は比尺度データとなる。例えば、身長、体重、年齢はすべて比尺度データとみなせる。収入も同じだ。間違いなく、1年の稼ぎが0ドルであることも、口座残高が0ドルであることも可能であり、これはお金がないことを意味している。比尺度レベルデータでは、加法/減法と乗法/除法が可能である。所持金が100ドルの人は所持金が50ドルの人の2倍お金を持っている。また、30歳の人は10歳

の人よりも 3 倍年をとっている。

多くの物理的な計測は比レベルであるが、心理学的な計測は順序レベルである点には留意する必要がある。これは特に価値や好みの計測に当てはまり、それらはリッカート（Lickert）尺度でよく測定される。例えば、意見書（「連邦政府は、教育に対する援助を増やさなければいけない」など）を渡され、順に並べられた項目（例えば、1. 強く同意する　2. 同意する　3. 同意も反対もしない　4. 反対する　5. 強く反対する）から答えを選ぶように求められることがある。これらの選択肢には数字（1：強く同意する　2：同意する、など）が割り当てられている。そしてこれはときに、間隔や比の技法（例えば、平均は除法を使うため、比の技法を使っている）をそのようなデータに適用してもよいという印象を人々に与える。これは正しいのだろうか。統計家の観点では間違いだが、絶対正しいと自分が思っていても上司の意に沿わなければならないときもあるのだ。

1.2.5　連続データと離散データ

もう 1 つ重要な区別は、**連続データ**と**離散データ**との違いである。連続データはどんな値でも、すなわち、ある範囲でのどんな値でもとることができる。間隔尺度データや比尺度データで測定される多くのデータは、数え上げに基づくもの以外は連続的である。例えば、重さ、高さ、距離、収入はすべて連続的である。

データ分析とモデル構築の過程で、研究者は連続データをカテゴリ、すなわち大きなまとまりに変えることがある。例えば体重をポンドで記録したが、分析では 10 ポンドごとにするし、何歳ということで年齢を記録しても、0 〜 17 歳、18 〜 65 歳、65 歳以上というカテゴリで分析する。統計的見地からいうと、特定の分析技術を使用するデータが連続になるか、不連続になるか（年齢を何歳で記録しても、依然として不連続なカテゴリを連続変数にあてはめていることは覚えておくべき）という絶対的な基準は何もない。これまで、さまざま規則が提案されてきた。例えば、ある変数に 10 以上のカテゴリ、あるいは、16 以上のカテゴリがある場合、連続的であるとして問題なく分析できると一部の研究者は言う。これは、使用標準、特定分野の慣例、分析方式などの情報といった文脈に基づいて出された考えである。

離散変数は取り得る値が決まっていて、値と値の間に明確な境界がある。古い冗談ではあるが、人は 2 人または 3 人の子供を持つことはできるが、2.37 人の子供を持つことはできない。そのため、「子供の人数」は離散変数である。実際 1 年間に購入された本の冊数や、妊娠中の定期検診の受診回数など、実際に数えるのかどうかに関わらず、数え上げに基づく変数はどれも不連続である。二値データや順位順序尺度データのように、名義尺度で測定したデータもまた常に不連続である。

1.2.6 操作化

　研究が大変な原因は主に統計分析にあると、その研究分野でスタートを切ったばかりの人々はよく考える。そのため、統計計算を行うための数式とコンピュータ・プログラミング技術を覚えることに努力を傾けてしまう。しかし、研究での大きな問題は数学や統計には全くと言っていいほど関係がなく、むしろ自分の研究分野を知ることと測定上の実質的な問題を熟考することにすべて関係している。これは**操作化**（operationalization）の問題である。操作化とは、どう概念が定義され、測定されるかを特定するプロセスを指す。

　対象とする値が直接測定できないとき、操作化は常に必要である。わかりやすい例が、知能である。直接知能を測る方法がないため、そのような直接的測定の代わりに、測ることができるもの（IQ値など）を採用する。同様に、都市の「災害対策」度を測る直接の方法はない。しかし、やるべき作業のチェックリストを作成して、各都市に完了した作業の数と質や徹底ぶりに基づく災難対策得点を与えることによって、この概念を操作化できる。もうひとつの例として、個人の身体活動量を測定したいと想定しよう。運動を直接チェックする機能がなければ、自己申告のアンケートか、日記風の記録として、「身体活動量」を操作化できる。

　社会科学では、研究される性質の多くが抽象的なので、操作化はよく議論されるトピックである。しかし、操作化は他の多くの分野でも同様に適用できる。例えば、医療関係者の最終的な目的には死亡数を減らし、病気の負担と苦しみを緩和することにある。ありがたいことに死亡数は多くの病気の稀な結果であるため、簡単に確かめられ定量化されるが、あまりに変化が少ないため役に立たないことが少なくない。一方、「病気の負担」と「苦しみ」は多くの研究の適切な結果を特定するのに用いることができる概念だが、測定する直接の手段がないために、操作化されなければならない。病気の負担の操作化の例には、エイズ患者の血液中に含まれるウィルスレベルの測定や癌患者のための腫瘍の大きさの測定がある。苦しみの緩和、すなわちQOL（quality of life：生活の質）の改善度は、自己申告されたより高い健康状態、QOL測定用に設計された調査のより高い点数、患者個人へのインタビューで得られた気分のよさ、鎮痛に必要とされるモルヒネ処方量の減少などで操作化される。

　長さといった具体的な特性でも測るのに異なる方法があるので、物理量の測定にも操作化は必要であると主張する人もいる（定規がふさわしい道具である状況もあれば、マイクロメーターがふさわしい状況もある）。関心の対象または性質を直接測ることができない分、操作化の問題が人文科学の分野でより大きな問題なのは明白であると言えよう。

1.2.7 代用測定

　代用測定（proxy measurement）とは、ある測定法の代替として行う測定法のことを指す。代用測定は操作化の派生だと考えることもできるが、本書では別々のものとして扱う。代用測定では、安くて簡単に手に入る測定法を、難しく高価な測定法の代わりに用いることがもっ

とも一般的である。例えば、他の人（子供の様子を評価するならその親など）に尋ねて、ある人物の情報を集めることなどである。

　代用測定のわかりやすい例として、その場で、人が飲酒していないか確かめるために、警官が使う手法をいくつか思い起こしてほしい。移動できる医学研究室などない状態で、酒量が法の範囲内かどうか判断するのに、運転手の血中アルコール量を直接測ることができる方法は警官にはない。その代わりに、酩酊度に関わる兆候、血中アルコール量と相関すると考えられる簡単な実地検査、呼気アルコール検査、またはこれらのすべてに警官は頼る。酔っていることを確認できる兆候には、息がアルコール臭く、呂律が回らない、赤くなることなどがある。一般に酔っていることの確認に用いられる実地検査では、被験者は片足で立つ、動くものを目で追うといった動作をすることが求められる。酒気検査は、呼気中のアルコール量を測定する。これらの評価方法のどれも血中アルコール量を直接測らないが、現場で行える速くて簡単な理にかなった近似値を得る検査法であると認められる。

　代用測定は、また別の目的でも使われる。病院と医者が行う治療の質を評価するために米国で使われているさまざまな方法を考えてみよう。おそらく、治療法を直接観測する方法の不備や容認されている基準の関係で、治療の質を測る直接的な方法を思いつくのは難しい（そのような評価過程に関係する測定法も「治療の質」という抽象的な概念の操作化であるとも言えるが）。そういった評価法を実際に開発利用することは、法外に高価で、評価者として大人数のチームを訓練し、彼らが同じ評価基準を持つことを当てにし、患者のプライバシーの権利を侵害することになりかねないだろう。その代わりに一般的に、より高い治療の質を示すとされる作業を測定して解決するのだ。例えば診察室に訪れて、禁煙カウンセリングが適切に施されたかどうかや、患者に応じて適切な薬がすぐに投与されたかどうかを観測する。

　その指標を得ることが比較的簡単であることに加えて、それが関心の真の対象のよい指標であるならば、代用測定は最も役に立つ。例えば、もしある特定の治療のプロセスを正しく行うことが患者の症状へのよい結果と強い関連性があり、そのプロセスを行わないことや手順を誤ることが患者の症状へのよくない結果と強い関係があるならば、そのプロセス実行は治療の質の代理指標として役立つ。これらの密接な関係がなければ、代用測定の有用性は確かではなくなる。数理検定を用いても、ある測定法が他の測定法のよい代用となるかどうかはわからない。しかし、コンピュータを使って行われる測定間の相関、カイ二乗のような統計量はこの問題を見極めるのに役立つことがある。さらに、代用測定にはそれ自体の問題もある。先ほどの治療に対するプロセスの例では、この方法では、個別のケースや治療を構成する要素やどんな方法が行われたか特定するのに必要な記録を利用可能であるかなどの知識がなくても、決定可能であることが前提になっている。測定に関する他の多くの問題と同様に、よい代用測定を選ぶには、その分野での一般的なやり方についての知識と常識による判断に頼るしかない。

代替エンドポイント

代替エンドポイントは、治療の真の最終目標（エンドポイント）の代わりとして臨床試験で使われる一種の代用測定である。例えば、治療の真のエンドポイントが、治療によって命を救うことだとしよう。しかし、治療を受けている状態で死亡することは稀であろうから、治療の効果がある証拠を素早く出すものが代替エンドポイントに用いられる。通常、治療の真のエンドポイントと相関している生理指標が代理目標となる。例えば、薬が前立腺癌による死亡を防ぐことを目的とすれば、代替エンドポイントは、腫瘍の縮小または前立腺特異抗原の濃度の低下である。

代替エンドポイントを使うことには問題点もある。治療がこれらについて改善効果を示す場合があるが、それが実際の治療結果をもたらすことと必ずしも一致するわけではないということだ。例えば、ステファン・ミシェルズ（Stefan Michiels）らによる高度な分析（付録C参照）で次のことがわかった。頭と首に局所的にできた扁平上皮癌では、その部分だけを制御する方法（代替エンドポイント）と全生存率（治療の本当のエンドポイント）間の相関は 0.65〜0.76（双方の結果が全く同じならば、相関は 1.00 となる）であり、一方、無再発生存率（代替エンドポイント）と全生存率（治療の本当のエンドポイント）間の相関は 0.82〜0.90 だった。

代替エンドポイントには、臨床試験の事実に付け加えたり、試験前に決めた成果の代用に使われたり、あるいはその両方が行われるといった不正使用の問題もある。代替エンドポイントは簡単に達成できるので（例えば、真のエンドポイントが生存率の改善で、代替エンドポイントが抗癌剤試行での無憎悪生存率改善である場合）、真のエンドポイントにはほとんど影響を及ぼさないどころか悪影響がない程度でも、代替エンドポイントの効果に基づいて新薬が承認されてしまうことになる。代替エンドポイントに関する問題の踏み込んだ議論については付録Cで引用されているトーマス・R・フレミング（Thomas R. Fleming）の論説を参照してほしい。

1.3 真の値と誤差

完全に正確な測定方法は存在しないと言っていいだろう。その理由は、測定が人の手によって行われ記録されるからというだけでなく、測定過程で不連続な数値を連続の世界にあてはめるからである。測定論には、ある一連の測定に誤差がどのくらいあるのかを概念化数量化し、その原因と結果を評価するという課題がある。

古典的測定論は、どんな測定値すなわち観測値でも真の値（T）と誤差（E）という2つの部分からなると考える。これは、次の式で表す。

$$X = T + E$$

X は観測された測定値であり、T は真の値で、E は誤差である。例えば、ある人の正確な体重が118ポンドであっても、体重計ではその人の体重は120ポンドと測定され、体重計が

不正確であるために2ポンドの誤差が出る。これは、先ほどの式を利用して、次のように表す。

120 = 118 + 2

これは単純に3つの構成要素の関係を示す等式である。しかし、TとEはどちらも、仮説的な構成概念だ。実際には真の値（T）の正確な値を知らないので、誤差（E）の正確な値もわからない。この2つの量を見積もり、真の値を最大化し誤差を最小化するために、測定処理の多くが費やされる。例えば、ある人の体重を最近調整した体重計を用いて短い時間で（そうすれば、正確な体重は一定と考えることができる）測定すれば、測定値の平均値をその人の正確な体重の比較的正しい測定値とすることができる。そうして、この平均値と1つ1つの測定値との違いを体重計が少し故障していただとか、測定者が不正確に読み取って記録したなどの、測定過程から生じた誤差と考えるのだ。

1.3.1 偶然誤差と系統誤差

我々は、プラトン的観念の世界ではなく実世界に生きているので、すべての測定値にはいくらか誤差があるのは当然だと考える。しかし、すべての誤差が等しく出るというわけではなく、**系統誤差**（systematic error）を避けるためできる限りのことをする中で、**偶然誤差**（random）に順応していくのだ。偶然誤差は、その名のとおり偶然出る誤差で、決まったパターンを持たず、測定を繰り返すことで小さくなっていくとされている。例えば、同じ対象物で何度も測定して出た誤差の値は、平均的に0になる。したがって、誰かが同じ体重計で連続して10回計測すれば、おそらく出た数値にわずかに違いが見られて、真の値より高かったり低かったりする。真の体重が120ポンドならば、おそらく、第1回目には119ポンド（誤差－1ポンド）、第2回目には122ポンド（誤差＋2ポンド）、そして第3回目には118.5ポンド（誤差－1.5ポンド）等々と測定体重が出るだろう。体重計が正確で、唯一の誤差が偶然ならば、たくさんの試行で得た誤差の平均は0になり、計測した体重の平均値は120ポンドになる。もっと精密な機器を使ったり、測定者がそれらを正しく使えるように訓練することで偶然誤差を何とか減らそうとすることはできる。しかし、偶然誤差の完全な除去は期待できない。

次の2つの条件も偶然誤差に適用される。つまり誤差が正しい値とは無関係であることと、ある測定の誤差は他のどの測定での誤差とも無関係なことだ。第一条件の意味は、いかなる測定の誤差の値も、その測定値の真の値とは関連がないことだ。例えば、何人かの体重を測定するとき、各測定値の誤差と各個人の真の体重とは何の関係もないと期待する。例えば、真の値（個人の実際の体重）が大きいほど、誤差が系統的により大きくなるなどということは起こってはならないことを意味する。2つ目の条件は、各々の値の誤差は独立で、他のどの値の誤差とも無関係なことを意味する。例えば一連の測定で、始めの方に測定したのより

も後で測定した方が誤差が大きかったり、ある決まった方向に誤差が出たりしてはいけない。第一条件は、真の値と誤差の相関が0であると表現され、第二条件は、誤差間の相関が0（相関については7章でさらに詳しく扱う）と表される。

　対照的に系統誤差には明確なパターンがあり、偶然によらず、1つ以上の原因を特定することが可能であり、直すこともできる。例えば、体重計の調節を誤って正確な体重より5ポンド高い結果を示すようになっていると、実際の体重が120ポンドである人の複数回の測定値の平均は120ポンドではなく、125ポンドになる。系統誤差は、人的要因でも起こり得る。もしかしたら、針が実際に示しているよりも高く指し示しているように見える角度から体重計の表示を測定者が読む場合もあるだろう。例えば、時間とともに測定値がより高くなる（そのため、誤差は実験の始めのころは偶然であるが、後には一貫して高くなる）という系統誤差のパターンが分かれば、手を加えて体重計を再調節できるので、これは有益な情報である。系統誤差の原因を確認特定して、それを取り除く方法を考えようと多くの努力がなされた。このことは後ほど「1.5　測定バイアス」でさらに議論する。

1.4　信頼性と妥当性

　データに数を割り当てたり分類する方法はいくつもあるが、それらの有用性は同じではない。測定方法（例えば調査やテストなど）を評価するのに使われている標準的な指標は、**信頼性**（reliability）と**妥当性**（validity）の2つである。理想を言えば、すべての方法が信頼性と妥当性を備えるべきだ。しかし実際には、これらは絶対の要件ではなく、程度の問題であり状況によって左右される。例えば、ある人口グループではとても信頼性の高い調査方法が、他のグループでは信頼性が低いことがある。そのため、絶対の要件として信頼性と妥当性を考えるよりも、ある測定方法が、「その目的ではどれくらい妥当性と信頼性が高いか」や「その状況ではどのレベルの信頼性や妥当性が求められるのか」を考える方が、たいていの場合有効である。信頼性と妥当性については「**18章　実験計画**」と「**16章　教育および心理統計**」でも触れる。

1.4.1　信頼性

　信頼性とは、測定結果の一致度、反復可能性を表す指標である。例えば、同じ人物に同じテストを二度行ったとして、二度とも似たような値が出るだろうか。社会的相互作用の質を測るために作られた評価方法を使えるように3人を訓練し、その後彼ら一人ひとりに人々がグループで触れ合っている同じ映像を観てもらう。そこで示されている社会的相互作用の質を評価するよう頼んだら、彼らの評価は似たものになるだろうか。もし測定者に同じ物体の重さを同じ計測機器で10回計ってもらったら、それぞれの測定結果は似たような値になるだろうか。どの場合でも、答えがYESならば、そのテスト、尺度や評価者は信頼性が高いと

言える。

　信頼性の理論の多くは、教育心理学の分野で発展した。そのため、信頼性指標は、多くの場合、テストの信頼性評価の観点から記述される。しかし、信頼性の考察は、テストに限定されるものではない。同じ概念が投票やアンケートや行動調査などをはじめとした他の多くの測定方法にも適用される。

　この章の議論は、基本的なレベルに留める。信頼性の具体的な求め方に関しては16章の試験理論でより詳しく触れる。信頼性の測定方法の多くは、**相関係数**（correlation coefficient、単に**相関**とも呼ばれる）を求める。詳しくは7章で触れるので、統計を始めたばかりであれば信頼性と妥当性の論理に集中し、相関係数の概念を習得するまでそれらの評価方法の詳細は後回しにするとよい。

　信頼性の測定には次の3つの主要なアプローチがある。それぞれ特定の状況で有用であり、それぞれに長所と短所がある。

- 複数度数の信頼性
- 複数形態の信頼性
- 内部整合性信頼性

　複数度数（multiple occasions）の信頼性は、**試験再試験信頼性**（test-retest reliability）とも呼ばれ、テストまたは測定を繰り返して値がどれくらいに近いかを表す。そのため、**経時的安定性**（temporal stability）指標とも呼ばれている。例えば、インタビュー映像に基づいて患者の心理評価を行う場合、同じ人なら2週間間隔で行い結果を比較する。このタイプの信頼性が意味をなすためには、測定される量が変化しないようにしなければならない。そのため心理状態が2週間で変化している可能性のある患者の直接のインタビューではなく、同じインタビュー映像を使用する。複数度数の信頼性は、気分の状態や測定されている質や量が2つの測定の間で変化する可能性がある不安定なもの（例えば被験者の学生が積極的に勉強している科目についての知識など）に対応するには、適切な尺度ではない。複数度数の信頼性を評価するためには、一般的には検査ごとの得点の相関係数（これは**安定度係数**と呼ばれる）を計算する。

　複数形態（multiple-forms）の信頼性（または**平行形態**（parallel-forms）の信頼性）は異なるバージョンのテストやアンケートが同じ対象を測定する中で、どれくらい近い結果を示すかを表す。複数形態の信頼性の一般的なものは、**折半法**である。その中では、均質であると信じられている項目が多数用意されていて、半分の項目はAフォームに、もう半分はBフォームに割り当てられている。2つ（またはそれ以上）のフォームのテストが同じ人々に同じ機会に行われる場合、各フォームから受け取った得点の相関が、複数形態信頼性の推

定値である。この相関はときに、**等価係数**と呼ばれている。複数形態信頼性は複数の版が存在するテストの標準化では特に重要である。例えば、異なるフォームの SAT（Scholastic Aptitude Test：米国で大学進学希望学生の間で学力測定に使用される）は、獲得した得点がフォームに関わらず同等であるように構成されている。

　内部整合性（internal consistency）信頼性は、道具（テストや調査など）を構成している項目がどれだけ正確に同じ構成概念を反映しているかを表す。別の言い方をすると、内部整合性信頼性は、道具を構成する各項目が同じ事柄を測定していることを評価している。複数形態や複数度数の信頼性と違い内部整合性信頼性は、単一の機会に単一の道具で評価できる。内部整合性信頼性は複数度数や複数形態信頼性よりも測定が複雑であり、いくつかの方法がそれを評価するために開発されている。詳しくは 16 章で触れる。これらの評価技法は、測定するテスト上の各項目ごとの相関である項目間相関に主に依存する。相関が高いなら、それは各項目が同じことを測定しており、内部整合性信頼性を測定するために使用されるさまざまな統計がすべて高くなる証拠として解釈される。項目間の相関が低かったり矛盾している場合、内部整合性信頼性は低くなり、これは各項目が同じことを測定していないことの証拠として解釈される。

　2 つの単純な内部整合性の測定方法、**平均項目間相関**と**平均項目全相関**が、同じような難易度で同じトピックをカバーする複数の項目で構成され、後に統合して採点されるテストに対して最も有効である。平均項目間相関を計算するためには、項目の各対間の相関を求め、これらすべての相関の平均を取る。平均項目の全相関を計算するためには、スケール上の個別の各項目に得点を加算して合計得点を作成し、各項目の合計得点の相関を計算する。平均項目全相関は、個別項目全相関の平均である。

　前述の折半法による信頼性は、内部整合性を決定する別の方法でもある。この方法は、項目が真に均一でない場合、異なる分割が異なる難易度のフォームを作り、信頼性係数は、フォームの各対ごとに異なるという欠点を有している。この難点を克服する方法は**クロンバックのアルファ**（または**アルファ係数**）であり、これはすべての起こり得る折半法推定値の平均に相当する。それを計算する方法など、クロンバックのアルファ係数の詳細については、16 章で触れる。

1.4.2 妥当性

　妥当性は、どれだけテストや順位尺度が測定しようとしているものを正確に測定できているかを表す。一部の研究者は妥当性確認を測定から引き出される推論を支持する証拠収集の過程として考えている。研究者間でも、何種類の妥当性が存在するかについて意見が分かれ、学術的合意も時とともに変化していて、さまざまなタイプの妥当性が、ある名称のもとで現れ、次の年には分割されて別の異なるものとして扱われたりしている。話を単純にするため

に、本書では一般的に受け入れられている妥当性の分類に留める。つまり内容妥当性、構成概念妥当性、併存的妥当性、予測的妥当性の4種類である。また内容妥当性に近い表面的妥当性も扱う。各種の妥当性については、「**18章　実験計画**」で詳しく触れる。

内容妥当性（content validity）は、より広い分野についての推論が測定目的であるときに重要となる。測定方法がどれだけその分野の重要な内容を反映しているかを表す。例えば、コンピュータプログラマの求職者は、採用後に使用する言語でプログラムを書いたり解釈したりする試験を受けることがある。時間制限により、実際にプログラミング作業に必要とされるものに比べて、限られたコンテンツとプログラミング能力しか審査対象としていない。しかし、内容と能力の部分集合をうまく選択した場合、その得点が、職務に要求されるすべての重要なプログラミング能力をよく表している可能性がある。この場合、この試験は内容妥当性があると言える。

内容妥当性に密接に関連した概念として、**表面的妥当性**（face validity）が知られている。優れた表面的妥当性を持つ尺度は、（一般大衆や、これによって評価される典型的な人に）公正な評価と見られている。例えば、高校の幾何のテストを受けた生徒の保護者にそれが代数の公正なテストであると判断された場合、そのテストは表面的妥当性があると言える。表面的妥当性は信頼を確立するのに重要である。生徒の幾何学の達成度を測定したと主張しても生徒の両親が同意しない場合は、両親は子供のこの科目の達成度に関する見解を無視する場合もあるだろう。加えて、両親にとって完全に他のモノに見える幾何のテストを生徒達が受ける場合、両親は協力し最善を尽くす動機が湧かないかもしれない。そのため、彼らの解答が彼らの達成度を本当に反映するものにはならない場合もある。

併存的妥当性（concurrent validity）は、測定結果から同じ時期の他の振る舞いやパフォーマンスをどれほどうまく推論できているかを表す。例えば、ある達成度テストの得点がそのときの学内でのパフォーマンスや似たテストでの得点に強く関連している場合、それは併存的妥当性があると言える。**予測的妥当性**（predictive validity）は、これと似ているが、将来のある事象について推論する能力に関連する。前述の例を再び使うと、ある達成度テストの得点がその後の学内でのパフォーマンスや将来の就職の成功に強く関連しているとすると、それは予測的妥当性があると言える。

1.4.3　三角測量

すべての測定方法は、それぞれ固有の欠点があるので、多くの場合、研究者は特定の事項に対して異なるいくつかの方法を用いて測定する。例えば、米国の大学では、高校3年生が大学に進学してからどれくらいの好成績を上げていくかを判断するために、いくつかの異なる情報を利用している。SATの成績結果、在籍高校での成績、小論文や自己評価表、教員からの推薦書などが、これに使用される異なる情報源となり得る。同様に企業での雇用判断に

関しても、職務経験、学歴、面接での印象、実技などから判断する就業後の潜在競争力など、さまざまな情報を基にして雇用を決定している。

このように、複数の異なる情報源からの情報を組み合わせて考察することによって正確な評価、もしくはより精度の高い評価を得る方法は、幾何学で既知の2点から3点目を推測する方法と同じように**三角測量**（triangulation）と呼ばれる。三角測量の基本的な考え方は、ある概念の単一の測定方法による測定値の情報は、既知未知を問わず誤差が多く含まれているが、少なくとも1つ以上の既知の測定法によって知られている情報と組み合わせることによって、未知量の受容可能な測定にたどり着くことだ。それぞれの測定方法には、誤差があることを予測し、同じ種類の誤差ではなく測定方法の違いによって生じる誤差の種類が異なり、結果として複数の測定方法よって、納得できる質や量を推測できる。

三角測量の方法を確立させていくことは、簡単ではない。歴史的な試みの1つとして、1959年にキャンベルとフィスクによって開発された多特性多方法行列分析法（MTMM：multitrait, multimethod matrix）がある[†]。彼らの目的は、用いた測定方法による部分の中から、目的に応じた測定結果を分離することにある。彼らの方法論は、現在ではあまり使われておらず、またMTMM技法の十分な議論は入門書の範疇を超えるものであるが、その概念は測定誤差と妥当性について考察する際の有効な方法である。

MTMMは、いくつかの異なる方法によって測定された概念（特性）の相関行列である。理想的には、同程度の異なるいくつかの手法特性に用いられる。この行列では、同一の特質に対して測定された異なる測定方法での結果は非常に関連性が強いと期待できる。例えば、知能を測る場合に、筆記試験、実技による問題解決能力判断、面接によって出されるそれぞれの結果は関連性が強い。異なる特質を同一の測定方法で測った場合の結果は、例えば、知能と礼儀と社交性を筆記のみにて測定した場合の結果のように、関係性は現れない。

1.5 測定バイアス

測定バイアスを考慮することは、ほぼすべての分野で重要だが、特に人文科学では一層の注意が必要だ。バイアスの多くは、既に特定され、それぞれ定義されている。ここでそのすべてを列挙していくわけではないが、いくつか一般的なものについて考えていこう。ほとんどの実験計画の教科書で、この測定バイアスを詳しく扱っており、議論を進めるにあたって参考にできる。バイアスに関する問題の考慮と扱い方を誤ると模範的な研究結果まで無意味、無効になりかねないことを考慮し、常に注意して扱わなければならないことが最も重要だ。

バイアスは主に2つの面で研究に関わってくる。1つは、研究対象者（物）の選択や保持

[†] 訳注：Campbell, D. T., Fiske, D. W. (1959) "Convergent and discriminant validation by the multitrait-multimethod matrix." *Psychological Bulletin, 56,* 81-105 を指す。原論文は次にある。https://faculty.fuqua.duke.edu/~jglynch/Ba591/Session03/Campbell%20and%20Fiske%201959%20Psych%20Bull.pdf

に際して、もう1つは、対象者（物）に対する情報収集をする際である。いずれの場合でもバイアスの特徴として、それは偶然誤差ではなく系統誤差の源となる。バイアスの結果は、データそのものは統計学上正しい手法と技術によって導き出されたにも関わらず、系統的に誤った結論を導き出す。次の2節で、2つの一般的なバイアス、標本の選択保持と情報の収集記録とに関して詳しく見ていく。

1.5.1 標本の選択と保持におけるバイアス

　対象が白血病の患者であっても、工場で作られる製品であっても、研究調査においてその対象すべてに対して調査をすることは、不可能とは言わなくても、単純に費用がかかりすぎる。そのためほとんどの場合、標本（sample、サンプル）を抽出して調査をする。標本は、調査母集団（結果を適用するつもりの母集団）をよく代表して、研究者が標本の結果を使って母集団を記述するのに満足できる必要がある。標本にバイアスがあることは、調査母集団を代表していないことを意味するので、標本調査から導かれた結論が調査母集団には適用できないことになる。

　選択バイアス（selection bias）は、標本対象者が、他の対象より何らかの理由で潜在的に選ばれやすい状態にあるときに起こる。この用語は通常、標本選択の手順で起こるバイアスに使われる。例えば、電話調査を電話帳に基づいて行った場合、電話帳に番号を載せていない人や、電話番号を変更してしまった人は調査対象から除外されてしまう。これは、RDD（Random-digit-dialing、ランダムに番号を打ち込む手法）によって解決できるが、固定電話に加入していない人や、携帯電話のみの使用者は標本に入れることができない。これは研究調査自体の問題で、除外された人が（よくあることだが）結果的に調査特性において異なり、調査結果がバイアスされる。例えば、自宅に固定電話を引いていない人は、引いている人より貧困傾向にあり、また携帯電話のみを使用している人は、固定回線を引いている人よりも若い傾向にある。この場合、貧困や若さが研究そのものに関連している場合、標本としてこれらを除外することは研究にバイアスを導入してしまう。

　志願者バイアス（volunteer bias）とは、研究に対して志願して参加する標本は、多くの場合対象全体の代表として不適格なことを指す。このため、テレビ番組での電話投票の結果は、そういった電話投票に自ら進んで参加する人々を対象にした調査目的以外では、科学的な調査結果として有効ではない。この場合、いくつもの階層に及ぶランダムでない標本選択が、行われている可能性があるからだ。例えば、この投票に参加するためにはテレビを見ている必要がある。これは、家にいる必要があり、この投票が平日に行われる場合、視聴者の大半は仕事を引退した人や、主婦、無職の人となる。また、電話を自主的にかけることが可能であり、テレビ画面に映る番号に対して何らかの理由でそれをダイヤルする特性を持った人となる。こと電話投票に関しては、参加者の個別の性格特性が大きく影響し、無視できないほ

どの影響があることが、既に知られてる。

未回答者バイアス（nonresponse bias）は、志願者バイアスの別の側面となる。研究に自主的に参加する志願者標本が、そうでない標本と体系的に異なる結果をもたらすのと同様に、参加を拒否する標本は、参加した人とは異なる結果を出すことが少なくない。電話調査が嫌いな人が周りにいないだろうか（私もその一人だが…）。そういう人が、全体を象徴するランダムな選択として適当だろうか。おそらく違う。例えば、カナダ／米国の健康に対する共同調査では、カナダ対米国での結果の違いだけなく、ほぼすべての健康状態と医療アクセス状態では、未回答者バイアスを探すことができた（調査結果は http://bit.ly/TfJ6um にまとめられている）。

情報打ち切り（informative censoring）は、長期的な研究（一定期間にわたって追跡調査が必要な研究）でバイアスをもたらすことがある。長期的な調査中に、対象者を失うこともあるが、本当の問題点は、対象者がランダムにドロップアウトしないときに、研究目的に関連する理由によって生じる。仮に、2つの治療方針に振り分けられた慢性疾患の患者の5年間にわたる治療結果の追跡調査を行ったとする。無作為振分方法が確立されているために、調査開始時にはバランスのとれた2つの対象グループに分けることができる。しかし、時間が経過するにつれて、効果的ではない治療方針のグループに振り分けられた調査対象者は、他の治療法を求めるために、調査対象からドロップアウトしていき、バイアスを引き起こす。最終的に残った対象者が、効果的な治療方針のグループのみから構成されており、途中でドロップアウトした対象者がランダムな理由でない場合、結果として最後まで残った対象者は開始時の無作為な選択によって選ばれた対象者のグループではなくなってしまう。ドロップアウトした理由が治療の効果がないことの場合、残った対象者の集団は治療が効果的であった人に偏っている。

1.5.2 情報バイアス

たとえ完璧な標本が選択され保持されている場合でも、情報を収集し、記録する際の方法によってバイアスは引き起こされる。この種のバイアスは、収集した情報の有効性に影響し、研究結果を無効にすることもあるので、**情報バイアス**（information bias）と呼ばれる。

データが直接対面式の面談や、電話によって収集された場合、そこには質問者と対象者の間に社会的な関係が生まれる。この社会的な関係が、収集されたデータの質に悪影響を及ぼすことがある。こういったデータ収集時の質問者の心構えや態度によってもたらされるバイアスは、**質問者バイアス**（interviewer bias）として知られている。この種のバイアスは、質問者が意図せずとも、研究の目的を知っていたり、対象者の個人情報を知っていたりするときに起こり得る。例えば、仮に質問者が化学物質によって引き起こされる稀な癌に苦しんでいる人だということを知っていた場合、質問内容がその化学物質の影響に対して、より厳密な

質問に偏っていくことがある。また、質問者が、例えば乱交や薬物の乱用などのケースのように、研究内容に対して否定的な意見や態度である場合にも、対象者が答えづらいような態度になることによって、質問者バイアスが引き起こされる場合がある。

想起バイアス（recall bias）は、深刻な病気や怪我などの経験者が、それと関連した事象に対してバイアスを示す。例えば、流産を経験している女性は、その流産の原因となった思い出や事象を、多くの時間を費やして思い起こしている。通常、出産経験者は、そういったことを考えていないわけではないが、多くの時間を費やしてはいないので、調査の際に尋ねられても思い出さない。

検出バイアス（detection bias）は、特定の特性が一部の人々から検出されやすい傾向にあることを示す。例えば、スポーツ選手ではドーピング薬の使用検査は、定期的に行われ、結果が公表される。世界選手権クラスの選手は、定期的にアナボリックステロイドの検査が行われ、記録され、メディアへ発表されることもある。無名の選手や、他の競技の選手が同様なドラッグを使用している可能性もあるが、定期的に検査したり検査結果を発表したりしないので、記録として残らない。したがって、アナボリックステロイドの使用率が野球よりも水泳の方が多いという報告のために、実際に水泳選手の方が野球選手よりそのドラッグの使用率が高いと推定することは誤りとなる。これは、水泳関係者がより積極的に検査を行い、公表しているから引き起こされる差によるものだ。

社会的欲求バイアス（social desirability bias）は、人が自分をよりよく見せようとする傾向から引き起こされるものだ。これは、対象者が研究者が喜ぶだろうと信じて引き起こされるものだ。直接面談によって調査された場合のみではなく、例えば筆記アンケートによって行われた調査でもその傾向を見ることができる。社会的欲求バイアスは、特に犯罪行為や失禁など社会的に恥ずかしいとされている行為などに対して行われる調査に見られる。また、社会的欲求バイアスは、質問が何か社会的に「正しい」とされているかが問われていると感じる場合には、回答に影響を及ぼす。

1.6 練習問題

この章の内容を復習する。

問題

次のそれぞれのシナリオで起こり得るバイアスの種類は何か。また、何が結果に影響するかを考えなさい。

1. ある大学は、卒業生基金への寄付金への貢献度調査に基づいて、卒業生の平均年収を12万ドルであると報告している。

2. ある高校では、学力向上プログラムを実施した結果、1年間のプログラムを完了した40名の生徒（100名で開始）の達成度テストの結果では著しい学力向上が認められたため、プログラムは成功したと報告されている。

3. 従業員の健康状態を憂慮した管理人が、昼休みに「健康的な食事」「運動の重要性」「喫煙や飲酒の健康への悪影響」などの講習を行った。講習開始前と終了後に無記名の筆記アンケートを行った結果、健康的な行動が増加し、不健康な行動が減少するといった結果が出て、講習が効果的であったことがわかった。

解

1. 選択バイアスと未回答者バイアスの両方が調査された標本の質に影響していると考えられる。報告された平均年収は、実質の年収平均よりも高く推定されていると考えられる。なぜなら、卒業生向けの定期刊行物を読んでいる卒業生は、卒業生の中でも成功をしている人々で、自分の低年収を恥じているような卒業生は返答しないと考えられるからだ。また、社会的欲求バイアスも考えられる。なぜなら年収が高いことが社会的に望ましいとされている中で、卒業生が実際の年収よりも高い年収を返答していることが考えられるためだ。

2. 情報打ち切りによるバイアスが考えられる。プログラムの効果が過大評価されている可能性がある。プログラムを完了できた生徒に対しては一定の効果が見られたが、半数以上の生徒が途中でプログラムから脱落していて、平均的な生徒に対しての効果を知ることができない。プログラムを完了できた生徒は、脱落してしまった生徒より学力ややる気が高い生徒であり、脱落してしまった生徒に対してプログラムがどう効果を発したかを知ることができない。

3. 情報収集時の情報の質に影響した、社会的欲求バイアスが考えられる。講習の有効性が高く評価されすぎている場合がある。なぜなら、管理人が従業員の健康を憂慮して講習を行ったことが周知されているために、従業員が上司を喜ばせるために健康的な行動改善を返答したと考えられるためだ。

リッカート尺度

リッカート尺度は、人間対象の研究では最も一般的な評価尺度の1つだ。この評価尺度は、1946年から1970年までミシガン大学社会研究所のディレクターを務めたリッカート（Rensis Likert、1903 - 1981）によって1932年に初めて使用されたものだ。リッカート尺度を用いたアンケートでは、通常被験者は奇数個の順に並べられた選択肢（一般的には5段階だが、7段階や9段階もある）の中から、質問に対応する回答を選ぶ。例を次に示す。

質問：米国は全国的健康保険のシステムを採用すべきである。

選択肢1．強く同意する。

選択肢2．同意する。

選択肢3．同意も反対もしない。

選択肢4．反対する。

選択肢5．強く反対する。

中立の意見のない偶数個の回答群から選択させるケースもある。この場合は強制選択方式と呼ばれ、被験者は賛成か反対のどちらかを強制的に選ばされる。また、同一アンケート中でも回答群の順番を入れ替え（選択肢1．が「強く反対する」となったり、「強く同意する」となったりする）、質問や選択肢を読まずに最初や最後の選択肢だけを選ぶ被験者を探すこともある。

リッカート尺度によって収集されたデータは、順序レベルを示している。回答が段階順に並べられてはいるが、その段階のそれぞれの差が等しいとは限らない。強く賛成するのと、賛成するのとの差が、賛成するのと賛成も反対もしないのとの差と同じであるかどうかを知ることはできない。

デューイがトルーマンを破る

いくつかの米国大統領選挙の予測は、バイアスのある標本に基づいたために予測を外したことがある。権威のある出版社や団体が完全に間違った予測を立てているのはユーモラスにも見えるが、こういった事象は統計学上、一般集団を対象とした調査では偏った標本から導き出される誤りに関する教訓ともなる。

1936年のことだが、それまで1916年、1920年、1924年、1928年、1932年と続けて大統領選を正しく予測してきたリテラリー・ダイジェスト・マガジンは、共和党のアルフ・ランドンが圧倒的な差をもって民主党のフランクリン・ルーズベルトを破ると予測した。しかし、ルーズベルトの圧倒的な勝利が結果として歴史に残った。リテラリー・

ダイジェスト・マガジンの問題点は、大規模標本からの調査（1000万人の招待者の中の230万人以上の標本抽出）にも関わらず、その標本は車を所有しているか、電話を引いているか、リテラリー・ダイジェスト・マガジンを定期購読しているかという偏りがあったためである。1936年に、そのような個人は一般市民と比べて、富裕層で共和党支持者の傾向が強くあった。また、標本はアンケートはがきを自主的に返送するという手段だったために、標本に志願者バイアスがあったためと考えられる。

　1948年、すべての主要な世論調査では、共和党のトーマス・デューイが民主党のヘンリー・S・トルーマンを破り大統領になると予測した。シカゴ・トリビューン新聞では、一面の見出しに「デューイがトルーマンを破る」という印刷までしていた。1936年と比較して、世論調査の技術は進歩していたとはいえ、いくつかのバイアスが見受けられ、それが間違った予測へと導いたことになる。問題点の1つは、統計学的な修正を行わずに電話調査を行ったことである。この時代の電話所有者は富裕層で、デューイの支持者の傾向があった。もう1つの問題点は、どちらに投票するか決めかねている投票者が数多くいたことにある。世論調査は浮動票の予測方法をまだ知らなかった。3つ目の問題点は、デューイの支援団体が東側で強く西側の州では弱かったことにある。時差によって引き起こされた問題で、東側の州での開票結果が西側に伝えられ、トリビューン社は、その情報をもとに印刷をしてしまった。カリフォルニアを含む西側の州でトルーマンが選挙戦を勝ち抜くだけの票を集めることをトリビューン社は予想できなかった。

2章
確率

　確率論は統計の基本である。確率は手ごわいトピックだと思う人もいるが、時間をかけてもいいと考えている人ならば、統計で成功を収めるのに必要なレベルまで理解できるはずだ。多くの学習分野と同様に、高度な確率論は非常に複雑になっており理解しにくいが、確率の基本原理は直感的で理解しやすい。その上、ほとんどの人は、今日の午後の雨の確率が30%であると報じる天気予報やたばこのパッケージに記載された喫煙が肺癌発症のリスクを高めるという警告などで、確率的表現に既になじみがある。

　大部分の大人のように1件または複数件の保険契約を結んでいれば、既に確率的推論に基づく企業に関わっていることになる。例えば、自動車を運転または所有している場合には、おそらく自動車保険契約を結んでいる。この保険は事故によって被る可能性のある多額の出費から保険契約者を守るため、本当は自動車出費保険と呼ぶべきである。事故を起こす予定があるから保険契約を結ぶわけではない。むしろ、将来そのような事象が発生する確率がゼロではないことを認識しているからである。

　政府はたいてい、同じ理由から自動車の所有者に保険契約を結ぶように求める。この要求は運転者のたちが悪いという判断ではなく、事故は起こるものであり、重大事故の費用を自費で賄える人は少ないという認識によるものである。保険業界は統計家集団を雇い、事故にあう確率やその他の理由で保険請求を行う確率とそのような請求で会社にかかる費用を考慮して保険料金を設定する。

　本章で説明するように、確率の基本を理解するには通常高校で扱われる以上の数学的知識は必要なく、このような概念を理解すると、以降の章で示す統計技法を理解するための土台となる。本章の内容を習得すれば、高度な作業を行ったり統計を自分の研究分野に選んだりすることがない限り、今後遭遇する統計の大部分を理解することもできる。さらに、日常会話で使う確率的表現を理解し、間違って使われている場合を認識できる。

2.1 数式について

過去に数学の成績が芳しくなかった人は数式が嫌いなことが多く、数学者が初心者を遠ざけ、手柄を自分のものにするための障害として考案した難解なコミュニケーション方式であると感じる。数学と統計が簡単な科目であると言うつもりはないが、数式が理解の妨げであるという思い込みは間違っている。実際には、数式は重要な情報をやり取りするための手短で明確な方法であり、数学の言語で書かれた説明書と考えられる。以前、微積分の教授の1人は、「数式を見て、その数式が示していることを行え」と言っていた。

数式は言語に依存しないという利点があるため、数学は母国語や国籍に関わらず人々の間で伝え合い理解できる。英語、ロシア語、またはペルシア語を話して育ってきたかどうかは問題ではない。数学の言語を理解してさえいれば、人間の言語で生じる障害とはある程度無関係に数学的話題について同僚と意思疎通できる。

式2-1に示す算術平均(これは数の平均を示す共通語である)を求める式の例を考えてみよう。

式2-1 平均を求める式

$$\bar{x} = \frac{1}{n} \sum_{i=1}^{n} x_i$$

これはギリシャ語のように見えるかもしれないが(実際に一部はギリシャ語である)、実際は必要な計算方法を説明しているだけである。部分に分割してみよう。

- xは平均を計算する数を表す。
- 記号$\bar{x}$(エックスバーと読む)はxの平均を表す。(左辺にあるので)これを計算している。
- 記号x_iはxの特定の値を表す。
- nは平均を計算するのに使うxの個数を表す。
- 総和記号Σは、各事例(この場合はxのすべての値)を合計することを表す。総和記号の上下の表記は、xの最初の値(x_1)から最後の値(x_n)までのすべての値を合計することを表す。

この式は、平均を計算するには、xのすべての値を合計し、合計した事例の数で割るということを示している。なお、$1/n$を掛けるのは、nで割ることと同じである。

3つの数値(1、3、5)の平均を計算したいとしよう。変数表記では、この数値をx_1、x_2、x_3と表す。この例では3つの数値なので$n = 3$である。したがって、この式を実行するには、

式 2-2 に示すように、x_1 から x_3 までの数値を合計して、1/3 を掛ける。

式 2-2　3つの数値の平均の計算

$$\bar{x} = \frac{1}{3}\sum_{i=1}^{3} x_i = \frac{1}{3}(1+3+5) = 3$$

統計の学習を進めていくとさらに複雑な式に出会うが、式を使う手順は同じである。

1. 使用されている記号と必要な演算の意味を特定する。
2. 記号に代入する値を特定する。
3. 式にその値を代入して指定の演算を実行し、結果を得る。

2.2　基本定義

以下は確率を論じるために知っておくべき基本概念である。

2.2.1　試行

確率は**試行**の結果を対象とする。試行は、**実験**や**観測**とも呼ばれる。いずれの用語も、結果が未知の事象を指す。試行の結果がわかっていれば、結局のところ、確率を考える必要はない。試行は硬貨を投げたり1組のトランプからカードを引いたりするなどのように簡単な場合もあれば、乳癌と診断された患者が診断の5年後にも生存しているかどうかを観測するなどのように複雑な場合もある。「試行」という用語は1回の硬貨投げなどの1つの観測に使い、「実験」という用語は1つの硬貨を5回投げた結果などのような複数の試行に使う。

2.2.2　標本空間

S で表す標本空間は、試行で起こり得るすべての基本結果の集合である。試行が硬貨を1回投げる場合には、表と裏の2つがこの実験で起こり得るすべての結果を表すため、標本空間は $S = \{$ 表, 裏 $\}$（$S = \{h, t\}$ と略されることが多い）である。硬貨を投げると表 (h) か裏 (t) のどちらかが出る。1つの6面サイコロを振る実験では、標本空間は $S = \{1, 2, 3, 4, 5, 6\}$ であり、サイコロを1回振った際に出る可能性がある6つの面を表す。このような基本結果は標本点とも呼ばれる。実験が複数の試行からなっている場合、この試行で起こり得るすべての結果の組合せは標本空間の一部として示さなければいけない。例えば、試行が硬貨を2回投げる場合には、結果が2回とも表、1回目が表で2回目が裏、1回目が裏で2回目が表、2回とも裏になるので、標本空間は $S = \{(h,h), (h,t), (t,h), (t,t)\}$ となる。

2.2.3 事象

通常は E（S 以外の任意の大文字で表すこともある）で表す**事象**は試行の結果を表し、1つの結果か結果の集まり（集合）で構成される。ある結果が発生した場合、「事象を満たす結果」または「発生した事象」と言う。例えば、「1 回の硬貨投げで表」の事象は $E = \{ 表 \}$ で表し、「1 つのサイコロを振って奇数」の事象は $E = \{1, 3, 5\}$ で表す。**単純事象**は、1 回の硬貨投げなどの 1 回の実験や観測の結果である。以下の和事象や積事象の例のように、単純事象を組み合わせて**複合事象**にすることができる。事象は、結果を列挙するか結果を論理的に定めることで定義できる。例えば、試行がサイコロを 2 回振り、合計が 6 未満になる頻度を求めたい場合には、$E = \{2, 3, 4, 5\}$ または $E = \{ 合計が 6 未満 \}$ と規定できる。

事象や事象の組合せの確率を図示するための一般的な方法はベン図である。ベン図では、長方形が標本空間を表し、円が特定の事象を表す。ベン図は**図 2-1** から**図 2-3** で使用する。

ベン図

新しい数学で育った人は、おそらく小学校の数学の教科書で学んだベン図を覚えているだろう。小学生に集合論を導入した判断は議論の余地があるであろうが、もちろんイギリスの数学者ベン（John Venn、1834 ～ 1923）や彼の図には何も責任はない。ベン図は数学や関連分野で対象集合間の論理的関係を表すのに広く使われており、文学などの他の学科でも採用されている。ベンは、成人期のほとんどをケンブリッジ大学キーズカレッジでの教職で過ごした。ベンは論理学に最も興味があり、ベン図を紹介した『Symbolic Logic』（1881 年）などの 3 冊の教科書を出版した。現在、キーズの学生と教員はベンのベン図を毎日思い起こす。なぜならキーズカレッジの食堂のステンドグラスは異なる色の 3 つの円で示した 3 つの重なり合う集合を表すベン図がデザインされていて、ベンはステンドグラスとして永遠に存在し続けている。

2.2.4 和事象

いくつかの単純事象の**和事象**は、1 つ以上の事象が発生した場合に生じる複合事象となる。E と F の和事象は $E \cup F$ と表記し、「E か F、または E と F の両方」を意味する。和事象（Union）記号は大文字 U に似ている。E と F の和事象は、**図 2-1** のベン図の網掛け部分である。この図は部分的に重なる 2 つの完全な円を表す。この図は、網掛け部分のすべての点（E か F、または E と F の両方に属するすべての点）が条件 $E \cup F$ を満たしているという意味である。例として、6 面サイコロを振る事象で $E = \{1, 3\}$、$F = \{1, 2\}$ と仮定しよう。1、2、または 3 という結果が事象 $E \cup F$ を満たす。$E \cup F = \{1, 2, 3\}$ と言うこともできる。

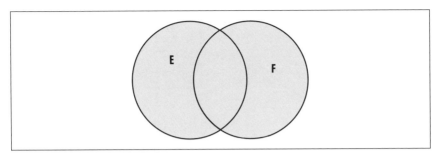

図 2-1　EとFの和事象（網掛け部分）

2.2.5　積事象

2つ以上の単純事象の積事象は、すべての単純事象が発生した場合のみに生じる複合事象となる。E と F の積事象は $E \cap F$ と表記し、「E と F の両方」を意味する。E と F の積事象は、図 2-2 のベン図の網掛け部分である。E と F の両方に属する点だけがこの条件を満たす。前記の例を引き続き利用し、6面サイコロを振る事象で $E = \{1, 3\}$、$F = \{1, 2\}$ の場合、1は両方の集合の要素なので1という結果のみが事象 $E \cap F$ を満たす。つまり、$E \cap F = \{1\}$ である。

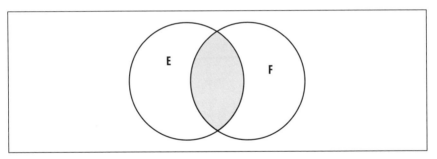

図 2-2　EとFの積事象（網掛け部分）

2.2.6　余事象

事象の**余事象**は、その事象ではない標本空間内のすべてを意味する。事象 E の余事象は $\sim E$、E^c、$\bar{E}$ などのさまざまな表記があり、「E ではない」または「E の余事象」と読む。例えば、$E = (\text{numbers} > 0)$ の場合、$\sim E = (\text{numbers} \leq 0)$ である。前記の例を使い、6面サイコロを振る事象で $E = \{1, 3\}$ の場合、$\sim E = \{2, 4, 5, 6\}$ である。F の余事象は、図 2-3 のベン図の網掛け部分である。

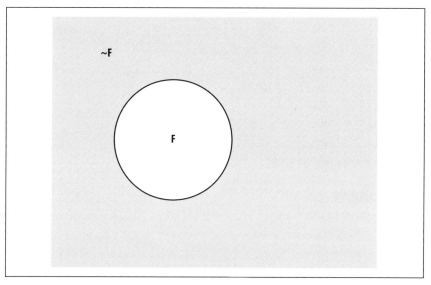

図 2-3　F の余事象（網掛け部分）

2.2.7　互いに排反

　事象が同時に生じ得ない場合、それらの事象は**互いに排反**である。言い換えると、2 つの集合が共通する事象を持たない場合、その 2 つの集合は互いに排反である。例えば、事象 A = (年収が 10 万ドルよりも多い) と B = (年収が 10 万ドル以下) は互いに排反であり、集合 A = (偶数) と B = (奇数) も互いに排反である。互いに排反な集合 E と F を図 2-4 のベン図で示す。集合 E と F には共通点がない。

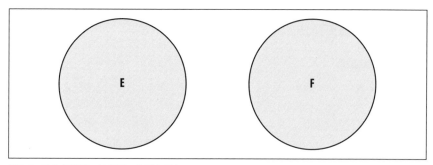

図 2-4　E と F は互いに排反。共通点がない。

2.2.8 独立事象

2つの試行が**独立**の場合、一方の試行の結果は他方の結果に影響しない。言い換えると、試行が独立の場合、一方の試行の結果を知っていても他方の結果に関する情報は得られない。独立事象の古典的な例は、硬貨を投げる場合である。硬貨を2回投げる場合、最初の試行の結果は2回目の試行の結果に影響を与えない。

2.2.9 順列

確率論では、**順列**は集合の要素を並べる際に考えられるすべての並べ方である。例えば、ある集合が要素 (a, b, c) からなる場合、この集合の順列は (a, b, c)、(a, c, b)、(b, a, c)、(b, c, a)、(c, a, b)、(c, b, a) である。順列では要素の順序が重要である。(a, b, c) と (a, c, b) は異なる順列である。

別個の要素からなる集合（重複する要素がない集合）の順列の数は、**階乗**を使って計算する。階乗は、数値の後ろに感嘆符を付けて表す。多くの電卓には階乗を計算する $x!$ キーがあるが、階乗はその数値と1までのその数値未満の整数を掛けても計算できる。次に例を示す。

$3! = 3 \times 2 \times 1 = 6$

3! は「3の階乗」と読む。重複のない3つの要素の集合では3!個（6個）の順列があり、これは上記で異なる順列を列挙して求めた結果と一致する。3つの要素がある場合、最初の要素の選択肢が3つあり（この例では a、b、c）、2番目の要素の選択肢は2つあり（最初の要素として選んだ要素を除く）、3番目の要素の選択肢は1つあるため（最初の2つを選んだ後に残る要素）、これは論理的に理解できる。したがって、$3 \times 2 \times 1 = 6$ 種類の異なる要素の並べ方がある。順列はすぐに大きくなる。例えば、5! = 120 であり、10! = 3,628,800 である。20! は非常に大きいので、ほとんどの電卓では指数表記（20! = 2.432902008E18）でしか表示できない。

指数表記

指数表記（scientific notation）は、非常に大きいまたは非常に小さい数値を示すのに使用する。指数表記を使うと空間の節約になるだけでなく（多くのゼロを書き出さなくてよいため）、伝達の際の正確性も向上する。多くのゼロを含む数値は読み間違えやすいためだ。指数表記の背景には、あらゆる数値は1以上10未満の数値（**係数**と呼ぶ）と10（**基数**と呼ぶ）の累乗の乗算で表記できるという概念がある。数値1234は1.234E3（EはExponent（指数）を表す）と表記でき、これは 1.234×10^3、つまり 1.234×1000 を意味する。同様に、1.234E-4 は 1.234×10^{-4}（1.234×0.0001）を表し、

これは 0.0001234 である。E の別の解釈方法では、小数点を左または右にいくつ移動させるかを示す。そのため、1.234E3 は小数点を右に 3 つ移動させることを示すので 1,234 となり、1.234E-4 は左へ 4 つ移動させるので 0.0001234 となる。

2.2.10 組合せ

組合せは順列に似ているが、組合せでは要素の順序が重要ではない点が異なる。したがって、(a, b, c) は (b, a, c) と同じ組合せである。そのため、集合 (a, b, c) には 1 つの組合せしかない。

統計における組合せと順列の用途として、集合から指定の大きさの部分集合を取り出す方法の数の計算がある。これにより、集合から特定の部分集合を取り出す確率を計算できる。一般的には対象となる集合には重複がなく、以降の議論でもこの前提を利用する。順列と組合せを示す方法はいくつかある。その方法と多少の問題点を付録 A に示す。この節ではシンプルな表記法にこだわり、順列には P、組合せには C を使う。この表記法を使うと、3 要素の集合から 2 要素を取り出す際に考えられる順列の数は $_3P_2$ で表し、3 要素の集合から 2 要素を取り出す組合せの数は $_3C_2$ で表す。引き続き前述の例を使うと、集合 (a, b, c) では $_3P_2 = 6$ である。3 要素の集合から 2 要素を取り出す順列は (a, b)、(a, c)、(b, c)、(b, a)、(c, a)、(c, b) の 6 個あるからである。この集合からは 3 つの 2 要素の組合せを取り出せるので $((a, b)$、(a, c)、$(b, c))$、$_3C_2 = 3$ である。

大きさ n の集合から大きさ k の部分集合を取り出す順列の数は、**式 2-3** で示すように計算する。

式 2-3 順列を求める式

$$_nP_k = \frac{n!}{(n-k)!}$$

この式を使い、大きさ 8 の集合から取り出せる大きさ 2 の順列の数を**式 2-4** に示す。

式 2-4 順列 $_8P_2$ の計算

$$_8P_2 = \frac{8!}{(8-2)!} = \frac{8!}{6!} = 56$$

手作業で順列を計算しなければいけない場合には、約分規則を思い出すと役立つ。分子や分母を因数の積で表すと、分子と分母の両方に現れる因数を約分できる。例えば次のように

なる。

$12/6 = (2 \times 2 \times 3)/(2 \times 3) = 2$

分子と分母の両方から (2×3) を約分できるからである。

順列 $_8P_2$ の場合、多くの項を約分できるので除算の前にそれぞれの階乗を乗算する必要はない。この例では、

$8! = 8 \times 7 \times 6 \times 5 \times 4 \times 3 \times 2 \times 1$

そして、

$6! = 6 \times 5 \times 4 \times 3 \times 2 \times 1$

なので、ほとんどの分子を約分でき以下が残る。

$_8P_2 = 8 \times 7 = 56$

n と k が同じ値の場合、必ず順列より組合せの方が少なくなる。同じ要素の異なる順序は異なる順列とみなすが、異なる組合せではないからである。これは組合せの公式から明らかである。組合せの公式は、**式 2-5** に示すように順列の公式を選択対象の数の階乗で割ったものである。

式 2-5　組合せを求める式

$$nCk = \frac{n!}{k!(n-k)!} = \frac{nPk}{k!}$$

この式を使うと、**式 2-6** に示すように大きさ 8 の集合から取り出せる大きさ 2 の組合せの数を計算できる。

式 2-6　組合せ $_8C_2$ の計算

$$_8C_2 = \frac{8!}{2!(8-2)!} = \frac{8P2}{2!} = \frac{56}{2} = 28$$

2.3　確率の定義

確率を定義するにはいくつかの技法があるが、統計に便利な定義では、確率は実験を繰り返したときにある事象がどれくらい起こりやすいかを示す。例えば、硬貨投げで表が出る確

率は硬貨を何回も投げ、裏ではなく表が出る回数を観察すれば推定できる。おそらく、確率に関する最も重要な事実に次がある。

　　事象の確率は必ず 0 と 1 の間になる。

　事象の確率が 0 の場合、その事象が起こる可能性はないという意味である。一方、事象の確率が 1 の場合、必ず起こるという意味である。数学では小数を使って確率を示すのが慣例なので事象の確率は 0 と 1 の間になるが、パーセントで言うのも同様に受け入れられるので（日常会話ではより一般的である）、事象の確率は必ず 0% から 100% の間であると言うのも正しい。小数からパーセントに変換するには 100 を掛けるので、確率 0.4 は確率 40% でもあり（0.4 × 100 = 40）、確率 0.85 は 85% の確率とも言える。

　負の確率や 100% より大きい確率は論理的には不可能であり、言葉のあやとして存在するだけである。確率が 0 から 1 に限られているという事実には数学的意味があり、詳しくは 11 章でロジスティック回帰を考察するときに検討する。この事実は、計算上のチェックにも役立つ。0 未満や 1 より大きい確率が得られたら、確実にどこか途中で間違いを犯している。誰かが彼の方式に従えば株式市場で 200% の確率で大儲けすると言ったら、（間違ったことを言っているので）他の投資アドバイザーを探すべきだ。

　確率に関する他の有益な事実は以下である。

　　標本空間の確率は常に 1 になる。

　標本空間は試行で起こり得るすべての結果を表すので、標本空間の合計確率は 1 にならなければいけない。これが有益な事実であるのは、標本空間内のある事象の確率はわかるかもしれないが、その他の事象に関しては情報がない場合があるからである。しかし、標本空間全体の確率が 1 であることがわかっているので、既知の確率を考慮した後に残った確率に基づいて、情報のない事象の確率を割り出すことができる。

　上の 2 つの次に役立つ 3 つ目の事実は次である。

　　ある事象とその余事象との（和の）確率は常に 1 になる。

　この事実は余事象の定義から得られる。標本空間内の事象 E ではないすべての事象は、E の余事象である。したがって、E と $\sim E$ を合わせると標本空間全体になり、E と $\sim E$ の確率を合わせると 1 になるだろう。これは**図 2-3** から明らかだろう。四角形の箱は標本空間を表し、円が事象 E、箱内で円の外側の網掛け部分は $\sim E$ を表す。E と $\sim E$ を合わせると標本空間全体となり、その和事象（$E \cup \sim E$）の確率は 1 である。

2.3.1 事象の確率の表現

通常、確率は次のように表す。

$P(E) = 0.5$

これは、「事象 E の確率は 0.5」または「事象 E には 50% の確率がある」という意味である（または単に「E の確率は 0.5」や「E には 50% の確率がある」）。この形式を使うと、確率に関する第 1 の事実（事象の確率は必ず 0 と 1 の間になる）は次のように表す。

$0 \leq P(E) \leq 1$

確率に関する第 2 の事実は（標本空間 S には試行で起こり得るすべての結果が含まれる）次のように表す。

$P(S) = 1$

確率に関する第 3 の事実（ある事象とその余事象の確率は常に 1 になる）は次のように表す。

$P(E) + P(\sim E) = 1$

ここから次の重要な結果が得られる。

$P(\sim E) = 1 - P(E)$

これは後の計算で非常に便利であることがわかる。E の確率がわかっていれば、自動的に $\sim E$ の確率がわかる。$1 - P(E)$ である。したがって、$P(E) = 0.4$ の場合、$P(\sim E) = 1 - 0.4 = 0.6$ である。

2.3.2 条件付き確率

ある事象が発生した場合の別の事象の確率を調べたいことがよくある。これは記号的には $P(E|F)$ と表し、「F の場合の E の確率」という意味である。事象 F は条件と呼ばれ、このプロセスは「F での条件付け」と呼ばれることがある。統計では、例えば喫煙者の方が肺癌になりやすいなど、ある因子が結果と関係があることを立証しようとすることが多いため、条件付き確率は重要な概念である。ある因子が結果と関係があることを別の表現で表すと、結果の確率がその因子が存在するか否かによって異なると表現できる。肺癌になる（結果）確率が喫煙者（因子）の方が非喫煙者よりも高いということを記号的に表現すると、次のようになる。

$P(\text{肺癌} | \text{喫煙者}) > P(\text{肺癌} | \text{非喫煙者})$

条件付き確率は、独立事象の定義にも使える。2変数が以下の関係を持つ場合、この2変数は独立であると言う。

$$P(E|F) = P(E)$$

この式は、E の確率が変数 F の有無に関わらず同じであることを示している。前述と同じ例を使うと、肺癌になる確率が喫煙と関係がないことを示す式は次のようになる。

$$P(肺癌 | 喫煙者) = P(肺癌)$$

この式は、喫煙者の肺癌確率が一般集団（喫煙者と非喫煙者）の確率と同じであることを示している。これは単なる例であり、これが真実だという意味ではない。多くの研究が、喫煙者の肺癌確率は一般集団の確率よりもはるかに高いことを示している。

2.3.3 複数事象の確率の計算

複数の事象のいずれか（複数事象の和事象）が起こる確率を計算するには、個々の事象の確率を加算する。使用する具体的な式は、事象が互いに排反（両方は起こり得ない）するかどうかによって異なる。

互いに排反である事象の和事象

図 2-4 のように事象が互いに排反である場合、式は簡単である。

$$P(E \cup F) = P(E) + P(F)$$

実際の例として、二重専攻を許可していない大学を考えてみよう。事象 E = (英文学専攻) の確率は 0.2、F = (仏文学専攻) の確率は 0.1 とする。学生は 1 つしか専攻できないので、この事象は互いに排反である。そのため、英文学または仏文学のどちらかを専攻している事象の確率は次のように計算する。

$$P(E \cup F) = 0.2 + 0.1 = 0.3$$

互いに排反でない事象の和事象

事象は、互いに排反でない場合が多い。例えば、二重専攻を許可する大学では、1 人が英文学と仏文学の両方を専攻することが考えられるので、英文学専攻と仏文学専攻の事象は互いに排反でない。この状況では、$P($ 英文学専攻または仏文学専攻 $)$ を求める式にはこの重複を補正する項がなければいけない。図 2-2 を見ると、この重複は円 E と F の両方に属する部分（網掛けで表す積事象）である。学生が 1 つ以上の専攻を選べる大学では英文学と仏文学

の両方を専攻する学生がいることを考慮しないと、学生を2回数える恐れがある（英文学と仏文学の二重専攻の学生は、英文学専攻と仏文学専攻の両方で数えられる）。

この重複の可能性を補正するためには、以下の式を使って互いに排反でない2つの事象のどちらかが起こる確率を計算する。

$$P(E \cup F) = P(E) + P(F) - P(E \cap F)$$

$P(英文学専攻) = 0.2$、$P(仏文学専攻) = 0.1$、$P(英文学と仏文学の二重専攻) = 0.05$とする。したがって、英文学か仏文学のどちらかを専攻している学生の確率は次のようになる。

$$P(E \cup F) = 0.2 + 0.1 - 0.05 = 0.25$$

独立事象の積事象

複数の事象がすべて起こる（複数事象の積事象）確率を計算するには、個々の確率を乗算する。使用する具体的な式は、事象が独立かどうかによって異なる。

2つの事象EとFが独立である場合、EとFの両方が起こる確率は次のように簡単に計算できる。

$$P(E \cap F) = P(E) \times P(F)$$

偏りのない硬貨（表の確率が0.5、裏の確率が0.5である硬貨）を投げる場合を考える。試行に$E =$ (1回目が表)、$F =$ (2回目が表)という名前を付ける。どちらの場合も表が出る確率は0.5であり、2回の試行は独立なので、2回とも表の確率は次のように計算する。

$$P(E \cap F) = 0.5 \times 0.5 = 0.25$$

非独立事象の積事象

2つの事象が独立ではない場合、両方が起こる確率を計算するには条件付き確率を知らなければいけない。使用する式は次のようになる。

$$P(E \cap F) = P(E) \times P(F|E)$$

52枚の標準的な1組のトランプから非復元（カードを取り出した後にそのカードを戻さない）で2枚のカードを取り出す場合を考える。2回目の取り出しでの確率は1回目の取り出しの結果に左右されるので、この事象（1回目と2回目の取り出し）は独立ではない。この2回の試行で2枚の黒のカードを引く確率を求めたい場合、次のように計算する。

$$P(E) = P(最初の試行で黒のカードを引く) = 26/52 = 0.5$$

$P(F|E) = P(2\text{回目の試行で黒のカードを引く} | 1\text{回目の試行で黒のカードを引く})$
$= 25/51 = 0.49$

非復元で取り出すため、最初の取り出しで黒のカードが1枚なくなるので、2回目の取り出しではカードは51枚だけになり、黒のカードは25枚だけである。この情報を使うと、両方の試行で黒のカードを引く（E と F の積事象）確率は次のように計算できる。

$P(E \cap F) = 0.50 \times 0.49 = 0.245$

2.4 ベイズの定理

ベイズの定理（ベイズの公式とも呼ばれる）は、条件付き確率の最も一般的な応用の1つである。医療分野でベイズの定理は、特定の疾患に対するスクリーニング検査で陽性の人が実際にその疾患を持つ確率を計算することに使われる。ベイズの定理は前に紹介した確率のいくつかの基本概念も使うので、ベイズの公式を入念に学習するのは本章全体のよい復習にもなる。任意の2つの事象 A と B のベイズの定理を**式 2-7** に示す。

式 2-7 ベイズの定理

$$P(A|B) = \frac{P(A \cap B)}{P(B)} = \frac{P(B|A)P(A)}{P(B|A)P(A) + P(B|\sim A)P(\sim A)}$$

この式は、$P(A)$、$P(B)$、$P(B|A)$ はわかっているが $P(A|B)$ を調べたい場合に使用する。ベイズの定理の分子では、2つの事象の積事象の確率は、最初の事象の確率に最初の事象を前提とした2つ目の事象の条件付き確率を掛けたものであるという事実を利用する。この例では、A を前提とした B の条件付き確率に A の確率を掛けると、A と B の積事象（つまり、A と B の両方が起こる）の確率が求まる。

分母では上記と同じ事実と、ある事象とその余事象で標本空間全体となり、ある事象とその余事象を合わせた確率は1になるという事実を利用しているので、A を前提とした B の条件付き確率に A の確率を掛けたものと、$\sim A$ を前提とした B の確率に $\sim A$ の確率を掛けたものの和が B の確率に等しくなる。

疾患を持つ人に対する疾患の発見率が95%であり、疾患を持たない人に対して疾患であると誤診断しない率が99%であるスクリーニング検査があるとする。臨床医なら、この検査の感度は95%であり、特異度は99%と言う。また、母集団における疾病率は1%であるとする。疾患には記号 D、疾患がないことには $\sim D$、検査で陽性には T、陰性には $\sim T$ を使うと、各確率は次のように表す。

感度 = $P(T|D)$ = 0.95
特異度 = $P(\sim T|\sim D)$ = 0.99
母集団における疾病率 = $P(D)$ = 0.01

　これは感度や特異度としては非常に高い値である。一般的に利用される多くの検査や処置はもっと正確性が低い。しかし、検査は完璧ではなく、検査で陽性の人が実際には疾患ではなかったり（偽陽性）、検査で陰性の人が実際には疾患を持っていたり（偽陰性）する可能性がある。多くの場合、検査で陽性の人が本当に知りたいのは、実際の疾病率である。条件付き確率の表記法を使うと、$P(D|T)$ が知りたいのである。この確率はベイズの定理と前述した感度、特異度、母集団における疾病率を使い、**式 2-8** に示すように計算する。

式 2-8　疾病と検査結果の観点で表したベイズの定理

$$P(D|T) = \frac{P(D \cap T)}{P(T)} = \frac{P(T|D)P(D)}{P(T|D)P(D) + P(T|\sim D)P(\sim D)}$$

　この式を見ると、検査で陽性の場合に疾病を持つ確率は、単に検査で陽性と疾患の両方を持つ確率を（疾患の有無に関わらず）検査で陽性となる確率で割ったものであることが明らかである。

　ある事象とその余事象で標本空間全体を成し、確率が１になることを利用すると、偽陽性率は１－特異度である。

$P(T|\sim D)$ = 1 － 0.99 = 0.01

　同じ理由から、母集団における疾患を持たない確率は１－疾病率である。

$P(\sim D)$ = 1 － $P(D)$ = 1 － 0.01 = 0.99

　これらの事実と前述の情報を使うと、**式 2-9** に示すように $P(D|T)$ を計算できる。

式 2-9　ベイズの定理を使った検査で陽性の場合に疾患を持つ確率の計算

$$P(D|T) = \frac{(0.95)(0.01)}{[(0.95)(0.01)] + [(0.01)(0.99)]} = \frac{0.0095}{0.0095 + 0.0099} = 0.4897$$

　この例は、スクリーニング検査に関して重要であるのに（少なくとも一般には）正しく評価されていない事実を例示している。特異度と感度が高いスクリーニング検査でも、疾患が稀である場合には偽陽性率が真陽性率に比べて高くなる。この例では、検査で陽性の人の約

半数が偽陽性（つまり、疾患を持っていない）であると思われる。これは必ずしも検査を使わない理由にはならず（特に疾患が深刻な結果を招く場合）、真陽性と偽陽性を区別する正確な追跡検査をすればよい。しかし、普遍的スクリーニングの策定を提案する際には（疾患に対するものや空港での荷物検査などのその他の状況でも）、必ず偽陽性率とその潜在的影響を考慮すべきである。

偽陽性率は、母集団における疾病率とスクリーニング検査の感度と特異度に左右されることに注意する。疾病率が 0.01 ではなく 0.005 であると、**式 2-10** の計算に示すように陽性が真陽性である場合が少なくなり、偽陽性である場合が多くなる。

式 2-10 ベイズの定理を使って検査で陽性の場合に疾患を持つ確率を計算する別の例。母集団における疾病率が下がると、真陽性率が下がる。

$$P(D|T) = \frac{(0.95)(0.005)}{[(0.95)(0.005)]+[(0.01)(0.995)]} = \frac{0.00475}{0.00475+0.00995} = 0.3231$$

この例では、陽性の 3 分の 1 未満が真陽性である。

トーマス・ベイズ牧師

ベイズの定理は、英国のプロテスタントの牧師のベイズ（Thomas Bayes、1702～1761）が考案した。ベイズはエジンバラ大学で論理学と神学を学び、英国のホルボーンとタンブリッジウェルズで牧師として生計を立てていた。しかし、現在のベイズの名声は彼の確率論にあり、それはベイズの没後にロンドン王立協会が発行した論文で発表された。現在ではベイズ統計として知られている研究分野があり、確率を出現頻度よりも確信の強さとみなす考え方に基づいている。しかし、ベイズは生涯を通じて数学に関する出版は比較的少なかったので、ベイズ自身がこの定義を受け入れるかどうかは定かではない[†]。

2.5 解説は十分なので、統計を実行しよう

統計は読むものではなく実行するものなので、これまで理論的な説明を行ってきたのは、事象の確率に関する計算を行うのに必要な情報を与え、紹介した概念を使って統計知識の利用を論理的に考えられるようにするためである。本章では独立事象や互いに排反などの概念も紹介したが、これはさらに高度な統計的手法を使うために理解しておく必要がある。

[†] ベイズ本人およびベイズの定理の歴史的背景については、付録 C の訳者追加文献、McGrayne『異端の統計学ベイズ』が参考になる。

これ以降の問題では、基本的な確率の概念を扱う経験を得ることを目的としている。多くの問題を通じてトピックを理解したいタイプの人であれば、多くの優れた書籍が確率を重点的に扱っている。そのいくつかを付録Cに示した。

初歩的な確率の問題を解くのが初めてなら、以下の手順を踏むとよいだろう。

1. 試行、実験、またはその両方を定義する。
2. 標本空間を定義する。
3. 事象を定義する。
4. 関連する確率を特定し、計算を行う。

ある時点で、上記のすべての手順を踏む必要はないと感じるだろうが、練習問題への取りかかりには役立つであろう。場合によっては、問題に対する異なるアプローチを使った別の解答を提示する。

2.5.1 サイコロ、硬貨、トランプ

本章の多くの例でサイコロ、硬貨、トランプを使うので、ここではまずそれぞれの特徴を説明する。

サイコロ

西洋諸国で使われる標準的なサイコロは6面の立方体であり、各面に1から6の異なる数の点が刻まれている。一般に、確率計算ではサイコロを振ったときにサイコロのすべての面が同様に確からしく出ることを前提とするので、サイコロを1回振る場合には6つの同様に確からしい結果（1、2、3、4、5、6）が得られる。技術的用語で言うと、1つのサイコロを振った結果は、起こり得る結果を列挙でき、それぞれの結果が同様に確からしいので離散一様分布になる。2つ以上のサイコロを同時に振った（または同じサイコロを複数回振った）結果は互いに独立であるとみなせるので、数字のそれぞれの組合せの確率は各結果の確率を掛ければ計算できる。

正確を期すために、「すべての面の確率が等しい」というのは、サイコロの目（各面の数値を表すのに使う点）が描かれているカジノのサイコロにのみ適用されることを覚えておいてほしい。目が立方体の面に描かれているサイコロよりも凹みがつけられているサイコロの方が見慣れているかもしれないが、重さが不均等になるので、面によって確率が異なる。しかし、確率を理論的に論じるときには、通常この違いは無視し、サイコロのすべての面が同様に確からしいとみなす。

硬貨

確率実験で使う標準的な硬貨には表と裏の2つの面がある。たいていは偏りのない硬貨とみなし、投げたときには表と裏が出るのは同様に確かとする。偏りがあるか否かに関わらず、硬貨で表と裏の出る確率は毎回一定であるとみなすので、前回投げたときの結果は後に投げるときに影響を及ぼさない。サイコロの場合と同様に、硬貨のデザインや摩耗、投げる人の中心を外すテクニックなどのいくつかの物理的理由から、実際に硬貨で表と裏の出る確率が正確に50対50になることは滅多にない。しかし、確率の練習問題では、問題で規定されている場合を除いて、このような詳細は無視する。ときには、安全のために、硬貨を投げるのではなく回転させて実験を行うことがある（混雑した教室で空中を飛ぶ硬貨が少なくなる）。しかし、その場合には50対50の前提を適用できる場合はさらに少なくなるが、計算を行うために（実際に硬貨を回転させて結果を記録するのとは対照的に）、50対50の前提を平等に適用できるとみなす。このような話題に関する詳細は、ウェブサイト（http://www.sciencenews.org/articles/20040228/fob2.asp）を参照してほしい。

トランプ

現在の標準的な1組のトランプには、4つのマーク（スペード、クラブ、ダイヤ、ハート）の52枚のカードがある。スペードとクラブは黒のカードで、ダイヤとハートは赤のカードである。各マークには13枚のカードがある（エース、2から10の数字のカード、ジャック、クイーン、キングの3枚の絵札）。トランプの組からカードを引く実験では、カードはシャッフルされているため、どのカードを引くのも同様に確からしいとみなす。

2.6 練習問題

問題

通常の52枚の1組のトランプから1枚のカードを引く場合、赤のカードが出る確率を求めよ。

解

1. 試行は、52枚の1組のトランプから1枚のカードを1回引くことである。
2. 標本空間は起こり得るすべてのカードであり、各カードを引く確率は等しい。
3. 事象は E = { 赤のカード }
4. 1組のトランプには52枚のカードがあり、半分（26）が赤なので、赤のカードを引く確率は26/52（0.5）である。答えは、1組のカードから1枚引いて赤のカードを引く確率は50%である。

問題

サイコロを 1 回振る場合、5 よりも小さい数が出る確率を求めよ。

解

1. 試行は 6 面のサイコロを 1 回振ることである。
2. 標本空間は 1、2、3、4、5、6 の数字であり、すべて同様に確からしい。
3. 事象は E = (1、2、3、4 のいずれか) であり、4 つの根元事象の和事象とも考えられる。つまり、$E = (E = 1) \cup (E = 2) \cup (E = 3) \cup (E = 4)$ である。
4. 6 つの根元事象（標本空間をなす起こり得るすべての結果）の 4 つが事象 E を満たすので、E の確率は 4/6（約 0.67）である。

別の解法

この問題の別の見方は、事象が互いに排反なので事象 E を満たすそれぞれの単純事象を計算して合計する方法である。この方法を使うと、E のそれぞれの単純事象の確率は 1/6 である。つまり、数字が 1 になる可能性は 6 分の 1、数字が 2 になる可能性も 6 分の 1 などとなる。すると、E の確率は 1/6 + 1/6 + 1/6 + 1/6（4/6）となり、上記と同じ答えになる。

問題

偏りのない硬貨を 2 回投げる場合、少なくとも 1 回表が出る確率を求めよ。

解

1. 実験は偏りのない（表も裏も P = 0.5）硬貨を 2 回投げることである。これは 2 回の独立試行であり、それぞれの確率は 0.5 である。
2. 標本空間は $\{(h, h), (h, t), (t, h), (t, t)\}$ であり、すべてが同様に確からしい。
3. 事象は E = (少なくとも 1 回表) である。標本空間の 3 つの事象 (h, h)、(h, t)、(t, h) がこの条件を満たす。
4. 各結果は同様に確からしく、4 つの中の 3 つが事象 E を満たすので、E の確率は 3/4（0.75）である。

別の解法

この結果は、この事象の余事象の確率を計算し、それを 1 から引いてこの事象の確率を得れば数学的に導き出すこともできる。事象 E は少なくとも 1 回表が出ることなので、その余事象 $\sim E$ = (表が出ない。つまり、2 回裏) である。偏りのない硬貨を投げた場合に裏が出る

確率は 0.5 であることがわかっており、硬貨を投げることは独立なので、(t, t) の確率は 0.5 × 0.5（0.25）である。余事象の定義を使うと、$1 - P(\sim E) = P(E)$ なので、$1 - 0.25 = 0.75$ が $P(E)$ である。2 回投げた場合に少なくとも 1 回表が出る確率は 0.75 であり、上記の解法と同じ答えである。

問題

標準的な 52 枚の 1 組のトランプから 1 枚のカードを引く場合、黒（クラブかスペード）の絵札（キング、クイーン、ジャック）を引く確率を求めよ。

解

1. 試行は 52 枚の 1 組のトランプから 1 枚のカードを引くことである。
2. 標本空間は 52 枚のすべてのカードであり、各カードを引く確率は同じである。
3. 事象 E =（黒の絵札）である。6 枚のカード（スペードかクラブのジャック、クイーン、キング）がこの条件を満たす。
4. 確率は 6/52（0.115）である。

数学的解法

$P(絵札) = 12/52$（0.231）、$P(黒のカード) = 26/52$（0.5）
$P(黒の絵札) = P(絵札) \times P(黒のカード) = 0.231 \times 0.5 = 0.116$

 黒のカードを引く確率と絵札を引く確率は独立なので、この数学的解法が可能である。

問題

標準的な 52 枚の 1 組のトランプから 1 枚のカードを引く場合、黒（クラブかスペード）または絵札（キング、クイーン、ジャック）のいずれかを引く確率を求めよ。

解

1. 試行は 52 枚の 1 組のトランプから 1 枚のカードを引くことである。
2. 標本空間は 25 枚のすべてのカードであり、各カードを引く確率は同じである。
3. 事象 E =（黒のカードまたは絵札のどちらか）であり、26 枚の黒のカードか 12 枚

の絵札がこの事象を満たす。
4. この条件を満たす2種類のカードは互いに排反ではない。黒のカードの一部は絵札でもあり、その逆も成り立つ。黒のカードは26枚ある。スペードのエースからキング（13枚）とクラブのエースからキング（13枚）である。絵札は12枚ある、ハート、ダイヤ、クラブ、スペードのジャック、キング、クイーンである。6枚のカードが両方のカテゴリの要素なので（スペードのジャック、キング、クイーンとクラブのジャック、キング、クイーン）、26 + 12 − 6 = 32枚のカードがこの事象を満たし、確率は32/52（0.615）である。

数学的解法

$P($黒のカード$) = 26/52$（0.500）

$P($絵札$) = 12/52$（0.231）

$P($黒の絵札$) = 6/52$（0.115）

$P($黒のカードまたは絵札$) = 0.500 + 0.231 − 0.115 = 0.616$

上記の解法のわずかな差（0.615と0.616）は丸め誤差である。

問題

52枚の1組のトランプから1枚のカードを引きそれが黒の場合、マークがクラブである確率を求めよ。

解

1. 試行は52枚の1組のトランプから1枚のカードを引くことである。
2. 黒のカードを引いたという前提でそれがクラブである条件付き確率が知りたいので、標本空間はすべての黒のカードである。したがって、標本空間は26枚の黒のカードである。
3. 事象は $E = ($クラブ$|$黒のカード$)$。
4. 黒のカードを引いたという前提でそれがクラブである確率は、13/26（0.5）である。

この例では、条件付き確率（カードが黒であるという条件の下、クラブである確率）を計算していることに注意する。カードがクラブである無条件確率（色に関する情報がない場合）は 13/52（0.25）である。

数学的解法

$P(クラブ | 黒のカード) = P(クラブかつ黒のカード) / P(黒のカード)$
$= 0.25/0.5 = 0.5$

なお、クラブは当然黒のカードである。

問題

順序は重要ではない場合、20人の教室から5人の生徒の部分集合を選ぶ方法は何通りあるか求めよ。

解

これは考えられるすべての部分集合を列挙して解くには長すぎる組合せの問題である。代わりに、組合せの公式 nCk を使う。この場合、$n = 20$、$k = 5$ である。**式 2-11** に示すようにこの公式を適用する。

式 2-11 組合せ公式を使って20人の集合から5人の部分集合を選ぶ方法の数を求める。

$$nCk = \frac{20!}{5!(20-5)!} = 15{,}504$$

問題

80人の生徒が会議に参加している。40人の男子生徒と40人の女子生徒である。30人の男子が数学を専攻し、女子は20人である。無作為に男子を選んだ場合、数学専攻である確率は75%であることがわかっている。しかし、数学専攻者を選んだ場合にその生徒が男子である確率を調べたい。

ベイズの定理を使う。

解

$P(男子) = 40/80 = 0.5$
$P(\sim 男子) = 40/80 = 0.5$
$P(数学 | 男子) = 30/40 = 0.75$
$P(数学 | \sim 男子) = 20/40 = 0.5$

この計算を式 2-12 に示す。

式 2-12　ベイズの定理を使って無作為に選んだ数学専攻者が男子である確率を求める

$$P(男子 | 数学)$$
$$= \frac{P(数学 | 男子)P(男子)}{P(数学 | 男子)P(男子) + P(数学 | 女子)P(女子)}$$
$$= \frac{(0.75)(0.5)}{[(0.75)(0.5)] + [(0.5)(0.5)]}$$
$$= \frac{0.375}{0.625} = 0.600$$

無作為に選んだ数学専攻者が男子である確率は 60% である。

2.7　結びの注記：統計とギャンブルの関係

　統計家は、サイコロ、硬貨投げ、トランプを例に使って確率を例示するのが好きである。これらはギャンブル（ギャンブル業界が好む用語ではゲーム）にも使われる。その理由の1つは、ほとんどの人になじみがあるからである。また、さまざまな結果の確率がわかっており不変なので、独立事象や互いに排反などの確率の基本概念を示す簡単な例を作成するのに使えるからである。また、具体的な対象物（例えば、標準的な1組のトランプから選ぶなど）や数式を使って問題を解けるという利点もある。

　しかし、確率法則の多くがサイコロやトランプに関する運やスキルを要するゲームに関連して発見されたため、歴史的な関係もある。実際に、ギャンブラーが損せずに勝つ能力は、選んだゲームでのさまざまな事象の確率を把握することに大きく左右されるため、ギャンブルはさまざまな事象や事象の組合せの確率を探求する動機となっている。

　多くの歴史学者は、現代の確率論の起源を 17 世紀のフランスの紳士賭博師シュバリエ・ド・メレにする。彼は、1つのサイコロを4回振って少なくとも1回6が出ることに賭けるのが好きであった。この賭けの分別は次の段落で説明する。また、彼はサイコロを2つずつ24回振ったときに1回以上6のぞろ目が出るのに賭けるのがよいとも信じていた。これは結局損する判断であることがわかった。統計家にとって幸運なことに、シュバリエはこの問題を友人の哲学者ブレーズ・パスカルに話し、パスカルはこの問題を友人の数学者ピエール・ド・フェルマーと議論した。この種の問題の考察が（数ある中でも）パスカルの三角形、二項分布、確率の近代的な概念の考案につながった。

　友人との賭けでも、儲けの上前をはねる「胴元」がいないときには、50% 以上勝つ可能性があるものに賭けるのがよい。言い換えると、優れた賭けは勝つ見込みが 0.5 以上のもので

ある。シュバリエの最初の賭けはこの基準を満たしていた。サイコロを 4 回振って少なくとも 1 回 6 が出る確率は 0.518 である。これは、4 回の試行で 6 が出ない確率（これは $(5/6)^4$ である）を考えれば簡単に計算できる。少なくとも 1 回 6 が出るのは、6 が出ないことの余事象なので、P(4 回の試行で少なくとも 1 回 6 が出る) は $1 - (5/6)^4$、つまり $1 - 0.482$ で 0.518 である。これは、約 52% でシュバリエが賭けに勝つという意味である。

しかし、サイコロを 2 つずつ 24 回振ったときに少なくとも 1 回は 6 のぞろ目が出ることに賭けるのは賢い賭けではない。サイコロを 2 つずつ振るたびの数字の組合せは 36 通りであり、6 のぞろ目の組合せは 1 つだけである。したがって、2 個振るたびに 6 のぞろ目がでない確率は 35/36 である。サイコロ振りは毎回独立なので、それぞれの確率を乗算できる。確率は変わらないので、(35/36) 自体を 24 回掛けるのは (35/36) の 24 乗と同じである。少なくとも 1 回 6 のぞろ目が出る確率は $1 - P$(6 のぞろ目が出ない) なので、$1 - 0.509$ で 0.491 である。この確率は 0.5 より小さいので、損な賭けである。

ルーレット、クラップス、ブラックジャック、競馬、ポーカーなどの運とスキルを要するゲームに確率論がどのように適用されるかについて詳しく学びたければ、付録 C に列挙した Mathematical Association of America 発行の Edward Packel 著『The Mathematics of Games and Gambling』を参照してほしい。

3章
推測統計

統計的推測は、母集団から抽出した標本の情報を利用してその母集団についての判断や特徴付けを行う科学である。統計の実践はほとんどが推測統計に関係しており、この種の推測を容易にするために多くの高度な技法が開発されている。推測統計の概念は多少難しいことがあるので、推論に基づいた推理に統計を使う意味を少し考えてみるべきである。

「推測」という用語には、Merriam-Webster オンライン辞書（http://www.merriam-webster.com/dictionary/inference）で2つの定義がある。

1. 真実と考えられるある命題、発言、または判断から真実と考えられる別の命題、発言、または判断を導く行為。
2. 統計的標本データから、計算された確度を使って（母集団パラメータの値で）一般化する行為。

2番目の意味は統計に特化しているが、1番目の意味と密接に関連する。一般的な推測とは、既に真実であるとわかっていることを利用して、未知のものに関する判断を下す方法である。統計的推測は、前述したように母集団に関する判断を下す特別な種類の推測である。

（4章で説明する）記述統計と推測統計の違いに戸惑う理由の1つは、両方の種類の統計に使われる統計的手法が同じなのに、式や結果の解釈に微妙な違いがあるからだ。例えば、データ列の平均を計算するには、データが母集団を表すか標本を表すかに関わらず、同じ基本手法を使う。すべてのデータ値を合計して値の数で割るのである。しかし、平均を求める式の表記方法が異なる。母集団では、ギリシャ文字 μ（ミュー）を使って（母集団を特徴付ける数値であるため厳密には**パラメータ**、**母数**と呼ぶ）平均を表すのに対し、標本では、ラテン文字 x の上にバーを付けた $\bar{x}$（「エックスバー」と発音する）を使って（標本を特徴付ける数値であるため厳密には**統計量**（statistics）と呼ぶ）平均を表す。

他にも、母集団と標本に使う式にもっと重要な違いがある。有名な例の1つに分散の公式がある。母集団を扱っているときには n（事例の数）で割るが、標本を扱っているときには $n-1$（事例の数より1少ない数）で割る。この2つの公式は4章で詳しく説明するので（「**4.3 散らばりの測定**」）、統計の学習が初めてなら、記述統計は推測統計よりも概念的に簡単なので、本章の前に4章全体を読んでほしい。

同じプロジェクトで両方の種類の統計を使うこともあるだろうが（例えば、記述統計を使って調査標本を表し、推測統計で調査の主な課題を解決する）、分析ではどちらの種類を使っているかを明確にする必要がある。これには分析の目的を考えるとよい。単に計算を実行するデータ集合を表すことが目的なのだろうか。それとも、直接調査できない大規模なグループに一般化することなのだろうか。前者では記述統計、後者では推測統計である。次は、同じ情報を少し異なる方法で述べた2つの規則である。

> 調査している事例が対象となる母集団全体を表しており、その事例を超えた一般化を行いたくない場合は、記述統計を使うべきである。

> 調査している事例が対象となる母集団全体を表しておらず、その事例を超えた一般化を行いたい場合は、推測統計を実施する。

3.1　確率分布

統計的推測はデータの分布の仕方に関する推測に依存することが非常に多いので、統計的作業では既知の分布に適合するようにデータを変換するのが一般的である。そのため、この統計的推測のトピックでは、理論的確率分布の概念の説明とよく使われる2つの分布の学習から始める。

理論的確率分布は、分布内でデータ点が取り得る値とそれぞれの値がどれくらい一般的か（連続分布では、ある値の範囲がどれくらい一般的か）を示す公式で定義される。理論的確率分布はグラフ形式で表すことも多い。見慣れた正規分布の釣鐘曲線はその一例である。

理論的確率分布は、その性質や特徴がわかっているため推測統計に役立つ。あるデータ集合の実際の分布が理論的確率分布にかなり近い場合には、理論分布を仮定することによって、実際のデータについて多くの計算を実行できる。さらに、（本章で後に説明する）中心極限定理のおかげで、ある状況下ではその標本を取り出した母集団が正規分布ではなくても、標本平均の分布は、正規分布になるとみなせる。

一般に、確率分布はデータが指定の範囲内の任意の値を取れる**連続型**か、データが特定の値だけを取れる**離散型**かに分類される。本章では連続分布の例として正規分布、離散分布の例として二項分布を調べる。

3.1.1　正規分布

　正規分布は統計で最もよく使われる分布と言ってよい。その理由の1つは、正規分布は工業プロセスの変動量から知能テストの得点に至るまで、実際の多くの連続変数の分布を適切に表すからである。正規分布が広く使用される2つ目の理由は、特定の条件下では正規分布ではない母集団から標本を抽出していても標本平均などの統計量の標本分布が正規分布とみなせるからである。詳しくは、後述する「**5.4　中心極限定理**」の節で説明する。また、正規分布はその特徴的形状のために釣鐘曲線とも呼ばれ、またこの分布を使って天文学データを分析した18世紀の物理学者兼数学者のカール・ガウスに敬意を表してガウス分布とも呼ばれる。

　正規分布は無限に存在し、そのすべてが同じ基本形状を持つが、平均 μ と標準偏差 σ が異なる。さまざまな平均と標準偏差を持つ3つの正規分布の例を図3-1に示す。

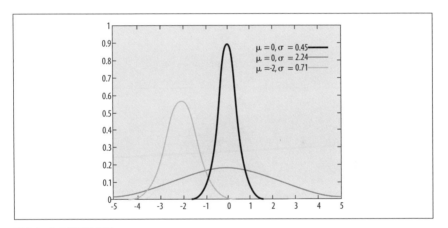

図3-1　3つの正規分布

　平均0、標準偏差1の正規分布は、**標準正規分布**または **Z分布** として知られている。正規分布はすべて、元の値を標準得点に変換することで標準正規分布に変換できる（この処理は本章の後半と16章で詳しく説明する）。これは、さまざまな平均や標準偏差を持つ母集団の比較を容易にする手段である。

　平均と標準偏差の値に関わらず、すべての正規分布は以下のような特徴を共有する。

- 対称性
- 単峰性（単一の最頻値）
- $-\infty$ から $+\infty$（負の無限大から正の無限大）までの連続範囲

- 曲線の下方の総面積が1
- 平均、中央値、モードが共通値

前述したように、正規分布の数は無限にあるが、すべて一定の性質を共有する。便宜のために、多くの場合、正規分布を生の数値ではなく標準偏差の単位数で表す。任意の正規分布に同じ説明を適用できるからである。

すべての正規分布は同じ基本形状を持つため、正規分布でのデータの分布の仕方に関してある程度推測できる。正規分布では3シグマ則（68-95-99.7則、英語では empirical rule とも言う）が次のように成り立つ。

- データの約68%が平均の1標準偏差以内に収まる。
- データの約95%が平均の2標準偏差以内に収まる。
- データの約99%が平均の3標準偏差以内に収まる。

これを標準偏差の単位で値を表す図3-2に示す。

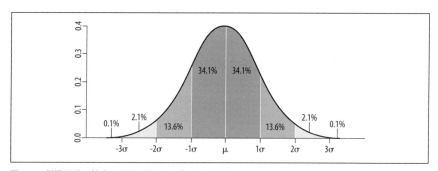

図3-2　標準偏差の特定の範囲に収まるデータの割合

正規分布のこのような性質を知っていると、特定の値が母集団の他の値と比べて標準的か特殊かを判断する手段となる。このような比較は、生の得点（例えばポンドやキログラムで測定した重量などのありのままの測定基準での得点）を標準偏差の単位で得点の値を表すZ値に変換すると容易になる。データ集合のすべての値をZ値に変換することは、正規分布の母集団を標準正規分布に変換するのに似ている。そのため、Z値を**正規化標準得点**（生の得点を得点の**正規化**（標準化）としてZ値に変換する処理）と呼び、標準正規分布を**Z分布**と呼ぶこともある。

Z値は、標準偏差の単位で表した、平均からのデータ点の距離である。平均と標準偏差が

わかっている母集団の値のZ値を求める式を**式3-1**に示す。

式3-1 Z値を求める式

$$Z = \frac{x - \mu}{\sigma}$$

変数 x が平均100、標準偏差5の正規分布の場合（$x \sim N(100, 5^2)$ のように表す）、**式3-2**に示すように値105のZ値は1となる。

式3-2 母集団〜N(100, 5^2)の値105のZ値

$$Z = \frac{105 - 100}{5} = 1.00$$

ここから、値105は母集団平均より1標準偏差上に位置することがわかる。同様に、この母集団の値110のZ値は2.00、値85のZ値は-3になる。前述の3シグマ則を使うと、値105は平均以上であるが母集団の中では異例ではないと分類できる（母集団の約15.9%の人のZ値の方が高い）。値110の方が異例であり（母集団の約2.3%の人のZ値の方が高い）、得点85は平均以下でありかなり異例である（母集団の0.2%未満がこれ以下の得点であると予想される）。

Z値には、異なる平均と標準偏差を持つ母集団の得点の比較が容易になるという利点がある。例えば、ある母集団 $x \sim N(100, 5^2)$ と別の母集団 $y \sim N(50, 10^2)$ を調べる場合、最初の母集団の得点95が2番目の母集団の得点35よりも異例なのかどうかをすぐに判断できない。しかし、**式3-3**と**式3-4**に示すように、Z値を使うとこの比較を簡単に行える。

式3-3 母集団〜N(100, 5^2)の値95のZ値

$$Z = \frac{95 - 100}{5} = -1.00$$

式3-4 母集団〜N(50, 10^2)の値35のZ値

$$Z = \frac{35 - 50}{10} = -1.50$$

Z値に変換すると両方の母集団が同じ尺度になり、どちらの得点もそれぞれの母集団の平均以下ではあるが、-1.5の方が-1.0よりも0（標準正規分布の平均）から離れているため、2番目の得点の方が極端であることがわかる。

3.1.2 二項分布

　離散分布（特定の値だけを取る変数の分布）の例として二項分布を使う。硬貨を5回投げる場合を考えてほしい。硬貨が表になる回数は0、1、2、3、4、5などの整数を取れるが、3.2や4.6などの値は取れない。したがって、「硬貨を5回投げたときの表の回数」という変数は離散変数である。二項分布は、欠陥品か許容可能のどちらかである機械部品から科目に合格か不合格のどちらかである学生に至るまで、二値の結果（2つの値しか取れない結果）を持つ多くの種類の実際のデータに適用される。

　二項分布の事象は**ベルヌーイ過程**で作成される。ベルヌーイ過程の1つの試行を**ベルヌーイ試行**と呼ぶ。二項分布は、ベルヌーイ過程の n 回の試行における成功回数を表す。この場合、「成功」とは必ずしもよい結果を意味するのではなく、単に求めている結果が起きたことを意味する。例えば、10個の機械部品の標本の中のいくつが欠陥品かを表す場合には、それぞれの部品は別個の試行と見なし、部品が欠陥品であればその試行は成功に分類される。二項分布は、所定の全体的な推定欠陥率の場合に、10個の標本の中の特定の数の部品が欠陥品である可能性を表す。

　二項分布で表すデータは、以下の4つの要件を満たさなければいけない。

1. 各試行の結果は2つの互いに排反な結果のいずれかである。
2. 各試行は独立なので、ある試行の結果は他の試行の結果に影響を及ぼさない。
3. p で表す成功の確率は試行ごとに一定である。
4. n で表す固定数の試行がある。

　二項分布で表せる種類のデータの例には、硬貨を10回投げたときの表の回数（表の出る確率はいつでも50%であるとわかっている場合）、65%が男性であるとわかっている大きな母集団から取り出した5人の標本における男性の数（母集団は、全体から5人を取り除いても男性の割合が目立って変化しないだけ十分に大きくなければいけない）、欠陥率が1%であるとわかっている大きな母集団から取り出した20個の標本における欠陥品の数などがある。

　特定の回数の試行での特定の成功回数の確率を求める式を**式3-5**に示す。

式3-5　二項分布の公式

$$\binom{n}{k} p^k (1-p)^{n-k}$$

組合せの公式を**式3-6**に示す。

式 3-6　組合せを求める式

$$\binom{n}{k} = nCk = \frac{n!}{k!(n-k)!}$$

　2章で説明した組合せは、n 個の対象群から順番を無視して k 個を選ぶ方法の数を表す。二項公式を表記する際の括弧の書式は公式全体を読みやすくするために組合せを表すが、意味は2章で使った nCk 表記法と同じである。

　この式の記号！は階乗を意味する。$n! = (n)(n-1)(n-2) ... (1)$ である。例えば、$5! = 5 \times 4 \times 3 \times 2 \times 1 = 120$ である。n は試行回数である。硬貨を10回投げる場合、$n = 10$ である。k は成功回数である。p（0から1の間の数値）は成功の確率である。偏りのない硬貨を投げて事象が表の場合、$p = 0.5$（つまり、1回投げて表が出る確率は0.5（50%））である。

　二項公式は、試行ごとの成功確率と試行回数が一定の場合に特定の成功回数が得られる確率を計算するのに利用できる。二項確率の簡略表記法は $b(k;n,p)$ または $P(k = k;n,p)$ であり、k は n 回の試行での成功回数、p は各試行の成功確率である。$p = 0.4$ の20回の試行で2回成功する確率を計算したい場合、$b(2;20,0.4)$ または $P(k = 2;20, 0.4)$ と表記する。

　図 3-3 は3つの二項分布のグラフを表す（p と n のそれぞれの組合せで異なる分布が作成される）。

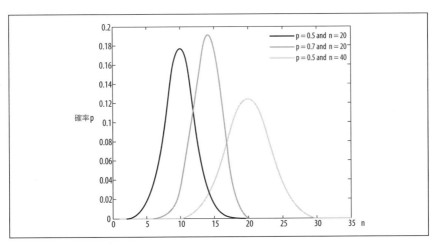

図 3-3　3つの二項分布[†]

---

† 　原注：二項分布は連続ではなく離散的である。この図は n と p との全体の様子を示しているに過ぎない。

p が一定で n が増えるにつれ、二項分布は正規分布によく似てくる。一般的な経験則では、np と $n(1-p)$ の両方が 5 以上の場合、二項分布は正規分布で近似してもよい。図 3-3 では、この経験則に従うと次の計算から分布（$p = 0.5$、$n = 40$）には正規近似を適用できる。

$$np = 40(0.5) = 20、n(1-p) = 40(1-0.5) = 20$$

しかし、$p = 0.1$、$n = 40$ の分布では次の計算から二項分布に正規近似を使うのは適さない。

$$np = 40(0.1) = 4$$

通常、二項分布に基づく複雑な計算は統計ソフトを使って実行するが、簡単な例でこの公式の働きを示す。偏りのない硬貨を 5 回投げる場合、1 回だけ表が出る確率はどのくらいだろうか。「表」を成功とし、二項公式を使ってこの問題を解決する。この例では、

$p = 0.5$（偏りのない硬貨の定義は表と裏が同様に確からしいことである）
$n = 5$（5 回の試行を行っているため）
$k = 1$（1 回だけ成功する確率を計算しているため）

各試行の成功の確率が 0.5 の場合に 5 回の試行で 1 回だけ成功する確率は、**式 3-7** のように計算する。

式 3-7 b(1; 5, 0.5) の計算

$$P(k=1; 5, 0.5) = \binom{5}{1} 0.5^1 (1-0.5)^{5-1} = 0.16$$

順を追って説明するために、**式 3-8** に組合せの計算方法を示す。

式 3-8 5C1 の計算

$$\binom{5}{1} = \frac{5!}{1!(5-1)!} = \frac{5 \times 4 \times 3 \times 2 \times 1}{1 \times (4 \times 3 \times 2 \times 1)} = 5$$

式 3-9 に全体的な計算を示す。

式 3-9 b(1; 5, 0.5) の詳細な計算

$$P(k=1; 5, 0.5) = \binom{5}{1} 0.5^1 (1-0.5)^{5-1} = 5 \times (0.5)^1 \times (0.5)^4 = 0.16$$

この結果は、付録 D の図 **D-8** の二項表を使って取得することもできる。

3.2 独立変数と従属変数

　変数の特性を示すには多くの方法がある。最も一般的な方法の1つは、研究計画やデータ分析で果たす役割を示す方法である。この基準を使って変数を表す簡単な方法は、調査の結果を表す場合は**従属**、従属変数の値に影響を及ぼすと思われる場合は**独立**とする。多くの研究計画には3つ目のカテゴリとして**制御変数**があるが、これは従属変数に影響を与えるものの、研究対象ではない変数を指す。

　「従属」、「独立」、「制御」という名前は、所定の設計や実験で変数が果たす役割に関係している。つまり、変数（例えば重量）がある調査では独立変数、別の調査では従属変数、さらに別の調査では制御変数になることがある。また、他の名前を使って従属変数と独立変数を表し、特定の種類の調査に特定の名前を用意するのを好む著者もいる。制御変数は、関心のある独立変数や従属変数との関係や採用する研究計画計の種類によって多くの種類が定義されているので特に問題となる。制御変数については18章で詳しく説明し、ここでは独立変数と従属変数に専念する。

　回帰方程式の例を使用して独立変数と従属変数の概念を説明する。これは簡単な入門にすぎない。回帰については8章、10章、11章で詳しく取り上げる。

　OLS 回帰方程式などの標準線形モデルでは、成果変数または従属変数は慣例的に文字 Y で表され、独立変数は X で表す。添字は個々の X 変数を示す。X_1、X_2 などである（OLS は Ordinary Least Squares：最小二乗法を表し、最も一般的な種類の回帰である。特に明記しない限り、本書では「回帰方程式」は「OLS 回帰方程式」を意味する）。

　この記法は**式 3-10** に示す従来の回帰方程式の表記方法で明らかだろう。

式 3-10　回帰方程式

$$Y = \beta_0 + \beta_1 X_1 + \beta_2 X_2 + \beta_3 X_3 + ... + e$$

　この式の e は「誤差」を意味し、どのような回帰方程式も完全には Y を予測できないとみなすことを意味し、必ず予測誤差があると考える。この式のそれぞれの X の前には回帰係数と呼ばれる β がある。β_1 は X_1 の回帰係数、β_2 は X_2 の回帰係数となる。回帰係数の値は、与えられたデータ集合の X の値から Y の値を予測する最適な式を作成するための数学的作業で決まる。

　この表記法から、従属変数は「Y 変数」、独立変数は「X 変数」とも呼ばれる。従属変数に使うその他の用語には、**成果変数**、**応答変数**、**被説明変数**などがある。独立変数の別の名前には、**回帰変数**、**予測変数**、**説明変数**などがある。

「独立」や「従属」という用語は実験研究（例えば、無作為化対照治験）で使うべきであると考える研究者もいる。この解釈では、「独立」や「従属」という用語は因果関係を暗示する。つまり、従属変数の値は独立変数の値に少なくとも部分的に**依存**し、これは非実験研究では立証が（不可能ではないにしても）難しい（実験研究と非実験研究の区別については18章で詳しく説明する）。因果関係の問題は実験研究と非実験研究の区別よりもはるかに複雑なので、本書ではこの用語定義を採用しない。したがって、「従属変数」は研究結果を反映する変数を示すのに使い、「独立変数」は結果に影響を及ぼすと考えられる変数を意味する。

3.3　母集団と標本

4章でも取り上げる母集団と標本の概念は、推測統計を理解する上で不可欠である。母集団の定義と適切なサンプリング（標本採集）方法の選択は非常に複雑な場合があり（実際に、多くの博士号レベルの統計学者はこの種の研究を専門にしている）、ここでの説明以上の学習が必要である。本書では、基本的な論点と概念を取り上げ、この議題に関する詳しい情報を知りたい読者は専門の書籍（いくつかを付録Cに列挙している）を調べるか、サンプリング理論の高等課程を履修するとよい。

対象となる母集団（多くの場合、単に「母集団」と呼ぶ）は、研究者が無限のリソースがあれば研究したいすべての人やその他の構成要素（例えば、飛行機部品やアトランティックサーモン）で構成される。別の見方をすると、対象となる母集団は研究者が結果を一般化したいすべての構成要素である。対象となる母集団の定義は、標本を抽出するための第一歩である。母集団は、例えば2007年に米国に住む全員や鬱血性心不全と診断された65才から75才までの男性などになる。

標本と国勢調査

ほぼすべての統計調査は、母集団そのものよりも母集団から抽出した調査標本に基づいている。母集団全体から収集したデータに基づく調査は稀な例外である。母集団全体から系統的にデータを収集する場合、その結果は**国勢調査**である。多くの国の政府が人口の定期的な国勢調査を実施している。例えば、米国は10年ごとに国勢調査を実施しており、その結果は下院の議席の割り当てなどさまざまな目的に使われている。国勢調査では人口のすべての個人から情報を収集するつもりであるにも関わらず、実際には滅多に実現されていない。カウントされない人や、何度もカウントされる人がいる。そのため、適切に選択した標本の方が国勢調査データよりも正確に人口特性を推定できる、または国勢調査データを標本データで補完すべきと主張する統計学者もいる。この話題に関する読みやすい考察や詳細情報の優れた参考文献リストは、付録Cに記載したアイバース・ピーターソン（Ivars Peterson）の記事を参照してほしい。

3.3.1 非確率標本抽出

　標本の抽出には多数の方法がある。残念ながら、最も便利な方法には非確率標本抽出に基づいているものもあり、標本バイアスの影響を受ける。これは非確率法を使って抽出した標本は対象となる母集団の代表にならない確率が高いことを意味し、標本を統計的に補正する方法がないので、標本計算に基づく母集団に関する結論は疑わしくなる。非確率標本抽出法は、研究者が確率標本を抽出するという面倒な工程を回避できるので人気があるが、この便利さの代償を払うことになる。非確率標本抽出法を利用したデータに基づく結論は、標本が対象となる母集団とどのように関連するかを知る方法がないため、大規模な母集団への一般化（そもそも標本を抽出する通常の理由）での有用性が限られる。そのため、標本からの結果に基づいた母集団に関する結論はあまり信用できない。

　志願者標本は、一般的な非確率標本である。例えば、研究者が新聞に研究被験者の広告を出し、この広告に応じた人や志願者を研究に参加させる。これは被験者を得るための便利な方法であるが、残念ながら研究への志願者は一般集団の代表とはみなせない。志願者標本は、母集団から標本を無作為に選ぶのが難しい状況で使うのが最善である。例えば、違法薬物使用者に関する研究などである。一般化の能力が限られているとはいえ、特にプロジェクトの初期段階では志願者標本から有益な情報が得られる。例えば、志願被験者を利用してある地域内での薬物使用に関する情報を収集し、その情報を利用してその地域からの無作為標本に行うアンケートを作成できる。それでも、標本を超えた一般化が目的の場合には、志願者標本の結果の有用性は限られている。

　恣意的標本も一般的な非確率標本である。志願者標本と同様に、研究の初期段階で恣意的標本を使って情報を収集できるが、標本を超えた一般化が目的の場合には有用性に限りがある。恣意的標本の例として、特定の地域内のショッピングモールで買い物をしている50人にインタビューを行ってその地域の人々の買い物習慣に関する情報を収集する。この50人は地域住人の無作為抽出ではないため、その人々の意見が地域全体の意見を反映していると断定するのは妥当ではないという問題がある。しかし、恣意的標本に実施した調査から得た情報を使って、その地域住人のより科学的な標本に対するアンケートを作成できる。

　割り当て抽出は、データ収集者が広い分類内のある数または割合の対象者から回答を得るように指示された非確率標本抽出法である。例えば、ショッピングモールの例では、データ収集者は25人の男性と25人の女性からデータを収集するとか、少なくとも20人の非白人を標本に入れるようになどと指定される。割り当て抽出は標本内のさまざまな人口層の代表となることを保証できるので、恣意的抽出よりは多少改善されている。例えば、割り当て要件がなければ、ショッピングモール標本は45人の女性と5人の男性になり、非白人は全く入らない場合もある。しかし、割り当て標本抽出は非確率標本抽出法であるため、やはり標本の人々が対象となる母集団を代表するかどうかを知る手段はない。例えば、割り当て標本

に男性と女性の代表が入っているかもしれないが、その標本の人々はショッピングモールで買い物をしているすべての男性と女性、ましてやその地域に住むすべての男性と女性を代表しているだろうか。割り当て標本抽出は特定の種類の選択バイアスの影響も受け、これは恣意的抽出でのリスクでもある。データ収集者は自分と最も似かよって見える人（例えば年齢）、最も親切に見える人、最も近づきやすい人に働き掛ける可能性があるので、標本は大きな母集団に関する情報を得る手段としてはさらに役に立たなくなる。

3.3.2 確率標本抽出

確率標本抽出では、母集団のすべての要素の標本に選ばれる確率がわかっている。非確率標本抽出よりも実施するのが複雑であるが、標本から得た結果を対象となる母集団に一般化できるので、研究者は確率標本抽出の方を望む。

母集団から確率標本を抽出するには、母集団から要素を特定して抽出できるようにある種の抽出枠を研究者が考案する必要がある。母集団が学校に入学した生徒の場合、入学生全員のリストは抽出枠としての役割を果たす。あまり最適でない抽出枠を使わなければいけない場合もある。例えば、電話で実施する調査に電話帳や使用中の電話番号ブロックを利用する場合、どちらの種類の電話抽出枠でも問題となるのは、電話サービスを利用していない人は標本を抽出する母集団に入らないが、対象となる母集団には入る可能性があることだ。また、電話帳に載っていない電話番号を持つ人や携帯電話サービスだけの人もこのような手法を使って抽出した電話標本から除外されるが、対象となる母集団には含まれる可能性がある。分析時に重み付けやその他の手法を使い、調査標本の結果を対象となる母集団に適用できるようにすることができる。

最も基本的な種類の確率標本抽出は、**単純無作為抽出**（SRS：Simple Random Sampling）である。SRS では、あるサイズの標本はすべて選択される確率が同じである。特定の学校に通う生徒 50 人の無作為標本を抽出したいとしよう。生徒のリストを取得し、そのリストから乱数表や乱数発生器を使って無作為に 50 人を選ぶ。リストは母集団全体の一覧を表しており、標本に入れる人の選択は完全に無作為なので、どの生徒も標本に選ばれる確率は同じであり、どんな生徒の組合せでも選ばれる確率が同じである（この例では、サイズ 50 のすべての標本が同じ確率）。

ほとんどの場合、SRS はあらゆる種類のサンプリングの中で最も望ましい統計的性質（パラメータ推定値の最小信頼区間など）があり、分析に必要な手続きが最も簡単である。しかし、SRS は一部の状況では実施が不可能または極めてコストがかかる場合があるので、SRS が不可能なときや現実的でないときのために別の確率標本抽出法が開発されている。

系統的抽出は SRS に似ている。系統的標本を抽出するには、母集団のリストなどの一覧が必要である。抽出したい標本のサイズを決め、数値 n を計算する。この n で標本の選択方法

が決まる。n は母集団のサイズを標本に必要な被験者数で割って計算する。母集団が 500 で標本サイズが 25 の標本を抽出したい場合には、500/25 = 20 なので n = 20 である。

そして、1 から n の間から開始番号を無作為に選び、開始番号を表す被験者とそれ以降 n 番目ごとの被験者を標本に入る。1,000 の母集団から標本サイズが 100 の無作為標本を抽出したいとしよう。系統的標本を抽出する手順は次のようになる。

1. 1,000/100 = 10 なので、n = 10 に設定する。
2. 1 から 10 の間の番号を無作為に選ぶ。
3. その番号の被験者とそれ以降 10 番目ごとの被験者を選ぶ。

無作為に選んだ番号が 7 の場合、標本には 7 番目の被験者、17 番目、27 番目と続き 997 番目の被験者までが入る。

系統的抽出法は、母集団が時間とともに増加し、母集団のあらかじめ決まったリストがない場合に特に便利である。例えば、来年に出廷する人を調査したいとする。調査の開始時には、誰が出廷することになるかわからないため、前年の訴訟件数に基づいて対象となる母集団を推定し、標本サイズを決め、前述したように n を計算する。そして、出廷した人の順序リストを入手し、無作為な開始点を選び、その無作為な開始点に対応する人とそれ以降の n 番目ごとの出廷した人を選択する。n を 14、無作為な開始点を 10 に決めた場合、10 番目の人、24 番目の人、38 番目の人といったように希望の標本サイズになるまで調査する。

系統的抽出を使うときの注意点として、無作為の開始点と n の値に対応するデータが周期的になっていないようにしなければいけない。例えば、法廷の特定の時間や日付が特定の種類の訴訟に予約されており、開始点と n の組合せからその時間に出廷予定の人を選択する可能性がない場合、その標本は出廷する全員からの無作為選択ではなくなる。

複雑無作為標本には多くの種類がある。複雑無作為標本は、SRS よりも 1 層以上の複雑さが課せられる確率標本抽出法を表す包括的用語である。**層別標本**では、対象となる母集団を共通する特徴によって重複しないグループ（層）に分割する。このような特徴は、人間では性別や年齢などになる。都市では人口規模や政府の形態、病院では管理形態やベッド数などになる。各層の比較やサブグループの特徴の推定が主な調査目的の場合には、層別抽出を選ぶのが適している。層別抽出は、対象となる各層からの適切なサンプリングを保証するように設計できるからである。例えば、SRS を使って抽出した標本には、高齢者の特徴を正確に推定したり中年層と比較したりするのに十分な数の高齢者が入らない可能性がある。それに対し、層別標本では高齢者をオーバーサンプリングするように設計し、後にオーバーサンプリングを補正するように標本を統計的に調整できる。

クラスター標本では、あらかじめ存在するグループを使って母集団をサンプリングする。

この手法は、対面面接や物理的検体（血液検体など）の収集が必要な全国調査でよく使用される。なぜなら、面接のために調査員をバージニア州ラッカーズビルに1人、ネブラスカ州シャドロンに1人、アラスカ州バローに1人などと送るのは、大幅に費用がかかるからである。より経済的な方法は、複数のレベルの無作為選択を持つサンプリング計画を立てることである。全国レベルでは、地理的地域、その地域内の州、その州内の都市という順に個々の世帯や世帯内の個人まで選択するクラスター抽出計画を考案できる。クラスター抽出では、単位内でクラスター化される対象が（例えば、都市内の世帯や州内の都市）SRSで選んだ対象よりも似かよる傾向があるため、正確性が下がる。この正確性低下の埋め合わせとして、通常はクラスター抽出による費用がかなり節約できるのでより大規模な標本を収集できる。

クラスター抽出は、**サイズ**に**比例**した**抽出**手法と組み合わせることもできる。例えば、小学生の標本を抽出したいとする。小学生の全国リストはないが（少なくとも米国にはない）、すべての小学校のリストなら作成でき、各学校には生徒のリストがあるだろう。したがって、無作為に学校を選び（場合によっては多段階手順で）、選択した学校から無作為標本を抽出する。各学校にはさまざまな数の生徒が通っているので、この情報をサンプリング計画に盛り込み、小規模な学校から不釣合いな数の生徒を選ばないようにしたい（小規模な学校の方が多いが、大規模な学校に比べて生徒数が少ない）。そこで、抽出した学校から就学生徒数に基づいて異なる数の生徒を選ぶ。つまり、就学者数が400人の学校からは200人の学校より2倍の生徒を選ぶ。このようにすると、最終的な標本には大規模な学校と小規模な学校の両方を代表する割合の生徒が入る。

3.4 中心極限定理

中心極限定理とは、標本平均の標本分布は、標本サイズが十分に大きい場合には標本を抽出した母集団の分布に関わらず正規分布で近似できるというものである。この事実により、正規分布ではない母集団から標本を抽出した場合でも正規分布の性質に基づいて統計的推測を行える。

中心極限定理によると、標本平均に関して次のように言うことができる。

X_1、...、X_n が平均 μ、分散 σ^2 の母集団からの無作為標本であるとする。すると、母集団の個々の観測値の分布が正規分布ではなくても、大きな n に対して以下が成り立つ。

$$\bar{X} \sim N(\mu, \frac{\sigma^2}{n})$$

$\sim$ 記号は「近似的に分布する」ことを表し、この公式は「Xの平均は平均 μ、分散 σ^2/n

の正規分布に近似される」と読む[†]。

　実際の中心極限定理は、非正規母集団から指定サイズの標本を繰り返し抽出するコンピュータシミュレーションでも応用されている。図3-4は、0から100までの範囲の一様分布の値を持つ無作為生成データ（100件）の母集団のヒストグラムを表す。

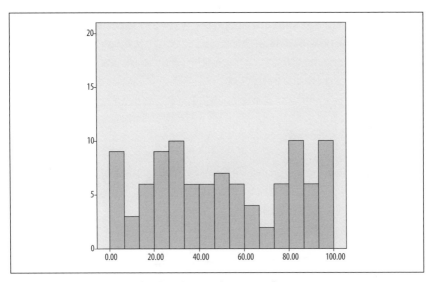

図3-4　範囲0～100の一様分布母集団（N = 100）のヒストグラム

　図3-4の分布は明らかに正規分布ではない。しかし、中心極限定理によると、非正規母集団から十分なサイズの標本を抽出した場合、その標本の平均は正規分布とみなせる傾向がある。この定理では十分なサイズは定義されていない。アナリストはこの問題に関して、標本サイズは30以上であるべきであるという頻繁に利用される経験則を生み出しているが、すべての場合に適用できる絶対的な規則はない。正規分布に近似される母集団から抽出した標本では、標本平均の標本分布は10や15などの小さな標本サイズでも正規分布に近似できるのに対し、非常に歪んだ分布では必要となる標本サイズが40以上となる。
　「標本平均の標本分布」という表現は冗長だが、意味は明快である。既に2つの理論分布（正規分布と二項分布）を見ているが、実は確率変数にも分布がある。この場合、特定の母集団

[†] 原注：Rosner, Bernard. 2000. *Fundamentals of Biostatistics*, 5th ed.; Brooks/Cole, Pacific Grove, CA, 174 からの引用。

から抽出したあるサイズの標本から計算した平均の分布を調べたい。あるサイズの標本を繰り返し抽出し、各標本の平均を計算してその平均の分布をプロットすると、結果は標本平均の標本分布となる。標本はそれぞれ多少異なるため、異なる平均が得られ、平均の分布が生じる。この標本平均の分布が取る一般的な形状は、母集団分布や標本サイズなどの因子に基づくことが予測できる。

図 3-5 と図 3-6 を比較すると、標本平均の標本分布に対する標本サイズの影響がわかる。図 3-5 は、図 3-4 に示した母集団から抽出したサイズ $n = 2$ の 100 個の標本の平均の分布を表す。図 3-6 は、同じ母集団から抽出したサイズ $n = 25$ の 100 個の標本の平均の分布を表す。図 3-5 はまだ一様分布にかなり近くて、この母集団に対して中心極限定理を行使するには標本サイズ 2 は十分ではないことを示している。

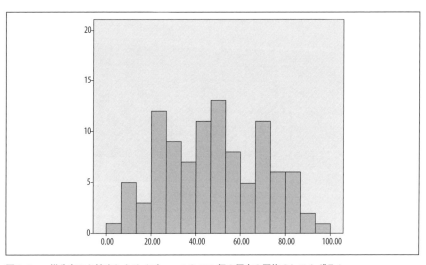

図 3-5　一様分布から抽出したサイズ $n = 2$ の 100 個の標本の平均のヒストグラム

図 3-6 は、図 3-4 に示した一様分布から抽出したサイズ $n = 25$ の標本から計算した 100 個の平均の分布を表す。この分布の方がかなり正規分布に近いので、標本サイズ 25 はこの母集団に対して中心極限定理を行使するのに十分であると思われる。

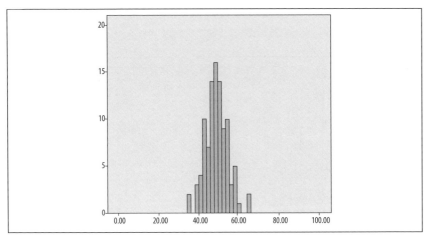

図 3-6　一様分布から抽出したサイズ $n = 25$ の 100 個の標本の平均のヒストグラム

図 3-7 から図 3-9 は、歪んだ（非対称）母集団から抽出した標本を使って中心極限定理を実証している。図 3-7 は、かなり歪んだ分布を持つサイズ 100 のデータ集合の値の分布を示している。

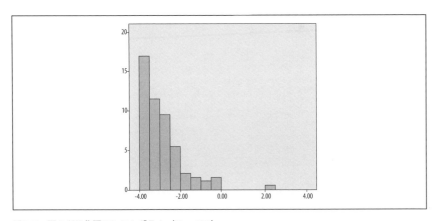

図 3-7　歪んだ母集団のヒストグラム（N = 100）

図 3-8 と図 3-9 は、この歪んだ母集団から抽出した標本平均の分布が標本サイズでどのように変化するかを示している。図 3-8 はサイズ $n = 2$ の 100 個の標本から計算した平均の分布を表し、図 3-9 はサイズ $n = 25$ の 100 個の標本から計算した平均の分布を表す。前述の

一様データの例と同様に、サイズ $n = 2$ の標本はこのデータに対して中心極限定理を行使するには十分ではないが、サイズ 25 の標本は十分であると思われる。

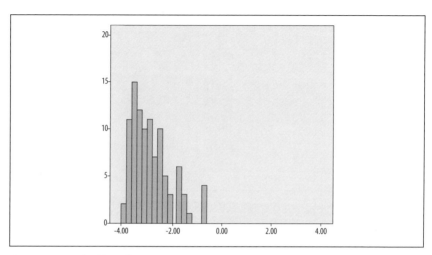

図 3-8　歪んだ分布を持つ母集団から抽出したサイズ $n = 2$ の 100 個の標本の平均のヒストグラム

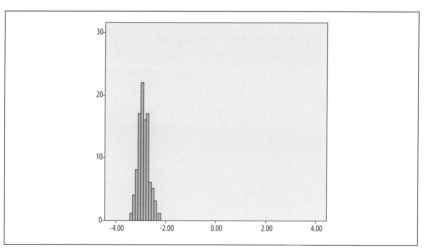

図 3-9　歪んだ分布を持つ母集団から抽出したサイズ $n = 25$ の 100 個の標本の平均のヒストグラム

3.5 仮説検定

仮説検定は推測統計の基本であり、統計的手法を使って現実の問題に関して判断できる。仮説検定では次の概念的な手順を踏む。

1. 数学的に検定できる研究仮説を立てる。
2. 帰無仮説と対立仮説を定式化する。
3. 適切な統計的検定を決め、データを収集して計算を行う。
4. 結果に基づいて判断を下す。

高血圧を治療する新薬を評価する例を考える。製薬会社は同じ症状に現在利用できる治療よりも効果があることを立証したいので、研究仮説は「新薬Xで治療した高血圧患者が現在利用可能な薬剤Yで治療した高血圧患者よりも大きな血圧低下量を示す」などとなる。薬剤Xで治療したグループの血圧低下量の平均を示すのにμ_1を使い、μ_2を使って薬剤Yを投与したグループの血圧低下量の平均を示すとすると、帰無仮説と対立仮説は次のように表せる。

$H_0: \mu_1 \leq \mu_2$
$H_A: \mu_1 > \mu_2$

H_0は帰無仮説(null hypothesis)と呼ばれる。この例での帰無仮説は、薬剤Xで実現した血圧低下量は薬剤Yで実現した血圧低下量以下であるため、薬剤Xでは薬剤Y以上の改善は見られないというものである。H_A(H_1と表すこともある)は対立仮説(alternative hypothesis)と呼ばれる。この例での対立仮説は、薬剤Xで治療した患者は薬剤Yで治療した患者よりも大きな血圧低下量を示すので、薬剤Xは標準的な治療よりも効果があるというものになる。なお、帰無仮説と対立仮説はどちらも互いに排反であり(両方の条件を満たす結果はない)、網羅的(起こり得るすべての結果が2つの条件のいずれかを満たす)でなければいけない。

この例では、対立仮説は**片側**仮説である。帰無仮説を棄却するには薬剤Xで治療したグループは薬剤Yで治療したグループよりも大きな血圧低下量を実現しなければいけない。この研究課題により適切であれば**両側**対立仮説を示すこともできる。例えば、薬剤Xで治療した患者の血圧が薬剤Yを投与した患者の血圧とは異なる(高いか低いかのどちらか)かどうかを知りたい場合には、両側対立仮説を使って表すことができる。

$H_0: \mu_1 = \mu_2$
$H_A: \mu_1 \neq \mu_2$

通常は両方向の差を見つけたいため、両側仮説の方が統計的検定では一般的である。
データを収集して統計量を計算したら、次の2つのいずれかの判断を下すことができる。

- 帰無仮説を棄却する。
- 帰無仮説を棄却できない。

帰無仮説を棄却できなくても、帰無仮説が真であることを証明しているわけではなく、その調査では棄却するだけの十分な証拠が見つからなかっただけである。

統計分析では例えばグループ平均に差があることだけではなく、その差が**統計的に有意である**ことも示さなければいけないので、帰無仮説の棄却は「有意性の発見」や「有意な結果の発見」と呼ばれることもある。統計的有意性の非公式な意味は「おそらく偶然のためではない」ということであり、結果が有意かどうかを決めるには、統計的な計算だけでなく研究分野やその他の要因で変わる不文律を適用する必要がある。

統計的検定では、標本結果が帰無仮説の棄却を裏付けるだけ十分に説得力があると見なされる場合を定める確率水準 p 値（後に詳しく取り上げるトピック）を選ぶ必要がある。実際には、p 値は 0.05 に設定されることが最も一般的である。なぜこの特定の値なのだろうか。これは多少任意のカットオフ点であり、統計量を手で計算し、結果が有意かどうかを判断するのに使う公開表と結果を比較していた 20 世紀初期にさかのぼる。$p < 0.05$ を有意な結果の基準として使うのには課題はあるが（次の補足コラム「仮説検定に関する議論」を参照）、依然として多くの研究分野での共通基準である。ときには、代わりに $p < 0.01$ や $p < 0.001$ などの小さな p 値が使われる場合もあるが、$p < 0.10$ などの大きな値を一般的に利用することを適切に正当化した人はいない。

推測統計は、データに関する確率的な見解を述べることができるようになる強力なツールである。しかし、そのような見解は絶対的ではなく確率論的なので、推測統計には本来過誤の可能性もある。統計家は、推測統計を利用して判断を下す際に起こり得る2種類の過誤を定義し、一般的に許容できるとみなされる過誤率の水準を規定している。この2種類の過誤を**表3-1**に示す。

仮説検定に関する議論

現代の統計処理では仮説検定が広く使われており、$α = 0.05$ という有意水準が標準的になっているが、どちらも問題がないわけではない。主な批判者の1人がコーエン（Jacob Cohen）であり、彼の議論は数ある中でも1994年の記事「The Earth Is Round ($p < 0.05$)」[†]で述べられている。仮説検定全般と具体的な値 0.05 のどちらにも正当な批評があるが、どちらもすぐにはなくなるとは思えない。一方では、統計的有意性の何らかの基準を定め、差の有意性がサンプリング誤差やその他の偶然の要素に起因する可能性を最小限にする必要がある。他方では、0.05 水準はたとえときには魔法のように扱われても、魔法のようなものは何もない。さらに、標本に基づいて計算した結果の有意水準は関与する標本サイズなどの多くの要因に影響を受け、結果の p 値を過度に強調すると特定の研究で有意性を見つけた場合や見つけなかった場合の多くの根拠を無視することになる。統計家の間では、十分に大きな標本がある場合には、小さな影響でも統計的に有意であるというのが一般的である。しかし、統計的手法は強力なツールではあるが、研究者が常識も駆使しなくて済むわけではない。

表 3-1　第一種および第二種過誤

標本統計量に基づいた判断	母集団の状態：H_0 が真	母集団の状態：H_A が真
H_0 を棄却できない	正しい判断：H_0 が真で H_0 が棄却されない	第二種過誤（$β$）
H_0 を棄却	第一種過誤（$α$）	正しい判断：H_0 が偽で H_0 を棄却

対角部分（左上と右下）が正しい判断を表す。H_0 が真で調査で棄却されないか、または H_0 が偽で調査で棄却されたかである。その他の2つの部分（反対の対角成分（右上と左下））が第一種および第二種過誤を表す。**第一種過誤はアルファ（$α$）**としても知られ、帰無仮説が真であるが調査で棄却された場合の誤りを表す。**第二種過誤はベータ（$β$）**とも呼ばれ、H_0 が偽であるが調査で棄却されなかった場合の誤りを表す。

この行列は、標本の分析に基づいて母集団の本当の状態（もちろん、一般にこれは研究者にはわからない）と母集団に関して下した判断を比較するために用意した。この行例の別の見方として、被告が無実であるという帰無仮説の裁判を考える。裁判の状況では、事件の本当の状態（被告が告発通りに犯罪を犯したか）があり、提示された情報に基づいた陪審員の判断（被告が有罪か無罪か）がある。統計家が母集団の本当の状態を知らないのと同様に、陪審員は事件の本当の状態を知らないので、正しい判断を下す場合もあれば、第一種または

[†] 原注：American Psychologist, December 1994, 997-1003（付録 C にも）

第二種過誤を犯す場合もある。陪審員が無罪の被告を有罪と判断したら、第一種過誤に相当する（無罪という帰無仮説を棄却すべきでない場合に棄却する）。一方、有罪の被告を無罪と判断したら、第二種過誤を犯している（無罪という帰無仮説を棄却すべき場合に棄却しない）。

第一種過誤の許容水準は、前述したように通常 0.05 に設定されている。アルファを 0.05 に設定するというのは、第一種過誤の 5% の可能性を許容することを意味する。言い換えると、α 水準を 0.05 に設定すると、その調査では帰無仮説を棄却すべきではないのに棄却する可能性が 5% あるのだ。

真である推測をし損なう（第二種過誤）のは偽である推測を行うこと（第一種過誤）よりも重大ではないと考えられているので、第二種過誤は統計論ではあまり注目されていない。第二種過誤の一般的な許容水準は $\beta = 0.1$ または $\beta = 0.2$ である。$\beta = 0.1$ の場合、その調査では第二種過誤の可能性が 10% ある。つまり、帰無仮説が偽であるのに調査で棄却されない可能性が 10% ある。言い換えると、母集団の本当の状態に基づいて有意な結果を返すべき調査において、調査の結果が有意でない可能性が 10% ある。

第二種過誤の逆は**検出力**であり、$1-\beta$ と定義される。最近、適切な検出力水準を設定することの重要性は、特に医療分野でますます評価されてきている。また、検出力と第二種過誤に対する研究者や資金提供機関の関心も高くなっている。その理由の 1 つは、有意な結果を見つけるべき場合に見つけられるそれなりの確率がなければ、時間、労力、費用を投資したくないからである。検出力の計算は、研究計画(特に適切な検出力に必要な標本サイズの決定)で重要な役割を果たす。この話題については 15 章で詳しく取り上げる。

3.6 　信頼区間

標本を表すために平均などの統計量を計算するときには、その数値は数直線上の 1 つの点を表すため、**点推定**の計算と言う。標本平均は母集団平均の最善の不偏推定であるが、異なる標本を抽出すると、その標本から計算した平均はおそらく異なることがわかっている。もちろん、抽出するすべての標本が全く同じ平均を持つとは誰も思っていない。点推定がどの程度変化する可能性があるかを尋ねるのは妥当なので、多くの専門分野では点推定と**区間推定**の両方を示すのが一般的である。1 つの値である点推定とは対照的に、区間推定は数値の範囲である。

一般的な区間推定には**信頼区間**がある。信頼区間は、統計量の**信頼限界**または**信頼境界**の上限と下限を表す 2 つの値の区間である。信頼区間の計算に使う式は使用する統計量によって変わり、関連する章で説明する。この節では、信頼区間の概念を伝えることを目的としている。信頼区間はあらかじめ定められた有意水準を使って計算する。有意水準が α（アルファ）と呼ばれることが多く、前述したようにほとんどの場合 0.05 に設定される。**信頼係数**は、$(1-\alpha)$ またはパーセントとして $100(1-\alpha)\%$ で計算する。したがって、$\alpha = 0.05$ の場合、信

頼係数は 0.95 または 95% である。後者を使う方が一般的である。例えば、95% 信頼区間と言うことが多く、専門誌ではたいてい 95% 信頼区間と点推定統計量を示す必要がある。

信頼区間は、調査を無限回繰り返し、毎回同じ母集団から大きさは同じであるが異なる標本を抽出し、各標本に基づいた信頼区間を作成する場合、その信頼区間の x% にその調査で推定したい本当のパラメータ値が入る（x は信頼区間のサイズ）という考え方に基づいている。例えば、検定推定量が平均であり、95% 信頼区間を使う場合、標本抽出を無限回繰り返してその平均を計算すると、作成した信頼区間の 95% に母集団の本当の平均が入る。

信頼区間は、点推定の精度に関する重要な情報を伝える。例えば、生徒の 2 つの標本があり、どちらのグループの平均 IQ スコアも 100（平均的な知能）であるとする。しかし、一方の 95% 信頼区間は (95, 105) であるのに対し、他方の 95% 信頼区間は (80, 120) としよう。最初の信頼区間の方が 2 つ目よりもはるかに狭いので、最初の標本での平均推定の方が正確である。さらに、2 つ目の標本の方が信頼区間が広いことは、最初の標本の生徒よりも IQ の散らばりが大きい生徒を母集団から抽出していることを示唆している（ただし、この仮説を裏付けるか棄却するにはさらなる分析が必要である）。

3.7 p値

推測統計を扱っているときには、たいていは直接計測できないものを推定しようとしている。例えば、世界中のすべての高血圧の成人からデータを収集することはできないが、高血圧の成人の標本からデータを収集し、その標本に基づいて推測することは可能である。このような推論には、有意な結果がその調査で対象となる要因よりもサンプリング誤差などの偶然の要素に起因するなど、必ずある程度の間違いの可能性があることがわかっている。

p値は、標本データの分析で得られた結果と少なくとも同等に極端な結果が偶然に生じる確率を表す。この定義に「少なくとも同等に極端」という表現があるのは、多くの統計的検定では検定統計量と何らかの仮説分布とを比較し、多くの場合（正規分布の場合と同様に）、分布の中心に近い得点は最も一般的であるのに対し、分布の中心から遠い得点（より極端な得点）はあまり起こり得ないからである。分布が対称ではなくても（例えば、カイ二乗分布の場合と同様に）、通常より極端な結果はあまり起こり得ない結果なので、調査で見つけた結果と少なくとも同等に極端な結果の確率を判断する原理はやはり有用である。

このことは簡単な例を考えればはっきりする。偏りがないと考えられる硬貨を投げる実験を行っているとする。つまり、硬貨を投げるたびに表（h）と裏（t）が出る結果は同様に確からしい。これは正式には次のように表現できる。

$$P(h) = P(t) = 0.5$$

それぞれの硬貨投げを試行と呼ぶ。表の確率は 0.5 なので、最も考えられる推測は 10 回の試行で 5 回表が出ることであるが、10 回の試行ごとに、表の回数が異なる可能性があることもわかっている。硬貨を 10 回投げて、8 回表が出たとする。この結果の p 値が知りたい。つまり、1 回の試行での表の確率が 0.5 の硬貨で、10 回の試行の中 8 回表が出る可能性はどのくらいであろうか。

二項表、ソフトウェア、または二項式を使うと、この結果（10 回の試行で 8 回表）の確率は 0.0439 であることがわかり、偏りのない硬貨で 10 回の試行で 8 回表が出るのは 5% 未満である。10 回の試行で 9 回表が出る確率は 0.0098 であり、10 回の試行で 10 回表の確率は 0.0010 である。これは結果が 10 回の試行で 5 回表という期待される結果から離れるにつれ、可能性が低くなることを示している。

硬貨に偏りがない確率を評価している場合には、期待（10 回の試行で 5 回表）から離れた結果は偏りがある強い証拠となる。この種の質問では、通常は実験で取得した結果の確率だけでなく、実験で取得した結果と少なくとも同等に極端な結果の確率も計算する。この例では、偏りのない硬貨を 10 回投げて 8、9、または 10 回表が出る確率は 0.0439 + 0.0098 + 0.0010 (0.0547) である。これは、$P(表) = 0.5$ の硬貨を使って 10 回の試行で少なくとも 8 回表の結果の p 値である。

統計的計算を伴うほとんどの研究結果に通常 p 値を示す理由の 1 つは、特定の結果がどの程度普通ではないかを示す指針には、直感が適さないからである。例えば、多くの人は偏りのない硬貨を使った 10 回の試行で 8 回以上表が出るのは普通ではないと考えるであろう。「普通ではない」結果の統計的定義はないため、帰無仮説（この例では硬貨に偏りがない）を棄却するには結果の p 値が 0.05 未満でなければいけないという一般的な基準を使う。この例では、少し意外にもこの基準を満たしていない。この結果（10 回の試行で 8 回表）の p 値では、0.0547 は 0.05 より大きいので硬貨に偏りがない（$P(表) = 0.5$）という帰無仮説を棄却できない（だから、8 回以上表が出ることは、結構あるのだ）。

3.8　Z 統計量

Z 統計量は前に説明した Z 値と似ているが、重要な違いが 1 つある。特定の**得点**の確率を求めるのではなく、特定の標本**平均**の確率を求めたいのだ。Z 統計量は中心極限定理の重要な応用例である。中心極限定理によると、たとえ標本を抽出した母集団の分布がわからなくても、正規分布を使って標本結果の確率を計算できる。

Z 統計量を求める式（**式 3-11**）は、Z 値を求める式（**式 3-1**）と似ている。

式 3-11　Z 統計量の公式

$$Z = \frac{\bar{x} - \mu}{\frac{\sigma}{\sqrt{n}}}$$

この公式では、$\bar{x}$ は標本の平均、μ は母集団平均、σ は母集団標準偏差、n は標本サイズである。

Z 値と Z 統計量の公式の大きな違いは分母にある。Z 値では σ で割るのに対し、Z 統計量では $\sigma / \sqrt{n}$ で割る。Z 統計量を計算するには、母集団平均と標準偏差がわからなければいけない。平均はわかるが標準偏差はわからない場合には、代わりに t 統計量（6 章で説明）を計算する。Z 値を標本数 1 の Z 統計量と考えるとよい。分母が $\sigma / \sqrt{1}$ になり、これは σ に等しく、見慣れた Z 値の公式になる。

Z 統計量の分母は標本平均の標準誤差と呼ばれ、SEM と略したり $\sigma_{\bar{x}}$ と表記したりすることもある。平均の標準誤差は、標本平均の標本分布の標準偏差である。平均の標準誤差の分母は $\sqrt{n}$ で割っているため、標本が大きくなると Z 統計量が大きくなる傾向があり、それ以外は同じである。このことは、標本サイズだけが異なるいくつかの標本の Z 統計量を計算すると明らかになる。平均が 50、標準偏差が 10 の母集団から 3 つの標本を抽出すると仮定する。

標本 1 : $\bar{x}$ = 52、n = 30
標本 2 : $\bar{x}$ = 52、n = 60
標本 3 : $\bar{x}$ = 52、n = 100

各標本の Z 統計量の計算を**式 3-12**、**式 3-13**、**式 3-14** に示す。

式 3-12　母集団 ~N(50, 10^2) からの標本（$\bar{x}$ = 52, n = 30）の Z 統計量

$$Z = \frac{52 - 50}{\frac{10}{\sqrt{30}}} = 1.10$$

式 3-13　母集団 ~N(50, 10^2) からの標本（$\bar{x}$ = 52, n = 60）の Z 統計量

$$Z = \frac{52 - 50}{\frac{10}{\sqrt{60}}} = 1.55$$

式 3-14　母集団 ~N(50, 10²) からの標本（$\bar{X}$ = 52, n = 100）の Z 統計量

$$Z = \frac{52 - 50}{\frac{10}{\sqrt{100}}} = 2.00$$

　この例から、標本サイズが結果に重要な影響を及ぼし、それ以外はすべて同じなので標本が大きくなると Z 統計量がより極端になる。このトピックは 15 章の標本サイズと検出力の節で詳しく取り上げるが、ここではこの結果は直感的にうなずけることを示す。Z 統計量は分子を分母で割って計算し、標本サイズが大きくなると（大きな n）小さな分母で割ることになるので、Z 統計量がより極端になる（分子は変化しないと仮定する）。「より極端」と言ったのは、分子が負の場合、Z 統計量は n が大きくなると（それ以外が同じ場合）小さくなるが、0 からは離れることにもなる。例えば、この例で標本平均が 52 ではなく 48 であったら、Z 統計量は -1.10、-1.55、-2.00 になる。

　α 水準 0.05 の両側仮説を検定しているとする。この場合、各結果の p 値も必要であり、次のようになる。

標本 1：p = 0.2713

標本 2：p = 0.1211

標本 3：p = 0.0455

　3 つ目の標本だけから有意な結果が得られる。つまり、3 つ目の標本の p 値だけが α 水準 0.05 よりも小さいため、帰無仮説を棄却できる。これは調査を行う際には適切な標本サイズの選択が重要であることを強調している。

　ある Z 統計量の p 値はいくつかの方法で求められる。統計ソフトウェア、さまざまなオンライン電卓（http://graphpad.com/quickcalcs/PValue1.cfm）、確率表の利用などである。標準正規分布などのいくつかの最も一般的な分布の確率表とその使い方の説明は、付録 D に記載してある。

3.9　データ変換

　最も一般的な統計的手法の多くは**パラメトリック統計**として知られている。パラメトリック統計とは、標本を抽出する母集団の分布に関してある前提を設けることを意味する。標本データがその前提を満たしていないことを示す場合、研究者にはデータを分析するためのいくつかの選択肢がある。その 1 つが代わりに**ノンパラメトリック**な統計的手法を使う方法であり、これはデータ分布に関して前提をあまり設けないか全く設けない。ノンパラメトリック統計は 13 章で説明する。その他には、対象のパラメトリックな統計的手法の前提を満た

すように何らかの方法でデータを**変換**する方法が考えられる。データを変換するには、関与する分布や満たせない前提によって多くの方法がある。ここでは正規分布に近づくようにデータ集合を変換する事例を調べるが、ここで説明する原理は他のデータ変換問題にも適用できる。データ変換に関する詳しい情報は、MostellerとTukeyの著書（付録Cに掲載）などの高度な書籍を参照してほしい。

　データ変換では、まずデータ集合を評価し、適切な変換方法があればその変換方法を判断する。データ集合の評価には2つの方法を推奨する。1つはデータのグラフ化であり、例えば、正規曲線を重ね合わせたヒストグラムを作成する。これにより、データの全体的な形状を可視的に評価でき、外れ値（極端または異常なデータ値）を見つける機会も得られる。データの全体的な形状を観察すると、どのような変換を試してみるべきかを提示するのにも役立つ。2つ目の方法は、データが特定の分布に適合するかどうかを検定するための統計量の1つを計算する方法である。この目的でよく使われる2つの統計量は、アンダーソン＝ダーリンとコルモゴロフ＝スミルノフである。これらの統計量を計算するルーチンは多くの統計パッケージに用意されており、インターネット上で利用できるさまざまな統計電卓でもこのいずれかまたは両方を計算できる。例えば、コルモゴロフ＝スミルノフ検定を計算する統計電卓は http://jumk.de/statistic-calculator/ で利用できる。

　右に歪んだデータ（低い値がほぼ同一であり、高い値は低い度数ながら裾が右方向にある程度の距離伸びている形状）は、平方根変換か対数変換を適用すると正規分布に近くなる。平方根変換は各値の平方根を計算する。生のデータ値が4の場合、$\sqrt{4} = 2$なので変換値は2となる。対数変換は各値の自然対数を計算するので、生のデータ値が4の場合、$\ln(4) = 1.386$なので変換値は1.386となる。どちらの変換も統計ソフトウェア、電卓、またはスプレッドシートプログラムで簡単に実現できる。

　図3-10は右に歪んだデータ集合を表す。**図3-11**は平方根変換後の同じデータ（グラフ化した値は**図3-10**のデータの平方根）、**図3-12**は対数変換後の同じデータ（グラフ化した値は**図3-10**に示したデータの自然対数）を表す。

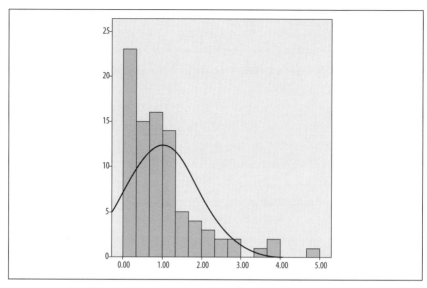

図 3-10　右に歪んだデータ集合のヒストグラム（生の値）

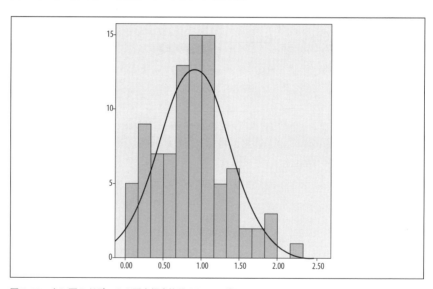

図 3-11　右に歪んだデータの平方根変換後のヒストグラム

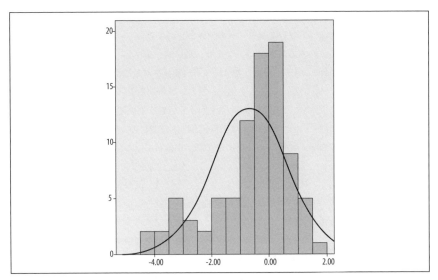

図 3-12 右に歪んだデータの自然対数変換後のヒストグラム

　3つのグラフを視覚的に比較すると、**図 3-10** は確かに右に歪んでおり、重ね合わせた正規分布曲線と適合しない。**図 3-11** の方が正規分布にかなり適合して見え、**図 3-12** では右歪みが左歪みに置き換わっているように見えるので、これも非正規分布である。

　また、どちらの変換が許容可能な分布のデータ集合になるかを確認するための統計的検定も計算できる。そのためには、一標本コルモゴロフ＝スミルノフ（K-S）統計量を計算し（統計ソフトの SPSS を使うが、その他の統計ソフトも利用できる）、各データ集合が完全な正規分布にどれくらい一致するかを評価する。この3つのデータ集合の結果を**表 3-2** に示す。

表 3-2 3つのデータ集合のコルモゴロフ＝スミルノフ Z 統計量と p 値

	生データ	平方根変換	自然対数変換
コルモゴロフ＝スミルノフ Z	1.46	0.66	1.41
p	0.029	0.78	0.04

　一標本 K-S 検定の帰無仮説は、データが特定の分布（この場合は正規分布）に従っているというものである。対立仮説は、データがその分布に従っていないというものである。SPSS はこの統計量の K-S 統計量（K-S Z）と p 値の両方を返し、$p < 0.05$ の場合は帰無仮説を棄却するという規則を適用する。**表 3-2** の結果では、生データと自然対数変換データの帰無仮

説は棄却するが、平方根変換は棄却できない。そのため、このデータを正規分布データが必要な手法で使いたければ、平方根変換データを使うようにする。

変数に左（負の）歪みがある場合には（つまり、高い値が集中し、頻度の少ない低い値の裾が左に伸びている場合）、データを反転させ、平方根変換や対数変換を適用できる。データを反転させるには、データの最大値に1を加え、新しい数値から変数の各値を引く。例えば、データ集合の最大値が35の場合、36（つまり35＋1）から各値を引いて反転値を得る。つまり、生の値1は反転値35（36－1）、生の値2は反転値34（36－2）のように続き、生の値35は反転値1（36－35）になる。反転により左に歪んだ分布は右に歪んだ分布に変わり、平方根変換や対数変換を適用して正規性が改善したかどうかを確認できる。

データ変換は分布問題の確実な解決法ではない。ときには、問題を悪化させることや新たな問題を招く場合もある。そのため、変換データでは上記で行ったように必ず正規性を評価し、変換で望ましい分布のデータが得られたかどうかを確認するようにする。また、変換はデータの単位を変える。例えば、血圧値の母集団に対数変換を適用すると、測定値の単位は血圧値の対数になる。変数を反転させる場合には値が逆になるので（最高値が最低値になる）、反転値に基づいた統計量の解釈も逆になる。そのため、統計的結果の報告や解釈を行うときには、データ変換の影響を念頭に置く必要がある。

3.10　練習問題

問題

以下の各変数群において、調査研究でどの変数を独立変数として扱い、どの変数を従属変数として扱うのが適切か。

1. 性別、アルコール摂取量、運転歴
2. 高校のGPA（Grade Point Average：成績平均点）、大学1年生のGPA、大学専攻の選択（入学前の選択）、人種／民族、性別
3. 年齢、人種／民族、喫煙習慣、乳癌の発症
4. 符号化作業の精度、与えられた指示の種類、実行時間、不安レベル

解

それぞれの問題の答えは1つだけではない。最も一般的と思われる研究計画を挙げる。

1. 性別は独立変数である（アルコール摂取量も運転歴も性別に影響を与えない）。おそらくアルコール摂取量は独立変数、運転歴は従属変数になるので、この調査では運転歴に対する性別とアルコール摂取量の影響を調べる。しかし、おそらく重大な

事故の後にはアルコール摂取量が下がる傾向があるという仮説を検定するために、アルコール摂取量と運転歴の役割が逆の実験を計画することも考えられる。

2. 大学1年生のGPAはおそらく従属変数になる。時間的な理由から、高校のGPAは独立変数になる（高校は大学より前に発生するため）。人種／民族と性別も独立変数である。なぜなら、人の特性だからである。時間的な理由から、大学1年生のGPAが従属変数なら大学専攻の選択は独立変数になる。大学専攻の選択の変数の説明では専攻は大学入学前に選ぶが、大学1年生のGPAは入学の1年後にわかるからである。
3. 乳癌はおそらく従属変数になり、年齢、人種／民族、喫煙習慣は独立変数になる。
4. 精度はおそらく従属変数になり、与えられた指示の種類、実行時間、不安レベルはすべて独立変数となる。

問題

推測統計の実施にはなぜ中心極限定理が一番重要なのか。

解

中心極限定理は、標本サイズが十分に大きい場合には標本を抽出した母集団の分布に関わらず標本平均の標本分布は正規分布で近似できるというものである。これが重要なのは、標本サイズが十分な場合、標本を抽出した母集団の分布がわからなくても正規分布を使って標本から計算した結果の確率を計算できるからである。

問題

以下のそれぞれの状況で表されるサンプリングの種類は何か。

1. 血液検査から得られる米国住民の鉄分不足に関する情報を収集することが目的である。小さな地域群から選択するようにサンプリング計画を考案する。地域は無作為に選び、さらに地域内の州と選んでいき国勢調査ブロックグループ内の個々の世帯に及ぶまで選ぶ。
2. 小学生が最近任命された校長にどのような反応を示しているかを調べることが目的である。研究者は標本に男性と女性を同数入れたいので、ある日の放課後に遊び場にいる生徒の中から10人の男生徒と10人の女生徒に面接するように指示して面接調査者を学校に送り込む。
3. 主要都市で働く警察官の家庭生活（警察官の配偶者が外に働きに出ている場合の家庭生活への影響など）について詳しく知ることが目的である。その都市の警察官と

して働くすべての男性と女性のリストが入手でき、そのリストからコンピュータで無作為に 200 人の標本を抽出する。そして、標本のメンバーに電話でインタビューする。

4. 工場主任が、生産した部品の品質がすべてのシフトまたはシフト内の全時間で同等ではないかもしれないと心配している（この工場は 24 時間操業である）。操業日の 9 つの時間に 30 個の部品の標本を収集し、収集する時間は毎日の 3 つの各シフトの時間ブロックから無作為に選択するサンプリング計画を考案する。それぞれのシフトでは、最初の 2 時間で 1 つの標本を抽出し、中間の 6 時間で 1 つの標本、最後の 2 時間で 1 つの標本を抽出する。

解

1. クラスター抽出
2. 割り当て抽出（および恣意的抽出）
3. 単純無作為抽出
4. 層別抽出

問題

10 項目での多肢選択式テストを行っており、間違えてもペナルティはない。各質問には 5 つの答えの選択肢があるので、推測だけでも正解が得られる確率が 20% ある。正解を推測するだけであると仮定すると、**ちょうど 3 つの正解を選ぶ確率**を求めよ。

解

この問題は、**式 3-15** に示すように $n = 10$、$k = 3$、$p = 0.2$ の二項分布を使って解く。

式 3-15 b(3; 10, 0.2) の計算

$$P(k = 3; 10, 0.20) = \binom{10}{3} 0.2^3 (1 - 0.2)^7 = 0.20$$

したがって、この状況でちょうど 3 つの正解を得る確率は 0.20（20 パーセント）である。**図 D-8**（付録 D の二項確率表）を使うと、この表の確率は 0.20133 であり、およそ 0.20 になる。

問題

上記の問題と同じ条件の場合、**3 つ以上**の正解を得る確率を求めよ。

解

この問題も $n = 10$、$k = 3$、$p = 0.2$ の二項分布を使って解く。2つ以下の正解を得る確率を計算してそれを1から引く方が簡単なので、その方法を使う。確率の合計は必ず1になり、「少なくとも3つ正解」と「2つ以下の正解」を合わせると起こり得るすべての結果となるため、この方法を利用できる。二項公式を適用すると、それぞれの確率がわかる。

$P(k = 0) = 0.11$
$P(k = 1) = 0.27$
$P(k = 2) = 0.30$
$P(k \geq 3) = 1 - P(k \leq 2) = 1 - (0.11 + 0.27 + 0.30) = 0.32$

したがって、この条件下で3つ以上の正解を得る確率は 0.32（32パーセント）である。

図 D-9（付録 D の累積二項確率表）を使うと、表による $b(2; 10, 0.2)$ の確率は 0.67780 であり、$1 - 0.67780 = 0.3222$ なのでおよそ 0.32 となる。

問題

以下のデータ値の Z 値を計算する。このデータ値は $\mu = 100$、$\sigma = 2$ の正規分布からのデータと仮定し、標準正規表（付録 D の図 D-3）を使って各値とその値以上の確率を求める。確率表の使い方の説明と各問題の詳しい解法は付録 D に収録されている。

   a. 108
   b. 95
   c. 98

解

   a. $Z = 4; P(Z \geq 4.00) = 1 - (0.50000 + 0.49997) = 0.00003$

式 3-16 　母集団 ~N(100, 2²) からの値 108 の Z 値

$$Z = \frac{108 - 100}{2} = 4.00$$

   b. $Z = -2.5; P(Z \geq -2.50) = 0.50000 + 0.49379 = 0.99379$

式 3-17 　母集団 ~N(100, 2²) からの値 95 の Z 値

$$Z = \frac{95 - 100}{2} = -2.50$$

c. $Z = -1.0; P(Z \geq -1.00) = 0.50000 + 0.34134 = 0.84134$

式 3-18 母集団 ~N(100, 2²) からの値 98 の Z 値

$$Z = \frac{98-100}{2} = -1.00$$

問題

以下のどちらの生の値の Z 値の方が極端か。つまり、どちらの Z 値の方が 0 から（正または負のどちらかの方向に）離れているか。

a. $\mu = 180$、$\sigma = 4$ の母集団からの値 190
b. $\mu = 200$、$\sigma = 5$ の母集団からの値 175

解

−5.0 の方が 2.5 より 0 から離れているので、2 番目の値の方が極端である（**式 3-19** と**式 3-20**）。

式 3-19 母集団 ~N(180, 4²) からの値 190 の Z 値

$$Z = \frac{190-180}{4} = 2.50$$

式 3-20 母集団 ~N(200, 5²) からの値 175 の Z 値

$$Z = \frac{175-200}{5} = -5.00$$

問題

平均 40、標準偏差 5 の母集団から抽出した以下の各標本の Z 統計量を計算せよ。標準正規表（付録 D の**図 D-3**）を使って少なくとも各結果と同等に低い結果の確率を求めよ。

a. $\bar{x} = 42$、$n = 35$
b. $\bar{x} = 42$、$n = 50$
c. $\bar{x} = 39$、$n = 40$
d. $\bar{x} = 39$、$n = 80$

解

a. $Z = 2.37; P(Z \leq 2.37) = 0.50000 + 0.49111 = 0.99889$

式 3-21 母集団 ~N(40, 5²) からの標本（$\overline{X}= 42$、$n = 35$）の Z 統計量

$$Z = \frac{42 - 40}{\frac{5}{\sqrt{35}}} = 2.37$$

b. $Z = 2.83; P(Z \leq 2.83) = 0.50000 + 0.49767 = 0.99767$

式 3-22 母集団 ~N(40, 5²) からの標本（$\overline{X}= 42$、$n = 50$）の Z 統計量

$$Z = \frac{42 - 40}{\frac{5}{\sqrt{50}}} = 2.83$$

c. $Z = -1.26; P(Z \leq -1.26) = 1 - P(Z \geq -1.26) = 1 - (0.50000 + 0.39617) = 0.10383$

式 3-23 母集団 ~N(40, 5²) からの標本（$\overline{X}= 39$、$n = 40$）の Z 統計量

$$Z = \frac{39 - 40}{\frac{5}{\sqrt{40}}} = -1.26$$

d. $Z = -1.79; P(Z \leq -1.79) = 1 - P(Z \geq -1.79) = 1 - (0.50000 + 0.46327) = 0.03673$

式 3-24 母集団 ~N(40, 5²) からの標本（$\overline{X}= 39$、$n = 80$）の Z 統計量

$$Z = \frac{39 - 40}{\frac{5}{\sqrt{80}}} = -1.79$$

問題

あなたは小学校の校長である。総合評価の一環として生徒の1人がIQ（知能）テストを受け、80点を取った。母集団全体におけるこの生徒の年齢グループでは、このテストの得点は正規分布（$\mu = 100$、$\sigma = 15$）であることがわかっている。この生徒の得点を解釈するにはどの統計量が役に立つか。

解

Z 値は、この生徒の得点 80 を同年齢の他の生徒の得点分布に位置付ける。式 3-25 に示すように、この生徒の得点は同年齢グループの平均よりも 1.33 標準偏差が低い。IQ テストでは多くの要因が得点に影響するが（そのため、総合評価が必要）、平均以下の得点の生徒は、IQ テストで高得点だった生徒よりも学校生活が困難な可能性があることを示唆している。

式 3-25　母集団 $\sim N(100, 15^2)$ からの値 80 の Z 値

$$Z = \frac{80 - 100}{15} = -1.33$$

標準正規分布表（付録 D の図 D-3）を使うと、約 9% の生徒だけしか IQ 得点がこの値以下にならないと見込まれることがわかる。

$$P(Z \leq -1.33) = 1 - P(Z \geq -1.33) = 1 - (0.50000 + 0.40824) = 0.09176$$

問題

自分はコレステロール値に対する菜食の影響を研究している医学研究者であるとする。20 歳～65 歳の米国男性のコレステロール値が、平均 210mg/dL（mg = ミリグラム、dL = デシリットル）で標準偏差 45mg/dL の正規分布であると仮定する。この年齢グループから少なくとも 1 年間菜食を続けた男性 40 人の標本を調査しており、平均コレステロール値が 190mg/dL であることがわかった。この結果を解釈するのに役立つ統計量は何か。

解

Z 統計量を計算する。Z 統計量は、菜食標本の平均コレステロール値を同じ年齢グループの米国全男性人口に対して位置付ける。式 3-26 に示すように、菜食グループの平均コレステロールは、同じ年齢グループの全男性人口の平均よりも 2.81 標準偏差が低いので、菜食はコレステロールの低下と関連があることを示唆している。IQ の例と同様に、多くの要因がコレステロール値に影響を与え、この問題の解決を目的とする医学研究には通常もっと多くの変数がある。これは Z 統計量の使い方を例示するための簡略化した例である。

式 3-26　母集団 $\sim N(210, 45^2)$ からの（$\overline{X} = 190$、$n = 40$）

$$Z = \frac{190 - 210}{\frac{45}{\sqrt{40}}} = -2.81$$

標準正規表（付録Dの図 D-3）を使うと、両側検定で少なくともこれほど極端な結果の確率は 0.00496 であるので、アルファ値が 0.05 の場合、この結果は帰無仮説（この例の場合、菜食はコレステロールに影響しない）を棄却するのに十分である。

$P(Z \leq -2.81) = 1 - P(Z \geq -2.81) = 1 - (0.50000 + 0.49752) = 0.00248$

$P(Z \geq 2.81) = 0.00248$（Z 分布は対称であるため）

$P[(Z \leq -2.81)$ または $(Z \geq 2.81)] = 2 \times (0.00248) = 0.00496$

4章
記述統計と図表示

統計学のほとんどの書籍と同様に、この本でも**統計的推定**(statistical inference、標本を使って統計的に母集団についての結論を導き出す方法)が主要テーマである。しかし、この章ではその他の統計、すなわち記述統計学(調査したデータ集合を統計と図示の手法を使って情報提示する)を扱う。統計学の仕事をしているほとんど全員が、この両方の統計を使用している。最終的には推測統計分析をするための準備段階として、記述統計量計算を行うこともある。特に、データ集合の図表示を調べて分析をすることや、分析するべきデータをより深く理解するために基礎的な記述統計量計算をすることが、一般的によく行われている。データを理解し過ぎてしまうということはなく、データを調査するのに使う時間は、ほとんどの場合費やす価値がある時間である。記述統計と図表示が統計分析の最終成果物となることもある。例えば、異なる場所や販売員ごとの売上を測定したいときに、収集されたデータを使って推測した情報(例えば他の場所や年度)そのものを使わず、図を使って情報提供をする場合がある。

4.1 母集団と標本

収集や分析の目的によって、同じデータ集合が母集団として捉えられたり、標本として捉えられたりする。例えば、期末試験でのあるクラスの生徒の成績は、分析目的がそのクラスの点数の分布を求めることであれば母集団であるが、分析目的がそれらの点数から他の生徒(例えば他のクラスや他の学校の生徒)の点数を推測するのであれば標本となる。母集団分析とは、データ集合が対象母集団すべてを網羅してグループ全員について計算を行うので、グループの特徴について直接的な表明ができる。これに対して、標本分析とは、大きな母集団から抽出された小集団を使用し、標本が抽出された大きなグループに関しての表明は、絶対的というより確率的となる(推測統計学に関しては、3章で深く議論した)。直接母集団を全数調査するのは不可能であったり、非常にコストがかかるので、母集団よりも標本の方が現

実的な理由で分析されることが多い。

記述統計学と推測統計学の違いは根本的なものであり、表記法や用語でもこの 2 つの区別をするようにしている。著者によって決まりは若干異なるが、一般的には母集団を示す数は**母数**（パラメータ）として参照され、μ（母集団の平均）や σ（母集団の標準偏差）のようにギリシャ文字で表記する。標本を示す数字は統計量として参照され、$\bar{x}$（標本平均）や s（標本の標準偏差）のようにラテン文字で表記する。

4.2 代表値

代表値（measures of central tendency、位置統計量、measures of location とも）は新しいデータ集合の連続した変数に対して、最初に統計的に求める典型的な数値である。代表値の主な目的は、与えられた変数の典型的な値の見当をつけるためである。一般的な代表値は 3 つ、算術平均値、中央値、最頻値である。

4.2.1 平均値

算術平均値（arithmetic mean）、もしくは単に平均値は、値集合の平均（average）として通常使われる。代表値として平均値を求めるのは、間隔尺度データや比尺度データであり、0 や 1 に符号化された二値変数の平均値は値 1 の対象の割合を示す。(例えば背の高さや IQ テストの点数などの) 連続データに対しては、平均値はすべての値を合計し、その個数で割って計算される。母集団の平均値はギリシャ文字でミュー（μ）、標本の平均値は通常は変数のシンボルの上にバーをつけて表記する。例えば、x の平均値は $\bar{x}$ として表記され x バーと発音する。著者によっては変数の名前に対してもバーを使ったりする。例えば、年齢の平均に対して $\overline{age}$ （age バーと発音する）と表記する著者がいる。

5 つのケースのみの母集団があるとしよう。変数 x に対して母集団に 5 つの値がある。

100, 115, 93, 102, 97

x の平均値を求めるには、すべての値を合計し 5（値の個数）で割る。

$\mu = (100 + 115 + 93 + 102 + 97)/5 = 507/5 = 101.4$

1 章で紹介したように、どのように計算するか統計的に定義されている**総和記号**の表記を、統計家は使用することが多い。母集団を表す数値でも、標本を表す数値でも、平均値の求め方は同じである。ただし、平均値の表記法だけが異なる。総和記号を使用した母集団の平均値は**式 4-1** の通りである。

式 4-1　平均値の式

$$\mu = \frac{1}{n}\sum_{i=1}^{n} x_i$$

この式で、μ は母集団 x の平均値を表し、n はデータの個数（x の値の個数）、x_i は x のデータの中で特定のデータである。ギリシャ文字のシグマ（Σ）の意味は総和（全部を加算すること）で、シグマの上と下にある数字は使用するデータの範囲を示している。この場合は x の値を 1 から n まですべて加算することを意味している。i という記号はデータ集合の特定の場所を示している。x_1 はデータ集合の最初の値、x_2 は 2 番目の値、x_n はデータ集合の最後の値となる。総和記号の意味は、すべてを加算するという意味であったり、x の値を最初の値の x_1 から最後の値の x_n まで合計するという意味である。そのため、母集団の平均値は変数のすべての値を合計し、変数の個数で割って求める。n で割るということは、$1/n$ で乗じるということと同じである。

平均値は、多くの人にわかりやすい直感的な代表値である。しかし、平均値がすべてのデータ集合の要約に適しているわけではない。なぜなら、**外れ値**（後により詳しく説明する）という極値に対して、影響を受けやすいからである。また、歪んだ（非対称な）データの場合も誤解を与えうる。

単純な例を考えてみよう。例えば、ごく少ない個数のデータ集合で、最後の値が 97 の代わりに 297 だったとしよう。この場合平均値は、

$\mu = (100 + 115 + 93 + 102 + 297)/5 = 707/5 = 141.4$

141.4 という平均値はこのデータの典型的な値ではない。実際にデータの 80%（5 個の値のうち 4 個）は平均値より小さい。これは 1 つの極端な値があることで歪められている。

ここでの問題は単に理論的なものでなく、多くの大きなデータ集合で、平均値がよい代表値でない分布がある。米国の世帯収入のデータのような場合はたいていそうである。ごく少ないお金持ちの世帯が米国の世帯収入の平均値を高い値にする。このため、**中央値**（中央値については後述する）が平均値の代わりに世帯収入として使われる。

平均値は**度数分布表**（frequency tables）のデータを使って求めることもある。度数分布表とはデータの値と、その値がどれくらい起こったかを記載した表である。次の**表 4-1** の簡単な例を考えてみよう。

表 4-1 簡単な度数分布表

値	頻度
1	7
2	5
3	12
4	2

この数値から平均値を計算するのは、頻度の列を加重変数として扱えばよい。つまり、それぞれの値に頻度を乗じる。分母は母数を合計した値 n になる。すなわち、平均値は**式 4-2**で求められる。

式 4-2 度数分布表から平均値を求める

$$\mu = \frac{(1 \times 7) + (2 \times 5) + (3 \times 12) + (4 \times 2)}{(7 + 5 + 12 + 2)} = 2.35$$

これは、各数値を加算して（1 + 1 + 1 + 1 + ...）、26 で割って得られた結果と同じ結果になる。

グループ分けしたデータ（正確な値がわからず、階級（ある範囲）ごとに度数分布がわかっている場合）の平均値も同じような方法で求める。それぞれの場合で正確な値がわからないため（例えば、5 個の値が 1 ～ 20 の範囲にあることはわかっているが、この 5 個の正確な値はわからない）、5 個の値の代役としてその範囲の中間値（midpoint）を求める目的のために使用する。そのため、平均値を求めるために、最初に各範囲の中間値を求め、それから求めた値を各範囲の頻度の値で乗じる。範囲の中間値を求めるためには、その範囲の最初の値と最後の値を加算し 2 で割る。例えば、1 ～ 20 の範囲であれば、中間値は次のように求める。

(1 + 20)/2 = 10.5

このようにして求めた平均値は、**グループ平均値**（grouped mean）と呼ばれる。グループ平均値はもともとのデータから求めた平均値よりは精緻ではないが、もともとの値が得られなければこの方法しかないことがよくある。次の**表 4-2** のグループ分けしたデータを考えてみよう。

表 4-2 グループ分けしたデータ

範囲	頻度	中間値
1–20	5	10.5
21–40	25	30.5
41–60	37	50.5
61–80	23	70.5
81–100	8	90.5

各間隔の中間値をその範囲の値(度数)で乗じ、度数の合計で割って、**式 4-3** で示すように平均値を求める。

式 4-3 グループ分けしたデータの平均値を求める

$$\mu = \frac{(10.5 \times 5) + (30.5 \times 25) + (50.5 \times 37) + (70.5 \times 23) + (90.5 \times 8)}{(5 + 25 + 37 + 23 + 8)} = 51.32$$

外れ値の影響を少なくする方法の1つに、**トリム平均**(trimmed mean)がある。これは**ウィンザー化平均**(Winsorized mean)としても知られている。トリム平均は、名前が示すように[†]、分布中に存在する一定の割合の極値を除いた残りの値を使って平均値を求める。平均値を求める目的は、多くの値を代表する値を求めることであり、極値に過度に影響された平均値を求めることではない。先ほど述べた5個の値がある母集団のうち、2つ目の母集団(100, 115, 93, 102, 297)の例について考えてみよう。この母集団の平均値は1つの大きな値によって歪められている。そのため、最大値と最小値を除いてトリム平均を求める(これは上位20%と下位20%の値を除くのと同じ)。トリム平均は次のように求める。

(100 + 115 + 102)/3 = 317/3 = 105.7

すべてのデータの値を使った平均値の141.4よりも、105.7という値は分布の典型的な値にずっと近い。もちろん母集団が5つの値であるような場合はほとんどない。ただし、この原理は大きな母集団にも当てはまる。通常、分布の極端な値は特定の割合のデータを取り除くことで省かれる。平均値が実際に何を代表しているかを明示するために、この決定は報告されなければならない。

0または1の符号を使用した二値変数についても平均値は求められる。この場合の平均値は1の個数割合となる。例えば10個の値がある母集団があったとする。そのうち6つは男

---

† trim は刈り込むこと。

性で符号 1 を、4 つは女性で符号 0 を割り振る。この平均値を求めると男性の割合が求められる。

$$\mu = (1 + 1 + 1 + 1 + 1 + 1 + 0 + 0 + 0 + 0)/10 = 6/10 = 0.6, 60\% 男性$$

4.2.2 中央値

データ集合の**中央値**（median、メジアンとも）は値を昇順や降順で並べたときの中央の値である。n 個の値があった場合、中央値は $(n + 1)/2$ 番目の値として定義される。例えば $n = 7$ の場合、中央の値は $(7 + 1)/2$ 番目の値、すなわち 4 番目の値である。値の数が偶数の場合は、中央値は真ん中の 2 つの値の平均であり、$(n/2)$ 番目の値と $((n/2) + 1)$ 番目の値の平均値として定義される。例えば $n = 6$ の場合は、$(6/2)$ 番目と $((6/2) + 1)$ 番目の値の平均値、すなわち 3 番目と 4 番目の値の平均値である。両方の場合をここで実際に試してみる。

値の個数が奇数（5）の場合、1, 4, 6, 6, 10 中央値 = 6。なぜなら、$(5 + 1)/2 = 3$ で、順番に並んでいる値の 3 番目の値が 6 だからである。値の個数が偶数（6）の場合、1, 3, 5, 6, 10, 15 中央値 = $(5 + 6)/2 = 5.5$。なぜなら、$6/2 = 3$ で $[(6/2) + 1] = 4$ で、順番に並んでいる値の 3 番目の値が 5 で 4 番目の値が 6 だからである。

非対称のデータや外れ値があるデータの場合は、中央値の方が平均値よりも代表値として適している。これは、中央値は実際の値ではなくデータの順番を基にしているためである。中央値はその定義により、問題がありそうな実際の値を考えるまでもなく、分布のうち半分の値は中央値よりも下にあり、半分の値は中央値よりも上にある。そのため、極値があっても中央値に影響しないので、データ集合に極端に大きい値や極端に小さい値があるかどうかは関係ない。例えば次の 3 つの分布の例の中央値は 4 である。

分布 A: 1, 1, 3, 4, 5, 6, 7
分布 B: 0.01, 3, 3, 4, 5, 5, 5
分布 C: 1, 1, 2, 4, 5, 100, 2000

もちろん、母集団や標本を表現するのに中央値がいつも適しているわけではない。これは、判断を下さなければいけないことの 1 つである。この例では中央値は分布 A と B のデータをある程度合理的に代表しているように見える。しかし、かなり違う値からなり、どのような要約でも誤解を生じさせてしまう分布 C に関しては、中央値はいい代表ではない。

4.2.3 最頻値

3 番目の一般的な代表値は最も頻度が高い値を示す**最頻値**（mode、モード）である。最頻値は順序尺度データやカテゴリデータを表現するのに最もよく使用される。例えば、大学生

の好きなニュースソース（1 =新聞、2 =テレビ、3 =インターネット）に関する次の数値を考えてみよう。

　　1, 1, 2, 2, 2, 2, 3, 3, 3, 3, 3, 3

このデータ集合の中で3が最もよく登場するので、インターネットが最も人気があることがわかる。

最頻値が連続データに使われるときは、一般的には値の範囲が使用される。なぜならば、多くの値が存在する典型的な連続データの場合、ある特定の値が他の値よりも多く存在する可能性はないためである。値の範囲で最頻値を使用する場合、範囲を前もって決める必要がある。標準的な範囲があればそれを使用する。例えば、大人の年齢は、5歳や10歳区切りの範囲に分けて収集する。あるデータ集合で10歳ごとの区切りだったとき、最頻範囲が40歳から49歳となったりする。

4.2.4　平均値、中央値、最頻値の比較

完全な対称分布の場合（例えば3章で議論した標準分布）、平均値と中央値と最頻値は同じになる。非対称や歪んだ分布の場合、図4-1、図4-2、図4-3のヒストグラムのグラフのデータ集合からわかるように、これらの3つの値は異なる。最頻値を求めるために、各データ集合を5の範囲（35〜39.99, 40〜44.99など）に分けた。

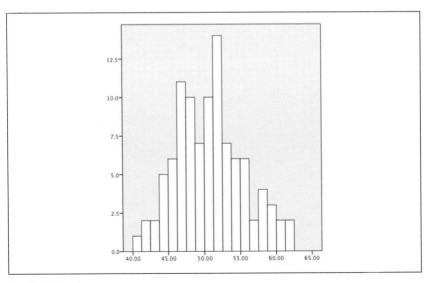

図4-1　対称なデータ

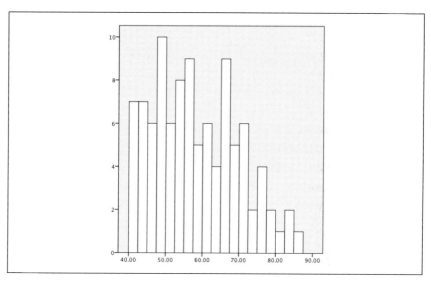

図 4-2　右側が歪んだデータ

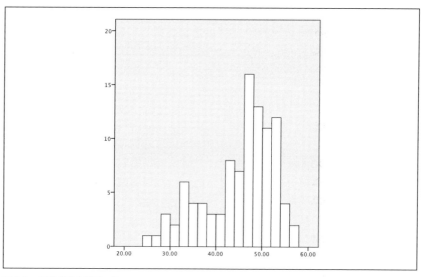

図 4-3　左側が歪んだデータ

図 4-1 のデータは、ほぼ正規で対称で、平均値は 50.88、中央値は 51.02 で、最頻範囲は 50.00 ～ 54.99（37 個）で、次によくある範囲は 45.00 ～ 49.99（34 個）である。この分布では平均値と中央値は非常に近い値で、2 つのよくある範囲も平均値付近である。

図 4-2 は右側が歪んでいるデータで、平均値は 58.18、中央値は 56.91 で、平均値は中央値より高い。非常に高い値が平均値を押し上げる一方、中央値には同様な影響はない。これは右側に歪んだデータに一般的である。最頻範囲は 45.00 ～ 49.99 で 16 個ある。しかし、いくつかの他の範囲で 14 個あるケースがあり、これは最頻範囲の個数に非常に近いため、このデータ集合では最頻値はあまり役に立たない。

図 4-3 は左側が歪んでいるデータで、平均値は 44.86 で、中央値は 47.43、平均値は中央値より低い。非常に低い値が平均値を押し下げる一方、中央値には同様な影響はない。これは左側に歪んだデータに一般的である。図 4-3 の歪みは図 4-2 の歪みより大きく、これは図 4-3 の平均値と中央値の差が、図 4-2 よりも大きいことに反映されている。図 4-3 の最頻範囲は 45.00 ～ 49.99 である。

4.3 散らばりの測定

散らばり（dispersion）はどのように変数やデータが散らばっているかを表す。このため、散らばりの測定は、広がり（variability、spread）の測定とも呼ばれる。データの散らばりを知ることは代表値を知るのと同じくらい重要だ。例えば 2 つの子供の母集団で両方とも IQ の平均値が 100 であったとしても、一方の母集団は 70 ～ 130（軽度遅滞から非常に優秀な知能）の範囲で、もう一方の母集団は 90 ～ 110（すべて通常）の範囲ということもある。この違いが重要な場合がある。例えば、教師にとってである。平均では同じ知能であるが、これらの 2 つのグループの IQ スコアの範囲の相違は、異なる教育や社会的なニーズがあることを示唆している。

4.3.1 範囲と四分位範囲

最も単純な散らばりを表す統計量は範囲（range）である。単に最大値と最小値の差異になる。最大値と最小値は範囲と一緒に示されることも多い。例えば (95, 98, 101, 105) のデータ集合の場合、最小値は 95 で、最大値は 105、範囲は 10（105-95）である。1 つか 2 つ外れ値がデータ集合にあった場合は、要約として範囲は役に立たないだろう。例えば (95, 98, 101, 105, 210) のデータ集合の場合、範囲は 115 だがほとんどの数値は 10（95 ～ 105）の範囲内である。変数の範囲の調査はデータふるい分けのよい手法である。一般的に言って、広い範囲や極端な最小値や最大値はさらなる調査を必要とする。極端に高いまたは低い値や、著しく広い範囲の値は、データ入力時の間違いや調査対象の母集団に属さないデータが入ってしまっている（大人の情報に関してなのに誤って子供のデータ集合があるなど）ことが理

由である可能性がある。

四分位範囲（interquartile range）は、範囲よりも極値による影響がより少ない散らばりの測定手法である。四分位範囲はデータ集合の真ん中の 50% の値の範囲である。これは 75 番目と 25 番目のパーセンタイル（百分位）値の差分によって求める。四分位範囲は、ほとんどのコンピュータの統計プログラムで簡単に得ることができるが、手作業でも次のやり方で求めることができる（n = 観察結果の数、k は求めたいパーセンタイル値）。

1. 観察結果を最小値から最大値に並べる。
2. $(nk)/100$ が整数（小数や分数部分がない数値）の場合、観察結果のうち k 番目のパーセンタイルは $((nk)/100)$ 番目と $((nk)/100 + 1)$ 番目の最大の観察結果の平均である。
3. $(nk)/100$ が整数ではない場合、観察結果のうち k 番目のパーセンタイルは $(j + 1)$ 番目の最大の測定値である。このときの j は $(nk)/100$ より小さい最大の整数値である。
4. 75 番目と 25 番目の値の差分を使って四分位範囲を求める。

13 の観察結果がある（1, 2, 3, 5, 7, 8, 11, 12, 15, 15, 18, 18, 20）というデータ集合について考えてみよう。

1. まず 25 番目のパーセンタイル値を求める。すなわち k = 25 である。
2. 13 の観察結果があるので、n = 13 である。
3. $(nk)/100$ =（25 × 13）/100 = 3.25 これは整数でないので、2 つ目の方法（上記のリストの 3 番）を使う。
4. j = 3（$(nk)/100$ より小さい最大の整数値。つまり 3.25 より小さくかつ最大の整数値）。
5. ゆえに、25 番目のパーセンタイル値は $(j + 1)$ 番目、4 番目の観察結果である。すなわち 5 である。

75 番目のパーセンタイル値を求めるために、同様の手順を行う。

- $(nk)/100$ =（75*13）/100 = 9.75 整数値でない。
- j = 9 9.75 より小さい最大の整数値。
- ゆえに、75 番目のパーセンタイル値は 9 + 1、10 番目の観察結果である。すなわち 15 である。

- これらにより、四分位範囲は (15 − 5)、10 である。

四分位範囲の外れ値に対する耐性は明確である。このデータ集合において範囲は 19 (20 − 1) で、四分位範囲は 10 である。しかし、もし最後尾の値が 20 の代わりに 200 だった場合、範囲は 199 (200 − 1) だが、四分位範囲は 10 のままである。そしてこの値はデータ集合内のほとんどの値をより的確に代表している。

4.3.2 分散と標準偏差

連続データに対する最も一般的な散らばりの統計量は**分散** (variance) と**標準偏差** (standard deviation) である。いずれの値も、データ集合内の個々の値がどのくらい平均値から違っているかを示す。分散と標準偏差は、調査対象が母集団か標本かによって、少しだけ違った方法で求める。しかし、基本的には分散は平均値からの二乗偏差の平均であり、標準偏差は分散の平方根である。母集団の分散は σ^2 (シグマの 2 乗と発音) で、標準偏差は σ である。一方、標本の分散と標準偏差は、それぞれ s^2 と s と表記する。

データ集合内のある値の平均値からの偏差は、$(x_i - \mu)$ で求める。この場合、x_i はデータ集合からの値で、μ はデータ集合の平均値である。標本の場合も原則は同じで、母集団の平均値ではなく、標本の平均値 ($\bar{x}$) の値を減算することが異なる。n 個の値がある母集団で、変数 x の平均値に対しての偏差のすべてを合計する式を、総和記号を使って表すと**式 4-4** のようになる。

式 4-4 平均値からの偏差の総和の式

$$\sum_{i=1}^{n}(x_i - \mu)$$

残念ながら、この値はいつも 0 になってしまうためあまり役に立たない。平均値がデータ集合内のすべての値の平均として求められることを考えると、これは驚くべき結果ではない。小さなデータ集合 (1, 2, 3, 4, 5) でこれを試してみよう。最初に平均値を求める。

$\mu = (1 + 2 + 3 + 4 + 5)/5 = 3$

そして、平均値からの偏差の合計を、**式 4-5** に示したように求める。

式 4-5　平均値から偏差の合計を求める

$$\sum_{i=1}^{n}(x_i - \mu) = (1-3) + (2-3) + (3-3) + (4-3) + (5-3)$$
$$= (-2) + (-1) + 0 + 1 + 2 = 0$$

　この問題を回避するために、二乗偏差を使う。これはその定義により常に正の数になる。母集団に対して平均の偏差や分散を求めるために、**式 4-6** に示したように、各偏差を二乗しそれを合計し、事象の個数で割る。

式 4-6　平均値から二乗偏差の値を合計

$$\sigma^2 = \frac{1}{n}\sum_{i=1}^{n}(x_i - \mu)^2$$

　分散を求める標本の式は、n ではなく $n-1$ で割る必要がある。この理由は技術的なものであり、自由度と不偏推定を扱わなければならない（詳しい議論は付録 C にある Wilkins の論文を参照）。標本の分散の式は、s^2 で表す（**式 4-7**）。

式 4-7　標本の分散の式

$$s^2 = \frac{1}{n-1}\sum_{i=1}^{n}(x_i - \bar{x})^2$$

　前述の平均値が 3 の小さなデータ集合（1, 2, 3, 4, 5）で説明を続けよう。この母集団の分散は**式 4-8** で求められる。

式 4-8　母集団の分散を求める

$$\sigma^2 = \frac{1}{n}\sum_{i=1}^{n}(x_i - \mu)^2$$
$$= \frac{1}{5}[(1-3)^2 + (2-3)^2 + (3-3)^2 + (4-3)^2 + (5-3)^2]$$
$$= \frac{1}{5}[(-2)^2 + (-1)^2 + (0)^2 + (1)^2 + (2)^2]$$
$$= \frac{4+1+0+1+4}{5} = \frac{10}{5} = 2.0$$

これらの数値が母集団ではなく、標本だった場合の分散は**式4-9**で示すように求める。

式4-9　標本の分散を求める

$$s^2 = \frac{1}{n-1}\sum_{i=1}^{n}(x_i - \bar{x})^2$$

$$= \frac{1}{5-1}[(1-3)^2 + (2-3)^2 + (3-3)^2 + (4-3)^2 + (5-3)^2]$$

$$= \frac{1}{4}[(-2)^2 + (-1)^2 + (0)^2 + (1)^2 + (2)^2]$$

$$= \frac{4+1+0+1+4}{4} = \frac{10}{4} = 2.5$$

除数が異なるため、標本の分散はいつも母集団の分散より大きな値となる。標本のサイズが母集団に近づくと、この違いは少なくなる。

二乗した数値は（虚数以外では）必ず正の数になり、分散は常に0以上となる（すべての変数が同じ値だった場合、分散はゼロになる。この場合変数は実は定数である）。しかし、分散を求めるために、もともとの単位を二乗したので、解釈がしにくいかもしれない。例えば、体重をポンドで測定した場合、平均値をポンドで表し分散をポンドの二乗で表すよりも、代表値と散らばりは同じ単位で表した方がよいだろう。もともとの単位に戻すために、分散の平方根を使用する。これは標準偏差と呼ばれ、母集団の場合はσ、標本の場合はsで表記する。

母集団の標準偏差の式は**式4-10**で示す通りである。

式4-10　母集団の標準偏差の式

$$\sigma = \sqrt{\frac{1}{n}\sum_{i=1}^{n}(x_i - \mu)^2}$$

これは単に分散の平方根であることがわかるだろう。前述の例で標準偏差は**式4-11**のように求める。

式4-11　標準偏差と分散の関係

$$\sigma = \sqrt{\sigma^2} = \sqrt{2} = 1.41$$

標本の標準偏差の式は**式4-12**で示す通りである。

式 4-12　標本の標準偏差の式

$$s = \sqrt{\frac{1}{n-1}\sum_{i=1}^{n}(x_i - \bar{x})^2}$$

母集団の標準偏差と同じように、標本の標準偏差は標本の分散の平方根である（**式 4-13**）。

式 4-13　標準偏差と分散の関係

$$s = \sqrt{s^2} = \sqrt{2.5} = 1.58$$

一般的に、同じサイズで同じ単位で測定された2つのグループがあると（例えば各グループともにサイズは $n = 30$ で両方とも単位はポンド）、より大きな分散と標準偏差のグループの方が数値間の散らばりが大きいと言える。しかし、測定の単位は分散のサイズに影響し、これは異なる単位間で散らばりを比べるときに注意しなければならない。わかりやすい例では、ポンドで測定したデータより、同じデータをオンスで測定したデータの、分散と標準偏差は大きくなる。全く違う単位を比較するときは（例えば高さをインチで重さをポンドで）、比較するのがさらに難しい。**変動係数**（CV）は散らばりの関係性を測定し、この難しさを上手に回避し、異なる単位で測定された変数の散らばりを比較できるようにしている。ここでの CV は標本を使って示されているが、s を σ に替えることによって母集団の算出にも使うことができる。CV は標準偏差を平均値で割って、100 を掛けて**式 4-14** に示すように求める。

式 4-14　変動係数（CV）の式

$$CV = \frac{s}{\bar{x}} \times 100$$

前述の例では、**式 4-15** で示すように求める。

式 4-15　変動係数（CV）を求める

$$CV = \frac{1.58}{3} \times 100 = 52.7$$

0 で割ることができないため、データの平均が 0 の場合 CV は求められない。調査対象の変数が正の数だけの場合、CV は最も役に立つ。変数が正の数も負の数も含む場合、実際にはかなり広い範囲に変数がわたっている場合でも、平均値が 0 に極めて近い値になることがある。この場合、分母が小さい数値になり、標準偏差があまり極端でない場合でも、かなり大きな CV 値になる可能性があり、誤解を招くような CV となることもある。

CVが便利なのは、同じデータ集合をフィートとインチで記述した場合は明白だ。60インチは5フィートと同じである。フィートで記述された平均値は5.5566で標準偏差は0.2288。同じデータをインチで記述すると、平均値は66.6790で標準偏差は2.7453。しかし、CVは単位に影響されないので、どちらとも（数値を丸めた誤差を除いて）同じ結果である。

5.5566/0.2288 = 24.2858（フィートのデータ）
66.6790/2.7453 = 24.2884（インチのデータ）

4.4 外れ値

外れ値をどう定義するかにおいて、統計学者の間に絶対的な同意は存在しない。しかし、ほとんど全員が外れ値を特定し外れ値があるデータ集合に対しては、適正な分析手法を使うのが重要であることに関しては同意している。外れ値は、分析されるデータ集合内で他からかなり異なる値のデータ点や、観察結果である。これは異なる母集団からのデータや、他のデータポイントの通常パターン以外として記述される。標本や母集団から教育の達成度を調査するとしよう。ほとんどの対象者が12年間から16年間、通学していたとする（12年間＝高卒。16年間＝大卒）。しかし、対象者の1人の値が0（これは公的な教育を全く受けていないことを意味する）で、もう1人は26（大卒後に教育を受けた年数が多いことを意味する）だったとする。彼らの値は母集団の標本の他のデータからかなり離れているので、おそらくこの2つの値を外れ値として考えるだろう。外れ値の特定と分析は、データ分析の多くの場合で、重要な最初の手順である。なぜならば、1つか2つの外れ値の存在が、平均値などのよく使われる統計値を全く違うものに歪めてしまうからである。

外れ値は、ときにデータ入力時の間違いである場合もあり、外れ値の特定は重要である。前述の例では、まず最初にデータ入力が正しくされているかどうかを確認する。もしかすると、正しい値は、順に10と16だったかもしれない。次に、このデータが実際に他のケースと同じ母集団に属しているかどうかを調査する。例えば、データ集合は大人だけの情報であるはずだが、0は赤ちゃんの教育年数ではないだろうか。

簡単なこのどちらの方法も問題を解決できなければ、その外れ値をどうするかについて判断をする必要がある（できればこの調査に関わった他の人に相談できるとよい）。分析をする前にデータ集合から外れ値を削除することは可能であるが、この手法を許容できるかどうかは分野によって異なる。先ほど述べたトリム平均のような、統計的な修正方法が存在している場合もある。ただし、そのような修正方法が許容できるかどうかは、これも分野によって異なる。その他の可能性としては、（3章で述べたように）データを変換したり、外れ値に影響されにくい（13章で述べる）ノンパラメトリック統計手法がある。

さまざまな経験則が、外れ値の特定をより一貫性のあるものにするために育まれてきた。

外れ値の一般的な定義は、(四分位範囲 (IQR) の考え方でも使われたが)「25番目以下の四分位数 − 1.5 × IQR あるいは 75 番目以上の四分位数 + 1.5 × IQR」を軽度の外れ値とするものである。極端な外れ値は同様の定義で、1.5 × IQR の代わりに 3 × IQR を使用する。この極端な外れ値は、正規分布に従うデータの場合において、425,000 回に 1 度のみ起きることが期待される値である。

4.5　図示手法

データを示すための図示手法は、マイクロソフト Excel のような表計算のソフトウェアを使った基本的な手法から、R のようなプログラミング言語が使える非常に特化した複雑な手法が使えるものまで、数え切れないほどある。データを示すための図の使い方や誤用についてに関してのみ書かれた本もある。議論の的でもあるが、この分野の第一人者は、イェール大学のタフト (Edward Tufte) 教授 (統計学修士、政治学博士) である。彼の最も有名な実績は付録 C にある、「The Visual Display of Quantitative Information」であるが、タフトの著作はデータの図示に興味があるなら読む価値がある。この節では、データを示す手法のほんの一部ですら取り上げる余裕がないので、代わりにいくつかの最も一般的な手法を各手法の問題点なども合わせて示すことにする。

魅力ある図示資料を作るのは簡単だ。特に表計算や統計ソフトウェアはさまざまな種類のグラフや図表を繰り返し作成できるように作られている。中味のない図はタフトの言葉を借りれば「chartjunk」である。これは、そのような資料に対しての彼の意見を簡潔に示している。どのようなものがゴミとして考えられるかの基準は試みている分野によって異なる。ただし原則的には、自分の選んだ職業や調査分野で期待されるものや基準にもよるが、伝える情報を最も簡単に示す図表を使うのがよい。

4.5.1　度数分布表

データを示す一番よい方法がどのようなものかを考えるときの最初の質問は、図示手法が必要かどうかである。ある状況で一枚の写真が千の言葉よりも価値があるのも事実であるし、他の場合で情報を示すのに度数分布表が図よりもよい場合がある。特にカテゴリ間で一般的なパターンがあるというより、むしろ異なるカテゴリの数値の実際の値を調べたい場合、度数分布表は大量のデータを示すのに効率的な方法で、文章 (データの値を述べた文章) と純粋な図 (ヒストグラムなど) の中間に位置する。

ある大学が、入学する 1 年生の一般的な健康状態のデータ収集をしたいとしよう。米国で肥満の問題への関心が高まっているので、収集した統計の 1 つは、kg 単位の体重を、m 単位の身長の二乗で割って求める、肥満度 (BMI) である。BMI は絶対的に信頼できる指標ではない。例えば、アスリートは体重不足 (長距離ランナーや体操選手) となるか、体重超過

や肥満（アメリカンフットボールの選手や投てきの選手）になる。しかし、BMI は多くの人にとって健康的な身体か不健康な身体かを簡単に測定できる信頼できる指標である。

BMI は連続した測定値ではあるが、一般的に受け入れられている範囲を使用して、カテゴリで説明されることが多い。一般的に受け入れられていてよく使われている、全米疾病管理予防センター（CDC）と世界保健機構（WHO）が決めた BMI の範囲は、**表 4-3** で示した通りである。

表 4-3　CDC/WHO の BMI のカテゴリ

BMI 範囲	カテゴリ
< 18.5	体重不足
18.5–24.9	適正体重
25.0–29.9	体重超過
30.0 以上	肥満

入学した 1 年生の架空の BMI の分類である**表 4-4** について考えてみよう。

表 4-4　2005 年の 1 年生の BMI の分布

BMI 範囲	人数
< 18.5	25
18.5–24.9	500
25.0–29.9	175
30.0 以上	50

一目見ただけでこの単純な表から、ほとんどの 1 年生は適正体重か、やや体重が重く、少しだけ体重不足や、肥満である 1 年生がいることがわかる。この表は生の数値データや、各カテゴリの数値を示している。これは**絶対度数**と言われることがあり、これらの数値は各値の頻度を表し、例えば何人の生徒が肥満のカウンセリングが必要かを調べたい場合に便利である。しかし、絶対度数は各カテゴリの数値を他の文脈に替えることはできない。各カテゴリの割合を示す**相対度数**の列を付け加えると、この表はさらによくなる。相対度数は各カテゴリの数値を、全体の数値（750）で割って 100 を掛けて求める。**表 4-5** はこのデータの絶対度数と相対度数を示している。

表 4-5　2005 年の 1 年生の BMI のカテゴリごとの絶対度数と相対度数

BMI 範囲	人数	相対度数
< 18.5	25	3.3%
18.5–24.9	500	66.7%
25.0–29.9	175	23.3%
30.0 以上	50	6.7%

　数値を丸めた誤差があるため、合計は少し大きくなったり小さくなったりするが、相対度数をすべて加えるとおおよそ 100% になる。
　各カテゴリとそれ以下のカテゴリの相対度数を示した、**累積相対度数**の列も加え**表 4-6** に示す。累積相対度数から、数値を丸めた誤差を除けば、いつも最後のカテゴリで 100% となる。

表 4-6　2005 年の 1 年生の BMI の累積相対度数

BMI 範囲	人数	相対度数	累積相対度数
< 18.5	25	3.3%	3.3%
18.5–24.9	500	66.7%	70.0%
25.0–29.9	175	23.3%	93.3%
30.0 以上	50	6.7%	100%

　一目見ただけで累積相対度数は、例えば 70% の入学者は適正体重か体重不足であることがわかる。低い方から 10% の点であったり、中央値（累積相対度数の 50% の点）やトップ 5% の点など、読者が分布の特定の点がわかるため、多くのカテゴリがあるときには累積相対度数は特に便利である。
　グループ間の比較をするために度数分布表を作成することがある。例えば、2005 年に入学した男性と女性の 1 年生の BMI の分布と、2000 年と 1995 年との比較を行いたい場合などである。このような比較を行う場合、生の数値はあまり役に立たず（生徒数が違うためである）、相対度数や累積相対度数の方が役に立つ。その他の可能性としては、次の節で述べる、そのような比較をわかりやすくできる図などの図示資料の作成がある。

4.6　棒グラフ

　棒グラフは、1 年生の BMI の例のように、カテゴリの数が少ない離散データを示すのに特に適している。棒グラフの棒は通常互いに離れていて、連続性があることを示唆していない。このケースではカテゴリ間で連続性があるようにカテゴリ分けがされているが、好きなス

ポーツや勉強などの名義のカテゴリにも同様に適している。図 4-4 は 1 年生の BMI の情報を棒グラフで示している（特別に示さない限り、この章でのグラフはマイクロソフト Excelを使用して作成されている）。

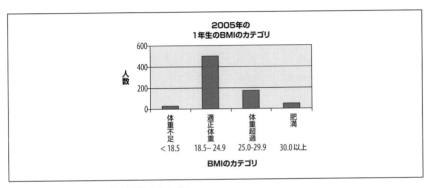

図 4-4　1 年生の BMI の絶対度数のカテゴリ

ある特定のカテゴリに属する人数を調べたいときに絶対度数は便利で、各カテゴリの数値の関係性を調べたいときに相対度数はより便利である。今まで見てきたように、いくつものグループを比較するのに、例えば肥満の生徒の割合が増えたか減ったかの比較などに、相対度数は特に便利である。単純な棒グラフでは絶対度数と相対度数の問題はあまり関係がない。図 4-5 が示すように、生徒の BMI のデータの棒グラフを比較でき、同じデータで図 4-4 のように絶対度数を示すことができる。2 つのグラフは y 軸（縦軸）のラベル、図 4-4 では頻度、図 4-5 ではパーセント、以外は全く同じである。

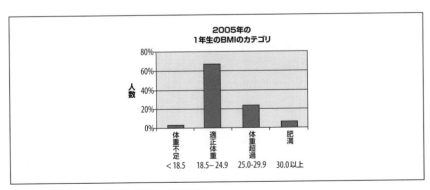

図 4-5　1 年生の BMI のカテゴリごとの相対度数

いくつかの年度の BMI カテゴリの分布を比較する場合、相対度数の考え方はさらに役に立つ。表 4-7 にある架空の度数情報について考えてみよう。

表 4-7　3 つの入学年度における BMI の絶対度数と相対度数

BMI 範囲	1995 年		2000 年		2005 年	
体重不足＜18.5	50	8.9%	45	6.8%	25	3.3%
適正体重 18.5–24.9	400	71.4%	450	67.7%	500	66.7%
体重超過 25.0–29.9	100	17.9%	130	19.5%	175	23.3%
肥満 30.0 以上	10	1.8%	40	6.0%	50	6.7%
計	560	100.0%	665	100.0%	750	100.0%

各年で人数が異なるため、相対度数（パーセント）が体重のカテゴリ分布の観察結果の傾向を考えるにあたって最も適している。この場合、体重不足の生徒の割合が明確に減ってきており、体重超過や肥満の生徒の割合が増えてきている。この情報は図 4-6 のような棒グラフを使って示すこともできる。

これはグループの棒グラフで、少しではあるが 10 年間の体重不足と適正体重の生徒の数の減少と、体重超過や肥満の生徒の増加（一般の米国の母集団の変化を反映して）を示している。統計的検定をするのと、グラフを作成するのは同じことではないことを覚えておいてほしい。そのため、このグラフだけでこれらの違いに統計的有意性があるかどうかはわからない。

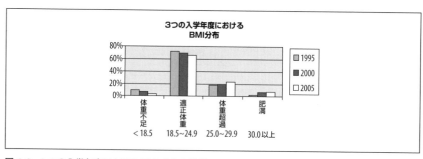

図 4-6　3 つの入学年度における BMI 分布の棒グラフ

各グループの値の相対的な分布を強調した（今回の場合 3 つの入学年度における BMI カテゴリの相対的な分布）、他の種類の棒グラフもある。例えば図 4-7 に示すような**積み重ね棒グラフ**である。

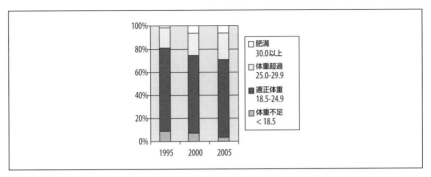

図 4-7 3 つの入学年度における BMI 分布の積み重ね棒グラフ

　このグラフでは、各棒がある年のデータを表していて、各棒の合計は 100% になる。各カテゴリ毎の生徒の割合の関係が、各棒内の各カテゴリの面積の関係を比較すれば、一目でわかる。このやり方はいくつかのデータ系列（今回の場合では 3 年）の比較を容易にする。体重不足の生徒の割合が減少し、体重超過や肥満の生徒が年々増加しているのがすぐにわかる。

4.6.1　円グラフ

　よく知られている**円グラフ**（pie chart）は、言ってみれば積み重ね棒グラフのようにデータを示す。積み重ね棒グラフのように、各部分が全体のどのくらいの割合を占めるのかと図示するのは、あまり情報のカテゴリが多くなく、これらのカテゴリ間の違いがかなり大きいときに最も役に立つ。多くの人が円グラフに対して特別な意見を持っている。円グラフはある分野ではいまだによく使われている、ある分野ではよくても役に立たないもので、悪ければ誤解を与える可能性があると、強く非難されている。このような背景や慣例に基づいて、円グラフを使用するかどうかは自分で決めなければならない。同じ BMI 情報の円グラフ（**図 4-8**）を示すので、データを示すのにこれがよい方法かどうかを考えてみよう。これは 1 年のデータを示した円グラフである。これ以外には、（異なるグループの割合を比較しやすくするために）横にグラフを並べる方法や、（あるセグメント内のカテゴリの細かい内訳を示すために）セクションに分解する方法などがある。

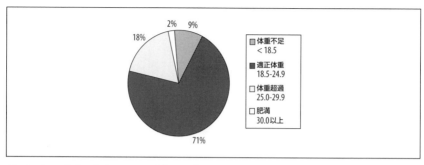

図4-8　2005年の1年生のBMIの分布の円グラフ

> ### フローレンス・ナイチンゲールと統計図
>
> 　ナイチンゲール（Florence Nightingale）が、クリミア戦争で英国兵士への看護の質と衛生状態を改善するために多大な努力をして、看護婦の地位を確立したことを、ほとんどの人が少しは知っているだろう。しかし、医療情報を伝えるのにグラフや図を効果的に使った、統計図への貢献はあまり知られていない。ナイチンゲールは新しい種類のグラフも開発した。それは、鶏頭図（彼女はニワトリのトサカ図と呼び、他の人はナイチンゲールのバラ図と呼んでいた）である。鶏頭図は、英国兵士の毎月の死因（戦場での負傷、病気、その他の原因）のような、比較情報を示す。ナイチンゲールの図によって、戦士の死因で、病気の比率が高いことがわかり、公衆衛生と衛生状態の改善の必要性を軍当局に説得することができた。多くのナイチンゲールの図は、彼女がこの分野でなしえたことの議論とともに、インターネットで閲覧できる。2008年11月26日付のScience News誌のJulie Rehmeyerの「Florence Nightingale: The Passionate Statistician」（http://bit.ly/PvLvSS）という記事はその一例である。

4.6.2　パレート図

　パレート図（Pareto chart）は棒グラフと折れ線グラフの特徴を併せ持っており、棒は度数や相対度数を示し、折れ線は累積相対度数を示している。パレート図は、ある状況でどの因子が最も重要かがわかりやすいという利点がある。そのため、どの因子を注目すべきかがわかる。例えば、パレート図は、遅れの原因や生産工程の欠陥の要因を特定するために、産業界でよく使用される。パレート図では、棒は降順の度数で左から右に並べられ（最もよくある原因が一番左側で最も少ない原因が一番右側）、累積相対度数の折れ線は棒の上に重ね合わせる（例えば、いくつの因子が生産の遅れの80%の原因になっているかがわかる）。仮に表4-8に示すような、自動車工場で製造プロセスごとにわかる欠陥の数のデータ集合があっ

たとしよう。

表4-8 部門別の製造欠陥

部門	欠陥
アクセサリー	350
車体	500
電気	120
エンジン	150
トランスミッション	80

アクセサリー部門と車体部門が多くの欠陥を引き起こしていることがわかるが、どのくらいの欠陥の割合がそれらに起因するのかがすぐにはわからない。同じ情報をパレート図（SPSSを使用して作成）で示した図4-9を見ればわかりやすい。

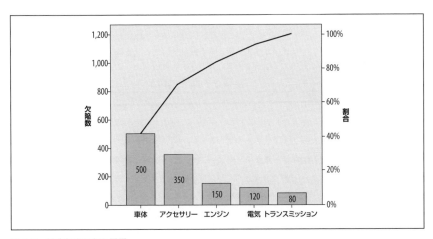

図4-9 製造欠陥の主な原因

このグラフから、最もよくある欠陥の原因は車体とアクセサリーの製造プロセスにあるということだけでなく、それらを合計すると欠陥の75%を占めることがわかる。これは、累積相対度数の線の折れ曲がっているところ（これは車体とアクセサリーの2大原因の累積欠陥数を表す）から右のy軸に直線を引くとわかる。これは単純化した例で、欠陥の原因としてほんの少しの数の主な原因だけなので、80:20の規則（次のヴィルフレド・パレート（Vilfredo Pareto）の補足記事で議論する）に従っていない。より現実的な例では、30以上の原因があ

るかもしれず、パレート図はそれらを整理する簡単な方法で、どのプロセスが改善の努力を必要とするか決定するのに簡単な方法である。この単純な例はパレート図の典型的な特徴を示すために使った。棒は高い方から低い方に順番に位置付け、度数は右の y 軸に、パーセントは左の y 軸に、各原因の実際の数値を各棒に示した。

ヴィルフレド・パレート

パレート（Vilfredo Parato、1843-1923）は、「全体の数値の大部分は、全体を構成するうちの一部の要素が生み出している」や「80:20 の法則」としても知られる、パレートの法則と現在呼ばれている法則を発見した、イタリアの経済学者である。パレートの法則は、多くの場合において、80% の活動や結果が 20% の原因に起因すると述べている。例えば、多くの国でおよそ 80% の資産は約 20% の人々によって保有されている。産業生産において、20% の製造欠陥が製造された製品の欠陥の 80% の原因である。公共医療サービスでは、20% の患者が通常 80% の医療サービスを使用している。パレートの法則では重要な少数要素は 20% の人や欠陥などで、これらがほとんどの活動を占めている。些細な多要素はその他の 80% で、これらは 20% の活動しか占めていない。パレートは今日パレート図で知られており、この図は顧客からの不満や欠陥品かなど、多くの問題をどのプロセスが引き起こしているかを特定する手助けとして、品質管理で一般的に使用されいている。

4.6.3 幹葉図

いままで議論してきた図の種類はカテゴリデータを示すのに適しているものだった。連続データを示すのには独自の図示手法がある。最も簡単な連続データを図で示す方法は**幹葉図**（stem-and-leaf plot）である。幹葉図は、簡単に手で作成でき、データ分布のスナップショットとして示すことができる。幹葉図を作成するために、データをいくつかの間隔で分ける（常識的な間隔で目的に合うレベルの細かさで）、2 列を使って各データポイントを示す。幹は左側の列で 1 行に値を 1 つ入れ、葉は右側の列でその行に属する値を一桁で各ケースについて表す。これはデータ集合の実際の値を記入するのと同時に、どの値の範囲が最も一般的なのかが形でわかるようなものを作成している。調査対象のデータの値の数値は、他の数値の倍数の単位（例えば 10,000 の単位であったり、0.01 の単位）かもしれない。ここに簡単な例を示す。26 人の生徒の期末試験の点数があり、これを図で表したいとしよう。これらの点数は、

61, 64, 68, 70, 70, 71, 73, 74, 74, 76, 79, 80, 80, 83, 84, 84, 87, 89, 89, 89, 90, 92, 95, 95, 98, 100

論理的な分け方は、10点の単位だ（例えば、60–69、70–79など）。そのため、幹は6, 7, 8, 9（学校の数学で習った10の位）となり、葉は各点数の1の位の数値を入れて作成する。葉に数値を入れる順番は、左から右に、小さい数値から大きい数値となるように記入する。**図4-10**が最終的な図となる。

幹	葉
6	148
7	00134469
8	003447999
9	02558
10	0

図4-10 期末試験の点数の幹葉図

実際の点数の値と範囲（61-100）がわかるだけでなく、分布のおおよその形もこれは示している。このケースでは、多くの生徒の点数は70点台と80点台で、60点台と90点台の生徒は少なく、1人100点がいる。葉側の形は、実際、棒の単位が10の粗分析のヒストグラム（後ほど議論する）を90度回転した形である。

4.6.4 箱ひげ図

箱ひげ図（box plot）は連続データの集合の分布をまとめて示すのに、コンパクトな方法として、統計学者のテューキー（John Turkey）によって考案された。ヒンジ図（hinge plot）や box-and-whiskers 図とも呼ばれる。箱ひげ図は、（棒グラフやヒストグラムなどの他の図と同様に）手書きできるが、通常はソフトウェアを使用して作成する。興味深いことに、箱ひげ図を作図する正確な手法は、ソフトウェアパッケージによりさまざまである。しかし、どれもデータ集合の5つの重要な特徴、中央値、第1四分位数、第3四分位数（つまり四分位範囲でもある）、最小値、最大値が強調される。データ集合の代表値、範囲、対称性、外れ値が箱ひげ図では一目でわかる。箱ひげ図を並べれば、異なるデータの分布間で比較するのが容易になる。**図4-11**は前述の幹葉図で使った期末試験の点数の箱ひげ図である。

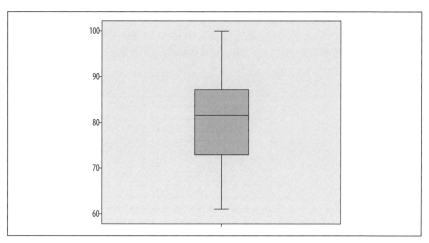

図 4-11 テストデータの箱ひげ図（SPSS を使用して作成）

黒い線は中央値を表す。この場合は 81.5 である。箱の陰の部分は四分位範囲である。下の境界線が第 1 四分位数（25 番目のパーセンタイル）で、72.5 である。上の境界線が第 3 四分位数（75 番目のパーセンタイル）で、87.75 である。テューキーはこの四分位をヒンジと呼んだので、名前がヒンジ図となった。短い水平の線は 61 と 100 で最小値と最大値を表す。この 2 つの水平線と四分位範囲をつなぐ線はひげ（whiskers）と呼ばれるため、箱ひげ（box-and-whiskers）図という名前になった。中央値がほぼ四分位範囲の真ん中にあり、四分位範囲はデータの全体の範囲のほぼ真ん中にあるため、このデータ集合は対照的であることが一目でわかる。

このデータ集合は外れ値がない。つまり、どの数値も範囲から、掛け離れていない。外れ値がある箱ひげ図を例示するために、このデータ集合の 100 を 10 に変更した。**図 4-12** は 2 つのデータ集合を並べて示している（「期末」と名前がついているのが、正しいデータの箱ひげ図で、「誤り」と名前がついているのが、値を変更した箱ひげ図である）。

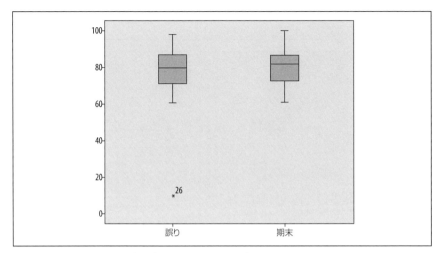

図 4-12 外れ値のある箱ひげ図（SPSS を使用して作成）

1 つの外れ値を除いて、2 つのデータ集合は同じように見える。これは中央値と四分位範囲が極値の影響を受けていないからである。外れ値はアスタリスクが付けられ、その値（26）で名前が付けられる。名前が付けられるのは、すべての統計パッケージに入っているわけではない。箱ひげ図は 2 つやそれ以上のデータ集合を並べて比較するのによく使われる。図 4-13 は、「期末 2007」と「期末 2008」と名前が付けられた、2007 年と 2008 年の 2 つの年の期末試験の成績比較である。

実際の成績を見なくても、この 2 年でのいくつかの違いがこの図からわかる。

- 最高点に関しては、両方の年で同じである。
- 最低点に関しては、2008 年は 2007 年よりずっと低い。
- 2008 年の点数の範囲は、四分位範囲（真ん中の 50% の点数）も、全体でも広い。
- 中央値は 2008 年が若干低い。

両方の年で最高点が同じであることは驚くことではない。テストの点数の範囲は 0 〜 100 で、2007 年も 2008 年も少なくとも 1 人の生徒が最高得点を取っているからである。これは**天井効果**（ceiling effect）の例である。天井効果は点数や測定値がある値よりも高い値が存在しない場合で、実際にその点数に達する人が出た場合に起こる。似た場合として、点数が特定の数値よりも低くならない場合は、**床効果**（floor effect）と呼ばれる。この場合、テストは 0 点（取り得る点数で最低の点）の床がある。しかし、誰もその点数を取っていないので、

床効果は今回のデータではない。

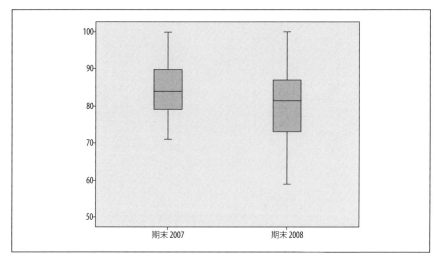

図4-13　2007年と2008年の期末試験の点数比較の箱ひげ図（SPSSを使用して作成）

4.6.5 ヒストグラム

　ヒストグラムは連続データを示すのに、よく選択される手法の1つである。ヒストグラムは棒グラフに似ているが、ヒストグラムでは棒（連続分布から値を入れるビンとして考えられるので、ビンとも言う）は、棒グラフとは違って互いに隣接している。ヒストグラムは棒グラフよりも棒の数が多くなる傾向にある。ヒストグラムの棒は、同じ幅である必要はない（もっとも同じことが多いが）。ヒストグラムの x 軸（横軸）は、単に名前が並んでいるのではなく尺度を表し、各棒の面積はその範囲にある値の割合を表す。

　図4-14 は期末試験データをSPSSで作成したヒストグラムで、4つの棒の幅は10であり、正規分布が重ねて書いてある。このヒストグラムの形は、90度回転しなければいけないが、同じデータ（**図4-10**）の幹葉図の形と非常に似ていることがわかる。

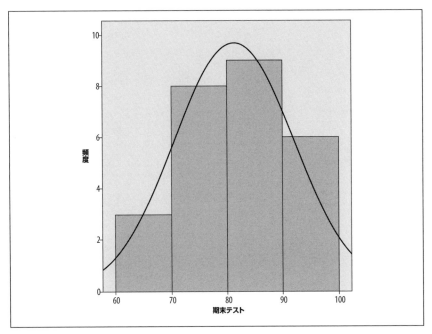

図 4-14 10 のビン幅のヒストグラム

　正規分布は 3 章で詳しく議論されている。理論的な分布で、よく知られている釣鐘型（bell）である。データ集合の値がどれくらい正規分布しているかがわかるように、正規分布はヒストグラムに重ねて描かれていることも多い。良し悪しは別として、棒の数と幅の選び方は、ヒストグラムの表示に非常に大きく影響する。通常ヒストグラムには 4 つ以上の棒がある。**図 4-15** は同じデータを 8 つの棒と 5 の幅で示している。

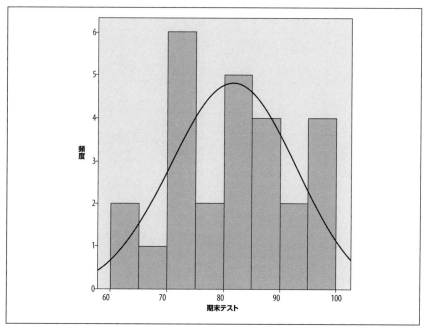

図 4-15　5 のビン幅のヒストグラム

　同じデータだが、そのように見えないのではないだろうか。**図 4-16** は同じデータでビン幅を 2 にしたものである。

　ビン（bin）の幅の選択がヒストグラムの表示にとって重要なのは明らかだが、いくつのビンを使うかをどのように決めるのであろうか。絶対的な答えが検討されることなく、この問いに対しては数学的な細かな検討がなされている（もし非常に技術的に検討したいのであれば、付録 C にある Wand の記事を参照するとよい）。この問いに対しては絶対的な回答がないが、いくつかの経験則がある。まず、ビンはすべてのデータ値の範囲を覆う必要がある。それに加えて、経験則の 1 つに、ビン数はデータ集合の点の数の平方根と同じがよいというのがある。その他には、ビン数は 6 より少ないことはあってはならないというのがある。これらの規則は我々が使ってきたデータ集合と矛盾してしまう。なぜなら、$\sqrt{26}$ = 5.1 で、6 より小さいためである。そこで常識を働かせて、異なるビン数とビン幅を使ってみる。これでヒストグラムの表示が大幅に変わる場合は、さらに検証する。

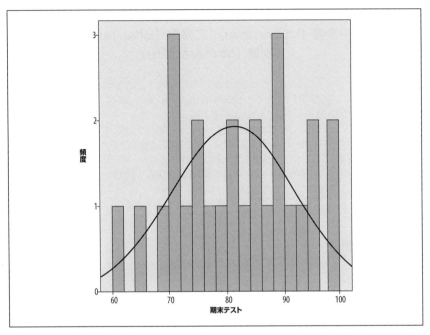

図 4-16 2 のビン幅のヒストグラム

4.7 二変量図

　二変量の関係についての情報を示している図を**二変量図**（bivariate charts）と呼ぶ。最も一般的な例は、**散布図**（scatter plot）である。散布図は通常 x と y として参照される 2 変数で、データ集合の各値を定義し、各点を 2 つの軸に基づいて描画する。この手法は、数学のクラスでデカルト座標を使ったことがあれば、よく知っているだろう。通常縦軸は y 軸と呼ばれ、各点の y の値を表す。横軸は x 軸と呼ばれ x の値を表す。散布図は変数の二変量の関係を調査するツールとして非常に大事なものである（7 章で詳しく議論する）。

> ## 一変量（Univariate）、二変量（Bivariate）、多変量（Multivariate）
>
> 英語では一変量と二変量などの単語の意味について混乱することがある。しかし、uni-の意味は1でbi-の意味が2であることを思い出せば非常に簡単である。一輪車(unicycle)を考えてみれば、車輪は1つであるし、自転車（bicycle）は2つの車輪である。Multi-は多くのという意味で、統計ではよく2より多いという意味である。平均値のような一変量統計は1つの変数で表し、棒グラフやヒストグラムは二変量の図表示の例である。ピアソンの相関係数のような二変量統計は、2変数の関係を表記し、散布図のような二変量のグラフは、2変数の関係を図示する。多重相関や多変数回帰のような多変量の統計は、2つより多い変数の関係について表記する。

4.7.1 散布図

表4-9にある、架空の15人の生徒の言語と数学で構成されるSAT（Scholastic Aptitude Test）の点数のデータ集合について考えてみよう。

表4-9　15人の生徒のSATの点数

数学	言語
750	750
700	710
720	700
790	780
700	680
750	700
620	610
640	630
700	710
710	680
540	550
570	600
580	600
790	750
710	720

これらの点数のほとんどがかなり高いということの他に（SATは中央値が500になるよう調整されているので、ほとんどの点数がそれより随分高い）、生のデータから数学と言語の間の関係を見つけるのは難しい。ある生徒は数学の点数が高く、他の生徒は言語の点数が高く、ほとんどが同じくらいである。しかし、図4-17で示すように、2変数に対して、数学のSATの点数をy軸（縦軸）に言語のSATの点数をx軸（横軸）にして、散布図を作成するとこの2点数の関係がよりはっきりわかる。

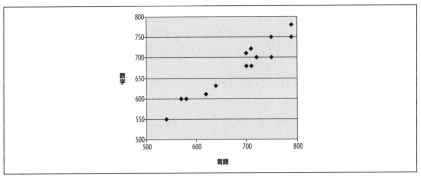

図4-17　言語と数学のSATの点数の散布図

　いくつかの不一致はあるが、言語と数学の点数は強い直線的な関係がある。言語の点数が高い生徒は数学の点数も高いことが多く、逆の場合も同じである。一方の分野で低い点数の生徒はもう一方でも低い点数のことが多い。

　2変数間ですべてが強い直線的な関係があるわけではないが、図4-18の変数の散布図が示すように、直線的な関係というより2次関数的な関係が強いものもある。

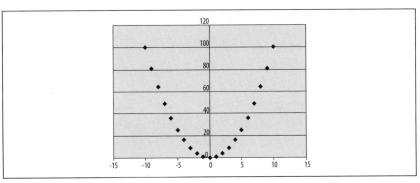

図4-18　変数間の2次関数的な関係

この散布図に示したデータは、各対のx値は－10から10の整数で、y値はx値の2乗であり、よく知られている2次関数のグラフとなる。多くの統計手法は、2変数に直線的な関係があると推定しているが、生のデータをただ見ただけでは、それが当てはまるのかどうかはわからない。すべての重要なデータの散布図を作ると、この推定は簡単に確かめられる。

4.7.2 折れ線グラフ

2変数の関係を示すために、**折れ線グラフ**（line graph）もよく使用される。通常は、x軸に時間をy軸にその他の変数をおく。折れ線グラフでは各値に対してy値は1つだけとなっている。そのため、上記で示したようなSATのデータに対しては適していない。**表 4-10**にある全米疾病管理予防センター（CDC）のデータで、13年間にわたる年度ごとの米国の成人の肥満の割合のデータについて考えてみよう。

表 4-10　米国の成人の肥満の割合 1990–2002（CDC）

年	肥満の割合
1990	11.6%
1991	12.6%
1992	12.6%
1993	13.7%
1994	14.4%
1995	15.8%
1996	16.8%
1997	16.6%
1998	18.3%
1999	19.7%
2000	20.1%
2001	21.0%
2002	22.1%

この表から肥満は着実に増加しているのがわかる。たまに、ある年から次の年にかけて減少しているが、それよりも多くの場合1%から2%の範囲で少し増加している。この情報は、**図 4-19**のように線グラフで示すことができ、線グラフにすることによって、年を追って着実に増加するパターンがより鮮明にわかる。

このグラフはデータをわかりやすく表してくれるが、見た目の効果はy軸（今回の場合は

肥満の割合）の目盛りと範囲による。図 4-19 は適切なデータの表現である。しかし、もし効果を強調したければ、図 4-20 にあるように、y 軸（縦軸）の目盛りを大きめにとり、範囲を狭めればよい。

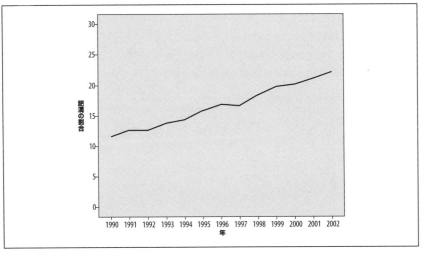

図 4-19　米国の成人の肥満 1990-2002（CDC）

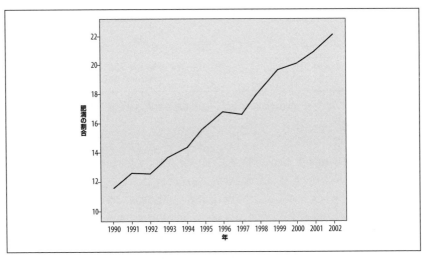

図 4-20　米国の成人の肥満 1990-2002（CDC）、傾向の見た目の効果を増すために y 軸の範囲を限定している

図 4-20 は図 4-19 と全く同じデータを示している。しかし y 軸に狭い範囲 (10% から 22.5% 対 0% から 30%) を選んだため、年による違いがより大きく見える。図 4-20 はデータの表示法として必ずしも間違った方法ではないが (確かに多くの人が割合のグラフを表すときには 0 も入れるべきと考えているが)、完全に有効なデータ集合の表示を操作するのがどれだけ簡単かを示している。実際、誤解を招きかねない範囲の選択は、「統計でウソをつく法」(この話題に関しては、119 ページの囲み記事「統計を使ったウソの付き方」を参照) にもある古くからのやり方の 1 つだ。同様のトリックは逆の場合もできる。同じデータを使って、縦軸の範囲を広めて、図 4-21 のように全体の違いを小さく見せかけられる。

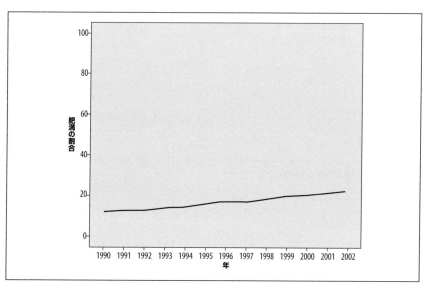

図 4-21　米国の成人の肥満 1990–2002 (CDC)、傾向の見た目の効果を減らすために y 軸の範囲を広めている

　図 4-21 は、図 4-19 や図 4-20 と同じ肥満のデータを表しており、傾向の見た目の効果を減らすために、広い範囲の縦軸 (0% から 100%) を用いている。
　どの目盛りを使うべきだろうか。この問いに対する完璧な答えはない。どれも同じ情報を示していて、厳密に言えばどれも間違っていない。この場合で、私がこのグラフを使い、他にはグラフを使わない場合なら、目盛りは図 4-19 と同じものを使用するだろう。なぜなら、データの本当の床 (0%、取り得る一番低い値) を示し、一番高い点よりも適当な範囲をカバーしているからである。各図の範囲をどのように選択するかという問題とは別に、もしいくつ

かの図を互いに比較するのであれば（例えば同じ一定の期間のさまざまな国の肥満の割合を示す図や同一期間の異なる健康上のリスク図）、それらは見る者に誤解を与えないように同じ目盛りにしなければならないという原則の 1 つを守らなければならない。

統計を使ったウソの付き方

ハフ（Darrell Huff）は、Look 誌、Better Homes and Gardens 誌、Liberty 誌やその他の出版関係で編集者としても働いていたことのある、フリーランスのライターである。しかし彼を最も有名にしたのは、1954 年が初版の名著『統計でウソをつく法』である。ある人は、世界で最もよく読まれている統計の本ではないかと言っている。ハフは統計者として教育を受けてきたわけではない。彼のこの話題の表現はよく言えば砕けた感じで、この本のイラストの中には、今どきの本に使うとかなり攻撃的に捉えられるようなものもある。しかし、この薄い本は、長い間人気があり、いまだに重版され多くの言語に翻訳されている。

現代のマスメディアから政治や商業的な講演まで、情報の表現として誤解を与えやすい「ウソ」のつき方の例をハフはいくつも挙げている。軸にラベルをつけずに、わざと誤解を与える目盛りをつけたグラフの使い方など、グラフ表現についての章には、彼の最も洞察力に富んだ例を紹介している。『統計でウソをつく法』が人気を保ち続けている理由の 1 つは、残念ながら、彼が 1954 年に示した多くの誤解を与える手法が、今日でも使われているからである。

4.8 練習問題

他の統計学の分野と同様に、記述統計学の手法を学ぶためにも練習が必要だ。10 の要素で手法を正しく使うことができれば 1000 でもできるはずなので、データ集合はわざと簡単にしてある。

いくつかの方法で問題を解いてみようというのが、私からのアドバイスである。例えば、手作業で解く、計算機を使って解く、どんなソフトウェアでもよいので自分が使えるソフトウェアで解く、など。マイクロソフト Excel のような表計算のプログラムでも、多くの簡単な数学や統計の機能がある（専門的な統計調査においてそれらの機能が役立つかは疑問であるが、最初の予備的な作業には適している。これに関しては、付録 B の「**B.5　マイクロソフト Excel**」を参照）。それに加えて、問題をいくつもの方法で解くことによって、ハードウェアもソフトウェアも正しく使える自信がつくであろう。

多くの図はソフトウェアを使って作成され、各パッケージでよい点悪い点はあるが、もし全部はできないとしても、ほとんどのパッケージは、この章で示した図のほんどのものを作成でき、他に多くの種類のグラフも作成できる。図に慣れるには、どんなソフトウェアでも、

使うことができるソフトウェアを研究して、今研究しているデータで作図の練習をすることだ（もし現在データを扱っていなければ、インターネット上から無料でダウンロードして試すことができるデータがたくさんある）。図表示は、コミュニケーションの形式の1つであることを思い出してほしい。そして、どんな図でも主張したい点を頭に置いておいてほしい。

問題
代表値として、それぞれが適しているのはどんなときか。それぞれに対して自分の仕事や勉強について例を考えなさい。

- 平均値
- 中央値
- 最頻値

解

- 平均値は、連続していて、対称的で、大きな外れ値がない、間隔尺度データや比尺度データに適している。
- 中央値は、歪んで（非対称）いたり、順位に基づいていたり、極値がある可能性がある連続データに適している。
- 最頻値は、ある値が他の値よりも頻繁に登場するカテゴリの変数や、連続データ集合に最も適している。

問題
統計的なグラフの誤解を与える使い方の例をいくつか挙げ、それぞれ何が問題かを述べよ。

解
これは、ニュースメディアを追っている人であれば難しくはないだろう。しかし、もしわからなければ、「誤解を招きやすいグラフ」のような言葉で、インターネットで検索してみよう[†]。

問題
棒グラフで示すのに適したデータ集合はa., b.のどちらか。ヒストグラムに適しているデータ集合はa., b.のどちらか。それぞれ理由も述べよ。

---

† 訳注：2014年11月4日現在、Googleで538,000件ヒットする。

a. 大学の 10,000 人の新入生の身長 (単位はセンチ) のデータ集合
b. 大学の 10,000 人の新入生の選択した学部のデータ集合

解
a. 身長のデータはヒストグラムが一番よい。なぜなら、測定値が連続していて、取り得る値が多いからである。
b. 学部のデータは棒グラフがより適している。なぜなら、このタイプの情報はカテゴリで取り得る値に制限があるからである (多くの学部があるだろうが、あまり登場しない学部は明確化するために統合される可能性がある)。

問題
次のデータで、1 つは円グラフで示すのに適したデータ集合で、1 つは適さない。どちらがどちらか答えよ。また、その理由も述べよ。

a. 過去 2 年間のインフルエンザのケースで月単位に分けられたもの。
b. 病院で欠勤理由の上位 5 つの理由での欠勤日数 (5 番目のカテゴリは「その他すべて」で、4 つ以外の理由すべてに該当)。

解
a. インフルエンザのデータ集合に円グラフを選択するのはあまり好ましくない。なぜなら、24 のカテゴリは多すぎるからだ。多くのカテゴリはおそらく同じようなサイズだと思われ (インフルエンザのケースは夏の月にはほとんどないため)、そのデータは全体を構成する部分としてあまり意味をなしていない。月別または季節別で数値を示した、棒グラフまたは折れ線グラフが適しているだろう。
b. 欠勤のデータに対しては円グラフが適しているだろう。なぜなら、カテゴリは 5 つだけで、全体を足し合わせると 100% になるからだ。この文章からは、異なるカテゴリ (円の一切れ) が明確に違うサイズになるかどうかは、わからない。もし明確であるとすれば、円グラフを使用するという考え方を後押しするだろう。

問題
このデータ集合の中央値を求めよ。

8 3 2 7 6 9 1 2 1

解

3. データ集合には9つの値があり、9は奇数である。そのため中央値は、順番に並べた真ん中の値である。この設問をもっと数学的に見てみると、$n = 9$ であるので、中央値は $(n + 1)/2$ 番目の値である。ゆえに、中央値は $(9 + 1)/2$ 番目、つまり5番目の値である。

問題

このデータ集合の中央値を求めよ。

7 15 2 6 12 0

解

6.5. データ集合には6つの値があり、6は偶数である。そのため中央値は、順番に並べた真ん中の2つの値の平均である。この場合は、6と7である。この設問をもっと数学的に見てみると、集合の値の数が偶数の中央値は、$(n/2)$ 番目と $(n/2) + 1$ 番目の平均である。この場合 $n = 6$ であるので、中央値は $(6/2)$ 番目と $(6/2) + 1$ 番目の値の平均である。つまり、3番目と4番目の平均値である。

問題

次のデータ集合（見ての通りさまざまな数値）の平均値と中央値は何か。

1, 7, 21, 3, −17

解

平均値は、$((1 + 7 + 21 + 3 + (−17))/5 = 15/5 = 3$ 。

中央値は、値の数が奇数なので $(n + 1)/2$ 番目の値で、それは3番目の値である。順番に並べたデータの値は $(−17, 1, 3, 7, 21)$ である、ゆえに中央値は3番目の値で3である。

問題

次のデータ集合の分散と標準偏差は何か。母集団と標本の式を両方使って求めよ。$\mu = 3$ とする。

1 3 5

解

母集団の分散を求める式は**式 4-16** の通りである。

式 4-16　母集団の分散の式

$$\sigma^2 = \frac{1}{n}\sum_{i=1}^{n}(x_i - \mu)^2$$

標本の式は**式 4-17** の通りである。

式 4-17　標本の分散の式

$$s^2 = \frac{1}{n-1}\sum_{i=1}^{n}(x_i - \bar{x})^2$$

　このケースでは、$n = 3$、$\bar{x} = 3$、二乗偏差の合計 $= (-2)^2 + 0^2 + 2^2 = 8$。母集団の分散は 8/3、つまり 2.67。母集団の標準偏差は分散の平方根で 1.63。標本の分散は 8/2、つまり 4。標本の標準偏差は分散の平方根で 2。

5章
カテゴリデータ

　カテゴリ変数は、応答値がカテゴリの中のどれかであり、分量などの連続量で表される数値ではない。例えば、人は性別を男性や女性で表し、機械部品は許容可能または欠陥品に分類される。2つ以上のカテゴリも考えられる。例えば、米国民の所属政党を共和党、民主党、または無所属で表す。

　カテゴリ変数は測定の基盤となる数値尺度がなくもともと分類の場合もあれば、連続変数や離散変数を分類して作成される場合もある。血圧は血管壁にかかる圧力の尺度であり、水銀柱（Hg）ミリメートル単位で測定する。通常、血圧は連続的に測定し、120/80mmHg などの特定の測定結果として記録するが、低血圧、正常、前高血圧、高血圧などのカテゴリを使って分析することも多い。離散変数（範囲内の特定の値しか取れない変数）もカテゴリ変数に分類できる。研究者は世帯ごとの子供の数に関する正確な情報（子供なし、1人、2人、3人など）を収集したいことがあるが、分析目的でこのデータをカテゴリ（子供なし、1人〜2人、3人以上など）に分類する場合もある。このような分類は、たくさんのカテゴリがあり、一部のカテゴリ内のデータがまばらな場合によく使われる。例えば世帯ごとの子供の数の場合、データ集合に属する子供の人数が多い世帯は比較的少なくなり、カテゴリの度数が少ないと調査能力に悪影響を及ぼしたり、ある分析手法が使えなくなったりする可能性がある。

　連続的または離散的な測定値をカテゴリに分類するという手法はときには議論の対象となるが（カテゴリ内の散らばりに関する情報を破棄するため、情報の浪費と言う研究者もいる）、多くの分野で一般的な方法である。連続データの分類は、慣例（ある分類が専門分野で受け入れられるようになっている場合）やデータ集合内の分布問題を解決する手段などの多くの理由で行われている。

　カテゴリデータ手法は順序変数（カテゴリを順序付けするが、カテゴリ間の等距離の要件は満たさない尺度で測定された変数）にも適用できる（順序変数については1章で詳しく説明している）。質問に対する回答を一連の順序付けされたカテゴリ（非常に当てはまる、当て

はまる、どちらとも言えない、当てはまらない、全く当てはまらないなど）から選ぶ有名なリッカート尺度は、順序変数の典型的な例である。本章で後に説明する特殊な分析手法は、カテゴリの順序に関する情報を保持する順序尺度データのために開発された。一般に順序手法の方が強力であるため、選択できるなら、順序尺度データの分析にはカテゴリ手法よりも特定の順序手法の方が望ましい。

　カテゴリデータと順序尺度データを分析するための多くの手法が開発されている。本章ではカテゴリデータと順序尺度データに使う最も一般的な手法を説明するが、これらの種類のデータに使う手法は他の章でも紹介している。オッズ比、リスク比、マンテル＝ヘンツェル検定は 15 章で取り上げ、13 章で説明する一部のノンパラメトリック手法は順序尺度データやカテゴリデータに適用できる。

5.1　R × C 表

　分析で 2 つのカテゴリ変数の関係を調べたいときには、データ集合の分布は **R × C 表**（**分割表**とも呼ばれる）で表示されることが多い。$R \times C$ の R は行（row）、C は列（column）を表し、具体的な表は行と列で表現できる。行と列は必ずこの順で指定され、これは行列の表現と添字記法でも使われる慣例である。ときには、2 つの二値変数の同時分布を表す 2 × 2 の表とそれ以上の次元の表は区別されることがある。2 × 2 の表は R と C の両方が 2 の $R \times C$ 表と考えられるが、2 × 2 の表専用に開発された手法を論じるときには別々に分類すると便利である。「$R \times C$」という表現は「R 掛ける C（R by C）」と読み、これは個別の表サイズにも当てはまるので、「3 × 2」は「3 掛ける 2」と読む。

　年齢と健康の広範なカテゴリ間の関係を調査したいとする。健康は、見慣れた 5 分類一般健康尺度で定められる。年齢に使うカテゴリを決め、個人の標本からデータを収集して年齢（あらかじめ決めたカテゴリを使う）と健康状態（5 点尺度を使う）によって分類する。そして、この情報を **表 5-1** のような分割表に表す。

表 5-1　健康状態と年齢カテゴリを表す分割表

	優良	非常に良好	良好	可	悪い
<18 歳					
18 〜 39 歳					
40 〜 64 歳					
≧ 65 歳					

この表には4行と5列からなるので、4×5の表と言う。それぞれのセルには、標本の中で示された2つの特徴を持つ人数を入れる。健康状態が優良な18歳未満の人数、健康状態が優良な18歳〜39歳の人数などである。

5.1.1 一致の尺度

ここで示す種類の信頼性は、主に連続的な測定に役立つ。カテゴリの判断に関心がある測定問題では（例えば、機械部品を許容可能や欠陥に分類するなど）、一致の測定の方が適している。例えば、疾患の有無を調べる2つの診断検査の結果の整合性を評価したい場合や、特定の生徒の教室での行動を許容可能か許容不可かに分類する3人の評価者からの結果の整合性を評価したい場合がある。どちらの場合でも、評価者は限られた選択肢から1つの得点を与え、その得点が検査や評価者間でどの程度一致しているかが知りたい。

一致率（percent agreement、agreement note）は最も簡単な一致の尺度である。一致率は、評価が一致した事例の数を評価総数で割って求める。例えば、100個の評価を行い、評価が80%一致する場合、一致率は80/100（0.80）である。簡単な一致率の欠点は、単なる偶然だけで高い一致度が得られる場合があることだ。したがって、偶然で一致度が変わる可能性のあるさまざまな状況間で一致率を比較することは困難である。

この欠点は、**コーエンのカッパ**、**カッパ係数**、または単に**カッパ**と呼ばれる別の一般的な一致尺度を使うと克服できる。この尺度は、もともと2つの評価者や検査を比較するために考案され、より多くの評価者で使えるように拡張されてきた。カッパは偶然による一致を補正するため、一致率より望ましい（しかし、統計家はこの補正が実際にどれくらい成功しているかに関して議論している。この問題に関する簡単な説明は後述の補足コラムを参照）。カッパは、**表5-2**に示すように回答を対称な格子に並べて計算を行えば簡単に求められる。この例では、疾患のあり（D+）となし（D-）に関する2つの検査の一致度を調べたい。

表5-2 二値結果に関する2つの検査の一致度

		検査2		
		+	−	
検査1	+	50	10	60
	−	10	30	40
		60	40	100

データが入った4つのセルは、一般的に次のように分類される。

	+	−
+	a	b
−	c	d

セル a と d は一致を表し（a には両方の検査で疾患ありと分類された事例が、d には両方の検査で疾患なしと分類された事例が入る）、セル b と c は不一致を表す。

カッパの式は次のようになる。

$$K = \frac{P_o - P_e}{1 - P_e}$$

ここで、P_o = 実測一致率、P_e = 期待一致率である。

$P_o = (a + d)/(a + b + c + d)$

つまり、一致した事例数を事例総数で割る。この例の場合は次のようになる。

$P_o = 80/100 = 0.80$
$P_e = [(a + c)(a + b)]/(a + b + c + d)^2 + [(b + d)(c + d)]/(a + b + c + d)^2$

これは偶然に一致する事例数である。この例の期待一致率は次のようになる。

$(60*60)/(100*100) + (40*40)/(100*100) = 0.36 + 0.16 = 0.52$

そのため、この例のカッパは次のように計算する。

$$K = \frac{0.80 - 0.52}{1 - 0.52} = 0.58$$

カッパは−1から+1の範囲を取る。実測一致率が偶然一致率と同じ場合は0になり、すべての事例が一致した場合には1になる。特定のカッパ値が高いか低いかを判断する絶対的な基準はないが、次のLandisとKochが発表した指針（1977年）[†]を利用する研究者もいる。

＜0 低度
0 − 0.20 ごく軽度
0.21 − 0.40 軽度

[†] 訳注：J. R. Landis, G. G. Koch, The measurement of observer agreement for categorical data, Biometrics, 1977 Mar, 33(1), pp.159-174, http://www.jstor.org で閲覧できる。

0.41 − 0.60　　中程度
0.61 − 0.81　　高度
0.81 − 1.0　　ほぼ完全

　この基準では、この例の2つの検査は中程度の一致を示している。なお、この例の一致率は0.80であるが、カッパは0.58である。カッパは偶然一致率を補正するので、常に一致率以下になる。カッパに関する別の見解（より進んだ統計家向け）については、次の補足コラムを参照してほしい。

カッパに関する議論

　コーエンのカッパは一般的に教えられ広く使われている統計量であるが、その妥当性は議論の余地がないわけではない。通常、カッパは偶然による一致を超えた一致率を表すもの、または単に偶然を補正した一致率と定義される。カッパには2つの用途がある。2つの一連の評価が偶然による一致よりも一致率が高いかどうかを判断する検定統計量（二値のはい/いいえの判断）としての用途と、一致水準の尺度（0から1の数値で表す）としての用途である。

　ほとんどの研究者はカッパの最初の用途に何も問題を感じないが、2つ目の用途には反対する研究者もいる。問題は、2つの要素（評価者）間の偶然による一致率の計算は、評価が独立であることを前提としており、実際には通常この条件は満たされないことだ。カッパは複数の個人が同じ事例を評価する際の一致度を定量化するために使われることが多いため、子供の教室での行動であろうと結核を患う人の胸部X線であろうと、偶然による一致率以上を期待するものだ。このような場合、カッパは実際には偶然による実測一致率を過小評価するため、検査、評価者などの間の一致率を過大評価する。

　カッパに対する批判（関連記事の参考文献一覧など）は、John Uebersax博士のウェブサイト（http://www.john-uebersax.com/stat/kappa.htm）で見つけられる。

5.2　カイ二乗分布

　カテゴリ変数で仮説検定を行うときには、結果が有意かどうかを評価する手段が必要である。$R \times C$表では、**カイ二乗検定**の1つを統計量として選ぶことが多い。カイ二乗検定では、**カイ二乗分布**の既知の特性を利用する。多くの検定統計量は帰無仮説が真の場合にカイ二乗分布に従うため、カイ二乗分布は有意性検定で広く使われる連続理論確率分布である。計算された統計量を既知の分布に関連付けることができると、特定の検定結果の確率を簡単に求められる。

　カイ二乗分布はガンマ分布の特殊な場合であり、パラメータを1つだけ持つ（k）、これは

自由度を示す。カイ二乗分布はすぐにわかるように二乗量の合計に基づいているため正の値しか持たず、右に歪んでいる。形状は**図5-1**に示した4つのカイ二乗分布のようにkの値によって変わり、kが低い値のときが最も極端である。kが無限に近づくと、カイ二乗分布は正規分布に近づく（非常に類似するようになる）。

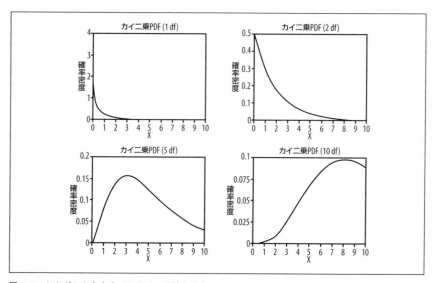

図5-1　さまざまな自由度でのカイ二乗確率分布

図D-11で示したカイ二乗分布の棄却値の一覧から、調査結果が有意かどうかを判断できる。例えば、$\alpha = 0.05$とすると、自由度1のカイ二乗分布の棄却値は3.84である。この値以上の検定結果は、（次で説明する）2 × 2の表の独立性のカイ二乗検定で有意であるとみなされる。

なお、$3.84 = 1.96^2$であり、1.96は$\alpha = 0.05$のときの両側検定でのZ分布（標準正規分布）の棄却値である。この結果は偶然ではなく、Z分布とカイ二乗分布の数学的関係によるものである。

正式には、X_iが独立である場合、$\mu = 0$、$\sigma = 1$の標準正規分布変数と確率変数Qは次のように定義される。

$$Q = \sum_{i=1}^{k} X_i^2$$

Q は自由度 k のカイ二乗分布に従う。

覚えておくべき重要な点が 2 つある。カイ二乗値を評価するには自由度を知る必要があり、一般に棄却値は自由度とともに増加する。$\alpha = 0.05$ の場合、自由度 1 の片側カイ二乗検定の棄却値は 3.84 であるのに対し、自由度 10 では 18.31 になる。

5.3 カイ二乗検定

カイ二乗検定は、2 つ以上のカテゴリ変数の関係を調べる最も一般的な手段の 1 つである。カイ二乗検定を実施するには、カイ二乗統計量を計算し、その値とカイ二乗分布の値を比較して検定結果の確率を求める必要がある。カイ二乗検定にはいくつかの種類がある。特に明記しない限り、本章では「カイ二乗検定」とはピアソンのカイ二乗検定を意味し、これが最も一般的な種類である。

カイ二乗検定には 3 つのバージョンがある。1 つ目は**独立性に対するカイ二乗検定**と呼ばれる。2 変数を調べるために、独立性に対するカイ二乗検定では変数が互いに独立である（つまり、変数間に関連がない）という帰無仮説を検定する。対立仮説は変数間に関連があり、独立ではなく従属であるというものになる。

例えば、成人の無作為標本から喫煙状態と肺癌の診断に関するデータを収集する。各変数は二値である。現在喫煙しているかしていないか、そして肺癌と診断されているか否かである。このデータを**表 5-3** に示す度数分布表に並べる。

表 5-3 喫煙状態と肺癌診断

	肺癌診断	肺癌診断なし
現在喫煙	60	300
現在喫煙なし	10	390

このデータを見るだけで、喫煙と肺癌に関係があるのはもっともらしく思える。喫煙者の 20% が肺癌と診断されているのに対し、非喫煙者ではたった約 2.5% である。しかし、見かけは当てにならないことがあるので、独立性に対するカイ二乗検定を実施する。仮説は次のようになる。

H_0：喫煙状態と肺癌診断は独立である。

H_A：喫煙状態と肺癌診断は独立ではない。

特に大きな表では通常カイ二乗検定はコンピュータを使って実行するが、簡単な例では計算の手順を手動で順を追って行ってみる価値がある。カイ二乗検定は、2 × 2 の表の各セルの**観測値**と**期待値**の差を使う。観測値は単に標本やデータ集合内で見つけた（観測した）値

であるのに対し、期待値は2変数が独立であった場合に期待される値である。あるセルの期待値を計算するには、**式 5-1** に示す式を使う。

式 5-1 セルの期待値の計算

$$E_{ij} = \frac{i\text{番目の行の合計} \times j\text{番目の列の合計}}{\text{総計}}$$

この式では、E_{ij} はセル ij の期待値であり、i と j はセルの行と列を示す。この添字記法は統計の至るところで使われるので、ここで復習しておくこと。**表 5-4** は、添字記法を使って 2×2 の表の各部分を特定する方法を表す。

表 5-4　2 × 2 の表の添字記法

セル $_{11}$	セル $_{12}$	行 1 ($i = 1$)
セル $_{21}$	セル $_{22}$	行 2 ($i = 2$)
列 1 ($j = 1$)	列 2 ($j = 2$)	

表 5-5 は、喫煙 / 肺癌の例に行と列の合計を追加している。

表 5-5　行と列の合計を加えた喫煙と肺癌のデータ

	肺癌診断	肺癌診断なし	合計
現在喫煙	60	300	360
現在喫煙なし	10	390	400
計	70	690	760

セル $_{11}$ の度数は 60、セル $_{12}$ の値は 300、行 1 の合計は 360、列 1 の合計は 70 などとなる。ドット記法を使うと、行 1 の合計は 1. と表し、行 2 の合計は 2.、列 1 の合計は .1、.2 は列 2 の合計となる。この記法の論理は、例えば行 1 の合計には列 1 と 2 の両方の値が属するので、列の位置をドットで置き換える。同様に列合計には両方の行の値が属するので、行の位置をドットで置き換える。この例では、1. = 360、2. = 400、.1 = 70、.2 = 690 である。

列と行の合計の値は表の周辺にあるので**周辺値**と呼ばれる。周辺値は、調査での一方の変数との関係を考慮しない他方の変数の度数を示すので、この表での肺癌診断の周辺度数は 70、喫煙の周辺度数は 360 である。表内の数値（この例では 60、300、10、390）は両方の変数の特定の値を持つ事例の数を示すので、**同時度数**と呼ばれる。例えば、この表で肺癌診

断を受けた喫煙者の同時度数は 60 である。2 変数に関連がない場合、各セルの度数は周辺値の積を標本サイズで割ったものになると見込まれる。言い換えると、同時度数は周辺値の分布にのみ影響を受けると見込まれる。つまり、喫煙と肺癌が無関係であれば、この標本の喫煙者で肺癌を患っている人数は喫煙者数と肺癌者数だけで決まると見込まれる。この論理によると、喫煙と肺癌の発症に関連がないことが真であれば、肺癌の確率は喫煙者と非喫煙者でほぼ同じになるだろう。

前述の式を使うと、**式 5-2** に示すように各セルの期待値を計算できる。

式 5-2 セルの期待度数の計算

$$E_{11} = \frac{360 \times 70}{760} = 33.16$$

$$E_{12} = \frac{360 \times 690}{760} = 326.84$$

$$E_{21} = \frac{400 \times 70}{760} = 36.84$$

$$E_{22} = \frac{400 \times 690}{760} = 363.16$$

肺癌データの観測値と期待値を**表 5-6** に示す。各セルの期待値は括弧で示している。観測値と期待値の相違が偶然によるものなのか有意な結果を表すのかを判断する方法が必要である。この判断はカイ二乗検定を使って下すことができる。

表 5-6 喫煙と肺癌のデータの観測値と期待値

	肺癌診断	肺癌診断なし	合計
現在喫煙	60 (33.16)	300 (326.84)	360
現在喫煙なし	10 (36.84)	390 (363.16)	400
計	70	690	760

カイ二乗検定は、**式 5-3** に示す式を使い、各セルの観測値と期待値の差の二乗に基づいている。

式 5-3　カイ二乗値を求める式

$$\chi^2 = \sum_{i=1, j=1}^{i=R, j=C} \frac{(O_{ij} - E_{ij})^2}{E_{ij}}$$

この式を使う手順は次のようになる。

1. セル $_{11}$ の観測値と期待値を計算する。
2. 差を二乗し、期待値で割る。
3. 残りのセルに対して同じ計算を行う。
4. 手順1から3で計算した数値を合計する。

この例のセル $_{11}$ では、この値は次のようになる。

$$\frac{(O_{ij} - E_{ij})^2}{E_{ij}} = \frac{(60 - 33.16)^2}{33.16} = 21.72$$

他のセルでも同様に計算を続けると、セル $_{12}$ では 2.2、セル $_{21}$ では 19.6、セル $_{22}$ では 2.0 となる。合計は 45.5 であり、これは SPSS 統計分析プログラムを使って求めた値（45.474）の丸め誤差内である。

カイ二乗統計量を解釈するには、自由度を知る必要がある。カイ二乗分布はそれぞれ異なる自由度を持ち、そのため棄却値も異なる。簡単なカイ二乗検定では、自由度は $(r-1)(c-1)$ である。つまり、(行数引く 1) 掛ける (列数引く 1) である。2 × 2 の表では、自由度は $(2-1)(2-1)$ で 1、3 × 5 の表では $(3-1)(5-1)$ で 8 となる。

カイ二乗値と自由度を手計算したら、カイ二乗表を調べてデータから計算したカイ二乗値が関連分布の棄却値を超えているかどうかを確認できる。付録 D の**図 D-11** によると、$\alpha = 0.05$ の棄却値は 3.841 であるのに対し、ここでの値 45.5 ははるかに大きいので、$\alpha = 0.05$ の場合には変数が独立であるという帰無仮説を棄却する十分な証拠となる。仮説検定の手順に慣れていなければ、先に進む前に 3 章の仮説検定の節を復習するとよい。通常、コンピュータプログラムは p 値と一緒にカイ二乗値と自由度を返し、p 値が α 水準よりも小さい場合には、帰無仮説を棄却できる。この例では、アルファ値 0.05 を使っているとする。SPSS によると、45.474 という結果の p 値は 0.0001 よりも小さく、これは 0.05 よりもはるかに小さいので、喫煙と肺癌に関係がないという帰無仮説を棄却すべきことを示している。

割合の等価性に対するカイ二乗検定は独立性に対するカイ二乗検定と全く同じ方法で計算するが、別の種類の仮説を検定する。割合の等価性に対する検定は、複数の独立母集団から

抽出したデータに使用し、帰無仮説はある変数の分布が全母集団で同じであるというものである。例えば、さまざまな民族グループから無作為標本を抽出し、肺癌診断の割合が母集団ごとに同じか異なるかを検定できる。その場合の帰無仮説は割合が同じというものになる。計算は前述の例と同様に行う。民族グループと肺癌状態で分類し、期待値を計算し、カイ二乗統計量と自由度の値を求めて適切な自由度のカイ二乗値の表と比較するか、または統計ソフトウェアパッケージで正確な p 値を取得する。

適合度のカイ二乗検定は、母集団のカテゴリ変数の分布が特定の割合パターンに従っているという仮説を検定するのに使うが、対立仮説はその変数の分布が別のパターンに従っているというものになる。この検定は仮説割合に基づいた期待値を使って計算し、さまざまなカテゴリやグループは（**式 5-4** に示すように）添字 i（1 から g まで）で表す。

式 5-4 適合度のカイ二乗検定の式

$$\chi^2 = \sum_{i=1}^{g} \frac{(O_i - E_i)^2}{E_i}$$

この式では、添字が 1 つだけである（例えば、E_{ij} ではなく E_i）。これは、適合度のカイ二乗のデータは通常 1 行に並べられるので、1 つの添字しか必要ないからである。適合度のカイ二乗検定の自由度は $(g-1)$ である。

特定の母集団の 10% が低血圧であり、40% が正常血圧、30% が前高血圧、20% が高血圧であると考えているとする。この仮説は、標本を抽出して観測割合と仮説割合（期待値）を比較すれば検定できる。$\alpha = 0.05$ を使う。**表 5-7** は、仮想データを使った例を示す。

表 5-7 血圧値の分布の期待値と観測値

	低血圧	正常	前高血圧	高血圧	合計
期待割合	0.10	0.40	0.30	0.20	1.00
期待値	10	40	30	20	100
観測値	12	25	50	13	100

このデータのカイ二乗計算値は自由度 3 で 21.8 であり、有意である（付録 D の**図 D-11** のカイ二乗表からわかるように、$\alpha = 0.05$ での棄却値は 7.815）。このデータでの計算値は棄却値を超えているので、この母集団の血圧値がこの仮説分布に従っているという帰無仮説を棄却すべきである。

ピアソン（Karl Pearson）のカイ二乗検定は、すべての観測値が独立であり（例えば、同じ人を 2 回測定しない）、カテゴリが互いに排反で網羅的である（1 つ以上のセルに分類され

る事例がなく、起こり得るすべての事例をセルのいずれかに分類できる）データに適している。また、期待値が1未満のセルはなく、期待値が5未満のセルは20%未満であると仮定する。最後の2つの要件の理由は、カイ二乗が漸近検定であり、疎データ（1つ以上のセルの期待度数が低いデータ）には有効ではない可能性があるからだ。

イエーツの連続性の補正は、イギリスの統計学者イエーツ（Frank Yates）が独立性に対するカイ二乗検定を2×2の表に適用するときのために開発した手法である。カイ二乗分布は連続的であるが、カイ二乗検定に使うデータが離散的である場合、イエーツの補正はこの食い違いを補正することを目的としている。イエーツの補正を適用するのは簡単である。カイ二乗統計量の式の（観測値−期待値）の絶対値から二乗する前に0.5を引くだけである。これはカイ二乗統計値をわずかに減らす効果がある。イエーツの連続性の補正を加えたカイ二乗の式を**式5-5**に示す。

式5-5　イエーツの連続性の補正を加えたカイ二乗の式

$$\chi^2 = \sum_{i=1, j=1}^{i=R, j=C} \frac{(|O_{ij} - E_{ij}| - 0.5)^2}{E_{ij}}$$

イエーツの補正は、カイ二乗値が小さくなるほど第一種過誤（間違って帰無仮説を棄却する）の確率が減るという考え方に基づいている。しかし、イエーツの補正は普遍的に使用できるわけではない。過剰修正により検出力を損ない、第二種過誤（間違って帰無仮説を棄却できない）の確率が高まると感じる研究者もいる。イエーツの補正の利用を完全に拒否する統計家もいるが、疎データ（特に少なくとも表内の1つのセルの期待度数が5未満の場合）には有益であると考える統計家もいる。疎なカテゴリデータに対するあまり異論のない補正方法は、以前に示した分布の前提（期待値が5未満のセルが20%未満で、期待値が1未満のセルがない）が満たされていないときにはカイ二乗検定の代わりに後で説明する**フィッシャーの正確確率検定**を利用する方法である。

カイ二乗検定は2×2より大きい表で計算されることが多いが、セル数が増えると必要な計算が急激に増えるので、通常は解析には統計ソフトを使用する。追加できる列と行の数には理論的限界はないが、2つの要因が実質的な限界を定める。それは一貫した結果の解釈を行える可能性（30×30の表で試してみてほしい）と、前述したように疎なセルを避ける必要性である。ときには、多数のカテゴリでデータを収集するが、疎なセルの問題を避けるために小数のカテゴリに集約することもある。例えば、婚姻区分に関する情報を多くのカテゴリ（既婚、未婚、離婚、同棲、死別）を使って収集するが、特定の分析では小規模なカテゴリのデータが不十分なために統計学者がカテゴリを減らすこともある（例えば既婚と独身など）。

5.4 フィッシャーの正確確率検定

　フィッシャー（Ronald Fisher）の正確確率検定（多くの場合、単にフィッシャーの検定と呼ばれる）はカイ二乗検定に似たノンパラメトリック検定であるが、カイ二乗検定の分布要件を満たさない小さなデータ集合や分布が疎なデータ集合で利用できる。フィッシャーの検定は超幾何分布に基づいており、表に見られる分布やより極端な分布を観測する正確な確率を計算するので、名前に「正確」という単語が入っている。これは漸近検定ではないので、カイ二乗検定に適用する疎な場合の規則は関係ない。通常、フィッシャーの検定を計算するには（特に 2×2 より大きな表では）、計算に反復性があるため統計ソフトを使用する。2×2 の表の簡単な例では次のようになる。

　路上で販売される特定の薬物と若年成人の突発心不全の関係を調べたいとする。この薬物は違法かつこの地域では初めてであり、突発心臓死は若年成人では稀なので、カイ二乗検定を実施するだけの十分なデータが収集できなかった。表 5-8 に分析のためのデータを示す。

表 5-8　フィッシャーの正確確率検定：新規薬物の使用と若年成人の突発心臓死の関係を計算する

	心臓死	心臓死なし	合計
薬物使用	7	2	9
薬物未使用	5	6	11
計	12	8	20

仮説は次のようになる。

　H_0：新規薬物の使用者の突発心臓死の危険性は未使用者よりも高くない。
　H_1：新規薬物の使用者の方が突発心臓死の危険性が高い。

　フィッシャーの正確確率検定では、少なくとも調査で観測された結果と同等に極端な結果となる確率を計算する。この調査より極端な結果とは、薬物使用者と薬物未使用者が突発心臓死に見舞われる割合の差が実際のデータよりも大きくなる結果である（標本サイズは同じ）。より極端な結果の 1 つを表 5-9 に示す。

表 5-9　薬物使用と心臓死の例での、より極端なデータ分布

	心臓死	心臓死なし	合計
薬物使用	8	1	9
薬物未使用	4	7	11
計	12	8	20

2×2の表で正確確率を求める式を**式 5-6** に示す。

式 5-6　フィッシャーの正確確率検定の式

$$p = \frac{r_1! r_2! c_1! c_2!}{n! a! b! c! d!}$$

この式では！は階乗を意味し（4! = 4 × 3 × 2 × 1）、セルと周辺値は**表 5-10** に示す表記法を使って表す。

表 5-10　表の表記法

a	b	r_1
c	d	r_2
c_1	c_2	n

この例では、$a = 8$、$b = 1$、$c = 4$、$d = 7$、$r_1 = 9$、$r_2 = 11$、$c_1 = 12$、$c_2 = 8$、$n = 20$ である。なぜこの表の方が観測結果よりも極端なのだろうか。薬物使用と突発心臓死に関係がなければ、**表 5-11** の分布になると見込まれるからである。

表 5-11　独立と仮定した場合の期待データ

	心臓死	心臓死なし	合計
薬物使用	5.4	3.6	9
薬物未使用	6.6	4.4	11
計	12	8	20

観測データの方が薬物使用と心臓死に強い関係があるので（薬物使用者の死者が期待値よりも多い）、この関係が観測値よりも強い表は、より極端なので、薬物使用と心臓死が独立であれば起こりにくくなる。

フィッシャーの正確確率検定の p 値を手動で求めるには、より極端なすべての表の確率を求めて合計する必要がある。幸いにも、フィッシャーの検定を計算するアルゴリズムがほとんどの統計ソフトウェアに用意されており、多くのオンライン電卓でもこの統計量を計算できる。薬理学と生物統計学の退官教授 John C. Pezzullo が管理するページで利用できる電卓を使うと（http://statpages.org/ctab2x2.html）、**表 5-8** のデータでのフィッシャーの正確確率検定の片側 p 値は 0.157 であることがわかる。片側検定を使うのは、仮説が片側だからで

ある。新規薬物の使用により心臓死の危険性が**高まる**かどうかを調べたい。α 水準 0.05 を使うとこの結果は有意ではないので、新規薬物により心臓死の危険性が高まらないという帰無仮説を棄却できない。

5.5 対応のある対でのマクネマー検定

マクネマー検定は、データが**一対の標本**（**対応のある標本**や**関連標本**としても知られている）に由来するときに使う一種のカイ二乗検定である。例えば、マクネマー検定を使って政治広告を見る前と後のある論点に関する世論調査の結果を調べることができる。この例では、各人が2つの意見（政治広告を見る前と後の意見）を提供する。同じ論点に関する2つの意見を独立として扱うことはできないので、ピアソンのカイ二乗は使えない。代わりに、同じ人から収集した2つの意見は2人から収集した2つ意見よりも密接に関連するとみなす。マクネマー検定は、一組の兄弟姉妹や夫婦から同じ論点に関する意見を収集した場合にも適している。兄弟姉妹や夫婦の例では、異なる個人から情報を収集するが、各対の個人は密接に関連しているので、全住民から無作為に選んだ2人よりも類似していると見込まれる。マクネマー検定は、重要な特性が極めて一致しているのでもはや独立とはみなせない個人のグループから収集したデータを分析するのにも利用できる。例えば、医学的研究ではときには、年齢、性別、人種／民族などの複数の特性が一致する個人のグループ間である危険因子に関連する特定の疾患の発生を調べ、マクネマー検定などの対応のあるデータ手法を使うことがある。このような個人は非常に密接しているので、独立した標本というよりも関連があると考えられるからである。

死刑に対する人々の意見を変える政治広告の効果を測定したいとする。そのためには、人々に死刑に賛成か反対かを尋ね、死刑の廃止を主張する30秒のコマーシャルを見る前と後の両方で意見を収集する、という方法がある。**表 5-12** の仮想データ集合を考えてみよう。

表 5-12 テレビコマーシャルを見る前と後での死刑に対する意見のマクネマー検定

	CM 後死刑に賛成	CM 後死刑に反対	合計
CM 前死刑に賛成	15	25	50
CM 前死刑に反対	10	20	30
	25	45	70

同じ人でもコマーシャルを見る前と比べるとコマーシャルを見た後の方が死刑に反対する人が増えたが、この差は有意だろうか。これは、**式 5-7** の式で計算するマクネマーのカイ二乗検定を使って検定できる。

式 5-7　マクネマーのカイ二乗検定の式

$$\chi^2 = \frac{(b-c)^2}{b+c}$$

この式では、**表 5-13** に示す文字によるセルの参照方法を使用している。

表 5-13　文字による 2 × 2 表のセルの参照方法

a	b
c	d

　この式は、不一致対（b と c。この場合は、コマーシャルを見た後に意見を変えた人）の分布だけに基づいている。マクネマー検定は自由度 1 のカイ二乗分布を持つ。この計算を**式 5-8** に示す。

式 5-8　マクネマーのカイ二乗検定の計算

$$\chi^2 = \frac{(25-10)^2}{25+10} = \frac{225}{35} = 6.43$$

　カイ二乗表（付録 D の**図 D-11**）からわかるように $\alpha = 0.05$ の場合、カイ二乗分布の棄却値は 3.84 なので、この結果はコマーシャルの視聴は死刑に関する人々の意見に影響を与えないという帰無仮説を棄却すべきである証拠となる。また、コンピュータ分析から、人々の意見がコマーシャルの視聴前後で変わらなかった場合、少なくとも 6.43 と同等に極端な自由度 1 のカイ二乗統計量を得る正確確率は 0.011 であることもわかり、この調査の結果が有意であることを裏付けており、帰無仮説を棄却すべきである。

5.6　割合：大規模標本の場合

　割合は、分子のすべての事例が分母にも含まれる分数の値である。例えば、特定の大学の女子学生の割合という場合、分子は女子学生の数、分母は大学の全学生（男性と女性の両方）になる。また、特定の大学で化学を専攻する学生数について話す場合、分子は化学専攻の学生数、分母は大学の全学生（すべての専攻）になる。割合については 15 章で詳しく説明する。割合の観点で説明できるデータはカテゴリデータの特殊な場合、カテゴリが 2 つだけの場合である。最初の例では男性と女性、2 つ目の例では化学専攻と化学以外の専攻である。

　フィッシャーの正確確率検定やカイ二乗検定などの本章で取り上げた統計の多くは、割合

に関する仮説を検定するのに利用できる。しかし、データ標本が十分に大きい場合には、二項分布の正規近似を使って追加的な検定を実施できる。これが可能なのは、3章で説明したように二項分布は n（標本サイズ）が増えると正規分布に似てくるからである。どのくらいの標本サイズが十分に大きいのだろうか。経験則では、np と $n(1-p)$ の両方が5以上でなければいけない。

あなたは工場長であり、工場で生産する特定の種類のねじの95%の直径が0.50センチから0.52センチの間であると主張しているとする。顧客から最近出荷したねじに指定の直径以外のねじがあまりに多く混入していると苦情が寄せられたので、100本のねじの標本を抽出し、何本が基準を満たしているかを測定する。次の仮説で一標本Z検定を実施し、95%のねじが指定の基準を満たしているという仮説比率が正しいかどうかを確認する。

$H_0: \pi \geq 0.95,\ H_1: \pi < 0.95$

π は、母集団において基準（直径が0.50センチから0.52センチの間）を満たすねじの比率である。なお、これは片側検定である。少なくとも95%のねじが基準を満たしていれば満足であり、95%以上なら満足である（もちろん、100%基準を満たしていれば最も満足であるが、完璧に正確な製造工程は存在しない）。100本のねじの標本では、91本が指定の直径以内であった。$\alpha = 0.05$ という基準を用いると、この結果は工場で製造したこの種類のねじの少なくとも95%が基準を満たしているという帰無仮説を棄却するのに十分だろうか。

割合に関する一標本Z検定を求める式を**式5-9**に示す。

式5-9 割合に関する一標本Z統計量の式

$$Z = \frac{p - \pi_0}{\sqrt{\dfrac{\pi_0(1-\pi_0)}{n}}}$$

この式では、π_0 は仮説母割合、p は標本割合、n は標本サイズである。

この式に数値を代入すると、**式5-10**に示すようにZ値 -1.835 が得られる。

式5-10 割合に関する一標本Z統計量の計算

$$Z = \frac{0.91 - 0.95}{\sqrt{\dfrac{(0.95)(0.05)}{100}}} = \frac{-0.0400}{0.0218} = -1.835$$

ここでの仮説と α 水準を考えると、片側Z検定の棄却値は -1.645 である。ここでの値 -1.835 はこの棄却値よりも極端なので、帰無仮説を棄却し、工場で生産したこの種類のね

じの95%未満が指定の基準を満たしていると結論付ける。

また、大規模標本での母割合の差も検定できる。現在喫煙している高校生の割合を調べ、2国間でのこの割合を比較したいとする。帰無仮説はどちらの国でも割合が同じであるというものになるので、これは次の仮説での両側検定になる。

$H_0 : \pi_1 = \pi_2, H_1 : \pi_1 \neq \pi_2$

標本サイズに関する前提（両方の標本で $np \geq 5, n(1-p) \geq 5$）を満たしているとすると、**式5-11** の式を使って2つの母集団の割合の差のZ統計量を計算できる。

式5-11　2つの割合の差のZ統計量を求める式

$$Z = \frac{p_1 - p_2}{\sqrt{\frac{\hat{p}(1-\hat{p})}{n_1} + \frac{\hat{p}(1-\hat{p})}{n_2}}}$$

この式では、p_1 は標本1での割合、p_2 は標本2での割合、n_1 は標本1のサイズ、n_2 は標本2のサイズ、$\hat{p}$ は、両方の標本での成功の合計（この例では喫煙者数）を標本サイズの合計で割った、併合割合である。

2つのそれぞれの国から500人の高校生の標本を抽出するとする。国1では、標本に現在の喫煙者が90人入っていた。国2では、現在の喫煙者が70人入っていた。このデータを考えると、それぞれの国の高校生が同じ割合で喫煙しているという帰無仮説を棄却するだけの十分な情報があるだろうか。これは**式5-12**に示す2標本Z検定を計算すれば検定できる。

式5-12　2つの割合の差のZ統計量の計算

$$Z = \frac{0.18 - 0.14}{\sqrt{\frac{0.16(1-0.16)}{500} + \frac{0.16(1-0.16)}{500}}} = \frac{0.04}{0.023} = 1.74$$

なお、併合割合は次のようになる。

$(90 + 70)/(500 + 500) = 160/1000 = 0.16$

このZ値は、1.96（$\alpha = 0.05$ での帰無仮説を棄却するのに必要な値）よりも極端ではない。これは正規表（付録Dの**図D-3**）を使って確認できるので、この2国間の高校生の喫煙者の割合が同じであるという帰無仮説を棄却できない。

5.7 カテゴリデータの相関統計量

2変数の関連を測る最も一般的な尺度である（7章で説明する）ピアソンの相関係数には、少なくとも間隔レベルで測定した変数が必要である。しかし、カテゴリデータや順序尺度データの関連に関する複数の尺度が開発されており、ピアソンの相関係数と同様に解釈する。多くの場合、このような尺度は統計ソフトウェアパッケージやオンライン電卓を使って求めるが、手動で計算することもできる。

ピアソンの相関係数と同様に、この節で説明する相関統計量は関連だけの尺度であり、因果関係に関する見解は相関係数だけでは立証できない。このような尺度が大量にあり、その一部は複数の名前で知られている。ここでは最も一般的な尺度のいくつかを説明する。新しい統計ソフトウェアパッケージを使っている場合には、そのパッケージでサポートされている尺度を確認し、多くの相関統計量があるのでデータに適した尺度を調査するのがよい。

5.7.1 二値変数

ファイ（ϕ）は、2つの二値変数（2カテゴリ変数。変数は2つの値のどちらかだけを取れる）の関連度尺度である。ファイは2×2の表に対して計算する。クラメールのVは、2×2より大きい表に対するファイに似ている。**表5-10**に示したセル指定方法を使い、ファイを求める式を**式5-13**に示す。

式5-13 ファイ統計量の式

$$\phi = \frac{ad - bc}{\sqrt{(a+b)(c+d)(a+c)(b+d)}}$$

表5-3に示した喫煙と肺癌のデータに対するファイは、**式5-14**に示すように計算する。

式5-14 ファイ統計量の計算

$$\phi = \frac{(60)(390) - (300)(10)}{\sqrt{360 \times 400 \times 70 \times 690}} = 0.24$$

ファイは、**式5-15**に示すようにカイ二乗統計量を n で割り、その結果の平方根を取ることでも計算できる。

式5-15 ファイ統計量の別の式

$$\phi = \sqrt{\frac{\chi^2}{n}}$$

なお、最初の計算方法では結果は正と負のどちらにもなり得るが、2つ目の方法ではカイ二乗統計量が常に正なので正にしかなり得ない。2つ目の式を使って求めたカイ二乗統計量を使ったファイの値は、最初の式を使って求めた値の絶対値と考えられる。これは**表 5-14**のデータを考えると明確になる。

表 5-14 ファイの例

10	20
20	10

最初の方法でファイを計算すると -0.33 となり、2つ目の方法では 0.33 となる。これは統計コンピュータパッケージやオンライン電卓（http://statpages.org/ctab2x2.html）を使うか、手動で計算を実行すれば確認できる。もちろん、2つの列の順序を変えたら、どちらの方法を使っても正の結果が得られる。列に自然順序がなければ（例えば、色などの順序付けのないカテゴリを表す場合）、関連の方向は気にせずに、絶対値だけを求めたい。別の例としては、例えば列が疾病の有無を表す場合がある。後者の場合には、表内のデータの並べ方に注意し、誤解を招く恐れのある結果を生み出さないようにする必要がある。

ファイの解釈は、ピアソンの相関係数の解釈よりも複雑である。ファイの範囲はデータの周辺分布に左右されるからである。両方の変数が 50-50 に分かれていれば（一方が半分で他方が半分）、ファイの範囲は最初の方法を使うと $(-1, +1)$、2つ目の方法を使うと $(0, 1)$ になる。変数が別の分布の場合には、ファイの取り得る範囲は小さくなる。詳しくは、付録 C に挙げた Davenport と El-Sanhurry による論文で説明されている。この制約を念頭に置くと、ファイの解釈はピアソンの相関係数の解釈と似ているので、値 -0.33 は中程度の負の関係を示す（「中程度の関係」の絶対的定義はなく、この結果は研究分野によって大きいとみなされる場合もあれば小さいとみなされる場合もあることも覚えておいてほしい）。

クラメールの V は、2 × 2 より大きい表でのファイの拡張である。クラメールの V の式は、**式 5-16** に示すようにファイの計算の2つ目の方法に似ている。

式 5-16 クラメールの V の式

$$V = \sqrt{\frac{\chi^2}{n(\min\ r-1,\ c-1)}}$$

分母は n（標本サイズ）に $(r-1)$ と $(c-1)$ の最小値（つまり、行数引く 1 と列数引く 1 の2つの値の最小値）を掛けたものである。4 × 3 の表では、この値は 2 になる（つまり、3

− 1)。2 × 2 の表では、クラメールの V の式はファイの 2 つ目の式と同じである。

n が 200 の 3 × 4 の表のカイ二乗値が 16.70 であるとする。このデータのクラメールの V を**式 5-17** に示す。

式 5-17　クラメールの V の計算

$$V = \sqrt{\frac{16.70}{200(2)}} = 0.20$$

5.7.2　点双列相関係数

　点双列相関係数は、二値変数と連続変数の関連尺度である。数学的には（7 章で詳しく説明する）ピアソンの相関係数と同等であるが、一方の変数が二値変数なので、異なる式を使って計算する。

　性別（二値）と成人身長（連続）の関連の強さを求めたいとする。点双列相関はピアソンの相関係数のように対称であるが、表記を簡単にするために、身長を X、性別を Y で示し、Y の符号は 0 = 男性、1 = 女性とする。男女の標本を抽出し、**式 5-18** に示す式を使って点双列相関を計算する。

式 5-18　点双列相関係数の式

$$r_{pb} = \frac{(\overline{X}_1 - \overline{X}_0)\sqrt{p(1-p)}}{s_x}$$

　この式では、$\overline{x}_1$ = 女性の平均身長、$\overline{x}_0$ = 男性の平均身長、p = 女性の割合、s_x = X の標準偏差である。

　この標本では、男性の平均身長は 69.0 インチ、女性は 64.0 インチ、身長の標準偏差は 3.0 インチ、標本の 55% が女性であるとする。性別と成人身長の相関は、**式 5-19** に示すように計算する。

式 5-19　性別と身長の点双列相関

$$r_{pb} = \frac{(\overline{X}_1 - \overline{X}_0)\sqrt{p(1-p)}}{s_x} = \frac{(64 - 69)\sqrt{0.55(0.45)}}{3} = -0.829$$

　− 0.829 の相関は強い関係であり、米国人口において性別と成人身長には密接な関係があることを示している。相関が負なのは、女性（平均身長が低い）を 1、男性を 0 と符号化し

たからである。符号化を逆にしたら、相関は 0.829 になる。なお、この式で使用した平均と標準偏差は米国人口の実際の値に近いので、性別と身長にはこの練習問題だけでなく実際にも強い関係がある。

5.7.3　順序変数

順序尺度データ（順序付けられているが、値の間の距離が等しいとはみなせないデータ）に対する最も一般的な相関統計量は、**スピアマンの順位係数（スピアマンのロー（ρ）やスピアマンのrとも呼ばれ、r_s とも表す）** である。スピアマンのローは、データ点の値ではなく順位（1番目、2番目、3番目など）に基づいている。学校のクラス順位は比尺度データの一例である。GPA（Grade Point Average）が最も高い人が1番に順位付けされ、次に高い人が2番となっていくが、1番と2番の生徒の差が2番と3番の差と同じかどうかはわからない。高校の GPA などの比尺度で測定できるデータがあっても、さまざまなクラスや学校間での評点制度を比較するのは困難なので、大学入学や奨学金の判断にはクラス順位が使われることがある。

スピアマンのローを計算するには、各変数の値を個別に順位付けし、同じ値の順位は平均化する。そして、値の対の順位の差をそれぞれ計算し、式 5-20 に示す式を使ってスピアマンのローを計算する。

式 5-20　スピアマンのローの式

$$r_s = 1 - \frac{6 \sum d_i^2}{n(n^2 - 1)}$$

1週間の学習時間と最終試験の得点の関係を調べたいとする。**表 5-15** に示すように両方の変数のデータを収集する（例を示す目的から必要となる手計算を最小限にしたデータ集合）。

表 5-15　1週間の学習時間と最終試験の得点

学生	学習時間	順位	最終試験得点	順位	d_i	d_i の二乗
1	10	7	93	7	0	0
2	12	9	98	8	1	1
3	8	5	99	9	−4	16
4	15	10	100	10	0	0
5	4	1	92	6	−5	25
6	11	8	90	5	3	9
7	6	3	80	2	1	1

表 5-15　1 週間の学習時間と最終試験の得点（続き）

学生	学習時間	順位	最終試験得点	順位	di	di の二乗
8	7	4	82	3	1	1
9	9	6	84	4	2	4
10	5	2	75	1	1	1

　学習の多さが高得点に関係するように見えるが、その関係は完璧ではない（学生 3 は平均的な学習量だけで高得点を得ており、学生 5 は比較的に少ない学習量で優れた得点を得ている）。スピアマンのローを計算し、この関係をもっと正確に推定する。順位の差を二乗するので、（ここで行ったように）試験の順位から勉強時間の順位を引くか逆の引き算をするかは重要ではない。d_i^2 の合計は 58 なので、このデータでのスピアマンのローを式 5-21 に示す。

式 5-21　スピアマンのローの計算

$$r_s = 1 - \frac{(6)(58)}{10(99)} = 1 - 0.35 = 0.65$$

　これは、データの第一印象での推測を裏付けている。学習に費やした時間と試験の結果には強固ではあるが不完全な関係がある。

　グッドマン・クラスカルのガンマ（単にガンマと呼ぶことが多い）は、2 変数の合致対と不一致対の数を基にした順序変数の関連尺度である。これは変数が期待通りの順序の値を持つ頻度を示すので、**単調性**の尺度と呼ばれることもある。データ集合内の 2 変数が正の関係を持ち、事例 2 の方が事例 1 よりも最初の変数に大きい値を持つ場合には、事例 2 の方が 2 つ目の変数でも大きい値を持つと予期するであろう。これが**合致対**である。事例 2 の方が 2 つ目の変数に小さい値を持つ場合には、**不一致対**となる。手動でガンマを計算するには、まず 2 変数の度数分布を作成し、自然順序を維持する。

　BMI（Body Mass Index、身長に対する体重の尺度）と血圧値に関連する仮想データ集合を考えてみよう。一般に高い BMI は高血圧に関連するが、すべての人に当てはまるわけではない。肥満でも通常血圧の人もおり、通常体重でも高血圧の人もいる。**表 5-16** に示すデータ集合の体重と血圧には強い関係があるだろうか。

表 5-16　BMI のデータ例

BMI	通常血圧	前高血圧	高血圧
通常	25	15	5
肥満	10	10	25

ガンマを求める式では、**表 5-17** に示すセル指定を使う。

表 5-17 ガンマを計算するためのセル指定

a	b	c
d	e	f

まず、次のように合致対 (P) と不一致対 (Q) を求める。

$P = a(e + f) + bf = 25(10 + 25) + 15(25) = 875 + 375 = 1250$
$Q = c(d + e) + bd = 5(10 + 10) + 15(10) = 100 + 150 = 250$

そして、**式 5-22** に示すようにガンマを計算する。

式 5-22 グッドマン・クラスカルのガンマの計算

$$\gamma = \frac{P - Q}{P + Q} = \frac{1250 - 250}{1250 + 250} = 0.67$$

ガンマの背後にある論法は明確である。2 変数に強い関係がある場合、合致対の割合が高くなるだろう。したがって、ガンマは関係が弱い場合よりも大きな値となる。ガンマではどちらの変数を予測因子とみなしどちらの変数を結果とみなすかは重要ではないので、対称尺度である。ガンマの値はどちらの場合も同じになる。ガンマはデータ内の同順位を補正しない。

ケンドール (Maurice Kendall) は、ガンマの代わりとして 3 つの少し異なる種類の順序相関を開発した。統計コンピュータパッケージはもっと複雑な式を使ってこれらの統計量を計算する場合もあるので、特定のプログラムが使う正確な式はソフトウェアマニュアルで確認する方がよい。ケンドールのタウ統計はすべて、ガンマと同様に対称尺度である。

ケンドールのタウ a は合致対と不一致対の数に基づいており、**式 5-23** に示すように対の総数 (n = 標本サイズ) に基づく尺度で割る。

式 5-23 ケンドールのタウ a の式

$$\tau_a = \frac{P - Q}{\left(\dfrac{n(n-1)}{2}\right)}$$

ケンドールのタウ b は、合致対と不一致対に基づいた類似の関連尺度であり、同順位の数を調整する。2 変数を X と Y とすると、タウ b は $(P - Q)$ を X で同順位ではない対の数 (X_0)

と Y で同順位ではない対の数（Y_0）の幾何平均で割る。タウ b は、正方表（行と列の数が同じ表）でのみ 1.0 または − 1.0 に近づく。ケンドールのタウ b の式を**式 5-24** に示す。

式 5-24　ケンドールのタウ b の式

$$\tau_b = \frac{P-Q}{\sqrt{(P+Q+X_0)(P+Q+Y_0)}}$$

この式では、$X_0 = X$ で同順位ではない対の数、$Y_0 = Y$ で同順位ではない対の数である。ケンドールのタウ c は非正方表に使い、**式 5-25** に示すように計算する。

式 5-25　ケンドールのタウ c の式

$$\tau_c = (P-Q)\left[\frac{2m}{n^2(m-1)}\right]$$

この式では、m は行数か列数の小さい方の数であり、n は標本サイズである。

ソマーズの d はガンマの非対称版なので、統計量の計算はどちらの変数を予測因子とみなしどちらの変数を結果とみなすかによって変わる。ソマーズの d は、予測変数の同順位の対の数で補正する点でもガンマと異なる。X が Y を予測するという仮説のもとで調査を行う場合、ソマーズの d は X の同順位の対の数で補正する。Y が X を予測するという仮説の場合には、Y の同順位の対の数で補正する。タウ b と同様に、ソマーズの d では同順位の対を分母から削除する。$X_0 = X$ での同順位ではない対の数、$Y_0 = Y$ での同順位ではない対の数という表記法を使うと、ソマーズの d は**式 5-26** に示すように求める。

式 5-26　ソマーズの d の式

$$d(X から Y を予測) = \frac{P-Q}{P+Q+X_0}$$

$$d(Y から X を予測) = \frac{P-Q}{P+Q+Y_0}$$

ソマーズの d の対称値は、この式で計算した 2 つの非対称値の平均を取れば求められる。

5.8 リッカート尺度と SD 法

　意見、態度、知見などの一般的な尺度を持たない品質を測るために、さまざまな種類の尺度が開発されている。最もよく知られている尺度は 1932 年にリッカートが導入したリッカート尺度であり、現在では教育から医療管理、業務管理に及ぶ分野で広く使用されている。典型的なリッカート尺度の質問では、文を提示し、回答者には順序リストから回答を選んでもらう。次に例を示す。

　リンカーン東高校の私のクラスでは大学の準備学習をさせていた。

1. 非常に当てはまる
2. 当てはまる
3. どちらとも言えない
4. 当てはまらない
5. 全く当てはまらない

　これは古典的な順序尺度である。「非常に当てはまる」は「当てはまる」よりも強い同意を表し、「当てはまる」は「どちらとも言えない」よりも強い同意を表すと考えられるが、「当てはまる」と「非常に当てはまる」の同意の増分が「どちらとも言えない」と「当てはまる」の増分と同じかどうか、またはこのような増分が回答者ごとに同じであるかどうかはわからない。

　本章で説明したカテゴリ手法や順序手法はリッカート尺度データの分析に適しており、13 章で説明するノンパラメトリック手法の一部も同じく適している。リッカート尺度の回答は数値で答えることが多いため、研究者がデータを間隔尺度データで収集したかのように分析することがある。例えば、リッカート尺度を使って収集したデータの平均と分散を示す公開論文が見つかる。この方法（リッカートデータを間隔尺度データとして扱う方法）を使うことを選んだ研究者は、この方法が多くの編集者に却下される賛否両論のある方法であり、リッカート尺度を分析するのに順序手法やカテゴリ手法を使わないことを正当化する責任は研究者にあることを認識すべきである。

　リッカート尺度では、一般的に 5 水準回答を使う。なぜなら、3 つでは回答の十分な変化を示せず、7 つでは選択肢が多すぎると考えられているからである。また、多数の選択肢を提供すると尺度の極端な値を選びたがらないという証拠もある。一部の回答者がデフォルトで選ぶ中間カテゴリを避けるために偶数個（通常は 4 個か 6 個）の回答を好んで使う研究者もいる。

SD法（semantic differential scale、意味差判別法とも）はリッカート尺度に似ているが、個々のデータ点にラベルが付いておらず、極値にだけラベルが付いている。次のリッカート質問は、次のようなSD法の質問に書き直せる。

大学での勉強のためにリンカーン東高校で行った準備学習を評価せよ。

優れた準備　1　2　3　4　5　不十分な準備

個々のデータ点には説明を付ける必要がないので、たいていはSD法の項目の方が回答者に多くの質問を提示する。10点の判断尺度が一般的なので（そのため、「10満点」という一般的な言い回しがある）、10個のデータ点を選ぶのが一般的である。リッカート尺度と同様に、SD法も元来順序尺度データであるが、多数のデータ点を提示するときには間隔尺度データとして分析できると主張する研究者もいる。

レンシス・リッカート（1903～1981）

リッカート（Rensis Likert、最初の音節にアクセントを置く）は、組織的行動および経営管理論の研究を専門とした米国の社会科学者であった。リッカートは、1926年にミシガン大学で社会学の学士号を取得し、1932年にコロンビア大学で心理学の博士号を取得した。博士研究の一環としてリッカート尺度を開発した。リッカートはミシガン大学社会調査研究所（University of Michigan Institute for Social Research）の創設者であり、1946年から1970年まで所長を務めた。その後数年間は、企業のコンサルタントや経営管理論に関する書籍の執筆に費やした。リッカートは、高圧的経営監督と従業員の生産性の間に逆相関があるという彼の研究結果に基づいて、参加管理の概念や人間中心組織を導入した。これによって、世界中の自発的な学生や従業員に慕われた。

5.9　練習問題

以下は、本章で取り上げたトピックに関する復習問題である。

問題

表5-18と表5-19の次元は何か。この次元のデータから計算した独立標本カイ二乗検定の自由度を求めよ。

表 5-18　R × C 表 a

表 5-19　R × C 表 b

解

表の次元は 3 × 4（表 a）と 4 × 3（表 b）である。表は $R \times C$（つまり、行数×列数）と表す。カイ二乗の自由度は $[(r-1)(c-1)]$ で計算するので、最初の表の自由度は 6[(3-1)(4-1)]、2 番目の表も 6[(4-1)(3-1)] である。

問題

次の表のデータ分布の一致率とカッパを計算せよ。

表 5-20　2 人の評価者間の一致

		評価者 2		
		+	−	
評価者 1	+	70	15	85
	−	30	25	55
		100	40	140

解

一致率 = 95/140 = 0.68
カッパ = 0.30
P_o = (70 + 25)/140 = 0.68
P_e = (85*100)/(140*140) + (40*55)/(140*140) = 0.54

5.8 リッカート尺度とSD法 | 153

式 5-27　カッパの計算

$$K = \frac{0.68 - 0.54}{1 - 0.54} = 0.30$$

問題
独立性のカイ二乗検定での帰無仮説は何か。

解
変数が独立である。これは、同時確率を周辺確率だけを使って予測できることも意味する。

問題
割合の等価性に対するカイ二乗検定の帰無仮説は何か。

解
帰無仮説は、異なる母集団から抽出した2つ以上の標本が対象となる変数で同じ分布を持つというものである。

問題
表 5-21 に示す2つの独立変数の関係を測るのに適した統計量は何か。その統計量の値はいくつで、その値からどのような結論が導き出せるか。

表 5-21　2つの独立変数

	D+	D-
E+	25	10
E-	2	5

解
これは 2×2 の表で、2つのセル（セル c と d）の期待値が5よりも小さいので、フィッシャーの正確確率検定を使うとよい。値は 0.077 であり（統計ソフトウェアを使って取得）、この値は E と D に関係がないという帰無仮説を棄却するのに十分な証拠とならない。

問題
表 5-22 のセルの期待値を求めよ。またカイ二乗統計量の値も求めよ。このデータを考えると、被曝（E）と疾病（D）の関係についてどのような結論が導き出せるか。

表 5-22 期待値の計算

	D+	D-
E+	25	30
E-	15	5

解

期待値を表 5-23 に示す。

表 5-23 期待値:解答

	D+	D-
E+	29.3	25.7
E-	10.7	9.3

カイ二乗 (1) = 5.144、p = 0.023。これは被曝と疾病が無関係であるという帰無仮説を棄却する十分な証拠となる。付録 D のカイ二乗表(**図 D-11**)を使っても同じ結論が導き出せる。5.144 は自由度 1 の片側カイ二乗検定の 0.025 棄却値(5.024)よりも大きいので、α = 0.05 の場合には帰無仮説を棄却すべきであることを示している。

問題

表 5-24 は夫婦の所属政党を表す。夫や妻の政党が配偶者の政党と無関係であるかどうかを確認するのに適した統計量を計算せよ。

表 5-24 夫と妻の所属政党

夫 \ 妻	共和党	民主党
共和党	20	30
民主党	20	20

解

このデータは関連対から生じているので、マクネマー検定が適している。この計算を**式 5-28** に示す。マクネマーのカイ二乗値は 2.00 であり、これは α = 0.05 での自由度 1 のカイ二乗の棄却値を超えていないので、一方の配偶者の所属政党が他方の政党と無関係であるという帰無仮説を棄却するのに十分な証拠はない。

式 5-28　マクネマー検定の計算

$$\chi^2 = \frac{(30-20)^2}{30+20} = \frac{100}{50} = 2.00$$

問題
表 5-25 のデータにはケンドールのどのタウ統計が適しているか。

表 5-25　教育水準と仕事の満足度

教育水準	仕事の満足度 不満	どちらでもない	満足
高校未満	45	20	10
高卒	15	15	20
大学	30	10	25
大卒以上	10	15	30

解
この表は正方ではないので（4行3列）、ケンドールのタウ c を使う。

問題
リッカート尺度や類似の態度尺度を間隔尺度データとして分析することに対する反対意見は何か。

解
態度や意見などの概念には自然な間隔測定の尺度がない。このような概念を測る順序尺度は考案できるが（例えば、回答者の同意の強さの順に順位付けできる）、このような尺度での点の間隔が等しいかどうかを判断するのは不可能である。そのため、リッカート尺度や同様な尺度を使って収集したデータは間隔や比レベルではなく、順序やカテゴリのレベルで分析するべきである。

問題
どのような状況でクラメールの V 統計を計算するか。

解
クラメールの V はファイ統計量の拡張であり、2つ以上のレベルを持つ2つのカテゴリ変

数の関連の強さを判断するために計算するべきである。二値変数では、クラメールのVはファイと同等である。

問題

30%の大学生が容姿に不満を持っているという全国世論調査結果を目にした。地元の大学（在籍学生20,000人）での割合が同じかどうか疑問を持ったので、150人の学生の無作為標本を抽出し、容姿に不満だと言う30個のレポートを得た。地元の大学での学生の割合が全国結果と有意に異なるかどうかを確認するのに適した検定を実施せよ。

解

この問題には両側検定の一標本Z統計量が必要である（地元の大学での割合が全国値と両方向で異なるかどうかが知りたいため）。この検定統計を**式5-29**に示す。

式5-29　割合の一標本Z統計量の計算

$$Z = \frac{0.30 - 0.20}{\sqrt{\frac{0.30(1-0.30)}{150}}} = \frac{0.10}{0.037} = 2.70$$

$\alpha = 0.05$と両側検定を使うと、棄却Z値は1.96である（付録Dの**図D-3**を使うと得られる）。標本のZ値はこれよりも極端なので、地元の大学で容姿に不満な学生の割合が全国水準と同じであるという帰無仮説を棄却する。

シンプソンのパラドックス

シンプソンのパラドックスは、複数のグループからのデータを結合したときに関連の方向が逆になる状況である。このパラドックスは野球ファンの間でよく知られている。例えば、2年間の各年では選手Bの方が選手Aよりも打率（安打の割合）が高いが、2年間のデータを結合すると選手Bの方が選手Aよりも打率が低くなる場合がある。**表5-26**の例を考えてほしい。

表5-26　野球でのシンプソンのパラドックス

選手	2000			2001			結合		
	安打	打数	打率	安打	打数	打率	安打	打数	打率
A	10	50	0.200	200	600	0.333	210	650	0.323
B	85	400	0.213	50	145	0.345	135	545	0.248

選手 B の方が各年では打率が高いが、2 年間を通すと低くなる。この現象は、年ごとの各選手の観測事例数が異なるために生じる。

シンプソンのパラドックスは、数年前、大学入学における性差別議論の原因になった。入学は学科ごとに判断され、ほとんどの女性は入学が認められた志願者の女性割合が低い学科に志願したのに対し、ほとんどの男性は入学が認められた志願者の男性割合が高い学科に志願したという事実によって見かけの性差別（大学入学が認められた男性よりも女性の割合が低い）が説明できることが示されたため、カリフォルニア大学に対して申し立てられた告訴は却下された。実際には、ほとんどの学科で女性よりも男性の方が合格率はわずかに低かったが、この差はすべての学科の合格者データを結合すると逆になった。

また、シンプソンのパラドックスは 2 つの標本のそれぞれでは治療 A の方が治療 B よりも優れているが、標本を結合すると劣っている場合の治療法の評価でも見られる。このような状況はパラドックスと呼ぶべきではないと主張する統計家もいる。これをパラドックスと呼ぶと、2 変数に因果関係があることを暗示するからである。

表 5-27　本章で取り上げた検定のまとめ

検定名	データの種類	何を検定しているか
一致率	1 つのカテゴリ変数、2 人の評価者	評価者がどの程度一致しているか。
コーエンのカッパ	1 つのカテゴリ変数、2 人の評価者	偶然を補正後に評価者がどの程度一致しているか。
独立性のカイ二乗検定	2 つ以上のカテゴリ変数	変数が独立か。
割合の等価性のカイ二乗検定	1 つのカテゴリ変数、2 つ以上の母集団からの標本	標本の分布が標本を抽出した母集団の分布と同じか。
適合度のカイ二乗検定	1 つのカテゴリ変数、その変数の仮説分布	変数が標本を抽出した母集団での仮説分布になっているか。
フィッシャーの正確確率検定	2 つのカテゴリ変数、データが疎の場合がある	変数が独立か。
マクネマー検定	1 つの二値変数、対応のある対で測定	対応のある対で割合に変化があるか。
割合の大規模標本 Z 検定	二値変数、一標本、大規模標本 $(np \geq 5, n(1-p) \geq 5)$	母割合が指定の割合と異なるか。
2 つの母集団の差の大規模標本 Z 検定	二値変数、2 標本、どちらも大規模標本 $(np \geq 5, n(1-p) \geq 5)$	抽出した母集団で変数の割合が異なるか。

表 5-27　本章で取り上げた検定のまとめ（続き）

検定名	データの種類	何を検定しているか
ファイ	2つの二値変数	変数がどれくらい強く関連しているか。
クラメールのV	2つのカテゴリ変数	変数がどれくらい強く関連しているか。
点双列相関	1つの二値変数と1つの連続変数	変数がどれくらい強く関連しているか。
スピアマンのロー	2つの順位変数	変数がどれくらい強く関連しているか。
グッドマン・クラスカルのガンマ	2つの順序変数	変数がどれくらい強く関連しているか（合致対と不一致対に基づく）。
ケンドールのタウa	2つの順位変数	変数がどれくらい強く関連しているか（合致対と不一致対に基づく）。
ケンドールのタウb	2つの順位変数	変数がどれくらい強く関連しているか（合致対と不一致対に基づく。同順位を補正）。
ケンドールのタウc	2つの順位変数	変数がどれくらい強く関連しているか（合致対と不一致対に基づく。非正方表に使える）。

6章
t 検定

　t 分布はアイルランドのギネスの醸造所の品質管理を担当していた化学者ゴセット (William Sealy Gosset) によって導入された。ゴセットはスチューデント (Student) という偽名記事で t 分布を述べたので、t 分布はスチューデントの t 分布、t 検定はスチューデント t 検定とも呼ばれる。t 検定には主に 3 つの種類があり、それらはすべて平均の間の差異を検定し、帰無仮説が正しいとしたときには、その統計量の確率を決定するために、t 分布とその検定統計量との比較をする。2 つのグループを使った一元配置分散分析 (ANOVA) の手順は数学的に t 検定と同値である。しかし、t 検定の方がこの 1 章分を使うに値するほどよく使われている。加えて、t 検定のロジックを理解することによって、より複雑な ANOVA のロジックを追いやすくなる。

6.1　t 分布

　推測統計学にあまり慣れていないならこの章を読む前に 3 章を読んでおいたほうがよい。推測統計学の基本は、実データ集合についての推測をするために、既に登場した確率分布を使うことである。3 章において、正規分布と二項分布を議論した。この章では t 分布について議論する。正規分布のように、t 分布は連続かつ対称的である。正規分布とは、t 分布の形状が標本の自由度に依存するということが異なる。自由度は変化する値の個数を意味する。t 分布の自由度は主としてその標本の数に影響される。標本が大きいほど自由度が大きい。t 検定の自由度の計算は、その種類を扱う部分で述べる。

　上で述べた通り、ゴセットは現実の理由から t 分布を開発した。ギネスの醸造所で品質保証をしながら、限られた大きさの標本から全体を推測するという問題を解こうとしていた。ゴセットの重要な点は標本平均からの区間内に、母集団の平均が位置する確率を決定する上で標本サイズの影響を観察したことにある。平均の相違の検定のために t 分布を使う状況が 2 つある。1 つはおおよそ正規分布と思う母集団から小さな標本を取り出すとき、もう 1 つ

は母集団の標準偏差を知らず、その代わりとして標本の標準偏差を使うときである。中心極限定理を使うには標本数が小さすぎ、そしてその標本を取った母集団が正規分布に従うと考えられなければ、代わりにノンパラメトリックな方法（詳しくは13章参照）を使わなければならない。

図6-1 を見ると、t 分布は正規分布にほとんどそっくりだが、テールの厚みが異なる。それは t 分布の方が正規分布より極端な値も起きやすいということを意味している。標本サイズが大きくなれば（したがって自由度が大きくなれば）、t 分布は正規分布に似てくる。

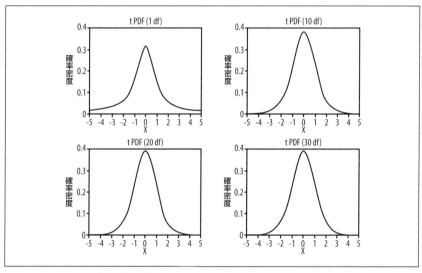

図6-1　4つのt分布（dfは自由度）

正規分布に従う母集団から標本を抜き出し、標本標準偏差を使って母集団の分散を推定するとき、この母集団から取られた x の標本平均の分布は**式6-1** の関数で表現できることをゴセットは発見した。

式6-1　t分布の関数

$$t = \frac{\bar{x} - \mu}{\frac{s}{\sqrt{n}}}$$

ここで$\bar{x}$:標本平均、μは母平均、sは標本の標準偏差、nは標本の数。

この関数は 3 章の Z 統計量によく似ている。ただし、t 統計量では標準偏差として母集団の標準偏差ではなく標本の標準偏差を用いるが、Z 統計量では母集団の標準偏差を用いることだけが異なる。

　付録 D には異なる自由度の t 分布の上方棄却値の表を掲載している（**図 D-7**）。t 分布は対称的であるから、低い方の棄却値は必要ないので「上方棄却値」と言う（低い方はそれをマイナスにすればよい）。正の値だけがその表に掲載されているから、両側 t 検定の棄却値を求めるためには、欲しい値の半分の値である α 値の列を使う。$\alpha = 0.05$ の両側検定であれば、0.025 の列を使う。当然のことながら、標本が大きくなるにつれ、t 検定の棄却値は標準正規分布の棄却値に近づく。例えば、付録 D の**図 D-7** と 3 章の議論より、$\alpha = 0.05$ の両側検定の標準正規分布中の上方棄却値は 1.96 であることがわかる。t 分布を使った $\alpha = 0.05$ の両側検定では、上方棄却値は自由度（df）に依存する。1 df では上方棄却値は 12.706、10 df では上方棄却値は 2.228、30 df では 2.042、50 df では 2.009、100 df では 1.987、自由度無限大では 1.96 となる。

ウィリアム・シーリー・ゴセット

　ゴセットは、近代初の産業統計家と言われることが多い。彼の功績の動機は勤務先（アーサー・ギネス Son&Co 醸造所）の実用目的によるものだったが、彼が発見した t 分布に基づいて一連の主要な推測統計検定ができたのは、彼の功績だ。醸造所での問題解決との相関など関連手法を体系的に完成させたのち、彼は小さな標本の根本的な制限と多数の観察と実験で信頼性が得られるとした手法の限界を明らかにした。ゴセットの t 分布の研究は、R・A・フィッシャーによって開発された分散分析のような後の手法のもとになっている。ゴセットの人生と功績は応用科学と理論展開の交互作用の素晴らしい実例を示している。

6.2　一標本 t 検定

　t 検定の使い道の 1 つとして、標本の平均と母集団の既知の平均とを比較することがある。この帰無仮説は普通「標本が引き出された母集団の平均と既知の平均との間に有意差はない」となる。例えば、鉛被曝が子供の知能に与える影響を調べたいとする。米国全体の 5 歳児の知能テストの平均点が 100 点だとわかっている。そして鉛被曝したことがある 15 人の 5 歳児の標本がある。この鉛被曝が彼らの知能に影響したかどうかがこのテスト結果に基づいてわかるかどうかを調べる。知能指数は基本的にこの母集団では正規分布だとする。すると帰無仮説は「鉛被曝をした子供のグループの知能指数と母集団全体の知能指数との間に差がない」ということになる。両側検定を有意水準 $\alpha = 0.05$ で行う。

一標本 t 検定の式は**式 6-2** のように表す。

式 6-2　一標本 t 検定の式

$$t = \frac{\bar{x} - \mu_0}{\frac{s}{\sqrt{n}}}$$

この式で、$\bar{x}$ は標本平均、μ_0 は参照平均（この場合、米国全体の 5 歳児の知能指数の平均）、s は標本の標準偏差、n は標本の数である。

標本の平均と標準偏差を求める式を**式 6-3**、**式 6-4** に表す。

式 6-3　標本平均の計算

$$\bar{x} = \frac{\sum_{i=1}^{n} x_i}{n}$$

式 6-4　標本の標準偏差の計算

$$s = \sqrt{\frac{\sum_{i=1}^{n}(x_i - \bar{x})^2}{n-1}}$$

この式では、x_i は x の 1 つの値、$\bar{x}$ は標本平均、s は標本の標準偏差、n は標本の数である。

標本標準偏差の計算上の式で数学的には**式 6-3** で示したものと同じだが、手で計算するのならより簡単なものもある（**式 6-5**）。

式 6-5　標本標準偏差の計算しやすい式

$$s = \sqrt{\frac{\sum_{i=1}^{n} x_i^2 - \frac{\left(\sum_{i=1}^{n} x_i\right)^2}{n}}{n-1}}$$

これらの式を使う練習するには、この章の最後に挙げた例題を使うとよい。この例では、

標本平均を 90、標本標準偏差を 10、標本数を 15 と仮定し、これらを t 統計量を計算するのに利用する（式 6-6）。

式 6-6　一標本 t 検定の計算

$$t = \frac{90 - 100}{\frac{10}{\sqrt{15}}} = -3.87$$

一標本 t 検定の自由度は $n-1$ で、この例では $df = 15 - 1 = 14$ となる。t 分布の上方棄却値の表（付録 D の図 D-7）より自由度 = 14、有意水準 $\alpha = 0.05$ の両側 t 検定の上方棄却値は 2.145 になる。先のデータの t 統計量の絶対値が上方棄却値を上回るので（$|-3.87| > 2.145$）、知能テストで、鉛被曝した子供の知能指数と母集団全体の知能指数が同じになるという帰無仮説は棄却される。平均の差と t 統計量が負であることから、鉛被曝した子供の平均知能指数は同年代の母集団全体の平均知能指数に比べて低いと言える。

6.2.1　一標本 t 検定の信頼区間

検定統計量や有意検定だけでなく信頼区間を求めたいときもある。信頼区間は平均周辺の値の範囲であり次の意味を持つ。同じ母集団から同じサイズの無数の標本を取ることができたら、x% の確率で母平均は標本から計算された信頼区間に入れる。（最も一般的な）95% で信頼区間を計算するとき、$x = 95$ なので同じ母集団から取られた無限個の同じサイズの標本から計算された信頼区間は 95% で真の母平均を含むと予想される。より一般的にいうと、標本平均のような点推定の精密性に関する情報を信頼区間から知ることができる。狭い範囲の信頼区間が、「異なる標本を取った場合でも、標本平均は取った標本にかなり近くなる」ということを暗示しているのに対して、広範囲にわたる信頼区間からは「異なる標本を取った場合に、標本平均は全く異なるかもしれない」ということがわかる。

一標本 t 検定の平均の両側信頼区間（CI）を求める式を式 6-7 に示す。

式 6-7　一標本 t 検定の信頼区間を求める式

$$CI_{1-\alpha} = \bar{x} \pm \left(t_{\frac{\alpha}{2}, df}\right)\left(\frac{s}{\sqrt{n}}\right)$$

この例では、$\alpha = 0.05$、$\bar{x} = 90$、$df = n - 1 = 14$、$s = 10$、$t_{0.025, 14} = 2.145$（付録 D の図 D-7 参照）、$n = 15$ である。これらの数値を当てはめて式 6-8 に示した結果を得る。

式 6-8　一標本 t 検定の信頼区間を求める式

$$CI_{0.95} = 90 \pm (2.145)\left(\frac{10}{\sqrt{15}}\right) = 90 \pm 5.54 = (84.46, 95.54)$$

　母平均の推測値の 95% 両側信頼区間は (84.46, 95.54) になる。この数値は信頼区間の下界・上界と呼ばれることもある。この例では、下界が 84.46 で上界は 95.54 になる。
　片側信頼区間を計算したい場合には、適当に正負を変えて、$\alpha/2$ ではなく α を使って t 分布の表から得た上方棄却値を使う。異なるサイズの信頼区間を計算する場合には、適切な上方棄却値を t 分布の表から選んで使う。例えば、片側で、自由度（df）20 の 90% 信頼区間における t の上方棄却値は 1.325 になる。

6.3　独立標本 t 検定

　二標本 t 検定とも言う独立標本 t 検定は、2 つの標本の平均を比較するものであり、標本が取られた母集団同士の平均が同じであるか否かを決定することが目的である。2 つの標本の被験者に関連性はないものとし（被験者の中に 2 回テストされたものや兄弟がいないように）、2 つの標本は母集団から独立に選出されなければならない。加えて、中心極限定理を適用できるだけの標本の数がある場合を除いて、標本が取られた母集団がほぼ正規分布であり、ほぼ等分散であるものとする。独立標本 t 検定は多くの専門分野において一般的に使われており、大概は母分散が等しいことを仮定している検定（リーベン検定（Leven's test）、ブラウン・フォーサイス検定（Brown-Forsythe test）、バートレット検定（Bartlett's test）など）と、この仮定が満たされなかった場合の統計的な解決策を用意したソフトウェアを使って計算される。
　独立標本 t 検定の式は**式 6-9** のようになる。

式 6-9　独立標本 t 検定の式

$$t = \frac{(\bar{x}_1 - \bar{x}_2) - (\mu_1 - \mu_2)}{\sqrt{s_p^2\left(\frac{1}{n_1} + \frac{1}{n_2}\right)}}$$

ここで

$$s_p^2 = \frac{(n_1 - 1)s_1^2 + (n_2 - 1)s_2^2}{n_1 + n_2 - 2}$$

　この式では、$\bar{x}_1$ と $\bar{x}_2$ は標本の平均、μ_1 と μ_2 は母集団の平均、s_p^2 は合併分散値、n_1,

n_2 は標本の数、s^2_1 と s^2_2 は標本の分散である。

独立標本 t 検定の帰無仮説ではしばしば母平均同士の差が 0 になる。その場合、$(\mu_1 - \mu_2)$ の項が式から消えるということに注意する。二標本 t 検定の自由度 $(n_1 + n_2 - 2)$ は単に両方の標本を合わせたときよりも 2 少なくなる。

これは複雑な式だが、詳細に入る前に、一歩戻って一般形の式に目を通しておく価値はある。独立標本 t 検定の式は一標本 t 検定の式（分子が平均同士の差、分母が標本中で見られる変動と標本数の両者を組み込む変動の測度）に似ている。「**対応のある t 検定**（paired t-test）」の検定統計量もまた、多少の違いはあるがこの基本的な形に従う。

例えば、男性サッカー選手は男性のバレエダンサーよりもより引き締まっているかという長年の身体能力に関する問題がある。そこでスポーツ生理学者はこの問題の答えを出すために地元病院の研究班と共同で研究をする。サッカー選手であり、バレエダンサーでもある被験者はいないので、2 つのグループは独立した母集団になる。それぞれのプロ協会に所属している全国のバレエダンサーとサッカー選手の 2 つのリストがあるとし、被験者はそれぞれのグループから無作為に選出されるとする。バレエダンサーとサッカー選手はとても忙しいので、それぞれのグループから 10 人しか選出できない。すべての被験者が歩くこと、走ること、ステップを踏むこと、それ相応の健康状態に関連する心拍変動や脈波伝播速度などをはじめとした生理学的な測定など、身体機能に関するさまざまなテストを受ける。こうした測定は 1 つに集約され 0 点から 100 点の健康指数が決まる。この手法を使っての評価実績から、この研究で使われたアルゴリズムで計算された健康指数は母集団の中でほぼ正規分布になることが証明されている。

被験者たちは同じ日に同じ研究所でテストされ、彼らのテスト結果は同じ研究者が評価し集約した。2 つのグループの結果を**表 6-1** に示す。

表 6-1 バレエダンサーとサッカー選手の健康指数

バレエダンサー	サッカー選手
89.2	79.3
78.2	78.3
89.3	85.3
88.3	79.3
87.3	88.9
90.1	91.2
95.2	87.2

表6-1 バレエダンサーとサッカー選手の健康指数

バレエダンサー	サッカー選手
94.3	89.2
78.3	93.3
89.3	79.9

この研究では $\alpha = 0.05$ を使用する。前の章で示した標準偏差を求める式を使って、t 統計を手計算で求めることもできる（分散は標準偏差の2乗であることも忘れてはいけない）。素早く物事を進めるために、必要な分を計算しておいた。バレエダンサーが標本1でサッカー選手が標本2とする。

$\bar{x}_1 = 87.95$
$\bar{x}_2 = 85.19$
$s_1^2 = 32.38$
$s_2^2 = 31.18$

統計ソフトを使って計算するなら、等分散の仮定をリーベン検定（2つの母分散が等しいとする帰無仮説を検証する検定）を使って確かめる。もしくはその他の代替検定を使ってもよい。詳しくは以下に続く不等分散標本 t 検定の章で詳述する（等分散性の帰無仮説を棄却できなかった場合には、t 検定を続けることができる）。

合併標本分散値は**式 6-10** のように計算される。

式 6-10　合併標本分散値の計算

$$s_p^2 = \frac{(10-1)32.38 + (10-1)31.18}{10+10-2} = 31.78$$

自由度は $df = n_1 + n_2 - 1 = 18$ である。帰無仮説は2つのグループの健康指数の平均は等しいことを表しており、$\mu_1 - \mu_2 = 0$ となる。この帰無仮説を検証するためには、**式 6-11** で示すように t 統計量を求める。

式 6-11　t 統計量の計算

$$t = \frac{(87.95 - 85.19) - (0)}{\sqrt{31.78\left(\frac{1}{10} + \frac{1}{10}\right)}} = \frac{2.76}{2.52} = 1.10$$

付録Dの図 D-7 より、有意水準 α = 0.05、自由度 df = 18 の両側 t 検定の上方棄却値が 2.101 である。t 値の絶対値は上方棄却値の値よりも低い（すなわち、0 により近い）。したがって、帰無仮説を棄却できず、この研究ではサッカー選手とバレエダンサーの引き締まり具合の差を証明できる証拠は見つからないということになる。

6.3.1 独立標本 t 検定における信頼区間

独立標本 t 検定における両側信頼区間の計算のためには式 6-12 の式を使う。

式 6-12 独立標本 t 検定における両側信頼区間の式

$$CI_{1-\alpha} = \left(\overline{x}_1 - \overline{x}_2\right) \pm \left(t_{\frac{\alpha}{2}, df}\right)\left(\sqrt{s_p^2 \left(\frac{1}{n_1} + \frac{1}{n_2}\right)}\right)$$

ここで

$$s_p^2 = \frac{(n_1 - 1)s_1^2 + (n_2 - 1)s_2^2}{n_1 + n_2 - 2}$$

この式にはいくつかの注目すべき点がある。

- これは「2つの母集団の平均の差」の信頼区間である。
- $t_{\frac{\alpha}{2}, df}$ の値には上棄却 t 値を自由度（df）と t 分布表（付録 D の図 D-7 などに掲載されている）から指定された有意水準の半分の値を使う。
- これが片側信頼区間だった場合は、上棄却 t 値には、$\alpha/2$ ではなく、α に対応するものを使う。そして、信頼区間の方向に応じて ± ではなく正か負のいずれかを使う。
- この式は、先ほど計算した独立標本 t 検定の分母を含む。

このデータでは有意水準 α = 0.05 を使い、95% 両側信頼区間を計算した。計算結果は式 6-13 のようになる。

式 6-13 独立標本 t 検定における 95% 両側信頼区間の計算

$$CI_{1-\alpha} = 2.76 \pm (2.10)(2.52) = (-2.53, 8.05)$$

この信頼区間には空値 0（帰無仮説において平均の差として仮定した値）が入ることに注意すること。そしてこの結果は帰無仮説を棄却できないので（データ集合において、有意な結果が得られないことから）予想されるものである。

6.4　反復測定の t 検定

　反復測定（repeated measures）t 検定（関連（related）標本 t 検定、対応（matched）標本 t 検定、従属（dependent）標本 t 検定という名前でも知られている）では、2 つの標本を構成する集まり同士は独立ではなく、何かしら互いに関連している。標本の中のデータが同じ人から 2 回測定されたものである（例：処方された薬を飲む前と飲んだ後の血圧など）。婚姻関係や遺伝的に関連している人々（夫婦や兄弟）からとられたデータである。または、互いに親密に関係している人の標本（互いに似すぎているため独立標本とはみなされない）から取られたデータの場合などである。測定は組で行い、2 つの標本は同じ個数でなければならない。

　反復測定 t 検定を求める式は 2 組の標本の差（d 値）に基づいている。検定統計は**式 6-14**のようになる。

式 6-14　反復測定の t 検定の式

$$t = \frac{\bar{d} - (\mu_1 - \mu_2)}{\frac{s_d}{\sqrt{n}}}$$

　この式では、$\bar{d}$ は d 値の平均、μ_1 と μ_2 は 2 つの母集団の平均、s_d は d 値の標準偏差、n は組の数である。

　反復測定 t 検定における帰無仮説はたいてい「d 値の平均は 0 である。」ということを仮定し、対立仮説は「平均は 0 でない。」と仮定する。二標本 t 検定と同様に、量（$\mu_1 - \mu_2$）は 0 になると仮定する。その場合、それは式から消える。

　d 値は単に一組の測定の差のこと（例えば、治療する前と後の血圧）である。すべての組の d 値を計算し、その後 t 統計量を求めるために、標準偏差と d 値の平均を計算する。反復測定 t 検定における式中の n は測定の数ではなく、組の数を意味していることに注意する。自由度（df）= $n - 1$ である。

　例で考えるとわかりやすい。食事制限とエクササイズプログラムが中年男性の総合コレステロール値を下げるのにどれだけ有効か検証したいとする。プログラム実施前と実施後の反復測定 t 検定を実施する。これを「被験者自身を対照とする」ということがある。なぜなら同じ被験者を 2 回テストすることによって、個人差の影響を最小限にする、またはなくすことを期待するからである。そうすることで被験者のコレステロール値が食事制限とエクササイズプログラムによってどのような反応を示すかがわかる。このようなプログラムに対する反応の変化量は母集団の中ではほぼ正規分布になると考えることができ、そして 10 人しか被験者がいないことから、対応標本 t 検定は適切な測定方法だと言える。この実験によって得

られたデータは**表6-2**のようになっている。

表6-2 食事制限とエクササイズプログラムの実施前後のコレステロール値

実施前	実施後	差(d)(後−前)
220	200	− 20
240	210	− 30
225	210	− 15
180	170	− 10
210	220	10
190	180	− 10
195	190	− 5
200	190	− 10
210	220	10
240	210	− 30

ほとんどの被験者のコレステロール値はプログラム実施後、明らかに下がっている。しかしその差は統計学的に有意なのだろうか。それを検証するために、標本から計算された値を使って反復測定 t 検定を計算する。

$\bar{d} = -11$

$s_d = 13.9$

有意水準 $\alpha = 0.05$ の両側反復測定 t 検定を実施する。帰無仮説は母平均は等分散（差は0ということ）で、t 統計量は**式6-15**のようになる。

式6-15 反復測定の t 検定の計算

$$t = \frac{-11 - 0}{\frac{13.9}{\sqrt{10}}} = -2.50$$

10組なので、自由度は9（$df = n - 1$）である。t 分布における上方棄却値の表（付録Dの**図D-7**）を使って、両側 t 検定における自由度が9、$\alpha = 0.05$ の棄却値は2.262であるとわかる。t 統計量の絶対値が棄却値を超えるので帰無仮説は棄却される。したがって食事制限とエクササイズプログラムは総コレステロール値に影響があったということになる。また、平均の差と t 統計量が負なので、このプログラムにより被験者の総コレステロール値が下がっ

たということになる。

この例において、何が2つの母集団なのか、と疑問に思うだろう。プログラム実施前に取られた標本測定は、一般的な中年男性の母集団から取られたものとみなされ、プログラム実施後に取られた標本測定は、プログラムを完了した中年男性の母集団から取られたものとみなされる。2つ目の母集団は理論上のものである。したがって最初の母集団の総コレステロール値が食事制限とエクササイズプログラムを実施した場合、どのように変化するか仮定して試しているのである。

6.4.1 反復測定 t 検定の信頼区間

式 6-16 の式を使って反復測定 t 検定の信頼区間を求める。

式 6-16　反復測定 t 検定の信頼区間を求める式

$$CI_{1-\alpha} = \bar{d} \pm \left(t_{\frac{\alpha}{2}, df} \right) \left(\frac{s_d}{\sqrt{n}} \right)$$

先の例のデータを使うと計算は式 6-17 になる。

式 6-17　反復測定の t 検定における両側 95% 信頼区間の計算

$$CI_{0.95} = -11 \pm (2.262) \left(\frac{13.9}{\sqrt{10}} \right) = (-20.94, -1.06)$$

この信頼区間は 0 を含まないことに注意する。t 検定で有意な結果を得ていたので、このことは予想されていた。したがって平均の差は 0 という帰無仮説は棄却される。

6.5　不等分散の t 検定

独立標本 t 検定における仮定の1つは標本が取られた母集団はほぼ等分散になることだ(「等分散性仮定」としても知られている)。もしこの仮定が満たされず母分散が不均質だった場合、第一種過誤と第二種過誤の危険性がある。なぜなら標本分散値が独立標本 t 検定に合併されているので、等分散を持つ母集団からとられたものでなければ検定結果は歪んでしまうからだ。不等分散になることがわかっている2つの独立標本の仮説検定の問題は「ベーレンス・フィッシャーの問題」(Behrens-Fischer problem) と呼ばれている。これにはいくつかの解決策がある。

もし独立標本 t 検定を計算する統計ソフトウェアを使っていれば、等分散性検定を計算するアルゴリズムがあるかもしれない。例えば、リーベン検定や、ブラウン・フォーサイス検

定やバートレット検定のようなものである。リーベン検定は平均に基づいている。トリム値や中央値を使うブラウン・フォーサイス検定はリーベン検定の拡張である。バートレット検定は正規性（等分散性とは別物）からの逸脱にとても敏感で、標本が取られた母集団がほぼ正規分布であることが確かであるときにだけ使うようにする。3つのうちのどれかの検定が使えるなら、等分散性仮定を満たしているか調べることができる。各検定の厳密な詳細と、それらについての専門文献は「Engineering Statistics Handbook（NIST）」から手に入る（http://itl.nist.gov/div898/handbook/index.htm ）。

等分散性仮定が満たされなかった場合は、独立標本 t 検定の代わりにノンパラメトリックな代替検定（13 章で詳述）や不等分散 t 検定（ウェルチの t 検定（Welch's t-test）としても知られる）を使ってもよい。これらの代替方法は標本の数が少ないときや慎重に断定を下したいときに特に賢明なことである。ウェルチの t 検定では、t 統計量と自由度を計算するために多少異なる式を使う。

ウェルチの t 検定においては、**式 6-18** を使って t 統計量を求める。

式 6-18　ウェルチの t 検定の式

$$t = \frac{\overline{x}_1 - \overline{x}_2}{\sqrt{\dfrac{s_1^2}{n_1} + \dfrac{s_2^2}{n_2}}}$$

この式では、$\overline{x}_1$ と $\overline{x}_2$ は標本平均、s_1^2 と s_2^2 は標本分散、n_1 と n_2 は標本の数である。

ウェルチの t 検定において合併分散値は使わないことに注意する。仕事はウェルチの t 検定における自由度を計算するところである（**式 6-19**）。

式 6-19　ウェルチの t 検定における自由度の式

$$df = \frac{\left(\dfrac{s_1^2}{n_1} + \dfrac{s_2^2}{n_2}\right)^2}{\dfrac{s_1^4}{n_1^2(n_1-1)} + \dfrac{s_2^4}{n_2^2(n_2-1)}}$$

t 統計量と自由度を計算したところで、他の t 検定と同じく、結果を t 分布における棄却値の表（付録 D の**図 D-7** 参照）と比較し、判断する。

6.6 練習問題

t 検定や有意水準を計算する際に、統計用のパッケージ（Minitab、SPSS、STATA や SAS など）を使うこともできるが、問題を自分で解くことによって基本的な概念が理解しやすくなる。さらに、学校や職場など小さな標本しかない状況で、t 検定を使って推測する方法の感覚を養うことができる。手計算で t 検定を求める方法を完璧に理解していれば、統計パッケージを使ったほうが簡単だろう。しかし統計パッケージの出力結果は、何を探せばよいのかわからない人にはわかりにくいものだ。自分自身で練習問題に取り組むと、大量の出力結果から必要な情報を見極めるのにも役立つ。

問題

ある工場の工場長は、工場内で頻発する数々の事故に頭を悩ませていた。そこで工場長は従業員の教育、工場内のよりよい照明、安全記録が向上した班に奨励金を出すなどの安全プログラムを設けることにした。安全プログラムを導入する前の、1 週間当たりの平均事故件数は 5 であり、ほぼ正規分布である。これがプログラム導入後変化したかどうか確かめたい。そこで、プログラム導入後 15 週を標本として採り、運営記録より、それぞれの週で何回の事故が起きたのかを調べた（**表 6-3**）。安全プログラム開始後に、1 週間当たりに起きた事故件数の平均が変わったかどうか調べるために、どの検定を使うべきだろうか。また、t 統計量はどうなるか、求めた t 統計量からプログラムの有効性について何が結論付けられるだろうか。

表 6-3 1 週間当たりの事故件数

週	1	2	3	4	5	6	7	8	9	10	11	12	13	14	15
事故件数	5	6	6	4	5	3	2	7	5	4	1	0	3	2	5

解

プログラム開始後 15 週間の標本から計算された 1 週間当たりの事故件数の平均とプログラム導入前の母平均を比べる一標本 t 検定を計算する。また両側検定を使う。なぜならプログラム開始後に事故率が上がることも考えられるし、それが起こるか否かも検証したいからである。したがって、標本平均と母平均に差はないという帰無仮説を検証する両側一標本 t 検定を行う。標準的な有意水準 $\alpha = 0.05$ を使う。

以下はこの計算に必要な情報である。

$\mu_0 = 5$（所与）

$n = 15$（所与）

$\bar{x} = 3.87$

$s = 2.00$

まずはじめに、標本平均と標本標準偏差を求める(**式6-20**、**式6-21**参照)。

式6-20 標本平均の計算

$$\bar{x} = \frac{\sum_{i=1}^{n} x_i}{n} = \frac{58}{15} = 3.87$$

式6-21 標本標準偏差の計算

$$s = \sqrt{\frac{\sum_{i=1}^{n} x_i^2 - \frac{\left(\sum_{i=1}^{n} x_i\right)^2}{n}}{n-1}} = \sqrt{\frac{280 - \frac{58^2}{15}}{14}} = 2.00$$

そして、一標本 t 検定の式にこの数値を当てはめる(**式6-22**)。

式6-22 一標本 t 検定計算

$$t = \frac{\bar{x} - \mu_0}{\frac{s}{\sqrt{n}}} = \frac{3.87 - 5.00}{\frac{2.00}{\sqrt{15}}} = \frac{-1.13}{0.52} = -2.17$$

自由度は14($df = n - 1$)である。付録Dの**図D-7**より、$df = 14$、有意水準 $\alpha = 0.05$ の両側検定の上方棄却値は2.145になる。t 統計量の絶対値が棄却値を上回るので、安全プログラム開始後の事故件数に差はないという帰無仮説は棄却される。標本平均と母平均の差は負なので、t 統計量からプログラムにより事故率が下がったと結論付けることができる。

問題

標本結果を使って、母平均の推定における95%両側信頼区間を求めよ。

解

95%両側信頼区間を次のように計算する(**式6-23**)。

式 6-23　一標本 t 検定における 95% 両側信頼区間の計算

$$CI_{1-\alpha} = \bar{x} \pm \left(t_{\frac{\alpha}{2}, df}\right)\left(\frac{s}{\sqrt{n}}\right) = 3.87 \pm (2.145)\left(\frac{2.00}{\sqrt{15}}\right) = (2.76, 4.98)$$

上方棄却値 4.97 は母平均にとても近い。このことは標本 t 統計が有意水準 $\alpha = 0.05$ における棄却値をほとんど上回っていないので予想されるものである。つまりこれは標本平均と母平均の間に差が 0 であるとする帰無仮説を棄却するための基準をかろうじて満たしている。

問題
標本結果を使って、母平均の推定における 90% 両側信頼区間を求めよ。

解
90% 信頼区間を求めるためには、問題 2 で利用した式の上方棄却 t 値を変えればよい。付録 D の図 D-7 の表より、有意水準 $\alpha = 0.10$、自由度 $df = 14$ の両側検定の上方棄却値は 1.761 である。これらの数字を式に当てはめると、次の結果が得られる（**式 6-24**）。

式 6-24　一標本検定における 90% 両側信頼区間の計算

$$CI_{1-\alpha} = \bar{x} \pm \left(t_{\frac{\alpha}{2}, df}\right)\left(\frac{s}{\sqrt{n}}\right) = 3.87 \pm (1.761)\left(\frac{2.00}{\sqrt{15}}\right) = (2.96, 4.78)$$

同じ標本データにおける 90% 信頼区間は 95% 信頼区間よりも狭くなることに注意する。これは 90% 信頼区間を求めるのに利用した棄却 t 値が小さいためである。言い換えると、90% 信頼区間は 95% 信頼区間より少ない確率なので、信頼区間が狭くなることは当然なのである。

表 6-4　さまざまな t 検定と使用方法

t 検定	データの種類	答えられる質問
一標本 t 検定	一標本、連続データ、ほぼ正規性	記された平均を持つ母集団からその標本は取られたか。
二標本 t 検定	2 つの独立標本、連続なデータ、ほぼ正規性、ほぼ等分散	同じ平均を持つ母集団からその 2 つの標本は取られたか。
反復測定 t 検定	2 つの関係する標本、同じ数の標本、連続データ、差がほぼ正規性	同じ平均を持つ母集団からその 2 つの標本は取られたか。
不等分散 t 検定	2 つの独立標本、連続データ、ほぼ正規性	同じ平均を持つ母集団からその 2 つの標本は取られたか。

7章
ピアソンの相関係数

　ピアソンの相関係数（Pearson correlation coefficient）は2つの間隔変数または比変数間の線形関連性指標である。他の種類の相関係数もあるが（スピアマンの順位相関係数（Spearman's rank-order coefficient）の話も含め、いくつかは5章で述べている）、ピアソンの相関係数は最も一般的で、ときには「ピアソンの」が省略されて単に「相関」や「相関係数」と呼ぶこともある。この本では特に指定がない限り、「相関」といえば「ピアソンの相関係数」を意味する。相関は、異なる連続変数がどんな関係を持つかを確かめるために、しばしば研究プロジェクトの調査段階で計算され、散布図（4章参照）がこれらの関係をグラフ的に調べるために作られる。しかし、相関が求める統計量のこともあり、有意性検定や、推測統計量として使われることがある。ピアソンの相関係数を理解することは線形回帰を理解するために必要なことである。そのため、この統計を学び、2変数間の関係についてそれからわかることを理解するために時間をかけることには価値がある。相関は観測された関係の尺度であって、それ自身は因果関係を示さないのだ。現実世界にある多くの変数は互いに強い相関を持っているが、それは偶然や他の変数の影響や、まだわからない他の要因の結果であったりする。因果関係があったとしても、それは仮定したものとは逆の方向かもしれない。これらの理由から、非常に強い相関もそれ自体では因果関係の証拠ではなく、因果関係の主張は別途、実験設計を通して立てられなければいけない（8章参照）。この章では統計の文脈における関連性の一般的な意味をまず述べてから、ピアソンの相関係数を詳しく調べる。

7.1　関連性

　普段の生活は互いに関係していると思われる変数で満たされていて、これらの関係を詳細に説明することが科学の主な使命である。どのように変数が関係しているか考えることそのものは、不明瞭でも難解でもないが、人は関連性（association）で常に考えて、しばしば因果関係に帰着させる。子供により多くの野菜を食べさせ、ジャンクフードを制限する親はお

そらくそのように考えている。なぜなら、食事と健康の間には関係があるとその親たちは信じているからである。また、練習に長時間を費やすアスリートもおそらくそう考えている。真面目にトレーニングすることが成功をもたらすと信じているからである。これらの常識的な考えは実験研究によって支持されることもあれば、そうでないこともある。しかし、物事が同時に発生した場合にそれに注目する、さらに、片方がもう片方を引き起こしていると考えることは普通の人間の傾向である。科学者（あるいは単に統計を理解している人）として、表面的な関連性が本当に内在しているか、存在したとしても本当に因果関係があるのかを疑う習慣を持たなければいけない。

何らかの方法で観測可能なデータに基づくが、明らかに間違った結論の例をいくつか挙げる。

- アイスクリームの売り上げと溺死の数の間には強い関連性がある。理由は、アイスを食べてすぐに水に入り、それによりけいれんを起こして溺れることが原因に違いない。
- 単語テストの点数と靴のサイズには強い関連性がある。よってそれは背の高い人は大きな脳を持っていて、それによって多くの単語を記憶できると説明できる。
- ある地域のコウノトリの数と出生率には強い関連性がある。よって明らかにコウノトリは赤ん坊を本当に届ける。
- ある街の市長はその地域のスポーツチームの選手権大会の勝利と凱旋パレードには強い相関があることに気付き、その地域のチームのパフォーマンスを上げるためにより多くのパレードを開くことを決定する。

正しい説明は次のようになる。

- アイスクリームの消費と水泳は両方とも1年のうち気温の高い月により促進される。そのため、表面上の関係は気温（もしくは季節）という3番目の変数の影響によるものである。
- データは小中学生から集められたものであり、年齢の比較対照をしていない。年長の子供の方が背が高く（そして足が大きく）、単語を年下の子供たちより多く知っている。したがって、観測された関連性は3番目の変数である年齢の影響によるものである。
- コウノトリは田舎により多く生息し、出生率は田舎の方が高い。したがって、その関連性は第3の変数である地域の影響によるものである。
- これは因果関係が逆である。パレードは選手権大会で勝利してから行われる。した

がって、そのチームの成功はパレードによって引き起こされたのではなく、パレードがチームの良い成績で引き起こされたのである。

2変数が関連する論理的な理由が何もなくても、単に偶然にある関連性が見えているだけかもしれないことには注目すべきである。これは、わずかな関連性が統計的に有意であるが、実用的には意味がないような、大量の標本の研究において、とりわけ真実である。さらに、強い関係がある変数の間でさえ、例えば喫煙と肺癌の間でさえ、個人での関係性には有意差がある。喫煙を数年続けて病気にならない人もいれば、一方で不運にも生涯で一度も喫煙をしたことがないにも関わらず肺癌になる人もいる。

7.2 散布図

散布図は変数同士の関係性を探すのにとても役立つ。普通、データ集合を使った作業の調査段階で連続変数対の散布図を作る。散布図は2つの連続変数のグラフである。もし、1つの変数が独立でその他の変数が従属していると明記していたら、その調査変数は x 軸(水平)で、従属変数は y 軸(垂直)にとられる。もし、そのような関係性が明記されていなかったら、どちらの変数がどちらの軸にあってもよい。標本の各要素がグラフ上の1点に対応し、座標 (x, y) で記述される。学校でデカルト座標を描いた経験があれば、わかるだろう。散布図は、方向(正または負)、強さ(強いまたは弱い)、形(線形、2次など)を含む、2変数の全体的な関係を教えてくれる。散布図はまた、そのデータの範囲や、外れ値(他の値とは異なるもの)があるかを見たりするのにも役に立つ。

2変数の関係を調べることが重要なのは、一般的な手法の多くが関係性を線形と仮定しているためである。ここでいう**線形**とは「直線に並べられた」という意味であり、他の関係はすべて非線形となる。**非線形**関係も詳しくは、2次関数や指数関数などと分けられる。実データ集合が数学的に定義されたパターンに完全に合致することは期待せず、そのデータが直線の周辺に集まっていれば、線形関係と言う。

散布図行列も作ることができる。これは複数の散布図を並べたもので、変数対の間の関係性が簡単にわかる。**図 7-1** は NIST のロイド・カーリーによって、カリウム、鉛、鉄、硫黄酸化物の4つの汚染物質の間の関係を調べるために作成された散布図行列である。各変数対の散布図は、列と行の交点に対応する場所に位置している。つまり、セル (1, 2)(1行2列目)はカリウムと鉛の間の関係を、セル (1, 3) はカリウムと鉄の間の関係を、というように表す。

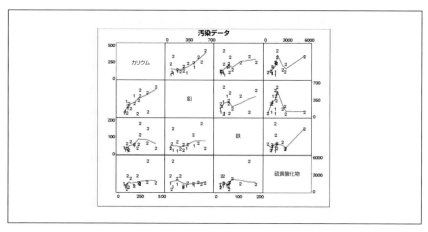

図 7-1　4 つの汚染物質の散布図行列

7.2.1　連続変数間の関係性

線形代数では、次の式を用いて 2 変数の関係性を記述する。

$y = ax + b$

y：従属変数

x：独立変数

a：傾き

b：切片

ただし、a の代わりに m が使われることもある。これは単に表記法の違いであって、式の意味は変わらない。a と b は正、負、または 0 である。与えられた x に対する y の値を知るために、x に a を掛けて b を足せばよい。このような式は完全な関係性を示す（x, a, b が与えられれば y の正確な値がわかる）。一方で、実データを記述する式は一般的に誤差項を含み、式が y の**推測値**を与えることを示す。グラフ化したときに関係がどのように見えるかを知っておくために、式で定義されたデータのいくつかのグラフを見ることには価値がある。実データで似たようなパターンが見つけやすくなるはずだ。

図 7-2 は正の関係 $x = y$ を持つ 2 変数 x, y の関連性を示している。この式は $b = 0, a = 1$ で、どんなときでも x と y の値は等しい。この式は、x の値が増えると、y の値も増えるため、正の関係を示す。正関係のグラフは左下から右上に点が散らばる。**図 7-2** から**図 7-5** は、直線上の点列で示しているが、直線を引いても構わない。

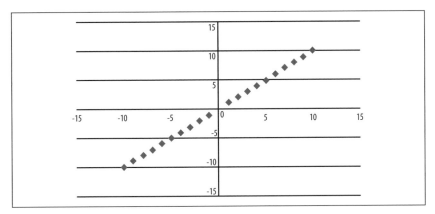

図 7-2 y = x のグラフ

図 7-3 は x と y の負の関係を表す。この点列は式 $y = -x$ によって表される。この式では $a = -1$, $b = 0$ である。このような負の関係では、x の値が増えたときに、y の値は減り、グラフ中の点列は左上から右下へ走る。

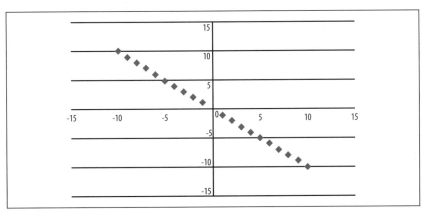

図 7-3 y = − x のグラフ

図 7-4 は $y = 3x+2$ というモデルで規定される x と y の正の関係を示している。ただし、この関係は（モデルと x の値が決まれば y の値も決まるという意味で）完全なもので、直線で表される。しかし、前の2つのグラフと違い、その直線は原点 (0, 0) を通らない。b の値（切片）が 0 ではなく 2 だからである。

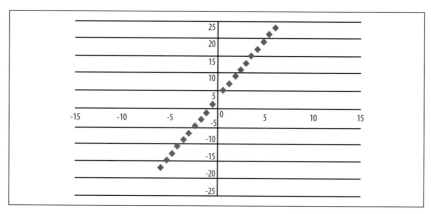

図 7-4　y = 3x+2 のグラフ

前の 3 つのグラフにおいて、直線の方程式は変数間の強い関係性を示していた。これはいつもそうとは限らない。直線の方程式が変数間の関係性を示さない。ある変数が定数（つまり、常に変わらない値）でその他の変数が変化しているときでも、この関係性は直線の式（とグラフ）で表すことがある。しかし、変数同士には関連性はない。$x = -3$ という方程式を考える（図 7-5）。y の値に関わらず、x は常に同じ値である。したがって、x と y の値には何の関連性もない。この式の傾きは定義されない。傾きを求める式の分母が 0 になるからである。

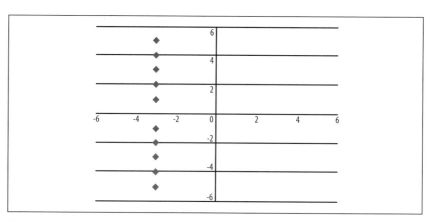

図 7-5　x = －3 のグラフ

直線の傾きを求める式を**式 7-1** で示す。

式7-1　直線の傾きを求める式

$$a = \frac{y_2 - y_1}{x_2 - x_1}$$

x_1 と x_2 はデータ中の 2 つの x の値であり、y_1 と y_2 は y の値に相当する。x_1 と x_2 が同じ値なら、この分数の分母は 0 になり、式の傾きは定義されない。

式 $y = -3$ も x と y の間に何の関係もないことを示すが、この場合傾きは 0 である。この式では、x の値は何であれ、y の値は常に -3 である。この式のグラフは図 7-6 に示すように水平線になる。

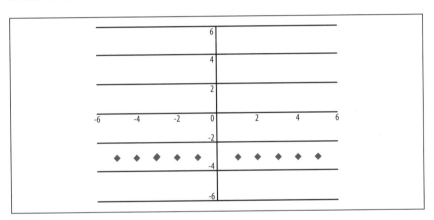

図7-6　モデル $y = -3$ のグラフ

実際のデータ集合では、式が変数同士の関係性を完全に表す必然性はなく、線形関係が極めて強くてもグラフは完全な直線でなくてよい。図 7-4 とほとんど同じデータを表す図 7-7 のグラフを考えよう。いくつかのランダムな誤差をデータに追加していることが異なり、完全な直線にはなっていない。x と y の関係性はそれでも強い正の線形関係であるが、与えられた x に対する y の正確な値は方程式からはもはや推測できない。言い換えるならば、x の値を知ることは（x の値を知らずに y の値を推測するより）y の値を推測しやすくするが、その推測値はデータ集合の中の正確な値ではないかもしれないことに気付く。

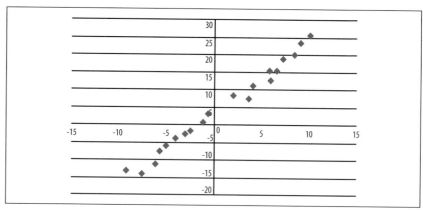

図 7-7　強い正の関係のグラフ

　図 7-7 に示すような x と y の関係性に実データ集合で出会うことは滅多にない。図 7-8 のデータの方がより典型的なデータである。点は図 7-7 に比べてより散らばってはいるが、x と y の関係性は依然として正かつ線形である。

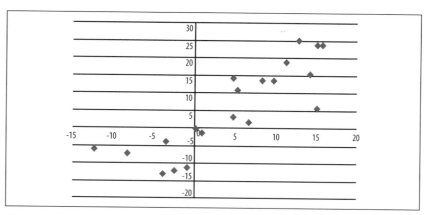

図 7-8　より弱い正の関係のグラフ

　2 変数には非線形な関係性が強いこともある。よく知られた例では、式 $y = x^2$ が x の値を与えると、y の値が正確にわかるという完全な関係を表す。図 7-9 に見るようにこの関係は線形ではなく 2 次である。このようにはっきりした非線形関係を探すことがデータをグラフ化する最も大きな理由の 1 つである。

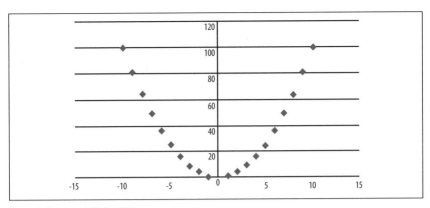

図 7-9　完全な 2 次関係のグラフ

図 7-10 は別の非線形関係を表す。式 $y = \text{LN}(x)$ によって定義される対数関係である。ここで LN は「自然対数」を表す。

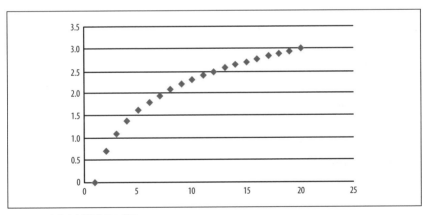

図 7-10　完全な対数関係のグラフ

データが非線形関係を表すときに、線形関係を作るためにデータを変換できるかもしれない（3 章を参照）。これらの非線形パターンを見つけて、それらを解決する方法を知ることは、データの作業に従事する人ならば誰にとっても重要な課題である。図 7-9 のデータでは、y の平方根をとり、x と $\sqrt{y}$ のグラフを描くように y を変換すれば、線形関係になる。同様に、図 7-10 のデータでは、y を e^y に変換し、x に対するグラフを描けば、線形関係になる。

7.3　ピアソンの相関係数

散布図は変数同士の関係を調べるために重要な視覚ツールである。有意性を調べたり、関係性の統計的推測をしたいときもある。間隔や比尺度レベルの2変数において、関係性の最も一般的な尺度は**ピアソンの相関係数**であり、**積率相関係数**（product-moment correlation coefficient）とも呼ばれ、母集団では ρ（ギリシャ文字のロー）、標本では r で書かれる。

ピアソンの r は（ $-1, 1$ ）の範囲を動く。0は変数間に関係がないことを示し、絶対値は変数同士の関係性の強さを示す（どちらの変数も図7-5や図7-6のような定数ではないと仮定する）。ピアソンの r 値は、データが非線形関係だと、誤解を生む。それこそがデータをグラフ化する理由となる。「強い」や「弱い」といった言葉には厳密な数値的定義はないが、「強い」関係性は「弱い」関係性よりも線形関係である。つまり、強い関係性ではより多くの点が直線の近くに集まっている。「強い」や「弱い」の定義には調査や実践の場による変動もあるため、自身の分野での慣習を学ぶ必要がある。異なる強さがどんなものかについて、異なる r 値の散布図のいくつかの例を図7-11、図7-12、図7-13に示す。

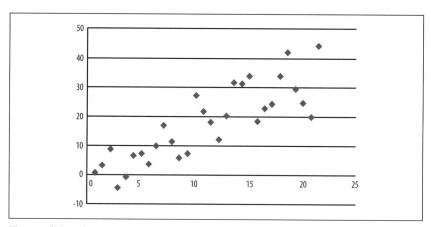

図7-11　散布図（r = 0.84）

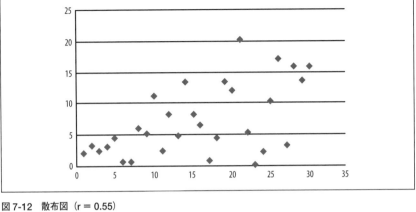

図 7-12 散布図（r = 0.55）

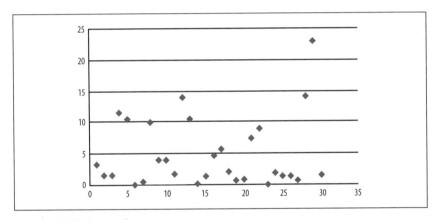

図 7-13 散布図（r = 0.09）

相関係数はコンピュータソフトウェアで計算されることが多いが、手でも行える。ピアソンの相関係数の式を**式 7-2** で表す。

式 7-2 ピアソンの相関係数の式

$$r = \frac{SS_{xy}}{\sqrt{SS_x SS_y}}$$

SS_x は x の 2 乗の総和、SS_y は y の 2 乗の総和、SS_{xy} は x と y の積の総和である。

計算の過程に難しいことはないが、大きなデータを扱うときに、計算が大変になることがある。xの平方の総和を計算する手順は次のようになる。

1. それぞれのxの値から標本から計算されたxの平均を引く。これを**偏差**と呼ぶ。
2. それぞれの偏差を二乗する。
3. それをすべて足す（**二乗和**という）。

式7-3は数式でこれを書いたものである。

式7-3　偏差の二乗和の式

$$SS_x = \sum_{i=1}^{n}(x_i - \bar{x})^2$$

この式で、x_iは個々のx値、$\bar{x}$は標本平均、nは標本の数である。

この式はSS_xを明確に意味付けるが、計算するのに時間がかかる。式7-4に示すように、二乗和は手で計算するときには数学的に等しいが、より簡単になる次の式を使って計算できる。

式7-4　二乗和の計算式

$$SS_x = \sum_{i=1}^{n}x_i^2 - \frac{\left(\sum_{i=1}^{n}x_i\right)^2}{n}$$

計算式の最初の部分はそれぞれのxを二乗して、それをすべて足すという意味である。2つ目の部分はすべてのxの値を足して、それの二乗を取り、それを標本の数で割るということを示す。SS_xを求めるには、最初の部分から2つ目の部分を引けばよい。

yの二乗和を計算するにしても、同じ手順で行えばよいが、yの値とyの平均を使う。

共分散の計算過程も似たものであるが、それぞれxやyの偏差の平方の代わりに、xの偏差とyの偏差を掛けたものを用いる。式で表したものを示す。

式7-5　xとyの積和の計算

$$SS_{xy} = \sum_{i=1}^{n}(x_i - \bar{x})(y_i - \bar{y})$$

式7-6に示すように、xとyの積和にも計算式がある。

式 7-6　x と y の積和の計算式

$$SS_{xy} = \sum_{i=1}^{n}(x_i y_i) - \frac{\left(\sum_{i=1}^{n} x_i\right)\left(\sum_{i=1}^{n} y_i\right)}{n}$$

これらの式の使用は例題を使うとわかりやすいだろう。米国の高校の上級生から 10 人の標本を取り、大学進学適正試験（SAT）の言語と数学の点数を記録したとき、**表 7-1** のようになったとする（SAT のそれぞれの部門の点数の範囲は 200 点から 800 点である）。データを読みやすくするために、言語の点数の昇順で並べたが、そう決まっているわけではない。

表 7-1　SAT における言語と数学の点数

学生	言語	数学
1	490	560
2	500	500
3	530	510
4	550	600
5	580	600
6	590	620
7	600	550
8	600	630
9	650	650
10	700	750

計算式（手で確かめるため）に必要な情報は以下である。

$n = 10$

$\left(\sum_{i=1}^{n} x_i\right) = 5{,}790$

$\sum_{i=1}^{n} x_i^2 = 3{,}390{,}500$

$\left(\sum_{i=1}^{n} y_i\right) = 5{,}970$

$$\sum_{i=1}^{n} y_i^2 = 3{,}612{,}500$$

$$\sum_{i=1}^{n} (x_i y_i) = 3{,}494{,}000$$

この情報を計算式に当てはめる。式 7-7 に示す。

式 7-7　SAT の言語と数学の点数の r 値の計算

$$SS_x = 3{,}390{,}500 - \frac{5{,}790^2}{10} = 38{,}090$$

$$SS_y = 3{,}612{,}500 - \frac{5{,}970^2}{10} = 48{,}410$$

$$SS_{xy} = 3{,}494{,}000 - \frac{(5{,}790)(5{,}970)}{10} = 37{,}370$$

$$r = \frac{37{,}370}{\sqrt{(38{,}090)(48{,}410)}} = 0.87$$

SAT の言語と数学の相関係数は 0.87 で、強い正の相関がある。それはひとつのテストで高得点を取る生徒はもう一方のテストでも高得点を取りやすいということを示している。ただし、相関は相互的な関係であるので、1つの変数がもう一方を引き起こすと断定する必然性はなく、単にそれらの関係性を観測したに過ぎない。

7.3.1　ピアソンの相関係数における統計的有意性の検定

この相関が有意であるかどうかも判断したい。相関に関係する設計の帰無仮説は普通、変数は無関係である、つまり $r = 0$ である（この例で調べる仮説である）。対立仮説は $r \neq 0$ である。有意水準を 0.05 として、結果が 0 と有意に異なるかどうかを検定するために、式 7-8 の統計量を計算する。この統計量は自由度 $n - 2$ の t 分布に従う。自由度とは与えられた設計の中でどれだけのモノが変化するかという統計的な概念である。それは、結果の評価に、正しい t 分布を使うために、知っておかなくてはいけない数でもある。

式7-8 ピアソンの相関係数の有意性の検定式

$$t = \frac{r\sqrt{n-2}}{\sqrt{1-r^2}}$$

式7-8において r はピアソンの相関係数、n は標本の数である。この例の場合の計算を式7-9に示す。

式7-9 SATの数学と言語の点数の相関係数の有意性の検定式

$$t = \frac{0.87\sqrt{10-2}}{\sqrt{1-0.87^2}} = \frac{2.46}{0.49} = 5.02$$

t 分布表（付録Dの図D-7参照）によると、自由度8、$a = 0.05$、両側 t 検定の棄却値は2.306である。先ほど計算した結果である5.02は棄却値を超えているので、SATの数学と言語の点数には関係がないという帰無仮説は棄却される。オンライン電卓（http://faculty.vassar.edu/lowry/corr_stats.html）を使ってこのデータにおける p 値の正確な計算をすると、両側 p 値は0.0011であることがわかった。標本を取った母集団で言語と数学の点数が無関係ならば、例題の結果がありそうにないことを示している。

7.4 決定係数

相関係数は2変数間の線形関係の強さと方向を示している。変数の分散がどれくらいなのか調べたいこともあるだろう。これを求めるために、**決定係数**（coefficient of determination）を計算することができる。これは単に r^2 である。先のSATの例なら、$r^2 = 0.87^2 = 0.76$ となる。これはSATの言語の点数の分散の76%はSATの数学の点数によっても説明でき、逆もまた成り立つという意味である。回帰モデルを構築する目的が、成果変数の分散を高い割合で説明できる予測変数集合を見つけることということはよくあるので、回帰についての章で決定係数の概念をさらに拡張する。

7.5 練習問題

問題

以下の散布図（図7-14、図7-15、図7-16）のどれが、2変数が線形関係にあることを示しているか。それを調べるために、関係性の向きを明らかにし、その強さ、つまりそのデータにおけるピアソンの相関係数を推測せよ。ただし、目で正確な相関係数を求めることを期待しているわけではない。もっともらしい推定ができれば役に立つのは確かであるが。

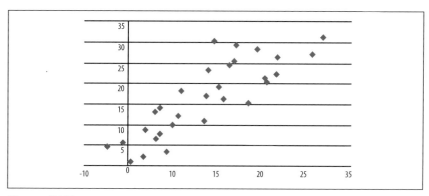

図 7-14　散布図 a

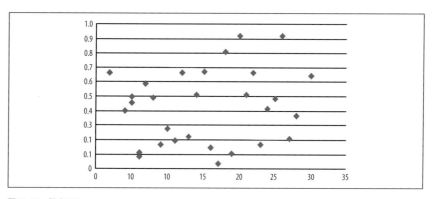

図 7-15　散布図 b

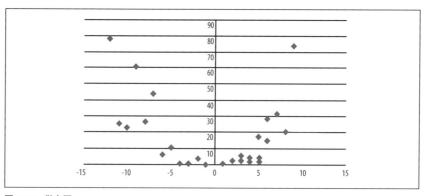

図 7-16　散布図 c

解

a. 強い線形関係（$r = 0.84$）
b. 弱い関係（$r = 0.11$）
c. 非線形、2次の関係である。ただし、このデータにおいて$r = -0.28$で、これはれっきとした相関係数値であるため、散布図がなかったらこの2変数間の非線形性は簡単に見逃してしまうだろう。

問題

前の問題のデータ集合のそれぞれの決定係数を求め、適切かどうかを判定し、それを説明せよ。

解

a. $r^2 = 0.84^2 = 0.71$；片方の変数の変動の71%はもう一方の変数によって説明できる。
b. $r^2 = 0.11^2 = 0.01$；片方の変数の変動の1%がもう一方の変数によって説明できる。この結果は0.11という相関が本当にどれだけ弱いかを示している。
c. rとr^2は関係性が線形でない変数では不適切な測定である。

問題

身長と知能（後者はIQテストの点数で測定した）の間の弱い正の相関を指摘した研究はいくつかある。つまり、背が高い人は平均的にわずかに知能が高い。この章に登場した式を使って、10人の大人の女性の身長（インチ）とIQテストの点数を示した**表7-2**のデータにおけるピアソンの相関係数を計算せよ。相関の有意性を調べ、決定係数を計算し、その結果を説明せよ。利便性のために、身長をx、IQテストの点数をyとする。

表7-2　身長とIQ

学生	身長（インチ）	IQ
1	60	103
2	62	100
3	63	98
4	65	95
5	65	110

表 7-2　身長と IQ（続き）

学生	身長（インチ）	IQ
6	67	108
7	68	104
8	70	110
9	70	97
10	71	100

解

式 7-10 と式 7-11 に計算を示す。

$n = 10$

$$\sum_{i=1}^{n} x_i = 661$$

$$\sum_{i=1}^{n} x_i^2 = 43{,}817$$

$$\sum_{i=1}^{n} y_i = 1{,}025$$

$$\sum_{i=1}^{n} y_i^2 = 105{,}327$$

$$\sum_{i=1}^{n} (x_i y_i) = 67{,}777$$

式7-10　身長とIQの間の相関の計算

$$SS_x = 43{,}817 - \frac{661^2}{10} = 124.9$$

$$SS_y = 105{,}327 - \frac{1{,}025^2}{10} = 264.5$$

$$SS_{xy} = 67{,}777 - \frac{(661)(1{,}025)}{10} = 24.5$$

$$r = \frac{24.5}{\sqrt{(124.9)(264.5)}} = 0.135$$

式7-11　身長とIQの相関におけるt統計量の計算

$$t = \frac{0.135\sqrt{10-2}}{\sqrt{1-0.135^2}} = \frac{0.382}{0.991} = 0.385$$

このデータにおいて、弱い（$r = 0.135, r^2 = 0.018$）正の関係が身長とIQの間に見られる。しかし、この関係は有意ではない（$t = 0.385, p > 0.05$）ので、変数同士には関係がないという帰無仮説を棄却できない。

この問題に興味がある場合は、付録Cのケイスとピアソンの論文（Case and Pearson, 2008）を読むとよい。身長と収入の関係についてが主であるが、身長と知能についての研究もまとめられている。

8章
回帰とANOVA入門

　回帰と分散分析（ANOVA）は一般線形モデル（General Linear Model：GLM）における2つの技法である。線形関数の概念に不慣れな読者は「**7章　ピアソンの相関係数**」を復習するとよい。8章から11章にかけて、多くの統計的な技法をカバーしている。その中にはかなり複雑なものもあるが、すべて2以上の変数間の線形関係の基本的な原理を構築する。この章では最も基本的な線形モデルである単純回帰と一元配置ANOVAを扱う。9章から11章ではGLMの中でもより複雑なものを扱う。これらの章で扱われる分析は、ほとんどの場合コンピュータソフトウェアを使って行う。幸い、それらのほとんどは一般的なもので統計計算用のパッケージに含まれる。幸いなことに、モデルの基礎となる理論を理解すれば、そのパッケージの使い方を理解するのは難しいことではない。このような理由で、これらのモデルがどのように働くかの説明と、ほとんどのシステムに応用できるほど十分一般的な助言、ということに本章では焦点を当てる。

8.1　一般線形モデル

　一般線形モデルの中のすべての技法の基礎には、従属変数は1つ以上の独立変数の関数であるという仮定がある。独立した変数の集合を使い、「従属変数の予測」、「従属変数の説明」という言い方をすることもある。しかし、1つの変数が他の変数（変数の集合でもよいが、ここでは最も単純な1つの従属変数と1つの独立変数の場合を考える）の関数であるということの意味が何なのかを考えるために少しだけ復習しよう。代数の勉強で $y = f(x)$ という関数があっただろう。この方程式は x の値がわかれば、y の値も $f(x)$ で指定された手続きで計算できることを示している。関数の例をいくつか挙げる。

- $y = x$ は x と y の値が等しいことを意味している。つまり、$(x, y) = (1, 1), (2, 2), (3, 3)$ である。$(x, y) = (1, 1), (2, 2), \ldots$ といった書き方は単に「$x = 1$ なら $y = 1$ で、x

= 2 なら y = 2」等を簡単に表しているだけである。

- $y = ax$ は y の値は x と定数 a の積であることを示している。a = 3 なら、(x, y) = (1, 3), (2, 6), (3, 9) と続く。この種のモデルでは、a は方程式の傾きと呼ばれることもある。

- $y = ax + b$ は y の値は x と定数 a の積に定数 b の値を足した値であることを示している。a = 1 かつ b = 5 なら、(x, y) = (1, 6), (2, 7), (3, 8) と続く。この種のモデルでは、b は方程式の定数と呼ばれることがある。x がどんな値であれ、b の値は変化しないからである。

- $y = x^2$ は y の値は x の値の二乗であることを示している。二乗とは x に x 自身を掛けた値である。したがって、(x, y) = (1, 1), (2, 4), (3, 9) と続く。

この章では 2 変数の場合、つまり 2 変数を用いた方程式を扱う。この種の方程式は常に $y = ax + b$ と書かれる (ただし、b は定数であり、変数ではない)。

一次方程式を描く

一次方程式を描く方法はいくつかあるが、その方程式の重要な部分は変わらない。1 つの説明変数と定数からなる単純な一次方程式を描くためには、$y = ax + b$ という方法で十分である。この方程式において y は**従属変数**、または**成果変数**で、a は**傾き**、もしくは**係数**、b は**定数**または**切片**である。切片という用語は方程式の描く直線が、y 軸と交差する点の値のことを示している。つまり、x = 0 のときの y の値である。傾きは x と y の関係を表す。x が 1 単位変わったときに y はいくつ変わるか、である。代数の教科書で傾きを「進んだときの上昇率 (rise over run)」と学んだこともあるだろう。この場合「進む」とは x の増加量のことで、「上昇」とは y の増加量のことである。一次方程式の代数を復習する必要を感じた読者は、7 章の**「7.2.1 連続変数間の関係性」**の節を読み直し、付録 A の問題に挑戦してみるとよい。

一次方程式を描くとき、特に複数の予測値を使うときには、より一般的に使われる表記がある。この表記において、単純な一次方程式は $y = \beta_0 + \beta_1 x_1 + e$ の形で書かれる。ただし、β_0 は切片、β_1 は傾きまたは係数、e は**剰余項**または**誤差項**のことである。誤差項が含まれるのは (代数方程式ではなく) 実データを使うとき、方程式から y の値を完全に推測できないと考えるからである。剰余項もしくは誤差項という言葉は方程式から推測された y の値と観測された y の値の差を表す。

統計学では、β_1 には「傾き」より「係数」という言葉をよく使う。それは普段、予測変数が多く含まれる方程式を扱うからである。この場合、どの 1 つの予測変数も直線の傾きを定めない。複数の変数の一次方程式の係数は、ある x が 1 単位変化し、他のすべての x

の値が変化しなかったときの y の変化量の推測値を意味している。したがって、方程式 $y = \beta_0 + B_1x_1 + B_2x_2 + B_3x_3 + e$ には 3 つの予測変数（x_1, x_2, x_3）が存在し、係数 B_1 は x_2, x_3 が変化せず、x_1 が 1 単位変化したときの y の変化量の推測値を表す。

8.2 線形回帰

　モデル $y = ax + b$ は 2 変数 x, y の関係を表すと仮定する。代数では x の値によって y の値が完璧に推測できる。前に示した例はこのタイプのモデルである。例えば、$y = 2x + 7$ なら x が 0 なら y は 7 になる。このタイプの場合、x と y の相関係数は常に 1.00 であり、それは完全な関係、つまり、常に y の値を x の値から誤差なしに推測できる。

　しかし統計学においては、方程式を実データ集合に合わせようとする。この場合、x と y は完全な関係にはならないと考える。つまり、x の値が与えられたとき、y の値を誤差なしに正確に推測できることを仮定しない。実生活は数学の閉じたシステムよりもずっと多くの変数からなり、実世界で観測された最も強い関係性でさえ、数学的に完璧であることは滅多にない。

　成人における身長と体重の関係を考えてみよう。直感的にはこの 2 変数には強い正の関係があるはずだ。一般的に、背の高い人は低い人より重い。しかし、その関係性は完全ではない。体重のある背の低い人や、痩せすぎの背の高い人を考えてみよう。似たように、教育を受けた年数と労働年数が同じ人の収入とには正の関係があると思われる。一般的に、より長く教育を受けた人の方がより多くの賃金を稼ぐ。しかし、この関係も完全ではない。世界で最も裕福な男の一人であるビル・ゲイツは大学を卒業しなかった。多くの大学町で、上位の学位を持っていながら、低賃金で働く人であふれている。実データを扱うときは完全な関係を見つけることは期待できないが、役に立つものを見つけようとする。例えば、身長から（もしくはその他の多くの予測変数を含む複雑な方程式からでさえ）完全なその人の体重の推測をする方程式を開発できるとは考えられない。代わりに、予測する能力を改善するような、目的に役に立つ方程式を構築することを求めている。つまり、その人の身長がわかったときに、わからないときに比べて体重の推測をよくできるような方程式がほしい。

　身長と体重の間の関係を散布図と相関係数を使って調べることができたが、線形回帰はさらにもう一歩進んでいる。回帰分析を行うときは、2 変数間の関係を表現する直線（回帰直線）を考える。さらに変数間の関係を明らかにするために、回帰直線を散布図の上に重ねる。図 8-1 の散布図を考えてみよう。

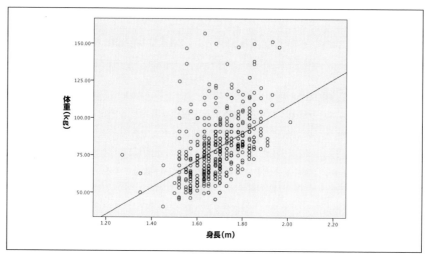

図 8-1　米国の成人 436 人の身長（m）と体重（kg）の散布図

これは米国の成人 436 人の身長（m）と体重（kg）の散布図である。毎年の米国における健康調査である 2010BRFSS [†] のために 2010 年に集められたデータからランダムに取られた標本から、このデータは作られている（BRFSS についてより知りたい読者はこのウェブサイト（http://www.cdc.gov/brfss/technical_in fodata/surveydata/2010.htm）から必要なデータをダウンロードするとよい）。明らかにこの関係は正で、いくぶんかの線形性を持つ（直線の周りに点が集まっている）。しかし、完全な関係とは程遠い。ほとんどの点は（散布図に重ねられた）回帰直線の上にはなく、回帰直線からかなり離れているものもある。これは実世界のデータでは普通の結果である。関係性は完全ではない。しかし、そのモデルが優れたものであるなら、役に立つ強い相関が見られるだろう。

この場合、身長と体重の間の相関（r）は 0.47 であり、決定係数（r^2）は 0.22 である。これは体重の差の内約 22% は身長によって説明されることだ。完全に正確な推測や説明でないが、0 よりはましだ。回帰方程式は次のようになる。

$y = 91x - 74$

傾きは 91 で定数は -74 である。体重を推測するためには、x を身長（m）で置き換えて計算すればよい。次の式により、この方程式は 1.8m の人が 89.8kg であることを推測する。

[†]　訳注：行動危険因子サーベイランスシステム、Behavioral Risk Factor Surveillance System。

$y = 91(1.8) - 74 = 89.8$

もちろん、体重の予測に本当に興味があるなら、性別や年齢などの因子を含んだ、より複雑なモデルを開発する必要があるが、単純回帰の基本的な概念を表すのにはこの例で十分である。相関についてはどちらが予測変数でどちらが成果変数なのかをはっきりさせる必要はないが、回帰について調べるときは予測変数と成果変数をはっきりさせる必要があることに気がついただろう。先の例では体重を成果変数、身長を予測変数として設計したが、これには論理的意味がある。成人の身長は変化せず、論理的に体重の原因と考えられるからである（体格を含めてその他の条件がすべて同じならば、背の高い人は背の低い人に比べてより重い傾向がある）。体重と身長に因果関係があることについては議論する必要はないだろう。

手作業でも回帰直線を計算できる（私は大学院では手で計算していたが、コンピュータが広まるまではすべての人が手で計算していた）が、統計計算パッケージを使うのが一般的である。回帰は極めて一般的な手続きであり、ほとんどすべての統計パッケージに回帰計算が用意されている。手で回帰パラメータを計算したい人のために、この章の最後に解法の例を示す。

手で回帰方程式を計算しなくても、その手続きの背後にある論理について考えることには価値がある。統計パッケージがデータ集合から回帰直線を求めるとき、考えているすべての点と可能な限り近い直線を求める方程式を計算する。これは二乗偏差の最小化とも述べられる。二乗偏差はそれぞれの点と回帰直線の間の差の二乗の総和である。これは単純回帰を表す簡単な方法である。それには2つの次元しか含まれていないからである（予測変数と成果変数）。同じ原理をより複雑な（より多変数の）モデルにも応用できる。しかし、多次元になるほど、それを表現するのはより難しくなる。

図8-2 を考えてみよう。回帰直線を重ねたデータの少ない散布図である。回帰直線はある程度それぞれの点に近いが、どの点も実際に直線の上にはない。特にデータが少ないのときには珍しいことではない。回帰直線上に1つも点がなくても、すべての点に最も近い直線を見つけることが目的である。図8-2 では、それぞれの点から回帰直線へ鉛直方向に線分を引く。それぞれの線分の長さが各点における**予測誤差**または**偏差**と呼ばれるものである。それぞれの線分の長さを二乗してすべて足せば、それがこのデータにおける二乗偏差の和である。回帰直線はそれらの二乗偏差を最小化するように描かれ、したがって、このデータ集合のすべての点は直線に可能な限り近くなっている。各点と回帰直線との差は残差とも呼ばれる。その直線の方程式によって説明されない点の変位を表すからである。「二乗偏差の最小化」は「予測誤差の最小化」や「残差の最小化」とも言われる。

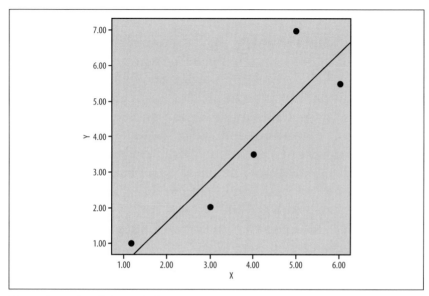

図 8-2 小さいデータ集合の予測誤差

8.2.1 仮定

ほとんどの統計的な手続きと同様に、線形回帰は分析に使われるデータについてある程度の仮定を必要とする。これらの仮定が満たされなければ、その分析結果は有効ではない。単純線形回帰の主な仮定には以下のようなものがある。

データの妥当性

成果変数は連続で、間隔尺度または比尺度データで上限があってはいけない（もしくは少なくともとても広い範囲をカバーしている）。予測変数は連続変数であるか、二値変数である。2つ以上のカテゴリを持ったカテゴリ変数は二値ダミー変数の列で表す。詳しくは 10 章で述べる。

独立性

成果変数のそれぞれの値は他の値と独立である。独立性が成り立たないのは、例えば、時間に依存するような場合であったり、(同じ家族のメンバー、または同じクラスで勉強している子供のような) 大きな集団から集められた被験体から従属変数が測られたときである。独立性仮定はデータに関する情報や、どのように集められたかなどから確認する。

線形性

予測変数と成果変数間の関係はほぼ直線である。この過程はデータをグラフ化して検証する。その形が直線に似ていなければ、片方、もしくは両方の変数を変換するか、別の手続きを行う必要がある。

分布

連続変数はおおよそ正規分布に従い、極端に異常な値を取ることはない。連続変数の分布はヒストグラムを作ることで（データをよく見ることで）、そしてコルモゴロフ＝スミルノフ検定（Kolmogorov-Smirnov test）のような正規性の統計検定を使うことで調べられる。外れ値（outlier）とはデータ集合の中の同じ変数で、他の変数から大きく離れているデータ値のことである。ときには他に属さないデータ値と表現されることもある。外れ値検知は判断の問題でもあり、17章で詳しく述べるが、多段階の手続きになることもある（普通でないデータ値は、例えばデータ入力における間違いであったり、明らかに無効な値であったりする）。

等分散性

予測変数の誤差はデータの範囲全体を通して一定値である。つまり、例えば y の値が小さいとき誤差は小さく、y の値が大きいとき誤差が大きいということはない。この仮定は標準化予測変数値に対する標準化残差をグラフ化することによって検証できる。データの取る範囲内で予測変数の誤差が定値であるなら、データは雲のような形をしている。図 8-3 は等分散性データ、図 8-4 は不等分散性データを示している。

誤差の独立性と正規性

各データ点の予測変数誤差は他の予測変数誤差と独立であるべきだ。また、誤差は正規分布に従わなければいけない。独立性の仮定はダービン＝ワトソン検定（後述）で検証できる。正規性の仮定は残差（誤差項）をグラフ化することで検証できる。

若年出産率（15-19 歳の女性の出産率）と、それに関係するのがその国のどんな因子なのかを調べたいとする。最初に、性別による不平等が若年出産率に関係すると考え、出産率は女性が平等に扱われる国ほど低いという仮説を立てる。この仮説を検証するために回帰分析を行う。データには国連人間開発プロジェクト（http://hdr.undp.org/en/statistics/data/）[†] からダウンロードされたデータを用いる。予測変数としては男女不平等指数を用いる。この指数は女性のリプロダクティブ・ヘルス、権利、労働への参加の側面から測られた 5 つの変数でなっていて、おおよそ 0-100 の値を取る（ここでは 6.5 から 79.1）。低い数字ほど平

[†] 訳注：現時点では hdr.undp.org/en/data に行く。

等性が高いことを示す。

これは生態学的、または集約的なデータである。それぞれの変数値は個々人ではなく国全体としての測定に関わる。生態学的データを使うことには何の問題もないが、分析したデータと同じ水準の集合体にだけ、結論を出すよう気をつけなくてはいけない。結果は国レベルに適用され、個々人レベルではない。

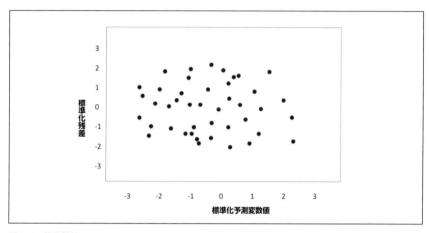

図 8-3　等分散性

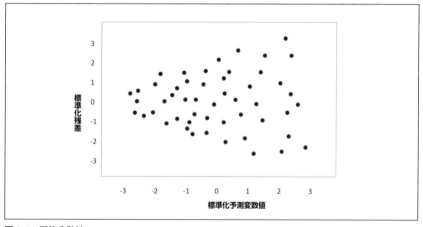

図 8-4　不等分散性

仮定をざっと眺めてみよう。度数分布表から両方の変数が連続で妥当な範囲を持つことが確かめられる。変数値対が 135 件あり、単純回帰分析をするのに十分だ。各国のデータは別々に集められたので、データは独立である。3 つ目の仮定は線形性である。それは散布図を使って確かめられる。図 8-5 に示すが、1 つ問題がある。この関係性は線形というよりも曲線的である。

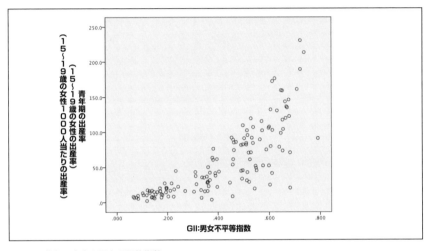

図 8-5　若年出産率と男女不平等指数

若年出産率に自然対数変換（3 章参照）を施すと 2 変数間の関係はより線形になる。変換後の変数と男女不平等指数の散布図を図 8-6 に示す。

ヒストグラムとコルモゴロフ＝スミルノフ(K-S)統計量を使って、変数の正規性を調べよう。K-S 統計は参照分布と変数の分布を比較する（この場合、参照分布は正規分布）。K-S 統計の帰無仮説は参照分布にその変数が従うことである。したがって、この例ではもしこの帰無仮説を棄却できなければ、変数が正規分布の母集団から取られたものであるという仮定で進めることができる。ヒストグラム（示してはいない）は両方とも正規性を持つと言えなくはないが、コルモゴロフ＝スミルノフ統計量では有意ではない（若年出産率の自然対数は K-S = 1.139, p = 0.149 で、男女不平等指数：K-S = 1.223, p = 0.101 である）。

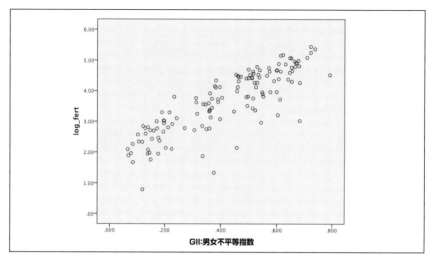

図 8-6　若年出産率の自然対数と男女不平等指数の散布図

　回帰分析を行ったあと、第5、第6の仮定を調べよう。ここでは、男女不平等は若年出産率に影響を及ぼすと考えて、自然対数（LN）をとることで若年出産率を変換した。したがって回帰モデルは次のようになる。

$$\text{LN}(若年出産率) = \beta_0 + \beta_1(\text{GII}) + e$$

　これはこの章で前に使った表記とは異なる形式だが、この形式の方が回帰について議論するときにより一般的に使われているので、今切り替えておく。この場合の Y 変数、成果変数は LN(若年出産率)、普通 b と書かれる切片もしくは定数は β_0、普通 a と書かれる傾きは β_1 と書かれる。この表記は複数の予測変数で回帰を考えるときに特に役に立つ。$\beta_1, \beta_2,...$ と書けるからである。これらは係数と呼ばれる。

　統計パッケージが異なると出力結果は異なるが、そのどれか1つの出力結果でも読み方がわかれば、他の主要なシステムによって生成された基本的な回帰の結果もわかる程度の共通性がある。特定のシステムに依存しないように、単純な表での分析によって最も重要な情報を紹介しよう。

　まず最初に、全体的なモデル合致評価を行う。全体的なモデルの合致は F 統計量と確率の値で調べられ、それはモデルがないよりはあったほうがよいかどうかを評価するものである。言い換えると F 統計量と確率が、すべての予測変数が 0 の重さを持つモデル（ヌルモデル）に対してモデルを評価する。また、成果変数中のどれだけの変動がそのモデルによって説明

されているかを調べる。大きなデータ集合を用いるときは特に、モデルには有意な予測変数があるのに、成果変数の変動をほとんど説明しないことがある。

1 と 185 の自由度と 0.001 未満の p 値のこのモデルの F 統計量は 190.964 なので、ヌルモデルよりも優れている。R 値すなわち相関は 0.714、決定係数 R^2 値は 0.509 である。これは男女不平等指数はデータ集合中の各国の間の若年出産率の変動の 50% 以上を説明できることを意味する。この場合、変数は 2 つしかないが、回帰における相関は慣習的に R を使って表すので、ここでもそれに従う。このデータにおけるダービン＝ワトソン統計量(Durbin-Watson statistic) は 2.076 で、誤差項が独立である（よい）ことを意味する。ダービン＝ワトソン統計量の範囲は 0 から 4 で、2 は完全に独立であることを示す。この値は 2 に極めて近い。よって、誤差項の独立性の仮定は満たされたと考えることができる。

この分析における回帰係数を**表 8-1** に示す。

表 8-1　若年出産率の自然対数と男女不平等指数の回帰分析における係数表

	非標準化係数		標準化係数		
	B	標準誤差	β	t	有意性
定数	1.798	0.112		16.118	< 0.001
GII	4.446	0.244	0.845	18.221	< 0.001

非標準化係数の下の B の列は回帰方程式を書くための係数である。この場合、この方程式は次のようになる。

$$\mathrm{LN}(若年出産率) = 1.798 + 4.446(\mathrm{GII}) + e$$

これは若年出産率の自然対数は男女不平等指数が 1 単位増えるごとに 4.4 単位増えることを表す。この関係は正で、男女不平等が高い若年出産率に関係するという直感を確かめるものである。標準誤差の列は係数の推計の標準誤差を表す。標準化係数のベータの列は、名前が示すように、標準回帰係数を表す。これは異なる尺度で測られた複数の予測変数を用いる回帰分析に役立つ。t の列は各係数ごとの t 統計量を表し、B を標準誤差で割って求める。例えば、GII では、

$$t = 4.446/0.244 = 18.221$$

となる。最後の列は t 統計量の有意性である。普通は定数の有意性を気にすることはない（知ることができるのはそれが有意に 0 と異なるかであるが、それは普通気にしない）が、予測変数の係数の有意性は気にする。この場合、GII は若年出産率の非常に有意な予測変数（$p < 0.001$）である。

この分析を使って何を検証するかを考えることも役に立つ。男女不平等は若年出産率を予測するかどうかが主に注目していることで、係数表の男女不平等において t 統計量が有意でなければ、これはすなわち、方程式から男女不平等の項を除外できることを意味する。別の言い方をすれば、男女不平等が有意でないという結果はその項の係数は 0 と有意には異ならないので、成果変数の推測、もしくは説明方程式の機能を損なわずに、方程式からその係数を取り除けることを示す。

最後に、その結果が有効であることを確認するために仮定の検証を終える。標準予測値に対する標準化残差をグラフ化することで等分散性（仮定 5）を調べることができる。その結果を図 8-7 に示す。

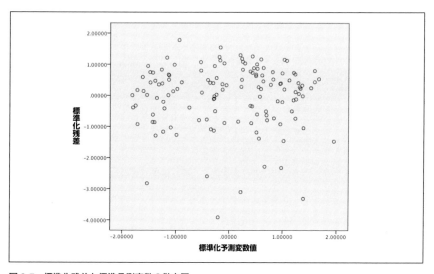

図 8-7　標準化残差と標準予測変数の散布図

これは以前から見かけるデータ群の形で、推測誤差が定数でないことの証拠はないことを示すので、等分散性の仮定は満たされる。最後に、ヒストグラム（ここには示さない）を作り、コルモゴロフ = スミルノフ統計量を計算することで残差の正規性を調べよう。コルモゴロフ = スミルノフ統計量は 1.355（p = 0.51）なので、かろうじて正規性の検定は通っている。

すべての統計的分析が有意な結果を出すわけではない。ある国の男女不平等指数を推測するために、（千人単位で測られた）その国の女性人口を使って回帰分析を行った結果を表 8-2 に示す。

表 8-2 （千人単位で測られた）女性人口によって男女不平等指数を推測する回帰分析の係数表

	非標準化係数		標準化係数		
	B	標準誤差	β	t	有意性
定数	0.282	0.074		3.806	0.002
女性人口（千人単位）	0.000	0.000	0.306	1.285	0.217

t 値（1.285）と有意性（0.217）から女性人口は男女平等の有意な予測変数でないことがわかる。この結果のもう1つの手がかりは、この予測変数の非標準化係数 0.000 である。これは小数第3位で切られたこの係数の値は本質的にゼロであることを示す。2変数の散布図（図 8-8）は基本的にランダムな関係であることを示していて、論理的に言うと、女性人口の多い国は少ない国よりも男女平等の水準が一貫して高い、もしくは低いといったようなことには理由がない。したがって、この分析をこれ以上追求することはない。

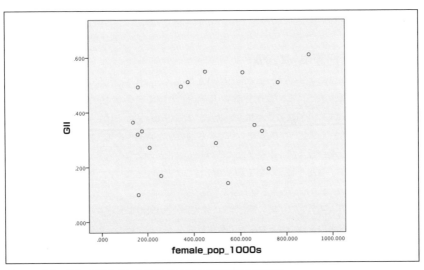

図 8-8 （千人単位で測られた）女性人口と男女不平等指数の散布図

8.3　分散分析（ANOVA）

分散分析は2つ以上の独立したグループについてある変数の平均値を比較するために使われる統計的な手続きである。分散分析と呼ばれるのはその手続きが分散を分割することを含むからであり、データ集合から観測された分散を異なる要因、因子によるものとする。しかし、普通、それはグループ同士の平均を比較することに使われるため、多くの生徒がその本当の

名前は「A-MEAN-A」だと密かに思っている。ANOVAは有用な技法で、とりわけ（臨床試験の実験のグループ同士の違いのような）実験データを分析するときに有効である。

ANOVAの主な検定統計量はF値である。F値は統計的に有意な差がグループ間に存在するかどうかを決定するために用いられる。例えば、血圧を下げる3つの薬の効果を測定したいとする。高血圧の患者を4つのグループにわけ、それぞれのグループに薬の1つを投与する（1つのグループは対照群として振る舞う。つまり、そのグループは薬を受けないか、標準的な治療をする）。しばらくして、患者の血圧を測り、実験につかった薬に有意に血圧を下げたものがあるか、薬同士で結果に違いがあるかを見る。ANOVAはグループ同士の平均を比べるF値を導く。有意性を示すために、$p < 0.01$や$p < 0.05$のようなあらかじめ定められた基準を使う。

最も単純なANOVAは1つだけのグループ、もしくは予測変数と成果変数を含む。このため、それは一元配置ANOVA（one-way ANOVA）と呼ばれる。9章では二元配置ANOVAや三元配置ANOVA（因子ANOVA）、連続共変量を含むもの（ANCOVA）のような、より複雑なANOVAを扱う。

8.3.1 一元配置ANOVA

ANOVAの最も単純なものは一元配置ANOVAである。これは、ただ1つの変数のみをグループ同士の比較に使う。この変数を因子（factor）と呼ぶ。この因子という呼び方は複雑なANOVAにおいてより頻繁に使われる。II型糖尿病の血糖値を下げる新薬の効果を調べたいとすると、ANOVAを使って既に使われている別の薬と新薬とを比較検証できる。この設計における因子は薬の投与で、新薬と既に使われている薬の2つの水準が存在する。一元配置ANOVAで使われる因子は2つ以上の水準を持つことができる。3つの高血圧の薬と対照群の前の例ならば、4つの水準と1つの因子を持つ。

二水準一元配置ANOVAはt統計量と等しい。この種の設計における帰無仮説は普通2つのグループが同じ平均を持つことで、対立仮説は異なる平均を持つ（両側検定）か、片側方向にのみ違いがある（片側検定）かのどちらかである。もしグループ同士の平均に有意に差があったとしても、グループのメンバーに重なりがないかどうかはわからない。実際、重なりのあることが普通だ。それぞれのグループ内に変動性があり、一元配置ANOVAの計算はグループ内の変動性（例えば、新薬を投与された患者の血糖値で観測された変動性）やグループ間の変動性（実験薬を服用している患者と標準的な薬を服用している患者の差）を比較することを目指している。

ANOVAにも適切にこの技法を使うために満たすべき仮定がある。線形回帰とANOVAは一般線形モデルを使ったデータを見るための2つの方法の例であり、ANOVAの仮定が回帰の仮定と同じであっても驚くべきことではない。

データの妥当性

成果変数は連続で、間隔尺度または比尺度データで、上限があってはいけない（少なくともとても広い範囲をカバーしていなければいけない）。因子（グループ変数）は二値か、カテゴリでなければいけない。

独立性

成果変数のそれぞれの値は他の値と独立である。独立性が成り立たないのは、例えば、時間に依存するような場合であったり、（同じ家族のメンバー、または同じクラスで勉強している子供のような）大きな集団から集められた被験体から従属変数が測られたときである。独立性仮定はデータに関する情報や、どのように集められたかなどから確認する。

分布

連続変数はグループ内でおおよそ正規分布に従う。連続変数の分布はヒストグラムを作ることで（データをよく見ることで）、そしてコルモゴロフ＝スミルノフのような正規性のための統計検定を使うことで調べることができる。

等分散性

それぞれのグループの分散はおおよそ等しくなければいけない。これはリーベン検定のような手続きで確かめられる。帰無仮説は分散が等しいことである。したがって、もしリーベン検定の結果が統計的に有意でなければ（普通、棄却値 $\alpha < 0.05$ が使われる）、分散が手続きを進めるのに十分等しいことがわかる。

ANOVA は頑健（robust）な処理手続きであると考えられている。それは仮にいくつかの仮定が満たされなかったとしても、有効な結果が得られるということを意味している。例えば、グループの大きさが同じ場合、ANOVA によって得られた F 統計量は連続変数が正規分布でない場合でも信頼できる。同様に、グループの大きさが同じ場合、等分散の仮定を満たさなくても、F 統計量は頑健である。これらに関する議論に興味がある人のために、Glass による関連論文を付録 C に掲載している。独立性の仮定に違反すると結果が深刻に歪んでしまうことがあるので、ANOVA でデータを処理する前に、この仮定を必ず満たす必要がある。

ウェイトリフティングの 2 つの訓練方法を比較していて、その 2 つの方法による 3 か月のトレーニング後のフルスクワットで持ち上げることができた重さの変化を測定するとする。帰無仮説は、「トレーニング後の平均は両グループで同じである」となる。言い換えれば、「概して、2 つのトレーニングの結果に変わりはない」となる。この実験の最初に、被験者を無作為に選出し、スクワットの最大値を測ったところ、おおよそ両方のグループに違いはなかっ

た。図 8-9 の箱ひげ図はウェイトリフティングの 3 ヶ月後の改善を示していて、1 番目の方法を行った人々の方が概してより改善されている。グループ 1 は箱の真ん中にある線分で示された中央値もその範囲もより高いからである。しかし、2 つのグループの間には変動性があり、また、無視できない重なりもあることは明らかである。グループ 1 のすべての人がグループ 2 のすべての人より改善されていて、グループ 1 はより改善されたと単純に言うことはできない状況である。

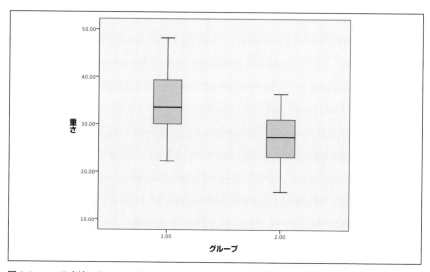

図 8-9 2 つの方法による 3 ヶ月のトレーニング後のウェイトリフティングの改善

実際、グループ 1 は平均 34.21 ポンド改善されていて、グループ 2 は平均 26.42 ポンド改善されている。この違いは統計的に有意だろうか。これに答えるために、一元配置 ANOVA を実施する。最初に、表 8-3 に示すように、このデータの基本統計量を計算する。

表 8-3 (2 つの方法のトレーニングの) ウェイトリフティングのデータにおける記述統計

グループ	N	平均	標準偏差	95%CI 下界	95%CI 上界
1	15	34.21	7.38	30.13	38.31
2	15	26.42	6.16	23.01	29.83
計	30	30.32	7.76	27.41	33.22

それぞれのグループの被験者の数は等しく、おおよそ同じ分散を持ち、2つのグループの間の平均の 95% 信頼区間は（とても近くはなるが）重なりがない。2つのグループが等分散かどうかを判断するために、リーベン検定を計算する。(0.626, p = 0.435) という結果は等分散の仮定を棄却しないことを表す。よって ANOVA の結果の読解を進めることができる。

この ANOVA の統計的な結果は慣習的に**表 8-4** のように表す。

表 8-4 （2つの方法のトレーニングの）ウェイトリフティングのデータにおける一元配置 ANOVA の結果

	二乗和	df	二乗平均	F	有意性
グループ間	455.86	1	455.86	9.86	0.004
グループ内	1294.52	28	46.23		
計	1750.38	29			

標準的な $\alpha < 0.05$ を用いると有意な結果になるので、2つのグループの平均は等しいとする帰無仮説を棄却できる。実際、方法1は有意に方法2より優れた結果である。1つの因子と2つの水準しかないので、これは単純な ANOVA の表であるが、より複雑な ANOVA の表を理解する助けになるので、少し時間をかけて表のそれぞれの部分を見ていこう。

表は3行からなる。グループ間の分散、グループ内の分散、全体の分散である。グループ間、グループ内の二乗和や自由度（*df*）を足した値が全体のデータの値である。グループ間の分散は所属するグループによる。つまり、個々の点数の変動は用いられたトレーニングの方法による。グループ内の分散はそれぞれのトレーニンググループの中の分散について参照するものである。**図 8-9** の箱ひげ図に見られるように、2グループ間と同じように各グループ内にも変動が存在する。それぞれの統計量を計算するときに、自由度はどれだけ多くのものが変動できるかを表す。全体の自由度は $n-1$（被験者全体の数より1少ない）で、グループ間の自由度は $k-1$（グループの数より1少ない）で、グループ内の自由度は $n-k$ である。二乗和（SS）はグループ間、グループ内、全体の二乗偏差の和であるが、二乗平均（MS）は二乗和を自由度で割ったものである。よってこの例では、

$SS(間) = 455.86/1 = 455.86$
$SS(内) = 1294.52/28 = 46.23$

となる。F 統計量はグループ間とグループ内の二乗和の比であるので、この場合、

$F = 455.86/46.23 = 9.86$

となる。統計パッケージは F 統計量の有意性を自動的に計算してくれるが、F 分布表（付録 D に含まれている正規分布表や他の表に似たもの）とその値を比較することもできる。F 分

布表は（分子と分母の）2つの自由度を持つので極めて大きくなる。したがってこの本に載せなかったが、パブリックドメインのF分布表がhttp://www.itl.nist.gov/div898/handbook/eda/section3/eda3673.htm で手に入る。

8.3.2 ポストホック検定

グループが2つだけの場合、有意なF検定とはその2つのグループが互いに異なることを意味する。グループが3つ以上あるとき、F検定が有意になったANOVA（オムニバス検定という）はそのグループがすべて同じではないことを意味するが、どのグループが他のものと異なるのかという疑問は残る。これに答えるために、**ポストホック検定**（post hoc、事後検定とも）を行う。ポストホック検定はその名が示すように、事実のあと、有意なオムニバスF検定のあとに実施される。多くのポストホック検定が存在し、それぞれの分野で普通使われるものは異なる。1つの選択肢としてシェッフェ検定（Scheffe post hoc test）が挙げられる。シェッフェ検定はグループのすべての比較をするもので、同じデータで複数の検定を実施することを管理しやすくする（シェッフェ検定は実験当たりの過誤率を制御し、第一種過誤が起きる確率を増やさない）。

2つではなく、3つのウェイトリフティング・トレーニング法を比較するとする。このデータの記述統計は**表 8-5** のようになる。

表 8-5 （3つのトレーニング法の）ウェイトリフティングの記述統計

グループ	N	平均	標準偏差	95%CI下界	95%CI上界
1	15	34.21	7.38	30.13	38.31
2	15	26.42	6.16	23.01	29.83
3	15	30.04	9.22	24.94	35.15
計	45	30.32	7.76	27.41	33.22

3つのグループの標本数はすべて等しい。これはANOVAにとって最適な構成である。グループの平均を見てみると、方法3のグループはグループ1より低く、グループ2より大きい。グループ3の95%信頼区間は両方のグループと重なりがあるので、事後の結果が3つのトレーニング法について何を語るかということは興味深い。

リーベン検定は 1.447(p = 0.247) という値になるので、等分散性の仮定は満たされている。ANOVAの結果を**表 8-6** に示す。

表 8-6 （3 つのトレーニング法の）ウェイトリフティングのデータにおける ANOVA の結果

	積和	df	二乗平均	F	有意性
グループ間	456.04	2	228.30	3.86	0.029
グループ内	2483.76	42	59.14		
計	2940.36	44			

F 統計量は有意である、つまり、3 つのグループの平均は異なる。しかし、より深く、例えば方法 1 のグループの結果は有意に方法 2 や 3 のグループの結果よりも優れているのか、方法 3 は方法 2 よりも有意に優れているのか、が知りたい。これに答えるために、シェッフェのポストホック検定を行い、その結果を表 8-7、表 8-8 に示す。

表 8-7 （3 つのトレーニング法の）ウェイトリフティングのデータにおけるシェッフェのポストホック検定の結果

I グループ	J グループ	平均の差 (I − J)	標準誤差	有意性	95%CI 下界	95%CI 上界
1	2	7.80	2.81	0.029	0.67	14.92
1	3	4.17	2.81	0.341	−2.95	11.30
2	1	−7.80	2.81	0.029	−14.92	−0.67
2	3	−3.62	2.81	0.442	−10.75	3.50
3	1	−4.17	2.81	0.341	−11.30	2.95
3	2	3.62	2.81	0.442	−3.50	10.75

表 8-8 （3 つのトレーニング法の）シェッフェのポストホック検定の同じ数の部分集合

グループ	N	α = 0.05 における部分集合	
		1	2
2	15	26.42	
3	15	30.04	30.04
1	15		34.22
有意性		0.442	0.341

表 8-7 と表 8-8 は同じ結果を表すが、その情報は異なる形に並べられている。一方の表を見ると、グループ 1 の平均はグループ 2 の平均と異なるが、グループ 1 の平均はグループ 3 の平均とそれほど変わらず、またグループ 2 の平均もグループ 3 の平均とそれほど異ならない。

表 8-7 はグループ間の可能なすべての対での比較であるが、グループ 1 とグループ 2 の比較、

グループ2とグループ1の比較の両方があるため、半分は冗長である。例えば、1行目はグループ1とグループ2の比較である。2つのグループの平均の差は7.80で、有意である（$p = 0.029$）。この平均の差における95%信頼区間は（0.67, 14.92）でゼロを含まない。表8-7の2行目はグループ1と3の間の比較を表す。差の平均は4.17で、有意ではない（$p = 0.341$）。信頼区間は0を含む（-2.95, 11.30）である。3行目はグループ2と1を比べている。その結果は符号が逆になっていることを除いて1行目と等しい（3行目でグループ1の平均はグループ2の平均から引かれるが、1行目ではグループ2の平均がグループ1の平均から引かれるからである）。4行目はグループ2と3を比較している。平均の差は-3.62で、これは有意ではない（$p = 0.442$）。5行目と6行目は2行目と4行目と等しい。

表8-8は等質な部分集合からなるグループそれぞれの組の列である。等質な部分集合において、グループの平均はそれぞれ他方と有意に異ならない。この場合、グループ2と3は等質な部分集合となり（2列目）、グループ1と3も等質な部分集合となる（1列目）。

8.4　手による単純回帰の計算

　回帰係数は積和と分散 X、Y と他のコンピュータを使わずに計算できる2、3個の量を使って、手で計算することができる。手で計算する場合、特に手続きが難しいわけではなく、どんな数のデータ集合を使っても、それに伴ってすべきことが退屈なほど長く、間違いを犯しやすい。この手続きを修正したものを行うと回帰係数を理解する助けになる。

　既に述べたが、実データを扱うときには回帰方程式によって完全な推測ができることはない。実際、データ集合から観測された値と回帰変数を使って計算された推測値との間にはいくらかの差があるものと仮定される。二乗偏差についても、それはそれぞれの観測されたデータの点とその回帰方程式による推測値との差の二乗である。その二乗偏差の和が誤差の二乗和（SSE）であり、**式8-1**で計算する。

式8-1　誤差の二乗和

$$SSE = \sum_{i=1}^{n}(y_i - \hat{y}_i)^2$$

　この式において y_i は観測値で、$\hat{y}_i$ は（回帰方程式による）推測値である。$\hat{y}_i$ の値は回帰方程式（$ax_i + b$）、誤差の二乗和は**式8-2**のような形でも表す。

式8-2　誤差の二乗和の別の表記

$$SSE = \sum_{i=1}^{n}(y_i - (ax_i + b))^2$$

回帰方程式の目的は SSE の最小化にある。つまり、予測値を観測値にできるだけ近づける。単純回帰方程式を計算するために必要な値を求める式は**式 8-3** から**式 8-6** で表す。ただし、S_{xx} は x の分散、S_{xy} は x と y の共分散である。

式 8-3　x の分散の計算

$$S_{xx} = \sum x^2 - \frac{\left(\sum x\right)^2}{n}$$

式 8-4　x と y の共分散の計算

$$S_{xy} = \sum xy - \frac{\left(\sum x\right)\left(\sum y\right)}{n}$$

式 8-5　単純回帰方程式の傾き a の計算

$$a = \frac{S_{xy}}{S_{xx}}$$

式 8-6　単純回帰方程式の切片の計算

$$b = \frac{\sum y}{n} - a\frac{\sum x}{n}$$

IQ に関係するデータ集合（y）からメートル単位の身長（x）まで計算した値が**式 8-7** のようであったとする。回帰直線を計算するためにこの情報を使うことができる。手でこの量を計算することはできるが、そのプロセスは少ない数のデータ集合を使ったとしても、最初に計算を始めた理由を忘れてしまいそうなほどに面倒な計算になってしまう。

式 8-7 単純回帰方程式の計算に必要なデータ

$$\sum x = 33.25$$
$$\sum y = 2,486$$
$$\sum x^2 = 53.01$$
$$\sum y^2 = 299,676$$
$$\sum xy = 3,973.04$$
$$n = 21$$

式 8-7 に示した値と式を使って、回帰方程式を計算する。

$\Sigma\ x/n = 33.25/21 = 1.58$
$\Sigma\ y/n = 2,486/21 = 118.38$
$S_{xx} = 53.01 - (33.25)^2 / 21 = 0.36$
$S_{xy} = 3,973.04 - (33.25)(2,486)/21 = 36.87$
$a = 36.87/0.36 = 102.42$
$b = 118.38 - [(102.42)(1.58)] = -43.44$

回帰方程式は

$y = 102.42x - 43.44 + e$

もしくは

IQ $= 102.42($身長$) - 43.44 + e$

となる。身長が 2 メートルの人の IQ の方程式による推定値は 161.40 (天才級!) となる。

$102.42(2) - 43.44 = 161.40$

言うまでもないが、これは回帰の技法を説明するための架空の例である。知能指数についての批判は意図していない。

8.5 練習問題
8.5.1 回帰

　国連人間開発計画のデータ（http://hdr.undp.org/en/statistics/data/）を使った最初の問題群は、若年女性の出産率（対象国の15歳から19歳の女性の出産率。若年の女性1000人当たりの出生数で表す）に関する変数を分析する。読者それぞれの国の教育水準に着目することにし、「成人に達するまでの平均通学年数」を変数として使う。それは通学平均年数が高い国は若年出産率が低いと考えることができるからだ。

問題

　図8-10は2変数（この章で議論されたように若年出産率を自然対数として使う）の散布図である。これからどのような関係性がわかるだろうか。そしてこの2変数の単純回帰分析を支持するように見えるだろうか。

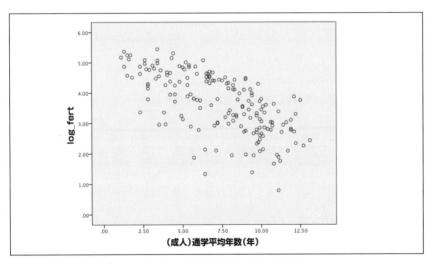

図8-10　若年出産率と成人に達するまでの通学平均年数を表した散布図

解

　この散布図は2変数間に適当な強さの関係性があることを示している（教育水準が高いほど若年出産率の低さに関連する）。どちらの変数も連続であり、回帰分析を支持するのに十分な範囲がある。

問題

回帰分析の結果を**表 8-9**に示した。R^2の値を求め、情報を解釈せよ。

表 8-9　モデルの情報

R	R^2	ダービン＝ワトソン統計量
0.663		2.199

解

R^2の値は 0.440（0.663 の二乗）。これはモデルにおける決定係数である。それはこのデータ集合において対数に変換された若年出産率の偏差 44.0% は平均通学年数の偏差によって説明されるということを意味している。ダービン＝ワトソン統計量は誤差項が独立しているという仮定を検定するものである。値 2 は絶対独立だということを意味している。ダービン＝ワトソン検定によって求められた値 2.199 は 2 に近いので、この仮説は満たされたということになる。

問題

表 8-10は同じ回帰分析より得られた係数表である。抜けている t 統計量の値を求め、この分析における回帰方程式を書き、表中の情報を解釈せよ。

表 8-10　ある国での成人の通学年数の平均から若年出産率の自然対数を推測する回帰分析の係数表

	非標準化係数		標準化係数		
	B	標準誤差	β	t	有意性
定数	5.248	0.146			< 0.001
平均通学年数	-0.217	0.019	-0.663		< 0.001

解

この t 統計量において定数は 35.945、平均通学年数は -11.421 である。それはそれぞれの項の B を標準誤差で割ることで得られる。定数は次のようになる。

5.248/0.146 = 35.945

この分析における回帰方程式は

（若年出産率の自然対数）= 5.248 - 0.217（平均通学年数）

となる。この方程式は推測される若年出産率の対数がその国の通学年数が増加すると毎年

0.217単位減少する。t統計量と有意な検定はどちらの係数も0とは有意に異なるということを意味している。通学年数の平均におけるベータ係数（-0.663）はこの項の回帰係数における標準化された係数（-0.217）である。これは特に単純回帰方程式で役に立つというわけではなく、異なる尺度で測定された複数の予測変数がある方程式において、異なる予測変数の重要性を比較する際に使われる。

この分析はその国の教育水準と若年出産率に有意に負の関係があるという主張を支持する。概して通学年数がより長い国ほど若年出産率が低い。

8.5.2 ANOVA

ここの問題は2010年BRFSS（行動危険因子サーベイランスシステム、米国の健康に関する年間調査）のデータを用いる。BRFSS（http://www.cdc.gov/brfss/technical_infodata/surveydata.htm）からそのデータをダウンロードできる。しかしここで扱う分析は2010年のデータの無作為標本に基づいているため、読者が自分で分析した結果が全く同じになるとは限らない。

読者は喘息と体重の間に関係性があるかどうか調べたいとする。そこで、ANOVAを使い、成人喘息と診断されたことがある人とない人との体重の間に有意な違いがあるかどうか調べる。グループ変数（喘息の診断）は二値変数（診断されたことがあるかないか）であり、成果変数は連続である。この分析の聞き手は米国の官庁職員なので、ここでは体重をキログラムではなくポンドで表す（元のデータ集合ではどちらも与えられている）。

問題

図8-11は、成人喘息と体重（ポンド）の箱ひげ図である。この箱ひげ図からどんな情報を集めることができるだろうか。読者が箱ひげ図をよく知らない場合は、3章の関連した部分を読むとよい。

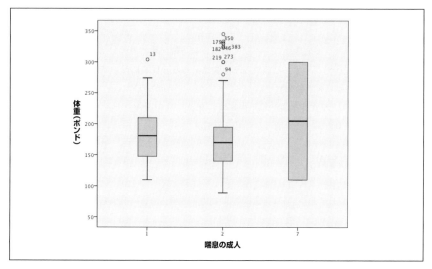

図 8-11 成人喘息と体重（ポンド）の箱ひげ図

解

この箱ひげ図を見ると、さまざまな種類の警告が読者の頭の中で鳴り響くことだろう。それは、なぜデータ審査が重要なのかという素晴らしい例を示している。まず第一に、成人喘息の診断におけるグループは2つではなく3つである。記号一覧表（http://www.cdc.gov/brfss でも入手可能）に目を通すと、7が欠損値だとわかる。よってこの分析では7という値を持つ事例を除外する。2つの妥当なグループ（喘息の診断があるかないか）には外れ値がある。それは丸（○）で示されたデータ要素で、隣接する数値はその事例番号である。このことから、体重は正規分布か否かという問いが生まれるので、分析を続ける前にそれについて調べる。最後に、喘息と診断されたことがある人とない人の体重の中央値はほぼ同じである。これは喘息に関する強い要因を見つけたい場合に、この変数があまり期待できないことを暗示している。しかし、有意性のなさを見つけることで役に立つ情報を得られる場合があるので、この分析を続ける。

問題

体重のヒストグラム（図 8-12）を作成し、この変数におけるコルモゴロフ＝スミルノフ統計量を計算した。このヒストグラムとコルモゴロフ＝スミルノフ統計量 1.898（$p = 0.001$）からデータ集合における体重の分散について何がわかるだろうか。

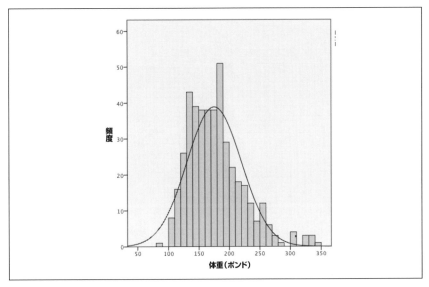

図 8-12 体重（ポンド）のヒストグラム

解

　ヒストグラムは右に歪んだ分布になっている（大きい値が正規分布で予想されるよりも出やすい）。このことは、実データ（ヒストグラムの柱）の分布とそれに重なっている正規分布の曲線（完全な正規分布を描いている）を比較すると明らかである。コルモゴロフ＝スミルノフ統計量は大いに有意であり、それは変数は正規分布であるという帰無仮説は棄却されるということを意味している。

問題

　もう一度体重を自然対数に変換し、正規性を確かめた。この事例において、ヒストグラムは（示してはいないが）おおよそ正規であるように見える。加えて、コルモゴロフ＝スミルノフ統計量は 0.961（p = 0.314）なので、正規であると言える。また、それぞれのグループについても別々にコルモゴロフ＝スミルノフ統計量を計算すると、どちらも有意ではないので、それぞれのグループの中での分布は正規である。変換後の変数の箱ひげ図を図 8-13 に示す。このデータから何がわかるだろうか。

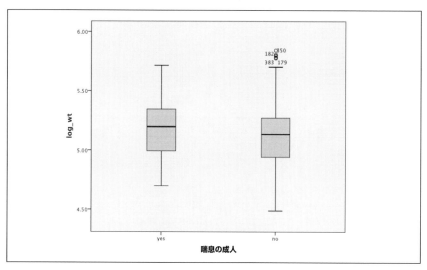

図 8-13　変換後の体重の箱ひげ図

解

喘息と診断されていないグループには外れ値の塊があるが、データは正規であるからこの分析は続けてもよい。喘息と診断されたグループはされていないグループに比べて、わずかに中央値が高いが、気にすべき重なりがこの2つのグループにはある。このデータにはANOVAを使って分析する。

問題

この ANOVA におけるリーベン統計量は 0.001 (p = 0.983) 未満である。なぜリーベン統計量を計算したのか。またそれによって得られた結果は何を意味しているか。

解

リーベン検定は等分散性の仮説が満たされているか否かを検定するものである。帰無仮説は「異なるグループの分散は等しい」で、この場合は、この統計の有意な値がないので等分散性の仮説は満たされたと考えることができる。

問題

表 8-11 はこのデータ集合における変換された体重変数についての記述データを示している。この表から気付くことは何か。また、分析において何を暗示しているか。

表 8-11 成人喘息の診断を受けた人とそうでない人の変換された体重係数における記述統計

グループ	N	平均	標準偏差	95%CI 下界	95%CI 上界
喘息	44	5.19	0.24	5.12	5.27
喘息でない	390	5.13	0.24	5.10	5.15
計	434	5.16	0.24	5.11	5.16

解

まず最初に気付くのは標本サイズが全く異なるということだ。それは、この問いにおいてこのデータ集合は最適ではないということを暗示している。なぜなら ANOVA は均衡のとれた設計で最も効果を上げるからである。次に、両グループの平均がかなり似ているということに気が付く。95% 信頼区間もかなり重なっている。これは、体重と成人喘息の診断の間に強い関係性はないことを暗示している。しかし、有意性のない結果から役に立つ情報を得られることもあるので、この分析を完遂させる価値はある。

問題

ANOVA の結果を**表 8-12** に示している。この表から体重と成人喘息の診断の関係性について何がわかるか。有意性の検定には有意水準 $\alpha = 0.05$ を使うこと。

表 8-12 体重と成人喘息の診断における一元配置 ANOVA の結果

	積和	df	二乗平均	F	有意性
グループ間	456.04	2	228.30	3.86	0.029
グループ内	2483.76	42	59.14		
計	2940.36	44			

解

この分析では成人の喘息の診断と体重の間には有意な関係性（$F = 3.86, p = 0.029$）があることがわかった。**表 8-11** から、喘息を持っていると診断された人は概して診断されたことのない人より体重が重い。

体重を自然対数に変換したので、平均表（**表 8-11**）は体重の自然対数で表示されている。この数字をよりわかりやすくするために、この結果を元の単位（ポンド）に変換する必要がある。これは**表 8-11** の平均の逆対数をとることで得られる。

$$e^{5.19} = 179.5$$
$$e^{5.13} = 169.0$$

そうすると、解答の2つ目の文章に「概して、喘息と診断された人の体重（平均 = 179.5lbs）は、そうでない人の体重（平均 = 169.0lbs）よりも重い。」と付け加えることができる。表記を元の単位に戻すことは、変換された単位を使って計算する際の危険性（変換された単位での違い（5.19 vs 5.13）は小さく見えても、元の単位での違い（179.5 vs 169.0）は、はるかに強い印象を与えることがある）を強調している。

BRFSSのデータはある時点のみの調査なので、体重と肥満に関する因果関係の問いに答えることはできない。単に、喘息が体重を増加させる（おそらく喘息により運動がより困難になるため）、または、体重増加が喘息を誘発する（おそらく肺にかかる負担が増えるため）可能性もある。また、他の複数の因子（例えば、体重増加と喘息は貧困と関係があるなど）がこの関係性を説明できるだろう。

9章
因子ANOVAとANCOVA

8章では単純回帰とANOVAを導入した。この章ではより複雑な種類のANOVAを導入する。因子ANOVA（2つ以上のグルーピング変数や因子を持つANOVA）とANCOVA（連続共変量を含むよう設計されたANOVA）である。10章では8章で導入した単純回帰モデルの拡張について触れる。

研究では、ほとんどのANOVAの設計で少なくとも2つのグルーピング変数、因子を含む。モデルは一元配置ANOVAと同じ基本原理に基づいている。しかし、複雑さが増すので因子間の交互作用の評価を含めてやらなければならないことが増加する。この種の分析はほとんどすべてが統計パッケージを使って行われるが、幸いにも、これらのパッケージにはかなりの共通性があり、1つのパッケージの出力結果の読み方がわかれば、他のパッケージの出力も簡単に読めるようになる。どのプログラムを使っていてもわかりやすいように、分析から得られた情報をできるだけ一般的に示すようにする。

9.1 因子ANOVA

実生活研究において、1つの因子だけの影響を調べたいと思うことはほとんどない。複数の因子の影響や、それらがどのように交互作用しているかを調べたいのだ。要因計画（因子を複数含むANOVA）は従属変数への複数の因子の複合効果を理解しやすくする。ここでは、主効果（それぞれの因子の影響は独立していると考える影響）と交互作用効果（異なる因子が組み合わさった影響）について調べたい。一元配置ANOVAと同様に、因子ANOVAは実験計画で同等のセルサイズ（＝因子も組合せによって作り出されたそれぞれの部分またはセル中被検体もほぼ同じ数）に最も適している。因子ANOVAの主要な仮定は8章で紹介した一元配置ANOVAと同じである。観察独立性と等分散性は特に重要である。観察独立性は一般的に実験計画段階で処理される。統計パッケージは、幸いなことにリーベン検定など等分散性の検定を普通用意している。

最も一般的な要因計画は $a \times b$（二元配置、2 要因）と $a \times b \times c$（三元配置、3 要因）である。もっと複雑な計画を立てることもできるが、複雑になればなるほど結果が解釈しづらくなる。複雑な計画は線形回帰計画でより簡単に処理することができるだろう。一元配置 ANOVA と同様に、それぞれの因子は少なくとも 2 水準以上のカテゴリ変数である。一方で、出力結果もしくは従属変数は間隔尺度や比尺度の値である。

9.1.1 交互作用

2 因子以上の場合は、因子同士の交互作用（interaction、相互作用とも言う）について考えなければならない。交互作用の定義は、1 つの変数の効果がもう一方の変数の水準に依存するということである。言い換えれば、一方の変数の値によって、他方の効果が異なるということだ。このことは交互作用のあるのとないのとの極端な例のグラフを見れば簡単に理解できるだろう。実際のデータを扱う場合にこのようにあからさまなことはまずないだろうが、以下のグラフは交互作用の概念を理解しやすくなる。

性別とアルコール摂取量という 2 つの因子と握力についての架空のデータ（結果はポンド単位）があるとしよう。この 2 つの因子同士に交互作用がないなら、グラフは図 9-1 のようになる。

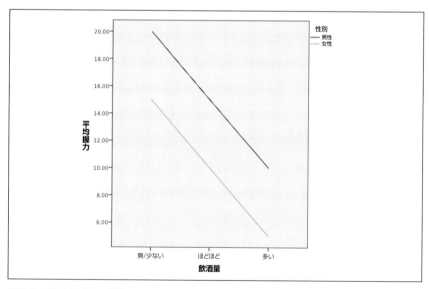

図 9-1　交互作用がないグラフ

このグラフはアルコール摂取量と性別の間に交互作用がないことを示している。男女ともアルコール摂取量（x軸）が増すごとに握力（y軸）は低下している。低下率は男女とも同じなので、2つの線は平行になる。アルコール摂取量がどの値でも、男性の握力の方が女性のそれよりも強い。

図9-2はデータが交互作用を含んでいることを示している。アルコール摂取量が男性の握力に及ぼす影響は女性に及ぼすものとは異なっている。実際、その効果は逆になっていて、アルコール摂取は男性の握力を弱めたが、一方で女性の握力を強めた。

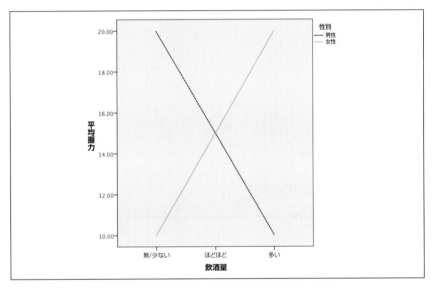

図9-2　交互作用があるデータ

交互作用を持つために図で示されているように線が交差する必要はない。図9-3は平行ではなく異なる方向に延びる線によって交互作用が描かれている。それはアルコールが女性の握力に及ぼす影響が男性よりも大きいことを示している。

図9-2、図9-3の両方でアルコールが握力に及ぼす影響は第三の変数（性別：男女のアルコールと握力の関係は異なる）の値に依存していることがわかる。もちろんグラフを見ただけで交互作用が有意かどうかを判断することはできないので、ここで統計検定が必要になる。

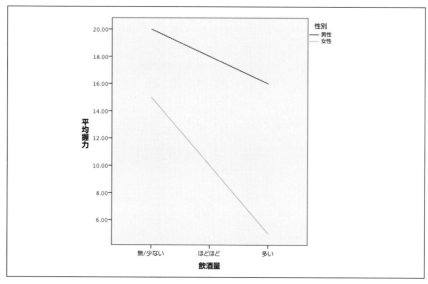

図 9-3 交互作用のあるデータ

9.1.2 二元配置 ANOVA

身体能力測定は、母集団によって変化する。例えば健康状態と握力の低下は相関する場合がある。性別とアルコール摂取量の2つの因子がどのように握力の強さに関係して、因子同士がどのように作用し合っているか調べたいとする。この研究における3つの重要な問いは以下である。

1. 性別は握力の強さに影響を及ぼすか。
2. アルコール摂取は握力の強さに影響を及ぼすか。
3. 性別とアルコール摂取量は交互作用し握力の強さに影響を及ぼすか。

アルコール摂取量を二値変数として扱うことにする。少なくとも1週間に1回は飲酒する人とそうでない人を比較する。

仮説は次のようになる。

性別における主な影響

H_0: 男女の間で握力の強さに差はない。
H_1: 男女の間で握力の強さに差がある。

アルコールにおける主な影響

H_0: アルコール摂取量で握力の強さに差はない。

H_1: アルコール摂取量で握力の強さに差がある。

性別とアルコールの交互関係

H_0: アルコール摂取量が握力の強さに及ぼす影響は、男女で同じである。

H_1: アルコール摂取量が握力の強さに及ぼす影響は、男女で同じではない。

表 9-1 は握力の強さを測定する実験で取られた最初の 12 個のデータである ($n = 50$)。女性 6 人、男性 6 人の握力が測定され、それぞれの性別のグループには 3 人ずつの飲酒者 (定義：最低でも 1 週間に 1 度は飲酒する) と非飲酒者 (定義：一切飲酒しない) がいる。

表 9-1 握力 (DV) と性別とアルコール摂取量 (IV) の関係性

性別	飲酒	握力
女性	Yes	19
女性	Yes	20
女性	Yes	21
女性	No	30
女性	No	25
女性	No	28
男性	Yes	31
男性	Yes	30
男性	Yes	35
男性	No	32
男性	No	35
男性	No	32

2 つの主要な影響について次の帰無仮説に基づいて母平均の差を検定する。

$\mu_{男} - \mu_{女} = 0$

$\mu_{アルコール} - \mu_{アルコールなし} = 0$

主要な影響の帰無仮説が d 値 (difference score、差得点とも) で記述されていることに注意する。「2 つの量は同じである」と「差が 0 (ゼロ)」とは等しい。交互作用仮説は普通「差の差」(difference of difference) という言葉で表現される。この例では、「男女でアルコー

ルが握力の強さに及ぼす影響に違いはない」ということは次のように表す。

$$\mu_{男/アルコール} - \mu_{男/アルコールなし} = \mu_{女/アルコール} - \mu_{女/アルコールなし}$$

24人の女性と26人の男性、24人の飲酒者、26人の禁酒者がいるのでこの研究はほぼ均衡がとれている。モデルの R^2（決定係数）は0.566。これは2つの因子とそれらの交互作用がこのデータ集合で観察された握力の偏差の56.6%を占めることを意味している。リーベン検定（$F = 0.410, p = 0.746$）は等分散性の仮定を満たしたことを示している。標本平均は

- 性別の主な効果：女性（25.25）、男性男性（31.65）
- アルコールの主な効果：アルコールあり（26.71）、アルコールなし（30.31）

性別とアルコール摂取量による平均を図9-4に示す。

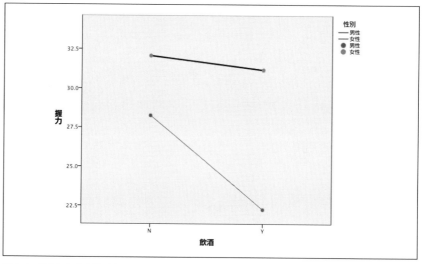

図9-4　握力における性別とアルコール摂取量の効果の平均のプロット

2つの主要な効果と交互作用効果が示されている。標本では、男性は女性より握力が強く、アルコールを摂取しなかった人の握力が消費した人よりも強かった。そして、アルコール摂取が男性の握力に及ぼす効果は女性の握力に及ぼす効果よりも大きかった。この差が統計的に有意であるかどうか調べるために、二元配置ANOVAを実施する必要がある。

統計パッケージにはたくさんの表を出力するものもあるが役に立つ表はわずかである。こ

の場合は、このモデルの主な効果と交互作用効果の有意性について検定したい。ANOVA から得られた重要なデータは以下である。

表 9-2　ANOVA による差（性別とアルコール摂取量による握力の程度）の検証

情報源	積和	df	二乗平均	F	有意性
補正モデル	733.085	3	244.362	20.033	< 0.001
切片	40426.436	1	40426.436	3299.504	< 0.001
性別	504.806	1	504.806	41.385	< 0.001
飲酒	148.325	1	148.325	12.160	0.001
性別×アルコール	80.769	1	80.769	6.622	0.013
誤差	561.095	46	12.198		
計	42135.000	50			
補正合計	1294.180	49			

標準の有意水準 $\alpha = 0.05$ を使い、性別（主な効果）、アルコール（主な効果）、そして性別・アルコール（交互作用効果）の列から、先に平均の図から予想したように、3つの効果すべてが有意であるとわかる。この分析の要約は以下となる。

計画に沿って検証された2つの効果と交互作用は有意である。

性別における主な効果：$F(1, 46) = 41.385, p < 0.001$
この効果の方向は、女性の握力が男性よりも弱いことを表す。

アルコールにおける主な効果：$F(1, 46) = 12.160, p = 0.001$
この効果の方向は、アルコールを消費する人の握力は消費しない人のそれよりも弱いということを表す。

性別×アルコールの交互作用：$F(1, 46) = 6.622, p = 0.013$
アルコール摂取が男性の握力より女性の握力をより弱めるという相関関係は、性別とアルコールが交互作用しているということを表す。

不用意な陳述（この場合では、「アルコール摂取が握力に悪影響を及ぼす」など）をしないよう気を付けるように。なぜならこれは観察的研究（人々に日ごろからお酒を飲むか聞き、彼らの握力を測定したのであって、彼らにお酒を飲ませて、飲む前と飲んだ後の握力の強さを比較したわけではない）だからである。アルコール摂取と握力の強さの関係はたくさんの

要素の結果によって起こされる。例えば、アスリートはトレーニングの一環で禁酒しているかもしれないし、彼らの握力が増したのはトレーニングの成果かもしれないからだ。

9.1.3 三元配置 ANOVA

二元配置因子モデルは簡単に3つの因子に拡張できる。先に、性別とアルコール摂取が握力に及ぼす有意な主要効果について証明したので、今度は考えられる別の要因が握力に及ぼす影響を調べる。公開されている資料では、40歳以降握力の低下が見られるといった年齢と握力の強さについての議論がたくさんあるようだ。そこで、年齢というカテゴリ（40歳以下と40歳以上）を追加し、年齢が握力に影響するか、また、その影響は他の要素と同じくらいのものかを調べる。

表 9-3 はこの研究における最初の 12 のケースである。

表 9-3 握力（DV）と性別、アルコール摂取、年齢（IV）の関係性

性別	飲酒	握力	年齢
女性	Yes	19	40歳未満
女性	Yes	20	40歳以上
女性	Yes	21	40歳未満
女性	No	30	40歳以上
女性	No	25	40歳未満
女性	No	28	40歳以上
男性	Yes	31	40歳未満
男性	Yes	30	40歳以上
男性	Yes	35	40歳未満
男性	No	32	40歳以上
男性	No	35	40歳未満
男性	No	32	40歳以上

因子が3つになると仮説検定がより複雑になる。なぜなら考えられる仮説が7つあるからだ（①性別における主効果②アルコールにおける主効果③年齢における主効果④性別×アルコールにおける二元交互作用⑤性別×年齢における二元交互作用⑥アルコール×年齢における二元交互作用⑦性別×アルコール×年齢における三元交互作用）。二元配置交互作用を言語化する方法は既に説明した。三元交互作用によって検定すべき帰無仮説は「アルコール摂取が女性と男性の握力に及ぼす影響の差は年齢によって異ならない。」と述べることができる。

3つの因子での平均プロットを作り出すためには、2つのプロットを作らなければならない。

1つは被験者が40歳以下のもので、もう1つは40歳以上のものである。平均プロットを図 9-5 に示す。

　平均プロットは、調べたい関係性では年齢が重要な因子になるということを暗示している。なぜなら年齢は性別とアルコール摂取の両方と影響し合っていると思われるからである。この分析のカギとなる結果を表 9-4 に示す。このモデルにおける効果の有意性を評価するために、有意水準は標準の $\alpha = 0.05$ を使用する。

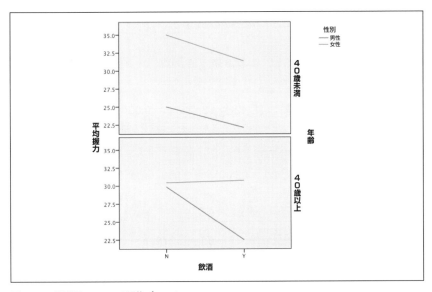

図 9-5　三元配置 ANOVA の平均プロット

表 9-4　三元配置 ANOVA による、性別・アルコール摂取・年齢別の握力の違いの差の検定

情報源	積和	df	二乗平均	F	有意性
補正モデル	864.583	7	123.512	12.075	< 0.001
切片	35902.885	1	35902.885	3510.081	< 0.001
性別	548.630	1	548.630	53.637	< 0.001
飲酒	128.214	1	128.214	12.535	0.001
年齢	0.003	1	0.003	0.000	0.986
性別×アルコール	33.446	1	33.446	2.370	0.078
性別×年齢	75.758	1	75.758	7.407	0.009
アルコール×年齢	0.226	1	0.226	0.022	0.883

表 9-4　三元配置 ANOVA による、性別・アルコール摂取・年齢別の握力の違いの差の検定（続き）

情報源	積和	df	二乗平均	F	有意性
性別×アルコール×年齢	49.491	1	49.491	4.839	0.033
誤差	429.597	42	10.229		
計	42135.000	50			
補正合計	1294.180	49			

このモデルでは 3 つの主効果の中の 2 つが有意である。

性別における主な効果：$F(1, 42) = 53.637, p < 0.001$
この効果の方向は、女性の握力が男性よりも弱いことを表す。

アルコールにおける主な効果：$F(1, 42) = 12.535, p = 0.001$
この効果の方向は、アルコールを消費する人の握力は消費しない人よりも弱いということを表す。

年齢における主な効果：$F(1, 42) = 0.000, p = 0.986$（有意でない）

2 つの二元配置交互作用のうち 1 つが有意である。

性別×アルコールにおける交互作用：$F(1, 42) = 2.370, p = 0.078$（有意でない）
性別×年齢における交互作用：$F(1, 42) = 7.407, p = 0.009$
女性における飲酒する人としない人の握力の強さには大した差がないのに対し、男性における飲酒する人としない人の握力の強さには大差がある。40 歳以上の男性の握力の強さはアルコール摂取にあまり影響されない。40 歳より若い男性では、アルコール摂取が握力の低下を招いている。40 歳以上の女性におけるアルコール摂取による握力の低下は 40 歳より若い女性のそれに比べるとやや大きいが、男性における違いほど顕著ではない。

アルコール×年齢における交互作用：$F(1, 42) = 0.022, p = 0.883$（有意でない）
三元配置交互作用は有意である。

性別×アルコール×年齢における交互作用：$F(1, 42) = 4.839, p = 0.033$

　この結果の興味深いところは、年齢の主効果は有意でないのに、年齢を含む二元配置交互作用（性別×年齢）と三元配置交互作用（性別×アルコール×年齢）が有意である点だ。また、性別×アルコールにおける交互作用は二元配置モデルでは有意であるのに対し、三元配

置モデルでは有意でない点も興味深い。このことは回帰にも適用される次の点を示している。モデルに項を加えたり減らしたりすると、モデル中の他の変数の有意性が変わることがある。また、複雑なモデルの結果を報告する際に、どのモデルが検定されたのか厳密に明示することが必要不可欠である。なぜなら予測因子は互いに影響し合うことがよくあるからだ。別の分析では、年齢はたぶん握力の有意予測因子になる。

このモデルでは、年齢に有意な主効果はないが分析には入れておくようにする。なぜなら主効果としての交互作用と同じくらい有意な変数は何であれ含めておくのが普通だからだ。この分析結果はとても興味深く、さらに調査することを提案したい。役立つであろう1つの選択肢は回帰方程式を変更して連続予測因子（年齢を40歳以下／以上のように二分するのではなく、1歳刻みの予測因子として使う）を含めることである。もう1つの可能性としては、年齢において2つのカテゴリが十分ではなく、40歳が理想的な分け目ではないかもしれない。これをさらに分析して調査することもできる。

9.2 ANCOVA

共分散分析（ANCOVA：analysis of covariance）は因子 ANOVA の変形で、連続共変量をモデルの中に含めることができる。このモデルを使う最も一般的な理由は共変量における潜在的交絡効果（confounding effect）[†]を制御するためである。例えば、大卒者の研究分野別（科学、人文、ビジネスなど）の所得を知りたいとする。これは、給料を従属変数、研究分野をカテゴリ変数とする一元配置 ANOVA で処理できる。しかし、最近の大卒者のデータ集合だけでなく、就業年数の違う社会人を含めるとすると、給料の値に影響することに気が付くだろう。なぜなら一般的に、給料は年齢やその分野での経験年数によって上がるからである。ある仕事への就業年数と年齢のどちらかを連続共変量として ANOVA 計画に加えると、就業年数と年齢を制御できるようになる。これが ANCOVA である。ANCOVA では1つ以上の共変量を使うことができる。交絡を制御するために共変量を加えることは、完璧な解決策ではないにしても、潜在的な交絡を完全に無視してしまうよりもましだろう。ANCOVA のこの用法は「連続共変量の効果を制御することによって、すべてのケースが同じ共変量だった場合、因子と連続な成果変数との関係はどうなるか」と考えるとわかりやすい。研究分野と給料の例では、年齢を連続共変量として使うことで、対象者の年齢が同じだった場合の、研究分野と給料の関係性がどうなるかを調べることになる。

もう1つの典型的な ANCOVA の用法は、計画の中の残差や誤差分散を減らすことである。統計モデル化の目的はデータ集合の中の分散を説明することなので、説明量が少ないモデル

[†] 訳注：交絡（confounding）とは、従属変数と独立変数の両方に関係する別の変数が存在することを言う。15章で詳細を述べる。

よりも、より多くの分散を説明できて、より少ない残差分散を持つモデルが普通は好まれる。計画に 1 つ以上の連続共変量を加えることによって、残差分散を減らすことができれば、調べている因子と従属変数との関係性をより簡単に理解することができるだろう。

ANOVA の仮定は ANCOVA にも適用できる。しかし ANCOVA にはもう 2 つの仮定（5 番目と 6 番目）がある。

データの妥当性

成果変数は連続になり、間隔尺度または比尺度データで、無界（少なくとも幅広い範囲を含む）でなければならない。因子（グループ変数）は二値かカテゴリになる。共変量は連続になり、間隔尺度または比尺度データで測定され、無界または少なくとも幅広い範囲を含んでいる。この前提はデータを度数分布表やヒストグラムで調べることによって確かめられる。

独立性

成果変数のそれぞれの値は他の値と独立である。独立性が成り立たないのは、例えば時間依存性のパターンが見られたときや、（同じ家族のメンバー、同じクラスで学習する子供など）大きな単位のクラスター対象から従属変数が測定された場合である。この前提はデータに関する知識と、そのデータが集められた方法を知ることによって確かめることができる。

分布

それぞれのグループで成果変数はほぼ正規分布になる。成果変数の分布はヒストグラム（データ分析）の作成またはコルモゴロフ＝スミルノフ検定などの正規性を測る統計検定によって確かめることができる。

等分散性

それぞれのグループの分散はほぼ等しい。これは、リーベン検定（帰無仮説：分散は等しい）によって確かめることができる。リーベン検定の結果が統計的に有意でない場合（普通、基準は有意水準 $\alpha < 0.05$）は分散は等しいので、続行できる。

共変量と因子の効果の独立

共変量によって説明された変数は独自なもので、因子によって説明された変数と重複しない。このことは、無作為割り当てが使われていない観察的研究において最も問題となる。なぜなら、共変量において 2 つのグループが異なり、それが成果変数のいくつかの共分散を説明する場合、因子によって説明された変数と、共変量によって説明された変

数とを切り離す方法がないからである。無作為割り当てが不可能な場合は、グループ間の共変量の値が大きく異なっているかどうか判断するとよい。それが大きく異なっているなら、共変量は使ってはいけない。ここでは常識の有無も重要になってくる。あなたは「共変量によって説明された分散が成果変数において独自の分散を説明する」と責任のある発言をできるだろうか。もしできないのであれば、共変量は使うべきではない。

回帰の傾きにおける同等性

共変量と従属変数の関係性はすべてのグループにおいて同じになる。このことはそれぞれのグループに別々の共変量と従属変数における回帰直線をプロットして作成するか、交互作用項を作成し有意性を検定することによって確かめることができる。回帰直線はほぼ平行になり、それらの傾きはほぼ同じになる。交互作用の項は有意であってはいけない。

握力の例を使うと、研究班は被験者が運動するかしないかという重要な変数をモデルに入れ忘れたので心配になった。運動が握力を強くする可能性があることは直感的に理に適っている。そこでモデルに「個人が1週間のうちに身体活動に費やした時間（分）」をもう1つの変数として加えることにした。これは大きい範囲の連続変数なので、連続共変量として性別、アルコール摂取（IV）と握力（DV）に加えることができる。

一番最初に確かめなければいけない仮定は、共変量は独自分散を説明（仮定5）するかどうかである。論理的に、「運動に費やされた時間は握力の強さにおける独自の変動を説明できるので、そのグループにおける共変量の平均を計算する。もし平均中に有意な差がなければ、分析によって処理する」と述べることができる。証明するためには、性別とアルコール摂取因子の二元配置モデルまで後戻りし、1週間当たりの運動時間（分）として操作した運動共変量を加える。

性別とアルコール摂取による運動時間（分）の平均に対する2つの一元配置ANOVA（t検定に類似）を実施した。結果は**表9-5**となる。

表9-5 性別とアルコール摂取による1週間当たりの運動時間（分）の平均に対する一元配置ANOVAの結果

変数	部分集合	平均	F	有意性
性別	男性	100.74	1.069	0.306
	女性	87.64		
飲酒	Yes	106.01	3.209	0.080
	No	83.78		

表 9-5 からわかるように、男性と女性との間、また、飲酒者と禁酒者との間の、1 週間当たりの平均運動時間（分）には差があるが、これは有意水準 $\alpha = 0.05$ では、有意ではない。

回帰の傾きにおける同等性（仮定 6）も確かめなければならない。正規性を評価するので、グラフによる検定と統計検定の両方を行う。グラフによる検定では、握力の強さ（結果）と運動（共変量）における回帰直線、男性と女性における回帰直線、アルコールありとなしにおける回帰直線を持つ散布図を作成する。それぞれの対の傾きはほぼ等しくなる。性別における回帰直線を持つ散布図を図 9-6、アルコール摂取におけるそれを図 9-7 に示す。

2 つの図には何も驚くべきところはない。傾きはほぼ等しく見えるし、それは回帰の傾きにおける同等性の仮定には朗報だ。また、この仮説における統計検定も、共変量と因子の交互作用項を含むモデルを作成することで実施できる（それぞれの因子で別々のモデルを作成する）。この交互作用項が有意でない場合は、傾きの同等性をモデルで維持すると仮定する。これらの分析によって得られたデータを表 9-6 と表 9-7 に示す。

表 9-6 性別と運動における傾きの同等性の前提の検定

情報源	積和	df	二乗平均	F	有意性
補正モデル	560.053	3	186.684	11.698	< 0.001
切片	7807.479	1	7807.479	489.212	< 0.001
性別	69.358	1	69.358	4.346	0.043
運動	40.686	1	40.686	2.549	0.117
性別 × 運動	2.363	1	2.363	0.148	0.702
誤差	734.127	46	15.959		
計	42135.000	50			
補正合計	1294.180	49			

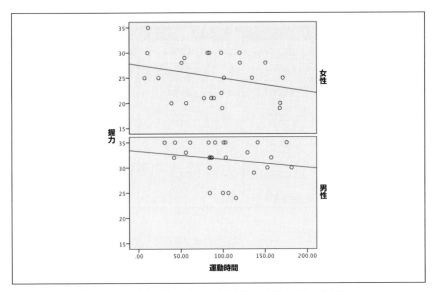

図9-6 男性と女性における1週間当たりの運動時間（分）と握力の強さの関係性

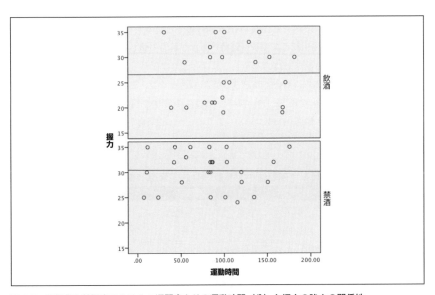

図9-7 飲酒者と禁酒者における1週間当たりの運動時間（分）と握力の強さの関係性

表 9-7 アルコールと運動における傾きの同等性の仮定の検定

情報源	積和	df	二乗平均	F	有意性
補正モデル	161.863	3	53.954	2.192	0.012
切片	6619.891	1	6619.891	268.931	< 0.001
飲酒	29.800	1	29.800	1.211	0.277
運動	0.019	1	0.019	0.001	0.978
アルコール×運動	0.146	1	0.146	0.006	0.939
誤差	1132.317	46	24.616		
計	42135.000	50			
補正合計	1294.180	49			

これらのモデルを処理しているのは、交互作用項の有意性を確かめるためであることに注意する。理論を検定しているわけではないので、モデル適性、他の項の有意性などは気にかけない。表9-6、表9-7から明らかなように、どちらの交互作用項も有意ではない（性別×運動における p 値 = 0.702、アルコール×運動における p 値 = 0.939）。この結果より、基本的な有意水準 $\alpha = 0.05$ を使うことによって、傾きの同等性の仮定はこの分析（とデータ集合）において維持される。したがってANCOVAを続けることができる。

因子（アルコールと性別）と共変量（運動）を含む握力の強さにおけるANCOVAのリーベン検定の値は 0.292 ($p = 0.381$) となる。これは有意ではない。したがって等分散性の仮定は維持される。このモデルにおいての R^2 は 0.576 であるので、これらの要素はこのデータ中の握力における分散の約 57.6% を説明する。これはこの章の最初に議論した R^2 が 0.566 の二元配置ANOVA（因子＝性別、アルコール）よりわずかに改善されている。ANCOVAの結果を表9-8に示す。

表 9-8 性別とアルコールを因子、1週間当たりの運動量（分）を共変量として持つ握力の強さにおけるANCOVA

情報源	積和	df	二乗平均	F	有意性
補正モデル	745.596	4	186.399	15.290	< 0.001
切片	7289.554	1	7289.554	597.957	< 0.001
運動	12.511	1	12.511	1.026	0.316
性別	517.299	1	517.299	42.434	< 0.001
飲酒	117.498	1	117.498	9.638	0.003
性別×アルコール	78.573	1	78.573	6.445	0.015

表9-8 性別とアルコールを因子、1週間当たりの運動量(分)を共変量として持つ握力の強さにおけるANCOVA(続き)

情報源	積和	df	二乗平均	F	有意性
誤差	548.584	45	12.191		
計	42135.000	50			
補正合計	1294.180	49			

因子とそれらの交互作用は有意で、共変量は有意でない。

- 性別においては、$F(1, 45) = 42.434, p = < 0.001$
- アルコールにおいては、9.638, $p = 0.003$
- 性別×アルコールにおいては、$F(1, 45) = 6.445, p = 0.015$
- 運動においては、$F(1, 45) = 1.026, p = 0.316$ (有意でない)

この共変量を加えてもモデル適性はそれほど改良されていないので、運動を測定するよりよい方法がないか考えてみる。運動の種類が重要になる。例えば、ウェイトリフティングをしている人の握力は、長距離走をしている人の握力よりも強くなっているかもしれない。運動は二値変数やカテゴリ変数としての方が役に立つかもしれない。何かしらの運動をするかしないかの差は、運動に費やされた時間の差よりも重要だろう(この場合は運動は共変量ではなく因子になる)。このことは、なぜどの研究プロジェクトも継続事業なのかを説明している。アイデアを思いつき、それを検定し、アイデアを練り直し、再検定をする、シャンプーの宣伝にあるように洗って、リンスして、繰り返す。最初から完璧なモデルを作ることは期待しないのだ。

9.3 練習問題

問題1

二元配置 ANOVA を実施したい。処理の一環として、リーベン検定を実施して p 値 = 0.045 を持っているのはどちらかを調べる。分析でこれは何を意味しているか。

解

リーベン検定は、ANOVA における同等性の仮定(それぞれのグループがほぼ同じ分散を持っている)の検定である。「分散は等分散である」という帰無仮説なので、もしリーベン検定が有意でない場合は、等分散性の仮定は維持されて、ANOVA を実施することができる。この場合は、形式的な基本の有意水準 $\alpha = 0.05$ を利用し、リーベン検定が有意であった場合は、等分散性の仮定は棄却し、データを変更するか問題を訂正するまで ANOVA で処理すべ

きではない。

問題 2

二元配置 ANOVA に取り組んでいる。因子の中の 1 つは 2 つの水準を、その他の因子は 3 つの水準を持っている。この分析処理の一環として、図 9-8 のような平均プロットを作成した。このグラフとその有意性を分析解釈せよ。

解

因子間で交互作用がある場合がある。因子 1 における水準 1 と 3 は低い水準での結果と関連があり、水準 2 はより高い水準での結果と関連がある。しかし、この効果は因子 2 よりも因子 1 の方が大きい。したがって、因子 1 の効果は因子 2 の水準に部分的に依存しているように見える。

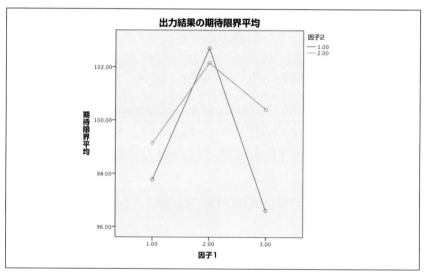

図 9-8　ANOVA における平均プロット

問題 3

表 9-9 は、問題 2 で扱った二元配置 ANOVA（平均プロットは図 9-8 参照）の結果を示している。表や平均プロットから、この分析における因子間の関係性や結果についてどのように結論付けられるか。有意検定には基本の有意水準 $\alpha = 0.05$ を使う。

表 9-9　2 因子の ANOVA

情報源	積和	df	二乗平均	F	有意性
補正モデル	145.392	5	29.078	0.172	0.971
切片	198801.665	1	298801.665	1766.133	0.000
因子 1	103.782	2	51.891	0.307	0.739
因子 2	17.849	1	17.849	0.105	0.748
因子 1 × 因子 2	23.762	2	11.881	0.070	0.932
誤差	4060.418	24	169.184		
計	303007.475	30			
補正合計	4205.810	29			

解

どちらの因子も結果には有意に関係していない。因子間の交互作用も有意ではなく、結果には関連していない。結果は次となる。

因子 1：$F(2, 24) = 0.307, p = 0.739$（有意でない）

因子 2：$F(1, 24) = 0.105, p = 0.748$（有意でない）

因子 1 × 因子 2：$F(2, 24) = 0.070, p = 0.932$（有意でない）

これはすべての分析が有意な結果になるとは限らず、平均プロットを読むときには期待しすぎてはいけないということを教えてくれる。この場合、平均プロットはデータ中に交互作用がある可能性があると暗示している。しかし、ANOVA はこの交互作用と、どちらの因子のどの主効果も 0 と有意な差がないことを論証している。したがってこの研究は一からやり直しとなる。このモデルにおける R^2 は 0.035 で、このモデルは結果における変動性の 4% 以下しか説明していないことを意味している。

問題

1 つの連続共変量と 3 水準の 1 つの因子を使った ANCOVA を計画している。ANCOVA の仮定を確かめるため、図 9-9 に示すグラフを作成した。このグラフは何を描写しているか。どの仮定を確かめているか。何を結論付けられるか。

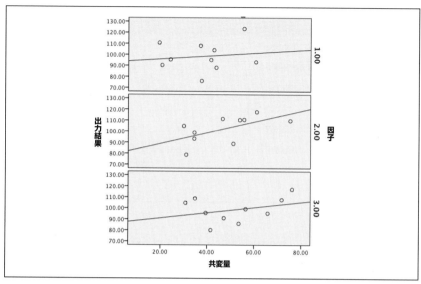

図9-9 ANCOVAの仮定を確かめるグラフ

解

これらのグラフは、成果変数（y軸）と共変量（x軸）における散布図の上に重ねた回帰直線である。それぞれの水準における因子は違うグラフで表現されている。この種のグラフは傾きの同等性の仮定を確かめるために作成される。それは、どの水準にある因子でも、共変量と結果の関係は同じであることを意味している。これが正しければ、共変量と結果の回帰直線の傾きはどの水準の因子でもほぼ同じになる。この場合は、水準2の因子の傾きが、水準1と水準3の因子の傾きより急勾配になっている。しかしこの違いが有意かどうかは統計検定をしてみないと判断できない。

問題

問題4で説明したANCOVAの仮説の検定を続け、分析を実施し、**表9-10**に示すデータを得た。基本の有意水準 $\alpha = 0.05$ を使う。

表 9-10 ANCOVA の仮定を検定する分析で得られたデータ

情報源	積和	df	二乗平均	F	有意性
補正モデル	742.689	5	148.538	1.029	0.453
切片	19233.663	1	19233.663	133.292	0.000
因子	93.367	2	46.683	0.324	0.727
共変量	487.758	1	487.758	3.380	0.078
因子×共変量	129.749	2	64.875	0.450	0.643
誤差	3463.121	24	144.297		
計	303007.475	30			
補正合計	4205.810	29			

解

これは傾きの同等性の仮定における統計検定である。傾きが同等だった場合は、交互作用項（因子×共変量）は有意ではない。これらの結果では、交互作用項は有意ではない（$F = 0.450$, $p = 0.643$）。したがって、傾きの差は有意ではなく ANCOVA を続けることができる。

問題

この章で議論されてきた握力の程度の予想を続ける。研究班は一般的な運動よりも筋力トレーニングの方が、握力のよりよい予測因子になると決定した。そこで、連続変数：筋力トレーニングに費やされた時間（分）を二元配置モデル（二値因子：性別（男／女）、アルコール摂取（する／しない））に加えた。このモデルでの ANCOVA の仮説を確かめた後、それを検定処理し、表 9-11 に示す結果を得た。この ANCOVA における R^2 は 0.628。この R^2、表 9-11 に示した情報、表 9-8 に示した運動を共変量とした ANCOVA の結果を解釈せよ。このモデルにおける効果の有意性を評価するには基本の有意水準 $\alpha = 0.05$ を使う。

表 9-11 因子が性別とアルコール摂取で、共変量が 1 週間当たりのトレーニングに費やされた時間（分）である握力に関する ANCOVA

情報源	積和	df	二乗平均	F	有意性
補正モデル	813.327	4	203.332	19.029	< 0.001
切片	6622.003	1	6622.003	619.711	< 0.001
筋力トレーニング	80.242	1	80.242	7.509	0.009
性別	388.763	1	388.763	36.382	< 0.001
飲酒	63.086	1	63.086	5.904	0.019

表 9-11 因子が性別とアルコール摂取で、共変量が 1 週間当たりのトレーニングに費やされた時間（分）である握力に関する ANCOVA（続き）

情報源	積和	df	二乗平均	F	有意性
性別×アルコール	34.597	1	34.597	3.238	0.079
誤差	480.853	45	10.686		
計	42135.000	50			
補正合計	1294.180	49			

解

このモデルは、運動を共変量にしたモデルよりもやや多くの変動を説明している（62.8%）。このモデルにおいて、因子と共変量の両方が結果（握力）と有意に関係しているが、因子同士の交互作用は有意ではない。主結果は次の通りである。

- 性別において $F(1, 45) = 36.382, p = < 0.001$
- アルコール摂取において $F(1, 45) = 5.094, p = 0.019$
- 性別×アルコール摂取において $F(1, 45) = 3.238, p = 0.079$（有意ではない）
- 筋力トレーニングにおいて $F(1, 45) = 7.509, p = 0.009$

10章
多重線形回帰

　8章では、1つの独立変数を使って1つの従属変数の値を予測または説明する単純線形回帰を導入した。このモデルは線形回帰の諸原則を導入するには有用だったが、実世界の状況では、単純回帰はあまり有用とは言えない。2つ以上の独立変数が1つの従属変数に関係する多重線形回帰はずっとよく使われる。多重回帰は、科学、医療、社会科学、教育をはじめ多くの分野で使われる共通研究技法である。多重回帰の魅力の1つは柔軟性にある。予測変数は、連続、カテゴリ、二値のいずれでもよく、1つの方程式でこれらの変数型のどのような組合せも使うことができる。カテゴリ変数を使う場合、複数の二値ダミー変数に再構成する必要がある。この技法も本章で扱う。多重予測変数は複雑になるだけでなく、追加仮定を満たす必要があり、それについても本章で扱う。最後に、複数の予測変数を使う能力とは、モデル構築戦略がその目的にかなった最良のモデルの構築に役立てられることを意味する。本章ではその戦略についても論じる。

10.1　重回帰モデル

　単純線形回帰モデルおよび2変数相関係数とその二乗（決定係数）の勉強は、回帰分析の導入として役立つが、実際には、2変数しか含まない回帰方程式に時間を割く分野はほんのわずかしかない。**大気循環モデル**（General Circulation Model、GCM）やより精密な**大気海洋循環モデル**（Atmosphere-Ocean General Circulation Model、AOGCM）などの気候変動の研究に使われるモデルを考えてみよう。これらのモデルは過去30年にわたって開発されて、天候パターンをより正確に予報できるようになっている。多くの質的カテゴリに属する数百数千の変数についての関係の理解や量化がモデルにつながっている。例えば、1970年代半ばには、大気状態の変数が注目を浴び、近未来には、大気データに陸地表面、海洋と海氷、硫黄および非硫黄エアロゾル、炭素循環、動態植生、大気化学データを組み合わせたものに基づいたモデルが可能になると見られている。大規模統計モデルにこれらの追加変動源を組

み合わせることによって、さまざまな空間および温度尺度で質的に異なるさまざまな種類の気象活動が予測できるようになってきたのだ。

本章では、ずっと小規模な多重回帰を学ぶ。これは実世界の観点でも実際的である。有用な回帰モデルが比較的少数の（2から10）予測変数を用いて実際に構築されている。もっとも、モデル構築者は、当初はるかに多数の予測変数を含めていたが、最終的にこれだけにしたということがよくある。回帰モデル構築には多数の目的と多数の方式がある。モデル構築一般に唯一の最良方式はないが、特定の目的の特定のモデルを作る最良方式はあるかもしれない。本章の助言は一般的なので、自分の専門分野での取り決めや期待については読者が自分で選ぶしかない。単純な例については、回帰モデルは倹約原則（それぞれが変動の大部分を説明する比較的少数の変数だけしか含まない）に則ってまたは変動の最大量説明原則（この場合はより多くの変数を含むが、追加変数は変動のわずかな部分しか説明しない）に則って構築される。どちらの方式もあらゆる環境で最良とはいかないので、調査あるいは研究の分野で何が期待されているかを知るのが最良ということになる。

分野や雇用場所によるもう1つの違いは、統計作業を導く理論に対する期待の程度である。学界では理論は高く評価され、特定のデータ集合で見出された関係のみに基づくモデル構築には疑念が呈される。しかし、ビジネスの世界では、自動化手法（後で論じる前方および後方投入）を用いたモデル構築は、問題なく受け入れられる。著者は経歴のほとんどが学界なのでこの問題については理論駆動側に位置する傾向にあるが、状況によっては、非理論的な方式が好ましいこともあるだろう。繰り返しになるが、ポイントは自分の分野の慣習と期待とを知り、何をなぜ行うのかを明らかにすることだ。

回帰モデル構築には2つの原則がある。第一に、モデルに含まれる各変数はそれ自身の重みを運ぶべきだ、すなわち、成果変数のうちの該当部分を説明すべきである。各変数は変動の統計的に有意な量を説明しなければならないという規則にすることもある。新たに変数を追加しても、回帰モデルを、変動説明が少なくなるという意味で悪くすることはできないのは事実であるが、変動の最大量説明原則に則って作られたモデルでも、一般には変数がモデルを十分改善して保持する価値があるかどうか決める規則があるはずだ。第二に、複数の予測変数を扱うとき、そのうちのいくつかが互いに相関していたり、従属変数と相関していることがある。これは、ある変数を追加削除することがモデルの他の変数全体の係数をおそらく変化させることを意味する。これは結果の解釈で非常に重要となる。変数 A が出力 E の有意な予測変数であるとかないとか述べるだけでは十分でなく、変数 A が変数 B, C, D をも含むモデルにおいて、有意な予測変数であるとかないとか述べなければならないからである。

形式的には、重線形回帰モデルは次の形式となる。

$$Y = \beta_0 + \beta_1 X_1 + \beta_2 X_2 + \cdots + \beta_n X_n + e$$

ここで、Yは従属変数、β_0は切片、$X_1, X_2, \cdots X_n$は独立変数、$\beta_1, \beta_2, \cdots \beta_n$は係数、$e$は残差あるいは誤差項とする。8章でもこのモデルを紹介したが、主要な特徴をここで復習する価値があるだろう。従属変数（Y）と独立変数（$X_1, X_2, \cdots X_n$）は観察データであり、切片（β_0）と係数（$\beta_1, \beta_2, \cdots \beta_n$）はモデルの残差あるいは誤差（$e$）を最小にするようにと多重線形回帰アルゴリズムで計算された値である。与えられた事例（i）で、予測変数Yの値Y_iは、その事例の観察値（$X_1, X_2, \cdots$など）に対応する係数（$\beta_1, \beta_2, \cdots$など）を掛けて切片（β_0）を加えて計算される。観察値Y_iと予測値$\hat{Y}_i$との差異は、この事例の予測誤差あるいは残差e_iである。係数は全平方残差が最小になるよう決定される（残差は、正や負があって平方せず和をとると0になるので、平方する必要がある）。

(8章で論じた) 単純回帰の仮定は、多重回帰においても成り立つ。その上に、複数の予測変数を使い始めるや、**多重共線性**（multicollinearity）を心配せねばならない。予測変数のどれも他の変数と強く相関してはならないということである。特に、どの変数も他の変数の線形結合であってはならない。これは、変数$A, B, A+B$を予測変数に含めてはならないことを意味する。笑ってしまうかもしれないが、新しい変数を作るときにその成分を予測変数表から取り除き忘れることはよく起こる。強く相関した予測変数は、個別予測変数が出力について説明するのと同程度に多くを説明して、個別予測変数の関係性を覆い隠す。さらに、強く相関した予測変数を含むモデルは不安定で、1つの変数の追加削除がモデルの係数や他の予測変数の有意性を大きく変動させる（変数の追加削除は少々の変化を引き起こすが、大きな変化はないと期待する）。幸いなことに、ほとんどの統計計算パッケージは、回帰モデルで多重共線性をチェックする組み込み関数を用意しているので、モデルを走らせてから評価することができる。

若年出産率（15-19歳の女子の1,000人当たり出産率）を他の多数の人口変数から予測する回帰モデルを構築しよう。国連人間開発プロジェクトのデータを使う。同じデータを http://hdr.undp.org/en/data からダウンロードして、使っている統計システムで自分で分析したり、もっとよいモデルが作れないか調べることができる。本章では表示を単純化するためにほんの少ししか変数を使わないが、自分で分析するときにはこれらの変数に限る必然性はない。もう1つ重要な注意は、これが国レベルで測定された生態学的データということだ。このデータに見られる関係性は国レベルでしか一般化できない（例えば、個人のレベルには適用できない）。

まず最初に変数候補を探す。8章で論じたように、若年出生率は正規分布をしていないが、自然対数変換をすると正規分布になるので、出力には変換した変数を使う。**図10-1** は、若年出産率の自然対数変換のヒストグラムを示す。ほぼ正規分布に見えて、この変数に対するコルモゴロフ＝スミルノフ統計量（8章で論じたように、母集団の変数の確率を正規分布で評価する）は 1.139（$p = 0.149$）なので、正規分布として受理できる。

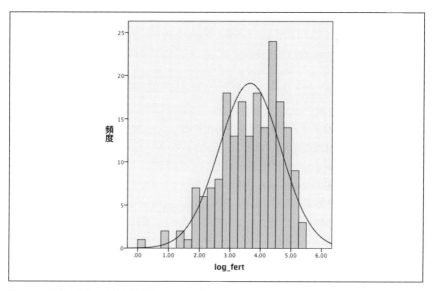

図 10-1　若年出産率の自然対数変換のヒストグラム

　予測によいと考えられる変数の1つが平均寿命（出生時平均余命）である。これは、国の健康一般水準の指標と解釈される。しかし、図 10-2 に示す平均寿命のヒストグラムは正規分布ではない。実際、国々は2グループに分かれていて、1つは平均余命がかなり低く、40半ばから60半ばにほぼ一様分布しており、もう1つは平均余命が高くて中央値が70半ばで正規分布しているグループとなっている。重要な相違が、（平均余命の高低の差ではなく）平均余命が低い国と高い国との差にあると信じるので、この信念に基づいて事例を二分化した。事例のほぼ3分の1は、66歳以下の値で、これは、平均余命の低い国の小グループと平均余命の高い国の大グループとを分ける範囲のようだ。そこで、66.0歳を平均余命の高い/低いカテゴリ分けの値に使った。

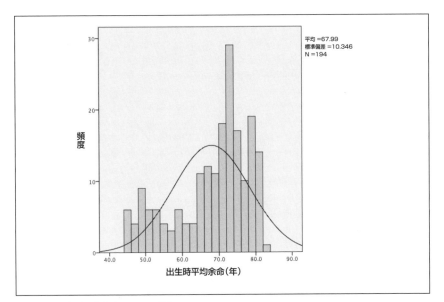

図10-2　出生時平均余命のヒストグラム

　モデルに役立つもう1つの変数は、国際通貨のドル換算した購買力平価（purchasing power parity、PPP）で表された1人当たり国民総所得（gross national income、GNI）である。これはさまざまな国が相対的に豊かか貧しいかを比較することを可能にする。一般に高収入の国は若年出生率が低く、この変数はこのモデルのよい予測変数になる。PPPでのGNIを用いる利点は、異なる国でも等価な商品を購入する能力を示す単位で表現されているので、国際為替相場の変動を避けながら各国の物価水準に関する情報をも含んでいることである。為替相場変動の問題は、米国ドルのような特定の通貨を他の国の収入表示に用いたときに問題となる。1人当たりGNIのヒストグラムを**図10-3**に示す。これは右に強く偏っている。GNIの自然対数変換を**図10-4**に示す。これは正規分布にかなり近く、コルモゴロフ＝スミルノフ統計量も受容可能正規性を示す（K-S = 0.737, p = 0.649）ので、モデルには対数変換GNIを用いる。

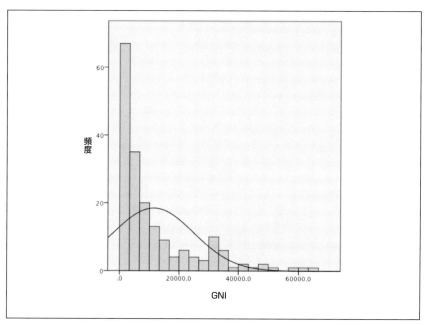

図10-3　1人当たりGNI（PPP 2005 国際ドル）のヒストグラム

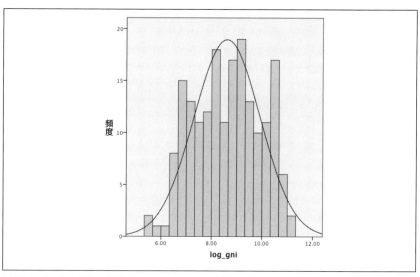

図10-4　1人当たり自然対数変換GNI（PPP 2005 国際ドル）のヒストグラム

役に立つもう1つの変数は、期待通学年数である。子供の教育に投資する意欲がありそれが可能な国は若年出産率が低いと考えるのは論理的だ。この変数は、小学校に入った子どもが学業を終えるまで何年かかるかを現在の年齢別通学データに基づいて示す。図 10-5 に期待通学年数の分布を示す。右上のギャップは、この統計が18歳で打ち切られているためだ。それでも、コルモゴロフ゠スミルノフ統計量が受容可能正規性（K-S = 0.975, p = 0.298）を示すので、変換せずモデルに含める。

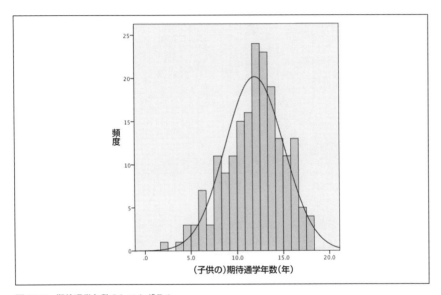

図 10-5　期待通学年数のヒストグラム

最後に、都市化のパーセント（その国で都市に住む人口のパーセントという意味）を含めることを考える。この変数は、ヒストグラム（図 10-6）とコルモゴロフ゠スミルノフ検定（K-S = 0.893, p = 0.403）とからわかるように受容可能正規性がある。

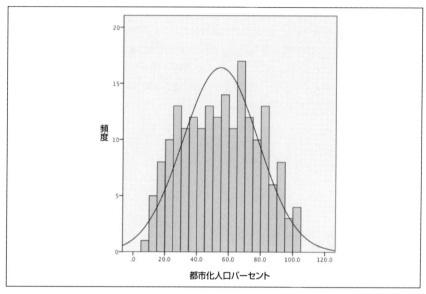

図 10-6　都市に住む人口のパーセントのヒストグラム

　次にチェックする必要があるのは線形性である。連続予測変数と出力との関係が直線に近いこと。散布図（示していない）はすべて線形関係を示唆するので、この仮定は成り立つと考えられる。
　回帰分析で多重共線性統計が生成されるが、相関行列を作って予測変数間の関係を見る。他の何よりもこれが 2 つの予測変数が密接に関係しているかどうかを示す。3 つの連続予測変数の相関行列（上三角）を**表 10-1** に示す。

表 10-1　GNI の自然対数、都市化パーセント、期待通学年数の相関行列

	GNI 対数	都市化パーセント	通学期待年数
GNI 対数	1.000	0.723	0.805
都市化パーセント		1.000	0.644
通学期待年数			1.000

　当然ながら 3 変数すべてが強く相関していることを、モデル構築の際には覚えておくこと。また二値変数と他の 3 変数との関係を調べるために一元配置分析を行って 2 グループのための連続変数の平均差異を求める。当然ながら、3 つの検定はすべて、**表 10-2** に示すように、

十分有意である。平均余命が高いほど、その国は、都市化が進み、1人当たり収入が高く、子供の通学期間がより長くなる。

表10-2 国の平均余命の高低についての平均と一元配置分析のGNIの自然対数、都市化パーセント、期待通学年数に関する結果

変数	平均余命	平均	標準偏差	F	有意性
都市化パーセント	＜66年	35.5	15.8	89.158	＜0.001
	≧66年	63.8	21.0		
GNI対数	＜66年	7.3	0.9	188.163	＜0.001
	≧66年	9.2	1.0		
期待通学年数	＜66年	8.6	2.5	206.874	＜0.001
	≧66年	13.3	2.0		

理論的には、考慮しているすべての変数が若年出産率に密接に関係することが示されるので、すべてを予測変数として含むモデルから始める。このモデルは帰無モデルより有意に改善されており（$F(4, 182) = 53.500, p < 0.001$）、$R$ が0.735、R^2 が0.540で、若年出産率の変動の54%を説明することを意味する。回帰分析からカギとなる統計を**表10-3**に示す。

表10-3 モデル1の係数表

	非標準化係数		標準化係数		有意性
	B	標準誤差	β	t	
定数	7.706	0.377		20.949	＜0.001
GNI対数	−0.360	0.072	−0.487	−4.993	＜0.001
都市化パーセント	0.002	0.003	0.059	0.794	0.428
期待通学年数	−0.073	0.029	−0.233	−2.513	0.013
平均余命二値化	−0.234	0.159	−0.114	−1.474	0.142

単純回帰同様、この表の各行は、モデルの予測子の1つについての情報を示す。単純回帰からの差異は、各予測変数からの影響がモデル全体の文脈で評価されることである。予測変数が互いに強く相関することを知っているので、出力変数で説明する変動が重複することが想定される。回帰モデルでは、すべての予測変数が（ここで行ったように）同じときに投入されると、各予測変数は、それが説明するユニークな変動についてしか寄与が認められない。これは、若年出産率のよい予測変数であるべき変数（都市化パーセントと平均余命）が、こ

のモデルでは有意でない理由を説明する。

個別予測変数についての主な結果は次の通りである。

Log_gni（GNI 対数）: $\beta = -0.360$, $t = -4.993$, $p < 0.001$

国民 1 人当たり収入は、都市化パーセント、期待通学年数、二値化平均余命をも含むモデルで、若年出産率の有意な予測変数となる。係数は負で、1 人当たり収入が高い国ほど平均して若年出産率が低くなることを示す。

Pct. Urban（都市化パーセント）: $\beta = -0.002$, $t = 0.794$, $p = 0.428$

都市に住む人口のパーセントは、GNI 対数、期待通学年数、二値化平均余命をも含むモデルで、若年出産率の有意な予測変数ではない。

Expected years of schooling（期待通学年数）: $\beta = -0.073$, $t = -2.153$, $p = 0.013$

期待通学年数は、都市化パーセント、GNI 対数、二値化平均余命をも含むモデルで、若年出産率の有意な予測変数となる。係数は負で、期待通学年数が長い国ほど平均して若年出産率が低くなることを示す。

Dichotomized life expectancy（二値化平均余命）: $\beta = -0.234$, $t = -1.474$, $p = 0.142$

出生時平均余命（66 歳超と 66 歳以下とで二値化）は、都市化パーセント、期待通学年数、GNI 対数をも含むモデルでは、若年出産率の有意な予測変数ではない。

このモデルには複数の予測変数があるので、この表の標準化係数（ベータ）を見ておく価値がある。この係数の絶対値は、どの予測変数がモデルの最大変動を説明しているかを教えてくれる（これは、尺度が異なるために、係数から直接にはできないことだ）。この標準で、GNI 対数が最大変動を説明し（$\beta = -0.487$）、次に、期待通学年数（$\beta = -0.233$）、二値化平均余命（-0.114）、都市化パーセント（$\beta = 0.059$）と続く。当然ながら、有意なものはベータ係数値が高いものだった。

有意な予測変数だけのモデルについては後述するが、もう 1 つ注意すべきことがある。要因分散分析（9 章）では変数間の交互作用が自動的に検定できる。これは回帰の事例ではない。交互作用を検定したいならば、モデルで規定する必要がある。モデルにどの変数を含めるか決定した後で、この問題を扱う。

GNI 対数と期待通学年数だけを含む第二のモデルを走らせよう。このモデルは帰無モデルよりも有意で（$F(2, 184) = 105.21$, $p < 0.001$）、R が 0.685、R^2 が 0.470 で、モデルから 2 つ変数を減らしても、モデルの変動説明分は 7% しか減らない。これは予期した通り、予測

変数が密接に関連しているので、若年出産率の同じ変動分の多くを説明しているからである。回帰分析の主な統計と、**表 10-4** に示す。

表 10-4　モデル 2 の係数表

	非標準化係数		標準化係数		
	B	標準誤差	β	t	有意性
定数	7.837	0.345		22.730	< 0.001
GNI 対数	−0.366	0.063	−0.495	−5.827	< 0.001
期待通学年数	−0.085	0.027	−0.271	−3.190	0.002

両方の予測変数が有意であり、その係数の絶対値と t 統計量が増加（特に期待通学年数）して、モデルから除いた 2 変数がそれらと重複していたことを示唆する。個別予測変数の主な結果は次のようになる。

Log_gni（GNI 対数）: $\beta = -0.366, t = -5.827, p < 0.001$
　国民 1 人当たり収入は、期待通学年数をも含むモデルで、若年出産率の有意な予測変数となる。係数は負で、1 人当たり収入が高い国ほど平均して若年出産率が低くなることを示す。

Expected years of schooling（期待通学年数）: $\beta = -0.085, t = -3.190, p = 0.002$
　期待通学年数は、GNI 対数をも含むモデルで、若年出産率の有意な予測変数となる。係数は負で、期待通学年数が長い国ほど平均して若年出産率が低くなることを示す。

次にやりたいのは、1 人当たり収入と期待通学年数との交互作用の検定である。これを交互作用項 GNI 対数 * 期待通学年数をモデルに追加して、有意かどうか調べることによって行う。このモデルは変動をより多く（$R^2 = 0.546$）説明して、**表 10-5** に示すように予測変数について興味深い結果を生成する。

表 10-5　モデル 3 の係数表

	非標準化係数		標準化係数		
	B	標準誤差	β	t	有意性
定数	5.039	1.280		3.936	< 0.000
GNI 対数	−0.019	0.165	0.026	−0.118	0.906
期待通学年数	0.159	0.111	0.507	1.436	0.153

表 10-5　モデル 3 の係数表（続き）

	非標準化係数		標準化係数		
	B	標準誤差	β	t	有意性
GNI 対数 * 期待通学年数	−0.029	0.013	−1.193	−2.267	0.025

交互作用項の追加はすべてを変える。交互作用項を含むモデルでは、1 人当たり収入も期待通学年数ももはや有意ではなく、期待通学年数の影響の方向が反転している。交互作用項だけがモデルで有意な予測変数だが、交互作用が主たる影響という文脈でのみ意味を持つので、3 つの項をすべて保持しておく。有意な交互作用項は、1 変数の影響が他の変数の水準で修正されること、この場合は、若年出産率への 1 人当たり収入の影響が期待通学年数によって修正され、期待通学年数の影響が 1 人当たり収入で修正されることを意味する。連続変数を使うときの交互作用の説明は特に微妙だが、この関係を図示すると関係の絵が明らかになるだろう。

図 10-7 は、若年出産率の対数（y 軸）の平均のプロットを期待通学年数が低、中、高水準（別々の線）で 1 人当たり収入の対数（x 軸）について取ったものだ。低水準は与えられた変数の下位 3 分の 1、中水準は真ん中の 3 分の 1、高水準は上 3 分の 1 である。

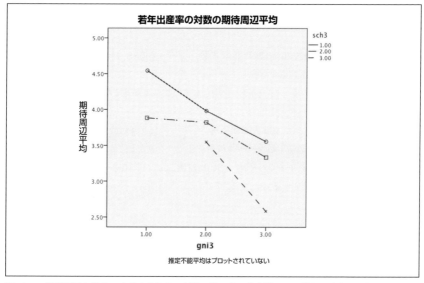

図 10-7　期待通学年数と 1 人当たり収入の対数の低、中、高水準での、若年出産率の対数の平均

図 10-7 から、国民 1 人当たり収入の増加と期待通学年数の増加とは両方とも若年出産率の低下に関連するが、減少幅は、2 変数の交互作用に依存することが明らかだ。通学年数が高水準ということについては、国民 1 人当たり収入の低 3 分の 1 の国が該当せず、それが 2 つのデータ点しかない理由であることに注意する。

期待通学年数の低水準の国では、1 人当たり収入の 3 水準にわたってほとんど直線的な若年出産率の低下が見られる。通学年が中程度の国では、1 人当たり収入の低から中へは、減少は比較的小さいのに、1 人当たり収入の中から高へは減少がずっと大きい。期待通学年数の高水準の国では、若年出産率の低下が 1 人当たり収入の中から高への減少が期待通学年数の低水準や中水準の国よりずっと大きい。

図 10-8 は、この交互作用を別の方法で示す。この図では、期待通学年数と若年出産率の対数を国民 1 人当たり収入の低、中、高水準で取った。回帰直線の傾斜（若年出産率の対数と期待通学年数の関係を示す）は、国民 1 人当たり収入の高水準で最も大きく、2 つの予測変数の交互作用を示す。もう 1 つ興味深いのは、データの全範囲で若年出産率の対数と期待通学年数の関係がかなり強い（$R^2 = 0.44$）にも関わらず、国民 1 人当たり収入のどのカテゴリでもその範囲内では、この関係はずっと弱く（低収入国では 0.118、中収入国で 0.052、高収入国で 0.168）、予測変数間での強い関係を示すことである。

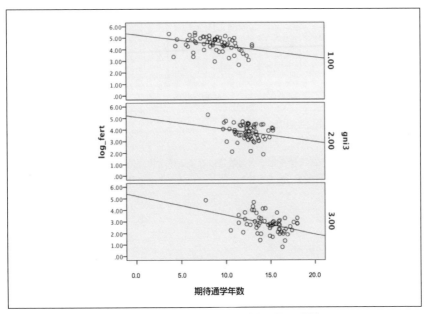

図 10-8　若年出産率の対数と期待通学年数の間の低、中、高収入国での関係

明らかに、国民1人当たり収入、期待通学年数、若年出産率の間の関係についてすべての可能性を調べたわけではない。同様に、この2変数だけで若年出産率を説明するのではなく、本章での説明の目的としては、扱うことのできるモデルができたことは明らかだ。このモデルのダービン゠ワトソン統計量は 1.95 で、独立性の2に非常に近く、誤差の独立性仮定が成り立つと想定される。このモデルの標準化残差のコルモゴロフ゠スミルノフ統計量は、0.663（p = 0.772）で、**図 10-9** のヒストグラムもほぼ正規分布であり、残差正規性の仮定も成り立つと考えられる。

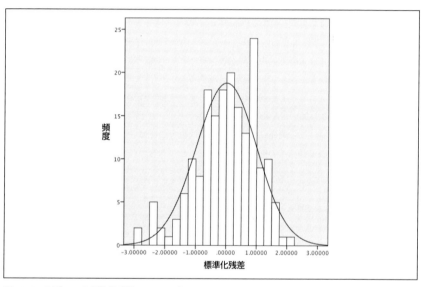

図 10-9　モデル3の標準化残差のヒストグラム

図 10-10 に示すように、標準化予測変数値に対する標準化残差の散布図を使って等分散性（等分散性とは分散がデータの範囲で同等になっていることを意味する）仮定を評価する。

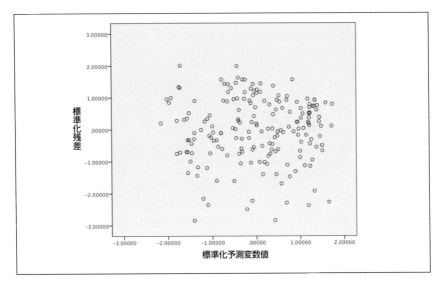

図10-10　モデル3の標準化残差の散布図

このグラフは点が雲状になっていて、不等分散性を示さないから、等分散性仮定が成り立つと想定できる。

予測変数間の多重共線性についても調べる必要がある。これをモデルの予測変数の許容度とVIF（分散拡大係数）の計算によって行う。VIFは許容度の逆数（VIF = 1/許容度）に過ぎないので、どちらの統計量の解釈も同じ結果になる。許容度とVIFの解釈にはさまざまな経験則があるが、一般的なものの1つは、許容度は0.10より小さくてはならず、VIFは10より大きくてはならないというもので、**表10-6**に示すように、この基準に照らすと問題がある。

表10-6　モデル3の多重共線性診断

予測変数	許容度	VIF
GNI 対数	0.05	20.04
期待通学年数	0.02	50.35
GNI 対数 * 期待通学年数	0.08	11.73

しかし、他の学者には、VIFや許容度のこのような値が不当な回帰モデルということにはならないと考える人もいる。付録CのO'Brienの論文を参照してほしい。予測変数が強く相関していることを知っているので、もしこの分析を続けるのなら、モデルに、より多くの変数を追加したり、1つか2つを落としたり、2つを結合したり（他の変数との結合も可能）

してモデルへ含めるインデックス項にすることなどが考えられる。本節および例に取り上げた目的としては、このモデルの解釈をこのまま続ける。

データの回帰方程式は次のようになる。

Log_fert = 5.039 − 0.019(GNI対数) + 0.159(期待通学年数) − 0.029(GNI対数 * 期待通学年数) + e

この分析では、GNI対数と期待通学年数係数が0と有意に異ならないが、交互作用項がこの交互作用を行う変数を含める方程式の文脈でしか意味を持たないので、方程式に含めている。GNI対数や期待通学年数の係数を交互作用に触れずに解釈するのは間違いだということにも注意する。各係数は、方程式全体の文脈で解釈されなければならない。

この方程式を使って、国民1人当たり収入と期待通学年数の値について、国の若年出産率の値を予測する。出産率と収入の両変数が自然対数変換されているので、元の形式でこれらの変数が与えられれば、方程式に代入する前に変換する必要がある。方程式の結果は、出産率の対数についてのものとなる。ほとんどの人にはこの値は意味がないので、より理解しやすい出産率に変換する。予測変数の入力をこのデータ集合に含まれた値の範囲内に収めておきたいことにも注意する。そうしないと、値の範囲を超えた推論となり、回帰方程式がそれを作るのに使われた値の範囲を超えては妥当と想定できないので、それは避けたい。

国民1人当たり収入が12,000(既に定義したようにPPP国際ドル)で期待通学年数が12年の国の若年出産率を予測計算するものとしよう。まず収入統計を自然対数変換する。

LN(12,000) = 9.393

値を方程式に代入して計算する。

Predicted(Log_fert) = 5.039 − 0.019(9.393) + 0.159(12) − 0.029(9.393*12) = 3.500

Log_fertの予測を計算しているので誤差項(e)を除いていることに注意する。この予測値と、X変数の値をその国で測った実際の値との間には誤差があり得ることは知っている。log_fertの予測値を逆対数をとることによって予測値に変換する。

$e^{3.500}$ = 33.12

これは、回帰モデルに従えば、期待通学年数が12年で国民1人当たり収入が12,000 PPP国際ドルの国は、若年出産率が1,000人当たり33.12と予測されることを示す。

10.1.1　ダミー変数

多重線形回帰は、連続または二値の予測変数を扱うことができる。しかし、3個以上のカ

テゴリの変数を扱う必要もある。その場合、カテゴリ変数を複数の二値変数、すなわちダミー変数に設定し直す必要がある。ある大学が 2010 年のクラスの卒業生の初任給を調査するものと仮定しよう。データには学生の GPA と専攻（人文、科学、社会科学、教育）も含まれているとする。GPA は、実際のデータは 2.5 から 4.0 なのだが、整数、小数がそれぞれ 1 桁、上が 4.0（満点、全平均 A）下が 0.0（どの科目も不可）で表す。卒業生なので、全学生に比較すれば平均点数が高いと期待できる。給与は千ドル単位で表現し、19.6 から 58.6 の範囲とする。

モデルの専攻分野を使って初任給を予測したいが、まずダミー（二値）変数に置き換えねばならない。単純にモデルに放り込むと、統計パッケージが符号化に使った数値を、実際にはカテゴリを示すラベルに過ぎないにも関わらず、数値的な重要度を持つ（例えば、2 が 1 より大きい）と解釈してしまう。ダミー変数を使うにはいくつかの方式がある。最もよく使われる方法を示す。

4 カテゴリのカテゴリ変数なので、変数に含まれる情報を符号化するには 3 つのダミー変数が要る。一般的には、変数に k 個のカテゴリがあるなら、その置き換えに $k-1$ 個のダミー変数がいる。1 つのカテゴリを参照カテゴリとして選ばないといけない。これと他のカテゴリを比較する。

この分析では、人文を、表 10-7 に示すように 4 つの中で平均給与が一番低いので、参照カテゴリに選ぶ。最低給与のグループを選ぶことで、他のカテゴリの係数が正になり、普通の聴き手（例えば、志望学生の親）に説明するのがやさしくなる。

表 10-7　4 専攻分野の大学卒業生の平均初任給

分野	平均給与（千ドル）	給与の標準偏差
人文	22.7	11.4
科学	56.3	9.3
社会科学	28.9	10.1
教育	28.0	8.1

表 10-8 にダミー変数を示す。

表 10-8　専攻分野のダミー変数

分野	X_1	X_2	X_3
人文	0	0	0
科学	1	0	0
社会科学	0	1	0
教育	0	0	1

3つの新しいダミー変数 X_1, X_2, X_3 を作り、値 0 か 1 を専攻分野に応じて与えた。参照カテゴリ、人文では、3つのダミー変数すべてが値 0 をとる。他の 3 分野については、1 つのダミー変数が 1 で、他のダミー変数が 0 となる。この 3 変数の組合せは、専攻分野を一意に識別する。$X_1 = 0, X_2 = 1, X_3 = 0$ という事例なら、専攻分野が社会科学だとわかる。

専攻分野から給与を予測する回帰方程式は次のようになる。

$$Y = \beta_0 + \beta_1 X_1 + \beta_2 X_2 + \beta_3 X_3 + e$$

この式で、β_0 は人文を専攻した卒業生の平均給与、他の係数は、人文専攻生の平均給与からその分野の専攻生の平均給与がどれだけ違うかを示す。例えば、β_1 は科学専攻と人文専攻の差を示す。このデータの回帰係数表は**表 10-9** に示す。

表 10-9 ダミー変数を含めた回帰方程式予測の回帰結果

	非標準化係数 B	標準誤差	標準化係数 β	t	有意性
定数	22.682	3.102		7.313	< 0.000
X_1	33.611	4.386	0.905	7.662	< 0.000
X_2	6.247	4.386	0.168	1.434	0.163
X_3	5.288	4.386	0.142	1.206	0.236

このデータの方程式は次のようになる。

平均給与 = $22.682 + 33.611(X_1) + 6.247(X_2) + 5.288(X_3) + e$

専攻分野どれかの平均給与を予測するには、この方程式の X 変数に値を代入して解けばよい。例えば、教育分野なら、その代入値は $X_1 = 0, X_2 = 0, X_3 = 1$。方程式に代入して結果は次のようになる。

予測平均給与(教育) = $22.682 + 33.611(0) + 6.247(0) + 5.288(1) = 27.97$

これは教育分野卒業生の平均給与で、**表 10-7** の値と (丸め誤差の範囲で) 合致する。他の 3 分野についても同じことをすれば、その分野で回帰方程式を用いて計算した値も、**表 10-7** の値と合致することがわかる。各係数の t 検定は、それらが 0 と異なるかどうかを検定する。ダミー変数ということと人文分野を参照グループに選んだということから、t 検定は、特定分野の学生の初任給が人文の学生の初任給と有意に違っているかどうかを示す。**表 10-9** から科学のが人文のと、X_1 が 0 から有意に違う ($t = 7.662, p < 0.001$) ので有意に差異があるが、他の 2 つの比較では有意に違わないことがわかる。これは、ダミー変数置き換えに関

する重要な点、もし特定の比較を考えているなら、その比較に便利なようにダミー変数を選ぶべきだということを、明らかにする。

10.1.2　回帰モデル構築手法

かなり単純な回帰モデルを見てきたが、モデル構築過程では、しばしば 10、20、それ以上の予測変数を含めるかどうか考慮するところから始まり、たとえ予測変数の個数が少なくても、形式的なモデル構築プロセスを使いたくなるかもしれない。多くの統計パッケージには、モデル構築のためにいくつかのアルゴリズムが用意されており、システムによっては、同じモデルの中で異なる手法やアルゴリズムを組み合わせることができる。

モデル構築には 2 つの範疇がある。予測変数の追加削除考慮の段階的 (stepwise) 手法と、与えられた段階で含めるべき予測変数をまとめて考慮するブロック化 (blocking) 手法とである。「ブロック」という言葉は、一群の予測変数がグループでモデルに投入されたり、グループで取り込むことを考慮されることによる。本章のモデルでは、全予測変数を 1 つのブロックに投入したが、後で見るように他の選択肢もある。「段階的」という言葉は、予測変数がブロック内で取り込むためにどのように選ばれるかを示す。段階的手法では一般に、指定した基準に従って、ブロック内でどの変数を選ぶか、モデル内でどの変数を追加あるいは保持するかが自動化されている。

モデル構築の自動化手法は、理論ではなく標本のデータに基づいてモデル構築を行うことから、全研究分野で受け入れられているわけではない。モデル構築は、標本を超えて一般化するためにしばしば行われるので、これは明らかに問題となる。自動化手法への他の批判としては、同じデータについて有意性検定を行い、実験ごとの誤差率の拡大に一切の修正を加えず、第一種過誤を犯す確率を増やしているというものもある。しかし、ある種の研究・業務分野では、自動化モデルは受け入れられており、読者の応用分野で受け入れられているのなら、使うべきでないという理由はない。しかし、3 つの段階的手法が 3 つの回帰モデルを生成したとすれば、どの手法を使うべきかという選択理由がなければならないことを心に留めておくことだ。

モデル構築の自動化手法は、**偏相関**（partial correlation）と呼ばれる尺度に一部依存する。これは、相関からの 1 つ以上の他の変数の削除が影響を及ぼす 2 変数の相関を意味する。自動化回帰アルゴリズムでは、偏相関を使って予測変数によって説明されるユニークな変動を識別し、他の予測変数があるところで評価されたときに出力に最も強く関係する予測変数を選ぶ。自分で予測変数を選び投入順序を決めたモデルにおいてすら、偏相関（多くの統計パッケージでは自動生成できる）を調べることは、他の予測変数がある中で特定の予測変数の重要性を評価するのに役立つ。

基本的なモデル構築段階的手法が 3 つある。

後退削除

ブロック内の全予測変数が一度に投入され、モデル適合性がひどく毀損するようになるまで、変数を1つずつ削除する。このアルゴリズムでは、削除する変数を全モデルで変数が説明するユニークな変動量に基づいて検討する。ユニーク変動の説明が最も少ない（最小偏相関を持つ）変数が最初に考慮対象となり、次に、その変数を取り除いたモデルで変動の説明が最少な変数が対象となる、というように続く。利用者は、変数の削除とモデル適合度を評価する基準を規定する。

前進追加

予測変数を、従属変数と最大絶対相関を持つ予測変数から始めて、1つずつモデルに追加する。2番目以降の予測変数には、予測変数と最大偏相関を持つ変数、すなわち、従属変数で最大ユニーク変動を説明する変数が選ばれる。各変数はモデルに含まれるためにユーザが指定した基準、一般的には、モデル適合性あるいは予測変数の有意性を向上させるもの、を満たさなければならない。

段階的

段階的手法は前進追加と後退削除の組合せである。予測変数は、モデル適合をどれだけ向上させるかに基づいて1つずつ投入される。新しい予測変数が追加されるたびに、モデル内にある予測変数が評価されて、もしモデル適合をこれ以上向上できないことがわかると削除される。

ブロック化手法は自動化されていないが、変数の投入や検定をグループで行う。本章では、全変数を1つのブロックで投入したが、複数のブロックに分けて変数を投入したいときもあるだろう。例えば、他の変数集合がモデル内にあるときに、ある変数集合がどれだけモデル適合性を高めるか調べたいときである。例えば、運動による健康改善を促す介入を開発したとしよう。多くの人口要因（性別、人種か民族、収入など）も運動と健康に関係することがわかっているので、運動習慣と健康に対する自分の介入による変動と、人口要因による変動とを分けたい。そのために、人口要因変数をブロックにまとめて方程式に投入し、介入に関係する変数を第二のブロックにして投入する。このようにして、自分の研究により説明できる出力変動は、人口要因による変動と切り離される。この種のモデルは、（人口変数のような）出力に影響する変数の影響を制御するためにランダムな割り当てをすることができない観察的研究において特に有用となる。

ブロック化は、あるブロックではある自動化手法を用い、別のブロックでは別の自動化手法を使えるので（あるいは自動化手法を用いない）、自動化手法と組み合わせることができる。先ほどの例を続けると、多数の人口特性の測定をしてあるが、モデルの変動を説明するのに

どれが最も有用か確信が持てないとする。自分の研究の変数を第2ブロックに投入し、人口変数によって説明される変動の後で、どれだけの変動が第2ブロックの変数で説明されるかを見ることができる。第2ブロックでは、自動化モデル構築手法を用いずに、すべての変数を一度にこのブロックに投入できる。

異なる段階技法を用いた効果を調べる単純な例を見てみよう。IQと伝統的な一般能力測定との関係を調べたい教育者だと仮定しよう。ここでいう一般能力測定とは、読解、言葉、推論といったスキルと、音楽や運動成績などの非伝統的測定を指す。**表10-10**に標本データの部分集合を示す。

表10-10　一般能力の伝統的尺度と非伝統的尺度とIQとの関係を示すデータ

IQ	数値	読解	言葉	運動	音楽	推論
85.0	3.0	5.0	7.0	10.0	6.0	10.0
90.0	3.0	6.0	7.0	10.0	6.0	10.0
95.0	4.0	6.0	7.0	9.0	7.0	8.0
100.0	4.0	7.0	8.0	9.0	7.0	5.0
100.0	5.0	7.0	8.0	8.0	8.0	6.0
100.0	5.0	8.0	8.0	7.0	9.0	5.0
105.0	6.0	8.0	8.0	6.0	8.0	4.0
105.0	6.0	8.0	8.0	5.0	7.0	5.0
110.0	7.0	9.0	8.0	4.0	6.0	6.0
110.0	7.0	9.0	8.0	3.0	6.0	9.0
115.0	8.0	10.0	9.0	3.0	5.0	10.0
120.0	9.0	10.0	9.0	1.0	4.0	9.0

変数間の関係を、**表10-11**（上三角だけ）に示すように、すべての対の相関とその統計的有意性を計算して、探索しようと決定した。当然ながら、伝統的尺度（数値、読解、言葉）はIQと正に強く（** = $p < 0.01$）相関している。同じく当然ながら、これらの能力尺度の多くは互いに強く相関し、そのうちのいくつかを含む回帰モデルは、おそらく高い共線性を持つ。しかし、推論は、（音楽を除いては）ほとんどの他の変数と強い関係を示さず、運動成績はIQやいくつかの他の能力尺度と強い負の関係を持つ。IQと音楽成績との間に有意な2変数関係を欠くことも、驚くべきことである。

表 10-11　一般能力の伝統的尺度と非伝統的尺度と IQ との間の対ごとの関係

	IQ	数値	読解	言葉	運動	音楽	推論
IQ	1.000	0.978**	0.976**	0.914**	−0.955**	−0.427	−0.073
数値		1.000	0.963**	.887**	−0.986**	−0.481	0.026
読解			1.000	.912**	−0.954**	−0.381	−0.055
言葉				1.000	−0.836**	−0.337	−0.103
運動					1.000	0.503	−0.062
音楽						1.000	−0.738**
推論							1.000

　理論に基づいた特定のモデルの検定よりも、このデータ集合の変数間の関係を探索したいと考えているなら、モデル構築に自動化手法を使おうと決定できる。2つのモデルを2つの手法（前進追加、後退削除）を用いて構築することを決定し、その2つのモデルを比較する。前進追加では、追加基準を $p \leq 0.05$（どの予測変数の係数もモデルに含まれる標準を満たさねばならない）に設定した。後退削除では、削除基準を $F \geq 0.100$（F 統計量の確率における水準変化が 0.100 より下でなければ変数が削除される）に設定する。

前進追加

　前進追加手法では、IQ と最も強い対ごとの相関（$r = 0.978$）を持つ予測変数、数値スキルが最初にモデルに投入される。このモデルは $R^2 = 0.956$ で、モデル全体が $F(1, 10) = 217.36$, $p = 0.000$ で有意となる。他の予測変数のどれもモデル適合性を有意に向上しないので、これが最終モデルとなり、係数は表 10-12 に示すようになる。この結果は驚くべき（他の研究者は言葉スキルなど他の変数が IQ と密接に関係していることを見出しているので）であるとともに当然（ほとんどの予測変数が強く相関していて IQ で説明できるどの変動でも大量に重複すると予期される）でもある。

表 10-12　自動化前進追加手法を用いて構築された最終回帰モデル

	非標準化係数		標準化係数		
	B	標準誤差	β	t	有意性
定数	74.318	2.043		36.374	0.000
数値	5.122	0.347	0.978	14.743	0.000

　表 10-13 は最終モデルから取り除かれた変数についての情報を示す。t 統計量と有意性の列を見て、いくつかは、特に読解（$t = 2.239$, $p = 0.052$）は、含められるのに非常に近いこ

とがわかるので、異なる標本を使ったなら、読解がモデルに含められ、数値が排除されることが容易に想像される。前進追加回帰によって到達した回帰モデルは次のようになる。

IQ = 74.318 + 5.122（数値）+ e

表10-13　自動化前進追加手法を用いて構築された最終回帰モデルから取り除かれた変数

モデル	β	t	有意性	偏相関	許容度
読解	0.467	2.239	0.052	0.598	0.072
言葉	0.219	1.648	0.134	0.482	0.213
運動	0.288	0.716	0.492	0.232	0.029
音楽	− 057	0.737	0.480	0.239	0.768
推論	− 0.098	− 1.594	0.146	− 0.469	0.999

モデル構築に前方手法を用いる大きな利点の1つは、データ集合で与えられる変動の最大量を説明する最小モデルに迅速に到達できることがある。これは、多数の予測変数があり、それらが互いにあるいは出力変数とどう相関するかについて何の理論もなく、このデータについて最良モデルだけあればよい場合には特に有用である。この方式は、データから何がわかるかということだけを知りたくて、データをより大規模な母集団の標本として取り扱うとか結果を他のデータに一般化することを考えないという点で、データマイニングによく似ている。この方式には、自動化手法を用いて構築されたモデルがモデル構築に用いられたデータ集合に大きく依存するという問題点がある。これは、データ集合からより大きな母集団に一般化するときに問題となる。予測変数の多くが互いに、また出力変数と、この例でのように、強く相関しているなら、相関の小さな差異が全く不安定なモデルという結果を招く。異なる標本を使うと、同じ自動化手法を用いて生成したモデルが最初の標本から生成されたモデルと全く異なることがある。

後退削除

後退削除モデルはすべての考えられる予測変数をモデルに投入するところから始まり、1つずつ、予測への貢献が最も少ない変数から始めて、取り除いていく。モデルは変数が取り除かれるたびに再度走らされ、新モデルごとに変数の貢献が計算され直す。

表10-14 は、最終モデルに到達するまでの5つのモデルを示す。反復のたびに、1つのIV（独立変数）が、言葉から始まり、運動、音楽、推論と取り除かれていく。**表10-15** は、モデル反復ごとの係数と対応する t 値と有意性とを示す。

表10-14 線形回帰のための後方段階的モデル

モデル	投入変数	削除変数	手法
1	推論、数値、音楽、言葉、読解、運動	–	投入
2	–	言葉	後方（基準：F 削除の確率 ≧ 0.100）
3	–	運動	後方（基準：F 削除の確率 ≧ 0.100）
4	–	音楽	後方（基準：F 削除の確率 ≧ 0.100）
5	–	推論	後方（基準：F 削除の確率 ≧ 0.100）

表10-15 各モデル反復の標準化係数

モデル		非標準化係数		標準化係数		
		B	標準誤差	β	t	有意性
1	定数	64.480	20.702		3.115	0.026
	数値	3.827	2.369	0.731	1.616	0.167
	読解	3.070	1.749	0.487	1.755	0.140
	言葉	0.048	2.628	0.003	0.018	0.986
	運動	1.011	1.423	0.305	0.710	0.509
	音楽	−1.222	0.864	−0.167	−1.414	0.216
	推論	−0.742	0.445	−0.169	−1.668	0.156
2	定数	64.514	18.819		3.428	0.014
	数値	3.851	1.822	0.735	2.114	0.079
	読解	3.088	1.301	0.490	2.373	0.055
	運動	1.026	1.040	0.310	0.986	0.362
	音楽	−1.224	0.777	−0.167	−1.575	0.166
	推論	−0.743	0.402	−0.169	−1.848	0.114
3	定数	80.511	9.530		8.448	0.000
	数値	2.449	1.137	0.467	2.153	0.068
	読解	2.863	1.279	0.454	2.239	0.060
	音楽	−1.179	0.775	−0.161	−1.522	0.172
	推論	−0.785	0.399	−0.179	−1.968	0.090
4	定数	68.274	5.524		12.360	0.000
	数値	3.149	1.122	0.601	2.806	0.023
	読解	2.476	1.352	0.393	1.831	0.105
	推論	−0.294	0.253	−0.067	−1.161	0.279
5	定数	64.655	4.649		13.908	0.000
	数値	2.765	1.093	0.528	2.529	0.030
	読解	2.945	1.316	0.467	2.239	0.050

前進追加手法は 1 つだけの IV、数値スキルがモデルに含まれるという結果になったことを思い出そう。後方手法を用いると 2 つの予測変数、数値スキルと読解スキルを含む最終モデルになることは興味深い。変数がモデルから取り除かれるたびに係数がどのように変化するかを観察するのも有益だ。これは、モデルから変数を追加削除することが、通常他の変数のほとんどあるいはすべての係数を変えるということを強調している。

後退削除手法により生成された最終回帰モデル (**表 10-14** の 5 番目のモデル) は次となる。

$$IQ = 64.655 + 2.765 （数値） + 2.945 （読解） + e$$

このモデルは IQ の変動の 97.2%、前方手法によるモデル (95.6%) よりわずかに多くを説明する。両モデルとも変動のほとんど同じだけを説明するのだが、係数がどれだけ違うかに注意すると面白い。前方手法を使って作られたモデルは数値についてより大きな切片と係数とを持つ。この差異は、最初のモデルで数値により説明される変動が第 2 モデルでは読解によって説明され、第 2 予測変数を含めると、IQ 得点が 1 つではなく 2 つの能力によって説明されるという事実からおそらく納得がいく。

10.2 練習問題

多重線形回帰は次の例からわかるようにさまざまな種類の研究課題を検討するのに使われる。

10.2.1 例 1

人事の専門家として、IT チームにおける、KLOC 尺度 (1 週間に書かかれるコードの千行単位) での生産性 (出力) に関連する動機付け要因を調べたい。生産性に影響する 4 つの動機付け要因があると信じられている。それは、内発的動機付けか外発的動機付けか、自己申告か外部観察かである。これらの要因を測定するために開発され、モデルにおいて予測変数として用いられる 4 つの尺度は次のようになる。

- 内発的自己申告 (IS)
- 内発的観察 (IO)
- 外発的自己申告 (ES)
- 外発的観察 (EO)

KLOC は千行単位で表現される。4 つの予測変数は 0 から 100 の尺度で測られる。これらの変数の記述統計が **表 10-16** に示す。

表 10-16 4種類の動機付け因子と KLOC の記述統計

変数	n	平均	標準偏差
生産性（KLOC）	50	3.5	2.3
内発的自己申告（IS）	50	41.3	14.8
内発的観察（IO）	50	54.7	19.4
外発的自己申告（ES）	50	27.1	16.5
外発的観察（EO）	50	40.7	25.5

これらの変数の相関行列の上三角を**表 10-17** に示す。p 値が 0.05 以下の係数は星印（*）で示す。

表 10-17 4種類の動機付け因子と KLOC の相関行列

	KLOC	IS	IO	ES	EO
KLOC	1.00	0.25	0.12	0.43*	0.67*
IS		1.00	−3.70*	−1.70	0.35*
IO			1.00	0.18	−0.18
ES				1.00	0.61*
EO					1.00

問題

相関行列で、このデータを用いた回帰モデル作成を導き支援してくれるような何かに気がついたか。

解

第一に、4 つの予測変数のうちの 2 つが出力変数と有意な 2 変数相関を持つ外発的自己申告（$r = 0.43, p = 0.002$）と外発的観察（$r = 0.67, p < 0.001$）である。それらの p 値は**表 10-17** に含まれていないが、コンピュータの印刷出力には含まれている。第 2 に、予測変数の中には、互いに有意な相関を持つものがある。これは、モデル構築に際して頭に留めておかないといけないことである。密接に関係する予測変数の対とは、内発的自己申告と内発的観察（$r = −0.37, p = 0.008$）、内発的自己申告と外発的観察（$r = 0.35, p = 0.013$）、外発的自己申告と外発的観察（$r = 0.612, p < 0.001$）とである。

回帰モデルにすべての 4 つの予測変数を含めると決めれば、このモデルは KLOC の変動の 51.5% を説明し、**表 10-18** に示した係数と有意性検定を求める。このモデルの適合性の全体

検定は、$F(4, 45) = 11.927, p < 0.001$ という結果を出す。

表10-18　4種類の心理要因から KLOC を予測する回帰分析の係数表

	非標準化係数		標準化係数		
	B	標準誤差	β	t	有意性
定数	−0.989	1.253		−0.790	0.434
IS	0.022	0.023	0.129	0.970	0.337
IO	0.023	0.009	0.280	2.370	0.017
ES	0.003	0.023	0.019	0.124	0.902
EO	0.062	0.015	0.660	4.044	< 0.001

問題

表10-18 の情報を解釈し、回帰方程式を書き、これらの変数間の関係を理解するにあたって次の手順はどうなるかを示唆せよ。

解

このデータの回帰方程式は次のようになる。

$$\mathrm{KLOC} = -0.989 + 0.022(\mathrm{IS}) + 0.023(\mathrm{IO}) + 0.003(\mathrm{ES}) + 0.062(\mathrm{EO}) + e$$

このモデルは帰無モデルよりも有意に優れているが、4つの変数のうちの2つだけが0と有意に異なる。IO ($t = 2.370, p = 0.017$) と EO ($t = 4.044, p < 0.001$) とである。分析の目的に応じて、ここで探索を止めてもさらに続けてもよい。相関表から、このデータ集合では、IS が IO と EO の両方に有意に相関することがわかるので、IS だけを予測変数として、それだけでどれだけの変動を説明できるか調べるためにモデルを走らせることができる。性別のようなより多くの変数をモデルに追加できる。男性と女性は、異なる動機構造を持つかもしれない。

10.2.2　例2

流通セクターのマネジメントコンサルタントであると仮定する。2つの予測変数（バーコードスキャナーのサイズとオペレータの正確さ）のどちらが、秒当たり何品で測定するレジでのスループットという出力に最大の影響を持つかを調べる動作計測を行おうとしている。この問題の解答は、各事例の測定単位が異なるので難しい。スキャナーサイズは、平方 cm で測られ、オペレータの正確さは、オペレータが商品を最初にスキャンしたときの成功率で測られるからである。依頼主は、お店でレジの列が長いとお客から文句が出ているので、スルー

プットを高めたい。しかし、スキャナーは大きくなるほど値段が高く、職員の訓練コースには費用がかかるのに、必ずしもその割には正確度が上がらない。マネージャーは、お金をもっと訓練（あるいは職員採用）に使うべきか、より大きなスキャナーの購入に使うべきか知りたいので、調査をしてスキャナーサイズかオペレータの正確さか、どちらの変数がスループットに大きく貢献するかを知りたい。

スループットも正確さも連続変数である。サイズも理論的には連続変数だが、このデータ集合では、3つの値(2平方cm, 4平方cm, 6平方cm)だけをとる。各サイズの3つスキャナーがある。連続変数の記述情報を**表10-19**に示す。

表10-19　スループットとオペレータの正確さの記述情報

変数	N	平均	標準偏差	最小	最大
スループット	30	0.76	0.36	0.20	1.50
正確さ	30	81.31	4.38	73.62	91.13

問題

最初の任務はスキャナーサイズに対するダミーによる置き換え方式の作成である。最小スキャナーサイズを参照カテゴリとして扱い、必要なだけ多くのX変数を使って、スキャナーサイズを一意に決定するよう値を設定せよ。

解

最も明白な置き換え方式を**表10-20**に示す。変数が割り当てられた値の順序を保持していることに注意する。2平方cmの値は、X_1とX_2で値0を保持し、サイズ4平方cmと6平方cmとは入れ替わってもよく、どちらも置き換えが2平方cmが参照カテゴリという指定を満たす。

表10-20　ダミー置き換え方式

サイズ	X_1	X_2
2 sq cm	0	0
4 sq cm	1	0
6 sq cm	0	1

すべての必要な過程をチェックして、ここに提示したダミー置き換えを使って回帰分析を走らせたと仮定しよう。このモデルは帰無モデルより有意に優れており ($F(3, 26) = 21.805$, $p < 0.001$)、スループットの変動の68.3%を説明する。この分析の係数表を**表10-21**に示す。

問題

表 10-21 の情報に基づいて回帰方程式を書き、マネージャーに対して、この分析からの情報をバックアップとして、アドバイスせよ。

表 10-21 スループットとオペレータの正確さに対する記述情報

	非標準化係数		標準化係数		
	B	標準誤差	β	t	有意性
定数	0.737	0.917		0.803	0.429
正確さ	−0.003	0.011	−0.034	−0.246	0.808
X_1	0.071	0.094	0.094	0.756	0.456
X_2	0.685	0.015	0.909	6.491	< 0.001

解

回帰方程式は次となる。

$$\text{スループット} = 0.737 - 0.003(\text{正確さ}) + 0.071(X_1) + 0.685(X_2) + e$$

回帰分析（$n = 30$）で、オペレータの正確さ（オペレータが商品を最初にスキャンしたときの成功割合）とスキャナーサイズ（平方センチで測る）のスループット（スキャンされた商品数で測る）への影響を調べる。この調査の実際的な文脈では、目標はスループットの増加になる。スキャナーの3サイズ（2平方cm, 4平方cm, 6平方cm）が調査項目に入る。スループットとオペレータの正確さは近似的に正規分布する。スループットは、範囲が0.20から1.50、平均が0.76、標準偏差が0.36となる。正確さは、範囲が73.62から91.13、平均が81.31、標準偏差が4.38となる。

回帰モデルは、スループットの変動の68.3%を説明する。オペレータの正確さはスループットに関係しない（$t = -0.246, p = 0.808$）が、スキャナーサイズは関係する。最大スキャナー（6平方cm）は、最小（2平方cm）より有意な改善となる（$t = 6.491, p = 0.000$）。中間サイズのスキャナー（4平方cm）は、最小に比べて正確さでの向上は見られない（$t = 0.756, p = 0.456$）。私のアドバイスは、スキャナーサイズがスループット増大に最も強く関係する変数なので、6平方cm のスキャナーを購入することである。

11章 ロジスティック回帰、多重回帰、多項式回帰

多重線形回帰は多くの種類のデータを扱える強力で柔軟な技法である。しかし、特定の種類のデータについてはもっと適当な、あるいは、データ間の特別な関係を表現するための、他にも多くの種類の回帰がある。本章では、こういった回帰技法のいくつかを扱う。ロジスティック回帰は、従属変数が連続ではなく二値のときに、多重回帰は、成果変数がカテゴリ的(3つ以上のカテゴリ)なときに、多項式回帰は、予測変数と成果変数との関係が多項式項(x^2やx^3)を含む方程式で都合よく表現されるときに適切なものとなる。オッズ比に詳しくないなら、オッズ比がロジスティック回帰の出力を解釈する際にカギとなるので、15章のオッズ比の節を本章を読む前に読んでおくとよい。

11.1 ロジスティック回帰

多重線形回帰は、単一の連続出力変数と一連の連続、二値、カテゴリ値の予測変数との関係を調べる。カテゴリ値の場合には、予測変数が二値ダミー変数の集合で書き直される場合もある。

ロジスティック回帰は、多重線形回帰と多くの点で類似しているが、成果変数が二値のとき(2つの値しかとらないとき)に使われる。成果は本質的に二値のとき(人は高校を卒業しているかしていないかのどちらか)もあれば、連続あるいはカテゴリ変数を二値で表すとき(血圧は連続尺度で測られるが、分析目的には、単に高血圧かどうかで分類される)もある。ロジスティック回帰の成果変数は便宜的に0～1で、0が特性の欠如、1が存在を示す、で表される。線形回帰の成果変数はロジット(logit)であり、問題の特性を持つ事例の確率を変換したものだ。ロジットと確率は、後で示すように相互変換できる。カテゴリ値の成果に対してなぜ多重線形回帰を用いることができないのか不思議かもしれない。次の2つの理由がある。

1. カテゴリ変数には等分散性（共通分散）という仮定が成り立たない。
2. 多重線形回帰は、0 ～ 1（存在か欠如）という許容範囲を超えた値を返すことがある。

ロジットは、定義が明らかだという理由で対数オッズ（log odds）と呼ばれることもある。p をある事例がある特性を持つ確率とすると、この事例のロジットは式 11-1 のように定義される。

式 11-1　ロジットの定義

$$\mathrm{logit}(p) = \log\frac{p}{1-p} = \log(p) - \log(1-p)$$

自然対数（底は e）が確率をロジットに変換するのに使われる。成果がロジットで表現されることを除けば、n 予測変数を持つロジスティック回帰方程式は線形回帰方程式と、**式 11-2** で示すように大変よく似ている。

式 11-2　ロジスティック回帰方程式

$$\mathrm{logit}(p) = \beta_0 + \beta_1 X_1 + \beta_2 X_2 ... + \beta_n X_n + e$$

線形回帰と同様に、方程式全体へのモデル適合度尺度（予測変数のない帰無モデルについて評価）と各係数についての検定（係数が 0 から有意に異なっていないという帰無仮説について評価する）がある。しかし、係数の解釈は異なっていて、成果における線形変化ではなくて、オッズ比（本章および 15 章で論じる。オッズ比は医療および疫学統計でよく用いられることに注意）で行われる。線形回帰同様、ロジスティック回帰もデータについて次のような仮定を置く。

事例独立性

多重線形回帰同様、各事例は他から独立で、同じ人物、同じ家族の人員など（家族が無作為に選んだ 2 人よりももっと関係しているような場合）による多重測定はあるべきでない。

線形性

成果変数のロジットと連続予測変数との間には線形関係がある。これは、ロジットを成果変数と予測変数、各連続予測変数、その自然対数、各予測変数とその自然対数の交互作用項でモデルを作って検定できる。交互作用項が有意でないなら、線形性基準が達成されていると仮定できる。

多重共線性（multicollinearity）がない

多重線形回帰同様、予測変数は他の予測変数の線形関数であるべきではなく、互いにあまりに密接に関係すべきではない。この定義の前半は絶対的（研究者がぼうっとしていて、例えば $a, b, a + b$ という予測変数を方程式に含めるようなときのみに違反が起こる）だが、後半は解釈により、回帰分析の途上で行われる多重共線性で評価される。10 章で論じたように、統計家によって絶対多重共線性が回帰モデルにもたらす脅威についての意見が異なる。

完全分離はない

ある変数の値は、他の変数あるいは変数集合で完全に予測することはできない。これは、モデルにいくつかの二値あるいはカテゴリ変数を持つときに最もよく起こる問題である。それらの変数についてクロス集計表を作り空セルがないことを調べて、これを検定できる。

米国での健康保険の加入率に対する因子を研究すると仮定しよう。全米の成人について毎年行われている調査による 2010 年 BRFSS データ集合から 500 事例を無作為標本として使うと決定する（BRFSS については 8 章参照）。保険加入は二値である。いくつかの予測変数の候補を調べてから、性別（二値）と年齢（連続）を予測変数に決める。このデータ集合では回答者の 87.4% が健康保険に入っており、その平均年齢は 56.4 歳（標準偏差は 17.1 歳）、回答者の 61.7% が女性である。

ロジスティック回帰の仮定を見ると、BRFSS データが訓練された研究者により国家標本計画に則って集められているので最初の仮定は満たしている。ロジットと年齢との間の線形性を評価するために、年齢、年齢の自然対数、二項の交互作用を含めた回帰モデルを構築する。結果を**表 11-1** に示す。

表 11-1　年齢のロジットとの線形性をテストする

	B	標準誤差	Wald	df	有意性	Exp(B)
年齢	1.305	1.136	1.321	1	0.250	3.690
Ln(年齢)	−9.353	7.884	1.407	1	0.235	0.000
年齢*ln(年齢)	−0.218	0.198	1.209	1	0.271	0.804
定数	15.862	13.055	1.476	1	0.224	7.74E6

この分析で調べたいのは交互作用項が有意であるか否かということだけだ。これはカイ二乗の一種であるワルド（Wald）統計によって検定する。有意性の列からわかるように、この

モデルの交互作用項は有意ではなく、ロジットの線形性仮定は満たしていると考えられる。

多重共線性は多重共線性診断を備えた線形回帰モデルを走らせて評価する。両変数の許容値が 0.999、VIF（分散拡大要因、variance inflation factor）が 1.001 で、多重共線性が問題ではないことがわかる。10 章で論じたように標準的なおよその規則は、許容値は 10 以上であってはならず、VIF が 0.10 より小さい。多重共線性の欠如は、これらの標本が無作為抽出をした国家標本由来であることから驚くべきことではなく、広範囲の年齢（この場合は 18 歳以上）で、性別と年齢との間の関係は期待されない。

完全分離を調べるには、二値予測変数（性別）と成果（健康保険加入率）とのクロス集計表を作る。クロス集計した頻度を**表 11-2** に示す。

表 11-2 完全分離をテストする

保険	女性	男性
いいえ	32	20
はい	234	167

空のセルがない。実際、ほとんど空のセルもない。ほとんど空のセルは、完全分離にはならないが、標準誤差が非常に大きくて、信頼区間の幅が広い推定を生成するので問題となる。

完全分離がどんなものか見るには、**表 11-3** の仮想的なデータを考えればよい。

表 11-3 完全分離を示す仮想的なデータ

保険	女性	男性
いいえ	62	0
はい	234	167

この例で保険のない人はすべて女性である。したがって、被験者が保険がないとその被験者は女性だとわかる。これが完全分離の意味するところである。実際には、完全分離は、多数のカテゴリ予測変数があり（このモデルに雇用状況、婚姻状況、教育水準を含めたと考えてみよう）いくつかのカテゴリでそれらがまばらに分布するときによく起こる。データに完全分離があるときには、ロジスティック回帰はうまくいかないので、最良解は変数を再設計することになる。婚姻状況に 6 カテゴリ（既婚、死別、離別、未婚、同性のパートナーあり、異性のパートナーあり）あるとすれば、それらを組み合わせてカテゴリを 2、3 にして、それぞれがこの完全分離を回避するような十分な人数になるようにできるだろう。もちろん、どのカテゴリを結合するかという選択は説明できるものでなければならない。例えば、最も重要な情報は結婚しているかしていないかだということで、この情報を反映するように変数

を再構成する。たとえ完全分離がなくても、カテゴリの中でほんのわずかしか事例のない変数を避けるのが賢明だ。既に述べたようにそれが非常に幅の広い信頼区間推定を生成するためだ。

仮定を満たしたので、分析を続ける。ロジスティック回帰では、モデル全体の適合性をいくつかの方法で評価できる。第一にモデル係数のオムニバス検定がある。全体モデルの検査は係数のない帰無モデルよりはよい。モデルはこの検定を 16.686（$p < 0.001$）カイ二乗統計量（2 df）で通過する。−2 対数尤度、Cox & Snell R^2、Nagelkerke R^2 という、モデル適合の3つの尺度もある。−2 対数尤度は、線形回帰の残差二乗和と似ている。−2 対数尤度の値をそれ自体で解釈することは難しいが、2つ以上の入れ子モデル（大きなモデルが小さなモデルのすべての予測変数を含むモデル）の比較では、より小さな −2 対数尤度がモデルとして優れているので、有用となる。回帰モデルではピアソンの R や R^2 を計算することはできないが、Cox & Snell R^2 と Nagelkerke R^2 という2つの疑似 R^2 統計を計算できる。両者ともに、帰無モデルに対するモデルの対数尤度に基づいている。Cox & Snell R^2 の範囲は理論上の最大値 1.0 に達することは決してないが、Nagelkerke の R^2 は補正を含み、より高い値を持てる。両者ともに線形回帰の係数決定と同じ解釈ができて、出力変動量がモデルで説明される。補正のために、与えられたモデルについて Nagelkerke の R^2 は一般に Cox & Snell R^2 より高い値を持つ。このモデルの場合、−2 対数尤度は 301.230、Cox & Snell R^2 は 0.038、Nagelkerke R^2 は 0.073 である。

このモデルの係数表を**表 11-4** に示す。

表 11-4　性別と年齢とから保険の状況を予測するロジスティック回帰モデルの係数表

	B	標準誤差	Wald	df	有意性	Exp(B)	Rxp(B) の 95%CI	
							下限	上限
Male	0.030	0.310	0.010	1	0.922	1.031	0.561	1.893
年齢	0.035	0.009	16.006	1	< 0.001	1.036	1.018	1.054
定数	0.118	0.475	0.062	1	0.804	1.125		

性別を値が 0 を女性、1 を男性とする新たな変数 Male に構成し直した。これの方が、カテゴリをどう符号化したか覚えておく必要がないので解釈が容易となる。線形回帰同様、ロジスティック回帰において定数の値と有意性検定は通常は興味の焦点ではない。予測変数は、ロジスティック回帰ではワルドのカイ二乗で評価される。有意値は他の統計の p 値とちょうど同様に解釈される。この場合、年齢が保険状況の有意な予測変数（ワルドのカイ二乗 (1 df) = 16.006, $p < 0.001$）であるのに対して、Male は有意ではない（ワルドのカイ二乗 (1 df) = 0.010, $p = 0.922$）。保険状況を再構成して、0 = 保険なし、1 = 保険ありにできるが、

年齢の係数が正（0.035）なので、年齢増加は保険加入確率を増やすことになるとわかる。

Exp(B) の列は、予測変数と成果変数に対して、モデル内のすべてのその他の変数について調整済みのオッズ比を与える。右端の 2 列は調整済みオッズ比の 95% 信頼区間を与える。オッズ比をよく知らないなら、ここでは簡単な説明しかしないので、先へ進む前に 15 章のオッズ比の節を読んだほうがよい。オッズ比は、名前が示すように、2 つの条件でのオッズの比である。この表の最初の 2 行の場合、Male のオッズ比は、男性の場合に保険に入っているオッズと女性の場合に保険に入っているオッズとの比である。オッズ比の中立値は 1 である。1 より大きな値はオッズの増加を、1 より小さな値はオッズの減少を意味する。男性のオッズ比は 1 より大きい（1.031）ので、このデータ集合では、男性の方が女性よりも保険加入のオッズが高いことを意味する。しかし、この結果は、ワルド統計量の p 値（0.922）とオッズ比の 95% 信頼区間 (0.561, 1.893) が中立値の 1 をまたがる事実とから有意ではない。そのため、保険加入状況を性別と年齢とから予測するモデルにおいて、性別は有意な予測変数でないと言える。

表の第 2 行を見ると、性別も含んだモデルにおいて年齢が保険加入の優位な予測変数であることがわかる。調整オッズ比は 1.036、95% 信頼区間は (1.018, 1.054) である。信頼区間が 1 をまたがないことに注意する。年齢と Male に対するオッズ比は小さく見える（実際、わずかに 1 を上回る）が、これが年齢が 1 つ増えることによるオッズの差異であることに注意する。例えば、それは 35 歳の人の保険オッズを 34 歳の人のと（性別を調整して）比較したものだ。年齢が高くなったときの変化期待値を求めるには、オッズ比を指数で年数乗しないといけない。例えば、年齢差 10 年（性別調整済み）の保険加入オッズの変化予測値は、次のようになる。

$1.036^{10} = 1.424$

計算結果とともにこのような 2、3 の仮想的な例について報告することは、聴衆が連続尺度で測定された変数の重要性を理解しやすくするために、しばしば有用である。このモデルのロジスティック回帰方程式は次のようになる。

ロジット (p) = 0.118 + 0.030(male) + 0.035(age) + e

既に述べたように、我々のモデルは、保険状況を予測する点で帰無モデルよりも有意に優れているが、（疑似 R^2 統計で調べて決定した）データの変動の多くを説明はしない。これは、その人が保険に入っているかどうかに関係する、年齢と性別以外に多くの変数がおそらく存在することを考慮すると驚くべきことではない。この分析をもし続けるとすれば、例えば、雇用と収入の効果を必ず検定するだろう。また、ほとんど誰もが 65 歳以上になると米国政府の Medicare 保険に加入するので、年齢を 65 歳以下 / 以上に二値化しようとするだろう。

さらに、65歳以上の人の保険状況にはあまり変動があるとは期待できないので、65歳より若い人限定の方程式を使うことを考えるかもしれない。

11.1.1 ロジットを確率に変換する

統計分野外の人はロジットについて詳しいことはありそうになく、そういう人には理解できる単位で結果を示したほうがよい。ロジスティック回帰では選択は明らかに確率だ。幸いなことに、どの予測変数集合に対するロジスティック方程式も次の公式を使って確率に変換できる。

予測確率 = $e^{\text{ロジスティック回帰方程式}} / (1 + e^{\text{ロジスティック回帰方程式}})$

先ほどのBRFSSの例を続けると、保険に入っている個人の確率を、その人のX値を方程式に代入し、以前提示した公式で方程式を用いて求めることができる。例えば、男性 ($X_1 = 1$) 40歳 ($X_2 = 40$) の予測されたロジットは次となる。

予測ロジット (p) = 0.118 + 0.030(1) + 0.035(40) = 1.548

次にこの値を確率を予測する方程式に代入して、次となる。

予測確率 = $e^{1.548} / (1 + e^{1.548})$ = 0.825 または 82.5%

11.2 多重ロジスティック回帰

ロジスティック回帰に適したデータ集合があるなら、成果変数がカテゴリ的（3つ以上のカテゴリ）な場合を除いて、多重ロジスティック回帰のよき候補かもしれない。BRFSSデータに立ち返ると、どの変数が健康状態を予測するかが知りたい。幸運なことにBRFSSには、医薬および公衆衛生分野で一般に使われ受け入れられている尺度での健康状態を測定した変数が含まれている。**自己申告一般健康状態**（self-reported general health）と呼ばれるが、この変数は、被験者に自分の健康状態を次の5つのうちのどれであるかを尋ねる。

1. Excellent（卓越）
2. Very good（非常によい）
3. Good（よい）
4. Fair（普通）
5. Poor（悪い）

この質問に対する今回の標本の結果を**表11-5**に示す。

表 11-5 自己申告一般健康状態

	度数	パーセント	累積 %
Excellent	64	14.7	14.7
Very good	149	34.3	49.0
Good	136	31.3	95.2
Fair	65	14.9	80.2
Poor	21	4.8	100.0

多重回帰方程式で年齢（連続）と性別（二値）を用いて自己申告健康状態を予測する。成果カテゴリに比較的疎なデータがあるので、性別のクロス集計表を作って空あるいはほぼ空のセルがないか調べる。もしあれば、これはロジスティック回帰の例で論じたのと同じ理由（完全またはほぼ完全分離）で問題になる。結果を表 11-6 に示す。

表 11-6 一般健康状態と性別のクロス集計表

健康状態	女性	男性
Excellent	36	28
Very good	92	57
Good	80	56
Fair	45	20
Poor	15	6

これにはよい知らせと悪い知らせが混在している。空セルはないが、サイズ6のセル（男性、悪い健康状態）は、幅広い信頼区間をもたらす。下２つのカテゴリを統合して分析を進めることに決定する。1つのカテゴリを分析の参照カテゴリに選ぶ必要がある。コンピュータアルゴリズムは他のカテゴリをこれと比較して有意な差異がないかどうか調べる。カテゴリ Excellent を選ぶことにする。

多重ロジスティック回帰のモデル適合情報は、2項ロジスティック回帰のと同様である。このモデルの－2対数尤度は660.234（これは、このモデルの適合度をより複雑なモデルと比較したいなら、手ごろだろう）で、予測変数のない帰無モデルより有意によい予測ができる（χ^2(6 df) = 19.194, p = 0.004）。疑似 R^2 統計からは、変動の多くを説明していない（Cox & Snell's R^2 = 0.043, Nagelkerke's R^2 = 0.046）ことになるが、驚かない。性別と年齢の他の多くのことが一般健康状態に影響すると予期できる。尤度比検定もできて、予測変数のど

れかが取り除かれたとするとモデル適合度がどのように変化するかがわかる。モデル適合度が有意に下がること（カイ二乗統計量で検定できる）は、その変数が成果変数の予測に有意な貢献をしていることを意味する。尤度比検定の結果を**表11-7**に示す。

表11-7 多重回帰モデルで年齢と性別から一般健康状態を予測することの尤度比検定

	簡約モデルの −2対数尤度	カイ二乗	df	有意度
切片	660.234	0.000	0	.
年齢	675.719	15.485	3	0.001
性別	660.609	3.375	3	0.337

ここで、「簡約モデル」は検定される変数を欠くモデルを指す。この表から、年齢が一般健康状態の有意な予測変数だが、性別はそうでないことがわかる。切片（intercept）は取り除いてもモデルの自由度が変化しなかったので検定されなかった。既に述べたように、低い−2対数尤度は高い適合度を示唆し、年齢がモデルから取り除かれたときに−2対数尤度が大きく増加（675.719 vs. 660.234）するのに、性別を取り除いたときにはわずかな変化（660.609 vs. 660.234）であることに驚かない。

全モデルのパラメータ評価を**表11-8**に示す。これは、比較が異なる係数について行われている（very good 対 excellent, good 対 excellent, fair/poor 対 excellent）ので、実際には3つのモデルを一度に示していることに注意する。

表11-8 多重回帰モデルで年齢と性別から一般健康状態を予測することのパラメータ評価

一般健康 カテゴリ		B	標準 誤差	ワルド	df	有意性	Exp(B)	Exp(B) の 95%CI	
								下限	上限
Very Good	切片	0.681	0.519	1.723	1	0.189			
	年齢	0.001	0.009	0.004	1	0.949	1.001	0.984	1.018
	性別＝1	0.227	0.003	0.562	1	0.454	1.255	0.693	2.274
Good	切片	−0.142	0.542	0.068	1	0.794			
	年齢	0.015	0.009	2.836	1	0.092	1.015	0.998	1.033
	性別＝1	0.095	0.307	0.096	1	0.057	1.100	0.602	2.009

表 11-8　多重回帰モデルで年齢と性別から一般健康状態を予測することのパラメータ評価（続き）

								Exp(B) の 95%CI	
Fair/ Poor	切片	-1.766	0.638	7.740	1	0.005			
	年齢	0.030	0.010	8.701	1	0.003	1.030	1.010	1.051
	性別=1	0.559	0.348	2.581	1	0.108	1.748	0.884	3.457

　低い疑似 R^2 統計での不安は、この比較で1つの予測変数しか有意でなかったこと、fair/poor 対 excellent の比較での年齢とから、このモデルで確認された格好だ。係数が正（0.030）で、Exp(B) すなわちオッズ比が1より大きいことから、年齢増加によって、卓越した健康に対する普通/悪い健康の確率が増加することがわかる。この比較における年齢の 95% 信頼区間 (1.010, 1.051) が帰無値 1.0 をまたがないこと、ワルドカイ二乗検定がこの比較のこの予測変数について有意なことから予期された結果であることにも注意する。

11.3　多項式回帰

　ここまでは、DV と1つ以上の IV との関係が線形のときの、すなわち、DV の値が IV の重みつき線形和 + 切片値で予測できるときの、モデル適合について主として学んできた。2次元平面では、そのような関係は傾きがゼロでない直線として見える。しかし、多くの現象は非線形関係にあり、そのような関係をモデル化する必要もある。完全に線形でない関係は、定義から非線形で、非線形モデル化に関する議論は実際広範囲のものとなる。本節では、2次（quadratic）および3次（cubic）多項式に基づく最もよく使われる回帰モデルの2つについて学ぶ。

　2次モデルは、IV の線形および平方項を持ち、3次モデルは、IV の線形、平方、立方項を持つ。原則として、すべての低次項と高次項を含める。曲線には多項式における最高次項に等しい極値が多数ある。2次モデルは1つの極大値を、3次モデルは相対的極大値と極小値の両方を持つ。図 11-1 は 2次モデル（$Y = X^2$）を、図 11-2 は 3次モデル（$Y = X^3$）を示す。

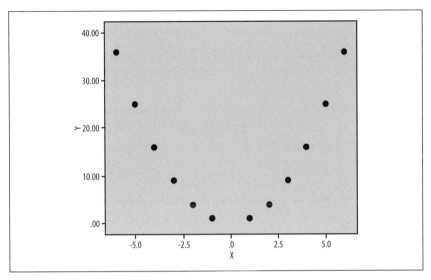

図11-1　2次モデル（Y = X^2）

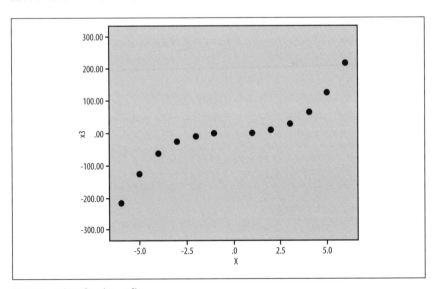

図11-2　3次モデル（Y = X^3）

スポーツ心理学の例を見よう。1908 年に初めて定式化されたヤーキーズ・ドットソンの法則（Yerkes-Dodson's law）は，覚醒（予測変数）と効率（成果変数）の2次関係を予測する。多くの競技者で，心理的覚醒（緊張）の最適レベル達成は，DV の単一極値に対応する，可能な競技成績の最良のものを達成する目標に合致する。競技者が十分緊張していないと成績は低いし，緊張しすぎても成績が低くなる。

しかし，もし覚醒と効率の関係が実は3次だったら，覚醒をさらに高めれば，成績が上がるかもしれず，それは2次モデルの予測に反する結果となる。多項式回帰は，2次と3次の両方のモデルの適合性の程度を決定するのに用いられ，最良の適合性を持つものが緊張と競技成績の関係の最も正確な記述となる。

Watters, Martin, Schreter（1997）[†]は，一連の試験でカフェイン（覚醒薬物）と認知成績とに2次関係があるかどうかを決定する実験を設計した。実験環境は，単一セッションで定期的にカフェインを投与（6 × 100mg）した。これは練習効果があり，覚醒とは独立に，セッションごとに成績が上がる。2次項による残差変動は覚醒と成績との裏にある関係を示唆する。

調査への参加者に，何回か試験をして，カフェイン投与をそのときごとにランダムに割り当てるだけではなぜいけないのかと疑問を抱くかもしれない。理由は倫理的なものである。研究者は少量の投与で薬物作用があるかどうか見たかったが，真にランダムな設計では，被験者によっては最初の試行で最高の投与を受けてしまいかねず，研究者は繰り返しの回数を最小にしたいため，不可能だった。より高次の実験制御を得るために，反復測定設計が採用され，各参加者が（一重盲検の）偽薬と本物とのセッションに加わった。実験者が薬物反応に気付くと実験は中止される。偽薬と本物との投与順序はランダムだった。

設計では，実験には被験者内比較と被験者間比較とがあり，前者が投与－反応関係を，後者が観察された投与－反応関係がランダムなもの（あるいは練習によるもの）でないことを確認する。ここには被験者内分析だけを示す。分析は，項を順次モデルに追加する，カフェインで始めて，カフェインの2次，3次と進めた。表11-9 はこの種の実験で得られたデータの例を示す。

表11-9　カフェインと認知成績の関係

0mg	100mg	200mg	300mg	400mg	500mg	600mg
10.0	15.0	17.0	18.0	15.0	13.0	11.0
8.0	10.0	14.0	16.0	12.0	10.0	9.0
15.0	16.0	18.0	24.0	20.0	17.0	15.0

[†] 原注：Watters, P.A., Martin, F., & Schreter, Z. (1997).「Caffeine and cortical arousal: The nonlinear Yerkes-Dodson Law」Human psychopharmacology: clinical and experimental, 12, 249-258.

表 11-9 カフェインと認知成績の関係（続き）

0mg	100mg	200mg	300mg	400mg	500mg	600mg
14.0	17.0	21.0	22.0	21.0	17.0	13.0
15.0	16.0	18.0	20.0	18.0	16.0	12.0
10.0	15.0	17.0	18.0	15.0	13.0	11.0
8.0	10.0	14.0	16.0	12.0	10.0	9.0
15.0	16.0	18.0	24.0	20.0	17.0	15.0
14.0	17.0	21.0	22.0	21.0	17.0	13.0
15.0	16.0	18.0	20.0	18.0	16.0	12.0

線形モデル $Y = \beta_0 + \beta_1 X_1 + e$ では、Y が成績を X_1 がカフェインを表し、2 変数間にほとんど何の関係もない。$R^2 = 0.001$ で、F 検定もカフェインの係数が 0 から有意な差異を持たないことを示す（$F(1, 68) = 0.097, p = 0.757$）。

同じ変数に対する 2 次＋線形モデル、$Y = \beta_0 + \beta_1 X_1 + \beta_2 X_1^2 + e$ では、カフェインと成績との間に有意な関係が見つかった。このモデルでは、$R^2 = 0.462, F(2, 67) = 28.81$、かつ $p < 0.001$ だ。このモデルの係数表、**表 11-10** は、線形および 2 次項がともにモデル適合に有意な貢献をして、強い線形効果に負の 2 次項が伴う。両項のモデルに対する相対貢献は、ベータ係数の絶対値で示すように、ほぼ同じである（$\beta_{線形} = 2.314$ 対 $\beta_{2次} = -2.448$）。

表 11-10 カフェイン摂取から成績を予測する 2 次モデル

	非標準化係数		標準化係数		
	B	標準誤差	ベータ	t	有意性
カフェイン	0.044	0.006	2.314	7.166	< 0.001
カフェイン**2	-7.429E.5	0.000	-2.448	-7.580	< 0.001
（定数）	12.014	0.784		15.324	< 0.001

3 次＋2 次＋線形モデル $Y = \beta_0 + \beta_1 X_1 + \beta_2 X_1^2 + \beta_3 X_1^3 + e$ は、成績の変動の有意な追加量を説明せず、3 次項の係数も有意でなく、線形足す 2 次関係モデルが最もよくカフェイン摂取と競技成績との関係を説明することを確認した。

11.4 過適合

現代統計計算パッケージのより驚くべき機能は、面倒な統計検定をボタンをクリックするだけで自動的に指定し何回でも行ってくれることである。多くのモデルを素早く走らせる能力は、単にデータを探索しているだけ、あるいは、前もって用意した仮説が期待にかなわず、

データでは実際に何が起こるのかを知りたいときには有用だ。しかし、多くの統計家は、与えられたデータ集合だけに基づいたモデル構築にしかめっ面をして、「魚釣りを続ける」のだと思い、非線形回帰が含まれると、勝手な曲線適合（arbitrary curve-fitting）だとぼやく。10章で機械的モデル構築の危険性について論じたが、その注意はここでは、予測変数を単に足したり引いたりしているだけでなく、その形式まで変更しているのでもっと当てはまる。しかし、この種のモデル構築も分野によっては受け入れられる。したがって、それが職場や学校で当てはまるというのなら、現代コンピュータパッケージが提供するあらゆる可能性を利用しない手はない。統計パッケージによっては、2変数間のあらゆる可能な線形および非線形関係を計算するよう要求することができて、そこからデータを説明するのに最適なものを選べばよい。

　この種のモデル適合に関わるのなら、このプロセスに固有な危険性を承知しておくべきだ。単純な例でこれを示そう。喫煙と血圧の関係を調べたいと考えている栄養士が、**表11-11**に示す小規模調査で得られた結果を検討すると想像しよう。両者に関係があることはわかっているが、裁判の証言者としてなら、2変数の可能なリンクで最も強いものを証明するというプレッシャーにさらされている。弛緩期の血圧と毎日の喫煙とのいくつかの事例のデータを**表11-11**に示す。

表11-11　弛緩期の血圧と毎日のタバコ喫煙との関係

弛緩期の血圧	毎日のタバコ数
80.0	0.0
75.0	0.0
90.0	1.0
80.0	0.0
75.0	0.0
95.0	10.0
90.0	20.0
100.0	25.0
110.0	30.0
140.0	35.0

　いくつかのモデル（弛緩期の血圧が成果変数、毎日の喫煙タバコが予測変数）の結果を**表11-12**に示す。**表11-12**からわかるように、2変数には線形以外にも多くの種類の関係があり得る。さらに驚くべきことは、線形足す2次項を含む3次モデルが弛緩期血圧の変動性の97%を説明することだ。これまで2変数間の3次関係を誰も報じていないので、非常に説得

性のある議論を発見したと考えられる。

表 11-12 弛緩期の血圧と毎日のタバコ喫煙との関係

方程式	モデル要約				パラメータ推定				
	R^2	F	df1	df2	有意性	定数	b_1	b_2	b_3
線形	0.781	28.518	1	8	0.001	78.423	1.246		
2次	0.869	23.118	2	7	0.001	80.984	−0.386	0.053	
3次	0.970	64.155	3	6	0.000	79.069	3.975	−0.299	0.007
複合	0.813	34.853	1	8	0.000	79.007	1.013		
成長	0.813	34.853	1	8	0.000	4.370	0.012		
指数	0.813	34.853	1	8	0.000	79.007	−0120		

このような方式で計算された R^2 値に何らかの実のある意味があるのか。賛否相半ばだが、このような魚釣りの真のリスクは**過適合**(overfitting)なのだ。データがデータ集合にあまりによく適合して、そのランダムな変動を有意な関係同様説明するという意味だ。推測統計分析の目的は、同じ母集団から抽出された他の標本に一般化できる結果を探すことなので、そもそも過適合は分析目的自体から外れる。特定のデータ集合に驚くほどうまく適合するモデルだと、必ずしも他のデータ集合に適合せず、専門分野で有用な知識を生成していない。

過適合を防ぐ最良の方法は理論に基づいてモデルを構築することである。モデル構築に機械的手続きを使うと決定したなら、それを複数の標本で検定して、ランダムな雑音ではなくデータ内の主要な関係をモデル化していることを確かめよう。破壊的試験環境でのように、限られた標本しかないなら、ブートストラッピングやジャックナイフのような再標本化技法を使う。これらの技法は付録 C の Efron の本に述べられている。

11.5　練習問題

問題

2つの入れ子ロジスティック回帰モデル（大きなモデルが小さなモデルのすべての予測変数を含むモデル）を比較している。モデル A は−2対数尤度が 200.465、モデル B は−2対数尤度が 210.395。どちらのモデルがデータに適合しているか。

解

モデル A の方が適合している。2つの入れ子モデルの比較では、より小さな−2対数尤度のモデルの方がデータにより適合する。

問題

1つの二値予測変数と1つの連続予測変数を使って、ロジスティック回帰分析を計画している。次の表は Y 変数と2つの予測変数 (X_1 と X_2) のクロス集計結果を示す。この表を見て、警告を感じるか。その場合には、どう問題を解消するか。

		$X_1 = 1$	$X_1 = 2$	$X_1 = 3$
$Y = 0$				
	$X_2 = 1$	25	32	20
	$X_2 = 2$	27	17	32
$Y = 1$				
	$X_2 = 1$	34	6	23
	$X_2 = 2$	41	36	5

解

空セルはないが、小さな値 (6 と 5) が2つあり、幅広い信頼区間という結果になりかねない。可能なら (変数 X_1 のカテゴリの意味に基づいて理論的に説明できるはず)、最良解はこの変数の第2と第3のカテゴリを結合することだろう。

問題

ロジスティック回帰分析を行って高校生が中途退学する確率を彼らの GPA と性別を予測変数に使って予測する。次が回帰方程式である。

ロジット (p) = 4.983 + 1.876(male) − 2.014(GPA) + e

Dropout(Y 変数) の符号は 1 = 中途退学、0 = 中途退学しない。GPA は 0.00 から 4.00 の連続変数。Male (性別変数) の符号は 0 = 女性、1 = 男性。

3.0 GPA の女性の中途退学の予測確率は何か。

解

確率を計算するにはロジスティック回帰方程式の性別と GPA に値を代入し、次の公式を使って中途退学の確率を予測する。

予測確率 = $e^{\text{ロジスティック回帰方程式}} / (1 + e^{\text{ロジスティック回帰方程式}})$

予測ロジットは次となる。

ロジット (p) = 4.983 + 1.876(0) − 2.014(3.0) = − 1.059

中途退学の予測確率は次となる。

予測確率 = $e^{-1.059} / (1 + e^{-1.059})$ = 0.258 = 25.8%

問題

高校で誰が中途退学するか予測する問題を続けると、方程式に、生徒の母親が高校を卒業しているかどうか（符号は、0 = いいえ、1 = はい）という他の変数を追加する。適当なデータチェックの後、方程式を走らせて、**表 11-13** の係数と有意性検定を作った。このモデルは、帰無モデルよりも高校中退を有意に予測する（カイ二乗 (3) = 28.694, $p < 0.001$）。Cox & Snell R^2 の値は 0.385 で、Nagelkerke R^2 は 0.533。

表 11-13 性別、GPA、母親の教育から高校生の中途退学を予測するロジスティック回帰方程式の係数

	B	標準誤差	Wald	df	有意性	Exp(B)	Exp(B) の 95%CI 下限	上限
性別	2.107	0.770	7.495	1	0.006	8.224	1.819	37.170
GPA	−1.599	0.756	4.466	1	0.035	0.202	0.046	0.890
母親高校卒業	−2.430	1.104	4.847	1	0.028	0.088	0.010	0.766
定数	5.021	2.420	4.305	1	0.038	151.526		

この表の情報を、どの予測変数がどの方向で有意か、Exp(B) の列とその 95% 信頼区間が何を意味するかを含めて、解釈せよ。

解

このモデルのすべての予測変数は、生徒の高校からの中途退学確率に関して有意である。男性の方が女性より中途退学しやすいことがわかる（$B = 2.107$; ワルドカイ二乗 (1) = 7.495, $p = 0.006$）。GPA が高いほど中途退学の確率が低い（$B = −1.599$; ワルドカイ二乗 (1) = 4.466, $p = 0.035$）。母親が高校を卒業していると同じように中途退学の確率が低い（$B = −2.430$; ワルドカイ二乗 (1) = 4.867, $p = 0.028$）。

Exp(B) の列は、予測変数の調整オッズ比を示す。予期されるように、男性は 1 より大きいオッズ比（8.224）を持ち、GPA と母親の教育を調整後、女性より 8 倍中途退学しやすい。男性の 95% 信頼区間は (1.819, 37.170)。GPA と高校を卒業している母親とはオッズ比が 1 より小さく、高い GPA と高校を卒業している母親とは、中途退学の低い確率に関連する。オッズ比と 95% 信頼区間とは GPA で 0.202 (0.046, 0.890)、高校を卒業している母親で 0.088 (0.010, 0.766) だ。どの信頼区間も中立値 1 をまたいでいないことに注意する。これはすべての予測変数が有意なことから予期されていた。

12章
因子分析、クラスター分析、判別関数分析

　今日では、一冊の本では扱い切れないほど多くの統計技法が使われている。実際、生涯かけても習得し切れないほど多数の種類の統計がある。しかし、自分ではどうすればよいかわからなくても、その技法を知っておくと役立つものだ。例えば、習ったことのない技法を使った論文を読むとか、ある技法を学ぶ必要があると決めるか、他人の研究で使われているのを知ってそれに詳しいコンサルタントを雇う、などがある。本章では、どのように使われるかの例を示しながら高度な統計技法のいくつかを紹介する。技法そのものは、目的が読者にこれらの技法が研究課題に適切かどうかを見極めさせることなので教えない。本章で扱う方法論には、因子分析、クラスター分析、判別関数分析が含まれる。

12.1　因子分析

　因子分析（Factor analysis、FA）は、最も広く使われるデータ簡約技法である**主成分分析**（principal components analysis、PCA）を使い、標準化変数を用いてデータ集合を簡約する。入力行列の**直交分解**（orthogonal decomposition）に基づいて、直交成分（因子）集合からなる出力行列を導く。このプロセスでは、通常、より少数のコンパクトな出力成分を生成する。線形代数の用語を使うと、PCAは、共分散行列から**固有値**と**固有ベクトル**を生成する。出力行列の成分は、入力変数の線形結合となり、成分構成は、無相関方向を探しながら、第1成分が分散を最大化し、引き続いて剰余分散を最大化するように成分を抽出していく。PCAのより一般的な版は、ホテリング（Harold Hotelling）の**正準相関分析**（canonical correlation analysis、CCA）で、これは、多変数正規性を仮定し、変数の2集合が独立かどうかを検定するのに使われる。

　PCAは、次の3主要目的のために使われる。

- 仮説検定において、一般線形モデルに基づいた技法を使って直交変数を生成する。
- 多数の変数をより少数の管理可能なデータ集合に圧縮する。
- 高度に相関した入力変数で表現される大きなデータ集合の潜在変数を識別する。

最初の2つの目標はPCAで達成できるが、3番目は因子分析（FA）でもっぱら行われ、これには直交分解に基づくが**分散最大化回転**（varimax）のようなもっと複雑な技法も含まれる。本章ではこれらの技法についてさらに学ぶ。FAでは、保持される主成分が**共通因子**（common factor）と呼ばれ、入力変数との相関が**因子負荷量**（factor loading）と呼ばれることに注意する。

心理測定分野の例を見よう。歴史的には、FAは、精神作業や知能のさまざまな理論を検定するのに使われてきた。例えば、知能を構成するのは単一の一般因子であるという仮説や、それと対立する複数の直交因子が知能を構成するという仮説などがそれに含まれる。同様に、人口における知能や認知機能の大規模な研究から多数の試験によって個人差についての理解が信頼できる程度になった。個人差の理解のプロセスは、それを補うものも含め、ガウス分布とも呼ばれる正規分布の発明者ガウス（Carl Friedrich Gauss）の思想やその後のさまざまな天文学者の観測を補正する方程式を個人で開発したベッセルの後の研究に大きな影響を与えた。

知能の理解や測定可能な変数についての初期の試みは、キャッテル（James Cattell）をはじめとした心理学者によって始められた。キャッテルは、知能を、反応時間、移動率、握力などの一連の心理テストで数量化しようとした。後の研究は、これらの試験の結果が実際の学問業績と関係がないことを示した。しかし、一連の心理テストの結果から抽出された、一般知能因子 g についてのスピアマン（Charles Spearman）の研究は、心理測定におけるFAやPCAのような手法の採用につながった。サーストン（Louis Leon Thurstone）やその他による後の研究は、知能の基盤には少なくとも2つの独立認知因子がなければならないことを示唆した。それらは、言語因子 L と量的因子 Q である。今日でも、知能についてのこの特徴付けは、大学進学を考えている米国の生徒が受ける学術適性試験（SAT）や大学院に入る前の学生が受ける大学院成績試験（GRE）で使われている。両者は、3つの主要要素、言葉、作文、数学からなり、おおまかに言語（言葉と作文）と量的（数学）というサーストンが示唆した分解に対応する。

典型的な心理測定の例を見てみよう。入力行列として一連の認知的心理的成績得点を取り、出力行列を低次にする。用語の行列はここでは各情報片の意味に対応するパターンに配置された数値情報を指すに過ぎない。このプロセスは仮説によって駆動することがある。例えば、心理学理論から2つの因子（例えば、L と Q）が予測され、変動の最大割合の2因子を選べばよい。他方、研究がもっと探索的なものなら、データには、何らかの標準的な規範あるい

は規則に従い、どれだけ多くの要因があるかということも決定していく。保持因子の決定基準として最もよく使われるのはガットマン・カイザーの基準（Guttman-Kaiser criterion）で、（FAの場合）固有値が1より大きいものだけを選ぶ。この規則に従えば、因子は、変動が入力データ集合で等しく分布しているなら、変数が寄与する変動が平均より大きいものだけが保持される。他の保持基準には、**Velicer 偏相関手続き**（Velicer partial correlation procedure）、**バートレット検定**（Bartlett's test）、**折れ棒モデル**（broken stick model）など、また図表的には、固有値の**スクリー・プロット**（scree plot）を描いてどの要因を保持するか決めるものなどがある。スクリー・プロットでは、固有値のグラフで、山裾から岩塊（scree）が転げ落ちるような斜面の手前にあるものを保持する。

標準的な一連の試験を行った結果を保持したデータを持っていると仮定しよう。**表 12-1**に最初の5人の参加者のデータを示す。心理学者は、これらすべての知能成分について1つの一般知能因子が成績を決めるのか、いくつかの因子があってこれらの変数である知能成分のどれかに大きく影響するのか、どちらかを決定したい。例えば、L因子は、読んだり話したりする能力に強く関連しているか、別のQ因子は算術や幾何の能力に関係しているかだ。

表 12-1　心理測定試験結果

読解	音楽	算術	言葉	運動	綴り	幾何
8	9	6	8	5	9	10
5	6	5	5	6	5	5
2	3	2	6	8	6	4
8	9	10	9	8	10	6
10	7	1	10	5	10	2

データを検討するには、まず全変数について2変量相関行列を作る。**表 12-2**はこの行列の上三角を示す。これは、どの変数対が顕著な関係を持ち、どれがそうでないかを見るのによい方法だ。各対の最初の行はピアソンのrを、次の行はその有意水準を示す。

表12-2 心理測定試験変数間の相関

		読解	音楽	算術	言葉	運動	綴り	幾何
読解	r	1.000	0.535	0.253	0.860	0.469	0.762	0.386
	p		0.111	0.481	0.001	0.172	0.010	0.270
音楽	r		1.000	0.249	0.262	0.263	0.380	0.069
	p			0.488	0.464	0.463	0.278	0.850
算術	r			1.000	0.501	0.206	0.307	0.758
	p				0.140	0.568	0.389	0.011
言葉	r				1.000	0.236	0.895	0.569
	p					0.511	0.001	0.086
運動	r					1.000	0.054	0.266
	p						0.881	0.458
綴り	r						1.000	0.291
	p							0.415
幾何	r							1.000
	p							

これらの相関は Q 因子と L 因子とを分離する考えを支持しているように見える。L については、

- 言葉の成績と読解の得点は強く相関しているように見える（$r = 0.860, p = 0.001$）。
- 読解と綴りの得点は強く相関している（$r = 0.762, p = 0.010$）。
- 言葉の成績と綴りの得点も相関している（$r = 0.895, p < 0.001$）。

Q については、

- 幾何と算術の得点は強く相関している（$r = 0.758, p = 0.011$）。

他の変数は（例えば、運動や音楽の成績）他のどの変数とも強い相関がなく、FAからは2つの解釈可能因子が結果となると期待できる。

PCA計算後にはまず、変動のうち因子構造によるものはどの程度の割合かを検討する。これには、**表12-3** の抽出という列に示す**共通性**（communalities）を調べればよい。音楽のような変数は共通性が比較的低い（0.779）が、綴りは共通性が非常に高い（0.967）。共通性が

高い変数は、抽出因子により説明できる変動割合が大きく、共通性が低い変数は、変動部分の多くが未説明のままとなる。

表 12-3　共通性

	最初	抽出
読解	1.000	0.929
音楽	1.000	0.779
算術	1.000	0.868
言葉	1.000	0.955
運動	1.000	0.943
綴り	1.000	0.967
幾何	1.000	0.814

表 12-4 から表 12-6 は、この FA の結果の初期固有値、二乗負荷の抽出和、二乗負荷の回転和を示す。これらの表は解釈結果の最も有意な部分を示しているので重要だ。表 12-4 では最初の3つの抽出因子が変動の 89.378% を占める。7変数を3つの因子に簡約して、データ内のほとんどすべての変動を扱うことからも PCA の威力が見て取れるだろう。表 12-5 は回転前の3つの抽出因子を示す。表 12-6 はカイザー正規化での分散最大化回転をした後の抽出因子を示す。分散最大化回転は、因子の軸を直交性を保存しつつ負荷量の変動和を最大化するように回転する。これは3因子による変動の総和に影響しないが、因子間の変動の割合は変化することに注意する。

表 12-4　初期固有値

因子	初期固有値		
	合計	分散の %	累積 %
1	3.488	49.829	49.829
2	1.651	23.591	73.420
3	1.117	15.958	89.378
4	0.425	6.069	95.446
5	0.234	3.343	98.789
6	0.067	0.952	99.742
7	0.018	0.258	100.000

表12-5 二乗負荷の抽出和

和	変動の %	累積 %
3.488	49.829	49.829
1.651	23.591	73.420
1.117	15.958	89.378
2.846	40.653	40.653
2.066	29.517	70.170
1.345	19.208	89.378

表12-6 二乗負荷の回転和

和	変動の %	累積 %
2.846	40.653	40.653
2.066	29.517	70.170
1.345	19.208	89.378

FAをよく知らない場合、回転について特に、因子負荷量の解釈と潜在構造の存在発見に使われるために、何かおかしいと感じるものだ。しかし、これは、研究者が各因子に最も密接に関連する変数はどれかを絞り出すという非常に有用な目的を果たすまっとうな技法である。

回転の前と後とでこの分析の成分行列を示す**表12-7**と**表12-8**を見れば回転の利益がわかる。成分1は、潜在 L 因子に相当するが、回転が最も関係する変数の負荷量を増やすので、綴り、読解、言葉のスキルがこの因子で最大負荷量となっている。回転後、Q 因子に相当する、成分2は算術と幾何の負荷量は高くなったが音楽のような無関係の変数の負荷は相対的に低くなった。成分3は運動だけで負荷が高く、特別な因子を表すのだが潜在構造は何も反映せずこの分析では無視されるだろう。このように、回転はどの試験の得点（読解、音楽など）が2つの成分に最も関係するかを明らかにする。

表12-7 回転していない成分行列

	成分1	成分2	成分3
読解	0.902	0.328	−0.085
音楽	0.386	0.775	−0.174
算術	−0.582	0.727	0.028
言葉	0.955	0.009	0.209

表 12-7　回転していない成分行列（続き）

	成分 1	成分 2	成分 3
運動	−0.403	−0.059	0.882
綴り	0.819	0.235	0.491
幾何	−0.664	0.597	0.130

表 12-8　回転した成分行列

	成分 1	成分 2	成分 3
読解	0.859	−0.144	−0.412
音楽	0.593	0.490	−0.433
算術	−0.158	0.917	0.050
言葉	0.869	−0.438	−0.088
運動	−0.046	0.176	0.954
綴り	0.955	−0.164	0.169
幾何	−0.246	0.846	0.195

　データを図やグラフで検討することからも変数間の関係は明らかになる。固有値選択の問題に戻ると、**図 12-1** はこの分析によるスクリー・プロットを示す。丸が**表 12-4** の固有値に相当する。値が高いと変動をより多く説明するので、3 番目の固有値の後は、追加された固有値があまり説明の足しにならない。固有値を山から転げ落ちる岩塊と想像してみれば、3 番目か 4 番目の固有値で水平方向にたわみがあって（スクリー・プロットの解釈には主観が入る）、4 から 7 は山裾に積み上がるだけだ。したがって、この分析では保持する価値があるのは 2 つか 3 つの成分で、これは、ガットマン・カイザーの基準を使った結果に該当する。成分 3 は切点 1.0 をわずかに上回る。

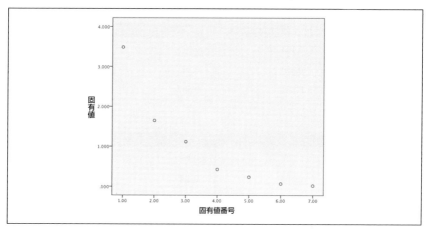

図12-1　スクリー・プロット

　図12-2は3次元空間で回転する効果を示す。L因子に関連する変数（綴り、言葉、読解）が3D空間で密接なクラスターを、Q因子に関連する変数（算術と幾何）と同様に形成することがわかる。他の2変数（音楽と運動）が2つの成分指向クラスターの重心からほぼ等距離にあることに注意する。回転の影響は負荷表を眺めるよりも3次元空間で観察するほうが容易にわかることが多い。

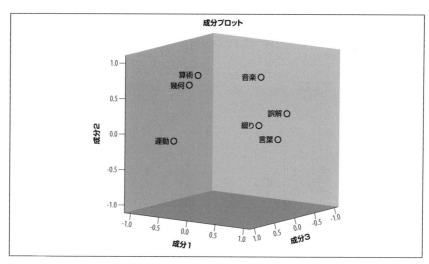

図12-2　回転空間での成分プロット

表12-9はFA手続きによる出力行列を示す。これは最初の5人の参加者について計算した3成分の得点を示す。これがGREまたはSATなら受験者に返される得点になる。結果の精度はコンピュータのパッケージによることに注意する。

表12-9 参加者の成分得点

被験者	成分1（L）	成分2（Q）	成分3（運動）
1	0.518	1.132	-0.095
2	-1.170	-0.128	0.084
3	-1.396	-1.207	1.619
4	1.094	1.198	1.128
5	0.706	-1.049	0.014

本書で他の技法について学んだように、PCAとFAでは結果が妥当で信頼できるためにいくつかの基本的な要件を満たさなければならない。一般にデータ集合が大きくなるほど結果がより信頼できるので、大量のデータ集合がPCAとFAには普通よく使われる。心理測定の場合、信頼性は試験がさまざまな国および言語グループにわたって数十万人に行われて確立されるのが普通だ。他の要件は、入力行列で事例数が変数の個数より多いことだ。通常、統計的有意性検定はPCAについて行われず、外れ値や他のバイアス源が問題を引き起こすことは、ANOVAと比べて少ない。PCAでは線形相関の仮定が成り立つ。すなわち、変数は線形に関連し、どれもゼロまたは完全相関であってはならない。

12.2 クラスター分析

クラスター分析（cluster analysis）は、1つ以上の変数の値に基づいてグループ分けされる事例に対する一連の技法である。クラスター分析技法には分割により事例をグループ分けするものや、グループ間およびその祖先と分類関係を示す階層木を与えるものがある。関連技法の**判別関数分析**（discriminant function analysis、DFA）はグループのパラメータ構造の理解に基づいて事例をグループ分けする規則を開発する。DFAはクラスター分析だけよりもグループメンバーの予測に優れる。この2つの技法は一緒に使われることが多い。クラスター分析は最初グループ数が未知のときに使われ、その個数がわかったらDFAが各事例についてグループメンバーを予測するのに使われる。

クラスター分析は2つのシナリオで非常に有用である。第一は、データで見つかるグループ数が既にわかっていてグループ数をアルゴリズムに渡してメンバーの割り当てを行わせる（k平均法、k-means）。もう1つは、グループ数がわからないので、アルゴリズムにどれだ

け本当にグループがあるか捕捉させるものだ。

　クラスター分析は高度に実際的なツールである。成功は主として渡されたデータの品質に依存する。クラスター分析は入力ベクトル Y、n 事例と p 変数に対して、n 個の事例それぞれに、k 個のグループのどれかを割り当てる。p 変数の各々は研究対象のある側面を測定する。心理測定の例を続ければ、各変数は特定の種類の能力試験（読解、綴りなど）の得点を表す。アルゴリズムはランダムに k 個のクラスターを作り、**重心**（centroid）というクラスター中心を同定して、各事例を最も近い重心に割り当てる。事例はクラスター間を移動してクラスター内変動を最小化し、クラスター間変動を最大化する。プロセスは前もって定義されたある基準に従って収束するまで続く。重心の初期割り当てはランダムなので、常に同じ答えが得られるわけではない。

　クラスター分析の計算論的目標は、グループ $1\cdots k$ の全メンバーが、そのグループの他のメンバーとは同様だが、他のグループのメンバーとは同じでないことを確かにすることである。類似性、非類似性は特定の距離尺度の利用によって決定される。次のようなものを含めて多数の尺度が開発されてきた。

ユークリッド距離
　多次元空間で2点間の幾何的距離である。

マンハッタン距離
　外れ値の影響を減らす、市街ブロック距離。

マハラノビス距離[†]
　クラスター内距離が増大し、クラスター間距離が減少する。

　心理測定の例を再度用いる。3因子が生徒の能力の基盤であることは示した。識別された因子 L、Q、運動が直交的なので潜在構造に基づいて異なる教育グループで生徒を分類するための何らかの基盤があるかどうかを決定することに心理学者が興味を持ったとする。この問題は特殊化（specialization）である。生徒が運動、言語、あるいは量的作業ができると識別されたなら、その分野に特殊化したクラスに適切に並べられる（どの年齢でそういう特殊化が起こるべきかという疑問は、将来の疑問だ）。この方式の主要な問題は、生徒によっては複数のスキルに優れることから、**図12-2** で示した回転負荷行列が示す理想像がすべての事例には適用できないことである。

　心理学者はクラスター分析を使って、提案されている言語系、数量系、運動系という3つ

[†] 訳注：マハラノビス（Mahalanobis）距離の説明は、Wikipedia にある。

のトラックのメンバーに相当する3つの異なるグループが存在するかどうかを決定する。3グループの存在を信じているので、$k = 3$ をアルゴリズムに渡して、3グループを同定して生徒をクラスに割り当てるよう指示する。

最初のクラスターセンターを**表 12-10** に示したが、数回の反復でアルゴリズムは解に収束し、最初の5事例の最終クラスターメンバー、最終クラスターセンター、最終クラスターの対ごと距離を**表 12-11** から**表 12-13** に示す（**表 12-13** は上三角だけ）。初期クラスターセンターは、以前の分析で抽出した相関と主成分に関係している。クラスター1は、読解、言葉、綴りに、クラスター2は、算術と幾何に、クラスター3は運動に強く相関している。反復プロセス中に若干の変更はあるが、これらのグループ分けは変化しない。結果のグループ分けは、各重心からの距離の関数である。各重心間の対ごとの距離は互いにほぼ一貫しており、つまり、グループ間距離は成功裏に極大化され、それらの分離に困難は見られない。分類に事例を追加すれば確実に結果の信頼性を改善できる。

表 12-10　初期クラスターセンター

	クラスター1	クラスター2	クラスター3
読解	10.00	3.00	2.00
音楽	9.00	9.00	3.00
算術	3.00	10.00	2.00
言葉	10.00	2.00	6.00
運動	6.00	6.00	8.00
綴り	10.00	4.00	6.00
幾何	3.00	9.00	4.00

表 12-11　クラスター解　　クラスターメンバー

事例番号	クラスター	距離
1	1	6.565
2	3	2.915
3	3	2.915
4	1	7.078
5	1	4.468

表 12-12 クラスター解:最終クラスターセンター

	クラスター		
	1	2	3
読解	8.57	3.00	3.50
音楽	8.86	9.00	4.50
算術	4.00	10.00	3.50
言葉	9.00	2.00	5.50
運動	5.14	6.00	7.00
綴り	9.00	4.00	5.50
幾何	3.86	9.00	4.50

表 12-13 クラスター解:最終クラスターセンター間の対ごとの距離

クラスター	1	2	3
1		12.971	8.562
2			9.925

表 12-14 は、判別性(discriminability)という点で各変数の有意性を ANOVA で行った結果を示す。この結果は、仮説検定という意味での統計的有意性の厳密な検定を意図したものではないが、どの変数がクラスター間での差異化を助けているかを調べるのには有用である。綴り、言葉、読解の得点は、すべて有意である(驚くべきことではない)が、第2第3クラスター(算術と幾何、運動)の得点は有意ではなかった。最初の結果は、綴り、言葉、読解の得点の高いことが第1と第2のグループとを区別するので納得できるが、第3クラスターが判別性に欠けるのは驚きだ(ただし、前の PCA で、第3因子、運動が1よりわずかに上の固有値を持ち変動の 15% にしか寄与しなかったことを思い出そう)。

表 12-14 判別性の ANOVA の結果

	クラスター		誤差		F	有意性
	二乗平均	df	二乗平均	df		
読解	28.893	2	1.745	7	16.558	0.002
音楽	15.321	2	1.622	7	9.443	0.010
算術	17.000	2	9.214	7	1.845	0.227
言葉	26.950	2	0.643	7	41.922	0.000
運動	2.771	2	4.122	7	0.672	0.541

表 12-14 判別性の ANOVA の結果（続き）

	クラスター		誤差		F	有意性
	二乗平均	df	二乗平均	df		
綴り	17.550	2	1.786	7	9.828	0.009
幾何	11.571	2	8.194	7	1.412	0.305

12.3 判別関数分析

　判別（関数）分析（Discriminant function analysis、DFA）は、変数の線形結合に基づいて事例を2つ以上のグループに分ける規則構築に用いられる。グループは分析開始前にわかっており、分析目標は新しい事例のグループメンバーを予測するのに最も役立つ変数を探すことにある。著者はかつて大学生で人種や民族についての質問項目（米国政府に報告義務のある情報）を書かなかった学生の人種や民族を予測する研究に従事したことがあった。この場合、政府が人種や民族の情報に使うカテゴリはわかっており、学生の諸記録にある他の情報を使って適切なグループに割り当てようとした。

　DFA の目標はグループ間の分離を最大化し、事例をグループに割り当てる正確さを最大化する、1つ以上の関数を決定することである。典型的には、これらの関数は入力変数の線形結合であり、**線形判別関数**（linear discriminant function、LDF）と呼ばれる。クラスター分析と分類分析とは同じ問題を異なる手段で解こうとするものであり、異なる関数の極大（距離の最大化とか分類の正確さ）を求めようとする。

　心理測定の例に戻る。クラスター分析によるグループ割り当てが与えられると、DFA を使ってグループ間の最大分離を実現する判別関数集合を決定できる。そうすると各変数のグループ平均等価の帰無仮説を検定することが可能となる。2グループの場合、これは t 検定を使い評価される。3グループ以上なら、F 検定を実施できる。**表 12-15** に示す結果は、読解、$F(2, 7) = 16.558$, $p = 0.002$、音楽、$F(2, 7) = 9.443$, $p = 0.010$、言葉、$F(2, 7) = 41.922$, $p = 0.001$、綴り、$F(2, 7) = 9.828$, $p = 0.009$ に有意な差異があることを示す。したがって判別性に関しては、読解、音楽、言葉、綴りの試験だけを保持すれば、グループ間の距離を最大化しておける。

表 12-15　グループ平均の等価性の検定

	ウィルクスのラムダ	F	df₁	df₂	有意性
読解	0.174	16.558	2	7	0.002
音楽	0.270	9.443	2	7	0.010
算術	0.655	1.845	2	7	0.227
言葉	0.077	41.922	2	7	< 0.001
運動	0.839	0.672	2	7	0.541
綴り	0.263	9.828	2	7	0.009
幾何	0.713	1.412	2	7	0.305

表 12-16 は事例をグループに分類するのに必要な 2 つの**正準判別関数**（canonical discriminant function）を示す。興味深いことに、第 1 関数は変動の 96% を把握するのに、第 2 関数は 4% しか把握できない。

表 12-16　正準判別関数

関数	固有値	変動の %	累積 %	正準相関
1	79.224	96.0	96.0	0.994
2	3.287	4.0	100.0	0.876

表 12-17 は、多変数のときに判別関数の優位性を評価するのに使われる、**ウィルクスのラムダ**（Wilks's lambda）[†]の計算値を示す。1 から 2 と題した行は両方の関数の有意性を示し、2 の行は第 2 関数だけの優位性を示す。残念ながらこの分析では 2 つの関数を一緒にしてもグループ間を有意に差異化することができない。これはおそらく、関数 1 が変動の高い割合を占め、データ集合が比較的小さく、分析が能力不足だという事実を反映しているのだろう。

表 12-17　ウィルクスのラムダ

検定関数	ウィルクスのラムダ	カイ二乗	df	有意性
1 から 2	0.003	23.362	14	0.055
2	0.233	5.822	6	0.443

---

† 訳注：Wilks's lambda は、統計パッケージの項目として備えられていることが多いが、簡単な説明としては、各グループごとに積和・積和行列をとったものと、グループを全部合わせた全体の積和・積和行列をとったものとを計算して、グループ内の積和・積和行列式をグループ間とグループ内の総和行列の行列式で割ったものである。したがって、値は 0 と 1 の間になる。

表 12-18 は標準化正準判別関数係数を示す。これは標準化回帰係数に似ていて、能力尺度とこの分析で導出された関数との関係を示す。

表12-18　標準化正準判別関数係数

	関数 1	関数 2
読解	−0.706	−0.141
音楽	1.838	−0.368
算術	−0.364	−0.707
言葉	3.686	1.409
運動	−0.150	1.309
綴り	−1.884	−2.030
幾何	1.916	0.945

表 12-19 は構造行列を示す。表の値は正準変量相関係数で因子負荷量と解釈できるので、各変数の各変量への貢献度がわかる。この表では、関数 1 の読解と音楽の負荷量、関数 2 の綴り、言葉、算術、幾何、運動の負荷量が見て取れる。これらは、PCA あるいはクラスター分析から予期していたものと少し異なっているが、それぞれの分析に用いられるアルゴリズムがそれぞれ異なるアルゴリズム目標を持つことを心に留めておいたほうがよく、そのために、これらの結果が同じでないことは驚くべきことではない。

表12-19　構造行列

	関数 1	関数 2
読解	0.243	−0.140
音楽	0.188	0.034
算術	0.115	−0.708
言葉	0.379	0.433
運動	−0.046	−0.331
綴り	−0.055	−0.225
幾何	−0.043	0.121

最後に、**表 12-20** は 2 つの判別関数とグループ重心との関係を示す。

表 12-20　グループ重心での関数

事例のクラスター番号	関数 1	関数 2
1（読解、言葉、綴り）	4.804	-0.169
2（算術、幾何）	-14.483	-3.465
3（音楽、運動）	-9.573	2.324

値は、直線で表現された判別関数からのクラスター重心の距離を示す。

12.4　練習問題

自分の分野で本章で示した技法を用いた専門論文の例を探し、その技法がどのように使われ、結果をどう説明しているかを観察せよ。次に、取りかかるための例をいくつか示す。

- Depken, Craig A., and Darren Grant. 2011. "Product pricing in Major League Baseball: A principal components analysis." Economic Inquiry49 (April): 474-488.
  Depken と Grant は主成分分析を用いて大リーグの野球試合に関する権利、チケット、駐車料の値決めに影響する因子を検討した。

- Williamson, Hannah C., Thomas N. Bradbury, Thomas E. Trail, and Benjamin R. Karney. 2011. "Factor analysis of the Iowa Family Interaction rating scales." Journal of Family Psychology25(6): 993-999.
  Williamson と同僚たちは、カップルがコミュニケーションに使うさまざまな種類の言語上および非言語的振る舞いを記述する手段の因子構造を発見するのに因子分析を用いた。

- Tuma, Michael N., Reinhold Decker, and Sören W. Scholz. 2011. "A survey of the challenges and pitfalls of cluster analysis application in market segmentation." International Journal of Market Research 53(3): 391-414.
  Tuma, Decker, Scholz は、過去 50 年間にわたり市場細分化作業に使われてきたクラスター分析のいくつかの方法を調べて、この種の作業におけるベストプラクティスを示唆している。

- Kaye, Barbara K., and Thomas J. Johnson. 2011. "Hot diggity blog: A cluster analysis examining motivations and other factors for why people judge different types of blogs as credible." Mass Communication and Society14(2): 236-263.
  Kaye と Johnson はクラスター分析を用いて異なる種類のブログ（一般情報、メディ

ア / ジャーナリズム、戦争、軍隊、政治、企業、個人）が十分信頼できると判断する人のグループを識別した。

- Gonzalez, Richard. 2012. "Determination of sex from juvenile crania by means of discriminant function analysis." Journal of Forensic Sciences57(1): 24-34.
  Gonzalez は頭蓋顔面測定に基づいた判別関数分析を用いて男性と女性の頭がい骨（年齢5-16歳、ヨーロッパ系の個人）を区別した。78-89%で正確に分類した。

13章
ノンパラメトリック統計

　推測統計の基礎は、パラメータ推定、すなわち、母集団から抽出されたランダムな標本から得られた情報に基づいた母集団のパラメータの推定にある。多くのよく知られている統計技法は、正規分布のような特定の母集団の分布に依存している。その分布でないと統計検定から行う推論の妥当性が失われるゆえに、これらの技法は**パラメトリック統計**（parametric statistics）と呼ばれる。母集団が特定の統計検定の仮定を満たしていないと知っている、あるいは、怪しまれるようなシナリオではどうなるだろうか。その場合には、**ノンパラメトリック統計**（nonparametric statistics）と呼ばれる別の統計技法が使える。この技法は、データの母集団の分布をほとんどあるいは全く仮定しないので、**分布自由統計**（distribution-free statistics）とも呼ばれる。人によっては、「分布からもっと自由な（distribution-free-er）」という言葉を好む。理由は、ノンパラメトリック検定の中にも母集団分布についての仮定を、普通のパラメトリック検定のよりは緩いものではあっても、必要とするものがあるからだ。

　ノンパラメトリック統計は、生の得点ではなくて順位として集められたデータや、生のデータの分布について懸念があり、生の得点を順位で置き換えたデータに適用されることが多い。順位データはその定義から、1章で論じたように順序数であり、間隔尺度や比尺度のデータ用の手続きで分析すべきではない。クラス順位がよくある例で、学校の生徒が等級で順位付けられ、順序（生徒1が生徒2より上の等級）ははっきりしていても、順位の問題の程度（生徒1と生徒2とがほとんど同じ等級とか、両者の間に大きな開きがあるとか）についてははっきりしない。

　研究計画ではパラメトリック統計で計算するはずだったが、データがその統計の仮定を満たさない場合、等価なノンパラメトリック統計を代わりに使うことが多い。本章ではわずかしか扱えないが、多くのノンパラメトリック統計があって、付録Cに挙げたWilliam Conoverの教科書、『Practical Nonparametric Statistics』には、どのノンパラメトリック検定をデータと統計問題のどの組合せに対して選ぶべきかを示す図が載っている。その種の図

は、インターネットでも探すことができる。付録Cでは英国保健省のサイトを掲載している。

本章は、中央値検定、マン・ホイットニーのU検定、ウィルコクソンの適合対符号順位検定、クラスカル＝ウォリス検定、フリードマン検定を提示する。いくつかのノンパラメトリック検定は、カイ二乗検定、フィッシャー直接検定、マクネマー検定、ファイ（φ）、クレイマーのV、スピアマン相関、クラスカルのガンマ、ケンドールのτ、ソマーズのdを含めて、5章で扱った。中央値と四分位範囲は、両方とも非正規データでよく使われるが、4章で論じた。

ノンパラメトリック技法は、パラメトリックなものより**頑健**（robust）である。これは、（外れ値など）モデルの仮定や異常値に影響されにくいことを意味するが、パラメトリックなものより強力でないのが普通である。このため、データがパラメトリック検定の仮定を満たすなら、パラメトリック検定を使うべきだろう。そうでないときには、ノンパラメトリックなものを使う（または、3章で述べたようにデータを変換する）とよい。

13.1　被験者間計画

本節では、一般に順位和や平均順位という尺度に基づいた被験者間計画でのよく使われるノンパラメトリック検定について述べる。

13.1.1　ウィルコクソンの順位和検定

順序尺度データの特徴付けには、2つの記述統計、**順位和**（rank sum）と**平均順位**（mean rank）が用いられる。これらの統計がどのように使われるかを説明するために、例を使う。米国のオリンピック派遣選考委員会が2つの州（ネバダとカリフォルニア）からテコンドーチームを米国代表として選ばなければならないとする。試合に個人別とチームとがあり、メンバーを一緒に訓練するので、成績の一番よい個人を選んだ混成チームにすることができない。代わりにチームとしての選抜が必要だ。チームメンバーには、5分間の試験で何個煉瓦を割れたかという数字に基づいた総合得点が与えられている。結果を**表 13-1**に示す。

表 13-1　2州のテコンドーチームの成績得点

カリフォルニア	ネバダ
4	2
5	3
6	3
6	4
7	4
8	5

表13-1　2州のテコンドーチームの成績得点（続き）

カリフォルニア	ネバダ
9	10
9	10
9	11
9	11

　得点が高いほど、スキルが高い（たくさん煉瓦を割れた）。表の数字だけでは結果を解釈しようとするのは難しい。カリフォルニアのチームは、散らばりが少なく狭い範囲に固まっているが、ネバダのチームは、範囲が広く上と下の得点に2つ固まっている。上位4成績はネバダからなので、このチームを選びたくなるかもしれないが、ネバダの中央値得点は4.5に過ぎず、カリフォルニアのは7.5である。

　この標本のデータが正規分布から抽出されたと信ずべき理由はなく、標本サイズの10は、中心極限定理が使えるほど大きくはない。データが等間隔と仮定する理由もなく、2つの煉瓦は1つの煉瓦の倍だからと言って、2つの煉瓦を割れることが1つの煉瓦を割る能力の倍かどうか確かでない（実際、この解釈はほぼ確実に真ではない）。2つの煉瓦を割ることが1つ割るよりもどれだけかはわからないが、よい成績である、という解釈の方がずっと安心できる。

　このデータを表す最も適切な方法は、値ではなく順位によるものである。それぞれに順位を割り当てて、チームには順位の総和を使う。順位割り当てには、2つのチームを合わせて、両方のチームのメンバーを下から上に順位付ける（高順位はより多くの煉瓦を割れる）。表13-2 がこのプロセスを示す。

表13-2　チーム順位

カリフォルニア	ネバダ	順位
	2	1
	3	2
	3	3
4		4
	4	5
	4	6
5		7
	5	8
6		9

表 13-2　チーム順位（続き）

カリフォルニア	ネバダ	順位
6		10
7		11
8		12
9		13
9		14
9		15
9		16
	10	17
	10	18
	11	19
	11	20

　同順位はどうするか。同順位のときは、平均順位を、関係する順位の和をその数で割って計算する。例えば、2 番目と 3 番目が同順位なら順位 2.5 を与える。**表 13-3** は、同順位を含めた新しい順位を示す。

表 13-3　同順位を含めたテコンドー成績の順位

カリフォルニア	ネバダ	順位
	2	1
	3	2.5
	3	2.5
4		5
	4	5
	4	5
5		7.5
	5	7.5
6		9.5
6		9.5
7		11
8		12
9		14.5

表 13-3　同順位を含めたテコンドー成績の順位（続き）

カリフォルニア	ネバダ	順位
9		14.5
9		14.5
9		14.5
	10	17.5
	10	17.5
	11	19.5
	11	19.5

式 13-1 に示すように、各グループの順位和はそれぞれの順位を足すことで求める。

式 13-1　順位和の計算

$$\sum_R (カリフォルニア) = 5 + 7.5 + 9.5 + 9.5 + 11 + 12 + 14.5 + 14.5 + 14.5 + 14.5 = 112.5$$

$$\sum_R (ネバダ) = 1 + 2.5 + 2.5 + 5 + 5 + 7.5 + 17.5 + 17.5 + 19.5 + 19.5 = 97.5$$

2つのグループがほぼ等しいと、順位和の平均がほぼ等しいと期待する。この比較は、この例からわかるように、標本サイズが等しい場合にのみ妥当となる。サイズの異なるグループ間では平均順位の方がよりよい尺度となるが、平均順位も**式 13-2** に示すように計算する。

式 13-2　平均順位の計算

$$\overline{R}(カリフォルニア) = \frac{112.5}{10} = 11.25$$

$$\overline{R}(ネバダ) = \frac{97.5}{10} = 9.75$$

平均順位を比較すると、カリフォルニアチームの方がネバダチームよりも順位が高い。したがって、順位に基づいた手法では、選択は、平均順位が高いのでカリフォルニアチームになる。2つのチームの差異が有意かどうかを検定したいとしたらどうなるだろうか。2グループ間の差異が統計的に有意かどうか $\alpha = 0.05$ を使い Z 検定を計算して決定できる。帰無仮説のもとで、2つのグループは等しい平均順位を持つ、そこで、**式 13-3** に示すように順位の期待和を計算する。

式13-3 順位の期待和の計算

$$\mu_W = \frac{n_1(n_1 + n_2 + 1)}{2} = \frac{10(10 + 10 + 1)}{2} = 105$$

ここで、n_1 と n_2 は、第1と第2のグループの事例数。この順位の期待和は、事例数に基づいていて値に基づいていないことに注意する。10事例の2グループがあり、帰無仮説が2グループが同じ平均順位を持つという場合、順位の期待和は常に105である。前の例では、1グループ（カリフォルニア）が期待平均値以上の順位和を持ち、他のグループ（ネバダ）が期待平均以下の順位和を持った。Z検定は、**式13-4** に示すようにWの平均と標準偏差とから計算する。

式13-4 順位のZ検定の公式

$$z = \frac{W - \mu_W}{\sigma_W}$$

この公式で、Wは2つの順位和の小さいほう、μ_W は前に計算したように順位の期待和、σ_W は**式13-5** で示すように計算される標準偏差である。

式13-5 順位の期待標準偏差の計算

$$\sigma_W = \sqrt{\frac{n_1 n_2(n_1 + n_2 + 1)}{12}} = \sqrt{\frac{10(10)(10 + 10 + 1)}{12}} = 13.23$$

この式で、n_1 と n_2 は、第1と第2のグループの事例数、12は定数。順位の標準偏差は事例数だけに依存して値に依存しないことに注意する。
このデータのZ検定は**式13-6** に示すように計算される。

式13-6 順位のZ検定の計算

$$z = \frac{97.5 - 105}{13.23} = -0.57$$

標準正規分布の表（付録Dの**表D-3**）を用いて、この結果が0.05より大きい p 値を持つことがわかる。したがって、帰無仮説の棄却に失敗する。

この例では、$n_1 \geq 10$ かつ $n_2 \geq 10$ であるために、ウィルコクソンの順位和検定に正規近似を用いた。より小さな標本では、各グループの順位の和を前のように計算して、和を T の異なる値の確率表と比較する。そのような表は、http://bit.ly/TfKwoR で入手できる。

マン・ホイットニーのU検定は、与えられたデータ集合に同じZ得点を生成するが、この種のデータについても使われる。どちらの検定も、元のデータの正規性仮定が疑問であるような2標本t検定の代わりに使うことができる。

13.1.2 符号検定

符号検定は、一標本t検定のノンパラメトリック版で、標本が仮説された中央値を持つかどうか検定するのに使われる。符号検定は、しばしば、順位と二項分布を使って、データに可能な結果が2つしかないという意味での二値データについての仮説を検定する。標本のデータ値は、仮説された中央値より上（+）か下（-）かに分類される。中央値より上の値の事例数は$n+$、中央値より下の値の事例数は$n-$となる。標本が指定された中央値を持つ母集団から抽出されたという帰無仮説のもとで、これらの分類は$\pi = 0.5$の二項分布を持つ。各データ点は、試行と考えられ、結果は+か-で、どちらの結果も確率が0.5となる。pが標本の確率を示すように、π（ギリシャ文字pi）は母集団での確率を示す。符号検定は、二項確率分布を使って観察結果の確率を帰無仮説が真であると仮定して行う。

仮にX型糖尿病という新たな代謝障害を研究している医学研究者であると仮定しよう。II型糖尿病と比べて、X型糖尿病は発症（個人に病気の兆候が最初に現れる年代）が遅いように思えたとする。II型糖尿病の発症年代の中央値は35.5歳である。帰無仮説は$\pi \leq 0.50$、すなわち、X型糖尿病の50%以上が35.5歳以上で発症することがない、である。対立仮説は$\pi > 0.50$、すなわち、X型糖尿病の50%以上が35.5歳以上で発症する、である。X型糖尿病の40人の患者標本から、36人が35.5歳より上で発症していることがわかった。すなわち、$n+ = 36$。0.05のα水準を用いて、連続性調整で二項分布への正規近似を行い、結果がどの程度妥当で、帰無仮説が真かどうかを調べる。計算を**式 13-7**に示す。

式 13-7 符号検定の計算

$$Z = \frac{(X \pm 0.5) - np}{\sqrt{np(1-p)}} = \frac{(36 - 0.5) - [(40)(0.5)]}{\sqrt{40(0.5)(0.5)}} = \frac{15.5}{\sqrt{10}} = 4.90$$

ここで、Xは中央値より大きな観察値の個数（$n+$）、0.5は連続補正している（この場合は、仮説が$\pi > 0.5$なので、否定される）。npは二項分布の平均（帰無仮説が真の場合のXの期待値）、$\sqrt{np(1-p)}$は二項分布の標準偏差、nは標本サイズである。

標準正規分布の表（付録Dの**表 D-3**）を用いて、結果が少なくともこの極値である確率が0.00002であり、α水準0.05よりはるかに小さく、X型糖尿病の発症の中央値がII型糖尿病の発症の中央値以下であるという帰無仮説を棄却できる。

13.1.3 中央値検定

研究室での代謝研究が進んで、X型糖尿病には、X_1とX_2という2つの下位型の存在が示唆され、下位型と年齢との関連が問題となった。他の40症例を調べようと決定して、そのうち20が暫定的にX_1と診断され、20がX_2と分類された。2つの標本の症例をプールした標本の中央値より上か下かで分類する、中央値検定を使うことを決めた。このデータで、プールした標本の中央値は36.4歳。α水準0.05を使うことに決めて、両方向の年齢差を求めたいので両側検定を行うことに決める。

X_1型では、12症例が中央値より上、8症例が中央値より下だった。X_2型では、9症例が中央値より上、11症例が中央値より下だった。帰無仮説は、πが両方のグループで同じというものだ。症例のどれかが中央値に正確に同じなら、標本から取り除かれる。表13-4 は、頻度を示す。

表13-4 X_1型とX_2型の糖尿病の発症年齢の頻度

型	中央値より上	中央値より下	小計
X_1	12	8	20
X_2	9	11	20
小計	21	19	40

独立性のカイ二乗検定（5章で論じた）が、これらのデータの有意性を検定するために使える。χ^2分析のために高速計算公式を使える。そのセルは表13-5のように記述され、独立性帰無仮説（どちらの母集団の個人も中間値より下の年齢であることが同じ程度）のもとで結果としてのカイ2乗の確率を求める。

表13-5 有意性のカイ二乗検定のセルラベル

型	中央値より上	中央値より下	小計
X_1	a	b	$a + b$
X_2	c	d	$c + d$
小計	$a + c$	$b + d$	n

このデータの計算は次のようになる。

$$\chi^2 = \frac{n(ad-bc)^2}{(a+b)(c+d)(a+c)(b+d)} = \frac{40[(12 \times 11)-(8 \times 9)]^2}{(12+8)(9+11)(12+9)(8+11)} = 0.902$$

カイ二乗の表（付録Dの図D-11）を用いて、自由度1で、0.10より大きな確率を持つ我々の（$\chi^{2Q:} = 0.902$）と同じだけ少なくとも極値である結果の確率を探す。したがって、帰無仮説の棄却に失敗して、研究では、発症年齢がX_1型糖尿病とX_2型糖尿病とで異なるという証拠が得られなかったと結論する。

13.1.4　クラスカル＝ウォリスのH検定

クラスカル＝ウォリスのH検定は、一元配置分散分析（one-way ANOVA）のノンパラメトリック版というところだ。ウィルコクソンの順位和検定を3つ以上のグループに拡張したものと考えることもできる。クラスカル＝ウォリス（Kruskal-Wallis）のH検定は、いくつかのグループが同じ中央値を持つという仮説を検定できて、標本が同じサイズである必要がない。

1つは6人、2つは5人からなる、3つのセールスチームの成績評価をすると仮定しよう。最近の売り上げ成績から判断して、全体として最高のチームを選ぶことが目的だ。直近四半期の売り上げ（千ドル単位）が**表13-6**に示す。

表13-6　千ドル単位の四半期売り上げ

チームA	チームB	チームC
10	8	6
10	8	8
12	9	10
13	9	14
14	14	15
15		

まずはじめに、チームと関係なく個人売り上げの順位を付ける。順位が同じなら、**表13-7**に示すように平均順位を割り当てる。

表13-7　順位付き四半期売り上げ

チームA	チームB	チームC	順位
		6	1
		8	3
	8		3
	8		3
	9		5.5

表 13-7　順位付き四半期売り上げ（続き）

チームA	チームB	チームC	順位
	9		5.5
		10	8
10			8
10			8
12			10
13			11
14			13
	14		13
		14	13
		15	15.5
15			15.5

クラスカル = ウォリスの H 検定を使い、これら 3 チームの成績に統計的に有意な差があるかどうか α = 0.05 で調べる。クラスカル = ウォリスの H 公式を**式 13-8** に示す。

式 13-8　クラスカル = ウォリスの H 検定の公式

$$H = \frac{12}{N(N+1)} \sum \frac{T_i^2}{n_i} - 3(N+1)$$

この公式で、N は全標本サイズ（3 つの標本全部を集めたもの）、n_i は標本 i の標本サイズ、T_i は標本 i の順位和、12 と 3 は定数である。

このデータで、

$N = 6 + 5 + 5 = 16$

となる。
各チームの T_i の計算を**式 13-9** に示す。

式 13-9　順位和の計算

$$\sum_A = 8 + 8 + 10 + 11 + 13 + 15.5 = 65.5$$

$$\sum_B = 3 + 3 + 5.5 + 5.5 + 13 = 30$$

$$\sum_C = 1 + 3 + 8 + 13 + 15.5 = 40.5$$

これらの値を、式 13-10 に示すようにクラスカル゠ウォリスの H 公式に代入する。

式 13-10 クラスカル゠ウォリスの H 検定の計算

$$H = \frac{12}{16(16+1)}\left[\frac{65.5^2}{6}+\frac{30^2}{5}+\frac{40.5^2}{5}\right] - 3(16+1) = 2.96$$

このカイ二乗値 2.96 が有意かどうか調べるために、付録 D の**表 D-11** で、自由度 2（グループ数より 1 少ない）のカイ二乗値と比較する。$\alpha = 0.05$、$df = 2$ で表の値（5.991）より、このカイ二乗値は小さい。3 グループが同じ中央値を持つという帰無仮説を棄却できなかった。

13.2 被験者内計画

本節では、**被験者内計画**（within-subjects design）でよく使われるノンパラメトリック検定について述べる。

13.2.1 ウィルコクソンの符号順位検定

ウィルコクソンの符号順位検定（Wilcoxon signed ranks test）は、反復測定 t 検定のノンパラメトリック代替版である。データが、同じ人の前後の得点や兄弟や夫婦といった対での測定のような、対象の対の測定を表すときには適切なものである。この検定の帰無仮説は通常は対間の差異の平均が 0 というものである。ウィルコクソンの符号順位検定は、正規性を仮定しないが少なくとも対称的な分布を仮定しているので、ひどい歪みのあるデータには不適当である。

メンタルな機能やムードに対する運動の効果を調べたいと仮定しよう。ほとんど座りっぱなしの成人で、運動プログラムに参加して、プログラムの開始前と完了後とに一連の心理テストを承諾してくれる人を 40 人募った。この調査目的の測定では、ムードの状態を 100 点満点で測定し、0 を非常に低い、100 を非常に高い効果とする。ムード状態を運動プログラムの開始前と完了後とに測定する。両側検定を帰無仮説を運動してもムード状態に違いがないとして $\alpha = 0.05$ で行う。

表 13-8 に、データ集合の一部を抜き出して、この検定計算のプロセスを説明する（このプロセスは機械的で、既に述べた順位付けプロセスに従う）。得点対ごとに、差異得点を計算して、次に、その絶対値を計算する。絶対差異得点を順位付けしてから、各順位に符号を再割り当てする。差異得点が 0 なら、分析から削除して、同点の順位には、平均順位を与える（順位 3-4-5 が同点なら順位 4 にする）。

表13-8 運動とムード状態

被験者	運動前	運動後	差異 (後－前)	絶対差異	絶対差異 の順位	符号付き 順位
1	60	68	8	8	5	5
2	65	70	5	5	3	3
3	52	50	－2	2	1	－1
4	74	85	11	11	6	6
5	65	60	－5	5	3	－3
..	...	...	...	...	...	...
40	70	77	7	7	4	4

5例が差異得点が0なので、それらを削除して $n = 35$ で、ウィルコクソンの符号順位検定の大標本近似を使うには、十分大きな標本（おおまかに $n \geq 25$）になり、標準正規表を使って確率を決定できる Z 値が得られる。正順位の和は380だった。

同点対を取り除いて35対があり、**式13-11**に示す式を使ってウィルコクソンの符号順位検定の正規近似を計算する。

式13-11　大標本ウィルコクソンの符号順位検定

$$z = \frac{T^+ - \frac{n(n+1)}{4}}{\sqrt{\frac{n(n+1)(2n+1)}{24}}}$$

この式で、T^+ は正順位の和、n は対の個数、4と24は定数である。
Z 統計量との類似点に注意する。

$$\frac{n(n+1)}{4}$$

は順位和の期待値で、

$$\sqrt{\frac{n(n+1)(2n+1)}{24}}$$

は標準誤差なので、この式は標本計算で得られた値を期待値（母集団平均に類似する）と

比較して、その差異を変動性尺度で割るよう求めている。

得られた値から**式 13-12** の結果となる。

式 13-12 大標本ウィルコクソンの符号順位検定とその値

$$z = \frac{T^+ - \frac{n(n+1)}{4}}{\sqrt{\frac{n(n+1)(2n+1)}{24}}} = \frac{380 - \frac{35(35+1)}{4}}{\sqrt{\frac{35(35+1)(70+1)}{24}}} = 1.06$$

標準正規表（付録 D の**図 D-3**）を用いると、少なくともこの極値での値の確率が 0.28914 であることがわかり、α = 0.05 よりはるかに大きいので帰無仮説を棄却することに失敗した。

データ集合がもっと小さい（$n<25$）なら、ウィルコクソンの符号順位検定の小標本形を使っただろう。小標本検定では、大標本の場合と同様に符号付き順位を割り当て、正順位（T^+）と負順位（T^-）の両方について順位和を計算する。それから、これらの値をウィルコクソンの符号順位検定の棄却限界値の表と比較する（そのような表は、付録 C の Wilcoxon［1957］の原論文にも含まれているし、インターネットにもある。http://facultyweb.berry.edu/vbissonnette/tables/wilcox_t.pdf）。両側検定では表で、標本サイズに該当する棄却限界値よりも T^+ か T^- のどちらかの値が小さければ、帰無仮説を棄却できる。

13.2.2 フリードマン検定

フリードマン検定（Friedman test）は、**符号順位検定**（matched pairs signed rank test）の 3 つ以上の関連標本への拡張である。反復測定 ANOVA のノンパラメトリック版とも考えられる。テコンドーチームの体力水準を評価する局面に立たされたと仮定しよう。1 つの課題は、競技では、数時間にわたって複合的な能力が要求されるので、競技者が長時間一定の成績を上げられるかどうかを知りたいということだ。模擬競技を行い、各競技者のスパーリングの成績を 10 点満点（10 が最高の演技、0 が最悪）で 1 時間、2 時間、3 時間の競技についてつけた。この尺度は、順序的（得点 9 は得点 8 よりよい成績）だが、等間隔ではなく比尺度にならない（8 と 9 の差異が 7 と 8 の差異と同じかどうかわからないし、8 が 4 の 2 倍よい成績かどうかもわからない）。そこで、フリードマン検定で、3 つの時間別成績の変化を検討する。帰無仮説は、成績が 3 つの時間別で変わらないというもので、両側検定で α 水準 0.05 で行う。

この試行からのデータを**表 13-9** に示す。

表13-9 3つの時間別のスパーリング成績の得点

競技者	1時間	2時間	3時間
1	9	8	7
2	9	7	8
3	6	8	7
4	8	7	6
5	8	7	6
6	9	8	7
7	9	8	7
8	7	5	6

まず第一に、競技者の成績を順位付けする。例えば、競技者1の最低得点は3時間、2番目は2時間、最高は1時間で出ている。これらの順位を表13-10に示す。各時間ごとの順位和が一番下の行にあることにも注意する。

表13-10 3つの時間別のスパーリング成績の順位

競技者	1時間	2時間	3時間
1	3	2	1
2	3	1	2
3	1	3	2
4	3	2	1
5	3	2	1
6	3	2	1
7	3	2	1
8	3	1	2
順位和	22	15	11

フリードマン検定の公式は式13-13に示す。

式13-13 フリードマン検定の公式

$$T = \frac{12 \sum s_i^2}{bt(t+1)} - 3b(t+1)$$

この式で、b は標本サイズ、t は各被験者の測定回数、s_i は時間別の順位和、12と3は定数である。

この例では、$b = 8$、$t = 3$、s_i の値は、22, 15, 11。これらの値を代入して**式 13-14** の結果が得られる。

式 13-14　フリードマン検定の計算

$$T = \frac{12(22^2 + 15^2 + 11^2)}{8(3)(3+1)} - 3(8)(3+1) = 7.75$$

この統計は、自由度2のカイ二乗分布を持つ（$df = t - 1 = 2$）。付録Dの**表 D-11** を用いて、$2\ df$ で $\alpha = 0.05$ のカイ二乗の棄却限界値は 5.991 とわかる。先ほどの検定統計量はこの値を超えていたので、異なる時間でも成績が変わらないという帰無仮説が棄却できる。生データを見れば、ほとんどの競技者で、時間が変わると成績が変わることがわかり、コンディション調整にもっと時間をかけねばならないことが示唆される。

フリードマン検定の利用は、このような時間別測定に限られるものではなくて、医薬治験やノンパラメトリック方式が最も適当とされる実験状況においても利用される。

13.3　練習問題

本章で扱ったテーマを復習する問題である。

問題

フリードマン検定を行いたいが、データに同じ値が含まれていることがわかった。例えば、3時間別のテコンドーチームメンバーの成績試験の例では、競技者の中に2回以上同じ得点を取っている人がいた。この場合、同順位について、中間順位を使わなければならない。**表 13-11** は、8人の競技者についてスパーリングの成績を評価した得点尺度の結果である。測定は、模擬競技の1時間、2時間、3時間について行われた。このデータに、帰無仮説がすべての時間別で同じであるとして、$\alpha = 0.05$ でフリードマン検定を行い、帰無仮説を棄却するかどうか決定せよ。同順位については、中間順位を与える。すなわち、(6, 6, 5) という得点には、順位を (2.5, 2.5, 1) とする。

表 13-11　3つの時間別のスパーリング成績得点（同点あり）

競技者	1 時間	2 時間	3 時間
1	8	8	6
2	6	6	7
3	6	8	7
4	8	7	6
5	9	9	7
6	9	8	7
7	8	7	6
8	8	7	7

解

得点を順位にして、順位和を**表 13-12**のように計算する。

表 13-12　3つの時間別のスパーリング成績順位（同点あり）

競技者	1 時間	2 時間	3 時間
1	2.5	2.5	1
2	1.5	1.5	3
3	1	3	2
4	3	2	1
5	2.5	2.5	1
6	3	2	1
7	3	2	1
8	3	1.5	1.5
順位和	19.5	17	11.5

フリードマン検定は、**式 13-15**のように計算される。

式 13-15　同順位のあるフリードマン検定の計算

$$T = \frac{12(19.5^2 + 17^2 + 11.5^2)}{8(3)(3+1)} - 3(8)(3+1) = 4.19$$

自由度は 2（$df = t - 1$）である。カイ二乗の表（付録 D の**図 D-11**）から、2 df の $\alpha = 0.05$ の棄却値が 5.991 であることがわかる。計算した統計検定値がこの値より低いので、帰無仮

説を棄却できない。

問題

マーケティングの専門家は、さまざまなフットボール（米国人にはサッカー）チームのファンの人口統計情報を集めたいと考えている。さまざまな年齢群に対して特定のマーケティングキャンペーンが開発されてきたので、1つの疑問は、さまざまなチームのサポーターの年齢の中央値である。あなたがこのプロジェクトの統計担当者で、2つのチーム（AとB）のファンクラブのメンバーのランダムな標本を得たと仮定しよう。年齢を含めた人口統計データを電話調査で集める。全体の中央値年齢（両方のグループで）が27.5で、サポーターをこの中央値より上か下かで分けようと決める。データを**表13-13**に示す。帰無仮説が2グループ間で中央値に違いがないというもので、$\alpha = 0.01$として研究するとしたら、決定はどうなるか。

表13-13 2つのフットボールチームのファンの年齢を比較する

チーム	中央値より上	中央値より下	元データの和
A	30	70	100
B	60	40	100
列の和	90	110	200

解

中央値検定を行うと決定し、このデータのカイ二乗値を計算し、独立性帰無仮説を検定した（中央値が両方のチームのファンで等しいなら、年齢がどのチームをひいきにするかには関係しないことになるから）。中央値検定の節にあった χ^2 分析のための高速計算式を使い、その結果を棄却限界値と比較する。

計算を**式13-16**に示す。

式13-16 中央値検定のカイ二乗の計算

$$\chi^2 = \frac{n(ad-bc)^2}{(a+b)(c+d)(a+c)(b+d)} = \frac{200[(30 \times 40)-(70 \times 60)]^2}{(100)(100)(90)(110)} = 18.18$$

（付録Dの図D-11）カイ二乗表から、$df = 2$、$\alpha = 0.01$ の棄却限界値は9.210。検定統計値は、この値より大きいので、2チームのファンの中央値年齢が等しいという帰無仮説は棄却される。結果は、$\chi^2 = 18.18$、$p < 0.01$。データ表を見れば、AチームのファンはBチームのファンより若い、Aチームのファンの30%しか中央値より上なのに対して、Bチームのファンの60%が中央値より上なのがわかる。

14章
業務と品質改善のための統計

業務アプリケーションや品質改善アプリケーション用に使われる統計の多くは、カイ二乗検定（5章で述べた）、t検定（6章）、回帰およびANOVA（8章から11章）を含めて、基本統計の共通部分に含まれる。しかし、業務や品質改善の特別な用途向けには他の技法も開発されており、本章では、それらの技法を取り扱う。

14.1 指数

指数（Index number）は、ある商品、あるいは商品やサービスの組合せに対して、量や値段の時間変化を測るために、業務やビジネスでよく使われる。よく知られた例は、**消費者物価指数**（Consumer Price Index、CPI）で、典型的な米国の家庭が購入すると信じられる商品やサービスの平均購入価格を表すものだ。米国のCPIは、米国労働省の労働統計局が毎月計算している。インフレ率の測定、年金や賃金の生活費調整の計算に用いられている。CPIには、多くの批判があるが、平均生活費の要約尺度として、歴史的および地理的にまたがった比較として有用と認められている。CPIや同様の指標を計算している国には、カナダ、中国、イスラエル、ニュージーランド、オーストラリア、ヨーロッパ諸国がある。

指数計算は、非常に単純（指数が、単一商品の量や値段の変化を反映する場合）か非常に複雑（指数が、多数の商品やサービスの加重平均を反映する場合で、CPIに当てはまる）かだ。**単純指数**（simple index number）は、テレビの販売台数や金1オンスの値段のような単一商品の値段や量の時間変化を示す。単純指数を計算するには、比較に使う**基準時期**（base period）を選ぶ。指数は、その基準時期の値段や量に対する変化を表す。単純指数を計算するには、次の3ステップが必要だ。

1. 対象時期の商品の値段または量を入手する。
2. 基準時期を選び、その年の値段や量を入手する。

3. 各時期について、**式 14-1** の式を用いて、指数を計算する。

式 14-1　単純指数の公式

$$I_t = \frac{Y_t}{Y_0} \times 100$$

この式で、I_t は、時期 t の指数、Y_t は、時期 t の値段や量、Y_0 は、基準時期の値段や量。

米国の過去 20 年間の自動車製造業界の健康度を追跡したいとしよう。この研究の一部として、毎年製造された自動車の台数を、期間の最初の年に関して表現する指数を作る。1986-2005 のデータがあるとすれば、1986 年が基準年で、その年に製造された台数が Y_0 となる。**表 14-1** は、単純指数計算を示すために仮想的なデータ集合を与える小さな表である。

表 14-1　単純指数計算の表

年	自動車製造台数
1986（基準年）	5,000
2005	4,000

このデータで、2005 の指数は、**式 14-2** に示すようになる。

式 14-2　単純指数の計算

$$I_{2005} = \frac{4000}{5000} \times 100 = 80$$

指数 100 は、基準時期と同じ量または値段を表す。100 より小さい指数は、量または値段の減少を、100 より大きい指数は、量または値段の増大を基準時期に比べて表す。指数の大きな利点の 1 つは、異なる尺度や異なる範囲にある物事を、共通の尺度で表すことだ。例えば、指数によって、自動車、オートバイ、自転車の製造が時間とともに相対的に増えたか減ったかを簡単に比較できる。

総合指数は、複数の種類の商品やサービスの値段や量についての情報を組み合わせている。例えば、スコットランドの 3 大醸造所で販売されたビールの量を、各メーカーが販売した量を足し合わせて計算する。この計算を長年にわたって行い、ある年を基準時期として選んだなら、前の例で単純指数についてしたように、各年の指数を計算する。この種の指数は、重み付け（加重）を一切行わず複数情報源からの情報を組み合わせて計算するので、**単純総合指数**という。

指数を計算するのに使う総計を作るのに、何らかの重み付けを使うと、これは**加重総合指**

数となる。例えば、価格指数は、販売された商品の量によって重み付けられる。購入される商品の量は時期によって異なり、重みの選択が指数計算の結果に大きく影響するので、重み付けには複数の方法がある。しかし、重み付け方式を一旦選べば計算は単純だ。総価格は時期ごとに計算され、時期ごとの指数は、単純指数を計算したのと同様の手続きで計算する。

ラスパイレス指数（Laspeyres index）は、基準時期量を重みに用いるので、あるまとまった商品やサービスのインフレやデフレを測ることができる。CPI は、ラスパイレス指数の例である。重み付けに用いられる量は、1982 年から 1984 年に 3 万世帯以上で購入された標本に基づく。ラスパイレス指数を計算するステップは次のようになる。

1. 指数に含まれる各アイテム（1 から k）を各時期について、その価格情報（$P_{1t}, P_{2t}, \ldots P_{kt}$）を集める。
2. 指数に含まれる各アイテムの基準時期における購入量情報（$Q_{1t_0}, Q_{2t_0}, \ldots Q_{kt_0}$）を集める。
3. 基準時期（t_0）を選ぶ。
4. 各時期の加重総計を、**式 14-3** に示す式を使って計算する。

式 14-3　1 時期の加重総計を求める式

$$\sum_{i=1}^{k} Q_{it_0} P_{i_t}$$

5. ラスパイレス指数 I_t を各時期の加重総計を、**式 14-4** に示すように、基準時期の加重総計で割って 100 を掛けて、計算する。

式 14-4　ラスパイレス指数の公式

$$I_t = \frac{\sum_{i=1}^{k} Q_{it_0} P_{i_t}}{\sum_{i=1}^{k} Q_{it_0} P_{i_{t_0}}} \times 100$$

表 14-2 は 2 種類の商品だけがある市場バスケットのラスパイレス指数の簡単な例を示す。

表 14-2　ラスパイレス指数の例

商品	基準量 (2000)	2000 価格	2005 価格
パン	10	1.00	1.50
牛乳	20	2.00	4.00

2000 年の加重総計は、

(10 × 1.00) + (20 × 2.00) = 50.00

2005 年の加重総計は、

(10 × 1.50) + (20 × 4.00) = 95.00

2005 年の商品バスケットのラスパイレス指数は、2000 年を基準時期として、**式 14-5** に示すようになる。

式 14-5　ラスパイレス指数の計算

$$I_{2005} = \frac{95}{50} = 190$$

パーシェ指数（Paasche index）は、各時期に購入した商品の量を用いて、加重総計を計算する。これは、消費者習慣の変化に対応して調整できるという利点がある。例えば、商品の値段が上がると、人は購入量を減らし、より安価なものを買うようになる。代替品の例は、牛肉の値段が鶏肉の値段より速く上がれば、みんな鶏肉を多く、牛肉を少なく買うようになるというものだ。この消費者行動の変化は、ラスパイレス指数では反映されないが、パーシェ指数には、反映される。

パーシェ指数の計算ステップは、ラスパイレス指数のそれと同様だが、主な違いは、各時期の購入量についての情報も集めて、加重総計の計算に使う必要があることだ。

1. 指数に含まれる各アイテム（1 から k）を各時期について、その価格情報（$P_{1t}, P_{2t}, ...P_{kt}$）を集める。
2. 指数に含まれる各アイテムの基準時期における購入量情報（$Q_{1t0}, Q_{2t0}, ...Q_{kt0}$）を集める。
3. 基準時期（t_0）を選ぶ。
4. 各時期の加重総計を、**式 14-6** に示す式を使って計算する。

式 14-6　パーシェ指数で 1 時期の加重総計を求める式

$$\sum_{i=1}^{k} Q_{i_t} P_{i_t}$$

5. パーシェ指数 I_t を、各時期の加重総計を、**式 14-7** に示すように、基準時期の加重総計で割って 100 を掛けて、計算する。

式 14-7　パーシェ指数の式

$$I_t = \frac{\sum_{i=1}^{k} Q_{i_t} P_{i_t}}{\sum_{i=1}^{k} Q_{i_{t_0}} P_{i_t}} \times 100$$

表 14-3 のデータを使ってパーシェ指数を計算する。

表 14-3　パーシェ指数を計算する。

商品	2000 年量	2000 年価格	2005 年量	2005 年価格
パン	10	1.00	15	1.50
牛乳	20	2.00	15	4.00

2000 年の加重総計は、

(10 × 1.00) + (20 × 2.00) = 50.00

2005 年の加重総計は、

(15 × 1.50) + (15 × 4.00) = 82.50

2005 年の商品バスケットのパーシェ指数は、2000 年を基準時期として、**式 14-8** に示すようになる。

式 14-8　パーシェ指数の計算

$$I_{2005} = \frac{82.5}{50.0} \times 100 = 165.0$$

値段は 2 つの例で同じだが、重み付け手法が異なるので、2 つの指数に大きな違い（190

対165）が出る。パーシェ指数は、各時期に適切な購入レベルで商品バスケットの値段を比較するという利点がある。欠点は、各時期にこの情報（各種類の商品購入量）を集めなければならないことで、手が出ないほど高価につく可能性がある。もう1つのパーシェ指数の欠点は、片一方が基準時期でないときに、2つの時期の指数を比較することが困難なことだ。

米国消費者指数（CPI）への批判

CPIは、米国における価格変動の主要な測定であり、労働統計局によって1919年以来作成されてきた。インフレ観測、賃金交渉、社会保障、公務員年金の生活費調整などを含めて、多くの目的に使用されてきた。そのように多くの目的に使われているので、多方面からの批判にさらされているのは驚くべきことではない。

主要な批判には、次のようなものがあり、CPIがインフレを言い過ぎるということにすべてつながる。

質の変化と新商品バイアス

CPIは、電子機器のようなある種のアイテムの品質向上を反映していない。2005年に150ドルで売られていたDVDプレイヤーは、200年に100ドルで売られていたものよりも、消費者にとってずっと価値のあるものだが、この品質向上はCPIに反映されていない。同様に、固定したアイテムの市場バスケットが使われているので、新アイテムが指数に含まれる時期を逸している。結果として、価格の初期低下（例えば、電子機器に特徴的なこと）が指数では捉えられていない。

代替品バイアス

商品固定バスケット（重みはほぼ10年ごとに改定）のために、価格変動に対する消費者購入パターンの変化を反映できない。例えば、牛や豚の肉の値段が、鶏肉や卵などの他のタンパク源の値段より速く上がると、消費者は、鶏肉や卵の購入を増やし、牛や豚の肉を減らすが、この変化はCPIに反映されていない。

購買チャネル代替バイアス

百貨店のような伝統的な売り場で価格情報が集められているので、大規模な安売り店やインターネット販売のような新たな購買チャネルがCPIの調査では反映されていない。

14.2 時系列

時系列（time series）は、ある量の時間変化を記すために業務やビジネス統計でよく使われる。厳密に言えば、時系列は、（必ずしも必要ではないが）等間隔のさまざまな時期に取られた、ある量の測定の系列である。1986年から2005年までの毎年の自動車製造台数という前節の例は、本章でも管理図の節で論じる測定例とともに時系列の例となる。時系列は、記述あるいは推測の目的で使われ、後者は、**予測**（forecasting）、すなわち、いまだ来てい

ない時期の値を予測することを指す。しかし読者は、時系列分析が多くの特殊技法をはじめとした複雑なテーマで、本節では一部の技法とわずかな単純な例しか紹介できないことを承知してほしい。この領域で働くつもりの人は、Robert S. Shumway が書いた『Time Series Analysis and Its Applications: With R Examples』(Springer 2006年刊、付録C参照)のような、専門的な教科書を読むとよい。著者 (Tabachnick と Fidell など[†]) によっては、時系列技法を適切に使うためには少なくとも 50 のデータ点が必要だと規定していることにも注意する。

時系列の特徴の1つは、一連のデータ点が、標準的な一般線形モデルや多くの分析技法でもそうだが、独立ではないと仮定されているだけでなく、**自己相関**(autocorrelated)だと仮定されていることだ。これは、ある時点での値が前後の点と関係し、おそらくは、系列の中でずっと離れた点とも関係するということである。

時系列データは、**定常**(stationary)、平均、分散、自己相関などの特性がデータの全領域で一定だと想定されている。データは、安定性確保のために階差をとる(differencing)前処理が施されることがある。これは、各データ点で前の点の値を差し引くことを意味する。2点間の距離は**ラグ**(lag)と呼ばれる。どのような種類の階差を取る必要があるかを調べる技法やその自動化は、時系列分析に特化したソフトウェアパッケージに含まれている。平方根をとったり、データの対数をとって分散を安定化するなどの技法も、時系列分析開始の前に施される。

時系列の要素を記述するために、次のような加法モデル(Additive model)がよく用いられる。

$$Y_t = T_t + C_t + S_t + R_t$$

このモデルで、傾向 Y_t の要素は、次の通り。

T_t
永続的、長期傾向、調査期間全体での傾向。

C_t
循環効果、永続傾向での変動、ビジネスや経済環境の、全般的な経済不況や好況等による。

S_t
季節効果、夏と冬などのような1年の時期による変動。

R_t
残差、あるいは、誤差効果、永続的、循環、季節効果を取り除いて残ったもの。ランダ

[†] 訳注:Barbara G. Tabachnick and Linda S. Fidell, Using Multivariate Statistics (6th Edition), Pearson (June 25, 2012) の記述を指すものと見られる。

ムな効果や、ハリケーンや疫病のような稀な事象の影響も含まれる。

時系列分析の多くは、時間変動をこれらの要素に分解するのに費やされている。概念は、ANOVA モデルで変動を分割するのに似ているが、含まれる数学は違っている。

時間とともに取られた正確な測定（**生時系列**（raw time series）とも呼ばれる）は、小さな変動を多数含んでいて、パターンを説明し、正確な将来予測を可能にする主要傾向をわかりにくくしている。この問題を扱うために、各種の**平滑化**（smoothing）が工夫されてきた。それらは、**移動平均**（moving average）または**ローリング平均**（rolling average）と呼ぶ技法、連続した点系列で平均をとり、生データをこの平均で置き換えるもの、と、**指数技法**（exponential techniques）、指数系列を用いてデータ点に重みをつけるものとに大別される。

単純移動平均（simple moving average、SMA）を計算するには、問題の時点より前の指定した個数のデータ点（n）の重みを付けない平均を取る。サイズ n は、ウィンドウとも呼ばれる。理由は、n 個のデータ点があるウィンドウ（幅 n のウィンドウ）を使って移動平均を計算するからだ。時間が進むと、ウィンドウが動いてそのたびにデータが違ってくる。平均は、その時点でウィンドウに含まれるデータ点について計算される。例えば、5 点 SMA は、与えられた点とその前の 4 点の平均となる。

新たなデータ点の SMA は、1 つの値を落として新しい 1 つの値を付け加え、点から点への変動を抑える。この属性から、**ローリング平均**という呼び名が、新たな値が入って（roll on）古い値がこぼれる（roll off）様子から生じた。プロテニスツアーでのランク表の計算は、これとよく似た方式であるが平均ではなく総計を計算する。各プレイヤーの該当週の総得点は、その前の 52 週の得点の総和であり、週ごとに、最も古い週の得点が引き去られ、新しい週の得点が追加される。

SMA 計算に使われるウィンドウが大きいほど、新しいデータの全体への相対的な影響が小さくなるので、円滑化は大きくなる。ある点で、データはあまりにも円滑になって、パターンについての重要な情報が失われてしまう。さらにウィンドウが大きくなると、より多くのデータ点が捨てられる羽目になる（平均計算にもっと多くの点が必要なため）。これは、**図 14-1**、**表 14-4** の例から説明される。

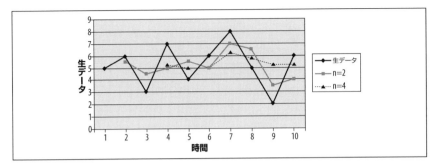

図14-1 生データと $n=2$ と $n=4$ の移動平均

表14-4 異なるサイズのウィンドウの単純移動平均

時間	1	2	3	4	5	6	7	8	9	10
生データ	5	6	3	7	4	6	8	5	2	6
$n=2$		5.5	4.5	5	5.5	5	7	6.5	3.5	4
$n=4$				5.25	5	5	6.25	5.75	5.25	5.25

予想された通り、一番大きな変動が生データに見られ、サイズ2でより少ない変動が、サイズが4に広がると、わずかな変動しか見られなくなる。

サイズ2のウィンドウを用いると、移動平均で1つのデータだけが落ちる（平均計算でその前の点がないので、最初のデータ）が、サイズ4のウィンドウを使うと、最初の3点が、その前に平均計算で使う点がないので、落とされる。多くのデータ点があるときには、これは問題にならないが、10しか観察していないデータ集合では、重大な情報損失になる。

中央移動平均（central moving average、CMA）は、移動平均と似ているが、各点の平均を計算するのに、過去と未来のデータを両方使うサイズ n のウィンドウを用いる。例えば、サイズ3のCMAでは、時刻2の値が、4.67すなわち $(5+6+3)/3$ となる。ここで未来点と言っているのは測定した点についてであって、予想ではないことに注意する。CMAの中央データ点の測定時から見た未来というに過ぎない。**表14-5**に例を示す。

表14-5 前のデータの中央移動平均（$n=3$）

時間	1	2	3	4	5	6	7	8	9
生データ	5	6	3	7	4	6	8	5	2
CMA（n = 3）		4.67	5.33	4.67	5.67	6.00	6.33	5.00	

加重移動平均（weighted moving average、WMA）は、サイズ n のウィンドウの値を、問題の点に近い点ほど重みが大きいようにして使う。特に指定しない限り、指数重みではなくて算術重みを使う。典型的なシステムでは、n をこの重み付けに関する日数としたとき、計算対象の日に重み n を与える。WMA 対象の他の日には、重み付けされている日が取り除かれるごとに、重みを1つ減らす。この方式では、5日 WMA で、重み付けされる日には重み 5、その前の日は重み 4、こうして、4日前の日は重み 1 となる。この加重総計を重み要素の和で割ると、$[n(n-1)]/2$ となる。WMA は、直観的には、連続した点が最も密接に関係し、データ点の間の時間長が増えると関係が少なくなるという意味を持つ。

指数移動平均（exponential moving average、EMA）も、より近い点により重い重みを与えるが、離れた点については、算術的ではなく指数的に重みを減らす。EMA 計算では、0 から 1 の間の指数円滑化定数 α を選ぶ。この定数は、**式 14-9** に示す式のように、含まれる時点個数 n に関係する。

式 14-9　指数移動平均の定数を求める式

$$\alpha = \frac{2}{n+1}$$

ここで、$\alpha = 0.2$ は、$(2/10 = 0.2)$ なので、$n = 9$ に等しい。α は、次の式 **14-10** に使われるが、これは、項が無視可能なほど小さくなるまで続けられる。

式 14-10　指数移動平均の公式

$$EMA = \frac{p_1 + (1-\alpha)p_2 + (1-\alpha)^2 p_3 + (1-\alpha)^3 p_4 + \ldots}{1 + (1-\alpha) + (1-\alpha)^2 + \ldots}$$

この式で、p_1 は、EMA 計算の時点の測定値、p_2 は1時点取り除かれたもの、p_3 は2時点取り除かれたものというようになっている。メンバー点が増えるに連れて分母は $1/\alpha$ に近づき、計算の重み全体の 86% が最初の n 個の時点に含まれる。n は EMA の計算に含まれるデータ点の個数ではない。単純および加重移動平均のである。停止点は α の値と、無視可能な値についての研究者の決定による。

14.3　決定分析

我々は毎日決定を行う。しかし、どのように最良の決定を行うか、特に多くの（例えば、大量のお金）が関係するときにはどうするだろうか。**決定分析**（decision analysis）は、意思決定プロセスをプロセス改善のためにシステム化するのに使われる専門的な実践、方法論、および理論の体系である。意思決定理論には多くの学派があり、それぞれ特定の文脈で役に

立つ。本節では、最もよく使われる決定分析手法のほんの数例だけを取り上げるが、それは、学生にこの分野のプロセスを紹介し、特定の意思決定文脈で具体的な助けになるからである。意思決定プロセスは、財政上の費用と決済とで記述されるが、きちんと数値化されれば、（例えば、個人的な満足とか生活の質の改善など）他の尺度を使うこともできる。

決定分析では、意思決定のプロセスは通常、仮説検定のプロセスと近い一連のステップとして把握される。それはまた、我々が日常行っている普通の意思決定プロセスと、（ただし、次に述べるステップ5、6の数学モデルの選択適用を除いて）それほど違いはない。決定がよりよくなるという可能性以外に、このようなステップを踏まえると（正当性を調べて文書化しておけば）決定の理由を、そのプロセスに参加していなかった人に説明して容易にわかってもらえる。基本的なステップは、次のようになる。

1. （結果に影響しかねない実世界の状況である）自然状態（states of nature）を含めて、状況すなわち文脈を定義する。自然状態は、例えば、強い／ほどほど／弱い市場とか不都合な雨／適切な雨などのように、モレなくダブリなく†述べられるべきだ。
2. 手元の選択肢、すなわち、行える決定の候補を明らかにする。これらをアクションという。
3. 可能な成果（outcome）、すなわち、結果を明らかにする。
4. 選択肢とその成果のあらゆる可能な組合せに費用と利益を割り当てる。
5. 適切な数学モデルを選ぶ。
6. ステップ2から4の情報を使って、数学モデルを適用する。
7. モデルの予測に従い、最良の期待成果に基づいて決定する。

決定理論方法論の選択は、状況についてどれだけ多く知っているかに依存する。決定理論を適用できる3種類の文脈がある。

- 確実性のもとでの決定
- 不確実性のもとでの決定
- リスクのもとでの決定

確実性のもとでの決定（Decision making under certainty）は、将来の自然状態がわかっ

---

† 訳注：mutually exclusive and exhaustive alternatives、Mutually Exclusive Collectively Exhaustive（MECEと略す）とも言う。

ていることを意味する、すなわち、意思決定プロセスでは、最良の成果に不変的に結びつく選択を選べるように、選択肢とその決済を述べればよい。この状況については、数学モデルなど不要で、何が最良の選択かに何の不確実性もないから、これ以上は論じない。

不確実性のもとでの決定（Decision making under uncertainty）は、ずっと普通の状況である。可能な自然状態の確率がわからず、それぞれの状態でのさまざまなアクションによる得失のみに基づいて決定を行わねばならない。例えば、レストランを開くためにいくつかの町の中から選ぶとしたら、レストランの成功の一部は、レストランを開いたときのその町の景気に依存するだろうが、それらの町における将来の景気については、予測ができない。同様に、どの穀物や品種を植えるか選択するとき、収穫時の成否は、成長期の降雨に依存するが、それを前もって予測する十分な情報はないと思う。

リスクのもとでの決定（decision making under risk）では、各成果の確率がわかっており（あるいは、妥当な推測ができて）、この情報と期待決済についての情報とを組み合わせて、どの決定が最適か決定できる。

14.3.1 ミニマックス、マクシマックス、マクシミニ

不確実性のもとでの決定に必要な情報は、決済表にまとめられる。その表の各行は、可能なアクション、各列は自然状態を示す。表のセル内の数値は、さまざまなアクションと自然状態との組合せでの期待成果を示す。イベントを巨大屋外展示場で行うか、より小さな屋内展示場で行うか、3番目の選択肢としては、イベントをしないということを検討しているとしよう。イベントは、開催時期が年間で嵐がよくある時期に開催予定だとも仮定しよう。特定の日に降水確率をきちんと求めることはできそうにないと感じている。イベント開催費用は $50,000、決済表は**表14-6**のようになる。

表14-6　イベント開催の決済表

	雨	雨ではない
屋外開催	−$50,000	$500,000
屋内開催	$200,000	$200,000
開催しない	$0	$0

屋外開催は、屋内開催に比べて大規模なので、その夜に雨が降らなければ、大きな利益（$500,000の儲け）が得られる。雨だと、イベントはキャンセルされ、投資が無駄になり、収入がない（$50,000の損失）。一方、屋内開催なら、雨が降ろうと降らなかろうと、同じ利益（$200,000）となる。天候がよければ、屋外開催より少ないが、雨なら屋外開催より多い。最後に、イベント開催はリスクが多すぎると判断して、お金を他のことに使うこともできる。

機会損失表（opportunity loss table）を作って、特定のアクションごとに、儲ける機会を失ったお金の額を表すことができる。仮定した、雨の時期のイベント開催での、機会損失表は、表14-7のようになる。

表14-7 イベント開催の機会損失表

	雨	雨ではない
屋外開催	$250,000	$0
屋内開催	$0	$300,000
開催しない	$200,000	$500,000

機会損失表には、負数がないことに注意する。所与の自然状態での最良アクションなら、損失は0ドル、他は、最良のアクションを取らなかったことによる設け損ねた金額を表す。

次のミニマックス、マクシマックス、およびマクシミニという手続きが、不確実性のもとでの決定のために開発されてきた。**ミニマックス**（minimax）手続きは、機会損失を最小化するアクション選択がある。ミニマックス決定では、機会損失表を使って、各アクションの最大機会損失を確認し、次に機会損失が最小のアクションを選ぶ。この例では、次のようになる。

最大機会損失（屋外開催）　= $250,000
最大機会損失（屋内開催）　= $300,000
最大機会損失（開催しない）= $500,000

ミニマックス戦略を用いると、3つの選択肢の中で最小の最大機会損失を持つことから、屋外開催をしようと決定するだろう。

マクシミニ（maximin）戦略は、最大の最小成果を持つアクションを選ぶ。これは、選択肢の中で最高の最小利得、すなわち、最小損失－望ましくない条件下で最良の成果を、を選ぶことから、悲観者戦略とも呼ばれる。この例では次のようになる。

最小利得（屋外開催）　= －$50,000
最小利得（屋内開催）　= $200,000
最小利得（開催しない）= $0

マクシミニ戦略を用いると、天候条件に関わらず、最悪でも$200,000儲けるから、屋内開催を選ぶ。

マクシマックス（maximax）戦略は、最高の最大成果のアクションを選ぶ。最も望ましい自然状態のもとで、最良の成果を与えることから、これは楽観主義者の戦略と呼ばれる。こ

の例では次のようになる。

最大利得（屋外開催）　= $500,000
最大利得（屋内開催）　= $200,000
最大利得（開催しない）= $0

マクシマックス戦略を用いると、最高の最大成果を与えることから、屋外開催を選ぶだろう。

14.3.2　リスクのもとでの決定

さまざまな自然状態の確率が既知である、あるいは、十分予測できるならば、リスク状況下の意思決定ということになる。先ほどの例で、イベント開催予定の夜の降水確率の情報も得られたとしよう。降水確率が0.6なら、雨の降らない確率は、互いに排反な自然状態なので、0.4となる。**表14-8**は、この情報を追加したものである。

表14-8　さまざまな自然状態の確率が与えられた、さまざまなアクションの期待決済

	雨	雨ではない	期待決済
確率	0.6	0.4	
屋外開催	−$50,000	$500,000	$170,000
屋内開催	$200,000	$200,000	$200,000
開催しない	$0	$0	$0

期待決済は、アクションと自然状態の組合せでの決済値に、その自然状態の確率を掛けて計算する。例えば、屋外開催では、次のようになる。

$$E(決済) = (0.6)(-50,000) + (0.4)(500,000) = -30,000 + 200,000 = 170,000$$

最大期待決済の選択肢を選ぶ。この例では、屋内開催を選ぶ。手法では確率が十分予測できることが必要だ。この例で、確率が逆転したなら、最高の期待決済は、屋外開催になっただろう。

14.3.3　決定木

さまざまなアクションに対する成果の確率がわかっているなら、さまざまな自然状態のもとでのアクションと決済を示す**決定木**（decision tree）が作れて、さまざまな組合せでの成果を明らかにするのに使えるだろう。**表14-8**と同じ情報がある決定木を**図14-2**に示す。

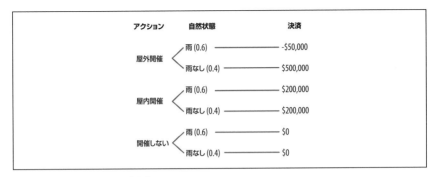

図14-2 イベント開催例の決定木

　決定木の目的は、可能なアクション、自然状態、期待決済を含めた意思決定情報を、明確に図示することにある。決定を行うための規則を含まないが、関連する情報を1つの図にまとめることによって、意思決定を支援できる。

14.4　品質改善

　品質改善（quality improvement、QI）の源は、1920年代、シューハート（Walter Shewhart）が製造プロセスでの変動を研究するのに統計的アプローチを開発し始めたときに遡る。QIへの興味は、1950年代にシューハートの仕事に基づいて、QIに統計的な方式を開発した、デミング（W. Edwards Deming）の作業によって火がついた。皮肉なことだが、デミングは当初、米国では拒絶されたが、日本では熱狂的に迎えられ、QI技法が製造業で適用されて大成功して、日本の企業は、米国の製造業における優越性に挑戦し、いくつかの場合には、米国を超える結果となった。これに対して、米国企業は、1980年代にQI方式を採用し始めた。モトローラやGEが初期の採用者としてよく知られている。

　QIには、**総合品質管理**（Total Quality Management、TQM）という一般的方式の一部であるシックスシグマ（6σ）のようなよく知られたプログラムを含めて、複数の方式がある。本節では、多くのプログラムで共通する、QIの基本に焦点を当て、特定のプログラムでの特殊な用語や略語に埋もれることを避ける。また、QIにおいて使われる統計的方法論にも焦点を当てる。ただし、読者は、ほとんどのQIプログラムが、多面的なもので、心理学的並びに組織論的戦略が統計的な測定や分析技法とともに含まれていることを了解しておくべきである。

　QIは製造業で始まったが、今では、保健医療や教育を含めて他の分野でも適用されている。「品質」は21世紀の流行語であり、品質管理改善の基本的側面を考慮することは、幅広い分野で活動している人にとって有用だ。品質が定義され測定されるところならどこであっても、

QI領域は有用なツールを提供する。

　何であれ、測定の第1ステップは定義である。QI文脈での品質は、一般に顧客の用語で定義される。高品質製品は、顧客の必要性と好みとを満たす。製造業では、指定されたサイズと耐久性を備えた機械部品を意味するかもしれない。保健医療では、患者の問題に答える医師の往診であったり、ひどく待たされたり嫌な思いをせずに済むことを指すかもしれない。顧客のニーズと選好性は測定可能な製品変数（product variable）に翻訳されなければならない。医療福祉の例を取り上げれば、「ひどく待たされない」ことは、「10分以上待たされない」ということで操作化できるようになる。これによって、患者の診察が標準に合致しているかどうかが評価対象となる。同様に、機械部品なら、特別なサイズが設定され、個別部品が、顧客が指定する許容範囲内にあるかどうかの評価がなされる。

　QIの言語は、製造業から持ってこられたもので、一般にプロセスで作られた製品を扱うが、これはより大きなシステムの一部でもある。例えば、ある会社では、ボルト（製品）を一連のプロセス（切削、刻印、洗浄など）で製造しているが、それは、入力（金属など）を出力（ボルト）に変換するより大きなシステムの一部である。どのプロセスについても本質的な事実は、それが変化する（variable）ということだ。例えば、すべての製造されたボルトが全く同じサイズではない。大きな意味では、QIは、変動の許容可能限界を定義すること、プロセス内で変動を測定追跡すること、そして、製品が許容変動範囲を超えるときに、原因を特定して解を求めることなのだ。

14.4.1　ランチャートと管理図

　管理図（Control Chart）は、1920年代にシューハートによって開発された、プロセス変動を監視する基本的な図示技法である。管理図は、基本的なランチャート（run chart）の改訂版である。ランチャートは、製品の問題の特性をy軸に、製品の時間や順序をx軸に、単に時系列で図示するものだ。しばしば、グラフ上のデータ点には、少数の製品標本から計算された、平均などの統計量が、個別の値の代わりに表示されている。

　標本平均を図示すれば、中心極限定理を呼び起こし、データ点の基盤は正規分布であると仮定し、母集団における個別の値の分布を考えずに済む。これは、プロセスが統計的制御からいつ出ていくかを決定するために決定規則を用いる場合に本質的である。個別のデータ点が管理図で表現されているなら、これらの規則は、基盤プロセスが正規型でない限り使えないが、それでも点の図示は、プロセスに存在する変動の図表現として有用となる。

　どのプロセスでも出力における変動を求めたいが、出力の分布自体が変化することは、位置（平均か中央値）についても分布（標準偏差か範囲）についても期待していない。プロセスからの出力の分布が時間が経っても一定ならば、プロセスは統計的に管理されている（in statistical control）、あるいは単に、管理されている（in control）と言う。変化するようなら、

プロセスは、統計的に管理されていない (out of statistical control)、あるいは単に、管理されていない (out of control) という。

どのプロセスの全変動にも基本要因として、**共通原因** (common cause) と**特殊原因** (special cause) または**見逃せない原因** (assignable cause) の2つがある。**変動の共通原因** (Common causes of variation) は、プロセスの設計に起因するもので、プロセスの全出力に影響する。製造プロセスでは、共通原因には、工場の照明、素材品質、従業員訓練などが含まれる。共通原因による変動量があまりにも大きいときには、プロセスを再設計する必要がある。おそらく、照明は改善され、作業員の訓練を増やし、業務をより小さな部分に分解してもっと正確に遂行できるようにし、製造プロセスで使われる素材にもっと一貫した供給元を探すことができるはずだ。この種の修正は、一般に管理側の責任であり、本節で議論されるような種類の分析では出てこない。

本節の目的から言えば、変動の共通原因しか持たないプロセスは、管理されているプロセスである。本節は、プロセス設計に含まれないアクションまたはイベントである、変動の特殊原因に焦点を当てる。特殊原因は通常、一時的でプロセスの小部分にしか影響しない。作業員が疲れて、仕事を正確に遂行できなかったかもしれない。あるいは、機械の調整が間違って、受理可能な値の範囲に収まらない製品を作り始めたかもしれない。管理図は、いつプロセスが統計的に管理されなくなったかを明らかにして、変動の特殊原因を特定する手助けをする。

管理図には通常、プロセスの平均または中央値で中心線 (centerline) が引かれている。中心線は、データ点を評価するときに、参照点として働き、例えば、データ点が中央の値に十分近いかとか離れているかを評価する。この中心線の値は、通常アナリストによって前もって指定されており、標本点の平均ではなくて、プロセスが管理されている（正しく動作しており、受理可能な出力を生成している）ときの期待値を表す。管理図のもう1つの表記は、連続する各点をつなぐ線の追加で、これは、測定期間でのパターンを探しやすくする。両者を、**図 14-3** の仮想的なランチャートに示す。

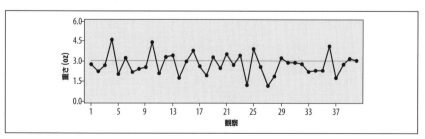

図 14-3 プロセス平均 3.0 の 40 個のネジのオンスでの重量（個別値）のランチャート

このランチャートは、仮想的製造プロセスの 40 個の連続製造ネジの重量を示す。y 軸はネジの重量をオンスで示し、x 軸は観察順序を示し、中心線は、プロセス平均 3.0 を示す。そこで、最初の 3 つのネジが平均より少し下、4 つ目が上ということがわかる。さらには、パターンがランダムで、プロセス平均を中心にして、最長ラン（同じ方向の値の連続）が 4 データ点 (29-32) ということもわかる。

図 14-3 にはどのようなパターンも示されず（乱数発生器を使ったので当然）、プロセスが管理下にあることが示唆される。図 14-4 から図 14-9 は、ランチャートからわかる、さらなる検討が必要かもしれない傾向のいくつかを示す。

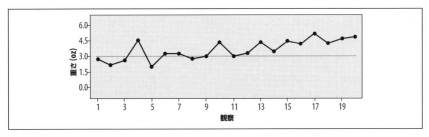

図 14-4　上昇傾向のランチャート

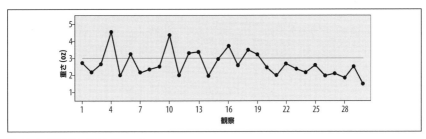

図 14-5　降下傾向のランチャート

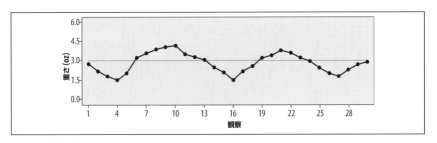

図 14-6　循環パターンのランチャート

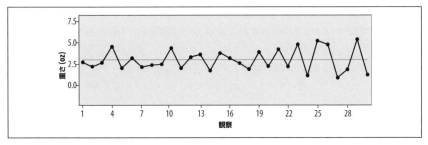

図 14-7 変動が増大しているランチャート

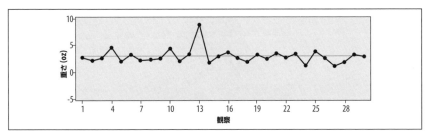

図 14-8 ショックあるいは外れ値（単一極値）のあるランチャート

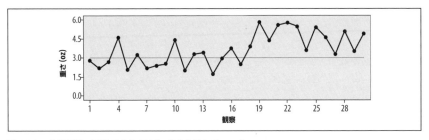

図 14-9 水準変動（平均の上シフト）のあるランチャート

　この段階では、個別データ点を見ているので、統計検定は行わず、全体傾向を見ていることに注意する。データパターンがランダムな変動に帰着できず、プロセスが管理されていない証拠を調べなければならないときを決定する規則を簡単に論じる。

　管理図が標本平均に基づくときは、中心極限定理のおかげで、プロセスが統計的に管理下ならありえないだろう値やパターンを正規分布を使って探すことができる。プロセスが管理下なら指定された平均と分散を持つ正規分布の標本に基づいてデータ点の値の期待分散に基づいて、プロセスが管理されなくなることを示すと判断する規則が定められてきた。

標準偏差を使って、プロセスからの出力値の受理可能範囲を定義することが、シグマ（σ）が標準偏差の記号であることからわかるように、シックスシグマプログラムの名前の由来である。シックスシグマプログラムの背景にあるアイデアは、出力が±6σの範囲にあれば顧客が受け入れてくれるように、変動性を十分に抑え込むことである。

3章で論じたように、正規分布データでは、指定範囲にデータ点がある確率がわかっている。標準偏差により定義された平均からどれだけ離れた範囲に正規分布でデータが含まれるかというパーセントを**図14-10**に示す。

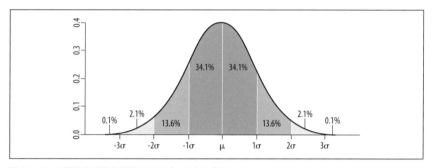

図14-10　正規分布で指定範囲にあるデータ点の確率

3章で論じたように、この図から、正規分布では、データ点が平均から1標準偏差の範囲内にある確率は、68.2%であることがわかる。平均から1標準偏差と2標準偏差との間にデータ点がある確率は27.2%、2標準偏差と3標準偏差の間にある確率は4.2%、そして3標準偏差以上に平均から上下離れる確率は0.2%である。別の見方をすると、正規分布母集団から繰り返し標本を取ったとき、標本平均のおよそ68%は、平均から1標準偏差の範囲内に、およそ95%が2標準偏差の範囲内に、そして約99%が3標準偏差内に収まると期待できる。

管理限界を追加した管理図は、この情報を変換して、y軸に点の分布を標本の時刻または順序を図示する。異なる範囲は、**図14-11**のようにラベル付けされることが多い。

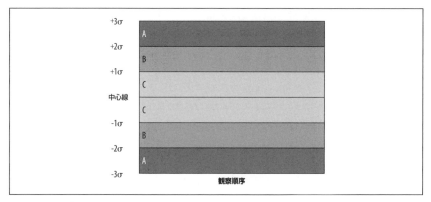

図 14-11　シグマの範囲がある管理図

この図で

1. Aゾーン、3シグマ域、は、中心線からの2σと3σの間の領域。
2. Bゾーン、2シグマ域、は、中心線からの1σと2σの間の領域。
3. Cゾーン、1シグマ域、は、中心線から1σの領域。

となる。
　これらのゾーンが一連のパターン分析規則と一緒に使われて、プロセスが管理外になったかどうかを決定する。
　プロセスが管理下であるかどうかを決定するのに、標本の平均値と変動性が重要なので、管理図は通常、標本の平均値を表すものと変動性を表すものとの対で作成される。連続データでは、エックスバー管理図（x-bar chart、エックスバーと発音されるが、標本平均の統計記号のためそう呼ばれる）が、平均値の追跡に使われる。変動性は、標本の標準偏差を示す s 管理図（s-chart）または標本の範囲を示す r 管理図（r-chart）で表される。
　次のパターン分析規則は、エックスバー管理図のデータを解釈するのに使われるが、どのような種類の管理図でも使えるだろう。このリストは、ウェスタン・エレクトリック社（現在は AT&T の一部）で開発され、1956年に最初に出版されたウェスタン・エレクトリックの規則やネルソン（Lloyd S. Nelson）が開発して1984年に出版されたネルソンの規則などを含めたいくつかの規則集合をまとめたものである。
　プロセスがパターン分析規則によって、管理下にないと判断される状況は次のようなものである。

1. どれかの点がAゾーンの範囲外にある。
2. 9連続点が中心線から同じ側にある。
3. 6連続点が同じ方向にある、すなわち、すべて増加かすべて減少かである。
4. 14連続点が交代に上下している。
5. 3連続点のうち2つが中心線から同じ側のAゾーンかその外にある。
6. 5連続点のうち4つが中心線から同じ側のBゾーンかその外にある。
7. 連続した15点がCゾーンの中に入る[†]。
8. 11連続点がBゾーンかその外にある。

データが連続値ではなく二値（例えば、アイテムが単に欠陥ありか受け入れ可能かに分類される）ならば、二項分布に基づいたp管理図（p-chart）またはnp管理図（np-chart）をエックスバー管理図の代わりに作ることができる。品質管理分野では、二項データは属性データ（attribute data）と呼ばれることに注意する。興味が、欠陥品の個数ではなく欠陥の個数にある（ユニットに複数の欠陥があり、欠陥の総数が関心変数である）なら、エックスバー管理図の代わりに、c管理図およびu管理図が作られる。これらの管理図は、通常（エックスバー管理図同様）コンピュータソフトウェアを用いて作られるので、ここでは詳細を述べない。次の規則集合が、データの種類ごとにどの種類の管理図を用いるべきかを明らかにするのに役立つ。

1. データ点が連続データからの標本平均を表す（エックスバー管理図）。
2. データ点が標本ごとの欠陥品数を表し、全標本が同じサイズ（np管理図）。
3. データ点が標本ごとの欠陥品数の割合を表し、標本が異なるサイズ（p管理図）。
4. データ点がユニットごとの平均欠陥数を表し、全標本が同じサイズ（c管理図）。
5. データ点がユニットごとの平均欠陥数を表し、標本が異なるサイズ（u管理図）。

W・エドワーズ・デミングと日本

かつての日本は、今日我々が知っているような製造業の強大国ではなかった。20世紀の前半、日本は低廉品の製造で主として注目を浴び、国としての工業インフラは第二次世界大戦で壊滅していた。しかし、戦後、勝利した連合軍は、日本経済再建のため、技術者の一団を派遣した。

[†] 訳注：直感的には、管理下にある状態、平均の周りに収束していて、よい状態だと思うのだが、Nelson rules (http://en.wikipedia.org/wiki/Nelson_rules) によれば、「With 1 standard deviation, greater variation would be expected.」ということで、嵐の前の静けさ状況だという信号となっている。

この再建の一側面が、日本製造業に統計的品質管理手法を教えることだった。1950年、シューハートに学んだ統計学者のデミング（1900 – 1993）が、日科技連の招きで統計的品質改善について一連の講義を行った。訪問中、デミングは多くの主要企業の経営者にも会った。

　日本産業界のリーダーにデミングが大きな影響を与えたので、品質分野での業績に対して、彼の名を冠した2つの賞が作られた。（TQMの研究、方法論、普及に重要な貢献をした）個人に対するデミング賞本賞と（TQMの原則を適用して顕著な達成した組織に対する）デミング賞（旧：デミング賞実施賞）である[†]。これらの賞についての詳細は、デミング協会のウェブサイト（http://deming.org）にある。

14.5　練習問題

本章で扱ったテーマを簡単に復習する。

問題

　（表14-9に示す）各年を基準年として、2000年の単純指数を計算せよ。その結果から、基準時期の選択について何事かわかったか。

表14-9　異なる基準年を用いた指数計算のためのデータ

年	価格
1970	1,000
1980	1,500
1990	2,000
2000	1,500

解

　1970年が基準年なら、I_{2000} = 150、1980年が基準年なら100、1990年が基準年なら75。これは、指数計算において基準年の選択が重要なこと、また、政治や他の外部要因を選択に影響させないことがなぜ重要かを示す。

　1970年が基準年のときの計算。

$$I_{2000} = (1{,}500/1{,}000) \times 100 = 150$$

[†] 訳注：日本側の記述と、デミング3賞については、例えば、http://ja.wikipedia.org/wiki/デミング賞を見るとよい。

1980 年が基準年のときの計算。

$I_{2000} = (1,500/1,500) \times 100 = 100$

1990 年が基準年のときの計算。

$I_{2000} = (1,500/2,000) \times 100 = 75$

問題

表 14-10 のデータで 2000 年のラスパイレス指数とパーシェ指数を 1990 年を基準年として計算せよ。なぜ両者が異なるのか。

表 14-10 ラスパイレス指数とパーシェ指数の比較のためのデータ

製品	1990 量	1990 価格	2000 量	2000 価格
牛肉	100 ポンド	$3.00/ ポンド	50 ポンド	$5.00/ ポンド
鶏肉	100 ポンド	$3.00/ ポンド	150 ポンド	$3.50/ ポンド

解

ラスパイレス指数は 141.67、パーシェ指数は 87.50。差異は、重み付け方式の違いによる。ラスパイレス指数は、基準年の重みを使うが、パーシェ指数は、指数年の重みを使う。この例で、同じ量の肉が 1990 年と 2000 年で購入されているが、1990 年と比べて 2000 年は、牛肉が少なく鶏肉が多く購入されている。ラスパイレス指数に基づくインフレ指数は、消費者行動の変化を見逃してしまう。

式 **14-11** は、ラスパイレス指数の計算を示す。

式 14-11 ラスパイレス指数の計算

$$\frac{(100 \times 5.00)+(100 \times 3.50)}{(100 \times 3.00)+(100 \times 3.00)} \times 100 = 141.67$$

式 **14-12** は、パーシェ指数の計算を示す。

式 14-12 パーシェ指数の計算

$$\frac{(50 \times 5.00)+(150 \times 3.50)}{(100 \times 3.00)+(100 \times 3.00)} \times 100 = 129.17$$

問題

表 14-11 に示すデータの第 6 番目の時点の $n = 3$ と $n = 5$ の SMA と CMA を計算せよ。

表 14-11 SMA と CMA を計算するためのデータ

時間	1	2	3	4	5	6	7	8	9
生データ	3	5	2	7	6	4	8	7	9

解

$\text{SMA}(n = 3) = (7 + 6 + 4)/3 = 5.7$

$\text{SMA}(n = 5) = (5 + 2 + 7 + 6 + 4)/5 = 4.8$

$\text{CMA}(n = 3) = (6 + 4 + 8)/3 = 6.0$

$\text{CMA}(n = 5) = (7 + 6 + 4 + 8 + 7)/5 = 6.4$

このデータには、上向きの一般的傾向があるので、CMA 推定の方が、特に大きなウィンドウでより高くなる。

問題

小さな町あるいは大きな町で、文具店を開こうかどうか考慮中だと仮定する。大きな町での方が大きな利益の可能性があるが、損失も大きい可能性がある（事業開始により高い費用がかかるため）ある。店の成功は、開店したときの周辺の景気に依存する。町の他のビジネスが拡張しているなら、まとめて注文を得る機会があるが、他の会社が苦労しているなら、費用に見合うだけの売上がやっと立つだけかもしれない。

表 14-12 に 2 つの自然状態での決済のデータがある。この状況で、ミニマックス、マクシマックス、マクシミニ決定を計算せよ。

表 14-12 文具店の投資見通しを比較するためのデータ

	景気がよい	景気が悪い
大きな町	$200,000	$10,000
小さな町	$100,000	$20,000

解

ミニマックスの解のために、表 14-13 のような機会損失表を作る。

表14-13 文具店の見通しの機会損失表

	景気がよい	景気が悪い
大きな町	$0	$10,000
小さな町	$100,000	$0

ミニマックス解は、機会損失を最小化するアクションを選ぶ。この場合、店の場所に大きな町を選ぶ。

マクシマックス解は、最高の最大成果を持つアクションを選ぶ。この場合、店の場所に大きな町を選ぶ。

マクシミニ解は、最大の最小成果を持つアクションを選ぶ。この場合、店の場所に小さな町を選ぶ。

問題

図14-12での管理図で、どんなパターン解析規則が違反しているか。この例の管理下プロセスでは、平均 = 3、標準偏差 = 0.5、中心線は、したがって3.0、3シグマ限界は1.5と4.5、2シグマ限界は4.0と2.0、1シグマ限界は3.5と2.5になることに注意する。

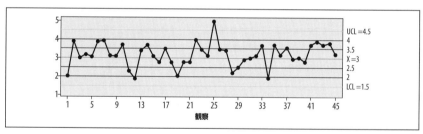

図14-12 違反パターンのある管理図

解

図14-13に違反が示されており、その後に理由が述べられている。

観察

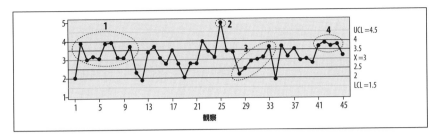

図 14-13　違反パターンに印を付けた管理図

1. 9 連続点が中心線から同じ側にある（規則 2）。
2. 1 点が 3 シグマ範囲の外、すなわち、A ゾーンの範囲外にある（規則 1）。
3. 違反ではないが危ない。5 連続点が同じ方向にある（規則 3）。
4. 5 連続点のうち 4 つが、中心線から同じ側で、1 シグマ範囲を超えて（B ゾーンかその外）いる（規則 6）。

15章
医療統計および疫学統計

医療と疫学に使われる統計の多くは、他の分野と共通だ。例としては、t検定（6章で扱った）、相関係数（7章で扱った）、各種の回帰とANOVA（8章から11章で扱った）がある。しかし、統計の中には、特に医療と疫学の研究の要求に合うべく開発された（オッズ比など）ものもある。また、他の分野でも使われるが、医療と疫学でよく使われるもの（例えば、標本サイズと検出力計算）も本章で取り上げる。

15.1 有病頻度の尺度

有病頻度（disease frequency）の具体的な尺度を述べる前に、よく使われる用語の意味を論じておく価値があるだろう。なぜならしばしば混乱が見られるからである。有病頻度は、事例数として報告される。例えば、昨年ある町Aで結核（TB）の事例が256、町Bで471あったとする。手持ち資源を割り当て、来年の資金および場所の割り当てを計画する人には、元の数字が、来年TB（および他の病気）がどれだけ起こると予想されるか知って、資源をそれに従って割り当てるために、役に立つだろう。しかし、国および国際的なレベルでは、病気の発生率の方が、研究計画のために、絶対的な発生数よりも相対的な割合の方が、母集団のサイズが異なっても、時間経過による、あるいは、地域別の傾向の方を調べたいから、より有用となる。例えば、先ほどの例で、数字は、町Bの方がTBについて、町Aより深刻に見えるが、町Bの人口が5倍だとすれば、町Aの方が深刻だという反対の結果になる。同様に、疾病の発生数は、人口が増えると増加するので、比較のためには、個数を他の尺度に変換しなければならない。

15.2 比、割合、比率

そのような尺度には、**比**（ratio）、**割合**（proportion）、**比率**（rate）という互いに関連する3つがある。比率は、ある量の大きさを別の量と比較して、2つの数値についてそれ以上

の仮定を設けず、共通単位であることを必要としない。比は、A:B あるいは、B 当たりの A（A per B）と表現され、しばしば、比較が容易なことから、1:B や 1 万当たり A のように、標準的な尺度に変換される。米国で AIDS 生存者の男性対女性の比を調べたいとしよう。米国疾病対策センター（CDC）によれば、2005 年、米国で男性 769,635 人、女性 186,383 人の AIDS 患者がいる。AIDS 生存者の男性対女性比は、したがって 769,635:186,383 であり、4.13:1 とも表される。2 番目の式は、2005 年米国に AIDS で生きている男性が女性の 4 倍強いることを明示している。

リスク比（risk ratio）とオッズ比（odds ratio）という 2 種類の比が疫学および公衆衛生分野でよく使われ、本章で取り上げる。比では、比較される量が必ずしも同じ単位で測られる必要がない。異なる国での保健医療を比較するのによく使われる尺度は、1 万人当たりの病床数である。世界保健機関（WHO）によれば、英国は、2005 年 1 万人当たり 39.0 病床、スーダンは 7.0、ペルーは 11.0 で、英国の方が他の 2 国よりも病院での医療を受けやすいことを示す。この種の比は、比率とも呼ばれるが、（後述する）厳密な比率の定義からは、時間尺度が含まれないので、外れている。

割合は、比の特殊な場合で、分子のすべての事例が分母にも含まれているものだ。先ほどの例では、米国での AIDS 生存者のうち、男性の割合を知りたければ、男性の人数を全体の事例数（男性の事例数たす女性の事例数）で、**式 15-1** のように割ればよい。

式 15-1　割合の計算

$$\frac{769{,}635}{769{,}635 + 186{,}383} = 0.805$$

割合は、パーセントとして考えたとき、文字通り 100 当たり（per cent）（cent はラテン語で 100）を意味する。割合をパーセントにするには、100 を掛ければよい。

0.805 × 100 = 80.5%

米国の AIDS 生存者の全員に対する男性の割合は、80.5 パーセント、80.5% とも表される。

比率は、厳密に言えば、分母に時間の尺度を含む。例えば、心臓の鼓動（脈拍）を 1 分当たりで測り、病気や怪我の発生率を週、あるいは、月当たりの事例数で測る。罹病率と死亡率（Morbidity and mortality、病気と死）統計は、1000 人あるいは 10 万人の時間単位当たりでしばしば報告されるが、これは、3.57 対 12.9 年間 10 万人当たりという数の方が、0.0000357 対 0.0000129 年間 1 人当たりという数値より解釈しやすいからである。

比率を標準的な量に変換すれば、大きさが異なる人口間でも比較ができる。例えば、CDC は、米国で年間死亡率は、2004 年で 10 万人当たり 816.5 で、1940 年には 10 万人当たり 1,076.4、

1860年には954.7というように比較できる。2004年には、他の比較した年よりも多くの人が死亡した（2004年には2,397,615人、それに対して、1940年には1,711,982人、1960年には1,711,982人）のだが、米国の総人口も増えているので、10万人当たりの死亡率は減少している。

仮想データ（**表15-1**）を用いた単純な例で示す。

表15-1　数年にわたる人口と死亡数

年	死亡数	人口	10万人当たり死亡率
1940	75	50,000	150.0
1950	95	60,000	158.3
1960	110	75,000	146.7
1970	125	90,000	138.9

死亡数が毎年増えているが、人口がそれより速く増えているので、毎年の人口10万人当たりの死亡率は、調べた間では、毎年減少していることがわかる。10万人当たりの死亡率を計算するには、**式15-2**の計算式を用いる。

式15-2　10万人当たりの死亡率を計算する

$$\frac{死亡数}{人口} \times 100{,}000$$

表15-1のデータについては、1940年の10万人当たりの死亡率は**式15-3**のように計算される。

式15-3　1940年の10万人当たりの死亡率を計算する

$$\frac{75}{50{,}000} \times 100{,}000$$

1年のような長期間にわたって比率を計算する問題点の1つは、人口がその期間一定と仮定するわけにはいかないので、分母にどの数を用いるか決定することである。典型的な解法の1つは、その期間（例えば1年）の中間点の人口を用いることだ。

罹病率の報告については、他にも問題がある。1つは、その状態にある人数なのか、状態そのものの数か、どちらを報告するべきかである。例えば、口腔衛生を調べているとすれば、虫歯に注目するだろう。しかし、1人でも虫歯が複数ある場合もある。少なくとも1つ虫歯のある人の人数を調べたいのか、虫歯の総数を調べたいのか、どちらだろうか。

同様の問題は、過渡的条件を調べているときにも生じる。例えば、ホームレスがテーマだとしよう。どれだけの人がある期間について一度でもホームレスになったことがあるか調べたいのか、問題の期間内に2回以上ホームレスになった人がいるということを理解した上で、ホームレスという事象を数え上げたいのか、どちらなのか。これが分析単位（unit of analysis）の問題で、調べたい実体が何であるか（1つ以上虫歯がある人か、虫歯になっている歯の個数か）を決定する必要があり、その定義を心に留めて、データを収集分析する必要がある。分析単位は、3章で議論した。

15.3 有病率と罹病率

疫学や医療において、病気の個数について話すとき、ある病気のすべての今罹っている個数を数えるのか、新たに発生した病気だけを数えるのかという基本的な区別はしておかないといけない。これは、普通の人には、重箱の隅をほじくるようなことに思えるかもしれないが、医療疫学に関わる人にとっては、病気の新たな症例を既存の症例と区別したいから重要なのだ。例えば、衛生キャンペーンが病気の新たな症例を防ぐのに効果的かどうかを決定できるからだ。2種類の病気の頻度、有病率と罹病率を測定することによって、現存の症例と新たな症例を分けることができる。

有病率（prevalence、有病割合ともいう）は、特定の時間点で母集団に現存する症例数を記述する。有病率は、新たな症例と既存の症例を区別することなく、母集団に対する病気の負荷を示す。調査当日に糖尿病と診断されたものも、20年来糖尿病を患っている人と同様に数えられる。特に、資源の割り当てと計画に関係する人は、母集団に対する病気の負荷と将来どうなるかについて調べたいと考えているので、有病率は役に立つ。有病率は、産業社会における疫学の焦点が、慢性疾患やその状態に移ってきているので、重要性が増している。この理由には、慢性疾患やその状態が、治癒不能であると同時に急に致命的なものでもないので、適切な医療処置を施せば、病人は何年も生存できるということがある。

有病率は、母集団の人口における特定の時間において病気に罹っている人数の割合として定義され、**式 15-4** に示すように計算される。

式 15-4　有病率を計算する

$$P = \frac{症例数}{人口}$$

人口 150,000 人の町で調査して、671 人が糖尿病とわかったなら、その町の調査時点での糖尿病の有病率は、150,000 当たり 671、10 万人当たり 447.3 となる。比較のために、標準的な 10 万人当たりが、報告にはよく使われる。有病率は、特定の時点での母集団における

病気の状態を示すので、**時点有病率**（point prevalence）と呼ばれることもある。この「時点」は、暦の上での日などを示すもので、人生における時点だとか、その他の出来事、例えば、更年期とか手術後の第1日などを指すものでないことに注意する。有病率は、特に年のような長期間を用いる場合に、**有病比率**（prevalence rate）と称されることがあるが、これは厳密には、分母に時間単位を含まないので正しくはない。

罹病率（Incidence）の計算は、3つの要素を定義しないといけないので、もっと複雑である。罹病率は、特定の期間内（time interval）において、**暴露人口**（population at risk）[†]のうち、病気に罹ったあるいは状態になった新たな症例（new cases）数を示す。例えば、男性は妊娠しないので、妊娠に関する暴露人口には含まれない。同様に、HIV（AIDS を引き起こすウィルス）に感染している人は、再度感染する（あるいは、未感染状態になる）ことはないので、HIV 感染の暴露人口には、HIV 保持者は含まれない。罹病率も有病率も健康動態のみならず病気や状態を記述するのに用いられる。例えば、メキシコにおける喫煙の有病率とか、特定の学校でのティーンエージャーの2005年の喫煙開始の罹病率などのように使う[‡]。

罹病率には、累積罹病率と罹病率密度という2種類がある。**累積罹病率**（cumulative incidence、CI）は、特定の期間内に病気にかかった人の割合で、**式15-5**に示すように計算する。

式15-5　累積罹病率の式

$$CI = \frac{特定期間内の新たな症例数}{暴露人口}$$

CI は、暴露人口に属する個人がその期間内に病気にかかるか特定の状態になる確率を推定するのに使われるので、期間を明示することが重要となる。経口避妊薬の使用開始から1年間に乳癌になる女性の CI は、10年間での CI とは異なるのだ。

CI の計算式は、暴露人口全体が、特定の全期間に調査されることを想定している。これは、特に断らない限り、罹病率が割合であることを意味する。もし暴露人口が罹病率計算に含まれる期間内に変化するなら、**罹病率密度**（incidence density、ID）あるいは、**罹病比率**（incidence rate、IR）を代わりに計算する。これは、調査開始後に被験者が参加したり、終了前に抜ける場合に必要である。IR の計算には、分母に、各人が観察される時間を表す、**人時単位**（person-time units）を含める必要がある。各人の観察時間は、各人が調査に貢献した（contributed）時間とも言われる。

人時単位の計算を**表15-2**に示す。これは、2病院での年間の術後感染率に関する仮想的な

[†] 訳注：この語の和訳には他に、対象者、危険暴露母集団、リスク集団等がある。

[‡] 訳注：日本語では、有病率、罹病率ともに病気に限定されることが多い。この喫煙に関する事例など、カタカナのプレヴァレンスやインシデントが使われることの方が多いだろう。

データである。病院の患者数は異なり、患者の入院日数も異なるので、分母に人時単位を用いる IR を計算する必要がある。比較統計には、100 患者日当たりの併発数を用いる。患者日は、感染発生の機会と考えられ、2 病院での異なる暴露人口への修正が、分母に患者日を用いることでなされる。

表 15-2　2 病院での術後感染のデータ

病院	患者 ID	日数	感染したか？	
	1	1	30	N
	1	2	25	Y
	1	3	15	N
病院 1 の小計		70	1	
	2	1	45	Y
	2	2	30	N
	2	3	50	N
	2	4	75	Y
病院 2 の小計		200	2	

100 患者日の感染比率は、**式 15-6** のように計算される。

式 15-6　100 患者日当たりの感染比率の計算

$$\frac{感染数}{調査患者日} \times 100$$

この例では、病院 1 の感染比率を**式 15-7**、病院 2 の感染比率を**式 15-8** に示す。

式 15-7　病院 1 の 100 患者日当たりの感染比率

$$\frac{1}{70} \times 100 = 1.43 \; 100 人あたり$$

式 15-8　病院 2 の 100 患者日当たりの感染比率

$$\frac{2}{200} \times 100 = 1.00 \; 100 人あたり$$

病院 1 では、調査期間での術後感染数は少ないのだが、患者日では割合として、より多い

ので、病院 2 の方が病院 1 よりも術後感染比率が低くなる。

特定の病気についての罹病率と有病率との関係は、病気の期間に大きく依存する。病気が（普通の風邪のように）短期間なら、有病率は罹病率に比較して低くなる。対照的に、病気が（糖尿病のような多くの慢性疾患のように）長期間なら、有病率は罹病率に比較して高くなる。期間内の有病率の変動は、罹病率もしくは期間の変動によると考えられる。例えば、致命的な病気の罹病率が減少しても、新たな治療が開発されて治癒しないがその病気に罹っても長く生きておられるようになる（その病気の平均的事例で期間が伸びる）と、有病率は増える。同様に病気の罹病率が増えても、新たな治療で早期に治癒すれば、期間が短くなって有病率が下がる。

有病率は、数学的には**式 15-9** に示すように、罹病率掛ける平均期間として表現される。

式 15-9　有病率、罹病率、期間の関係

$$P = I \times \overline{D}$$

これらの変数のうち、2 つがわかれば、3 番目は計算できる。例えば、ある病気の罹病率が 10 万人当たり 75 で、平均年間有病率が 10 万人当たり 45 なら、平均期間は、**式 15-10** のように計算する。

式 15-10　有病率と罹病率から平均期間を計算する

$$\overline{D} = \frac{P}{I} = \frac{45/100,000}{75/100,000/\text{年}} = \frac{45}{75/\text{年}} = 0.6 \text{ 年}$$

これは、調査期間中の安定状態条件を仮定し、罹病率や期間に大きな変動がないものとする。この式は、罹病率または期間が変動したときに、有病率がどれだけ変化するかを計算するのにも使える。例えば、ある病気の罹病率が 10 万人当たり 125 で安定しているが、期間が 0.6 年から 0.1 年に減ったなら、有病率は年 10 万人当たり 75 から、年 10 万人当たり 12.5 に落ちる。同様に、期間が増えると有病率も増える。ある病気の罹病率が年 10 万人当たり 200 で安定していても、期間が 0.5 年から 2 年に増えると、有病率は、年 10 万人当たり 100 から、年 10 万人当たり 400 に増える。

15.4　粗比率、カテゴリ別比率、標準化比率

特に断りがない限り、比率という用語は、通常**粗比率**（crude rate）を意味する。粗比率は、調査対象の全人口に対する比率で、重み付けや調整をしていない。例としてよく使われるのは、粗死亡率である。CDC によれば、2003 年米国の癌による粗死亡率は、10 万人当たり 195.5 だった。粗比率に悪いことは何もないが、もっと詳しい情報が必要だったり、比較が

もっと意味あるように比率を調整したいことがある。例えば、2003年米国の癌による粗死亡率は、民族群、年齢群、性別によって異なるし、癌の種類によっても異なる。この相違を調べることは研究者の興味を引くかもしれず、その場合には、分母分子が、ある人口グループか、ある病気の種類であるような、**カテゴリ別**（category-specific）の比率を調べたいだろう。2003年米国では、男性の癌死亡率は、201.4/100,000、女性の癌死亡率は、182.0/100,000だった。同じ年に、肺癌の粗死亡率は、76.9/100,000だったが、皮膚メラノーマの粗死亡率は、2.7/100,000だった。

2003年米国の白人の粗癌死亡率は、203.8/100,000で、アフリカ系米国人のは、164.3/100,000であり、これは、逆説的に思えるが、平均余命の増大が癌死亡率に関連していることを考えると納得がいく。幼児期に死亡した場合の死因が癌というのは考えにくいが、80代で死亡した人なら、癌に関連した病気である確率が高い。これは、一般的な死亡率についても真である。ほとんどの環境で、90歳の人は、12歳の人よりも次の年に死亡する確率がずっと高い。このために、異なる人口間、異なる期間の間の比較は、通常、年齢で標準化されたり、民族または性別でカテゴリごとに標準化される。

年齢調整の重要性は、表15-3で、粗癌死亡率と年齢調整済み癌死亡率とを2003年米国のデータで見るとわかる。

表15-3　2003年米国の（10万人当たり）粗癌死亡率と年齢調整済み癌死亡率

	粗	年齢調整済み
全体	191.5	190.1
白人	203.8	188.3
アフリカ系米国人	164.3	234.5
アジア太平洋島嶼	79.4	114.3
米国原住民/アラスカ原住民	69.3	121.0
ヒスパニック	60.3	127.4

この表から、白人米国人の粗癌死亡率が一番高いことは明らかだが、この結果が高い平均余命によることがわかる。長い平均余命は、癌による死亡率が高い、高年齢カテゴリに白人米国人が多いことを意味する。年齢調整を考慮すると、アフリカ系米国人の癌死亡率が最も高くなる。

標準化には**直接**（direct）と**間接**（indirect）という2種類がある。両方共、疾病率と死亡率を異なる母集団において年齢や性別といった他の母集団特性を排除しながら比較するのに使われる。直接標準化では、母集団が標準として使われ、比較される母集団調整比率は、標

準母集団の重みを使って計算される。雇用状態による関節炎の有病率に関する仮想的な例を表 15-4 で考えよう。

表 15-4　雇用状態ごとの関節炎有病率

雇用状態	人口	関節炎人数	千人当たり比率
雇用	10,000	492	49.2
非雇用	5,000	892	178.4

関節炎の比率（実は割合）は、非雇用状態の人の方が雇用状態の人におけるより 2 倍よりはるかに大きい。これは、ひどい関節炎のために労働市場から閉め出されたためだろうか。働いていると関節炎にならないためだろうか。両方の可能性があるが、より論理的な説明は、65 歳を超えた人は、雇用されていないし、関節炎に罹っている可能性が高いということだ。年齢分布が、観察された雇用状態による関節炎診断比率差の原因であるという仮説を検定するためには、標準母集団を用いた関節炎の年齢調整後の比率を計算する必要がある。最初に、表 15-5 のように雇用、非雇用の各個人について、年齢別比率を計算する必要がある。

表 15-5　関節炎診断の年齢別比率

年齢群	雇用			非雇用		
	人口	関節炎の人	比率/1000	人口	関節炎の人	比率/1000
18-44	5,000	127	25.4	1,000	32	32.0
45-64	4,500	260	57.7	1,500	100	66.7
65+	500	105	210.0	2,500	760	304.0
全体	10,000	492	49.2	5,000	892	178.4

年齢分布と年齢別比率を雇用対比雇用の人口で見ると、65 + 年齢群を除くと、関節炎の比率が非雇用群での方が雇用群よりわずかに高いことがわかる。さらに、思っていた通り、年齢群 65+ において、非雇用群で（65%）雇用群で（5%）よりもずっと高い割合になっており、関節炎比率が最高であることがわかった。

この表では計算を容易にするために、非常に広い年齢カテゴリ（若年労働者、中年労働者、退職年齢に相当する）を用いたことに注意すべきである。10 年ごとの範囲のような、より小さなカテゴリが普通用いられる。

仮想的な標準母集団の年齢分布を用いて、雇用群、非雇用群に対して各年齢別に関節炎の人の期待人数を、年齢別比率から計算することができる。通常、この種の計算には、米国国勢調査局が決定した 2000 年の全米人口のような、権威ある情報源のデータが用いられる。

表15-6 に関節炎の人の期待人数を示す。

表15-6 年齢カテゴリ、雇用カテゴリ別の関節炎の人の期待人数

年齢群	標準母集団 人口	雇用 比率/1000	関節炎の 期待人数	非雇用 比率/1000	関節炎の 期待人数
18-44	100,000	25.4	2,540.0	32.0	3,200.0
45-64	70,000	57.7	4,039.0	66.7	4,669.0
65+	30,000	210.0	6,300.0	304.0	9,120.0
全体	200,000		12,879		16,989

各年齢および雇用カテゴリの期待人数は、人口に対する年齢別の比率を標準母集団におけるその年齢カテゴリの人数に掛けて計算する。これは、重み付けの一種と考えられ、年齢分布が標準母集団と同じだと仮定すれば、各人口についてどれだけの症例が期待されるかということに等しい。例えば、雇用されている 18-44 年齢群の人口については、計算は**式 15-11** に示す。

式 15-11 雇用されている 18-44 年齢カテゴリの期待症例数

$$E = 比率 \times 人口 = \frac{25.4}{1000} \times 100,000 = 2,540$$

非雇用の 65+ 年齢カテゴリについては、**式 15-12** に示す。

式 15-12 非雇用の 65+ 年齢カテゴリの期待症例数

$$E = 比率 \times 人口 = \frac{304}{1000} \times 30,000 = 9,120$$

雇用および非雇用の全期待診断数は、そのカテゴリの年齢群に対する期待診断数を足し合わせて得られる。それは、2 つの人口が同じ年齢分布を持つならば、雇用されている人は、非雇用の人よりも（16,989）少ない関節炎の症例（12,879）が期待される。この知見を、各人口に対する年齢調整済み関節炎比率を参照母集団の全体サイズによる期待症例数で割り、それに 1000 を掛けて（1000 人当たりの比率を得る）計算することができる。雇用されている人については、これは、**式 15-13** に示すようになる。

式15-13 雇用されている人の年齢調整済み関節炎比率

$$\frac{12{,}879}{200{,}000} \times 1000 = 64.4 \quad 1000\text{人当たり}$$

非雇用の人について、年齢調整済み関節炎比率は、1000人当たり84.9となる。この比率の計算から、関節炎比率が雇用されている人よりも非雇用の人の方が高いことがわかるが、差異は、表15-5の比率よりはずっと低い。直接標準化によって計算された年齢調整済み比率は、どの人口においても実際の比率を表していないことに注意する。参照母集団の年齢分布だと仮定して、特定の人口について比率の期待値を表すのだ。

一方、**間接標準化**(Indirect standardization)は、反対の方式を取る。標準母集団のカテゴリ別比率を人口のカテゴリ別分布に適用する。間接標準化をこの関節炎の例に適用すると、両方の人口が同じ年齢別診断比率であるがそれぞれの人口年齢分布を持つとした場合の関節炎診断期待数を計算することになる。(仮説的だが)比率を**表15-7**に示す。

表15-7 間接標準化法

年齢群	標準比率/1000	雇用済み人口	期待診断数	非雇用人口	期待診断数
18-44	30.0	5,000	150	1,000	30
45-64	60.0	4,500	270	1,500	90
65+	200.0	500	100	2,500	500
全体		10,000	520	5,000	620

この数値を使って**標準化罹病比率**(standardized morbidity ratio、SMR)を(**表15-5**の)観察された診断数を(**表15-7**の)期待診断数で割ることによって計算できる。雇用されている人の標準化罹病比率を**式15-14**に示す。

式15-14 雇用されている人の標準化罹病比率

$$SMR = \frac{\text{観察診断数}}{\text{期待診断数}} = \frac{387}{520} = 0.744 \text{ すなわち } 74.4\%$$

非雇用群では、標準化罹病比率は、0.695すなわち69.5%である。標準化罹病比率が1.0なら、観察された症例数と期待症例数が同じになる。我々の例では、雇用群も非雇用群も標準化罹病比率が1.0より少なく、期待されるより少ない症例が現れたことになる。1.0より大きい標準化罹病比率は、期待されるより多くの症例が表れたことになる。

関節炎ではなく死亡を扱っているとしたら、同じ技法を使って、母集団間での死亡数を

比較するのによく使われる統計である、**標準化死亡比率**（standardized mortality ratio、SMR）を計算することができる。相違点は、症例ではなく死亡を数えることにある。

15.5　リスク比

医療および疫学調査の多くは、二値変数間の関係に関わっている。よくある例は、（アスベストや喫煙などの）リスク因子への暴露と、（アスベスト症や肺癌のような）病気あるいは状態になることである。暴露は、性別や民族など固有の特性のこともあり、否定的なものである必要もない。例えば、定期的に運動することは、健康に正の影響を与える暴露であることが示されている。

二値変数間の関係は、**クロス集計表**（cross tabulation）とか**分割表**（contingency table）、その次元（2行と2列）から2×2表とも呼ばれる形式で表されることが多い。分割表は5章で論じられたが、本章でも同じ原則が適用される。しかし、疫学では、**表15-8**に示すように標準的な方式がある。

表15-8　2×2表

		D+	D-	全体
暴露	E+	a	b	$a + b$
	E-	c	d	$c + d$
全体		$a + c$	$b + d$	$a + b + c + d$

E+は、暴露した人、E-は、暴露していない人を意味する。D+は、病気の人、D-はそうでない人を意味する。カテゴリ配列（暴露が行、病気が列）とカテゴリ順序（aがE+, D+）は、多くの疫学研究で共通であり、特別な理由のない限り、この方式に従うのがよい。調査研究対象の各人は、暴露と病状によって分類され、ラベルa, b, c, dのセルには、暴露と病気の組合せに該当する症例の度数が含まれる。例えば、セルaには、暴露して病気のある人の度数が、セルdには、暴露も病気もない人の度数が含まれる。

4つのセルa, b, c, dの度数は、セルに含まれる人が暴露と病気の両方で分類されるために、**同時度数**（joint frequency）と呼ばれることもある。表の両端には、行および列の総計、**周辺**（marginal）度数とも呼ばれる、が置かれる。例えば、$a + c$は、暴露状態に関わらず病気の人の総数であり、$a + b$は、病状に関わらず暴露した人数である。調査対象の総人数は、$a + b + c + d$となる。

リスク比（risk ratio）は、**相対リスク**（relative risk）とも呼ばれるが、暴露した人の病気になる尤度を暴露していない人と相対的に評価する。病気になった中の暴露割合の、病気になった中の暴露していない割合に対する比である。リスク比は、**式15-15**のように計算される。

式 15-15 リスク比の式

$$RR = \frac{a/(a+b)}{c/(c+d)}$$

リスク比は、暴露した人口の罹病率（I_e）対暴露していない人口の罹病率（I_0）の比とも考えられ、**式 15-16** のようになる。

式 15-16 罹病率を使ったリスク比

$$RR = \frac{暴露群の罹病率}{非暴露群の罹病率} = \frac{I_e}{I_0}$$

分母が人時単位の調査では、計算は同様だが、**式 15-17** に示すように、2 つの人口に対して罹病率密度（incidence densities、ID）を使う。

式 15-17 罹病率密度を使ったリスク比

$$RR = \frac{ID_e}{ID_0}$$

高脂肪食品の摂取（暴露）と II 型糖尿病（病気）とに関係があるかどうか調べるため設計された仮説的調査のデータを検討してみよう。データを**表 15-9** に示す。

表 15-9 高脂肪食品の摂取と II 型糖尿病との関係

	D+	D-	全体
E+	350	1200	1550
E-	200	1900	2100
全体	550	3100	3650

高脂肪食品の摂取の場合、II 型糖尿病のリスクは、**式 15-18** のように計算される。

式 15-18 暴露群のリスク

$$\frac{a}{a+b} = \frac{350}{1550} = 0.226$$

これは、暴露と病気の両方の（高脂肪食品を摂取して II 型糖尿病に罹っている）人数を暴露した全員（病気には関わらず、高脂肪食品を摂取した人）の人数で割ったものである。

暴露していない人、高脂肪食品を摂取していない人の II 型糖尿病のリスクは、**式 15-19** で

示す。

式 15-19　非暴露群のリスク

$$\frac{c}{c+d} = \frac{200}{2100} = 0.095$$

糖尿病になる相対リスク、高脂肪食品摂取の人とそうでない人の比較は、**式 15-20** に示すように、この 2 つのリスクの比である。

式 15-20　暴露対非暴露のリスク比

$$RR = \frac{RR_{E+}}{RR_{E-}} = \frac{a/(a+b)}{c/(c+d)} = \frac{0.226}{0.095} = 2.38$$

1 より大きい相対リスクは、暴露が病気のリスクを高めることを意味する。暴露とリスクの間に何の関係もなければ、相対リスクは 1 だが、暴露が防護的（低リスクの病状に関連する）ならば、リスク比は 1 より小さくなる。この場合、高脂肪食品を摂取する人は、低脂肪あるいは普通の食品摂取の人と比較して II 型糖尿病のリスクが 2.38 倍だという。

　他の多くの統計と同様に、リスク比は通常、信頼区間（CI）とともに報告される。信頼区間の計算では、リスク比が、下限が 0 だが上限がないことから、右に歪んでいることを考慮する必要がある。このスキューを扱うため、リスク比の自然対数（ln）を取り、正規分布で近似するよう変換できる。RR（リスク比）の CI 計算手続きには、RR の自然対数をとり、この ln(RR) の信頼区間を求め、信頼区間限界の自然逆対数をとって、元のところに返す必要がある。統計表記では、e^x がときには $\exp(x)$ と書かれることに注意しよう。

　リスク比の信頼区間を計算するにはいくつかの方法があり、統計ソフトウェアを使うことが最も多い。しかし、**式 15-21** の一般的な公式に示すように、手でも計算できる。

式 15-21　リスク比の CI の一般公式

$$CI = (RR)\exp[\pm z\sqrt{Var(\ln(RR))}\,]$$

　この式で、Z は望ましい信頼レベルの標準正規分布の値であり、たいていは、この値が 1.96 で、両側で 95% 信頼区間となる。RR が事例制御研究のオッズ比（後述）を用いて評価されるときには、CI は、**式 15-22** の式を用いて、2 × 2 表の値を用いて計算される。

式 15-22 オッズ比で評価されるリスク比の CI の式

$$CI = (ad/bc)\exp[\pm z\sqrt{(1/a + 1/b + 1/c + 1/d)}\,]$$

表 15-9 の値を用い、両側 95% 信頼区間を仮定すると、これは、**式 15-23** の結果に翻訳される。

式 15-23 オッズ比式を用いて、CI を計算する

$$CI = \frac{350(1900)}{200(1200)}\exp(\pm 1.96\sqrt{1/350 + 1/1200 + 1/200 + 1/1900})$$
$$= (2.77)\exp(\pm 0.19)$$
$$= (2.30, 3.35)$$

この CI は、1.0 のヌル値を含まないので、高脂肪食品摂取と II 型糖尿病との関係は有意だと結論する。

データ収集の期間は、相対リスクの解釈で重要となる。例えば、慢性病になるリスクは、暴露期間が延びると増加することが多いので、高脂肪食品摂取で II 型糖尿病になるリスクは、1 年の調査よりも 10 年の調査での方が高いと期待される。これは、死亡率の調査について特に言えることで、もし調査が十分長ければ、すべての対象者の死亡確率は 100% になってしまう。

15.5.1 寄与リスク、寄与リスクパーセント、治療必要数

調査中の暴露がなくても病気になる何らかのリスクがあるのが普通なので、疫学では、**寄与リスク**（attributable risk、AR）という概念も使う。寄与リスクは、病気発生に対する暴露の絶対的効果であり、暴露群対非暴露群の過剰な病気リスクを意味する。AR は、公衆衛生コストや暴露効果の測定に、暴露群から、何はともあれ起こったであろう事例を差し引くので、有用である。AR は、暴露がなければどれだけの病気が救われたか、起こらなかったかを計算することにより、暴露を取り除くよう提案された処置の影響度を評価するのにも使われる。寄与リスクは、暴露した人での比率（I_e）から、暴露していない人での比率（I_0）を差し引くことによって計算される。高脂肪食と II 型糖尿病に関する例では、これは、**式 15-24** に示すようになる。

式 15-24 寄与リスク（AR）を計算する

$$AR = I_e - I_0 = 0.226 - 0.095 = 0.131$$

ゆえに、高脂肪食は、1000 人当たりの II 型糖尿病の約 131 の過剰症例をもたらす。暴露と病気との間に何の関係もなければ暴露群で過剰症例がなく、AR は 0 になる。

寄与リスクパーセント（attributable risk percentage、AR%）は、病因分画（etiologic fraction）とも呼ばれるが、暴露人口における、暴露に帰着されて、暴露を取り除くことによって防げたであろう症例の割合である。我々の例では、式 15-25 に示すように計算される。

式 15-25 寄与リスクパーセントの計算

$$AR\% = \frac{AR}{I_e} \times 100 = \frac{I_e - I_0}{I_e} \times 100 = \frac{0.226 - 0.095}{0.226} \times 100 = 58.0\%$$

これを、暴露群の症例の 58.0% が暴露によるというように解釈する。
AR% は、式 15-26 のように RR を用いて計算することもできる。

式 15-26 リスク比を用いて寄与リスクパーセントを計算する

$$AR\% = \frac{RR - 1}{RR} \times 100 = \frac{2.38 - 1}{2.38} \times 100 = 58.0\%$$

治療必要数（number needed to treat、NNT）は、人口中において症例数（病気に罹っている人）を 1 つ減らすために（標準的な治療や偽薬ではなくて）特別な治療、あるいは、暴露排除を必要とする患者数である。NNT は、新治療による期待利得を視野に置くために有用であり、寄与リスク（AR）を用いて次のように計算する。

NNT = 1/AR

我々の例では、AR は 0.131 だった。したがって NNT は

NNT = 1/0.131 = 7.6

となる。
NNT は通常、次の整数に切り上げられる（小数部に対応する患者はない）。この場合、母集団で II 型糖尿病の患者を 1 人減らすためには、8 人が高脂肪食を止める必要がある、という。

15.6　オッズ比

オッズ比は、珍しいものであったり、進行がゆっくりで、通常の予測試験では実際的ではないような病気のために疫学で開発された方法論である**症例対照研究**（case-control studies）で使われて発展した。症例対照研究では、病状に基づいて個人が選択される。**症例**（cases）は病気あるいは特別な状態にあるが、**対照**（controls）は、そうではない。そして、2 群が暴露状態について比較される。リスク比は、症例対照研究では、比較対象数（病気のない人）に依存するので、計算できず、この比較対象数は、症例対照研究では、母集団にお

ける有病率ではなくて、研究計画で決定される。後で示すように、オッズ比は、対照数（病気のない人）に関わらないという有用な性質を持つが、リスク比はこの性質を持たない。

オッズ比（odds ratio）は、症例群暴露オッズの対照群暴露オッズに対する比である。これは数学的には、暴露群の病気のオッズの非暴露群の病気のオッズに対する比に等しいので、オッズ比は、どちらかで説明される。2×2表では、病気の暴露のオッズは、a/c、病気のない暴露のオッズは b/d である。オッズ比は、式15-27の式を使って計算される。

式15-27 オッズ比の式

$$OR = \frac{病気のある暴露のオッズ}{病気のない暴露のオッズ} = \frac{a/c}{b/d} = \frac{ad}{bc}$$

乳癌への喫煙の影響を調べる症例対照研究を行うと仮定しよう。仮想的なデータを**表15-10**に示す。

表15-10 喫煙と乳癌の関係

	D+	D-	全体
E+	50	2,000	2,050
E-	25	1,900	1,925
全体	75	3,900	3,975

オッズ比は、**式15-28**のように計算する。

式15-28 オッズ比を計算する

$$OR = \frac{50/25}{2000/1900} = 1.90$$

このデータのリスク比も、**式15-29**に示すように同様の値となる。

式15-29 リスク比を計算する

$$RR = \frac{50/2050}{25/1925} = 1.88$$

病気や状態が稀（おおまかには罹病率がすべての暴露群において10%より少ない）ならば、オッズ比は、リスク比の妥当な予測値となる。「稀な病気」という要件の理由は、データ集合で病気が一般的になるほど、オッズ比は、リスク比からさらに乖離するためである。これは、

表 15-11 のデータに示しているが、このデータは、仮想的な喫煙と肺癌に関する仮想的症例対照研究による。

表 15-11　喫煙と肺癌

	D+	D-	全体
E+	50	50	100
E-	20	100	120
全体	70	125	195

病気は、暴露対象者も非暴露対象者も共通である。暴露対象者の 50% が肺癌で、非暴露対象者では、16.7% である。このデータのオッズ比を式 15-30 に示し、リスク比を式 15-31 に示す。

式 15-30　オッズ比を計算する

$$OR = \frac{50(100)}{20(50)} = \frac{5000}{1000} = 5.0$$

式 15-31　リスク比を計算する

$$RR = \frac{50/100}{20/120} = 3.0$$

5.0 と 3.0 との間の差異はかなりのもので、10% 標準が損なわれているという事実によるものとなる。このようなデータ集合では、OR は、このデータの RR に対する推定としてはよくない。

RR は、対照群の個数の変化に対しても敏感に反応するが、OR はそうでない。制御が症例よりも探しやすいと仮定し、対照個数を 10 倍に増やしたとしよう（制御症例比がほぼ 4：1 になってしまって得られる効果が減少するために、ありえそうにないことなのだが、この時点での説明には有用だ）。これは、表 15-12 に示すようなデータを示す。

表 15-12　喫煙と肺癌、対照を 10 倍に増やした

	D+	D-	全体
E+	50	500	550
E-	20	1,000	1,020
全体	70	1,500	1,570

15.6 オッズ比

オッズ比は、**式15-32**に示すように、**表15-11**のデータで計算したのと違わない。RRは、式15-33に示すように違ってくる。

式15-32 オッズ比は、対照の個数が増えても影響を受けない

$$OR = \frac{50(1000)}{20(500)} = \frac{5000}{1000} = 5.0$$

式15-33 リスク比は、対照の個数増加で影響を受ける。

$$RR = \frac{50/550}{20/1020} = 4.64$$

ORの信頼区間は、「**15.5 リスク比**」の節で記述された手法で計算する。

オッズ

オッズ比は、医療および統計研究において重要な統計であるが、ほとんどの人にとっては、直感的でもなく親しくもない概念、すなわちオッズに基づいている。イベントのオッズは、確率に類似した、イベントの尤度を表現するもう1つの方法に過ぎない。違いは、確率が、イベントの個数を試行全体の個数で割ることで計算されるのに対して、オッズの場合は、イベントの個数を非イベントの個数で割ることだ。疫学の例を用いるなら、喫煙者が肺癌に罹るオッズは、肺癌に罹っている喫煙者の人数を肺癌に罹っていない喫煙者の人数(2×2表のa/b)で割ることで計算される。喫煙者が肺癌に罹る確率は、肺癌に罹っている喫煙者の人数を喫煙者の総数で割ること(a/(a+b))で計算される。

オッズも確率も同じ情報に基づくので、次の式を用いて一方から他方への変換ができる。

　　オッズ=確率/(1 −確率), 確率=オッズ/(1 +オッズ)

$P(A) = 0.5$、すなわち50%と仮定しよう。Aのオッズは、$0.5/1 − 0.5 = 1.0$となる。これは直観的に納得できる。50%の確率は、イベントが起きるかどうかの機会が等しいことを意味し、オッズが1.0もイベントが起きるかどうかが同じことを意味する。逆に、オッズが1.0なら、確率= $1.0/(1.0 + 1.0) = 0.5$となる。

オッズ比は、単に2つのオッズの比であり、例えば、喫煙者の肺癌のオッズと非喫煙者の肺癌のオッズの比(数学的には、肺癌患者の喫煙オッズと肺癌でない人の喫煙オッズを比較するのに等しい)。オッズ比は、確率を用いて**式15-34**に示す式で計算する(ここで、$odds_1$と$odds_2$は、2つの条件下での結果のオッズ、p_1とp_2は、2つの条件下での結果の確率)。

式15-34 確率を用いてオッズ比を計算する

$$OR = \frac{odds_1}{odds_2} = \frac{p_1(1-p_2)}{p_2(1-p_1)}$$

15.7 交絡、層別分析、マンテル＝ヘンツェル共通オッズ比

交絡（confounding）は、観察された統計的連関が、少なくとも一部が、調査対象の暴露によらずに調査群の差異によるという状況を指す。交絡は、「第3変数」問題と述べられることもある。2変数、例えば、暴露と病気、両方に関係する第3変数の影響で、混ぜられてしまった、交絡したのである。2つ以上の変数が交絡に含まれるが、単純化のために、ここでは、単一交絡変数を扱う手法を示す。

疫学研究者は、データの交絡の可能性について、特に群のメンバー管理を観察者が管理し切れない場合の観察的研究においては、警戒する必要がある。例えば、健康に対する喫煙の影響の研究では、喫煙が自発的行動（喫煙するかどうかは自分で選べる）であり、喫煙者が、非喫煙者とさまざまなところ（例えば、アルコール摂取、食事、教育程度）で違っているという事実を考慮に入れる必要がある。

可能なら、研究計画において、交絡を制御するのが望ましい。**ランダム化**（randomization）は、介入研究において、理論的にはすべての交絡可能性を一挙に制御するので、選択肢となる。平均すれば、グループの無作為割り当てが、近似的に、研究者が気付いていない交絡変数を含めて、各グループに交絡変数を同じように分布させることになるからだ。

観察的研究において既知あるいは疑われる交絡を制御するために使われる他の2つの手法として、**限定**（restriction）と**マッチング**がある。両者ともに、設計時に含まれていた交絡因子しか制御を実装できないという欠点がある。限定では、研究者は、交絡因子の値に基づいて選んだ、母集団の部分集合しか調査しない。例えば、医学研究においては、暴露と病気の間の関係に対する性の影響を排除するために、男性または女性に対してのみ行うことがある。これには、研究結果の適用分野が限定されるという欠点がある。アルコール摂取と精神病理学との関連が男性のグループで発見されたとしても、女性がこの研究に含まれていないことから、結論を女性に一般化することは直ちには正当化できない。

マッチングは、異なる方法で既知の交絡因子を制御しようとする技法である。マッチングには、交絡の全レベルが含まれるが、調査参加者やグループ割り当てを制御することによって、交絡がグループ間にわたって同じような分布にする。マッチングは、症例対照研究でよく使われ、調査に既に参加している症例にマッチするように対照群を選ぶ。マッチングには、さまざまな方式があるが、基本的な概念は、交絡変数に基づいてカテゴリを定め、グループ割り当てを、交絡分布がどのグループでも同じになるように制御することにある。

マッチングの実装には2種類ある。**直接マッチング**（direct matching）では、1対1で個人をマッチングする。**頻度マッチング**（frequency matching）では、グループ割り当てで、各グループに同じ個数の交絡が存在するように指示あるいは監視する。交絡が性別と年齢のカテゴリなら、直接マッチングでは、治療群の60-70歳の女性が、対照群の60-70歳の女性にマッチングされる。頻度マッチングでは、プロジェクト管理者が、割り当てを監視して、

15.7 交絡、層別分析、マンテル＝ヘンツェル共通オッズ比 | 379

治療群と対照群とで同数の女性、同数の年齢群になるようにする。頻度マッチングは、特性の異なる組合せで異なるセルを構成し（例えば、男性20～29歳、男性30～39歳など）、セルに同じ人数が含まれるようにグループ化すると考えられることから、**セルマッチング** (matching on cell) とも呼ばれることがある。頻度マッチングは、症例対照研究で特に、まずすべての症例が選ばれてから、それらにマッチするよう対照群が選ばれることが多いために、よく使われる。症例の特性分布がわかっているので、対照群を同じ特性分布になるよう選ぶことができる。

研究計画において交絡を制御することが不可能な場合、分析で処理することが可能である。後でわかった交絡を処理する統計手法は、非常に複雑になることがある多変数手法をはじめとして多数ある。しかし、疫学や回帰においては、特に単一暴露と病気に注目した研究においては、もっと単純に交絡を扱うことができる。ここでは、交絡を評価制御する最もよく使われる手法を1つ示そう。粗およびマンテル＝ヘンツェル共通オッズ比の計算と比較という手法である。

変数を交絡と分類することには、因果関係は意図されない。実際、よく登場する交絡の多くは、別の因子と相関しているだけと想定される。変数を交絡と言うためには、次の3つの要件を満たさなければならない。

1. 暴露と関係していなければならない。
2. 暴露との関係とは独立に、病気に関係していなければならない。
3. 暴露と病気の間の因果関係で、はっきりと中間的存在（wholly intermediate）であってはならない。

第4の要件は、理論的というよりは実際的なものだが、調査研究で交絡として機能するには、変数が対象グループ間で不均等に分布していなければならない。例えば、死亡率に関して年齢が交絡として働くことがわかっているが、特定の調査において、年齢分布が全グループで同じだとすれば、年齢は、その調査では交絡とはなりえない。

例として、心臓発作（心筋梗塞MI、病気）に対する自発的な余暇時間の運動（暴露）の防護的影響の研究を取り上げよう。この関係は、年齢で交絡していると信じられる。次のように3つの要件が満たされる。

1. 年齢は運動に関係する（平均すると、若者は老人よりも運動する）。
2. 年齢は、運動とは無関係に、MIのリスク要因である（平均すると、老人はMIにかかりやすい）。
3. 年齢は、運動とMIとの因果関係の中間的存在ではない（運動が年齢に影響して、

さらに MI の確率に影響することはありえない)。

交絡を制御する1つの方法は、層別分析を用いることで、これは、研究対象のグループを、交絡変数の値に基づいて、**層**（strata）すなわち部分グループに分ける。年齢別に層化するのはよくある例だ。標準化比率の節で既に論じたように、国が異なれば、年齢構造も異なる。若者が相対的に多い国もあれば、老人が相対的に多い国もある。年齢は、死亡率や各種の罹病率に関係する。この理由により、人口間の死亡率および罹病率の比較は、年齢別に層化して比較されることが多く、その後で、比較される人口間で年齢分布が比較可能になるように標準化される。

交絡を評価する必要を示す例を挙げる。2007年で、米国の死亡率は、千人当たり 8.26、エクアドルでは、千人当たり 4.21 だった。これは、エクアドル人の方がより健康的な生活を送っているという証拠だと解釈すべきだろうか。これは、興味をそそる可能性ではあるものの、詳細な生命表を検討すると、年齢別ではどれでもエクアドル人の方が米国人より死亡率が高いので成り立たない。例えば、45-49 年齢群で、米国人の死亡確率は 0.00341、エクアドル人は 0.00513。

死亡率の相違は、両国の人口間の年齢構造の相違によるものだ。エクアドルは、ほとんどの発展途上国がそうであるように、若年層が高いパーセントを占める。米国は、ほとんどの工業先進国がそうであるように、死亡率のリスクが増加する老年層が高いパーセントを占める。この相違は、粗死亡率だけを考慮していると見過ごされるが、層別分析で結果（死亡率）から交絡変数（年齢）の影響を取り除くと明白になる。

交絡の絶対検定はないが、興味対象と関係する交絡候補の影響を調べて、交絡があるかどうか妥当な決定をするためにいくつかの方法がある。交絡を査定するための一般的な手順は次のようになる。

1. 交絡変数を無視して、関連の粗尺度を計算する。
2. 調査人口を交絡変数で層別する。すなわち、人口を交絡変数の値に基づいてより小さな部分群に分割する。
3. 関連の調整尺度を計算する。
4. 粗尺度と調整尺度を比較する。10% 以上の差異は一般に、交絡の証拠と考えられる。

適切な関連尺度は、研究の設計に依存して決まる。粗オッズ比とマンテル=ヘンツェル（Mantel-Haenszel）調整オッズ比とを用いて層別分析を示そう。マンテル=ヘンツェル法を使うには、次の2つの仮定があることに注意する。全体の標本サイズが大きいことと暴露と結果との関連が近似的に 0.5 から 2.5 の範囲内であることとである。

15.7 交絡、層別分析、マンテル＝ヘンツェル共通オッズ比 | 381

層別データの共通オッズ比のマンテル＝ヘンツェル（MH）推定量では、**式15-35**に示す式を用いて、2つ以上の2×2表の系列から情報を組み合わせることができる。

式15-35 マンテル＝ヘンツェルオッズ比の式

$$OR_{MH} = \frac{\sum_{i=1}^{k} \frac{a_i d_i}{n_i}}{\sum_{i=1}^{k} \frac{b_i c_i}{n_i}}$$

この式では、k 個の表があり、i は表の1つ（人口の1つの層）を表し、n は表の標本サイズ、a_i, b_i, c_i, d_i は表内のセルの値を示す。

喫煙と肝臓病の関係を調べたいと仮定しよう。喫煙者はアルコールを摂取することが多く、アルコール摂取は肝臓病の独立リスク要因であり、アルコール摂取は、喫煙と肝臓病という仮定の因果連鎖の決定的な中間存在ではないことがわかっている。アルコール摂取は、したがってこの研究における交絡候補であり、アルコール摂取について対象人口を層別（二分法では、アルコールを飲む人と飲まない人）して、人口の粗オッズ比および調整オッズ比の間の差異（もしあれば）を調べることができる。

アルコール摂取の影響を考慮する前は、データが**表15-13**のようになる。

表15-13 層別前の喫煙/肝臓病のデータ

	D+	D-	全体
E+	50	100	150
E-	30	120	150
全体	800	220	300

このデータの粗オッズ比を**式15-36**に示す。

式15-36 粗オッズ比の計算

$$OR = \frac{ad}{bc} = \frac{50(120)}{30(100)} = 2.00$$

これは強い正の OR であり、喫煙が肝臓病に正に相関することを示す。喫煙者は、非喫煙者に比べて、肝臓病に2倍なりやすい。アルコール摂取が交絡要因であるかどうかを調べるために、アルコールを飲む人と飲まない人のために2×2表を別々に作る（**表15-14** および

表 15-15）。

表 15-14　アルコールを飲まない人の喫煙 / 肝臓病

	D+	D-	全体
E+	40	35	75
E-	30	45	75
全体	70	80	150

表 15-15　アルコールを飲む人の喫煙 / 肝臓病

	D+	D-	全体
E+	60	15	75
E-	50	25	75
全体	110	40	150

このデータの MH 共通オッズ比は式 15-37 に示すように計算する。

式 15-37　MH 共通オッズ比の計算

$$OR_{MH} = \frac{\sum_{i=1}^{k} \frac{a_i d_i}{n_i}}{\sum_{i=1}^{k} \frac{b_i c_i}{n_i}} = \frac{(40 \times 45)/150}{(30 \times 35)/150} + \frac{(60 \times 25)/150}{(50 \times 15)/150}$$

これ（1.80）は、粗オッズ比 2.0 から 10% 以上ずれているので、アルコール摂取は喫煙と肝臓病の関係の交絡要因であり、分析にはそのように含めるべきであると結論できる。

15.8　検定力分析

本節では、検定力と標本サイズ（power and sample size）の理論を扱い、いくつか単純な例を示す。標本や検定力の計算はたいてい単純だが、特別なことがある。どのような種類の研究計画も異なる公式を用いており、文献に掲載されているので、それらすべてを示すことには意味がない。医療や疫学の従事者には、(付録 C の) Handbook of Epidemiology (Springer刊) の標本サイズ計算の章を特に勧める。SAS や Minitab のような多くのソフトウェアパッケージが、検定力と標本サイズ計算を行うパッケージ化したルーチンを備えており、ウェブにも各種の検定力と標本サイズ電卓が載っている。http://statpages.org/ には、オンライン電卓へのリンクが集められている。

推測統計の実践には、推測統計では標本の計算を使って母集団についての結論を導くために、常に、間違った決定を下す可能性が存在する。3章で論じたように、推測統計には、2種類の過誤がある。

1. 第一種過誤 α　帰無仮説を誤って棄却した時
2. 第二種過誤 β　帰無仮説を棄却すべきなのに、棄却し損ねた時

これを別の方向から見ると、第一種過誤は、存在しないのに有意性を認めたもの、第二種過誤は、存在する有意性を探し損なったときである。

検定力は、$1-\beta$ であり、帰無仮説を棄却すべきときの棄却確率である。常に、検出力を高く保持したいものだが、実際的に考えれば、特に対象者の入手と費用とから、通常は妥協を迫られる。おおまかに少なくとも80%の検定力を保持すべきだ。すなわち、母集団に存在するのなら、80%の確率で標本から有意性を探すべきだ。それは、20%の時間は、あるはずの有意性を探し損なうことを意味する。標準の90%検定力も普通使われる。

次の4要因が検定力に影響する。

1. α 水準、すなわち、$P($第一種過誤$)$（α が高いと検出力が増す）
2. 母集団間の結果の差異（差異が大きいと検出力が増す）
3. 不確実性（Variability）（不確実性が減ると検出力が増す）
4. 標本サイズ（標本サイズが大きいと検出力が増す）

他が変わらなくても、これらの要因の1つでも変化すると、与えられた設計での検出力が変化する。α 水準は通常 0.05 以下（例えば 0.01）であり、α が高いと検出力が増す。母集団間の結果の差異が大きいと検出力が増す。結果の差異は、介入を改善して、より強い効果を持たせたり、期待される結果の差異が大きくなるように調査群を選ぶことによって、大きくなる。不確実性は、測定を改善したり、調査対象者の選択（特定の年齢層あるいは収入レベルに限定するなど）によって減少できる。しかし、与えられた研究において、これらの要因を制御できる可能性は、通常小さなものである。

そこで残されるのが標本サイズであり、これは、研究プロジェクトの計画段階で実験者が制御できる主要な要因である。他がすべて等しいなら、より多くの対象＝より大きな検定力となる。しかし、より多くの被験者を得るには、通常より多くの費用と研究チームでより多くの努力が要求される。検定力分析の目標は、受理可能な検定力を、不足もなく、必要以上のデータを集めることもないようにして、入手する納得できる妥協点を探すことにある。

検定力、第一種過誤、第二種過誤という概念は、次の図15-1の説明から明らかになるだろう。

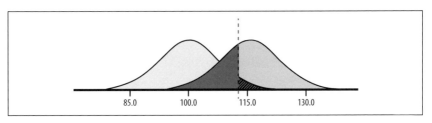

図15-1 2つの正規分布人口の検定力図式

図15-1は、帰無仮説が母集団の平均が100であり、対立仮説が母集団の平均が115という検定力計算についてのものだ。両方の母集団がほぼ正規分布で近似されると仮定されている。図で、左端（薄い灰色）の分布は帰無母集団（null population）で、帰無仮説が真で平均が100の母集団分布を表す。右端（濃い灰色）の分布は対立母集団で、対立仮説が真で平均が115のデータ分布を表す。

検定力分析は、常に特定の対立仮説に関して行われる。この例では、対立仮説は母集団平均が100より大きいと単に述べるものではなく、平均が115だと述べている。仮説検定が、仮説は標本から計算された平均を用いて検定されるにも関わらず、母集団平均の位置を含むことに注意する。この例では、単純化のために、両方の母集団が、等しい標準偏差15を持つと仮定する。

検定される仮説は片側で、点線で示す単一切点、すなわち棄却限界値（critical value）が定められる。標本の平均が、もしこの切点より上なら、帰無仮説が棄却される。標本の平均がこの切点より下なら、帰無仮説は棄却されない。切点の位置、112.5は、平均が100標準偏差が15の帰無母集団に関して設定されている。これは、帰無仮説の95%が112.5の左で、5%が右になるので、$\alpha = 0.05$の有意性検定の棄却限界値である。

帰無母集団の切点（の右）から上の領域は、$P($第一種過誤$)$、すなわち仮説が真のときに帰無仮説を棄却する確率を表す。この例で、$P($第一種過誤$)$は0.05である。

対立母集団の切点（の左）から下の領域は、対立仮説（母集団平均 = 115）が真のときのβのP（第二種過誤）を表す。これは、真の平均が115であるのに、標本値が切点の112.5より低い確率である。

対立母集団の切点の右の領域は、この帰無仮説の検定力を表す。これは、対立仮説が真で母集団平均が115である場合に、標本平均が切点112.5より上で、母集団平均が100より有意に大きいと結論できる確率を表す。

先ほど述べた4つの要因がこの例で検定力をどのように高めるか、1つの要因だけが変化

すると仮定して検討しよう。

1. α が 0.10 に増えると、切点は低く（左に動く）なり、検定力が増大し、P（第二種過誤）が減少する。切点から下の領域が減り、P（第二種過誤）の減少を表す。
2. 例えば対立母集団の平均が 115 ではなく 120 になり、効果量が大きくなると、対立母集団の分布は、横軸の上方向に移動する。結果は、P（第二種過誤）の減少と検定力の増大である。
3. 標準偏差が減少すると、2 つの母集団の分布が狭く（平均に近寄る）なり、重なりが少なくなる。これは、P（第二種過誤）の減少と検定力の増大につながる。
4. 標本サイズが増えると、標準偏差を減らしたのと同じ効果があり、P（第二種過誤）の減少と検定力の増大につながる。

検定力に対するさまざまな要因の影響をよく知るよい方法の 1 つは、グラフ表示のある検定力電卓で実験することである。Claremont Graduate University が作った「Statistical Power Applet」(http://wise.cgu.edu/power_applet/power.asp) はその一例である[†]。

15.9 標本サイズ計算

前節で述べたように、検定力や標本サイズ計算には、その種類に応じて適切な公式を使う必要がある。しかし、研究計画や検定力分析の原則を理解していれば、正しい公式は簡単に求められる。本節では、標本サイズ計算の単純な例を 2 つ示す。これらは、作業時の原則をよく説明しており、電卓だけを使って簡単に実行できるからである。

15.9.1 割合の信頼区間

よくある標本サイズ問題の 1 つが、受け入れられる精度で割合を計算するのに必要な標本サイズの決定である。例えば、カルテのチェックを行う従業員全員の契約金額を計算していると仮定して、プラスマイナス 5% の点の割合を評価したいとしよう。あるいは、母集団中でインフルエンザの予防接種をした成人の割合を調査していて、プラスマイナス 5% の点の割合を評価したいとしよう。これらは、仮説検定ではないので、検定力計算ではないが、特定の精度水準を満たす最小標本サイズを決定する必要があるので、標本サイズ計算なのである。

両側信頼区間の式を**式 15-38** に示す。

[†] 訳注：Java のバージョンによっては、エラーになることがある。

式 15-38　ある割合の指定された精度の両側信頼区間の標本サイズの式

$$n = \left(\frac{Z_{1-\alpha/2}}{\omega}\right)^2 [\pi(1-\pi)]$$

　この式で、n は必要な標本サイズ、π は仮定された母集団の割合、Z は α 水準の半分に相当する標準正規分布表からの値、ω は、求めたい信頼区間の半分の幅。10% 点の信頼区間を使うなら、半分の幅は 5% 点となる。

　α = 0.05、Z = 1.96 で、両側信頼区間を計算したい。π は 0.8 と信じて、10% 点（0.10）、すなわち ω = 0.05 の信頼区間が欲しい。これらの値を方程式に入れると、**式 15-39** の結果が得られる。

式 15-39　ある割合の指定された精度の信頼区間に必要な標本サイズの計算

$$n = \left(\frac{1.96}{0.05}\right)^2 [0.8(0.2)] = 245.9$$

　一般に、小数部分の被験者はいないから、246 に評価を丸める。π の評価が正しいと仮定して、95% 信頼区間 0.10（評価から 0.05 上下する）の推定を行うには、246 人が必要だ。

15.9.2　2つの標本平均の間の差異の検定（独立標本 t 検定）の検定力

　単純な検定力計算の例として、両側独立標本 t 検定を受け入れ可能な検定力で行うには、グループごとにどれだけの被験者が必要かを計算したいと仮定しよう。式は、**式 15-40** に示すが、δ は、**式 15-41** で示すように計算された効果量とする。

式 15-40　独立標本 t 検定の標本サイズ計算の公式

$$n = \frac{2(Z_{1-\alpha/2} + Z_{1-\beta})^2}{\delta^2}$$

式 15-41　独立標本 t 検定の効果量

$$\delta = \frac{\mu_1 - \mu_2}{\sigma}$$

　この場合の σ は、問題となっているデータに適切な t 検定のための標準偏差を計算するのに使用された手法を用いて決定される（詳細は 6 章を参照）。この式を使うにあたって、α と β の Z 値が要る。前の例で用いた両側検定の 95% 信頼区間を使うことにすると、$1-\alpha/2$ の Z 値は 1.96 となる。80% 検定力に必要な標本サイズを計算するので、$1-\beta$ の Z 値は 0.84 となる。片側検定をするなら、Z_α は 1.645、90% 検定力を計算するなら、$Z_{1-\beta}$ は 1.28 にな

ることに注意する。

　効果量は、既に述べたように、2つの母集団の差異を適切な分散尺度で割ったものである。もし、$\mu_1 = 25, \mu_2 = 20, \sigma = 10$ なら、効果量は 0.5 となる。これらの値を標本サイズ公式に代入すると、**式 15-42** になる。

式 15-42　独立標本 t 検定に必要な標本サイズを計算する

$$n = \frac{2(1.96 + 0.84)^2}{0.5^2} = 62.72$$

　小数部分は整数に丸めるので、グループごとに少なくとも 63 人の被験者が、効果量が 0.5 のときに、2 グループ間で有意な差異を探す確率が 80% であるために必要となる。

パーセントで嘘をつく方法

　長々と統計に従事していたなら、誰かが自分の賢さを見せびらかすために、英国の政治家ベンジャミン・ディズレーリや有名な米国のマーク・トウェインが言ったという、世の中には 3 種類の嘘がある、嘘、真っ赤な嘘、それに統計だ、を聞かされたことだろう。「統計で嘘をつく方法」(ハフ、講談社新書、付録 C に詳細がある) という、世界で一番読まれていると言われている本もある。ハフの本の目的は、この囲み記事もそうだが、統計でどうやって嘘をつくかを教えることではなくて、他人の嘘を見破ることにある。

　統計で嘘をつく (誤解させる、と言ってもよい) 最も容易な方法の 1 つは、元の数値に一切触れずにパーセントを使うことだ。政治家が愛用しているが、他でも使われている。例えば、米国でコレラ感染が 100% 増えたと聞いたら、増加が 1 人から 2 人だということを知るまでは、大変だと思うに違いない。同様に、ある稀な暴露 (全米で、例えば、15 人しか影響しない) で、癌のリスクが 50% 増えても、普通の暴露 (何百万もの人に影響する) での 5% 増加に比べて公衆衛生への影響は少ない。

　パーセントが混乱を招く別の理由は、パーセントの増加と減少とが対称的でないことを忘れる人が多いからだ。大学卒業生をある年 10% 増やし、次の年に 10% 減らすと元の人数にはならない。最初に 100,000 人の大学卒業生がいたとしよう。10% 増やすと 110,000 人になる。10% 減らすと 99,000 (110,000 × 0.9) 人になって、最初より少なくなる。

15.10 練習問題

ここでは本章で扱ったテーマを復習する。

問題

疫学で分割表（contingency tables）を用いる古典的な例は、食中毒の検査である。レストランで食事した後、何人もの人が病気になると、衛生局は問題の料理を決定する捜査に乗り出す。この努力は、病気になった人が多くの料理を食べていて、同じ料理を食べた人の中に病気にならなかった人がいると面倒なことになる。この情報を整理する1つの方式は、レストランのお客にインタビューして、何を食べたか、病気になったかどうかを確認することである。データはその後で、**表15-16**や**表15-17**のような一連の2×2表に整理され、被曝が問題の料理、病気が食中毒ということになる。表の2つの料理のリスク比を計算し、それが食中毒の原因であるかどうかの決定を論証せよ。

表15-16　ローストビーフと食中毒の分割表

	D+	D-
E+	15	85
E-	20	80

表15-17　チキンサラダと食中毒の分割表

	D+	D-
E+	80	20
E-	20	80

解

ローストビーフのRRは、**式15-43**で計算される。

式15-43　ローストビーフと食中毒のリスク比の計算

$$RR = \frac{a/(a+b)}{c/(c+d)} = \frac{15/100}{20/100} = 0.75$$

チキンサラダのRRは、**式15-44**で計算される。

式 15-44　チキンサラダと食中毒のリスク比の計算

$$RR = \frac{a/(a+b)}{c/(c+d)} = \frac{80/100}{20/100} = 4.0$$

この2つの料理を見比べると、食べた人の食中毒リスクが食べなかった人の4倍なので、犯人はチキンサラダに見える。ローストビーフを食べた人には、チキンサラダを食べることがなかったという理由から、わずかに防護的な効果が見られる。ローストビーフを食べた人は、食べなかった人に比較して、食中毒リスクが3/4しかない。

問題

経口避妊薬の使用と乳癌の症例対照研究から取られた**表 15-18** のデータから、オッズ比と信頼区間を計算せよ。データは、両者の有意な関係を示しているか。

表 15-18　経口避妊薬の使用と乳癌の分割表

	D+	D-
E+	30	70
E-	20	80

解

オッズ比を**式 15-45** に示す。

式 15-45　経口避妊薬の使用と乳癌のオッズ比の計算

$$OR = \frac{ad}{bc} = \frac{30(80)}{20(70)} = 1.71$$

これが、1.0の帰無値から有意な差となっているかどうか調べるために、**式 15-46** に示すように、95% 信頼区間を計算する。

式 15-46　経口避妊薬の使用と乳癌のオッズ比の 95%CI の計算

$$\begin{aligned}
CI &= \frac{ad}{bc}\exp\left(\pm Z\sqrt{\frac{1}{a}+\frac{1}{b}+\frac{1}{c}+\frac{1}{b}}\right) \\
&= 1.71\exp\left(\pm 1.96\sqrt{\frac{1}{30}+\frac{1}{70}+\frac{1}{20}+\frac{1}{80}}\right)
\end{aligned}$$

$(0.89, 3.28)$

CI (0.89, 3.28) は、1.0 の帰無値を含むので、この調査は、経口避妊薬の使用と乳癌の間の有意な関係を示すものではないと結論できる。

問題

次の情報に基づいて、寄与リスク、寄与リスクパーセント、治療必要数を計算して解釈せよ。

暴露された罹病率 = 0.05
暴露されていない罹病率 = 0.02

解

必要な計算を式 15-47 に示す。

式 15-47　寄与リスク、寄与リスクパーセント、治療必要数の計算

$$AR = I_e - I_0 = 0.05 - 0.03 = 0.02$$

$$AR\% = \frac{0.02}{0.05} \times 100 = 0.40$$

$$NNT = \frac{1}{0.02} = 50$$

暴露による過剰な病気発生は、0.02 すなわち、千人に対して 20 である。暴露した病気のうちの 40% が暴露寄与なので、この母集団で 1 人の新たな症例を防ぐには、50 人の暴露を防ぐ必要がある。

問題

仮説的な割合が 0.70 のとき、プラスマイナス 10% の 95% 信頼区間で割合を評価するのに必要な標本サイズを計算せよ。

解

割合に対する標本サイズ計算式を用い、次のような必要な数値を代入する。

$Z_{1-\alpha/2} = 1.96$　$\omega = 0.10$　$\pi = 0.70$

次の計算（式 15-48）から、必要な標本サイズは 81 となる。

式 15-48　標本割合を評価するのに必要な標本サイズの計算

$$n = \frac{(Z_{1-\alpha/2})^2}{\omega}[\pi(1-\pi)] = \left(\frac{1.96}{0.10}\right)^2[0.70(0.30)] = 80.7$$

問題

片側仮説の独立標本 t 検定を用いて、90%検定力、効果量 4.0 で、平均の差異を検定するのに必要な標本サイズを計算せよ。

解

標本サイズの公式を、次のような数値で使う。

$Z_\alpha = 1.645$　$Z_{1-\beta} = 1.28$　$\delta = 0.4$

計算（**式 15-49**）から、グループごとに 107 人必要だとわかる。

式 15-49　独立標本 t 検定に必要な標本サイズの計算

$$n = \frac{2(Z_\alpha + Z_{1-\beta})^2}{\delta^2} = \frac{2(1.645+1.28)^2}{0.16} = 106.9$$

16章
教育および心理統計

　教育や心理学で使われる多くの統計技法は他分野でも使われている。例えば、t 検定（6章）、各種の回帰および ANOVA モデル（8章から11章）、カイ二乗検定（5章）が挙げられる。1章での測定についての議論も、教育および心理学研究の多くが、直接観察することができない要素を含み、自明な測定単位を持たないことから、有益なことがわかるだろう。そのような要素の例としては、機械的適性、自己効力、変化への抵抗等がある。本章では、**心理測定**（psychometrics）分野で使われる統計手続きを集中的に扱う。この分野は、人間の知性、知識、能力、性格特性のような心理特性に関して、検定や測定を作成、検証、利用するものである。

　教育や心理学での統計利用に関して、最初の質問は、そもそもなぜ必要なのかというものだろう。結局のところ、すべての人は、個人に帰着するものであり、教育と心理学の要点は、各人をその個人すべての豊かさで把握すべきであり、数値集合に帰着させたり、他の人と比較してその位置を決めるようなものではないのではないかという問いかけだろう。

　これは、まっとうな考えであり、人間科学に従事する誰もがよく知っていることを改めて強調するものだ。人間に関して研究することは、人間というものが化学分子やボルトやナットよりもはるかに多様な存在なので、基礎科学や製造分野での研究よりもはるかに難しいことなのだ。人間の多様性と個別性は、この分野での研究を特に困難にしている。一部の教育および心理学研究が、一群の人たちに対する一般的な言明をするためのものだということは確かだが、その大部分は、それぞれ、社会的な環境、家族の歴史、その他文脈的な複雑さを備えた個人を理解し助けることを旨としており、個別の個人を他の人と比較することは、極めて困難となっている。

　しかし、標準的な統計手続きは、特定の個人や治療環境における、例えば、学生に適切な教育計画を立てるなり、患者の治療処方を作る目標のようなことにも役立つ。そのような決定をすることは難しいが、数値を与えて他の個人と比較ができるしっかりした教育および心理テストの助けがなければ、さらに困難なことになる。そのような状況で、公式の標準テス

トと質問だけを使えとは誰も指示しない。教育や心理学上の評価では、インタビューや観察による試験も重要な役割を果たす。しかし、医療および教育評価において、公式の試験手続きや標準試験を含める利点には、次のような考慮も含まれる。

1. 基準群を用いることで客観的な比較ができる。例えば、トラウマから回復したこの患者は、同じ傷害にあった他の人たちよりも副作用がひどいか。この生徒の読解能力は、同じ年齢、学年の生徒と同じ程度か。
2. 標準化した試験は迅速に結果を出せる。言語能力の不足で困っている生徒を探すのに学期が終わるのを待つ必要はないし、患者が重大な記憶障害に苦しんでいるか探すのに、長いインタビューや検査の必要はないだろう。
3. 標準試験は規制環境で特別な条件下で提示され、客観的に点数を付けられる。(文脈で適切でない限りは) 容貌、社交性、その他関係ない要因ではなく、学生や患者の成績しか評価できない。
4. ほとんどの標準試験は、管理するのに大げさな技能 (例えば、診察のような) を必要としない。一群の人たちに一度の試験によるスクリーニング手続きとしてテストが有用となる。

16.1 百分位

多くの国で、学齢期の子供は試験で評価され、その結果が**百分位** (percentile) または**パーセンタイル順位** (percentile rank) で報告されている。ある生徒が、読解が70百分位、数学が85百分位という点数で、他の子が読解で80百分位、数学で95百分位という具合だ。百分位は、**集団準拠型** (norm referenced) 点数付けで、個人の点数が、この場合には同じ試験を受けた子供からなる**規範集団** (norm group) のどこに位置するかで示す。学齢期の子供の場合、規範集団は、その国の同じ学年の子供であることが多い。集団準拠型点数は、すべての種類の試験で使われるが、それは、絶対的な点数よりも比較群の中での位置がより重要なためである。

個別点数の百分位順位は、規範集団での百分位を示すが、その意味は、それより低い点数をとったもののパーセントのことなので、90 という百分位順位は、規範集団の 90% がそれより低い点数だったということを意味する。100人の学生が受けた試験の点数に対する百分位順位をどのようにして求めるかを次に示す (全国的な試験の場合、規範集団はずっと大きくて、点数もより広範囲になるだろうから、この例は本質的な点を説明しているだけである)。

生の点数を翻訳する第1ステップは、**表16-1** に示すように、累積パーセントの列を含む度数分布表を作ることである。ある点数に対する百分位順位を求めるには、次に高い点数の累積パーセント、表では1行上、を使う。この例では、96点の学生は、75百分位順位 (受

験した学生の 75% が 96 点に満たないという意味）で、85 点なら、25 百分位順位である。100 百分位順位は、論理的に言って、表の中に含まれる点数より下の点数を 100% の受験者が取るということがありえないので、ない。しかし、0 百分位順位は、可能である。この例で 53 点の人より少ない点の受験者はいないからだ。

表 16-1　ある試験の百人の学生の点数

点数	頻度	パーセント	累積パーセント
53	1	1.0%	1.0%
55	2	2.0%	3.0%
58	1	1.0%	4.0%
61	2	2.0%	6.0%
65	3	3.0%	9.0%
67	1	1.0%	10.0%
70	2	2.0%	12.0%
71	3	3.0%	15.0%
78	2	2.0%	17.0%
80	4	4.0%	21.0%
82	2	2.0%	23.0%
84	2	2.0%	25.0%
85	5	5.0%	30.0%
86	4	4.0%	34.0%
88	3	3.0%	37.0%
90	5	5.0%	42.0%
91	7	7.0%	49.0%
92	8	8.0%	57.0%
93	7	7.0%	64.0%
94	5	5.0%	69.0%
95	6	6.0%	75.0%
96	4	4.0%	79.0%
97	3	3.0%	82.0%
98	7	7.0%	89.0%
99	6	6.0%	95.0%
100	5	5.0%	100.0%

国のレベルでの標準化された試験の場合、点数を百分位に対応させる規範集団がずっと大きいので、一般に、個別学生の百分位計算は必要ではなく、その代わりに、試験作成業者が、生の点数を百分位順位に対応させる図表を提供するのが普通だ。

16.2 偏差値

標準化得点（standardized score）は、**正規化標準得点**（normal score）、**Z値**（Z-score）とも呼ばれるが、生の点数を平均より標準偏差単位でどれだけ離れているかに変換する。これは、点数を、3章で詳しく論じた標準正規分布で評価できるように変換する。標準化得点が教育および心理学でよく使われるのは、他の点数と比較でき、**集団準拠型**（norm-referenced）点数付けの一種と考えられるからだ。**ウェクスラー成人知能検査**（Wechsler Adult Intelligence Scale、WAIS）のようなよく使われる試験では、母集団の平均と標準偏差が既知であり計算に使われる。WAISでは、平均が100、標準偏差が15である。元の点数を標準化得点に変換するには、**式16-1**の公式を使う。

式16-1　Z値の公式

$$Z = \frac{X - \mu}{\sigma}$$

この式で、Xは生の点数、μは母集団の平均、σは母集団の標準偏差である。

Z値への変換で、すべての点数が、平均が0標準偏差が1の標準正規分布という共通の土俵にのる。さらに、Z値の確率が既知の正規分布の性質を備えた分布になる（例えば、点数の68%が平均の1標準偏差の範囲に収まる）。WAISの生の115点が**式16-2**のようなZ値になる。

式16-2　Z値の計算

$$Z = \frac{115 - 100}{15} = 1.00$$

付録Dの**図D-3**の標準正規分布（Z分布）の表を用いると、Z値の1.00は、生の点数の84.1%がその点数以下になるという意味だということがわかる。標準点は、尺度が異なる試験での点数と比較するときに特に有用である。例えば、平均が50で標準偏差が5の数学適性試験を行うとしたとしよう。WAISで105（**式16-3**）、機械的適性試験で60（**式16-4**）の点数を取った人を、Z値の点数で比較することができる。

式16-3　Z値の計算（WAIS）

$$Z = \frac{105 - 100}{15} = 0.33$$

式16-4　Z値の計算（機械的適性試験）

$$Z = \frac{60 - 50}{5} = 2.00$$

Z値から、この人は知能検査では平均よりちょっと上だが、機械的適性試験では、平均を上回る点数を出していることがわかる。

標準点は混乱を招くと考える人もいる。0点や負の点数（標準正規分布では、点数の半分は平均以下で、負になる）が特に混乱させるからだ。このために、Z値を、平均が50で標準偏差が10という直感的にもっとわかりやすい尺度であるT値に変換することがある。次の公式で、Z値がT値になる。

$T = Z(10) + 50$

Z値が2.0（平均値よりも2標準偏差分上の点数という意味）の人なら、次のようにT値に変換される。

$T = (2.0 \times 10) + 50 = 70$

同様に、Z値が－2.0の人は、T値が30になる。平均から5標準偏差分下の点数を取る人はまずいないだろうから、T値はほとんど常に正であり、これは多くの人にとってわかりやすい。例えば、心理状態の検査と評価に用いられることが多いミネソタ多面人格テスト（Minnesota Multiphase Personality Inventory-II、MMPI-II）は、T値で報告される。

スタナイン・スコア（Stanines）は、元の点数を標準正規分布に基づいた点数に変換する別の方式だ。「スタナイン」という語は、「standard nine」の略語であり、点数を9つのカテゴリ（1〜9）に分けて、それぞれのカテゴリ、領域が、標準正規分布の標準偏差の半分になっていることを表す。スタナイン尺度の平均は5で、このカテゴリは、標準点だと－0.25から0.25までの（平均から上下4分の1標準偏差分）点数を含む。Z値やT値の代わりにスタナインを使う主な利点は、個別の点数ではなくカテゴリを報告することで、報告された点数の細かい相違にこだわるという人間の習性から逃れられるということにある。

正規分布の中央値付近の点数の方が、極端な点数よりもずっと多いので、中央値5付近のスタナインの方が、1や9という極端な点数よりもずっと多い。スタナイン・スコアの分布は、標準正規分布の点数の分布と同様に対称的なので、スタナイン1はスタナイン9とほぼ同数、スタナイン2はスタナイン8とほぼ同数になることにも注意しておきたい。スタナイン・ス

コア、対応する標準（Z）値、各スタナインカテゴリに含まれる％を示した**表 16-2**に、これらの 2 原則を示す。

表 16-2　スタナイン

スタナイン	Z値範囲	全体のパーセント
1	$Z < -1.75$	4%
2	$-1.75 < Z \leq -1.25$	7%
3	$-1.25 < Z \leq -0.75$	12%
4	$-0.75 < Z \leq -0.25$	17%
5	$-0.25 < Z \leq 0.25$	20%
6	$0.25 < Z \leq 0.75$	17%
7	$0.75 < Z \leq 1.25$	12%
8	$1.25 < Z \leq 1.75$	7%
9	$Z > 1.75$	4%

スタナインは、Z値から次の式で計算できる。

スタナイン = (2 × Z) + 5

スタナインは、整数に丸められる。0.5 は下方に丸める。Z 値が－1.60 だと、次のようにスタナインが 2 になる。

スタナイン = (2 × －1.60) + 5 = 1.8

一番近い整数は 2 であり、これは、**表 16-2** からも Z 値－1.60 のスタナイン値になる。Z 値が 1.60 だと、次のようにスタナイン 8 になる。

スタナイン = 2(1.60) + 5 = 8.2

一番近い整数は 8 であり、これは、**表 16-2** からも Z 値 1.60 のスタナイン値になる。

16.3　試験作成

心理学および教育でのほとんどの試験は、いわゆる**被験者中心測定**（subject-centered measurement）のために使われるので、言語学習能力とか不安などという特定の特性に関して、個人が連続的な尺度のどこに位置するかを決めるのが目的となっている。試験の作成と検証とには膨大な作業を要する（私が大学院にいたとき、学生は、新たな試験を作成検証す

ることが必要な博士論文を書くことを、作業が決して終わらないという恐れがあるために禁止されていた）。同じ分野で研究している人に対して、試験の点数が意味のあるものだと納得させる作業負担は、全面的に試験作成者の責任となる。したがって、この分野で研究を始めようという人の最初の作業は、既存の検証済みの試験で適当なものがないかどうかの検討である。しかし、特に新たなテーマあるいはこれまで無視されていた母集団について研究しようとするなら、既存の試験が目的に合うはずもなく、新たな試験を作成し検証する以外に方法はない。

試験は、**集団準拠**（norm-referenced）であるか、**目標準拠**（criterion-referenced）であるかのいずれかだ。集団準拠（基準準拠）試験については既に議論した。目的は、個人をある集団の中のどこに位置付けるかである。これと対照的に、目標準拠試験の目的は、個人をある絶対的な標準と比較して、例えば、ある学術分野で定義された最低限の能力を持っているかどうかを調べることにある。目標準拠試験では、受験者のすべてが高得点を得ることも、反対に低い点数になってしまうこともある。これは、お互いの比較ではなく、前もって定められた標準に各個人が比較されるためである。目標準拠試験が（例えば、1 - 100 の間の点数で）連続的な分布を示すこともあるが、たいていは、**切点**（cut point）という1つの点数が定められていて、それ以上を得点した人は合格し、それ以下の人は不合格となる。

ほとんどの試験は、多数の**個別項目**（item）、たいていは記述問題で構成され、結合されて（たいていは単純に足し合わされ）**総合試験得点**（composite test score）となる。例えば、言語能力試験は、正解が1点、不正解なら0点の100個の項目で構成される。個人の総合点は、正解の個数を足し合わせて決定される。試験を検討するのに使われる統計手続きの多くは、個別の項目間の関係と、個別項目と総合点の間の関係を扱う必要がある。

総合点が用いられることが多いが、能力あるいは達成度の尺度としては誤解を招く可能性もある。1つの問題は、通常、すべての項目が総合点に関して同じ重み付けで扱われることである。やさしい問題を間違えたが難しい問題に正解した人物と、やさしい問題は正解だったが難しい問題はできなかった人物との違いが、異なる問題を一様に扱って、単純に点数を足し合わせて総合点を出していると、わからなくなる。

二分問題（正答か誤答かのどちらか）の平均と偏差とは、p で表す**項目困難度**（item difficulty）の値を使って計算する。項目困難度は、受験者のうちの正答者の割合である。項目困難度を決めるための受験者集団が N 人なら、p は、**式 16-5** のように項目（j）について計算できる。

式16-5 項目困難度の式

$$p_j = \frac{\text{問題 j に正答した人数}}{N}$$

点数が0か1（0は誤答、1は正答）の二分問題では、平均が、問題に正答した割合と同じになる（**式16-6**）。

式16-6 二分問題の項目困難度の式

$$p_j = \mu_j = \frac{\sum_{j=1}^{n} X_j}{N}$$

この式で X_j は個別問題、N は受験者数である。
個別二分問題 p_j の分散は、**式16-7** のように計算される。

式16-7 二分問題の分散の式

$$\sigma_j^2 = p_j(1 - p_j)$$

ファイ係数とも呼ばれる2つの二分問題の間の相関係数は、5章で論じた。
　総合点の分散を計算するには、個別問題の分散とそれらの共分散を知る必要がある。変数の全対が完全に非相関であるか、負の相関でない限りは、総合点の分散は常に個別問題の分散の総和よりも大きい。総合分散は、統計ソフトウェアを用いて通常計算するが、公式を知っておくのも、関連する量の間の関係の概要を示すので、有用である。問題対 j と k の共分散は（問題が二分的でも連続的でも）**式16-8** のようにして計算する。

式16-8 問題対の問題共分散の式

$$\sigma_{jk} = \rho_{jk} \sigma_j \sigma_k$$

この式で、σ_{jk} は、2つの問題の共分散、ρ_{jk} は2つの問題の相関、σ_j と σ_k は個別問題の分散。
　多数の問題からなる試験点数 Y のような総合点の分散を知りたいこともよくある。各問題対に2つの共分散（j の k についての共分散と k の j についての共分散、両者は同じ）があるので、総合点 Y の共分散は、**式16-9** のように計算する。

式16-9 総合点の共分散の式

$$\sigma_Y^2 = \sum \sigma_i^2 + 2\sum_{i<j} \rho \sigma_i \sigma_j$$

この前式の条件 $i<j$ は、一意な共分散項だけを計算するのだということを明示している。共分散項の正しい個数を求めるために、一意な共分散を2倍している。

試験問題を追加すると、共分散項の個数は、分散項の個数よりも急速に増加する。例えば、最初に5問あった試験に5つの問題を追加すると、分散項の個数は5から10に増加するが、共分散項の個数は、20から90に増加する。n 問題の一意な共分散項の個数は、$n(n-1)$ で計算される。したがって、5問の試験は、5(4) = 20 の共分散項を持つ。10問の試験は、10(9) = 90 の共分散項を持つ。一意な共分散項の個数は、$[n(n-1)]/2$ なので、5問で10の一意な共分散項があり、10問で45の一意な共分散項となる。

ほとんどの場合、問題を追加すると、総合点の分散が個別問題の分散に加えて既存の問題との共分散分増えるために、総合点の分散が増加する。増加の割合は、短い試験に問題を追加したときの方が長い試験に追加したときよりも大きくて、問題間の相関が高いときが、問題間の共分散が大きいために、割合が最も大きくなる。他がすべて同じなら、総合点の最大分散は、お互いの相関が高い中程度の困難さ（$p = 0.5$ が最大共分散点を生成する）の問題のときに最大になる。

16.4　古典的テスト理論：真の得点モデル

理想的な世界では、すべての試験が完全な信頼性を持ち、同じ人が同じ条件で、ある安定した特性について繰り返し試験されたとき、いつも同じ点数を出し、（後で定義する）系統誤差を含まない。この場合、その人の試験での**観測得点**（observed score）は、その人の真の得点（true score）と同じであり、観測得点は、試験が何を測るために設計されたかには関わらず正確にその人の点数を反映している。しかし実世界においては、多くの要因が観測得点に影響して、同じ個人に対して同じ課題を繰り返し試験をすると異なる点数が得られることが多い。このために、真の得点と観測得点とを区別しなければならない。観測得点の一部が、真の得点からのずれをもたらすという、**測定誤差**（measurement error）という概念を導入して、これを行う。

測定誤差は、偶然であるか系統的であるかのどちらかだ。**偶然測定誤差**（random measurement error）は、室温、試験手続きの変動、個人のムードや注意力の変動など環境の偶然性の結果である。偶然誤差が、個人の得点にある方向性でずっと影響するとは考えない。ランダムな誤差によって、測定精度は損なわれるが、系統的に結果を変位させるとは考えない。あるときにはプラスに、別のときにはマイナスというように、長い目で見ると影響

が打ち消し合うと考えられる。偶然誤差には、あまりに多くの可能な発生源があるので、完全に排除できるとは期待できないが、できるだけ減らして測定精度を上げたい。**系統測定誤差**（systematic measurement error）は、これに対して、個人の得点にずっとある方向に影響を与えるが、試験の要素とは無関係な誤差である。例としては、言語能力が低いために、受験者が受験するときの指示を正確に読み取れないため、数学の試験で測定誤差を生じたというものである。系統測定誤差は、バイアスの源であり、可能な限り試験から排除するよう務める。

心理学者のスピアマン（Charles Spearman）は、20世紀初頭に、真および誤差得点という古典的概念を導入した。スピアマンは観測得点 X（試験の際に個人が実際に受け取る点数）を、真の成分（T）と偶然誤差成分（E）とから次のようになると述べた。

$$X = T + E$$

試験を無限回行うと、偶然誤差成分は棄却されて、観測得点の平均、**期待値**（expected value）が真の得点と同じになる。個人 j に対して、これは次のように書ける。

$$T_j = E(X_j) = \mu X_j$$

ここで、T_j は個人 j の真の得点、$E(X_j)$ は無限回試験を行ったときの期待観測得点、μX_j は同じ試験の個人の平均観測得点である。誤差は、したがって、個人の観測得点と真の得点との差異となる。

$$E_j = X_j - T_j$$

試験を無限回行うと、個人に対する誤差の期待値は0となる。この定義における「誤差」は、偶然誤差だけを意味するので、真および誤差点数は、次のような性質を持つと仮定される。

- 受験者の母集団について、誤差点数の平均は0。
- 受験者の母集団について、真の点数と誤差の点数との相関は0。
- 2人の無作為に選んだ受験者の同じ試験についての2つの形式の誤差点数の間、あるいは、同じ形式を用いた2つの試験の間の相関は0。

16.5　総合テストの信頼性

個人の試験を実施するに際して、関心事の1つは、試験の観察得点がその人物の真の得点をどれだけよく表しているかである。理論的な言葉では、我々が求めているのは、試験に対する**信頼性指標**（reliability index）であり、真の得点の標準偏差の観察得点の標準偏差に対する割合である。信頼性指標は、**式16-10** に示すように計算する。

式16-10　信頼性指標の式

$$\rho_{XT} = \frac{\sigma_T}{\sigma_X}$$

　この式で、σ_T は受験生の母集団に対する真の得点の標準偏差、σ_X は観察得点の標準偏差である。

　試験の信頼性は、（誤差変動に対する）真の変動と説明される、試験得点の全変動に対する割合として記述されることがある。

　実際には、真の得点は未知であり、信頼性指標は、観察得点を用いて推定されねばならない。これを行う1つの方法では、同じ受験生集団に対して、2つの並列試験を行い、**信頼性係数**（reliability coefficient）として知られる2つの形式での点数間の相関を信頼性指標の推定として用いる。並列試験は、2つの条件、**等価困難性**（equal difficulty）と**等価分散**（equal variance）を満たさなければならない。

　信頼性係数は、観察得点変動に対する真の得点変動割合の推定であり、一般線形モデルでの決定係数（r^2）と同様に解釈できる。試験の報告で、信頼性係数が0.88の場合、これを試験管理の立場から、観察得点変動の88%が真の得点変動によるもので、残りの0.12、12%が偶然誤差によるものと解釈できる。この試験の真の得点と観察得点との相関を探すため、信頼性係数の平方根を取る。それは、$\sqrt{0.88}$ = 0.938 となる。

　信頼性係数は、いくつかの手法のうちのどれかを使って推定できる。同じ受験生に同じ試験を2回行って信頼性係数を推定する場合、これは、**試験再試験法**（test-retest method）と呼ばれ、この場合の試験得点間の相関は、**安定度係数**（coefficient of stability）と呼ばれる。信頼性係数を、同じ機会に同じ受験生に対して2つの等価な形式で試験を行って推定することもできる。これは、**代替形式法**（alternate form method）[†]で、得点間の相関は、**等価係数**（coefficient of equivalence）である。異なる形式で異なる時期に試験したなら、このような条件下での得点間の相関は、**安定度等価係数**（coefficient of stability and equivalence）と呼ばれる。この係数には、形式と機会という2つの誤差の源があるので、所与の受験生集団に対する安定度係数と等価係数とのどちらよりも低い値となることが一般に予期される。

16.6　内部整合性尺度

　信頼性推定のもっと異なる方法に、受験者の単一集団に対して行う1回の試験から計算できる内部整合性尺度を用いるものがある。一貫性尺度は、総合テストが、大量の試験問題候補の中から選択された試験項目で構成されると考えられることから、信頼性推定に使われる。内部整合性推定は、同じ領域から異なる部分集合が選ばれたとしたら、その人の得点がどれ

[†] 訳注：平行テスト法（parallel test method）とも言う。

ぐらい同じかを予測する。

　高校の代数についての能力を調べる試験を作る作業を考えてみよう。この試験を作る第一ステップは、どのテーマを取り上げるかの決定だ。次に、そのテーマについて、生徒の習熟度を評価する試験案を書いてプールしておく。最終的に試験を作るために、その部分集合を選ぶ。この種の試験の目的は、ただ単に試験の項目について生徒がどれだけよい点数を取ったか調べることではなくて、高校代数という分野の中で想定されるすべての内容を、どれだけ習得しているかを見ることである。試験に用いられた項目が、この内容領域からの正しい選択（fair selection）なら、試験得点は、生徒がその内容に習熟していることの信頼できる指標となるだろう。項目同質性も、この種の試験では、項目が同じ内容を試験しており、誤解を生む言葉遣いや誤った採点などの代数習熟とは無関係の項目の成績を反映することがないという理由で、評価される特性となる。

試験対策の授業

　教育という文脈で、生徒は一連の、**重大試験**（high-stakes tests）と言われる、学校制度における進級（例えば、5年級から6年級へ）や卒業（例えば、高校の）などを決定する試験を受ける必要がある。学校当局も教師も、生徒がこれらの試験に受かることを当然ながら望んでいるので、学校によっては、これらの受験のために授業時間の一部を割くことがある（生徒の教育における習熟以外に、教師と学校とが、この重大試験での生徒たちの成績で評価されることがある）。その授業が、その分野の技能や知識を改善することではなく、特定の試験での成績を上げることを目的とする場合、これは試験対策の授業（teaching to the test）と呼ばれる。例えば、生徒が、これから行われる試験と全く同じ形式で問題を解くよう指導されたり、広範囲の内容を学び、技能をさまざまに活用する練習をするのではなくて、これから行われる試験で扱われる既知の範囲の問題や情報だけを勉強するのに時間を割り当てられることである。

　試験対策の授業は何が問題なのだろうか。問題は、学力検査では一般に個別試験の内容がその分野の正しい標本となっており、個別試験に含まれた内容の成績がその分野全体での習熟度をよく表していると仮定されていることにある。この仮定のもとでは、異なる標本を選んだとしても、生徒の成績は変わらないはずである。この仮定は、生徒と教師とが、前もって試験内容を知っていて、その項目についてだけ準備した場合には、成り立たない。その場合、試験標本の成績を一般化して、その分野全体の習熟度とするわけにはいかない。

　高校代数の能力を調べる試験のために生徒が勉強すると仮定しよう。含まれるテーマの1つは、幾何的証明である。生徒は、既知の代数定理がなぜ真なのかを示す二段証明を作れるべきだ。生徒が証明を書く一般手法を教えられたなら、その知識は、試験でのどんな証明問題にも同様に適用できるはずである。したがって、試験での成績が、代数のこの側面の一般的な能力の適切な指標となる。ところが、教師が、これまでの試験内容から、2、3種類の証明方法しか出題されないと判断したら、それらの証明を単に暗記させることが

できる。これが、試験対策の授業の例である。この場合、生徒が覚え込んだ種類の証明を作る能力は、他の種類の証明を作り上げる能力とは必然的関連を持たない。したがって、試験の成績から幾何的証明という分野における習熟度へ一般化することができない。

16.6.1 折半法

内部整合性を測る**折半法**（Split-half method）では、通常は2つの同じ長さの半分というような、2つの部分、2つの形式に分割して、並列に実施する。試験では、全体の長さにあるすべての問題に、受験生が解答する。分割には、交互割り当て（偶数番の問題を1つに、奇数番の問題をもう1つに）、内容マッチング、無作為割り当てなど、いくつもの方法がある。どの方法を使っても、もとの試験に百問あったなら、折半法では、それぞれが50問の2つの試験になる。2つの試験での受験者得点の相関係数は、**等価係数**（coefficient of equivalence）と呼ばれる。等価係数は、元の長い試験の方が短くなった試験よりも信頼度が高いために、元の完全な長さの試験の信頼性よりも低い評価となる。**スピアマン＝ブラウン公式**（Spearman-Brown prophecy formula）を使って、完全長の試験の信頼性を2つの半分にした試験の等価係数から**式 16-11**に示す公式を用いて計算することができる。

式 16-11　（等価係数のための）スピアマン＝ブラウン公式

$$\hat{\rho}_{XX'} = \frac{2\rho_{AB}}{1+\rho_{AB}}$$

この式で、$\hat{\rho}_{xx}$は完全長試験の推定信頼度、ρ_{AB}は観測相関、すなわち、2つの半分にした試験の等価係数である。

この式が正しく成り立つためには、2つの半分の試験が、厳密に並列でなければならない。2つの半分試験の等価係数が0.5ならば、完全長試験の推定信頼度は、**式 16-12**に示すようになる。

式 16-12　推定信頼度の計算

$$\hat{\rho}_{XX'} = \frac{2(0.5)}{1+0.5} = 0.67$$

折半法を用いた完全長試験の信頼度を推定する第二の手法は、各受験者について2つの半分の得点間の差異を計算するものである。得点差異の分散は、信頼度の誤差分散の推定となるので、全体分散への誤差分散の割合を1から引いたものが、信頼度の推定に使われる。**式 16-13**は、この第二の手法に使われる式を示す。

式 16-13　等価係数から信頼度を推定するもう 1 つの式

$$\hat{\rho}_{XX'} = 1 - \frac{\sigma_D^2}{\sigma_X^2}$$

この式で、σ^2_D は得点差異の分散、σ^2_X は観測得点の分散。

どちらの手法を用いた信頼度推定も、2 つの半分試験の分散が同じであれば、同じになる。2 つの分散が異なれば異なるほど、スピアマン＝ブラウン公式を用いた推定が、得点差異手法を用いた推定に比較して大きくなる。どちらの手法の信頼度推定も問題が 2 つの半分にどのように選ばれるかに依存する。分割法が異なると、半分同士の相関が異なり得点差異の集合が異なるためである。

16.6.2　アルファ係数

問題項目共分散を用いるいくつかの信頼性推定手法は、多重二分信頼性の問題を避けることができる。これらの手法のうちの 3 つを次に述べる。**クロンバックのアルファ**（Cronbach's alpha）は、二分得点問題にも連続得点問題にも使える。クーダー・リチャードソン（Kuder-Richardson）の 2 つの公式は、二分問題にしか使えない。これらの手法で計算された内部整合性尺度は、普通、**アルファ係数**（coefficient alpha）と呼ばれ、得点差異手法を用いて計算されたすべての折半法係数の平均に等しくなる。アルファ係数は、厳密に言えば、信頼性係数ではなくて、その下限（精密度係数 coefficient of precision とも呼ばれることがある）の推定である。しかし、この微妙さは解釈に際して無視されるのが普通で、アルファ係数についてそれ以上の解釈は通常なされない。

注意すべきは、かなりの長さの試験でアルファ係数を計算するのは面倒であり、一般に、コンピュータソフトウェアを使ってなされることである。それでも、公式を知っておいて、どのような要因がアルファ係数に影響するかを理解しておくことは、有用である。

クロンバックのアルファは、アルファ係数を計算する最も一般的な手法であり、信頼性解析のために設計されたコンピュータソフトウェアパッケージでアルファ係数について、よく登場する名前でもある。**式 16-14** の式を使って計算する。

式 16-14　クロンバックのアルファの式

$$\hat{\alpha} = \frac{k}{k-1}\left(1 - \frac{\sum \hat{\sigma}_i^2}{\hat{\sigma}_X^2}\right)$$

この式で、k は試験数、$\hat{\sigma}_i^2$ は試験項目 i の分散、$\hat{\sigma}_X^2$ は試験全体の分散。

5項目の試験があって、試験全体の分散が100、個別試験項目の分散が、10, 5, 6.5, 7.5, 13 とする。このデータ集合のクロンバックのアルファを**式 16-15** に示す。

式 16-15　クロンバックのアルファを計算する

$$\hat{\alpha} = \frac{5}{5-1}\left(1 - \frac{42}{100}\right) = 0.725$$

アルファ係数を計算するクーダー・リチャードソンの公式は、いくつかある。次に、二分問題に対して有用な 2 つを示す。KR-21 は、公式 KR-20 の単純化版だということに注意する。すべての項目が同じ困難度だと仮定している。KR-20 と KR-21 とは、すべての項目が同じ困難度だと、同じ結果を返す。困難度が異なると、KR-21 は、KR-20 よりも低い結果を出す。KR-20 の式を**式 16-16** に示す。

式 16-16　KR-20 の式

$$KR_{20} = \frac{k}{k-1}\left(1 - \frac{\sum p_i(1-p_i)}{\hat{\sigma}_X^2}\right)$$

この式で、k は項目の個数、p_i は与えられた項目困難度、$\hat{\sigma}_X^2$ は全体の分散。

項目の分散の項が、KR-20 では二分問題だということを使って書き直されているという点を除いては、式 KR-20 がクロンバックのアルファの式と同じであることに注意する。

すべての項目困難度が同じだと仮定すると、KR-20 の式は単純化できて、個別項目の分散を計算して足し合わせる必要がなくなる。この単純化により、KR-21 の式（**式 16-17**）が導かれる。

式 16-17　KR-21 の式

$$KR_{21} = \frac{k}{k-1}\left(1 - \frac{\hat{\mu}(k-\hat{\mu})}{k\hat{\sigma}_X^2}\right)$$

この式で、k は項目の個数、$\hat{\mu}$ は試験全体の平均（通常、$\bar{X}$ により推定）、$\hat{\sigma}_X^2$ は試験全体の分散（通常、s_X^2 により推定）。

16.7 項目分析

試験作成は、多数の試験問題のプールを作ってから、その試験の対象として想定されるのと類似した受験者に対して試験の試行を行って、試験の妥当性と信頼性を最大化すると思われる部分集合を選び出して、最終試験問題にするというように運ぶことが多い。**項目分析**(item analysis、アイテム分析とも) は、現在考慮中の試験問題に対する受験者の反応を、各問題ごとの反応の分布や反応と他の評価との関係なども含めて、記述し検討する一連の手続きである。

項目分析で通常最初に計算されるのは、各項目の平均と分散である。答えが正解かどうかの二分問題については、平均が正答した受験者の割合となり、既に述べたように、**項目困難度** (item difficulty) または p と呼ばれる。1人の受験者に対する全体の試験点数は、項目困難度の総和であり、正答した問題の総和に他ならない。平均項目困難度は、**式16-18** に示すように項目困難度の総和を項目数で割ったものとなる。

式16-18　平均項目困難度の式

$$\mu_p = \frac{\sum_{i=1}^{k} p_i}{k}$$

この式で、p_i は i の項目困難度、k は全体の項目の個数。

項目困難度は割合なので、個別項目の分散は、次のようになる。

$\sigma^2_i = p_i(1 - p_i)$

しばしば、項目は異なる能力を持つ個人の区別が効率的に行えるようにと、分散を最大化するように選ばれる。分散は、$p = 0.5$ のときに最大になるが、これは、p の他の値で分散を計算すれば、自分で確かめられる事実だ。

$p = 0.50$ なら, $\sigma^2_i = 0.5(0.5) = 0.2500$
$p = 0.49$ なら, $\sigma^2_i = 0.49(0.51) = 0.2499$
$p = 0.48$ なら, $\sigma^2_i = 0.48(0.52) = 0.2496$
$p = 0.40$ なら, $\sigma^2_i = 0.40(0.60) = 0.2400$

$p = 0.49$ と $p = 0.51$ との分散は、$p = 0.48$ と $p = 0.52$ との場合と同様に、同じになることに注意する。

多くの試験形式では、複数選択形式が取られ、受験者は、正解がわからないときに、当て推量で、得点を増やすことができる。これは、試験問題の p 値が、その試験が扱う内容のこ

とを実際にわかっている受験者の割合よりしばしば高くなることを意味している。言い換えると、観測得点は、うまく行った当て推量のために高くなっているので、真の得点よりも系統的に高いということだ。このために、試験形式が（例えば、間違えても減点にならない複数選択など）当て推量を許す場合、問題の分散を最大化するために、試験問題の観測困難度を計算する追加ステップが必要となる。これは、項目困難度に $0.5/m$ を追加することで可能になる。ここで m は選択肢の個数である。この式は、受験者が正答を知らないとき、どの選択肢も同じように選ばれると仮定している。m の異なる値に対しても真の困難度が 0.5（受験生の半分は、当て推量するまでもなく正答を知っている）と仮定したときの、観測困難度 p_0 は、表16-3 のようになる。

表16-3　当て推量を考慮して修正された項目困難度

選択肢の個数	p_0
2	$0.5 + 0.5/2 = 0.75$
3	$0.5 + 0.5/3 = 0.67$
4	$0.5 = 0.5/4 = 0.625$

項目識別度（Item discrimination、弁別力とも）は、受験生の間で、それが地理の知識、音楽適性、あるいは、大恐慌についてであれ、試験されている特性の高低の差をどれだけよく示すかを指す。通常、試験作成者は、**正の識別度**（positive discrimination）を持つ問題、つまりその特性が大きいほど、正しく答える確率が高く、少ないと間違えるような問題を選ぶ。例えば、数学適性を測ろうとしているのなら、正の識別度を備えた問題は、数学適性の高い生徒は正しく答えられるが、数学適性の低い生徒は正しく答えられないものである。反対は、**負の識別度**（negative discrimination）である。数学適性の例を続けると、負の識別度を備えた問題は、数学適性が低い生徒の方が高い生徒よりも正しく答えることが多い。負の識別度は、全体のプールから項目を取り除くために用いる。ただし、（例えば、心理健康検査でのように）答えをごまかそうとする人たちを捕まえるために保持されることがある。

本節では、項目識別度の4つの指標を論じ、さらに、全体の試験得点または外部基準に関係し得る項目識別度指標を述べた。すべての試験問題が（多くの試験環境がそうであるように）中程度の難しさなら、5つの識別度指標すべてが同様の結果をもたらす。

識別度指標（index of discrimination）は、二分得点項目についてのみ適用できる。これは、問題に正しく答えた受験生の2グループの割合を比較する。例えば、上の50%の受験生はしばしば下の50%と比較され、上の30%が下の30%という具合である。識別度指標（D）を求める式は次の通りである。

$D = p_u - p_l$

ここで、p_u は正しく答えた上のグループの割合、p_l は正しく答えた下のグループの割合。上のグループの受験生の 80% が正解したが、下のグループの 30% しか正解しなかったとすると、識別度指標は次のようになる。

$D = 0.8 - 0.3 = 0.5$

D の範囲は、$(-1, +1)$。$D = 1.0$ は、上のグループの全員が正解し、下のグループの誰も正解できなかったことを意味する。したがって問題項目は完全な識別を達成した。$D = 0$ は、上と下のグループで、正解が同じ割合であり、この問題は両者を全く識別しなかった。識別指標は、上のグループと下のグループとがどのように構成されているかに影響を受ける。例えば、上のグループが上位 20%、下のグループが下位 20% だとすると、上位 50% と下位 50% で構成されたときよりも、より大きな識別指標が得られると期待できる。

識別度指標には、有意差検定がなく、何が受理可能な値であるかの絶対的な規則もない。Ebel が示唆している (1965, 付録 C 参照) 経験則では、$D > 0.4$ なら十分 (試験問題が使える)、$D < 0.2$ は不十分 (試験問題は廃棄)、その間の範囲なら、試験問題を改訂して D を 0.4 より上げるべきだ、というものである。

5 章で論じた、**点双列相関係数** (point-biserial correlation coefficient) は、二値変数と連続変数との間の相関の尺度である。単一の二分試験問題と全体の試験得点との間の相関の尺度として、(試験には、総得点を連続とみなせるほど十分の個数の問題が含まれると仮定して) 使うことができる。

双列相関係数 (biserial correlation coefficient) は、試験問題の成績が正規分布している潜在特性によるものだと仮定すれば、複数の試験問題間で計算できる。双列相関係数の計算式を**式 16-19** に示す。

式 16-19　双列相関係数を求める式

$$p_{bis} = \left(\frac{\mu_+ - \mu_X}{\sigma_X}\right)\left(\frac{p}{Y}\right)$$

この式で、μ_+ は項目に正答した受験生の平均層得点、μ_X は受験生集団全体の平均総得点数、σ_X は全集団の総得点の標準偏差、p は項目困難度、Y は項目困難度 p に対応する標準正規分布の Y 軸値 (曲線の高さ) (例えば、付録 D の**図 D-3** 参照)。

ある試験項目が、$\mu_+ = 80$, $\mu_X = 78$, $\sigma_X = 5$, $p = 0.5$ とする。この項目に対する双列相関係数は、**式 16-20** に示すようになる。

式 16-20　双列相関係数の計算

$$p_{bis} = \left(\frac{80-78}{5}\right)\left(\frac{0.5000}{0.3989}\right) = 0.5014$$

　同じデータについては、双列相関値の方が、点双列相関よりも系統的に高くなり、差異は、$p < 0.25$ または $p > 0.75$ で急激に増える。双列相関係数は、二分試験項目がもとの正規分布を反映すると仮定した場合に、問題困難度統計量として選好されるが、目的は、非常にやさしいか非常に難しい問題を選ぶこと、あるいは、広範囲の能力を持つ将来の受験者のグループに試験を用いる場合の問題選択である。

　5章で論じた、**ファイ係数**（phi coefficient）は、2つの二値変数間の関係を表す。変数が、本当は二値でないが、元が正規分布の連続変数から値を二値化して作られた（連続変数に対して、単一切点を設定することによって合格/不合格を決定した得点など）なら、ϕ 係数よりも**四分相関係数**（tetrachoric correlation coefficient）の方が、項目困難度が等しくないときに ϕ の範囲が制限されるので好まれる。四分相関は、因子分析や構造方程式モデリング（structural equation modeling）でも使われる。四分相関係数は、手計算されることは滅多にないが、SASやRを含めて、いくつかの標準的な統計ソフトウェアパッケージには入っている。

16.8　項目反応理論

　古典的テスト理論に基づいた分析は、いまだに多くの分野で使われているが、**項目反応理論**（item response theory、IRT）がそれに代わる重要な方式となった。心理測定に関わる人ならIRTを知っているし、医療から犯罪学を含めた他の分野でも急速に使われるようになっている。IRTは、その機能がよく使われる統計パッケージに実装されていることから、将来さらに使われるようになるだろう。IRTは複雑なもので、ここでは簡単にしか紹介できない。もっと勉強したい読者は、Hambleton, Swaminathan, Rogers（1991）の教科書や同様の入門書を読むとよい。IRTのコンピュータ・パッケージの目録が Rasch SIG（http://winsteps.com/rasch.htm）から[†]入手できる。

　IRTは、古典的テスト理論ができなかったいくつかのこと、特に古典的テスト理論に基づいた手法では、受験者の特性を試験の特性から分離できないという課題を解決する。古典理論では、受験者の能力は特定の試験で定義される。その試験の困難度は、特定の受験者グループで定義される。これは、古典理論においては、試験項目の困難度が正答した受験者の割合

[†]　訳注：実際には、http://www.rasch.org/software.htm に入る。Rasch Measurement Analysis Software Directory というのがタイトル。

で定義されるためである。ある受験者グループでは、試験項目が、ほんのわずかしか正答しなかったので難しいと区分されるが、別の受験者グループでは、ほとんどが正答したのでやさしいと区分されることがあり得る。同様に、ある試験において、ある受験者は、高得点をマークしたので、その内容について習熟している、高い能力があると評価されたが、同じ基本的な内容を表向きはカバーしている別の試験では、点数が低かったので、能力が低く習熟していないと評価されることがあり得る。

　古典テスト理論において項目困難度と受験者の能力の評価が相互に絡み合っているという事実は、異なる試験を受けた受験者の能力を比較することや、異なる受験者グループで実施した試験の困難度の評価を難しくする。古典的テスト理論は、これらの問題を扱うために、異なる試験形式でも共通の試験を含めるというようなさまざまな手続きを行ったが、中心的な次のような課題はそのままだった。

- 与えられた試験項目に対する所与の受験者の成績は、何が試験されているかには関わらず、受験者の能力によって説明され、その能力は、潜在的な観察不能な特性と考えられる。
- 項目特性曲線（ICC）は、与えられた試験項目に対する受験者グループの成績と彼らの能力との関係を表現するものとなる。

能力は、一般にギリシャ文字のシータ（θ）で表し、項目困難度は、数字の0.0から10.0で表される。ICCは、縦軸が正答する確率、横軸が能力θで平均が0、標準偏差が1という尺度で表される滑らかな曲線のグラフとなる。ICCは、単調増加関数で、高い能力を持つ受験生（θの値が高い）は、与えられた項目に正答する確率がより高いと常に予測される。これは、理論的なICCとして図16-1に示す。

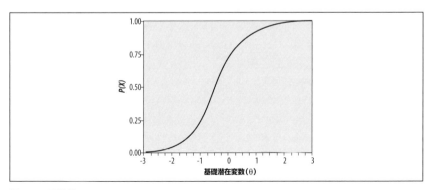

図16-1　理論的ICC

IRTモデルは、古典的テスト理論モデルとの関係で言えば、次のような利点を持つ。

1. IRTモデルは反証可能（falsifiable）である。IRTモデルの適合性は、評価できて、特定のモデルが特定のデータ集合に適切かどうかの決定ができる。
2. 受験生の能力評価は、**試験依存**（test-dependent）ではない。異なる試験を受けた受験生とも比較できる共通尺度で行われる。
3. 試験項目困難度の評価は、**受験生依存**（examinee-dependent）ではない。項目困難度は、異なるグループで試験した項目でも比較できるような共通の尺度で表現される。
4. IRTは、（古典試験理論でのように）すべての受験生が同じ標準誤差で測定されるとは仮定せず、受験生の標準誤差の個別評価を与える。
5. IRTは、受験生の能力評価に際して項目困難度を考慮するので、試験で同じ個数だけ正答した2人の受験生の能力評価も、1人が片一方よりも、より難しい問題に正答したような場合に、異なることがあり得る。

第2と第3とから、IRTでは、受験生の能力評価と項目困難度とが不変（invariant）だという結論になる。これは、測定誤差を除けば、同じ能力を持つ2人の受験生は、与えられた試験項目を正答する確率が同じであり、等しい困難度の2つの試験項目は、どのような受験生にも正答される確率が同じになるということを意味する。

この議論においては、試験項目の得点は正しいか間違いか（だから、「項目に正答する確率」という言い方をしている）であると仮定していることに注意する。IRTは、正答も誤答もないような文脈においても適用することができる。例えば、態度を評価する心理学上の質問文で、項目困難度の意味は、「項目を支持する」と記述されて、測定される質の程度や量（市域の拡大に好意的な態度など）が θ とされる。

IRTでよく使われるモデルは複数あるが、それらは構成する項目特性が異なっている。すべてのIRTモデルで、次の2つが共通に仮定される。

一次元性（Unidimensionality）

試験の項目は、1つの能力だけを測定する。これは、実際には、試験項目の成績は、1つの支配的因子で説明されねばならないという要求で定義される。

局所独立（Local independence）

受験生の能力が一定なら、異なる項目に対する受験生の応答の間に何の関係もない。すなわち、項目への応答は独立である。

最も単純な IRT モデルは、項目の1つの特性、b_i で示す項目困難度だけを持つ。これは、1パラメータロジスティックモデルで、オランダの数学者ラッシュ（Georg Rasch）によって開発されたのでラッシュモデルとも呼ばれる。1パラメータロジスティックモデルの ICC は、次のように計算される。

$$P_i(\theta) = \frac{e^{\theta - b_i}}{1 + e^{\theta - b_i}}$$

ここで、$P_i(\theta)$ は、能力 θ の受験生が項目 i に正答する確率、b_i は、項目 i の困難度パラメータである。

項目困難度は、能力尺度（x 軸）で、受験生のその項目に正答する確率が 0.5 の点として定義される。より難しい問題については、受験生の半分が正答すると予測できるためには、より能力の高い受験生が求められるが、よりやさしい項目については、より低い能力レベルしか要求されない。ラッシュモデルにおいては、困難度の異なる項目に対する ICC が、位置だけが異なる同じ形で表される。これは、困難度が異なるが等しい識別度を持ついくつかの項目に対する ICC を示す図 16-2 からも明らかだ。

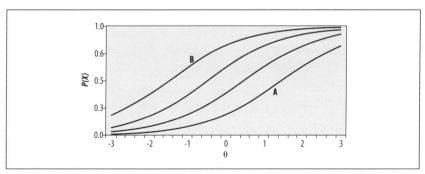

図 16-2　識別度は同じだが困難度の異なるいくつかの項目に対する ICC。項目 A が最も難しく、項目 B は最もやさしい。

θ が受験生の能力の尺度であることを考えると、項目 A に正しく答える確率が 50% であるためには、もっと左側の項目と比較して、もっと多量の能力が必要だ。このグラフの中にある項目では、項目 B に正しく答える機会が 50% であるためには、最低限度の θ が必要なことも明らかである。したがって項目 B が最もやさしく、項目 A が最も難しいと言える。グラフに $y = 0.5$ で水平線を引き、水平線が各曲線と交わるところで、垂直線を x 軸まで下ろすことで、確かめることができる。垂線が x 軸と交わる点は、項目に正しく答える確率が 50% になるた

めに必要な θ の量を表す。この量は、項目 A の方が明らかに項目 B よりも大きい。

2 パラメータ IRT モデルには、項目識別因子 a_i がある。項目識別因子により、項目ごとに異なる傾きを持つことができる。より急な傾きを持つ項目は、より平坦な傾きの項目よりも、項目変更による成功確率の変動の方が、受験者能力の変動によるよりもより迅速なために、同様の能力を持つ受験者に対する区別がより効率的となる。

項目困難度は、$b_i = 0.5$ の点での傾きに比例する。それは、受験生の半分がその項目を正答すると期待される点である。A_i の通常の範囲は、負の識別度（少ない能力を持った受験生が正答する確率が高い）は、通常棄てられ、実際には、項目識別度が 2 より大きくなるのが稀なため、(0,2) である。2 パラメータロジスティックモデルにも、スケーリングパラメータがあるが、これは、ロジスティック関数を累積正規分布にできるだけ近づけるために導入されている。

2 パラメータロジスティックモデルの ICC は、次の式を用いて計算される。

$$P_i(\theta) = \frac{e^{Da_i(\theta - b_i)}}{1 + e^{Da_i(\theta - b_i)}}$$

困難度と識別度の両方が異なる項目を図 16-3 に示す。

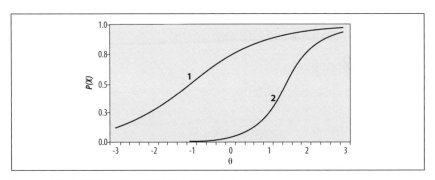

図 16-3　困難度と識別度の両方が異なる 2 項目の ICC

3 パラメータロジスティックモデルは、技術的には、**偶然正答レベルパラメータ**（pseudo-chance-level parameter）と呼ばれる追加パラメータ c_i がある。このパラメータは、項目に偶然正答した能力が低い受験生の確率を表す、ICC の下側漸近線を与える。このパラメータは、能力の低い受験者が難しい問題に正答できるのは、答えをたまたま当てた場合なので、**当て推量パラメータ**（guessing parameter）とも呼ばれることがある。しかし、c_j は、試験作成者の技能が優れていれば、低能力の受験者には、正しいと思えるような誤答を作ること

ができるので、ランダムに当て推量するよりも低いことがしばしばある。3パラメータロジスティックモデルのICCは、次の式を用いて計算される。

$$P_i(\theta) = c_i + (1 - c_i)\frac{e^{Da_i(\theta - b_i)}}{1 + e^{Da_i(\theta - b_i)}}$$

3パラメータモデルを図16-4に示す。これは、当て推量パラメータを含むが、それはx軸と0.20付近で交わるという事実から見て取れる。それは、非常に低いθを持つ受験生でも、正答する機会が20%あるということを意味する。

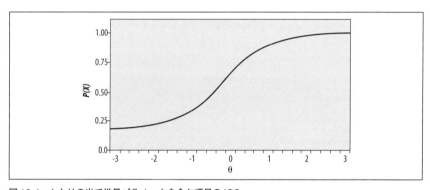

図16-4　かなりの当て推量パラメータを含む項目のICC

16.9　練習問題

本章で扱ったテーマを復習する問題である。

問題

表16-1のデータ分散が与えられたとする。

1. 得点80のパーセンタイルランクを求めよ。
2. 75パーセンタイルの得点に対応する得点を求めよ。

解

見ている得点の1つ上の得点の累積確率を見ればパーセンタイルがわかる。パーセンタイルランクに対応する得点を探すには、このプロセスの逆を行う。

1. 得点80は、17パーセンタイル。
2. 得点96は、75パーセンタイル。

問題

平均が 100 で分散が 400 の公開試験について作業していると仮定しよう。次の各人の点数を、Z 値、T 値、スタナインに変換せよ。

1. 70
2. 105

解

1. 70 については、$Z = -1.5, T = 35$, スタナイン = 2
2. 105 については、$Z = 0.25, T = 52.5$, スタナイン = 5

得点 70 についての計算は、**式 16-21** およびその次に示す通り。

式 16-21　Z 値の計算

$$Z = \frac{70 - 100}{20} = -1.5$$

$T = -1.5(10) + 50 = 35$

スタナイン $= 2(-1.5) + 5 = 2.0$

得点 105 についての計算は、**式 16-22** およびその次に示す通り。

式 16-22　Z 値の計算

$$Z = \frac{105 - 100}{20} = 0.25$$

$T = 0.25(10) + 50 = 52.5$

スタナイン $= 0.25(2) + 5 = 5.5$; 丸めて 5

17章
データ管理

 データ管理の章が、統計についての本の中で何を述べるのかと疑問に思うだろう。理由は次のようなものだ。統計の実践には常にデータの分析が伴う。統計結果の妥当性は、分析したデータの妥当性に大きく依存するので、統計で仕事をするのなら、自分でデータ管理を行うか、他の人に任せるということには関わらずデータ管理について知っておく必要がある。

 奇妙なことに、データ管理は、統計の授業でもオフィスや研究室でもしばしば無視されてきた。教授やプロジェクト管理者の中には、人間が何もしなくても、データが何かの魔法で利用可能な形式に構成されると信じている人がいる。しかし、毎日データを扱っている人たちは全く違う見方をしている。多くの人が、データ管理と統計分析との関係を記述するのに、80/20則を持ち出しており、その意味は、平均するとデータを扱う作業にかかる時間の80%が分析するデータを準備するのに使われ、20%の時間だけが実際のデータ分析に使われるというものである。私の考えでは、データ管理は、問題に対する一般的なやり方と、個別の業務をどのようにこなすかという知識とからなっている。両方とも教え、学ぶことができて、この知識を非公式に（言うなれば、苦労して）獲得する人もいるが、先人の集積した知識を利用しない手はないだろう。

 品質分析は、一部はデータ品質に依存しており、コンピュータプログラミングの世界に端を発する、「ゴミを入れればゴミが出る」（garbage in, garbage out、GIGO）という言葉がこの事実をよく物語っている。同じ概念が統計にも適用できる。データ収集のプロセスは本質的に面倒なものであり、データファイルが完璧な形で、分析にすぐ使えるように届くことはほとんどない。これは、データ収集とデータ分析の間のどこかで、誰かが、自分の手が汚れるのも厭わずに、データファイルを直接扱って、綺麗にして、整形して、分析できるようにしなければならないことを意味している。通常、このプロセスにおいて、何をしなければいけないかということに秘密じみたことはないが、データの知識にガイドされた系統的な方式と、常識に基づいた健全な疑問を保つ態度での活用が必要とされる。

GIGOには、統計分析にも同じように使える別の意味、「ゴミを入れればゴスペルが出る」というのがある。これは、コンピュータの出したものは正しいに違いないという嘆くべき誤解の傾向を指すものだが、統計分析から導かれた分析結果はすべて正しいという、同様に嘆くべき信念にも適用できる。残念ながら、どちらの場合にも人間の判断が欠かせない。コンピュータも統計分析も、提供されたデータが間違っていたら、妥当な結果の代わりに無意味なものを作り出すだけだ。基本的な例としては、どんな数の集合でも（名義または順序尺度での測定結果だとしても）平均と分散とを計算できるという事実は、その数が、データの合理的なまとめであるかどうかは言うまでもなく、意味のあるものであることすら意味しない。正しいデータを提供して、それを分析する適切な手続きを選ぶことは、分析者の責任である。統計パッケージは、要求された演算をただ実行するだけであって、データが正しいとか、手続きが適切で意味があるかということについては評価できないからである。

読者の興味が、統計手続きを学ぶことだけに限られているのなら、本章を飛ばしても構わない。同様に、データを実際に扱った経験がないと、本章は抽象的に思えて、実際に何らかのデータを扱うまでは、流し読みかざっと読み飛ばしたいと思うかもしれない。他方では、どちらの場合でも、データ管理プロセスにどのようなことが含まれるか基本的に理解することが有用であると感じ、正しく行わないとどんなことが起こるか知っておきたいと思うかもしれない。さらに、直近の環境では、必要なこと以上に知っておくことは、殊に、キャリアの異動が現代の顕著な特徴であることから、常に望ましい。データ管理のちょっとした知識が、就職面接で効果を発揮したり、本章を読むことで、あなたの話に説得力が増したり、他の人より有利になることがあるかもしれない。さらに、データ管理が職務の1つになったりすれば、本章の情報は、なぜデータ管理が重要であり、どう行うかについて理解する助けとなるだろう。

17.1　やり方を集めたものではなくて、アプローチを示すもの

データを収集、蓄積、分析するには、多数の手法とコンピュータプログラムとが使えるので、すべての環境においてデータ管理手続きをどうすればよいかを記述した章を書くのは不可能だ。そのため、本章では、データ管理の一般的アプローチに焦点を当てて、多くの構造に共通な問題だけでなく、生データを分析できるデータ集合に加工する一般的なプロセスを含めて述べる。

データ管理について、1つ助言するとすれば、次のようになるだろう。「何も仮定するな。与えられたデータファイルが、実際に分析するはずのファイルだとは思うな。ファイルが、プログラムから別のプログラムに渡されたとき、すべての変数が正しく渡されたと思うな（この主題1つだけについて、何冊も本が書けるし、どのソフトのどの版も、新しい問題がわんさとある）。データエントリープロセスで適切な品質管理が行われるとか、誰かが範囲外の、

あるいは不可能な値がないかと調べたと思うな。プロジェクトを与えた人物が、重要な変数が50%の事例で見つからないとか、コードブックに指定されているようには変数が符号化されていないことがあるということに気付いていたと思うな。」データ収集とデータエントリーとは、誤りをしばしば犯すことがよく知られている人間によって行われる活動である。そのような間違いが犯されたことを発見して、それを修正するか、何とかする方法を考え出して、データが適切に分析されるようにすることがデータ管理プロセスの大部分である。

17.2 指揮命令系統

軍隊に例えるのは、やり過ぎるとよくないが、大規模プロジェクトの効率的なデータ管理には、プロセスのさまざまな側面で責任を持てる人の構造、階層を作る必要がある。そして、プロジェクトに関わるすべての人が誰が、どのような決定をする権限を有しているかをよく知っていて、問題が生じたときに、迅速かつ合理的に解決できるようになっていることが同様に重要である。これは、単純に常識だと思われるかもしれないが、実際のところ、必ずしも実際には行われていない。例えば、データエントリーの担当者は入力するデータの変数の多くが見つからないことに気付いたとき、プロジェクトがまだデータ収集の段階である間に、問題を解決するためには、その問題を誰に報告すればよいかをわかっておく必要がある。分析者が、データの初期検査の段階で、範囲外の値に気付いたら、本体の分析が始まる前に、これを修正するか記録するかなど、この値をどうしたらよいか決定をする権限を持っているのは誰かをわかっているべきだ。このような問題を解決するのを難しくすると、担当者はその場限りの解決策を自分で考え出してやってしまうか、処理そのものを諦めてしまい、品質の定かでないデータ集合を残す羽目になる。

17.3 コードブック

コードブックは、古典的な研究用ツールであり、コードブックの原則は、データを収集して分析するどのようなプロジェクトにも当てはまる。コードブックは、単純には、プロジェクトについての重要な情報を集めて整理する手段である。コードブックは、スパイラルや三ツ穴バインダーで綴じたノートのような物理的物体のこともあれば、コンピュータに格納された電子ファイル（またはファイルの集まり）のこともある。プロジェクトによっては、ほとんどのコードブック情報が電子的に保存され、一部あるいはすべてが印刷されバインダーに綴じられるハイブリット方式を取る。肝心なことは、プロジェクトにとって欠かせない情報とそのデータ集合とが、将来の参照のために信頼できる形で記録され保存されることであって、どの手法を選ぶかは問題ではない。

コードブックには最低限、次のような情報を含む必要がある。

- プロジェクトそのものと、データ収集に使われた手続き
- データエントリーの手続き
- データについての決定
- コーディング手続き

　プロジェクトについての詳細は、目標、タイムライン、資金調達、人員の情報（もともとのと変更と）およびその責任が含まれる。データ収集手続きについての情報は、データがいつ収集されたか、どんな手続きが使われたか、誰が実際にデータを集めたかを含む。質問票のようなデータが使われた場合には、コピーがデータ収集チームに与えられたすべての命令とともにコードブックに含まれるべきである。データについての決定には、外れ値（データ集合の中で値が他の値と大きく違っている場合）や他の通常でない値の定義、分析から排除される場合とその理由、守られている帰属や欠損データ手続きなどを含む。符号化手続きについての情報は、変数の意味とその値、変数がどのようにして、また、なぜ再符号化されたか、適用されたコードやラベルが含まれる。

　データエントリー手続きについての情報記録は、データが1つの手段だけで、例えば紙の質問票を使って集められ、電子ファイルのような他の形で分析される場合に特に重要である。しかし、たとえ、CATI（コンピュータ支援電話インタビュー）や他の電子データ収集手法を使ったとしても、コードブックでは、個別ファイルがどのようにして集められ転送されたかを説明すべきだ。普通、電子ファイル転送は順調にいくが、いつもではなくて、ファイルが転送されるたびに、データファイルは欠損を生じる機会がある。分析のためのファイルに欠陥のあることがわかったら、転送プロセスを過去に遡って、何が起こったかを決定して、修正するための方法を開発しなければならないだろう。データエントリー担当者の訓練の情報と、使われる品質制御手法（データの標本の二重エントリなど）も記録しておく。

　私の経験では、扱うデータが毎日のビジネス業務の記録からなる企業では、学界やそのプロジェクト特有の収集データを扱う他のところよりも文書化については優れた仕事をしている。それにはいくつかの要因が含まれる。1つは、データ収集と蓄積プロセスが進行するときに、一連の手続きを確立して、それに従うのが比較的やさしい。もう1つは、定期的にデータを扱う大企業には、データ管理を担当する人員がいて、この人たちは業務に関する訓練も受けている。学界では、これと反対の状況がしばしば起こる。実験室では、複数のプロジェクトが走っており、それぞれ異なるデータを扱い、それぞれのデータ集合には、それなりの癖がある。さらに事態が複雑になるのは、データを集めて組織化する仕事が、ほとんど経験がなく訓練を受けていない学部学生か、専門領域には詳しくてもデータ管理の日々の問題には詳しくない（多分関心もない）大学院生に任せてしまうことである。

　コードブックもしくはその等価物を必要とする主な理由は、各プロジェクトとそのデータ

についてのリポジトリを作り、収集プロセスが終了して長い時間が経ってからプロジェクトに加わる人やデータを分析する人に、データが何でどう解釈するかを教えることにある。信頼できるコードブックの存在は、最初からプロジェクトに関わっていた人にも、誰の記憶も完全ではなく、6ヶ月前や2年前にどんな決定をしたかは簡単に忘れられてしまうので、役に立つ。コードブック情報に容易にアクセスできることも、結果についてまとめて書くことや新たに参加した分析担当者にプロジェクトを説明するときなどの時間を節約する。

データが収集されたとき、そのままで正確に分析されることは滅多にない。分析が始まる前に、誰かがデータファイルを検査して、外れ値や欠損値の問題についての決断を行う必要がある。これらの決定のすべては、そのファイルの各版での位置とともに記録されるべきである。本来のデータファイルのアーカイブ版も、変更できないような場所で保存しておき、後で変更を元に戻す決定がなされた場合や、編集したファイルが壊れてしまい再度作り直さないといけない場合に備えるべきだ。さらに、大きな編集の度に、ファイルの版を保存しておくことは、例えば、1, 2, 3, 5回目の決定は妥当だったが、4回目のはまずかったというような場合に意味がある。データファイルの第3版に戻ることができると、元の版から作り直すよりも助かる。ファイルの各版については、ファイルの配置だけでなく、変数とケースの個数も記録すべきである。ファイルが転送される度に、新たな版で、ケースや変数の個数が正しいか、変数を名前ではなくその位置で参照する場合に配置が有用なものとなっているか（例えば、最後の変数が転送で失われていることがあるかもしれない）などを確認する必要がある。欠損データに対して、**配分転嫁**（imputation）などの手法が用いられた場合には、使用した手法の詳細とこれによってデータファイルがどのように変更されたかをも記録すべきである。

プロジェクトで使われた符号化手続きの記録は、おそらくコードブックで最大の部分を占めるだろう。ここに記録すべき情報には、元の変数名、変数とデータ値に付加されたラベル、欠損値に対する符号化の定義とそれがどのように使われたか、新たな変数とそれが作られたプロセスのリスト（例えば、既存の変数の変換や連続変数をカテゴリ変数に符号化し直すなど）が含まれる。

17.4 表形式長方形ファイル

データを電子的に保存するには多くの方法があるが、長方形データファイル（Rectangular Data File）形式が最もよく使われる。この形式は、マイクロソフトExcelなどのスプレッドシートを使ったことがある人には馴染みがあるはずだ。SASやSPSSのような統計パッケージでは、さまざまな形式で保存されたデータを読むことができるが、異なるプログラム間でのデータ交換が容易なために、長方形データファイルが用いられることが多い。

長方形データファイルの最も重要なところは、その配置方式にある。統計分析のために用

意されたデータでは、通常のやり方は、各行がケースを表し、各列が変数を表す。ケースの定義は、計画されている分析に依存しており、分析単位（425 ページの「分析単位」の囲み記事で論じる）を含む。1 つのケースに対して複数の行があったり、複数のケースが 1 行で記録されることがあるので、1 行は、1 つのケースではなく、1 つのレコードを表すだけだとする方式を好む人もいる。

図 17-1 は、1993 年の総合的社会調査（General Social Survey）の抜粋である。この調査は、シカゴ大学全米世論調査センター（National Opinion Research Center）が 1972 年以来毎年行っている全米規模の調査である。各行には、id で表される個人が第 1 列に示され、各列が特定の変数の保持するデータを表す。例えば、第 2 列は、変数 wrkstat の値を保持するが、雇用状況に対する質問への回答であり、第 3 列は変数 marital の値だが、結婚しているかどうかについての回答だ。

図 17-1　Excel による長方形データファイル

図 17-2 は、SPSS での同じデータファイルからの抜粋である。主な違いは、Excel では、第 1 列が変数名（id, wrkstat など）を保持するのに、SPSS では、変数名はデータにリンクされて入るが、データファイルの行には現れないことだ。この保存手続きの相違は、データファイルを Excel から SPSS に移すときに、SPSS では、Excel よりもケースが 1 つ少ないということになるが、実のところは、Excel で使われるデータ名の行が SPSS にはないということなのだ。あるプログラムから別のプログラムにデータを転送するという作業には、この種の奇妙なクセがついて回るので、各システムやプログラムについて、データを渡すときに何があるかを知っておくことが大事だ。

17.4 表形式長方形ファイル | 425

	id	wrkstat	marital	agewed	sibs	childs	age	birthmo	zodiac	educ	degree
1	1	1	3	20	3	1	43	5	2	11	
2	2	1	5	0	2	0	44	8	6	16	
3	3	1	3	25	2	0	43	2	11	16	
4	4	2	5	0	4	0	45	99	99	15	
5	5	5	5	0	1	0	78	10	7	17	
6	6	5	1	25	2	2	83	3	12	11	
7	7	1	1	22	2	2	55	10	7	12	
8	8	5	1	24	3	2	75	11	9	12	
9	9	1	3	22	1	2	31	7	4	18	
10	10	2	5	0	1	0	54	3	12	18	
11	11	1	5	0	1	0	29	4	2	18	
12	12	1	5	0	0	0	23	10	8	15	
13	13	1	1	31	0	1	61	99	99	12	
14	14	5	4	24	3	4	63	3	1	4	
15	15	4	5	0	4	3	33	3	12	10	
16	16	1	5	0	0	1	36	11	8	14	
17	17	7	5	0	98	4	39	3	12	8	
18	18	1	1	22	9	0	55	1	10	15	
19	19	1	1	32	1	1	55	9	7	16	
20	20	1	1	24	2	2	34	4	2	16	
21	21	3	1	24	5	2	36	6	3	14	
22	22	2	1	23	0	3	44	8	5	18	

図17-2 SPSSによる長方形データファイル

　スプレッドシートでは、変数を行に、ケースを列に割り当てるような他のデータ配置も可能だが、そのような手法が、統計プログラムが読み込むようなデータに用いられることは一般にはなく、さらに、スプレッドシートでは、例えば、タイトルや計算フィールドのような、データと変数名以外の他の種類の情報も含めてよいことになっているが、統計プログラムに読み込まれる前に、それらの情報は取り除かれねばならない。

　電子的なデータストレージを立ち上げるとき、そのデータで計画していることを円滑に行うことを主として考慮しなければならない。特に気を付けねばならないのは、データを分析するために使おうとしている統計パッケージやプログラム（Minitab、SPSS、SAS、R）には、それぞれ必要な要件があり、データをその選んだプログラムで使えるようにすることは、自分の責任だということだ。幸いなことに、多くの統計分析パッケージが、ある形式から別の形式へとデータファイルを変換する組み込みルーチンを提供している。しかし、ある手続きのためには、どの形式が必要かを決定して、分析を始める前にデータがその形式になっているようにするのは、データマネジメントや統計分析家の責任である。

分析単位

　研究プロジェクトでの分析単位（unit of analysis）とは、特定の分析で関心のある主要な実体である。例えば、学校の成績の研究では、分析単位は、生徒、クラス、学校、近隣、あるいは市となる。保健用途についての研究では、分析単位は、訪問、患者、医者、ユニット、あるいは病院となる。同じデータが、異なる単位で分析されることがあるから、分析単位を参照するのだ。例えば、データ集合のある分析では、個々の生徒の学術的な成績に

注目するのに対して、同じデータの別の分析では、複数の市における学術的な成績の差異に注目する。

　ある分析単位に特有のデータは、特定のレベルに属すると言われることがある。学校データの例では、個々の生徒について集めた変数（age（年齢）、gender（性別）など）は、「個人レベルのデータ」と呼ばれ、学校について集めた変数（enrollment（入学方式）、資金形態（type of funding）など）は、「学校レベルのデータ」と呼ばれる。分野によっては、異なるレベルのデータを混在させて通常の統計分析を行うことが許されているが、これによる結果は誤解を招きかねない。その代わりに、異なるレベルからのデータを組み合わせて1つに分析する場合には、マルチレベルモデリングなどの特別な技法を使うことが、ますます期待されるようになっている。

17.5　スプレッドシートとリレーショナルデータベース

　プロジェクトのデータが、最終的には特定の統計分析パッケージを使って分析されるにせよ、データを Excel、マイクロソフト Access、FileMaker などの異なるプログラムを用いて収集したり入力することは、ごく当たり前になっている。こうしたプログラムは、データ入力用としては統計分析パッケージよりも単純であり、有料の専門統計ソフトウェアのライセンスの個数は限られているので、多くの人が自分のコンピュータにとりあえずインストールしている（特に Excel）。Excel はスプレッドシートで、Access と FileMaker は、リレーショナルデータベースである。この3者とも、他のプログラムからのファイルを開き、他のプログラムで開けられるようにファイルを書き出し、データがプログラム間でやり取りされるのならよい選択となる。さらに、3者ともデータを検査したり、基本的な統計の計算に使われる。

　データ集合が小さい、小さなプロジェクトでは、スプレッドシートは、完璧なデータ入力用だ。スプレッドシートの利点はその単純さにある。新たなデータファイルを作るには、新しいスプレッドシートを開いて、ウィンドウにデータを入力すればいい。全データ集合が1つの文書に含まれる。初心者にはスプレッドシートは使いやすく、スプレッドシートの形式は、長方形データファイル形式へのデータ投入とプログラム間のデータ共有を促進している。

　より大規模で複雑なプロジェクトでは、リレーショナルデータベースが向いている。リレーショナルデータベースは、それぞれがスプレッドシートのページのように見える別々のテーブルから構成される。きちんと定義されたデータベースでは、各テーブルに1種類のデータが保持され、テーブルはキー変数でリンクされる。これは、データベース内では、1つのケースのデータ（例えば、1人の人）が、多くの別々の特定用途のテーブルに含まれるということを意味する。学生のデータベースには、自宅住所のテーブル、誕生日のテーブル、入学日のテーブルなどがそれぞれ1つずつ含まれる。もし、データが分析のために異なるプログラムに転送されるなら、リレーショナルデータベースプログラムを使って、すべての望ましい情報を含んだ単一のテーブルからなる長方形データファイルを作ることができる。リレー

ショナルデータベースの主な利点は効率性にある。学校の例では、これは、兄弟が同じ自宅住所のレコードを使えることを意味する。スプレッドシートでは、その情報は、子供ごとに個別に入力しなければならず、入力時や書き出すときの誤りの可能性がある。

17.6 新しいデータファイルを検査する

　分析のために新しいデータファイルを受け取ったばかりだと仮定しよう。プロジェクトの背景情報を読んで、どのような種類の分析をしなければならないかわかっていても、先へ進む前に、ファイルがよい状態にあるかどうか確認する必要がある。たいていの場合（少なくとも）データの分析を始める前に、次の質問に答える必要があるだろう。これらの質問に答えるには、データファイルを開き、場合によっては、（4章で論じた）度数表を作るような単純な手続きを走らせる必要があるだろう。統計パッケージによっては、新たなデータファイルを検査するためのプロセスを補助する特別な手続きが用意されているが、ほとんどのどのパッケージでも必要な基本手続きを行うことができる。しかし、その統計パッケージで利用可能なデータ検査およびクリーニング技法について説明したマニュアルが必要だと思うこともあるだろう。そのような本のいくつかを付録Cに示した。

　新しいデータファイルについての質問は次の通り。

1. ファイルにはどれだけのケースがあるか。
2. ファイルには何個の変数があるか。
3. （意図しない）重複ケースがいくつあるか。
4. 変数値、名前、ラベルは正しく転送されたか。
5. すべてのデータがまともな範囲に収まっているか。
6. どれだけの欠損データがあり、どんなパターンか。

　受け取ったデータファイルにどれだけのケースがあると期待すべきかを知っておくべきだろう。その個数が実際にファイルにあった個数と合致していないと、おそらく間違ったファイルを送られた（滅多にないとは言えないことだ）か、ファイルが送付プロセスの途中で壊れた（これもよくある）かだろう。ファイルのケース数が予期した個数とずれていたなら、元に戻って、検査を続ける前に正しい壊れていないファイルを入手する必要がある。

　ケースの個数が正しいとしても、ファイルに変数が正しい個数含まれているか確認する必要がある。間違ったファイルということ以外に、変数がないのは転送の途中でファイルが壊れたという可能性もある。プログラムによっては、扱える変数の個数に制限があることは特に気を付けるべきだ。その場合には、完全なファイルを転送するための他の手段を考える必要がある。それが不可能な場合には、代替案として、（元のファイルですべての変数を使わな

いと仮定して）分析に含めると計画した変数の部分集合を作り、ファイル全体ではなくより小さなファイルを送るようにする。第3の可能性は、ファイルをセクション単位で送って再構成するものである。

ケースも変数も個数が正しいファイルがあると仮定しても、次に、ケースに意図しない重複があるかどうかを確かめたいものだ。これには、プロジェクトのデータ収集の責任者とのコミュニケーションにより、何が重複ケースとなるのか、データにキー変数が含まれているかどうかを探し出してユニークなケースを識別しなければならない（言葉がわからなければ、下の囲み「ユニークな識別子」を参照のこと）。重複ケースの定義は、分析単位に依存する。例えば、分析単位が病院診療ならば、同じ人がファイル内で複数レコードを持つのが（1人の人が病院に複数回行くことが可能だから）適切だろう。一方で、死亡記録のファイルでは、1個人については1つしかレコードがないはずだ。重複レコードを探すために、使われるソフトウェアとデータ集合の特性に応じて、さまざまな手法が利用可能である。ユニークな識別子（例えば、ID数値）が1回より多くは現れないと確認するのはごく単純なこともあるが、他の場合には、いくつかのあるいはすべての変数について同じ値を持つ複数のレコードを探す必要があるだろう。

ユニークな識別子

ユニークな識別子（一意識別子とも言う）という概念は、データ管理に不可欠であり、データベースに関わる人たちにはよく知られているが、データベースを作ったこともなければ、データ管理に関わったこともない人には新たな概念だろう。識別子は、通常は数値の符号であり、データ集合のケースを識別する。ユニークな識別子とは、各ケースにユニークな符号である。各ケースにユニークな識別子を割り振る最も単純な方法は、数値IDを順に符号として使うもので、その他には、（医療システムで患者に登録番号を割り当てるような）既存のIDコードを使うものがある。たとえ、ユニークな既存のコードが使えるとしても、単純な逐次的なID符号が守秘義務についての心配を軽減できるので好まれることがある。

ほとんどのデータ集合では、可能な分析単位ごとにユニークな識別子が必要となる。例えば、診療所のデータを、患者レベルまたは診察レベルで分析できるなら、患者ごとにユニークで、1人の患者のすべての記録について共通な1つの識別子が必要で、特定の患者の診察に属するすべての記録（カルテや血液検査など）を識別するには第2の識別子が要る。ユニークな識別子は、1つの単位（例えば、1個人のすべての診察）に属する共通のレコードを識別して、異なる個人に対して混乱させるレコードを排除するためにも重複レコードがないことを確認するのに役立つ。例えば、巨大ファイルには、Bill Smithが複数個存在するので、レコードをごちゃまぜにしないようにしなければならない。同じ原則だが、あるBill Smithが診療所に1年に5回来たとする。診療記録を見たら、彼に関するすべてのレコードを簡単に識別できるようにしたいだろう。

17.6 新しいデータファイルを検査する | 429

　データファイル検査で次に行うのは、変数値、名前、ラベルが正しいかをチェックすることだ。データ値の正しい転送は、名前やラベルは再作成できるが、データは正しくなければならないし、多くの予測せぬことがファイル転送プロセスに起こることからも重要な課題となる。チェックしなければならないことには、正しい変数型（数値変数は予期せず文字列変数に翻訳されることがある。逆の場合もある。次の「17.7　文字列および数値データ」の節参照）、文字列変数の長さ（転送中に切り詰められたり、文字が追加で埋め込まれたりすることがよくある）、特にデータ変数について正しい値かどうかなどがある。ほとんどの統計パッケージには、型、長さ、ラベルを文字で表示する方法があり、これを使って期待通りにすべてが転送されたか確認することができる。

　変数名は、変数名として何が許されるかの規則がプログラムによって変わるので、転送プロセスによって予期せず変更されることがある。例えば、Excelでは、数字から始まる変数名を使えるが、SASとSPSSでは許されない。プログラムによっては、変数名の長さが64文字までだが、他のプログラムでは、8文字に切り詰められ、このプロセスで、冗長変数名が生じたり、var1のような生成名に置き換えられたりする。個別の変数の名前がどうであろうと、普通はデータの分析はできるが、奇妙で意味のない名前は、ユーザに余分な負荷を与え、分析プロセスの効率を低下させる。データが複数のプログラムで共有される場合には、前もって計画しておく必要がある。特に、誰かが使う予定の各プログラムでの名前付け規則を確認して、すべてのプログラムで、利用できる変数名を作っておく必要がある。

　変数と値ラベルは、データファイルを処理するときに、大いに役立つものだが、ファイルがあるプログラムやプラットフォームから、移されるときに問題になることがある。変数ラベルは、変数名の長さ制限に触れずにテキストを変数に付加する。例えば、図 17-1 の GSS の例にある変数 wrkstat には、「6ヵ月間の雇用状況」というようなラベルを付けることができ、これは、変数が実際に何を測っているのかをずっとうまく伝えることができる。値ラベルは、個別変数の値に付加されて、先ほどの例を続けると、変数 wrkstat の値1には、「正規雇用」、値2には、「パートタイム雇用」などが割り当てられる。変数ラベルや値ラベルは役立つが、プログラムによって情報の格納方法が異なるので、正しく転送されないことがある。1つの解法は、複数のプラットフォームやプログラムでデータの共有されることがわかっていれば、$v1$ や $v2$ のような単純な変数名を、値には単純な数値符号（0, 1, 2など）を使い、プラットフォームやプログラムには、変数と値にラベルを割り当てる（小さなコンピュータプログラムの）コードを書くことだ。

　次に、データ集合の実際の値を調べて、まともそうかどうか確認する。簡単な統計手続き（数値変数の平均や偏差をとる）で、データ値が正しく転送されたかどうか（転送前のデータ集合の平均と偏差の値を持っていると仮定して）確認することができる。日付変数は特に注意してチェックする必要がある。プログラムによって日付を蓄える方式が異なるのでトラブル

の原因となることが多い。一般に、日付の値は、特定の参照日からの時間単位（日または秒）の個数を反映した数値で格納される。不幸なことに、プログラムによって参照日も異なれば、時間単位も異なり、結果として、日付が、あるプログラムから他のプログラムへと正しく転送できないことがある。日付の値が正しく転送できないときには、文字列変数として転送して、新しいプログラムの方で日付の値を再構成することもできる。

　ファイル転送が正しくいったと確認できても、データにはまだ問題があるかもしれない。1つ調べておかなくてはならないのは、不可能値や範囲外の値の変数値で、これは、頻度（または変数に多くの値がある場合には最小値と最大値）を見て、納得できるか、変数の符号化方式に合致しているかで容易に調べられる（度数表は4章で論じた）。データファイルが小さければ、単に各変数を整列化して、最大値と最小値を見ればよい。第3の選択肢としては、Excelを使っているなら、データフィルタオプションを用いて、ある変数の全値を同定するやり方がある。典型的な問題は、範囲外の値データ（150歳の人）、不正値（正しい回答が0か1かという質問に3が回答されている）、不釣り合いなパターン（新生児が大学卒業生となっている）などを探し出すことである。ファイルが正しく転送されたと確認した後で、普通でない値や明らかな間違いを見つけたときには、統計分析を一旦始めるとプログラムは与えられたデータをすべてまともなものと扱うので、その前にこれらの問題をどう扱うかの判断を誰かに下してもらわないといけない。

　分析を始める前の最終段階は、欠損データとそのパターンを調べることだ。最初の目標は、欠損データがどれだけあるかを探すことで、頻度の手続きを使えばよい。次に、複数の変数にまたがる欠損データのパターンを調べる。例えば、データは特定の変数集合でよく欠損しているか、ファイルには、なぜデータが欠けているかの情報（例えば、その人が情報提供を断ったとか、質問が該当しないとか）が含まれているか、もしそうなら、その情報はどのように符号化されているか。最後に、欠損データをどのように処理するか決断しなければならないが、これは本章の後の部分で扱う。

17.7　文字列および数値データ

　ほとんどの電子データ処理と統計分析システムとの相違点の1つは、私の見る限り、**文字列**（string）変数と数値変数（ただし、これらの概念には異なる呼び名もある）との相違である。文字列変数（**文字**（character）変数や英数字（alphanumeric）変数とも呼ばれる）に格納される値は、文字、数字、空白、#のような記号を指す（システムによって許される文字は異なる）。文字列変数は、符号値の列として格納され、よく使われる符号系はUnicodeとASCII（拡張情報交換用米国標準コードAmerican Standard Code for Information Interchangeの略）

である†。文字列変数は、それぞれが特定の位置を占める文字符号の列として格納されるので、文字の位置を参照する手続きが可能となる。例えば、多くのプログラミングシステムにおいて、文字列変数の最初の3文字を選んだり、それを新しい文字列変数に格納することが許される。

数値変数は、それらの値を記述するのに使われた文字ではなく値で格納される。それらは、文字列変数ではできないが、加減算のような数学や統計の手続きで使用される。システムによっては、数値変数に、小数点、コンマ、ドル記号などが使える。気を付けなければいけないのは、先頭にゼロのある文字列変数（0003）は、数値変数に変換されると頭のゼロがなくなる（3）ことである。

数値変数を格納する方式も、値を格納するときの精度も、プラットフォームやシステムによって異なる。システムをまたがって電子ファイルを転送するときに、変数型が変わってしまったり、最初のシステムでは正しく読み込めた値が、次のシステムでは欠損値として符号化されてしまうことに注意しなければならない。これは、ファイルごとに扱わなければならない問題であり、例えば、ExcelからSPSSにファイル転送するときの問題は、AccessからSASに転送するときの問題とは、また違っていることがある。

17.8　欠損データ

欠損（missing）データは、データ分析でよくある問題だ。しかし、欠損データがありふれているにも関わらず、この問題を扱う簡単な解があるとは限らない。むしろ、さまざまな手続きややり方があり、分析者は、どの方式を採用し、どれだけの資源をこの欠損データの問題専用に割けるかを決定しなければならない。本節の議論は、欠損データに関する主要概念を紹介して、実用的な対処法を示唆するに留まる。より詳細な学問的議論は、付録Cにある LittleとRubinによる古典的な教科書「Statistical Analysis with Missing Data（Wiley）」を読むとよい。

データの欠損には多くの理由があり、データ集合の中にその理由が記録されていると役に立つ。プログラムによっては、問題の変数には真の値として用いることができない負数を使ってなど、欠損データの種類を区別するために特別なデータを符号として用いることが許されることがある。調査に応じた個人によっては、特定の質問への応えを拒否したり、要求された情報を持っていなかったり、質問が単に該当しないといったことがある。この3種類の反応に異なる符号（例えば、-7、-8、-9）を割り当て、それぞれの意味をコードブックに記録することができる。システムによっては、値ラベルを使って、符号の意味を記録できる。

---

† 訳注：元の記述は若干古くて、Unicodeの代わりに「EBCDIC（拡張二進化十進コード Extended Binary Coded Decimal Interchange Codeの略）」という記述があった。現在EBCDICはメインフレームなど一部に限られるようになっている。

欠損の種類の間に相違を設ける理由は、その情報を用いて分析をさらに進めるためである。特定の質問に答えるのを拒否した人は、その質問への回答を知らない人と比べて性別や年齢で違いがあるかどうか調べたいと思うかもしれないからだ。

欠損データには2つの大きな問題がある。分析に使えるケースの個数を減らすので、統計能力（データにおける真の相違を探す能力。15章で論じた）を減じるだけでなく、データにバイアスを導入する危険がある。最初の点は、すべてが等しいなら、ケースの個数が増えるとともに統計能力が増えるという事実に根ざし、ケースの損失が能力損失に結びつく。第2の点の説明には、欠損データ理論を見ていく必要がある。

欠損データは伝統的に、次の3種類に分類されてきた。完全ランダム欠損（MCAR）、ランダム欠損（MAR）、無視不可。MCARは、データの一部が欠損しているという事実が、その値自身やデータ集合中の他の値に関係しないということを意味する。これは、完全なケースがデータ集合全体からの無作為抽出と考えられるので、最も扱いやすい欠損データの部類となる。残念ながら、実際には、MCARデータは減多に生じない。MARデータは、データの欠損部分が自分自身の値には関係しないが、分析の他の変数の値に関係するものだ。家計収入に関する調査項目が完全になっていないのは、個人の教育レベルに関係する可能性がある。無視不可は、欠損そのものがその値に関係するデータを指す。例えば、太り過ぎの人は、体重についてのデータ提供を断るかもしれず、世間から蔑まれる職業の人は、職業調査に答えない可能性がある。

この議論は実際的ではないかもしれないが、欠損という定義からそもそも、欠損しているデータの値を知らずに、欠損データの種類がどうやってわかるのだろうか。答えは、調査した対象についての知識とこの分野における経験から判断するしかないということだ。なぜなら、普通の統計分析手法は、完全でバイアスのないデータがあるものと仮定しているので、データ集合に多数の欠損データがある場合、自分（あるいは、責任者）は、どうするかを決定しなければならないのだ。次に示すような解を実装するには、統計コンサルタントに相談したり、欠損データを扱うよう特別に設計されたソフトウェアを使う必要があるかもしれないので、そのような専門家やソフトウェアがあるかどうか、また、そのための予算が確保できるかどうかが決定に絡むこともあるだろう。可能な解を次に示す。最も望ましいのは解1だが、これはいつも可能とは限らず（試してみても成功するとは限らない）。解3は、ほとんどの状況で次に望ましい。解5と7とは、統計的見地からは妥当なことはほとんどないが、実際に使われることがある。

1. 情報源をさらに当たって欠損データを集めるように努力して、欠損データをなくすことにより問題を解決する。
2. 古典的な繰り返し測定モデルではなくマルチレベルを用いるなど、別の分析設計を

考える。
3. SPSS MVAモジュールにあるような最尤法を用いて欠損データを補う、あるいは、SAS PROC MIのようなプログラムの多重配分機能を用いて欠損データのための分布を生成する。配分プロセスは、データ中に存在する値を用いて、欠損データのための代わりの値を生成し、完全なデータ集合を作る。
4. 欠損データを置き換える配分値だけでなく、データが欠損していることを示すダミー (0, 1) 変数を分析に含める。
5. 分析から多量の欠損値を含むケースや変数を除く（これは、問題が、分析の中心ではない少数のケースおよびまたは変数に限られており、データがMCARでなければバイアスを導入しかねない場合にのみ妥当である）。
6. 利用可能な値を使って欠損値を配分する条件付き配分を用いる（偏差の過小評価につながるので推薦できない）。
7. 欠損値に人口平均を使うような、単純配分を使って値を置き換える（ほとんど常に偏差の極端な過小評価につながるので推薦できない）。

18章
実験計画

　統計家はしばしば調査研究の実験計画の設計に責任を負うことがある。うまくやるには、調査研究のさまざまな種類について、その強みと弱みをわきまえ、さまざまな種類の質問を調べる実験計画についての知識を取り出せるようでなければならない。専門分野の習慣や実務についてもよく知っていて、特定の種類のデータ獲得や質問に答えるために一般にどのような研究が行われているかがわかっていなければならない。研究計画(research design)[†]は、1つの章で扱うには手に余る大きなテーマなので、本章では、調査研究計画の主要な問題点を紹介し、最もよく使われる種類の設計について論じる。典型的な研究計画には、研究者がその理想としてやりたいことと、実際にやれることとの間で折り合いを付けることが含まれ、設計の選択と実行においては、研究課題については何が最も重要であり、関連分野の調査において伝統的かつ標準的な実務がどうなっているかを指針とすることが望まれる。完全に制御される（操作可能な実験であるか、研究に関わるすべての因子が制御されるという意味）と同時に完全に自然な（計測されるものが実際の自然な環境においてもそうなっているという意味）研究を行いたいとみな熱望するものだ。しかし、制御と自然とは互いに競い合う関係にあり、どちらをどの程度に強調するのがよいかの判断を学ぶことは、有能な研究計画者となるために欠かせない。このような決定に影響するものに、調査研究の目的がある。例えば、科学において普通のことだが、現象に対する原因を特定することか、ビジネスや技術調査では普通だが、かかる費用と労力を最小にしながら、成果を最適化しようとすることなのかだ。実務上並びに倫理上の考慮も必要となる。設計した研究は、単に実行不能であったり、費用がかかりすぎたり、倫理規定に抵触することがあり得る。さらに、研究者は、調査研究の倫理綱領に関する科学的な標準だけでなく、コミュニティの規定をも考慮しなければならない。

[†] 訳注：一般に、**実験計画法**（design of experiments（DOE）、experimental design）とも呼ばれるのだが、その範囲は、本章で述べる Controlled Experiment に限られることが多いので、本章では、あえて原書の直訳を用いた。

18.1 基本用語

研究計画は、**実験的**（experimental）、**準実験的**（quasi-experimental）、**観察的**（observational）の3種類に分かれる。実験的な研究計画では、対象がランダムにグループまたはカテゴリに割り当てられる。古典的な例は、医薬品の無作為対照試験（Randomized Controlled Trial、RCT）で、被験者はランダムに実験群と対照群とに割り当てられ、何らかの治療を受けて、結果が両群で集められる。この対照実験（controlled experiment）は、研究結果から結論を導くという点に関して、研究計画の中では最も強力だと考えられている（人によっては、対照実験の結果を証拠の黄金律と呼ぶ）が、この種の実験を行うことが常に可能なわけでもなければ、常に実際的というわけでもない。次に強力なのは、準実験的なもので、対照・比較群が使われるのだが、対象はランダムに割り当てられるのではない。観察的研究では、研究者がグループ分けや扱いについて何らの仮定も置かず、実社会に存在する各種要因間の関係や結果をそのまま観察する。実験的な研究計画が、（1章で論じた）**系統誤差**（systematic error）やバイアスを最小化できるので好まれるが、準実験的なものや観察的なものも、自然なプロセスに対する実験的な介入が最小になるという利点がある。これは、人間を被験者とする場合に、人間の振る舞いが状況に対して高度に依存し、観察されているとわかっている実験室での挙動が、日常生活での挙動と全く異なることから重要になる。どの種の設計を用いるかという決定は、繰り返しになるが、研究において何が最も重要であり、実務的倫理的観点から何が可能かということに依存する。

要因（factor）とは、研究計画における独立変数（説明変数、予測変数 predictor variable とも言う）、すなわち、研究計画において、従属変数（成果変数 outcome variable）の値に影響を与えると信じられる変数である。実験設計では、要因が複数あることも多い。小児肥満症を研究しているとすれば、要因には、親の肥満、貧困、ダイエット、身体活動水準、性別、年齢などが含まれるだろう。1つ以上の要因を含む研究計画を、**要因計画**（factorial design）と呼ぶ研究者もいるが、この用語を出現する要因のすべての可能な組合せの研究、それは、**完全直交計画**（fully crossed design）や**完全要因計画**（fully factorial design）とも呼ばれる、に対してのみ用いる研究者もいる。個別変数だけの影響（主効果、main effect）を調べたい場合もあれば、絡み合った影響（交互作用効果、interaction effect）を調べたい場合もある。小児肥満にダイエットが重要な役割を果たす（主効果）と信じていても、その効果は、研究対象が男子か女子かで異なる（交互作用効果）という場合もあり得る。

調査研究は、事象が生じたときとそれについての情報が研究のために集められたときとの関係についても分類できる。**予測調査**（prospective study）においては、将来への調査の開始時点でデータが集められる。調査への参加時点や出生年など出発点を共有するグループは、**コホート**（cohort）と呼ばれ、**前向きコホート研究**（prospective cohort study）では、そのグループの人たち（あるいは、他の対象）を時間経過に沿って情報を集めて分析する。対照

的に、**遡及研究**（retrospective study）では、調査開始以前に起こった事象についての情報を収集する。

　データの種類に関して言えば、研究者は、1次（primary）データと2次（secondary）データとを区別することが多い。1次データは、特定の研究プロジェクトのために収集分析されるが、2次データは、ある目的のために集められたのに、後で別の目的のために分析される。両者の間にはトレードオフの関係があり、片一方しか扱わない研究者もいれば、両方扱う人もいる。1次データの最大の利点は、その専用性にある。後の分析も考えて、プロジェクトで収集されたのだから、その研究プロジェクトの要求に応えるものであるし、さらに、1次データを分析する人は、それがいつどのようにして集められたかについて詳しいものだ。欠点としては、データ収集が高価なために、研究者単独あるいはチームで集めたデータの範囲が限定されることがある。2次データの最大の利点は、この範囲が広いことだ。2次データ集合は、政府機関や（シカゴにある）全米世論調査センター（National Opinion Research Center）などの主要研究機関によることが多いので、範囲が国全体とか国際的で、複数年にわたって集められるという、個人の研究者では夢見るしかない幅の広さを実現する。欠点は、データをそのまま使うしかなく、研究目的には正確にはそぐわず、使えるデータに制限があることだ（例えば、個人情報保護の観点からは、個人に関するデータは扱えないなどの意味である）。

　最後に、調査研究の分析単位を考える。分析単位（17章で詳しく論じた）は、調査研究でまず焦点を当てるところだ。人間に関する調査なら、分析単位は個人であることが多いが、学校、工場、国家といったより大きな単位のメンバーのグループや母集団そのものを分析単位にすることもある。分析単位が個人の集まりではなく母集団全体の場合、**生態調査**（ecological studies）と言う。生態調査は、研究の可能領域（高脂肪ダイエットと心臓病の関係など）を探すのに有用で、一般に2次データに頼るので比較的安価だが、生態研究の結論は、**生態学的錯誤**（ecological fallacy）に陥りやすいので、気を付けて解釈しなければならない。生態学的錯誤とは、あるレベルでの集約（例えば、国）で存在する関係が、他のレベル（例えば、個人）でも成り立つと信じることを指す。実際には、ある分析単位での関係の強さや方向は、別の分析単位で同じデータを使った分析では、全く異なることがある。付録CのW. S. Robinsonの古典的論文は、米国におけるさまざまな地理的集約による、人種と読み書き能力との関係を分析して、生態学的錯誤を示している。

クック・キャンベル記法

クック（Thomas D. Cook）とキャンベル（Donald T. Campbell）は、研究計画分野の多くの研究者がそのまま、あるいは修正して使っている表記法、クック・キャンベル記法を開発した。この表記法では、Oを観察（データの集まり）、Xを介入、Rをランダム化、破線をランダム化を施さないグループ、添字を観察または介入の次数に用いる。この記法では、実験群と対照群からなる無作為抽出予備試験事後研究計画は、図18-1のように表される。

$$R \quad O_1 \quad X \quad O_2$$
$$R \quad O_1 \quad\quad\quad O_2$$

図18-1　無作為抽出予備試験事後研究計画

この表記は、被験者が無作為抽出で、治療群と対照群とに割り当てられ、初期測定は両方のグループについて行われ、治療または介入が治療群には行われるが、対照群には行われず、その後で、測定が再度両方のグループについて行われることを意味する。この種の設計は、医学研究ではよく見られ、実験介入とは、医薬品または他の種類の治療であり、対照群は、この介入を受けるのではなくて、標準的な治療を受けるかもしくは治療をそもそも受けない。後者の場合、**偽薬**（placebo）グループと呼ばれることもある。

対照的に、準実験的予備試験事後研究計画は、図18-2のように表される。

$$O_1 \quad X \quad O_2$$
$$\text{-----------------}$$
$$O_1 \quad\quad\quad O_2$$

図18-2　準実験的予備試験事後研究計画

準実験的設計での相違は、被験者がランダムにグループに割り当てられるわけではないことだ。この種の設計においては、クラスとか学校などという既に存在しているグループが使われ、個人を無作為抽出してグループに割り当てることをしない。介入を受けないグループの方は、**比較**（comparison）群と呼ばれる。

クック・キャンベル記法は単純かつ柔軟なので、いまだによく使われているのも納得できる。また、教育および社会学分野の研究における甘い設計利用について大いに注意を喚起し、設計のよくない調査研究により生成されたデータから結論を引き出そうとする試みでの問題点を指摘した。クック・キャンベルによる妥当性懸念や信頼性懸念のカタログは、複数要因を扱う研究者に警鐘を鳴らして、うまく設計された調査研究に対してすら疑問をぶつけるようにした。クックとキャンベルによる研究計画の古典的な教科書は、William Shadishによって改訂されており、付録Cにも掲載されている。

18.2 観察的調査研究

観察的研究は、一般に、実験研究が不可能な場合、あるいは被験者から自然な環境で情報を集める方が実験環境で可能な制御状態でよりも価値のある場合に行われる。前者の例として、人体の健康に及ぼす喫煙の影響に関する研究を考えてみよう。この調査は、人体の健康に害を及ぼすという喫煙を無作為に割り当てることができないので、観察的研究でしかできない。喫煙を選択した人を観察して、その健康結果を喫煙しない人と比較する。後者の例としては、小学生の破壊的行動（disruptive behavior）[†]が考えられる。そのような破壊的行動は、学校内の何かの出来事がきっかけになると思われるので、研究者は、実験室の環境でよりは、通常の教室の環境で生徒を観察することを選択する。

観察的研究でよく知られているのは、**症例対照研究**（case control design）である。これは、珍しかったり、発病までに長期間かかる病気の医薬研究に用いられる。前向きコホート研究は、このような稀であったり、長期間かかる病気に対しては、膨大な人数のコホートでないと問題になっている疾病の十分な個数を確保できず、その病気の診断をコホートのメンバーに下すまでに20年や30年（あるいはそれ以上）かかるので、実際的な研究計画とならない。症例対照研究は、その病気に罹っている人（症例）から始めて、その病気には罹っていないが症例患者と似たようなところのある人（対照）を集めることによって、このような困難を回避する。一般的に症例対照研究は、症例と対照との差異をもたらす要因特定（ダイエット、職業上の化学薬品暴露、喫煙習慣、処方薬服用など）に焦点を当てて、なぜ症例の人にその病気があり、対照群にはその病気がないかを説明できる、主要因または要因群を発見しようとする。症例対照研究計画は、対照群を含むので、「準実験的」に分類する人もいるが、「準実験的」という用語は、グループを選んで時間経過とともに観察を続ける前向き実験を記述するのに用いられることが多い。

症例対照研究の強みは、症例群と対照群との対応の質の高さに依存する。理想的には、対照群は、病気に罹っていないということを除いては実験群とあらゆる面で似ていることが望ましい。実際問題としては、この対応は、その病気のリスクに関して重要と思われるいくつかの変数について、例えば、年齢、性別、併存症、喫煙習慣などにのみ取られる。この対応を高める最近の手法には、**傾向スコア**（propensity score）の使用があり、これは、ある人が症例群か対照群かの確率を予測するさまざまな因子を用いる。Donald Rubin と Paul Rosenbaum が最初に傾向スコアの使用を提案した。付録Cには彼らがこの方式を提案した論文が含められている。

横断設計（cross-sectional design）は、1回の観察によるもので、よく使われる例には、アンケートやインタビューにより集められたデータの調査がある。この種の設計によって集

[†] 訳注：disruptive behavior disorder 破壊的行動障害というのが普通。

められたデータは、ある特定の瞬間に、調査した個人の状態を捉えるスナップショットのようなものだ。横断研究は、母集団の傾向を追跡するときや、多数の人から多彩な情報を得るためには、非常に役立つものだが、因果関係を確立するには、データに時系列が欠けているために、あまり役立たない。例えば、横断調査において、1週間に何時間テレビを見ているかを質問したと仮定しよう。研究者なら、調査対象の全員のBMI（肥満を測る肥満度指数）を計算して、テレビ視聴習慣と肥満との関連（association）を検討することができる。しかし、この研究者は、テレビの見過ぎが肥満につながると言う結論は、データが時間軸上の一点で集められたために出せない。言い換えると、データから、肥満している人の平均テレビ視聴時間が痩せている人のより長いからといって、たくさんテレビを見たから肥満になったとも、まず肥満になり、活動が難しくなってテレビを見るようになったのか、どちらとも言えないということだ。

　コホート研究も観察的である。好例は、有名な、フラミンガム心疾患研究（Framingham Heart Study）で、米国マサチューセッツ州フラミンガムに住む5000人以上の男性のコホートで1948年に心臓血管病に関する要因を明らかにすることを目的として始められた。調査対象者は、30歳から62歳で、調査開始時点で心臓血管病のない人たちで、2年ごとに、研究者が、実験室での検査、体力試験、医療記録というデータを集める。研究は今も続けられ、もともとの参加者の配偶者、子供、孫を含めた2つのコホート研究まで始められている。フレーミンハム心疾患研究（http://www.framinghamheartstudy.org/）は、心臓病に対する主要リスク要因（高血圧、喫煙、肥満、運動不足）や心臓病と年齢、血中中性脂肪濃度、社会心理学要因などの要因との関係などを明らかにした。

　観察的研究への主たる批判は、個別の変動要因のために、効果を分離することが、不可能でなくとも困難だというものである。例えば、観察的研究で、ワインを嗜むことが禁酒することよりも健康程度が高いと示されたとしても、この効果がワイン摂取そのものから来ているのか、ワインを飲む人の他の要因特性から来ているのかを知ることは、まず不可能である。おそらく、ワイン愛好家は、全く飲まない人よりもよい食事をしていたり、健康状態が優れているので、ワインを飲むことができているのだ（例えば、病気で治療中ならアルコールを摂取できない）。このように、他の理由による説明をなくすために、研究者は、主に対象とする要因以外にも、統計モデルとして余分な要因を含めてさまざまな要因を持つデータを集めることが多い。そのような変動要因は、結果でもなければ興味のある主たる予測因子でもないが、**制御変数**（control variables）と呼ばれる。それらが、方程式の中で、結果に対する影響を制御するために含まれているからである。年齢、性別、社会的経済的地位、人種/民族などの変数が、医療や社会科学研究で含められていることが多い。それらは、研究対象変数ではないが、研究者が、これらの制御変数の影響を考慮した後で、結果に対する主要予測変数の効果を調べたいので含められている。しかし、事実の後でのこのような修正は常に不

完全となる。それは、結果に対して影響を及ぼすすべての変数を知ることが不可能であり、集められるデータの量、分析に含められるデータの量には実際上の制限があるからだ。

観察的研究は、一般に、統計的推測という点では弱いと見なされているが、1つの重要な特性、すなわち、（人の振る舞いのような）応答変数が、自然な環境で観察され、**生態学的妥当性**（ecological validity）を強化する、あるいは、観察されていることが、実験パラダイムのように狭義に定義され、人工的に制約されるわけにはいかないことがある。さらに踏み込めば、観察的研究の中には、研究者が研究している活動に関与し始める、参加者観察手法を用いるものもある。この参加が、実際の参加者から隠されていると、欺瞞行為にまつわる倫理的問題が生じるので、実験上の手続きによって不注意にも危害が生じないように研究そのものに安全策が施されていなければならない。

18.3　準実験的研究

準実験的研究は、対照群、比較群を用いるという点では実験的研究と同じなのだが、参加者がそのグループに無作為抽出で割り当てられていないという点で異なる。準実験的設計は、フィールド研究（データが、実験室など、明らかに実験的な設定ではなくて、自然な設定のもとで集められる研究）で用いられることが多く、教育および社会科学的研究で、実験的な設定が実際的でないような状況のもとで一般的である。例えば、数学を教える新しい方式の効果を研究したいという場合に、今ある教室を使って新しい方式を使い、他の教室で従来の手法を使ったとして、学年の終わりに、2つの教室での生徒の達成度を比較する。これは、生徒がその措置群（新手法）と対照群（従来手法）とにランダムに割り当てられていないので、実験的設定ではない。しかし、学校という環境では、真に実験的設定は実際的ではなく、その代わりに、実験的な措置（新しい教授手法）を受けた生徒達に対する対照群として、同等の生徒のグループを選ぶことは、妥協解であり、比較群がないよりはよい。

準実験的設計の有用性は、便宜上しばしば使われる、より脆弱な設計と比較すると明白になるだろう。本節では、クックとキャンベルが開発した記法と用語を用いる（438ページの囲み記事「クック・キャンベル記法」と付録CのShadishらの文献参照）。これは研究計画で広く用いられている。弱点があるもののよく使われている設計として、1グループ事後試験のみの設計、事後試験のみ非等価群設計、1グループ事前試験事後試験設計の3つがある。クックとキャンベルが記しているように、これらの設計に基づいた結果には、主要な関心要因以外に多くの理由が絡むので、いかなる結論を引き出すのにも困難が伴う。

事後試験のみの設計（posttest only design）では、図18-3 に示すように、その処置を受けるグループで実験的な取り扱いがなされてデータが集められる。

```
                        X  O
```

図18-3　1グループ事後試験のみの設計

　この設計は見るからに単純だ。単一のグループに介入を行い、メンバーを1回だけ観察する。その介入の前に実験群の状態について他の情報源からしかるべき情報が得られれば有用であり、後の研究のためのより強力な設計を作成するのに利用できる記述情報を収集する極めて初期の研究段階に用いることができる。しかし、この文脈情報を欠くと、この設計は、「ある試行をして計測しました」という以上のことがほとんどない。全くその通りなのだが、結果として得られたデータの価値はどうだろうか。この設計から因果的推測を引き出すことを正当化することは、不可能とは言わないまでも難しい。理由は、その介入以外にもあまりに多くの要因が観察結果に責任を持ちうるからだ。介入する前に、グループの正確な状態を把握しないことには、どのようにしてメンバーの状態が変わったかについては何を言うのも困難だし、対照群なしには、その変化が介入によるものだということもできない。他に可能な説明としては、偶然によるもの、研究以外の出来事の影響、成熟（通常の成長プロセス、この原因は、子供や青年の研究には特に関係する）、さらには、研究の対象になったということ自体の効果等がある。

　事後試験のみ非等価群設計（posttest-only non-equivalent groups design）は、1グループ事後試験のみの設計を1つ改善して、介入は受けないが実験群と同じ時期に測定もしくは観察される対照群を、図18-4のように加えている。

```
                        X  O
                        -----
                           O
```

図18-4　非等価群事後試験のみの設計

　この設計は、介入措置を執行する前に、2グループの状態について他の情報源からの情報が得られれば、有用な予備記述データを提供し、比較群の使用（理想的には、同じ学校内の同様なクラスのように、実験群に対してできる限り類似したグループ）によって、測定がしかるべき文脈に置かれるために役立つ情報も提供する。比較群からの情報は、成熟（2グループは同じ年齢で、計測されることについてほぼ同等の経験を有すると仮定して）などの他の説明を排除するのにも役立つ。しかし、実験群と比較群との間で観察された差異は、2つのグループ間で最初からあった差異で、介入措置によるものではないということも可能であり、

ランダムな割り当てがなされていないのと事前試験情報が欠落しているために、両群間に観察されるいかなる差異に対してもこの説明を排除することが難しい。

1グループ事前試験事後試験設計（one-group pretest-posttest design）は、1グループしか使わないが、介入措置の前に観察（事前試験）を図18-5のように加えている。

$$O_1 \quad X \quad O_2$$

図18-5　1グループ事前試験事後試験設計

　介入措置の前に実験群の情報を集めることは確かに有益だが、この種の設計で、収集したデータから因果推論を行うのはやはり不可能だ。理由は、観察結果に対してあまりにも多くの説明が可能なことによる。成熟や外部事象による影響といった明白な事柄の他に、**統計的回帰**（statistical regression、**平均回帰**（regression to the mean）とも呼ぶ）をこの種の設計では、特に実験群が研究目的に関わる測定値が高いか低いかの理由により選ばれた場合などは、常に考慮する必要がある。読解の試験が悪かった（事前試験）子供のグループに対して、読解の補習を行い（介入）、再度読解の試験をした（事後試験）ものとしよう。事後試験で事前試験よりもよい成績が得られたかもしれないが、この変化を介入による影響であるとするのには、あらゆる測定に偶然誤差（16章で詳しく論じた）が付きまとうので、この研究計画では支持できない論理の飛躍がある。例えば、この仮定した研究の生徒はみな、読解については本当に能力があるのだが、読解能力の測定（読解試験の得点）においては、測定誤差があったものだから、実際の能力を反映した真の得点よりも高いあるいは低い観察得点になった可能性がある。したがってある読解試験で点の低かった生徒が、読解能力のレベルそのものは全く変わっていないにも関わらず、単純に測定誤差のために、次の試験では高得点を出す可能性がある。研究群が、極端な得点（例えば、読解試験で点数の低かった子供）で選ばれている場合には、平均回帰によって2回めの試験ではより高得点を示す可能性が増す。

　クックとキャンベルは、これらの3種類よりも好ましい多くの準実験的設計を示している（この話題については、付録CのShadish, Cook, and Campbellの本を参照）。どれも、無作為抽出による割り当てが可能でない場合に、状況制御を改善する試みを示している。単純な例に、**図18-6**に示した、比較群を持つ**事前試験事後試験設計**（pretest-posttest design with comparison group）がある。

$$O_1 \quad X \quad O_2$$
$$\overline{}$$
$$O_1 \quad\quad O_2$$

図 18-6　比較群を持つ事前試験事後試験設計

　この設計では、実験群に類似の比較群が選ばれるのだが、被験者は無作為抽出で割り当てられるのではなくて、ほとんどの場合に、既に存在するグループが使われる。測定は両方のグループで行われ、介入措置は実験群に対して行われ、再度、両方のグループで測定が行われる。この設計の問題点は、ランダム割り当てではないために、実験群と比較群とが本当の意味で、比較可能になっていない可能性があることだ。両方のグループで行う事前試験が、役に立つと言っても、この困難を完全に克服するには至らない。他の問題点には、どのようなものであれ、単に介入を受けるということが結果に変化をもたらすという事実がある（そのために、対照群は結果に影響しないと信じられる別の介入措置を受けることがある）。そして、2グループが実験的文脈の外で、異なる経験をしていることがある。異なる教室には、異なる教師がいる。異なる町には、異なる経済状況がある、などだ。

　図 18-7 と図 18-8 に示す**施策時系列**（interrupted time series）は、比較群を含む場合と含まない場合とがある準実験的設計の一種である。

$$O_1 \quad O_2 \quad O_3 \quad O_4 \quad O_5 \quad X \quad O_6 \quad O_7 \quad O_8 \quad O_9$$
$$\overline{}$$
$$O_1 \quad O_2 \quad O_3 \quad O_4 \quad O_5 \quad\quad O_6 \quad O_7 \quad O_8 \quad O_9$$

図 18-7　比較群を持つ（施策）時系列

$$O_1 \quad O_2 \quad O_3 \quad O_4 \quad O_5 \quad X \quad O_6 \quad O_7 \quad O_8 \quad O_9$$

図 18-8　（施策）時系列（比較群を持たない）

　観察回数は研究ごとに異なる可能性があるが、基本的な考えは、一連の測定をある時間幅で記録し、介入措置を行い、さらにある期間一連の測定を記録することである。この設計は、多数のグループからなる人たちに影響する、運転者にシートベルト着用を義務付ける法案通過や、家庭ごみに対する料金値上げなどといった、法律施策や社会施策の効果を判断するのに用いられることが多い。介入措置の前に、基本水準を設定するため一定期間複数の測定が

行われ、介入後には同様に新たな基準を設けるための測定が行われる。複数の測定は、現象の自然な変動を制御するために必要となる。例えば、たとえ法律に一切の変更がなくとも、交通事故件数は月ごとに変わる。理想的には、基準線は、ある値の付近で安定するはずであり、介入後の測定においても値は異なるが、期待した方向に安定するはずだ。この設計での比較群の追加は、結果に影響を与えかねない非介入事象の制御に役立つので、研究者が結論を引き出す能力を強化する（環境保護キャンペーンは、ごみ収集料金の値上げの効果とは独立に、人に影響を及ぼして、リサイクルや堆肥化作業を促進するかもしれない）。

ある州で、交通事故死に対する懸念が高まり、高速道路の制限時速を下げると、交通事故死が少なくなるだろうと信じた決定をしたと仮定しよう。速度制限の強化は、その州で車を運転するすべての人に影響するので、対照群は存在し得ない。その代わりに、同じような人口構成の隣の州の交通事故死比率が比較群の役割を果たす。この研究のデータを、図18-9に示す。

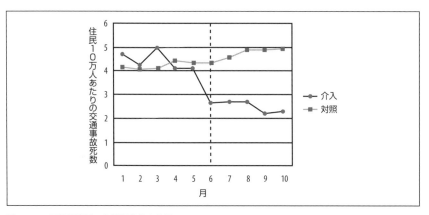

図18-9　交通事故死への制限速度の効果

黒い線が、介入措置を行った州の交通事故死数を表し、灰色の線が比較する州での交通事故死数を表す。垂直な点線は、介入（新たな速度制限）が行われたときを示す。ご覧の通り、介入の5ヶ月前までは、2つの州は似たような交通事故死比率を示していた。そして、介入措置した州では、交通事故死が減って、この法律が交通事故死を減らすのに効果があると期待された通り、新たな低い水準で安定した。比較群の州では、そのような変化は見られず（実際、事故死率はわずかに上がっている）、他の影響よりも、この法律が、観察された交通事故死の減少に責任を持つという考えを支持する。もちろん、この変化が有意なものかどうかという統計的な検討も行うだろうが、グラフから、介入が望ましい方向に効果を持っているこ

とがわかる。

スポーツ・イラストレイテッドのジンクスは本物か

スポーツ・イラストレイテッドのジンクスを聞いたことがあるだろう。週刊誌スポーツ・イラストレイテッド（SI）の表紙を飾る運動選手は、そのスポーツ分野で成績が振るわなくなったり、他の不幸に見舞われるように呪われるというのだ。ジンクスの信者は、その裏付けとなる多くの事例を挙げることができる。その時代の最も偉大なプレイヤー、ゴルファーのベン・ホーガンは、1949年1月10日号の表紙に登場したが、2、3週後自動車事故でキャリアを失いかねない大怪我をした。ベラルーシの体操選手イワン・イワノフは、2000年9月のSIで世界最高の体操選手として表紙を飾り、直後の2000年夏のオリンピックで、メダルを獲得できなかった。

誰もが、逸話は証拠と同じではないことを承知している。そこで、3人のSI投稿者が、約2000のSIの表紙に登場した運動選手の運命について、腰を据えて調べることにした。結論はこうだ。表紙に出た3分の1以上（37.2%）が登場して間もなく、個人またはチームの不振ということから、大怪我や死というものを含めて定義される不幸に見舞われた。もちろん、この結果の統計的有意性を調べるには、運動選手各々の生涯を通しての不幸の頻度を含めて、もっと多くの情報が要る。そのようなデータを集めるのは、不可能とは言わないまでも非常に時間がかかるので、おそらくケリが付くことはないだろう。

しかし、より単純な説明が手近にある。**平均回帰**（regression to the mean）だ。SIの表紙に選ばれた運動選手は通常、その分野のその時期に最高の成績を出している選手だ。誰でも、成績が変動するものだから、彼らの成績がずっとその高水準を保たないだろうとは理解できる。迷信深い人には、この成績不振は、自然変動としてよりはジンクスとして理解されやすい。このテーマについてもっと知りたければ、付録CのAlexander Wolffとその同僚による論文を読むとよい。

18.4　実験研究

実験研究は、因果推論に関して最も強力な証拠を提供する。それは、よく設計された実験なら、変動の多くの源の影響を制御もしくは排除できて、観察された効果が他の原因よりも、実験的介入措置によるものだと宣言して満足できるからだ。実験研究には3つの要素があり、設計の構成は非常に単純なものから非常に複雑なものにまでわたる。

実験単位（experimental units）
　検討対象。人間に関する場合、単位は参加者と呼ばれ、実験プロセスに積極的に関わる。

措置（treatments）
　実験設定において各単位に施される介入。

応答（responses）
　措置が行われた後、集められたデータで、措置の効果を評価する基盤をなす。

　研究の焦点となる措置の他に、他の変数も持ち込まれて応答に影響している場合もあるだろう。そのうちのいくつかは、実験対象の特性である。人間の被験者の場合は、年齢や性別といった特性が含まれる。これらの特性には、研究者が関心を持つかもしれないし（仮説として、措置が女性よりも男性においてより多く成功するなど）、あるいは、それらは、単に、措置と応答との関係をぼやかしてしまう確率変数（nuisance variables）または制御変数（control variables）かもしれない。確率変数や制御変数については、応答変数に対する影響を中和したいが、普通、これは、重要な確率変数や制御変数について近似的に等しい表現を実験群と対照群の両方に持つことによってなされる。通常は、無作為抽出での割り当てにより、性別や年齢のような特性の分布を近似的に両グループで等しくする。これで十分でないときは、後で述べるように、マッチングやブロッキングの手続きを使うことができる。

　実験的設計によっては、比較が、各単位の措置前の基準線（baseline）測定と措置後の測定との間で行われることがある（事前試験事後試験応答とも呼ばれる）。この種の設計は、**被験者内**（within-subjects）設計とも呼ばれ、測定がその単位についてのみ行われ、参加者が自分自身に対する対照群として振る舞うので、高度の実験制御が可能となる。6章で論じられた適合対 t 試験の例が、被験者内設計の例となる。**被験者間**（between-subjects）設計では、異なる被験者間で行われ、しばしば、被験者相互は、1つ以上の特性が適合して、対照群および実験群の対象に対する措置の面倒が最も少ない比較を保証する。

18.4.1　よい設計の構成要素

　実験の目標は、実験的措置の結果を決定することである。これは、措置群と対照群のメンバーの応答値の差異を測ることで行われる。実験単位を措置と制御のそれぞれに割り当てるためによい手続きの使用が重要となる。実際、単位割り当て手法こそが、観察的研究と実験研究とを分かつ基本的な差異となる。実験設計の主要目標は、収集データにおいて系統誤差やバイアスを最小化、できればなくすことにある。

　倫理的および資源的考慮も含めた多くの理由により、収集されるデータ量は、研究課題に答えるのに、最小限度十分なのが望ましい。（16章で論じた）効果的なサンプリングと**検出力計算**（power calculations）の使用により、実験単位の最小個数が実験そのものによって決まり、最小の費用と努力で結果が得られることが保証される。

　効果的な研究計画は、後の分析をはるかに容易にする。例えば、観察が欠落しないように実験を設計するなら、欠落データの符号化についても、その後で起こる結果の解釈の制限（この話題については、17章で検討した）についても、ランダムでない欠落データに伴うバイア

スの問題を含めて、心配する必要はない。

　統計理論は、多くの高度な種類の設計が数学的に可能になるほど柔軟性を持っているが、実際には、ほとんどの統計が（ということは設計が）**一般線形モデル**（general linear model）の要求に従って構造化されている。これは、相関や回帰といった多くの技法がこのモデルに基づいているために、分析を単純化する。しかし、一般線形モデルを正しく使うためには、釣り合いや直交性などを含めたいくつかの重要な要因を心に留めながら実験を設計せねばならない。

　釣り合い（balance）は、措置が各実験ブロックの中で等数になるよう管理することを意味する。同じ頻度でもよい。釣り合いの取れた設計は、同じ数の被験者に対する釣り合いの取れない設計よりも強力だ。釣り合いの取れない設計は、対象の割り当てプロセスにおいても失敗する可能性がある。グループ割り当てのランダム化、盲検法、バイアス同定は、すべて釣り合いが取れていることを保証するための機構だ。これらについては、本章の後半で論じる。

　直交性（orthogonality）は、異なる措置の効果が互いに干渉することなく独立に推定できることを意味する。例えば、実験に2つの措置があり、実験単位に対するそれらの効果を測定する統計モデルを構築した場合、モデルからどちらの措置も取り除けて、残る措置について同じ答えが出るようにすべきだ。

　このどれもが、最初感じたほどには複雑ではないし、要因設計に関するよく知られた処理法やテンプレートに従うならば、もっと特別な例外的ケースについても心配する必要はないだろう。

18.5　実験データの収集

　さて、実験を行いたいが、どこから手を付ければよいだろうか。本節では、研究プロセスの一般的な概要を、行う必要のある順序で示すが、計画においては、計画している実験が、その分野で通常どのようにやられているかということを調べて考慮しておくのが望ましい。言い換えると、巨人の肩に乗ることだ[†]。科学分野で実験を行うのなら、その分野における専門誌に掲載された論文を読んで、これから行う実験と分析とが、その分野で他の人がしていることと矛盾しないことを確認するのがよい。査読のピアレビューのプロセスは、欠陥がないわけでもないが、論文で使われる方法論が、少なくとも2人の専門家の点検を経たことを保証する。アドバイザーやスーパーバイザーがいるなら、助言を求めるべきだろう。車輪の

[†] 訳注：原文は、Stand on the shoulders of giants。ニュートンの言葉（実際には、If I have seen further it is by standing on ye shoulders of Giants.）として有名だが、既にその当時、人口に膾炙していた格言だったらしく、初出は、12世紀のシャルトルのベルナールにまで遡ると言われる。Wikipedia、「巨人の肩の上」参照。

再発明に意味はない†。産業界や製造現場では、ガイダンスを探すことは困難かもしれないが、企業の技術報告や以前の分析が、たとえ査読がなかったとしても、従来の実例を提供していて役に立つことがあるかもしれない。

それはさておき、実験研究について、変形の数の多さや、都市伝説の類の多さは驚くほどなので、手順を次に示しておこう。

1. 測定したい実験単位を同定する。
2. 行いたい措置と使う予定の制御変数を同定する。
3. 措置の水準を指定する。
4. 実験単位について測定する応答変数を同定する。
5. 措置が応答変数にもたらす効果を予測する検定可能な仮説を生成する。
6. 実験を行う。
7. 結果を分析する。

設計（手順1～5）は、抽象的なレベルで見るとやさしそうだが、各手順の詳細を見ないと、何が実際に含まれているかはわからない。

18.5.1 実験単位を決める

統計は、標本について計算し、標本が抽出された母集団のパラメータを推定するものだということを思い出そう。これらの推定が正しい推定であることを保証するために、ほとんどの統計手続きは、この単位を母集団から無作為抽出で選んだと仮定している（マッチング対設計は、明らかにこの規則の例外になる）。バイアスは、この第1段階で容易に潜り込んでくる可能性があり、環境によっては、バイアスが容易には排除できないこともある。

例えば、心理学における多くの研究調査は、心理学科の学部学生を参加者に使っている。これには2つの目的がある。第一に、授業の一環として、学生はさまざまな実験設計に触れて、実験を行うとはどんなことかを直接体験する。第2に、参加グループに心理学研究者が容易にアクセスできる。ある意味で、被験者のプールとして働く学生の同質性が、参加者がほぼ似通った年齢で、性別ではほぼ二等分され、同じ地域の出身で、文化的な好みもほぼ同じなどという理由から、ある種の制御を可能にしている。しかし、彼らは、一般人口からのランダムな標本ではなく、これによって、データから行える推論に限界が生じるかもしれない。大学生の標本に基づいた研究論文は、人口全体についてよりも、大学生の振る舞いについてより多くを語っており、これが重要な特徴になるかどうかは、行われた研究の種類に依存する。

---

† 訳注：原文は、there's no sense in reinventing the wheel。これもよく知られた格言。Wikipedia「車輪の再発明」に関連事項の紹介がある。

この問題は心理学に限られるものではない。被験者の無作為抽出に対する期待とは裏腹に、実際には、多くの分野で研究者がランダムでない方法で対象者を選んでいる。例えば、医学研究はしばしば、特定の病院の患者や、特定の医院で治療を受けている人について行われて、しかも、結果がより大きな人口に対して一般化されている。生物学的過程は、地理的な事柄に依存しないので、ある患者集団での結果は、同様の患者にも一般化できるというのが、その正当化の理由となっている。自分の専門分野において、標本抽出と標本から得られた結果を一般化することの妥当性に関して、実務上どのようなことが期待され標準となっているかを知ることは、あらゆる研究分野で1つの規則が適用されることはないので、重要だ。

この文脈において、無作為選択とは何を意味するだろうか。ある国のすべての市民がチケットを受け取るくじを想像してみよう。すべてのチケットが大きな箱に入れられて、さまざまな角度で混ぜられる。アシスタントが、箱に手を入れて最初に触ったチケットを取り出すように言われる。この場合、どのチケットも選ばれる機会が等しい。100人を対照群に、100人を実験群に必要な場合、このプロセスで最初の100人を選んで対照群に割り当て、次の100人を措置群に割り当てることができる。もちろん、交互に選んで、最初のチケットを対照群に、次のチケットを措置群に、第3を対照群にというようにすることもできる。サンプリングが本当にランダムなら、この2つの技法は等価である。選択がランダムであるためには、どの個人の割り当ても他のどの個人の選択にも真に独立でなければならないということが重要だ。

標本を選ぶさまざまな手続きについては、3章で詳しく論じた。ここで覚えてほしい要点は、実世界の状況では、母集団からランダムな標本抽出が不可能であったり、適当でないことがしばしばあり、実務上の都合から、(得られた結果からそうできると信じていた) 一般化するために望ましいと思っていたものより小さな母集団からの標本抽出で済まさなければならないことがあるということだ。これは、標本がどこでどのようにして取られたかが明確になっているなら、問題ではない。自分が微生物学者で、病院内のバクテリア検査をすると想像してみよう。直径 $1\mu m$ (マイクロ) の穴のフィルターを使うと、それより小さなバクテリアは観察している母集団には入ってこない。この標本の制限は、研究に系統バイアスをもたらす。しかし、推論を行う母集団とは、径が $1\mu m$ より大きなバクテリアであり、それ以外ではないことをはっきりさせている限り、結果そのものは妥当となる。実際には、標本を取ったのよりも大きな母集団に対して、一般化したい場合がしばしばあり、できるかどうかは、さまざまな要因に依存する。

医学研究や生物学研究においては、基本的な生物学的プロセスがすべての人に共通であるという信念から、標本が取られた母集団をはるかに超える一般化がよく行われる。この理由から、1つの病院の患者で行われた医学研究の結果が、全世界の患者に適用されると想定できる (もちろん、すべての医療結果がそう簡単に一般化できることはない)。記憶しておくべ

きもう1つの要因は、標本の限界を明示的に述べることで、一般知識体系に追加される妥当な結果を生成できるということだ。このような研究の多くが特定分野で行われていることから、結果を一般母集団に一般化することが可能であるかもしれない。例えば、英単語に対する応答時間について試験することが、英語を話す人の知覚および認知処理性能について推論するのに使われるかもしれない。所見を一般化する可能性を増すための追加実験では、ドイツ語を話す人にドイツ語の単語を表示し、フランス語を話す人にはフランス語の単語をというようなことが含まれるかもしれない。実際、このようにして、より一般的な結果が科学において蓄積される。

18.5.2　措置と制御を決める

　措置は、実験効果を示すために行う操作もしくは介入である。医薬品会社が数百万ドルを費やして新たなスマートドラッグを開発したと仮定し、実験室での数年にわたる検査の後、実際に効能があるかどうかを調べたいとしよう。臨床試験の用意を、国全体の電話帳からランダムに名前を選んで、1000人の被験者を選び、年齢、性別、その他の重大な母変数に関して母集団の真に代表的な標本を構成したとする。幸運にも、この治験の参加者募集では100%の成功率を収めた（誰もがよりスマートになりたいから）ので、参加拒否や脱落（どちらも標本にバイアスを混入する危険性がある）を心配する必要がない。すべての参加者は、同じ日に、同一の実験環境（全く同じ場所、気温、照明、椅子、机など）で試験を受けた。朝9時に、参加者はコンピュータによる知能検査を受け、正午に、スマートドラッグの薬包を水で服用し、午後3時に同じ知能検査を受けた。結果は、平均で15%の知能向上だった。会社は有頂天になって、治験結果を株式市場に流し、株価は大幅に上昇した。それはともかく、この実験で行われた措置にはどこに問題があるのか。

　最初に、みんなが同じ場所で同じ実験環境で試験を受けたので、結果を自動的に、他の場所や環境に適用できると仮定することができない。もし試験が行われたときの気温が異なっていたら、結果は変わっていたかもしれない。さらに、試験施設の何かが結果にバイアスを与えているかもしれない、例えば、使われた椅子や机、あるいは建物の酸素濃度が関係しているかもしれないが、これらの複雑な影響を取り除くことは難しい。

　第二に、基準線と実験条件とが常に同じ順序で行われ、同じ試験が二度使われたことは、知能試験で15%増加にほぼ確実に貢献している。参加者が最初に試験を受けたときから、二度目の試験に学習効果があったと仮定するのは、質問が全く同じ（あるいは、同じ一般形式だとしても）ことから、無理のないことだ。

　第三に、プロセス全体に実験制御が行われていないので、研究者が、他の混乱変数が結果に責任のないことを確かめるすべがない。例えば、正午に水を飲む（この実験方式で）ことの生理学的反応から、午後の知的水準が向上したということが起こり得る。

最後に、参加者には、薬を服用したことの期待による偽薬効果によって、試験結果が向上したかもしれない。これは、心理学ではよく知られた現象で、能動物質ではなく効力のないものを投与されるが同様の環境下で試験される、追加対照群を作っておく必要がある。

　設計には、多数のこのような反論ができるが、幸いなことに、実験制御を用いて、設計を強化するよく定義された方式が存在する。例えば、ランダムに選ばれた標本の半分が対照群にランダムに割り当てられ、残りの半分が実験群に割り当てられ、効力のない制御錠剤が対照群に処方され、スマートドラッグが実験群に与えられる。この場合には、試験を二度受ける学習効果や実験に参加する効果が対照群にも推定され、2つのグループ間の性能差異を、措置が適用された後で統計的に決定できる。

　もちろん、実際の医薬品治験においては、研究計画はこれとは全く違ったように構成され、試験は段階を踏んで行われ、各段階ごとに明示的な目標が、広範な服用応答関係から始まって、毒性検査などのように設定され、各段階では、望ましい医療結果をもたらす最適かつ安全な服用量が決まるまで制御も厳しく行われている。参加者は、母集団からの無作為抽出というわけにはまず行かないが、その代わりに、(年齢、健康など)制限事項を満たすことが要求されている。しかし、研究標本を選んだ後で、被験者は一般に措置群と対照群とにランダムに割り当てられる。これは、措置群と対照群とをできるだけ等しくして、バイアスを制御する実験設計における重要な点である。

18.5.3　措置レベルを指定する

　実際には、ある因子が実験結果に影響を与えるか否かを決めることに特に興味が場合もあるだろう。起こりそうな系統誤差さえキャンセルできればそれでよいのかもしれない。設計のバランスをうまく取って、参加者のうち、等しい人数が異なるレベルの措置を試されるようにすれば、この目標は結構満たされる。例えば、スマートドラッグが知性一般を増加させるかどうかを調べたいなら、標本では、男性と女性の参加者が同数になるように、試験時間の拡散も同じになるようにすべきである。しかし、性別や薬の処方時間が薬品治療の性能に影響するのではないかと考えているのなら、これらの変数は、実験因子として明示的に認識され、そのレベルも設計時に指定される必要がある。性別のようなカテゴリ変数では、カテゴリのレベル(男性か女性か)指定はやさしい。しかし、(一日のうちのいつのような)連続変数では、レベルを時間単位にまとめる(その場合には、一日24時間で服用が同じだと仮定して、24レベルがある)か、単に、午前、午後、夕方(3レベル)にまとめるのが容易だろう。研究課題が、レベルの選択と、関心を抱いている実験効果の選択をガイドしてくれる。さもなければ、釣り合いを取り、無作為抽出を使って、バイアス起因の誤差を軽減する。実際、空間時間尺度で拡張したり一般化を可能にする間に、結果の複製を取ることが結果の一般化の可能性を確立する上で重要だ。

措置レベルが決まった後で、研究者は措置とそのレベルとを一般的に正式な要因（factorial）計画として、$A_1(n_1) \times A_2(n_2) \times \ldots A_x(n_x)$、ここで、$A_1 \ldots A_x$ が措置、$n_1 \ldots n_x$ が各措置におけるレベルという形式で参照する。例えば、知性に対する性別と薬の処方時間との影響を決定したいとして、対照群と実験群があるとすれば、3つの措置があって、次のようなレベルになるだろう。

性別：男性 / 女性
時間：午前 / 午後 / 夕方
薬：スマートドラッグ / 偽薬

そして、設計は、SEX (2) × TIME (3) × DRUG (2) のように表記し、2・3・2 設計と読む。この中の主要効果およびこれらの措置の間の交互作用の分析は、分析の節で論じる。

措置か特性か？

自然科学と社会科学との重要な相違点は、**措置**（treatment）という言葉の定義に現れる。「措置」という語は、知性を改善する薬を処方することのような、変形力のあるプロセスを適用する能動的なプロセスを意味する。しかし、社会科学では、措置は、性別のような固定した特性（characteristic）からなることが多い。何の変形も生じないのに、そのような特性を措置とみなしてしかるべきなのだろうか。そのような措置を使う設計は、実験的か、準実験的か、実際には観察的なのか。措置のレベルの間で観察される実験単位の応答の相違がどの特性によるものかという問いにつながるので、措置の間での因果関係を示すという点で、この問題は根本的なものだ。このような理由から、研究者によっては、性別のような特性を独立変数と呼ぶことを好む人がいる。人によっては、結果に影響すると信じられる変数すべてに「独立変数」という用語を使う。突き詰めれば、どのような研究計画でも、そこで行える推論の種類は、このような考慮での制約を受ける。技術的研究では、効果量の推定などのように、実験のより明確な最適化目標は、応答変数の値を最大化する、異なる措置とレベルの組合せと比率を決定することである。

18.5.4 応答変数を指定する

応答変数は明らかなこともあるが、その他の場合、抽象概念からどの程度適切に操作されるかの程度に依存して、1つ以上の応答変数を測定する必要がある。知性がよい例だ。一般人には、抽象概念そのものがはっきりしたものと受け止められているが、知性を直接測ることのできる単一の試験などは存在しない。その代わりに、さまざまなスキル（数値的、分析的など）に対する一般能力のさまざまな測度が、応答変数として測定され、それらを組み合わせてそれら相関応答間の潜在的な構造を表す1つの数値（知能指数、IQ）が形成されている。

(12章で扱った)先進技法は、応答変数をどのように組み合わせて、より少数で(解釈の意味で)より意味のある集合となるよう個数を削減する方法を述べる。

知性のような複雑で問題のある概念を扱う場合に最も安全なやり方は、応答変数を得るのにさまざまな器具を用いて測定し、それらが互いにどの程度合致するかを見ることである。実際、応答変数の相互無矛盾性決定技法は、実験設計検定に重要な役割を果たす。

応答変数には、3つの主要な型、**基本線** (baseline)、**応答** (response)、**中間** (intermediate) がある。前節では、知性の基本線測定が、応答変数(知性)への直接実験効果を推定するのにどう使われるかを見た。中間変数は、措置と応答変数との関係が間接的だが制御可能なときに、その関係を説明するのに用いられる。説明モデルの一部として因果関係を確立したいと考えているなら、明らかに、プロセスに含まれているすべての変数を知っておきたいだろう。

設計によっては、措置と中間変数との違いはそれほど重要ではないかもしれない。例えば、読者が化学者で、水の化学的性質を研究しているなら、分析において、素粒子のレベルではなく、原子核のレベル(陽子、中性子、電子)で研究するのが幸せかもしれない。心理学研究においては、対照的に、特に研究目標が心理学的プロセスがどのように作動するかを記述する場合には、中間変数がもっと多くの注目を浴びる。

非常に複雑な系の場合には、予期せぬ介入(あるいは、観測不能な中間変数)が、特にそのような変数が措置や実験遂行活動に高度に相関があり、観察されている振る舞いを変える場合には、結果に影響する可能性がある。したがって措置が応答の変化に対して特に責任があるという因果的な結論を引き出すのは難しい。もう1つの一般原則は、施された措置と観察された応答との間の遅延が長ければ長いほど、何らかの中間変数が結果に影響を与え、おかしな結論を導く尤度が大きくなることである。例えば、気温、湿度などの季節要因は、農産物の収穫に非常に大きな影響を及ぼすので、研究目的の介入(新種の肥料)よりも大きな影響を保つことがある。

仮説検定対データマイニング

統計的有意水準 $p < 0.05$ が、20回の実験で1回は、第一種過誤であるということを意味することから、モデルや理論に基づいて現象を説明しようとしたり、合致するような実験を構築しようとする研究者には、負荷がかかる。しかし、研究者の中には、多数の応答変数に関する大量のデータを集めて、標本の既知の特性の明示的な措置にこれらを関係づけようとする人たちがいる。大規模なこの試みにおいて、この方式は**データマイニング**と呼ばれる。データマイニングは、2次分析の形式で、しばしば観察によって、もしくは、異なる情報源からのデータを集約することで集められた大量のデータ集合を扱うには信じられないほど役に立つ。最も単純な形式では、データマイニングの目的は、後で、実験設

計構築の基礎を形成するような、多数の変数間の相関を決定することにある。実業界の話としては、データマイニングは、データから観察された関係に基づいて、プロダクションシステムの決定規則を作るのに使われることがある。例えば、金融データベースから、10万ドル以上の年収があり、現住所に3年以上住んでいる銀行の顧客は、住宅ローンで焦げ付くことがないということがわかる。したがって銀行は、現在借り入れがなくてこのような条件を満たす顧客にローンを勧めようと決定するわけだ。しかし、一般的に、何の因果関係も成立していないので、決定規則は本質的に間に合わせでしかない。

データマイニング方式は、伝統的な実験的文脈よりも防御が弱い。仮説を述べてそれらを検定するプロセスを避けるのは、適切だとは考えられない。何か重要なことがわかるのではないかと多くの統計検定を行うことは、魚釣り（結果を求めて釣りをするようなものだから）と呼ばれる。理由は、p値が単一の検定にのみ妥当だからで、同じデータに対する同様のさまざまな検定には妥当でないからである。多重検定を行うと、実験的第一種過誤率が間違いなく単一実験のp値より高くなることが確実だからである（例外は、すべての試験が完全に独立な場合である）。いくつかの統計手続きは、グリーンハウス・ゲイザー修正（Greenhouse Geisser correction）やボンフェローニ修正（Bonferroni correction）を含めて、p値を複数の試験に適合させている。

18.5.5 盲検（blinding）

偽薬効果（placebo effect）については耳にしたことがあるだろう。対照群に割り当てられた実験参加者が、何らかの治療効果を示すものである。この効果は、期待効果（例えば、薬の投与試験では、その既知の効果と危険性とが参加者に開示される）を含めて、さまざまな理由から、さらには、実験における治験割り当て者や応答収集者の振る舞いから導かれるバイアスによっても生じる。例えば、治験割り当て者がその参加者が治療を受けるとわかっていれば、対照群の人に対するよりもその参加者に注意深く接するものだ。同様に、応答収集者（実験でデータを観測し測定する責任者）は、措置群と対照群のメンバーを知っていると影響を受ける可能性がある。

一重－二重－三重盲検法により、これらの誤りの源を適切に扱える。

一重（単、単一）盲検法

参加者は、措置群に割り当てられたのか対照群に割り当てられたのか知らない。

二重盲検法

参加者も措置割り当て者も、参加者が措置の行われるグループに属するのか対照群に属するのか知らない。

三重盲検法

参加者、措置割り当て者、応答収集者のいずれも参加者が措置群なのか対照群なのか知

らない。

　小規模の実験室では、措置割り当て者と応答収集者の両方の役割が同じ人で行われる。そのために、三重盲検法の状態が二重盲検法と同じく容易に達成される。盲検法は、とても望ましいのだが、常にいくつかのレベルで達成可能であるとは限らない。例えば、ほとんどの成人は、アルコールを摂取することの生理学的影響をよく知っているので、アルコールの効果をシミュレートしながら、応答時間に対するアルコール摂取の効果を測る実験の応答時間に影響しない偽薬を作ることは難しいだろう（応答時間に影響すれば、もはや効果的な対照ではない）。他のケースでは、参加者がどちらのグループに属しているかわからないような効果的な偽薬を作ることが可能だろう。原則として、実験では可能な限り盲検法を使うべきである。これは、措置群への影響を介入により引き起こされたものだけに限定して、絵柄を混乱させるような無関係な要因を阻止するという一般的な努力の一部である。

18.5.6　遡及的調整

　前節で、参加者の措置レベルを知っている応答収集者の陥るバイアスの可能性を述べた。他に可能性のあるバイアス源としては、複数の応答収集者がいたり、異なる道具が応答データの収集に用いられた場合に引き起こされる、応答が対照群のものか実験措置のものかの本質的に独立な判断を行うことができないというバイアスがある。判断者や応答収集者にしっかりした訓練を施すことで、このバイアスを限定することができ、他の方法で削減することもできる。例えば、複数の判断を平均して、合意した値に達することができる。もう1つの可能性としては、各判断者による決定の集合全体を調べて、検知されたバイアスに対する遡及的調整（Retrospective Adjustment）を行うことがある。

18.5.7　ブロック分けとラテン方陣

　ブロック分け（blocking）の目的は、実験を、同等の（望むらくは同一の）応答が同じ措置に対して引き出せるように設定することにある。実験単位についての事前情報をできるだけ用いて、あるブロックに属するすべての実験単位が措置に対して同じ反応を与えられるように実験ブロックに実験単位を割り当てるというのがこのアイデアだ。ブロック分けの最も有名な例は、心理学研究において生まれか育ちかという影響を調べるために一卵性双生児を、遺伝子が同じだからという理由で使うものだろう。一卵性双生児のブロック分けの利点は、1つの要因（遺伝子）による変位が厳密に制御できることであり、欠点は、対象者が限られ、離れ離れになった一卵性双生児の人数がさらに少ないことである。

　マッチングは、実験設計において、余分な要因の影響を限定するのに使われる。対象による応答の差異を、混同する可能性のある（単位措置相関のある）できるだけ多くの要因につ

いて、マッチングで制御できる。心理学研究では、これは、典型的には、年齢、性別、IQ のような要因のマッチングを意味するが、知覚実験における視力や色盲といった極めて特殊な要因の制御を含むこともある。

研究主題とは直接関係ないあらゆる影響源について、参加者のマッチングを取ることは、不可能かもしれないが、ほとんどの科学分野においては、マッチングが効果的であったことがよく知られている比較基準集合があるものだ。マッチング設計の利点は、実験単位ごとに、すべての単位に実験効果が本当に起こったのだということを、ランダム化によってすべての差異が帳消しになるとただ望むのではなくて、確信を保つことができるという点にある。さらに改善するには、乱塊法によりマッチングする単位への措置をランダム化して、マッチングの制御を保持しながら、ランダム化による差異の削減を達成することである。

研究計画のおおまかな指針としては、可能な限りブロック化して、ブロック化できないときには、ランダム化するとよい。

マッチング対設計は、余分な要因を、重要変数についての実験単位と対照措置単位とのマッチングによって制御しようとしていたことを思い出そう。さらなる制御が、(6 章の「**6.3 独立標本の t 検定**」の節で論じたような) 被験者内計画 (within-subjects design) において、実験単位が自分の制御で振る舞えるようにすることで、達成可能である。もっともそれが常に実際に可能であったり、そうすることが実際的に意味があるとは限らないが。被験者内計画は、心理学でよく使われる。しかし、多くの実験で、振る舞いや認知の何らかの変更があるため、混同されるような学習効果がそもそも可能なのかどうか疑わしく思うこともあるだろう。すべての被験者に対照群としての措置をまず行い、次に、実験群として (あるいは逆の順序で) の措置を行うと、結果に影響する学習効果 (学習バイアス maturation bias) の可能性が確かにある。

しかし、**ラテン方陣** (Latin square) という形式で、被験者への措置割り当てをランダム化するバイアスのかからない対策を施すことができる。各被験者 ($T_1, T_2, \ldots, T_y$) に y 条件を提示し、ラテン方陣を使って異なる被験者に同じ順序の措置が割り当てられないように、被験者をグループ化してランダム化することができる。例えば、5 つの対象に対する応答時間が、試行 $T_1, T_2, T_3, T_4, T_5, y = 5$ で測定され、5 人の被験者がいるなら、ランダム化ラテン方陣により、刺激提示順序の、次のような表に示すような計画が生成される。

T_1	T_5	T_2	T_3	T_4
T_3	T_2	T_4	T_5	T_1
T_4	T_3	T_5	T_1	T_2
T_5	T_4	T_1	T_2	T_3
T_2	T_1	T_3	T_4	T_5

このようにラテン方陣を使うことにより、被験者間変動効果が、すべての措置について同じように影響することが保証される。5×5ラテン方陣には、どの方向（行または列）にも同じ数が重複しないという性質を備えたランダム化が他に161,279通りあることも記しておく。計画において、措置 (T_1, T_2, T_3, T_4, T_5) の順序提示が少なくとも1つ必要なら、最初の行と列とが順序を保持しているので、簡略形式を、55の可能なランダム化の中から選ぶこともできる。条件個数の少ないラテン方陣は、手計算で作ることができるが、ラテン方陣の表をオンライン上で探すことも (http://statpages.org/latinsq.html)、簡単なアルゴリズムで作ることも (http://rintintin.colorado.edu/~chathach/balancedlatinsquares.html) できる。

18.6 実験計画例

本節では、実際の実験例を取り上げて、行われた計画決定を、2つの実験計画法を使って他にどのように行われることが可能だったか比較しながら論じるとともに、それぞれの戦略の相対的な強みと弱みとを示す例を示す。

Frances H. Martin と David A.T. Siddle (2003、付録Cに引用) は、アルコールとトランキライザーの主たる効果を、P300振幅とP300遅延の応答時間とその交互作用について調査する計画を立てた。P300振幅と遅延とは、脳の中で300msでイベント関連の信号として計測される。すべての応答が、脳の中の異なる情報処理機構と関連付けられる。

研究主題は、アルコールとトランキライザーの影響のこれらの応答変数について、独立に調べたが、その交互作用については調べていない過去の研究に基づいている。さらに、これまでの研究では、大量にアルコールを摂取した場合の応答変数への影響を調べる傾向があり、トランキライザーでも強いものに焦点を当てていたが、この研究では、Temazepam という弱いトランキライザーが選ばれた。そこで、次の3つの質問が投げかけられた。

1. アルコールは、応答変数に顕著な主効果があるか。
2. Temazepam は、応答変数に顕著な主効果があるか。
3. アルコールと Temazepam は交互作用があるか。

実験は、被験者内計画を用い、参加者は自分の制御に従った。要因設計は2（アルコール、

対照）× 2（トランキライザー、対照）。したがってすべての参加者は、同じ実験を次のような条件で 4 回行った。

- アルコールなし、Temazepam なし
- アルコールだけ
- Temazepam だけ
- アルコールと Temazepam

　結果は、P300 振幅で Temazepam の顕著な主効果が示され、(すなわち、アルコールがあってもなくても効果があった)、P300 遅延と応答時間とでアルコールの顕著な主効果が示された。しかし、2 要因の交互作用には顕著な効果はなかった。
　この実験をあなたが計画するなら、どうしただろうか。被験者内計画の代わりにマッチング対計画を用いただろうか。マッチング対計画なら、各被験者が行わなければならない試行の回数を減らすことができるが、この例の場合、被験者内計画でも被験者の人数を少なく（N = 24）することも可能だった。被験者間での効果を示すためには、もっと多数の標本が必要だったろう。参加者の選択を無作為抽出にしただろうことは疑いないが、おそらくは、電話帳からの氏名選択、乱数発生器によるページ番号と欄の選択を用いたことだろう。内容妥当性は、用いられた応答変数が、この分野で脳の情報処理特性を反映するものとして広く受け入れられ使われているものなので、問題ないだろう。アルコールと Temazepam の処方をする研究者の割り当てには盲検法を使い、対照措置には、外見も同じものを使ったことを確認すべきだろう。2 × 2 よりも要因数を増やすことにしただろうか。例えば、アルコールと Temazepam の交互作用は大量に摂取した場合でないと現れないので、3 × 3 の方がよかっただろうか。この質問は、必ずしも実験上のものではなくて、倫理的なものとなる。参加者に対して処方するトランキライザーの量を限定したいだろう。特別な理論的理由（あるいは、医学上の証拠や観察）がない限りは、2 × 2 研究の選択には意味がある。

19章 統計についてのコミュニケーション

仕事の一部として、あるいは、大学で統計をすることになったとき、作業が計算だけで終わらない可能性は大きい。おそらくは、計算結果とそこから引き出された結論について誰かに話す必要があるだろう。その誰かは、上司、同僚、統計専門家の聴衆、ジャーナリスト、教師、クラスメートというように統計が今日使われる文脈同様に広範囲にわたる可能性がある。

うまくコミュニケーションするには、聴衆を考慮して、文章やプレゼンを適切な形にする必要がある。期待が明示されていることもある。専門学術誌に論文を投稿するのなら、フォーマット（論文の各部から参照の仕方まですべて）は、しっかりと規定されており、掲載されている論文を読めば、もっと細かいところまでわかる。より一般向けの文書、日刊の新聞や大衆向けの雑誌などでは、読者を技術用語で悩ますことのないように（もっとひどいのは、読者が読まないことだ）主要な点を伝えるという困難に立ち向かう必要がある。仕事上で論文を書くとかプレゼンをするには、統計理解の程度の差が非常に大きい人を相手に一度に伝えるという別種の挑戦に直面する。

本章で述べるのは主として作文法だが、助言の多くは、専門家の会議での発表を含めて口頭発表にも通じるものだ。スライドのプレゼンの構成などの問題を論じた多くの優れた情報源があり、付録Cで紹介している。

19.1　一般的な注意

統計専門家に対する技術論文を書いているのでない限り、統計そのものは補助的な役割であり、プレゼンや論文の主題が主導的な役割を占める。そのために、結論を最初に述べて、それを支持する統計について書くのが一般的によい方法だ。「エクササイズとダイエットに参加した人は、6週間の試験期間で平均20ポンド減量し、これに対して、ダイエットだけの参加者は、平均15ポンド減量した。この差異は統計的に有意（$t = 2.75, p = 0.0071$）であ

る。」という文章は、「統計量2.75でグループ間の有意差が示された。」という文章よりも、2つの減量計画の相対的な効果比較について、要点をより効果的に伝えている。これはBLUF (Bottom Line Up Front、結論冒頭) 方式とも呼ばれている。

精度はどの程度が目的に適うか検討し、数字をそれに合わせて丸める。統計プログラムが8桁の結果を出したからといって、その通りに報告する必要はないし、そんなことをすると伝えようとするメッセージをぼやかすことになりかねない。特に、データの表の場合、桁数の多い数値を読むのは面倒だし、比較しにくいので、一般的に、10.77953201 を10.8 や10.78に丸めるほうがよい。非常に大きいか非常に小さい数を扱う場合には、科学記法 (0.0000238 の代わりに 2.38×10^{-5}) あるいは「y 当たり x」のような述べ方の方がより明確になる。後者は、人口統計で、例えば病床数を人口1000人当たり、とか人口100,000人当たりなどのようによく使われる。

聴衆があなたほどには統計分析に馴染みがなく、結果の意味を把握するのに手間取ることを忘れないように。同じことを繰り返すことを恐れないように。例えば、一度は文章の中で、二度目は表か図の中で繰り返してもよい。この方式は、統計をほとんど理解していない (あるいは、数字の入った箇所を読み飛ばす) けれど、よく設計された図表に示された概念は容易に把握できる一般大衆を相手にするときに、特に重要になる。

分析したデータの情報源を明示することは、特に自分でデータを集めていないときには、常に賢明なことだ。「米国労働統計局が昨日発表した四半期雇用賃金統計のデータによれば。」という文は、自分が標準データ源を用いていることを知らせるとともに、どのようなデータも限界や特性があるので、自分の結果を解釈しやすくする。この規則は、データが分析結果に関心のある情報源から来ている場合には特に重要である。タンジェリン・オレンジの健康への効果という研究テーマを扱うとして、そのデータがタンジェリン・オレンジ栽培協会から得たものならば、この情報をまず読者に伝えなければならない。

標本とデータ収集技法についての情報も盛り込むことが多い。専門論文では、これを詳細に論じるが、一般大衆向けのものでも、標本サイズ、標本選択手法、データ収集法についての情報が盛り込まれるものだ。発表する統計が、便宜標本20で計算したもので、データが自己申告 (自分で計測したのではなくて、被験者に行動について報告するよう依頼したというような意味) なら、それを明確に述べて、読者がこの情報を用いて自分の結果の意味を評価できるようにすべきだ。

パーセントを使うときには、基準も明らかにする必要がある。ある町Aで暴力犯罪が2倍になったというのは、暴力犯罪1件が2件になったとも、500件から1,000件になったとも取れる。どちらも2倍には違いないが、そのもたらす意味は大いに異なる。パーセントを使った欺瞞やわざと誤解させる可能性は、2つ以上の異なるサイズのデータを比較するときには一層大きくなる。町Bで暴力犯罪が25%増えたが、町Cでは15%の増加だったと報告する

ときには、読者に、町 B は人口 300 人で昨年 4 件しか暴力犯罪がなかったが、町 C の人口は 3,000,000 人で昨年暴力犯罪が 50,000 件あったということも知らせるべきである。

調査報告のデータを使うときには、調査質問の一部または全部を盛り込むのが、簡単な調査の場合には特に、望ましい。質問文そのものを含めるのが難しい場合でも、少なくともその範囲を明確にしておくべきだ。例えば、薬物使用についての調査なら、これまでずっと使っているか、昨年使ったか、過去 30 日使ったか、習慣的に使っているのかなどの質問構成を行って、質問ごとに、薬物使用者と分類される人のパーセントが異なるということを示す。

19.2　専門学術誌への投稿

　これはある意味、統計について書く中で、読者の期待もフォーマットも明確なので、最も容易な種類に入る。専門家は、その分野の中心的な専門誌の様式で書くことをすぐ身につけるものなので、以下に述べる注意は、主として学生や初めて論文を書こうという若い研究者に向けてのものだ。言うまでもなく、あらゆる情報源を、すなわち、指導教官、（発表しようとしている）専門誌のガイド、専門誌の査読者向けのガイド（専門誌のウェブサイトに掲載されていることがある）、専門誌に掲載された論文などを使うべきである。大学や研究機関の中には、論文クラブや輪講会などがあって、学生や従業員が最新研究結果に触れる機会を提供しているので、大いに活用すべきだ（論文クラブについては 20 章の囲みで述べる）。自分の分野の主要専門誌について、そこで発表されている研究の種類について学ぶことは、若手研究者がそのキャリアを積む上で最も役立つことの 1 つだ。

　論文執筆の明白な開始点は、伝えるべき何か、その分野で他の人を惹きつける何か重要なことがあることだ。言うべき何かがあるためには、その分野での主要課題と議論について、自分で読んだだけでなく、同僚や指導者とも意見を交わしてよく把握している必要がある。この知識は、投稿学術誌の選択にも役立つ。多くの分野で、専門論文誌にも階層分化があり、執筆する論文の種類によって出版する学術誌を選ばなければならない。さらに、その学術誌の質や相対基準についても、その分野で広く知られてインパクトを持つために、知っておく必要がある。学術誌のインパクタ・ファクター、掲載論文の過去 2 年間の平均被引用数も、考慮すべきだろう。インパクタ・ファクターが高ければ、引用されることが多い。投稿に適した学術誌の選択には、経験のある同僚が教えてくれるか、試行錯誤で得られるような内部情報をよく知っていなければならない。もし拒絶されたらもう少ランクの低い論文誌に提出するつもりで、ちょっと背伸びして有名な学術誌に投稿するということも、決して稀ではない。

19.3　論文を書く

　学術誌に論文を書くことは、その学術誌の形式に従うことを意味する。幸いなことに、学術誌は多数あるものの、使っているスタイルには共通点が多い。そもそもスタイルは、専門家の読み手に対して論文の内容をコミュニケーションするという共通の目標に役立つものである。

　ほとんどの論文誌は、厳格な様式を定めていて、論文の主要部分とその順序、さらに、参照形式（脚注や後注）が決まっている。ほとんどの研究者は、（例：EndNote[†]のような）ソフトウェアを使っているが、それは、ある論文誌で落とされて、別の論文誌に異なる参照形式で提出するときにも、参照形式の変更が容易だからである。本文で使われる様式も論文誌によって決まっている。例えば、数について、どのような場合に言葉で（「one」）、どのような場合に数字（「1」）を使うか。能動態を使うか受動態を使うか。ほとんどの論文誌がこのようなことがらについて共通様式を採用している。その中には、APA（米国心理学会）、ASA（米国社会学会）、シカゴ・トリビューン紙、AP通信、ICJME（国際医学雑誌編集者委員会）などのスタイルがある。要点は、投稿しようとしている論文誌のスタイルを確認して、それに従うことだ。

　専門論文誌は、一般に次のような節構成を取る（名称は、異なることもある）。

梗概（Abstract）

　これは、研究内容と結論の要約であり、一般に論文誌によって長さが限られ（例250語）ている。論文で一番読まれるのが梗概なので、訴求力があって簡潔なことが求められる。重要なことを述べているのだということを伝え、主要な結果を示すことだ。

背景 / 文献調査（Background/literature review）

　この節では、当該分野の現状をまとめて、自分のオリジナルな貢献がわかるようにする。その分野についてのすべての論文を読もうとしてつかえてしまい、自分自身の研究発表が後回しになるということが多い。アドバイザー、指導教官、同僚や仲間が、どううまくやるかを助けてくれる。

手法（Methods）

　この節では、研究をどのように行ったかを、対象標本や使用したツールなど詳細を述べる。梗概を読んで興味を抱いた読者は、この節をチェックするのが普通なので、研究に関する重要な疑問にこの節で答えられるようにすることだ。

[†]　訳注：http://endnote.com/、日本語版は http://www.usaco.co.jp/products/isi_rs/endnote.html

結果（Results）
この節では、統計検定の結果も含めて、この研究でわかったことを提示する。研究の重要性を伝えるという点で、この節は梗概についで最も重要だ。基本的には、読者はあなたが何を見つけたか知りたいのだ。

議論（Discussion）
この節では、得られた結果を解釈し、他の研究の文脈においてみたり、限界（標本の地域が限られたり、英語をそもそも話す人だけとか）を論じたり、今後の研究の方向について考える。

　一般に、各節、さらには、その細目を見出しで示す。標準的なスタイルが、情報コミュニケーションのためであり、普通の読者は、論文を初めから終わりまで読んだりしないものだということを念頭に置いておくこと。普通は、複数の論文（あるいは、その梗概だけ）を流し読みして、その中で関係ありそうなものについて、いくつかの節を（おそらくは、手法と結果）をざっと見て、最終的に読む論文をいくつか選ぶものだ。

　（4章で論じた）図表が、多くの科学論文でも重要な役割を果たす。読者が、梗概、手法、結果を見て興味を引くかどうか調べるとき、図表を見て、時間を掛けるだけの価値があるかどうか判断することが多い。そのために、図表を使うときには、おろそかにすべきではない。どの図表も何らかのストーリーを伝えるべきで、表題を見るだけでわかるように（読者が、本文を読んで初めて図表の意味がわかるという必要がないという意味）すべきである。

19.4　査読プロセス

　どの専門誌も、投稿後の著者とのやり取りを定めている。運がよければ、ウェブサイトに説明がある。一般に、査読（Peer Review）は次のように行われる。

1. 論文提出（最近は、電子的に行うのが普通）
2. 編集者または/および査読者（普通は、同格のその分野の専門家、peerと呼ばれる）が論文を読んで、次のどれかの決定を下す。
    - 受理（修正を含むこともある）
    - 改訂して再提出
    - 却下
3. それぞれに従って、受理されたら喜ぶ、必要な変更を施して再提出、別の論文誌に投稿という処理をする。

ほとんどの論文誌で、変更が一切必要ないという意味で論文がそのまま受理されることは、ほとんどない。受理されても、少し手直しが必要であり、たとえ、そのまま受理されたとしても、編集上のことについてやり取りが（現在ではeメール）必要となる。

改訂・再提出という反応は、普通のことなので、落胆する必要はない。これは、査読者が気に入り、論文を専門誌に掲載するために一緒に作業しようという意味なのだ。ほとんどの査読者は真面目によりよくしようと考えているので、その指示は真剣に受け止める必要がある。通常、論文を改訂して、査読者の指摘に対してどのように変更したかという送り状を添えて、送り返すものだ。指摘事項に従えない理由がある場合には、その送り状の中で必ず説明する必要がある。査読者の指示に必ずしも従う必要はないが、応答しないということは、査読者の意見を読まなかったか、無視しているかのどちらかを意味する。どちらも、論文を掲載したいと願うのなら、好ましくない態度ということになる。

時には、論文が査読に回らないことがある。多くの専門誌において、編集者は、投稿論文が専門誌の範囲に収まっているか、査読に回すだけの価値があるかどうかをチェックする。編集者が査読に回しても、査読者が不採録を決めることがある。論文が全く拒絶された場合、（査読者のコメントやその他の情報から、投稿する価値がないと決めない限り）他の論文誌に投稿することができる。別の論文誌に投稿する場合でも、査読者の意見は考慮すべきである。その意見を取り入れて、論文を強化してから、他に提出することができる。そうは言っても、その査読者の指示に全面的に従うのがよいかどうかは考えものだ。別の論文誌の査読者が、その前の査読者と同意見とは限らないので、2番目の論文誌は、加えた変更を元へ戻すように求めてくるかもしれないからだ。

査読のプロセスは面倒なことが、特に初めてのときはあるものだ。査読者によっては対応が難しかったり、不公平であったり、政治が絡むことも否定できないが、研究者としてのキャリアを積むには、査読プロセスの対処を学ばなければならない。私の助言は、査読を自分自身に対するものとは受け取らず、どうやればよいかを学び、先輩の知恵も借りてうまくやり方を探すのがよいと受け取るようにというものだ。

歴史的に、査読は個人名を出さない。しかし、Public Library of Science（PLoS）社の発行するようなオープンアクセス誌では、オープン査読（論文の著者に査読者の名前がわかる）が奨励されている。科学コミュニティにおいては、査読に代わるものや、プロセスをより協力的で争いが生じないものにするための議論が行われている最中だが、ほとんどの論文誌において、そのようなことが起こるとしてもそれはかなり先のことだろう。

19.5　一般向けに書く

新聞や一般向けの雑誌に記事を書くような、広く一般大衆向けの執筆には、専門誌の場合とは異なる課題がある。専門誌の場合のように、ほとんどの人が統計について知っており興

味を持っていると仮定することができず、記事のテーマ（保健、エコロジー、教育など）に関心があるだけだ。これは、手法の詳細よりも、結果とそのもたらす実際的な意義を強調する必要があり、本質的な統計概念を普通の言葉で明確に説明しなければならないということを意味する。

専門論文誌の場合と同様に、大衆向けの出版物もスタイルガイドと想定読者層があり、執筆の前に、その両者についてよく知っておくようにする。編集者にとっては、出版に相応しくない記事を受け取るほど苛立つことは他にないだろう。記事を出版物に合わせるようにする技術はあるだろうが、それはあなたの問題であって、編集者の問題ではなく、出版範囲に外れた記事を送るということは、送付前に出版物についてよく読んでいないことを示すことになる。

技術的な問題を一般向けに書く人は、その仕事を物語ることだということが多い。膨大な情報と数字とを読者にただ投げ出してしまいたいとは思わないだろう。文脈を含めたお話にまとめ上げて、言いたいことの重要性を伝えたいはずだ。内容を厳選する必要もある。100ページの政府報告書に載っているすべての情報を、ニュース記事に盛り込むわけにはいかないので、要点をいくつか取り上げて、物語にまとめるのだ。

大衆向け科学記事は、抽象的なことを伝えるのに（実際の絵または言葉で描く）イメージに頼ることが多く、普通の人でもわかるように技術用語を日常用語で置き換える。読者には、なぜそのテーマが重要かも伝えなければならない。例えば、健康への重大なリスクが新たな研究で判明したとか、社会で生じている傾向だと言われていたものが実際に起こっている証拠がないということがわかったなどのように伝えること。一般的に、結果が驚くべき、常識外れのものであればあるほど、その結果を支持するためにより多くの証拠と、より多くの説明が必要となるものだ。

19.6 職場で書く

職場でレポートを書くとかプレゼンするというのは、技術的統計的理解程度という点で散らばりがあるので難しいところだが、それだけの価値もある。例えば、会社方針が提示した結果によって決まることがある。そのような場合のためにも、**内容要約**（executive summary）と詳細報告とをともに用意するのがよい。文書としては、内容要約は、より膨大な詳細報告の簡潔な要約であると同時に、技術用語を避けて書かれ、報告全体の主要点が述べられている。言葉からもわかるが、内容要約は、報告全体を読むだけの時間もないし、技術的素養もないかもしれないが、報告書に含まれる情報を知る必要のある上位管理者のために書かれるものだ。内容要約では、意思決定者のために情報だけではなく勧告や選択肢を提供することも多い。

統計の報告を書くときには、内容要約をどうすればよいかは難しくない。まず、必要な詳

細をすべて含んだ全体の報告書を作り、それから平易な言語で、主要点と勧告を含めた要約を作る。要約に盛り込んだ内容については、その裏付けとなるデータや分析を詳細報告で述べておくべきである。内容要約は、新規提案や裏付けのない意見を述べる場ではなく、より長い報告の結果をまとめたものである。

　内容要約はプレゼンでも通用するのだろうか。技術者と非技術者とが混じった聴衆にプレゼンするように言われたら、あまり技術に詳しくない幹部向けのプレゼンと技術スタッフが見たいような詳細や計算のプレゼンとの2つを考えるとよい。両方を同時に行うことがポイントだ。この場合、スライドは、ストーリーを幹部向けに伝えて、詳細を追加や脚注として扱う。配布資料は、プレゼンに紐付けて技術者が関心を持つすべての詳細を含めておく。あなたは統計専門家で、プロジェクトの技術詳細をわかっているので、この2段階プレゼンは、余分な作業にならないだろう。

　さまざまな聴衆に話すときには、要点の技術詳細（なぜその統計検定を使うのか、結果は何を意味するのか）を技術スタッフだけでなく技術を知らない人にも説明できるようにすべきだ。プレゼンの要点を説明できないことほど、あなたの信用を失墜させるものはないだろうし、聴衆の程度に合わせて重要な点を説明しないと、あなたのプレゼンを聞いておれないという態度を聴衆は取り始めるだろう。

20章 他人が提示した統計を批判する

　本章では、他人が提示した統計をどのように読んで批判するかを、学術専門誌に発表されたものや作業現場で提示されたものも含めて説明する。最初に技術論文をどのように批判すればよいかという一般的な概要を示し、次に、さらに絞った選択した統計やその表示を批判する方法、著者や発表者がデータの弱いところをどうカバーするかという方法に焦点を当てる。本章は、たとえ自分で統計分析を計画実行しなくても、仕事場、学校、情報に強い市民としての日常生活などで他人が示す統計に直面することがあるだろうという意味で、本書の他のどの章よりも幅広く使われる可能性がある。

20.1　論文全体の評価

　論文に使われている統計だけではなく、論文全体を評価するように言われることも多いだろう。これは、特に初めてそのような依頼に直面すると困惑するものだが、系統立ったプロセスに従えば容易になる。専門学術誌の論文の場合には、チェックリストなどの評価を行うためのガイドがあるものだ。もしガイドがなければ、同分野の他の学術誌を調べ、役に立ちそうなチェックリストやガイド集がないか調べることだ。例えば、米国疾病予防センターが発行する Preventing Chronic Disease という学術誌には論文査読のためのチェックリスト (http://www.cdc.gov/pcd/for_reviewers/reviewer_checklists.htm) がある。本章では、ガイドになる基本事項を、どのような研究論文であれ、その各部分について問うべき質問という形で提示する。

アブストラクト（梗概）
　　研究課題は、興味深くて妥当か。（統計結果を含めて）十分な詳細が書かれ、この論文が独自の意義ある研究に基づくという確信が得られるか。アブストラクトの結論は、論文に示された結果から納得できるか。（驚くべきことに、そうでない場合がままある）

文献調査

文献調査で研究課題が浮き彫りになっているか、重要で必要だと納得できるか。現在の研究が参照されているか。その分野で古典となっている論文を含めるなど、古い論文を含めていること自体は構わないが、過去数年間の論文が含まれていないと、論文が数年間棚晒し（書かれたまま出版されなかった）だった可能性がある。最近の論文が含まれていないと、研究課題がもはやその分野で中心的でないか、文献が古い論文の丸写しで更新されていない可能性がある。

研究計画

どのような設計を用いているか、観察的、準実験的、実験的のどれか。どの統計手法を用いているか、ANOVA、線形回帰、因子分析その他か。設計は、データや研究課題に適切なものか。より強固な設計を用いることはできなかったか。仮説は明示されているか。

データ

標本がどのように集められたか、なぜかは明らかか。データ収集、提示、分析の過程は詳細に記述されているか。異なる分析に異なる標本サイズなのに適切に議論されていないというような危険な徴候が見られないか。データは研究課題に対して適切か。

結果と結論

結果は明確に示され、仮説に関連しているか。結果は引き出された結論を支持するか。表や図に、研究とその結果についてよい感触が得られるだけ十分な情報が示されているか（それとも統計検定からの結果だけか）。論じてしかるべきだがそうしなかったバイアスや欠陥の可能性があるか。結果は、実用上、また統計上有意なものか。研究の限界が明確に示されているか。

あまりに批判しすぎる可能性もある。すべての研究は、結局のところ実世界で行われ、完璧を目指すあまり、良きことを、たとえ優れていないとしても、放棄することは望ましくない。研究を評価するときには、問題の専門領域では、どのような標準が期待されているのかを知ることが重要だ。その点で、経験を積んだ同僚は、優れたガイドを与えてくれる可能性がある。

20.2 統計の誤用

広い意味で、統計の誤用は非常に異なる2つの範疇に分けられる。無知と意図的とだ。統計の無知な使用は、議論を支持するために記述統計または推測統計を使おうとするが、技法、検定、方法論のどれかが不適切な場合である。統計の意図的誤用とは、得られた結果を隠す、

不明瞭にする、あるいは、解釈しすぎる場合に生じる。直観的には、無知は、多変量分析のような複雑な統計手続きに際して生じる、実際にその場合も多いのだが、基本的な記述統計手続きにおいても、日頃から誤用されていることがある。意図的誤用は、記述統計においてもおびただしく、グラフで誤解しやすい尺度を用いることから、結果が妥当なことを示すための推測検定において必要な仮定を無視することまでいっぱいある。本章では、気候変動と地球温暖化に関する現在の議論からの例を、ほとんどの国の大衆の雰囲気がこの2、3年で変わったので、いくつか採用した。この目的は、気候変動に関してどちらかの議論に納得させることではなくて、統計的な研究を行い、その結果を解釈して説明することの難しさについて、実世界の例を提供するためということにすぎない。

20.3　共通の問題

　何らかの議論、理論、命題を証明または支持する目覚ましい統計を示されたなら、次のチェックリストを用いて厳しい質問を浴びせるとよい。

代表標本
　研究者が、標本を用いて母集団についての推測を行いたいなら、標本はどのようにして選ばれたのか。本当に無作為抽出なのか。選択過程にバイアスはないか。推測検定の結果は、研究者が推測しようとしている母集団を真に代表するものであるときに限り、妥当となる。場合によっては、標本が意図的に特定の誤った結論を証明できるよう構成されることがある。一方で、母集団の一部が標本調査に喜んで応じたが、他の一部は応じなかったという志願者バイアスが生じることもある。母集団についての推測が妥当となるためには、標本はすべてのバイアス源を排除して、真に母集団の代表となるものでなければならない。

応答バイアス
　データがインタビューやアンケート調査で得られた場合、質問文はどのように作られ、回答はどのように集められたのか。押し込みアンケート（情報を集めることではなく、意見を変えることが真の目的である調査、push-polling）や社会的欲求バイアス（回答者がデータ収集者が聞きたいと思っている応答や自分がよい人と思われるような応答をする傾向）の可能性を認識していなければならない。

意識バイアス
　提示されている議論は、公平で客観的なものか、ぜひとも結果を報告したいという明確な意図があるか。

欠損値と拒絶者

欠損値は分析でどのように扱われているか。参加者が無作為抽出で選ばれたのだが、参加を拒絶した人がいた場合、分析でどのように扱われているか。途中欠落（調査開始後の不参加者）はどのように扱われているか。

標本サイズ

標本サイズは、帰無仮説を棄却するに十分な大きさか。標本サイズは、あらゆる帰無仮説を棄却できるほど大きすぎるものではないか。標本サイズは検定力分析に基づいて選ばれているか。

効果量

結果が統計的に有意である場合、効果量は報告されているか。報告のない場合、結果の重要度はどのように示されているのか。研究対象の現象として意味があるのか。

パラメトリック検定

ノンパラメトリック検定の方が適切かもしれないのに、パラメトリック検定でデータが分析されていないか。

検定選択

変数の尺度に対して正しい推測検定が選ばれているか。カテゴリ、順序、間隔、比尺度データなどの異なる DV（従属変数）と IV（独立変数）の組合せに対して、異なる技法が使われていないか。

関連と因果性

2変数間の因果関係の証拠は、相関などの関連性尺度だけではないか。この場合、1変数が独立変数に対する従属変数であったとしても、因果関係を断言するのは正しくない。

訓練および検定データ

モデルが特定のデータ集合を用いて開発され、その同じデータ集合を用いて検定されていないか。その場合、モデルが異なるデータ集合ではうまくいかないことについて、何か述べられているか。この問題はパターン認識のアプリケーションによく見られる。

操作化

変数が、実際に測定している現象を測定するように選ばれているか。そうでないなら、現象の操作化が合理的に思えるか。これは心理学ではよくある問題で、（知能指数のような）潜在変数が、異なる認知タスクの成績で間接的に測定されるときの問題である。

仮定

検定の妥当性の基礎となる仮定は正しいか。研究者は、どのようにして仮定の成立を保証しているか。例えば、検定で母数の正規分布を仮定しているのに、実際には二峰性だったとすると、検定結果は意味がなくなる。

帰無仮説検定

2グループが同じ母集団または異なる母集団から選ばれたかどうかの決定には、同じ母集団から選ばれたという帰無仮説を検定するのが普通だ。これは、基本的な科学的方法論から来ており、そこでは、理論というものは、その仮説を直接検定するという（見かけ上）より素直な方式ではなくて、多数の信頼できる棄却されるべき帰無仮説の検定集合により支持されなければならず、理論を単一の実験で証明しようとするどのような研究に対しても気を付けなければならない。

盲検法

調査は、一重、二重、三重盲検法だったか。例えば、参加者または調査者が、実験における介入条件や対照条件を知ってバイアスを持つ可能性がなかったか。

対照

治療の効果が治療前または治療後モデルで示されている場合、偽薬効果の対照のために、対応する対照群が同じ実験パラダイムにおいて偽薬投与されているか。よく設計した実験こそが、データから因果推論を引き出す最良の（唯一のという人もいる）信頼できる方法だ。

20.4 簡単なチェックリスト

統計による調査作業は驚くほど標準的なライフサイクルに従う。作業の一部をレビューする場合には、調査過程での事象のつながりがどうなるかを決定することから始めよう。調査担当者は、1つの仮説から始めたが、結果が出てから考えを変えていないか。さまざまな事後調整を伴った多数の検定を行って、有意検定結果を報告できると確信したのか。1つの研究の結果を分割して数篇の論文にして、履歴書の行数を稼いでいないか。研究過程について詮索する質問をすることは、特定日時の行動について尋ねる探偵に似ている。矛盾と話の変わり方が手がかりになるのだ。

統計に基づいた検討は、一般に次のように進む。

- 観察と探索の期間が調査開始よりも先行すると仮定して、研究課題が最初に述べられるべきである。調査担当者は、データ収集を開始する前に、仮説を（対応する帰

無仮説も）きちんと定式化しておかなければならない。さもないと、仮説検定の利用は妥当ではなくなり、統計調査は証拠漁りの様相を呈する。$p = 0.05$ という結果が第一種過誤を 1 対 20 で犯す危険を表し、科学文献だけでも数千の研究が発表されていることからも、多くの「事実」が課題の前に曝されているはずなのだ。これは、科学的手法の統合完全性こそが、独立した反復性と信頼性にとって肝心ということなのだ。

- 関心対象の母集団と得られた標本との間の関係が明白に理解されねばならない。人間全体という母集団についての推測を、ある大学の高等教育を受け、健康な中産階級の学生の標本に基づいて行うというのは、受け入れられない。

- 仮説は、特定の従属（成果）変数の独立（予測）変数の効果に関連していなければならない。したがって従属変数について可能な限り、特にその変動のあらゆる源について、知っておくことが肝要である。これは、従属変数間に高度相関（例えば、多重共線性）があると知られていたり、考えられる場合には特に重要である。従属変数は、測定可能で、基盤概念を完全に扱えなければならない。

- 複雑な設計において、主要効果と交互作用の両方を考慮しなければならない場合、主要効果と交互作用とのすべての可能な組合せ、および、その可能な解釈のすべてを記録しておかねばならない。

- 無作為抽出の手続き、欠測値や拒絶データの扱いは、バイアスが生じないように当初から定めておかねばならない。母集団を真に代表する標本は、ランダムに選ばなければならないことを肝に銘じておくこと。純粋無作為抽出がうまくいかない場合、母集団の層に分けて、母集団の各層からその大きさに応じて標本を取ることができる。無作為抽出が使われない場合（それはよくある）、その限界を明記して知らせねばならない。

- 目的に応じた最も単純な検定が選ばれるべきであり、それは、試験しようとしている推測について検討を可能にする最も単純な検定ということだ。多変量技法は非常に重要だが、単純な比較をしようとしているだけなら、適切とは言い難い。

- 検定は、データの既知のあるいは期待される特性に基づいて選ばれるべきだ。

- 理想的には、たとえ、統計的に有意な結果が得られなかったとしても、すべての結果を報告するようにする。そうしないと、出版バイアス、すなわち、有意な結果だけが出版されて、我々の知識の現状に対する誤った理解図を作り上げることにつな

がりかねない。偏差や有意でない検定結果、あるいは、帰無仮説を棄却できなかったことを報告することを恐れてはいけない。すべての実験が、主たる科学成果となることはできないし、そうすべきでもないのだ。

出版バイアスとファンネル・プロット

どのような研究分野でも、出版研究論文が我々の集団知識のよい描写になるという素朴な信念にたやすく達するものだ。適切な文献調査を行って、4つの研究論文がある薬の効果を示し、それが無効であるという論文は1つもないとしたら、その薬が効くという確実な証拠になるのではないだろうか。残念ながら、必ずしもそうとは言えない。理由は、出版バイアス（お蔵入り問題としても知られている）で、統計的に有意な結果を示す論文が出版され、そのような結果を示さない論文は出版されない（ファイルされてお蔵入り）傾向である。他にも、公表された研究から得られる理解に影響するバイアスがある。例えば、英語で出版された研究が、他の言語で出版された同程度以上の研究よりもすぐ入手できるために、他よりも繰り返して引用されることがある（被引用数は、論文の重要度や影響度の尺度として使われることがある）。

そのテーマに対する出版バイアスを評価する方法に、ファンネル・プロット、データ点が出版論文の水平軸に研究の対数オッズ比、垂直軸に研究の標準誤差となるグラフを描く方法がある。出版バイアスがなければ、図 20-1 のように、漏斗を逆さにした図になると期待できる。

標準誤差がより大きな研究（適切でなかった研究）では、結果の変動がより大きく（対数オッズ比の値がより広い幅になる）のに対して、より適切な研究では、対数オッズ比は単一値の回りに密に集まることに注意する。さらに、このグラフが基本的には対称形で、ポジティブ、ネガティブ、有意でない結果のどれもが出版されることを示していることにも注意する。図 20-1 に示すファンネル・プロットの一般形は、この研究分野では、出版バイアスが問題ではないことを示す。

図 20-2 のようなファンネル・プロットは、出版バイアスを示す。中立的または否定的な結果がほとんど出版されていないので、対応する漏斗の半分が欠けている。この図だけでは、出版バイアスの証拠にはならない（付録 C の Cochrane Collaboration 文書は他の可能性についても論じている）が、その可能性を示唆している。

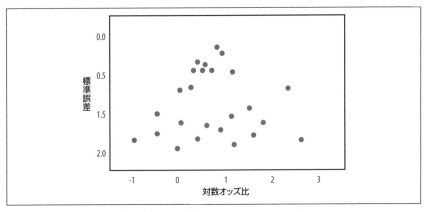

図 20-1　出版バイアスがほとんどないことを示すファンネル・プロット

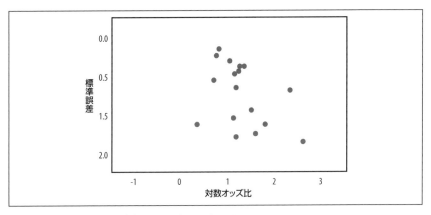

図 20-2　出版バイアスを示唆するファンネル・プロット

20.5　研究計画での課題

　一般に、関心ある問題の統計調査の設計は、意味のある推測ができるために、18 章で提示したガイドラインに従う必要がある。しかし、多くの調査がこの種のガイドラインに全く沿っていない。特に、調査がセンセーショナルな見出しで、熱心でない一般読者や視聴者の気を引こうという出版を目的として行われる場合にそうなる。適切な手続きに従い、妥当な結果を出した研究であっても、その結果の意味は、記者が 1 つだけの調査結果から知識の大々的変革を示唆するように外挿してしまうと、歪められたものとなる。

20.5.1 変動性

変動性（variation）の理解は、すべての体系で重要だ。変動性は、正しい情報源（母集団の真の変動性）からだけでなく、測定誤差からも生じる。変動性は周期循環の可能性があるので、横断的な設計が、その系のライフサイクルで完全に受け入れることが可能な局所的最小限度を常に正しく見つけられるというわけではない。例えば、気候現象では、温度変動は、産業革命とその結果である温室効果ガスの放出より以前に起こっており、正常の循環的効果と人間活動に直接起因するとされるものとをどのように分離できるのかだ。これは、大気が産業革命まで、人間の影響を受けずに最後の氷河時代以降明らかに暖かくなってきているので、環境問題が直面する重要問題の1つである。科学論文は、変動性の問題をきちんと論じ、その結果を期待される自然な変動という文脈に置かなければならないということだ。

20.5.2 母集団

母集団を定義する範囲は、個別調査から行われる推測の限界を正確に規定するために重要である。母集団の全要素が何らかの方法で測定され、欠損データや拒絶が一切ないなら、調べたい母数を直接計算できるから、統計的推測は必要ない。しかし、このような状況は研究において滅多に起こらない。母集団定義問題の一因は、当の母集団そのものの基本的な誤解にある。米国ユタ州で意識調査が行われ、引き出された結果がカリフォルニア州の母集団に適用されたり、イタリアでの調査がデンマークの母集団に適用されると考えてみてほしい。これは全くあり得ない話ではない。最初の例では、同じ国内で地理的にも近いし、2番目の例では同じ西ヨーロッパだ。しかし、どちらの例でも相違点がある。経済の規模や多様性、人口の民族や人種構成などが違い、そのような一般化が適切であることを示すのは、常に研究者の側の負担である。

20.5.3 サンプリング

サンプリングには、サイズとランダム性という2つの鍵となる指標がある。真に代表的な標本は、母集団のどのような母数も正確に推定（推計）できるように、十分大きくてランダムに選ばれねばならない。母集団を代表できるよう十分大きいというのは、困難な問題であり、（15章で論じた）統計的検定の計算は、確かに推定検定の基盤を与えるが、より高度な標本作成方式では、バイアスを引き起こしかねない母集団の変動性のすべての変動性の源を識別して、そのような適切性を備えた標本を取ろうとする。無作為抽出が選択におけるさまざまなバイアスを排除する最良の方法であるが、常に可能とは限らない。論文では、調査標本がどのように選ばれたかを常に報告して、ランダムでない標本利用からどのような結果になるかを論じなければならない。

20.5.4 対照群制御

　最近の研究では、医学研究で大規模母集団に対する抗鬱剤薬物投与が、偽薬と効果が変わらないことが示された。したがって治療が受けられるという期待が、実際に薬効成分の入った錠剤を受け取るのと同様のうつ症状に対する改善効果をもたらした。偽薬の効果は人間には非常に強力で、ほとんどの研究で、治療の効果を示すためには何らかの形で明示的な制御を行わねばならない。医学および疫学においては、対照群制御の手法と処理過程が確立されている。対照群が不可能なとき（例えば、気候のモデル化）、論文では、可能なら、提示結果に関して他の種類の文脈（歴史的データ、他の研究による結果）を提供すべきである。

20.5.5 偶然の力

　統計有意が、$p = 0.01$ や 0.05 の水準で測られる場合、これは、第一種過誤が 100 に 1 回あるいは 20 に 1 回起こるということを意味する。したがって $p = 0.05$ の場合、実験を繰り返して、20 のうち 19 回は有意だが、20 のうち 1 回は有意でないことがある。これが、独立複製と反復可能性とが重要な理由である。さらに、世界は偶然の一致に満ちあふれているので、実験は測定誤差の餌食となる。偶然と測定誤差の交互作用は、明らかに嘘臭くて予期せぬ「有意な」発見につながるが、実際の優位性は存在していない。太陽の周りを 20 個の地球が公転し、1 つを選んで温暖化の効果を調べると想像してみよう。過去 200 年の産業活動と気温の増加との間の相関を見つけたとする。20 に 1 回の第一種過誤の可能性を知っているので、少なくとも他の惑星で調べるか、他の惑星すべてで半分が対応する対照群となるように実験を行うだろう。

　地球温暖化の原因究明の難しさがこれでわかると思う。実験できる、モデル検証可能な他の 19 個の惑星がないのだから、同時に、第一種過誤を犯す可能性の強いこともわかる。同様の問題が疾病クラスターについても起こる。ある地域が特定疾病の罹病率が異常に高くて、住民が環境汚染を疑うことがある。しかし、この手の推論は、まず射撃してから的を弾が当たったところに描くという納屋射撃誤謬に陥りかねない。その意味は、地理上の領域が疾病クラスターがわかってから定義されたものだということだ。さらに、単なる偶然から、町、国などが、硬貨投げで表か裏かを長期間試す場合にも生じるように、異常に高い疾病率を示すことがあるためだ。ポイントは、偶然の賜物である調査結果については、特に、よく設計された他の調査結果と矛盾するようなものには、常に気を付けるということにある。

20.6 記述統計

　推測統計の検定に対する適切な解釈に関わる諸問題は、複雑で誤りやすいものだ。しかし、記述統計を利用しても推論と理解において誤ってしまう可能性がやはり大きいのだ。この手の誤りの中には、わざと誤解させるような誤用もある。単純に愚かな選択をしたという

こともある。本節では、記述統計にまつわるよくある間違いを、特に代表値（measures of central tendency）とグラフに関して取り上げる。

20.6.1 代表値

　適切な代表値（measures of central tendency）選択の問題は、データが正規分布でないときに、（特に外れ値があって）乖離が大きくなるほど選択がより重要になるときには、いつも生じる。（大きな値が比較的少ない）右歪母集団では、平均値が中央値より大きく、大きな値が母集団から離れているほど、算術平均値を全体を均した値として扱うことは誤解の元になる。これは、収入や不動産などについての情報が平均値ではなく中央値で通常報告される理由だ。母集団のわずかな大金持ちや超高級住宅が平均値を歪めるが、中央値にはわずかな影響を持たないからだ。

　代表値は、標本及び／又は母集団が尺度によって変わる場合にも誤解を生じる。不動産価格の平均が古典的な例だ。例えば1年間のような特定期間での売買にだけ基づくとする。ほとんどあり得ない話だが、ある年に売られた家がすべて次の年にも売り出されたりしない限りは、年ごとに、平均値算出の元になった標本がほぼ入れ替わる。それでも、不動産の持ち主は、不動産価格の平均10%の上昇を、同じ母集団にある自分の家の価格の上昇だと受け止めるものだ。多くの新築不動産が1年で建てられ売られる場合のように、母集団そのものが変化する場合、中央値も確実に変わる。それでも、中古住宅は前年と同じか安値で取引されるだろう。平均住宅価格を決定するより妥当な方法は、母集団の中から標本を、どの住宅も同じ確率で評価されて標本に加えられるように選ぶことだ。さらに、中古物件と新規物件との割合がわかっているので、標本を層化して、2種類の不動産のそれぞれについて報告するなり、後で集約するようにすべきだ。

　極値の影響を取り除くには、それらを分析から外す規則が取り入れられることがある。例えば、**トリム調整**（trimming）という実務では、平均から2標準偏差分以上離れたデータを統計計算の前に除去したり、母集団の上位または下位10%を取り除く。分析から極値を除くと、測定誤差の影響を最小化できる。例えば、応答時間調査において、参加者が飽きてしまって刺激を見過ごすことは決して稀ではない。コンピュータプログラムが、応答を2秒間待っているのに、刺激が見過ごされると、通常は20〜80msの応答時間が2,000msという100倍も大きい値として記録される。これを取り除かないと、平均は過大評価されてしまう。

　この例のキーポイントは、外れ値を取り除くもっともな理由があっても、集めた後の調査標本の変更は何であれ報告され、著者には理由を示す義務があることだ。論文査読でのよいやり方に、標本サイズを論文全体でチェックすることがある。取られた標本と分析標本とに食い違いがあるとき、もっともな説明が与えられているかだ。研究者がデータを取り除いている場合、説明と正当化は明示されているか。**感度分析**（sensitivity analysis）は行われてい

るか。すなわち、分析が一度は全データに、もう一度は外れ値を取り除いた場合に対して行われて、外れ値除去の影響が検討されているかなのだ。

20.6.2　標準誤差と信頼区間

データの標準誤差は、特に、論文で2つのグループの平均を比較するような場合、報告すべきだ。標準誤差は、(標本平均のような) 標本分布の標準偏差の推定値であり、報告された統計の変動性に対する推定値となる。

通常、標準誤差は、標準偏差を n の平方根で割った値に推定され、他がみな等しければ、標本サイズが増えるとともに標準誤差が減少して、母数推定がより信頼できるものとなる。ほとんどの分野で、点推定 (例、平均値) の信頼区間は、平均値の標準誤差として一般に報告されている。信頼区間は点推定の精度の尺度を提供するが、論文では、信頼区間を与えるだけでなく、意味も論じるべきだ。信頼区間が広い場合、この調査の精度ということだけではなく、結果の一般化の点でも論じられるべきだ。

20.6.3　データのグラフ表示

グラフは、数値情報のコミュニケーションを容易にするが、グラフは大いに誤用されている。例えば、軸に説明がなく、正しい解釈ができないことがある。あるいは、わざと変数間の本当の関係を隠すためにそうしているのかもしれない。科学研究では、グラフ表示と同時に実際のデータ値を示すべきである。一般メディアはグラフだけを示し、誤魔化しが横行する可能性を高めている。

「A picture tells a thousand words (百聞は一見に如かず)」ということわざは確かに正しいのだが、数千語あれば尺度の選択によっては決定的な変化を起こせることもある。**図 20-3** は、百年間での華氏 70-77 度という範囲で温度が上昇したという架空の例だ。温度上昇は、年にほぼ完全に相関 ($r = 0.94$) しているが、この事実はグラフ表示で強調もできれば、ぼやかすこともできる。**図 20-3** は、線形上昇を強く示す。

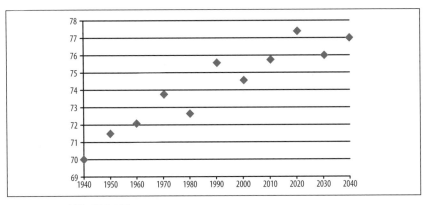

図 20-3　100 年間の温度上昇

しかし、水平軸を相対的に伸ばすと、視覚効果では、図 20-4 に見られるように温度上昇全体が緩やかに見える。

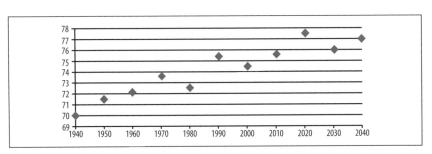

図 20-4　水平軸の伸長

温度軸を 68 ではなく 0 から始めると関係はさらに水平に近くなり、図 20-5 のように 2 変数には相関がないように見える。

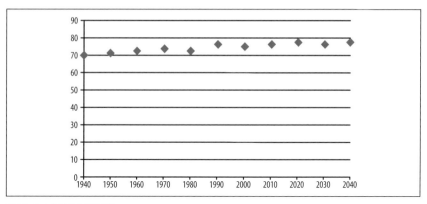

図 20-5　垂直軸の範囲増加

　もちろん、逆の視点で、図 20-6 に示すように、温度軸を垂直に伸ばし、温度上昇をもっと印象づけることもできる。

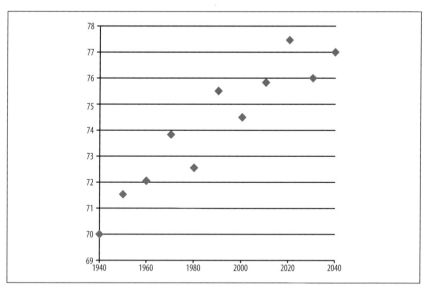

図 20-6　伸ばした垂直軸

学術出版においては、図 20-5 や図 20-6 のような誤解を与えるグラフはほとんど見受けないだろうが、範囲、軸、その他のやり方で読者に誤解させるような試みがなされていないか常に気を付けるのが賢明だ。残念ながら、このような欺瞞行為は一般メディアではよりありふれており、一般大衆向けの出版物のグラフ情報を解釈する際には特に気を付ける必要がある。

20.6.4 外挿と傾向

2 変数間の既知の関係を、測定範囲を超えた傾向予測のために、**外挿**（extrapolation）するのは、ありふれたマーケティング手法だ。例えば、S&P500 指数が過去 10 週間週ごとに 10 ポイント増加した場合に、投機家は次の週にも 10 ポイント上がると賭けるのに自信があると思うかもしれない。この場合、単純な線形外挿が最良推定値を与えるのだが、株式市場には多くのランダムな変動性が潜んでいるので、指数が過去の経験に従って常に上がるとは限らない。系が線形でないなら、線形外挿は不適切となる。

傾向も見ることは有用で、多くの分野で慣例となっている。しかし、対象とする系が、決定的でなく、ランダムな誤差の影響を受けたり、カオス的であるなら、傾向の有用性は限られ、ひどく不正確で、結果を誤解させる可能性がある。論文で述べられた予測は、測定データの範囲を超えたいかなる外挿もそうだが、すべて明白にそうと示され理由を述べるべきだ。

20.7 推測統計

ここまでで、研究計画と記述統計での統計的作業の報告によくある主要な問題について学んできた。場合によっては、欺瞞が分析の不正な提示の背後にあり、鍵となる統計量の欠落が疑惑を呼ぶことがある。推測統計においては、検定の不正あるいは不適当な使用についても気を付けなければならない。最も重大な問題は、多変量検定の仮定が日常的に無視されているのに、検定結果が仮定のうちのどれかが違反しただけで駄目になるほど過敏な場合である。研究論文では、仮定の適切さがどのように試験されているか、また適切でない場合に、データ分析の前にどのような処置が取られるかを明白に説明すべきである。

20.7.1 統計検定の仮定

よく使われる統計検定の典型的な仮定違反と仮説が違反していないかどうかを試験するやり方をいくつか示す。論文が、仮定の適切さをどのように試験したか論じていないとすれば、結果を信用しないほうがよい。

t 検定

2 標本 t 検定は、標本が無関係だと仮定している。関係があるなら、対応のある t 検定を使

うべきだ（t 検定は 6 章で論じた）。この文脈の無関係という用語は、独立であることを意味して、相関係数を使って線形独立性の試験ができる。データがある時間幅で集められた場合には、逐次相関が問題になるかもしれない。

t 検定は外れ値にも影響を受けるので、論文では、外れ値の有無が検査されたかどうか、また、外れ値があった場合にどう処理したかを述べるべきだ。統計的測定の健全さに基づく外れ値除去は、好ましくないデータを取り除くこととは、全く別の作業であり、結果を強化するためにデータ項目を取り除くことは、倫理に外れた行為であることに注意すること。

t 検定は、（検定の一環として分散が保持されるので）2 グループの基盤母集団偏差が等しいと仮定しているために、論文では、等分散性の検定が行われたこと、必要なら、どのような是正処置が取られたか、あるいは、等分散性に依存しない検定（ウェルチの t 検定やノンパラメトリック検定）が標準 t 検定の代わりに使われたなどを述べるべきである。

両変数の分布の正規性が、標本サイズが十分大きくて中心極限定理が使えるのでない限り、t 検定のもう 1 つの仮定となる。論文では、この仮定がどのように検定されたか、必要ならどのような是正処置が取られたか触れるべきである。

ANOVA

ANOVA には、適用に際して多数の仮定があり、通常（仮定が成り立つと望むだけや無視したりするのではなく）仮定が満たされているかどうか直接決定する必要がある。ANOVA（第 8、9 章で詳細に論じた）は、独立性と正規性を仮定しているが、現場という観点で最重要仮定は、等分散性である。

ANOVA は、調査のバランスが取れている（標本サイズがほぼ等しい）時に、母集団偏差が等しいときに、最も信頼が置ける。分布の歪みと不均等偏差は、F 検定の解釈を信頼できないものにする。ANOVA を使った論文では、これらの仮定すべてがどのように試験され、仮定が成り立たないときにはどのような是正処置や調整がなされたかを報告すべきである。

線形回帰

線形回帰（第 8、10 章で詳細に論じた）は、独立変数と従属変数の誤差の独立性を仮定している。この仮定は、例えば、季節要因がある（アイスクリームの販売が暑い月に多い）と成り立たない。論文では、この仮定がどのように試験（一般には、残差分析による）され、誤差項の非独立性が発見された場合には、何をしたか（例、線形回帰の代わりに時系列分析を用いる）を記述すべきである。

論文クラブでの発表

多くの研究機関や大学の学科には、論文クラブ（Journal Club、日本だと輪講会か）があり、ここではその分野で出版された研究について定期的に集まって議論する。ピザや飲食物が、人を集めるために提供されることもある。1、2の論文を取り上げて、そのメンバーで発表と議論を行うようにすることも多い。発表の順番が回ってきたときにどう準備するのが一番よいだろうか。もちろん、クラブの方式に従うのが好ましいが、次のようなことが役立つかもしれない。

1. 発表価値のある論文を選ぶ。同僚の時間を1時間あまり使う、同僚もあなた同様忙しいことを忘れないように。複数の論文のアブストラクトをまず読んで、面白い仮説、よい研究計画、しっかりした結論を引き出す適切なデータを備えたものを1つ選ぶ。

2. 論文を少なくとも3回読む、1回目は著者の議論の全体感を掴むため、2回目は批判的に、3回目は、発表で強調したい主要点を引き出すために。論文で述べている順番にテーマを紹介するだけという誘惑をはねのけること。発表前には、内容をよく理解して、ページにある情報を吐き出すのではなく、問題について語れるようになること。

3. 論文の文脈を示すこと。他に誰がこのテーマに関わっており、論文の理論がその分野の他の人にどう関わるかなど。さらに、誰が研究資金を提供したか、明らかな利益背反がないかなど。

4. 基本的な技術用語や聴衆には馴染みがないかもしれない統計技法を簡単に定義すること。必要なら、論文の中でその統計技法がどのように使われているか批評する。

5. 話の概要を述べる。割り当てられた時間と質疑応答の時間を忘れないように。多くの人が、プレゼンで、最も重要なことに適切な時間を割り当てるため、（あらまし）節ごとのスケッチがあると助かると感じている。

6. 出席する知り合いに、議論がはかどらないときのために、いくつか質問を用意してもらうことはズルには当たらない。これは、もっと議論したい点に質疑応答をもっていくのにもよい方法だ。

付録 A
数学基礎の復習

　統計を学ぶのに、数学が飛び切りできる必要はない。おまけに今では電卓やコンピュータプログラムが骨の折れる計算という作業を行ってくれる。しかし、数というものがどのような働きをするものかを、初等算術や代数を含めて理解することは、統計的に推論し、議論するためには欠かせない。誰でも、計算そのものは行えるわけだが、その結果得られた数字について意味を理解していなければ、折角の努力が無意味であったり、それどころか却って、それまでの結果を否定することにつながりかねない。さらに言えば、何をしているか理解することは楽しいことだし、本当に数のことを理解して、他の人にも説明できるならば、学校であれ職場であれ、同僚よりも有利な立場に立てるというものだ。

　学校で学んだ数学が記憶の彼方に消えてしまったという人も心配するには及ばない。同じような人はいっぱいいる。高校の数学がよくできたとしても、基本概念を復習するだけで、統計の学習は容易になるし、基本的な課題に取り組むことで、もっと複雑な計算に取り組む数感覚を鋭くすることができる。簡単な計算をこなすことは、新しい電卓や計算ソフトウェアに慣れるという点でもよい方法だ。正答がわかっている計算から始めることで、新たな問題に取り組む技法について、もっと自信が持てるだろう。

　大学の同僚の計算論の講師は、宿題で学生が犯す間違いのほとんどは代数に関するものだと教えてくれたが、これは、中学校で学んだ規則を使うときの間違いが圧倒的であるという点で重要だ。同じことが統計にも言える。必要な数学そのものには、少なくとも初級段階では、複雑なことは何もない。素材についてよく理解していることと、フレッシュな精神状態が必要なだけだ。そのために、この付録では、数学基礎の一部をやさしく復習する。これによって、この前、指数の掛け算をしたのはいつだったか、直交座標でグラフを書いたのはいつだったかもう覚えていないという人にも、記憶を新たにして、安心してもらえるものと期待している。

　どれだけ思い出さねばならないか知りたいなら、各章末の問題を試してみればよい。どの問題もできたなら、この付録を飛ばしても大丈夫だ。反対に、どれも解けなかった場合には、

高校もしくは大学初年級の教科書で、代数の復習をして、この付録の内容を補った方がよい。もしも、統計が大好きになって、専門課程に進みたいなら、計算論と数理統計学のコースを取る必要があるが、そこでの数学は、本書で紹介した技法に必要なレベルを凌駕するものになるだろう。

算術規則

数は、小さな数が左、大きな数が右という数直線上に並んだ点だと考えるのが便利だ。小学校のときに数直線を学んだのを覚えているだろうか（**図 A-1**）。

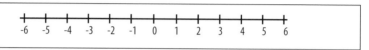

図 A-1　数直線

数直線の概念が統計で有用なのは、分布図の点について、「より大きな値」という意味で、「ずっと右にある」などと言うからである。ある値が、他の値よりも「少なくとも極値」とか、「少なくとも平均から大きく離れている」という言明を、仮説検定においてよく目にすると思うが、これも数直線を参照したものだ。正規分布のような分布は、対称的で、単一の最頻中央値を持つ。値が中央値から（右でも左でも）離れるに連れて、出現頻度は小さくなる。

数には、正または負の符号が書かれる。符号がない場合には、正値だとする。a の**絶対値**は $|a|$ と書かれ、正方向であれ負方向であれ、数直線上で原点からの a の距離を示す。すなわち、$a = -5$ かつ $b = 5$ なら、a と b の絶対値は同じで、$|a| = |b| = 5$ となる。別の言い方をすると、ある数の絶対値とは、その数から負の符号を取り除いた数の値と同じである。この規則では、4 は -5 よりもはるかに右にあり大きいにも関わらず、$5 (|-5|)$ の方が $4 (|4|)$ より大きいので、$|-5|$ は $|4|$ より大きいのだ。

同じ符号の数を足すときは、絶対値を加えて符号を同じにする。

$$3 + 5 = 8, -3 + -5 = -8$$

符号の異なる 2 数の和は、絶対値を引き算して、絶対値の大きい方の数の符号をつける。

$$-3 + 5 = 2, 3 + -5 = -2$$

符号の異なる 2 つ以上の数の和では、符号別に分けて、それぞれで絶対値を加え、正の符号のものから、負の符号のものを引く。

$$-3 + 5 + -2 + 4 = (5 + 4) - (3 + 2) = 4$$

明らかに、負数を加えることは、正数を引くことと同じである。次の減算則になる。

$$a - b = a + -b$$

したがって

$$2 - 5 = 2 + (-5) = -3$$

同じ符号の数の積では、絶対値を掛け合わせる。すべての数が正なら、結果も正数。すべてが負数なら、負符号の個数を数える。負符号が偶数個ならば、結果は正数。奇数個ならば、結果は負数。

$$4(2) = 8, -4(-2) = 8, -4(-2)(-3) = -24$$

異なる符号の数の掛け算では、絶対値を掛け合わせて、負符号の個数を数える。偶数個ならば、結果は正数。奇数個ならば、結果は負数。

$$-4(2)(-3) = 24, -4(2)(3) = -24$$

同じ符号の数の除算では、絶対値を割って、結果を正数とする。異なる符号の数の割算では、絶対値を割って、結果を負数とする。

$$10/5 = 2, -10/-5 = 2, 10/-5 = -2$$

演算順序

一般に、算術式は左から右へ計算するが、式内では次の順序に従う。

1. 括弧の中
2. 指数および根
3. 乗除算
4. 加減算

多くの小学生が次のように唱えてこれを暗記したものだ。「Please excuse my dear aunt Sally」つまり、parentheses（括弧）, exponents and roots（指数と根）, multiply and divide（乗除）, add and subtract（加減）。括弧が何重にも入り組んでいたら、一番奥の括弧から始めて式を計算する。表 A-1 に例を示す。

表 A-1　演算順序の例

式	規則	結果
$2 + 5 \times 10$	加算の前に乗算	52
$(2 + 5) \times 10$	括弧の中の式を先に	70
10×2^2	乗算の前に指数	40
$(10 \times 2)^2 + 5$	括弧の中の式を先に、それから指数、次に加算	405
$10 - 4/(2 + 2)$	括弧の中の式を先に、それから除算、次に減算	9
$[5 + 3(4 + 6)]/(3 + 2)$	最内の括弧を先に、それから加算の前に乗算	7

実数の性質

実数は日常生活で馴染みのある数であり、数学や統計で一番よく使われる。小数点を使って書かれるので、47/5 のような有理数、π（3.1415...）、2 の平方根（1.4142...）のような無理数を含むが、虚数（二乗すると負になる数）や複素数は含まない。この復習では、特に断らない限り、数として実数を使う。実数の性質には次のようなことがある。

- 加算と乗算における**結合則**
  $(a + b) + c = a + (b + c)$、ゆえに $(1 + 2) + 3 = 1 + (2 + 3) = 6, a(b \times c) = (a \times b) c$、ゆえに $2 \times (3 \times 4) = (2 \times 3) \times 4 = 24$

- 加算と乗算における**交換則**
  $a + b = b + a$ ゆえに $5 + 4 = 4 + 5 = 9, a \times b = b \times a$ ゆえに $2 \times 3 = 3 \times 2 = 6$

- 乗算の**分配則**
  $a(b + c) = ab + ac$ ゆえに $5(2 + 3) = 5(2) + 5(3) = 10 + 15 = 5(5) = 25$

- **加算の単位元**は 0。どの数に 0 を加えても、その数のまま。
  $a + 0 = a$ ゆえに $5 + 0 = 5$

- **ゼロ元**は 0。どの数に 0 を掛けても 0。
  $a \times 0 = 0$ ゆえに $5(0) = 0$

- **乗算の単位元**は 1。どの数に 1 を掛けてもそのまま。
  $a(1) = a$ ゆえに $5(1) = 5$

- **加法の逆元則**。どの数でも逆元を加えると 0 になる。

$a + -a = 0$ かつ $-a + a = 0$ ゆえに $5 + -5 = 0$ かつ $-5 + 5 = 0$

- **二重否定則**。負符号が重なると消える。
  $-(-a) = a$ ゆえに $-(-5) = 5$

- **乗算の逆元則**
  $a \times (1/a) = 1$、ただし $a \neq 0$（0 による除算は定義されないから）ゆえに $5 \times (1/5) = 1$

指数と根（ルート）

指数（exponent）は、基数（または底、base number）を指数部の回数だけ掛け合わせる。

$a^n = a \times a \times a \ldots n$ 回。ここで a が**底**n が**指数**。ゆえに $2^4 = 2 \times 2 \times 2 \times 2 = 16$。$a^2$ は、「a の平方」と呼ばれ、a^3 は、「a の立方」と呼ばれている。他に「a の2乗」などとも呼ばれ、この方式はべき乗が4以上のときに使われる（a^7 は「a の7乗」と呼ばれる）[†]。

同じ底の**指数の掛け算**は、底をそのままにして指数を足す。

$a^m \times a^n = a^{m+n}$ ゆえに $3^2 \times 3^3 = 3^{2+3} = 3^5 = 243$

- **指数のべき乗則**
  $(a^m)^n = a^{mn}$、ゆえに $(2^2)^3 = 2^6 = 64$, $(ab)^n = a^n b^n$ ゆえに $(5 \times 4)^2 = 5^2 \times 4^2 = 400 = 25 \times 16$, $(a/b)^n = a^n/b^n$ ゆえに $(3/4)^2 = 3^2/4^2 = 9/16$、ただし $b \neq 0$ とする。

- **ゼロ指数**は、0 以外の底に対して指数が 0 なら = 1。
  $a^0 = 1$ ゆえに $245^0 = 1$ かつ $(-8)^0 = 1$（0^0 は定義されない）

- **負の指数**は、底をその指数の絶対値だけべき乗して割るのと同じ。
  $a^{-1} = 1/a$ かつ $a^{-2} = 1/a^2$、ゆえに $2^{-1} = 1/2$ かつ $2^{-2} = 1/2^2 = 1/4$, $(a/b)^{-n} = (b/a)^n$ ゆえに $(5/3)^{-2} = (3/5)^2 = 9/25$

- 底が同じ数の除算は、指数を引き算する。
  $a^m/a^n = a^{m-n}$（ただし $a \neq 0$）ゆえに $3^5/3^2 = 3^{5-2}$ につき $= 3^3 = 27$

[†] 訳注：英語では、「a to the seventh power」、「a to the power 7」、「a to the 7th」のような読み方がある。

数の(n 乗)根をとるのは、指数の逆演算である。x の n 乗根は、$a^n = x$ となるような a である。これは、**平方根**、すなわち 2 乗根を考えるとわかりやすい。3 が 9 の平方根なのは、$3^2 = 9$ だからである。正確には、3 は 9 の平方根の主部（−3 も 9 の平方根）であるが、この区別は実際には無視されることが多い。同様に、125 の 3 乗根は、$5^3 = 125$ なので 5 となる。3 乗根は**立方根**とも呼ばれる。3 を超えると 4 乗根、5 乗根と呼ぶ。

根の性質

式 A-1 から式 A-3 に根についての重要な規則を示す。ただし a および $b \geq 0$、式 A-2 では $b > 0$。

式 A-1　根の乗算則

$$\sqrt[n]{ab} = \sqrt[n]{a}\sqrt[n]{b}$$

式 A-2　根の除算則

$$\sqrt[n]{\frac{a}{b}} = \frac{\sqrt[n]{a}}{\sqrt[n]{b}}$$

式 A-3　根の指数則

$$\sqrt[n]{a^m} = \left(\sqrt[n]{a}\right)^m = a^{\frac{m}{n}}$$

式 A-4 にあるように、これらの規則を電卓で自分で試すことができる。

式 A-4　根の演算則の適用。

$$\sqrt{4 \times 16} = \sqrt{4}\sqrt{16} = 2 \times 4 = 8$$

$$\sqrt[3]{\frac{27}{64}} = \frac{\sqrt[3]{27}}{\sqrt[3]{64}} = \frac{3}{4} = 0.75$$

$$\sqrt[3]{8^2} = \left(\sqrt[3]{8}\right)^2 = 8^{\frac{2}{3}} = 4$$

対数（log と略す）は、与えられた底で求める数になる、べき乗の指数を言う。底を 10 とすれば、$\log_{10} 100 = 2$、なぜなら $10^2 = 100$。任意の数が底になれるが、統計では、底 e の指数関数を使う。これは、**自然対数**、ネピア（Naperian）対数とも呼ばれ、$\ln x$ と書かれ $\log_e x$ を意味する。底 e は無理数 $2.718\ldots$ であり、自然科学のさまざまなプロセスの記述に

使われる。そこから、「自然対数」という言葉が生じた。科学計算用の電卓には、通常 LN キーがあって、自然対数が計算でき、多くのコンピュータプログラムでも、同様の組み込み関数がある。ただし、前もって注意しておくと、自然対数を計算する関数が、LN ではなく LOG と略称されていることがあるので、使っている電卓やコンピュータプログラムで、正しい記号が何か確認したほうがよい。

式 $\ln x = 1.5$ は、$e^{1.5} = x$ と書くのに等しい。この場合 $e^{1.5} = 4.48$ なので $x = 4.48$（丸めてある）であり、4.48 の自然対数が 1.5 だという。底が何であれ（次の例では b を使う）対数には次の規則が成り立つ。

- $\log_b 1 = 0$ なぜなら $b^0 = 1$ （任意の数の 0 乗 = 1 だから）
- $\log_b b = 1$ なぜなら $b^1 = b$ （任意の数の 1 乗は自分自身だから）
- $\log_b b^x = x$ （なぜなら定義により b^x の対数は底が b なら x だから）
- $b^{\log_b x} = x$ ただし $x > 0$ （なぜなら $\log_b x$ は、b を底にして x となる指数だから）

対数の次の性質も統計では役に立つ。

- $\log_b MN = \log_b M + \log_b N$ （積の対数は、対数の和）
- $\log_b M/N = \log_b M - \log_b N$ （商の対数は、対数の差）
- $\log_b M^p = p \log_b M$

電卓を使って、これらの性質を自分で確かめることができる。例えば、自然対数を使うと次のようになる。

$\ln (2 \times 4) = \ln 2 + \ln 4 = 0.693 + 1.386 = 2.079$
$\ln (2/5) = \ln 2 - \ln 5 = 0.693 - 1.609 = -0.916$
$\ln 2^3 = 3 \ln 2 = 3(0.693) = 2.079$

0 から 1 の間の数の対数は負になること、0 より小さな数の対数は未定義であることに注意（電卓で $\ln -1$ を計算しようとすると、エラーメッセージが出る）。

式を解く

式を解くのに、次のような等号に関する規則が役立つだろう。

- $a = b$ なら $a + c = b + c$ （等式の両辺に定数を加えても等式は成り立つ）
- $a = b$ なら $a - c = b - c$ （等式の両辺から定数を引いても等式は成り立つ）

- $a = b$ なら $ac = bc$（等式の両辺に定数を掛けても等式は成り立つ）
- $a = b$ かつ $c \neq 0$ なら $a/c = b/c$（等式の両辺をゼロでない定数で割っても等式は成り立つ）

一次方程式を解くときに、これらの規則はその前の実数についての規則同様、手軽に使える。例えば、

$$5(x - 4) = 40$$

を解くには、左辺を展開して両辺に 20 を加えて x を 1 つにする。

$$5x - 20 = 40$$

両辺を 5 で割る。

$$5x = 60$$

解を確認するために、12 を元の式に代入する。

$x = 12$
$5(12 - 4) = 5(8) = 40$、これは正しい。

もっと複雑な問題では、次のように項を組み合わせる必要がある。

$2(3x + 1) = 5(x + 2)$	
$6x + 2 = 5x + 10$	両辺で掛け算を展開する。
$x + 2 = 10$	両辺から $5x$ を引く。
$x = 8$	両辺から 2 を引く。
$2(24 + 1) = 5(8 + 2) = 50$	元の式の x に 8 を代入する。

指数を含む方程式を解くには対数をとるのが便利だ。両辺の対数をとり、対数の性質を使って未知数を求める。例えば、底を 10 として、

$5^x = 3$	
$\log 5^x = \log 3$	両辺の対数をとる。
$x \log 5 = \log 3$	指数と対数の規則を使う。
$x = \log 3 / \log 5 = 0.683$	両辺を $\log 5$ で割る。
$5^{0.683} = 3$	確認 元の式の x に 0.683 を代入する。

連立方程式

　連立方程式（system of equations）は、**同時連立方程式**（system of simultaneous equations）とも言うが、共通の変数を持つ代数方程式の組である。連立方程式を解くことは、共通解、すなわち、すべての方程式を満たす変数に対する値の組を探すことを意味する。共通解があれば（本書で提示するすべての連立方程式はそうなっている）、この方程式系は、**無矛盾**（consistent）と呼ばれ、そうでないと、**矛盾している**（inconsistent）と呼ばれる。連立方程式は、グラフ的に（方程式を表す直線を引いて交点を解とする）または代数的に解くことができる。ここでは、代数的解法だけを示す。

　連立方程式の問題を解くのは、代数や論理推論のよい復習になる。連立方程式を解く単純な方法は、ここで示す例題を解くのにも使えるが、各方程式をできるだけ単純化して、その後、代入法か加減法を用いて解く。二元連立方程式の例を示すが、三元連立方程式などのより複雑なものにも同じ解法が適用できる。これが今回のポイントで、行列を使ったもっと複雑な方程式系の解は、この復習の範囲外となる。

　二元連立方程式（未知数は x と y）を解く代入法（method of substitution）を次に示す。

$$2x + y = 6, \quad 3x - 2y = 16$$

最初の方程式を y について解く。

$$y = 6 - 2x$$

y の値を 2 番目の方程式に代入する。

$$3x - 2(6 - 2x) = 16$$

x について解く。

$$3x - 12 + 4x = 16, 7x = 28, x = 4$$

値を y の解に代入して、y を解く。

$$y = 6 - (2 \times 4) = -2$$

解は、$(4, -2)$ すなわち $x = 4, y = -2$ となる。元の方程式にこの値を代入して確認する。

$$2(4) + (-2) = 6, 3(4) - (2 \times -2) = 16$$

　加算法（加減法、method of addition）を同じ方程式に使う場合は、2 つの方程式を加算または減算して、どちらかの未知数の項を消去し、残りの未知数について解く。片方または両方の方程式の両辺に定数を掛けて、加減どちらかで変数の 1 つ（x か y）が消去できるように

する追加の処理が必要となることが多い。この例の場合、最初の方程式に2を掛ける。

　　$2[2x + y = 6]$ は、$4x + 2y = 12$ となる。

この方程式（両辺に定数を掛けただけなので、元の式と等価）で入れ替えて、2番目の方程式を加える。**式 A-5** は、この連立方程式の解法を示す。

式 A-5　加算法による連立方程式の解法

$$\begin{array}{r} 4x + 2y = 12 \\ + 3x - 2y = 16 \\ \hline 7x + 0y = 28 \end{array}$$ ゆえに $x = \dfrac{28}{7} = 4$

この値を元の方程式のどちらかに代入して y を解く。

　　$2(4) + y = 6$ ゆえに $y = -2$, $3(4) - 2y = 16$ ゆえに $y = -2$

これで代入法と同じ解 $(4, -2)$ が得られた。

方程式のグラフ

多次元空間の点は、**デカルト座標**（Cartesian coordinates）とも呼ばれる**直交座標**（rectangular coordinates）で記述できるが、これは、系の各次元の値を与えて特定の点の位置を示す。この系をここでは2次元で示すが、これはページに印刷しやすいからで、同じ概念が高次元でも成り立つ。

2次元空間の点の位置は、**図 A-2** のように2つの座標軸、x（水平）と y（垂直）を持つ平面で表される。この平面の格点は、x 座標と y 座標の2数を常にこの順序で使うことにより表される。例えば、点 $(2, 3)$ は x 座標が2、y 座標が3、点 $(-1.5, -2.5)$ は x 座標が -1.5、y 座標が -2.5 となる。

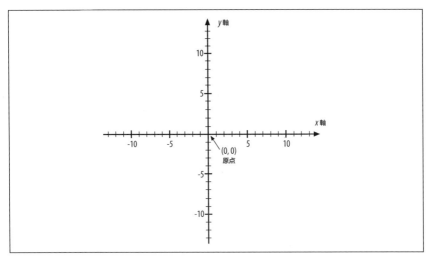

図 A-2 デカルト座標系

一次方程式は、$y = mx + b$ と書かれ、ここで m は傾き (slope)、b は y 切片 (y-intercept) と呼ばれる。この記法は、直線の傾き切片記法 (slope-intercept form) と呼ばれる。(2 次以上の高次の項を含まない) 一次方程式を直交座標で描くには、方程式を満たす 2 つ以上の座標を求め、それらを結ぶ直線を描く。簡単な例を示す。

$$y = 2x + 4$$

可能な解には次のようなものがある (無限個の解があることに注意)。

$$x = 0, y = 4; \quad x = 1, y = 6; \quad x = -2, y = 0$$

図 A-3 のように、解を描くことができる。

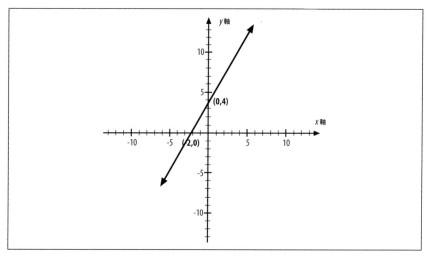

図 A-3 方程式 $y = 2x + 4$ を表す直線

直線の構成要素の解釈は次のようになる。

傾き

x が1単位増えるのに対応した y の増分。

切片

$x = 0$ のときの y の値、すなわち、直線が y 軸と交わる値。

グラフを描かなくても、式を解釈して、与えられた x に対する y の値を予測できる。次の式を見よう。

$y = -3x + 6$

傾きが負なので、直線が左上から右下（**図 A-3** の傾きが正の直線とは反対）だということがわかる。x が増えると y が減り、逆も成り立つことがわかる。切片 (6) は、y 軸と 6 で交わることを示す。直線上の点を次のように計算できる（x 切片と y 切片を求める方が容易なことも多い）。**表 A-2** にいくつかの値を示す。

表 A-2　直線 y ＝ －3x ＋ 6 のいくつかの値

x	y
2	0
0	6
1	3

この方程式のグラフを図 A-4 に示す。

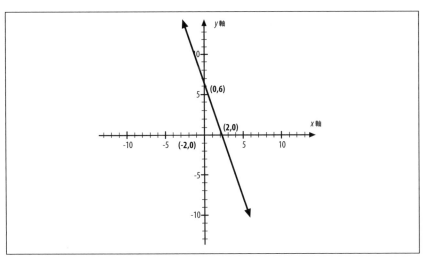

図 A-4　方程式 y ＝ －3x ＋ 6 のグラフ

　直線の方程式を書くもう 1 つの形式は、**点傾き**（point-slope）形と呼ばれる。この形式は、直線の傾きと一点がわかれば、直線を描き、線上の任意の点の座標を計算できるという事実に基づく。同様に、直線上の 2 点がわかれば、傾きを計算できる。これは、直線が 2 点でまたは 1 点と傾きで一意に同定できるとも言い表せる。直線の点傾き形は次のように書かれる。

$$y - y_1 = m(x - x_1)$$

　ここで、m は直線の傾き、(x, y) と (x_1, y_1) が直線上の 2 点である。直線上の 2 点が与えられれば、**式 A-6** の式を使って傾きを計算する。

式 A-6　直線上の傾きの式

$$m = \frac{y - y_1}{x - x_1}$$

これを、「傾き＝上昇割る走り」と覚えてもよい。ここで、**上昇**（rise）は、2 点間の y 値の変化（垂直軸方向の変化）、**走り**（run）は、x 値の変化（水平軸方向の変化）である。点 (0, 6) と (2, 0) の場合、傾きは**式 A-7** に示すようになる。

式 A-7　直線の傾きを求める。

$$m = \frac{6 - 0}{0 - 2} = \frac{6}{-2} = -3$$

これは、最前の例（**図 A-4**）の傾きである。点 (6, 6) と (4, 2) を通る直線なら、傾きは**式 A-8** に示すようになる。

式 A-8　直線の傾きを求める。

$$m = \frac{6 - 2}{6 - 4} = \frac{4}{2} = 2$$

この例を続けると、直線が傾き 2 で、点 (6, 6) を通ることがわかれば、4 のときの y 座標を点傾き式を使って求めることができる。

$$y - y_1 = m(x - x_1),\ 6 - y_1 = 2(6 - 4),\ -y_1 = 4 - 6 = -2,\ y_1 = 2$$

一次不等式

方程式（equation）は、2 つの式を等号（equals sign）で結ぶ。例えば、$y = mx + b$ は、直線の方程式だ。2 つの式を**不等号**（inequalities）、式の両側が等しくないことを示す記号で結びたいこともままある。不等号としてよく使われる記号を**表 A-3** に示す。

表 A-3 よく使われる不等号

記号、略記法	意味	例
≠ , < > , NE	等しくない	$a \neq b, a <> b, a$ NE 5
< , LT	小さい	$a < b, a$ LT 5
> , GT	大きい	$a > b, a$ GT 5
≦ , < = , LE	以下	$a - b, a < = b, a$ LE 5
≧ , > = , GE	以上	$a - b, a > = b, a$ GE 5
≈	ほとんど等しい	$a \approx b, a \approx 5$

GE や LT などの英語略称は、コンピュータプログラムでよく使われる。

不等式は、論理値（真偽値）で評価できる。例えば、$a = 5$ かつ $b = 6$ なら $a < 6$ および $a < b$ はどちらも真だが、$a > 5$ と $a > b$ はどちらも偽になる。次の法則が一次不等式に成り立つ。

1. 不等式の両辺に同じ数を足しても引いても、不等式は同じように成り立つ。
   もし $a < b$ なら $a + x < b + x$、さらに $a - x < b - x$。$6 < 10$ なので $(6 + 4) < (10 + 4)$ そして $(6 - 1) < (10 - 1)$。

2. 不等式の両辺に同じ正の数を掛けたり、その数で割ったりしても、不等式は同じように成り立つ。
   $a > b$ なら $ax > bx$、さらに $a/x > b/x$。$5 > 3$ なので $(5 \times 2) > (3 \times 2)$ そして $(5/2) > (3/2)$。

3. 不等式の両辺に同じ負の数を掛けたり、その数で割ったりすると、不等号の方向を逆転した不等式が成り立つ。
   $a < b$ なら $a(-x) > b(-x)$。$2 < 4$ なので $2(-3) > 4(-3)$ そして $2/-3 > 4/-3$、すなわち $-6 > -12$ かつ $-2/3 > -4/3$。

一次不等式は、一次方程式で使ったのと同じ方法で解くことができる。例えば、

$4(3x + 2) < 20$
$12x + 8 < 20$
$12x < 12$
$x < 1$

となる。

分数

分数は、ある数を別の数で割ったことを表す単純な方法だ。**式 A-9** に示すように、上の数が分子、下の数が分母と呼ばれる。

式 A-9　分数の分子と分母

$$\text{分数} = \frac{\text{分子}}{\text{分母}}$$

式 A-10 は、分数の基本的な性質を示す（すべて 0 では割らないと仮定している）。

式 A-10　分数の性質

1. $\dfrac{a}{b} = \dfrac{c}{d}$　$ad = bc$ のとき、そのときに限る（必要十分条件）
2. $\dfrac{a}{1} = a$
3. $\dfrac{a}{a} = 1$
4. $\dfrac{a}{b} = \dfrac{ac}{bc}$
5. $-\dfrac{a}{b} = \dfrac{-a}{b} = \dfrac{a}{-b}$

性質 4 が性質 3 の自分自身で割ると 1、から来ていることに注意する。この場合のように、c/c を掛けることは、1 を掛けただけなので分数の値は変わらない。この性質から、**式 A-11** に示すように、公約数で割って約分できる。

式 A-11　約分

$$\frac{8}{24} = \frac{8 \times 1}{8 \times 3} = \frac{1}{3}$$

$$\frac{4x^3 y^2}{2x^2 y^3} = 2xy^{-1}$$

指数のことを思い出せば、$y^{-1} = 1/y$ だ。

分数の加減算では、通分が必要となる。「最小公倍数を求めなさい」や「LCD を求めよ」という小学校の問題を覚えているだろう。今回の目的には、公倍数であれば何でもよい。公倍数がわかれば、**式 A-12** のように、分母を共通にして、分子を足すか引くかすればよい。

式 A-12　同じ分母の分数を足す

$$\frac{a}{c} + \frac{b}{c} = \frac{a+b}{c}$$

分母が共通でなければ、必要なだけ掛けたり割ったりして公倍数の分母に通分してから、足したり引いたりして、結果を公約数で割って約分する。例えば、**式 A-13** のようにする。

式 A-13　公倍数を使って分数を加える。

$$\frac{5}{6} + \frac{2}{4} = \frac{10}{12} + \frac{6}{12} = \frac{16}{12} = \frac{4}{3} \text{ すなわち } 1\frac{1}{3}$$

1 1/3 は、整数部分と分数部分とからなるので、**帯分数**（mixed number）と呼ばれる。4/3 は、分子が分母より大きいので、**仮分数**（improper fraction）と呼ばれる。仮分数を帯分数に直すには、**式 A-14** に示すように、分子からできる限りの分母を取り除き、整数部分と分数で表現される残りで表現する。

式 A-14　仮分数を帯分数に変換する

$$\frac{4}{3} = \frac{3}{3} + \frac{1}{3} = 1\frac{1}{3}$$

分数を掛けるには、**式 A-15** のように、分子と分母とをそれぞれ掛けてから結果を約分する。

式 A-15　分数を掛ける

$$\frac{a}{c} \times \frac{b}{d} = \frac{ab}{cd}$$

$$\frac{9}{5} \times \frac{10}{27} = \frac{90}{135} = \frac{2}{3}$$

分数で割るには、ひっくり返して掛ける。これは、x で割ることが、$1/x$ を掛けることだから（すなわち、除算は**逆数**（reciprocal）の掛け算と同じだから）可能となる。これを**式 A-16** に示す。

式A-16 分数の除算

$$\frac{a}{b} \div \frac{c}{d} = \frac{a}{b} \times \frac{d}{c} = \frac{ad}{bc}$$

$$\frac{3}{4} \div \frac{1}{2} = \frac{3}{4} \times \frac{2}{1} = \frac{6}{4} = 1\frac{1}{2}$$

分数は、**小数**（decimals）や**パーセント**でも表現できる。パーセントは、分母が100（ラテン語で cent = 100）の分数に過ぎない。電卓では、簡単に、分数を小数にして、100を掛けてパーセントにできる。電卓によっては、除算の結果をパーセントにする特殊キーがあったりする。

1/4 = 0.25 = 25%,　6/4 = 1.5 = 150%

ある数のパーセントを取るには、対応する小数をその数に掛ければよい。例えば、30の40% = 0.4(30) = 12。ある基準値からの増分を計算するには、1.0足す増加分を掛ければよい。例えば、20%の増加を計算するには、1.0を掛けると元の数が得られ、0.2を掛けると20%の増加分が得られるので、1.2を掛けるとよい。こういった理由から、100%の増加は、2倍と同じだが、2.0を掛ける（1.0が元の数、1.0が増加分）のを意味する。全体からの減少分を求めるには、1－減少分を掛ける。例えば、100から10%の減少を表す数を求めるには、100に0.9を掛ける。ゆえに、100(0.9) = 90。

階乗、順列および組合せ

数の**階乗**（factorial）とは、1になるまでそれより小さいすべての数を掛け合わせた数である。n の階乗は $n!$ と書かれ、$n(n-1)(n-2)\ldots(1)$ を意味する。ゆえに、

5! = 5(4)(3)(2)(1) = 120

そして

10! = 10(9)(8)(7)(6)(5)(4)(3)(2)(1) = 3,628,800

電卓の多くが階乗キーを持っており、!や$x!$という記号を使っている。置換や組合せ数のキーもあって、nPr や nCr という記号を使っている。電卓にこのようなキーがあれば、本節を読むついでに実験してほしい。階乗を含む分数は、共通する因数を払って約分できるが、これは、10!の例を見てもわかるように階乗の値がすぐ巨大になるので有用な性質である。共通の因数を払う処理は、**式A-17** の例からも明らかだろう。

式 A-17　階乗問題で共通因子を払う

$$\frac{10!}{8!} = \frac{10 \times 9 \times 8 \times 7 \times 6 \times 5 \times 4 \times 3 \times 2 \times 1}{8 \times 7 \times 6 \times 5 \times 4 \times 3 \times 2 \times 1} = 10 \times 9 = 90$$

　階乗は、有限個の対象を順に並べるような問題に役立つ。例えば、5 冊の本を棚に並べるのに何通りあるか。最初の本には 5 つの選択肢があり、2 番目には 4 つ（最初の本は決まったので、それを選ぶわけにはいかないから）、3 番目は 3 つ、4 番目は 2 つ、5 番目は 1 つになる。答えはしたがって 5! = 120。

　異なるモノの有限集合（すべてのモノが互いに異なる）から、それらの部分集合を取り出す方法がいくつあるかを調べたいなら、答えを計算するのに、**順列**（permutation）が使える。実際、前の段落の、5 つのモノから 5 つ取り出す方法の個数は、順列問題のうちで、部分集合が全体集合に同じ場合である。しかし、普通は、順列問題は、5 冊の本の集合から 3 冊選ぶ方法のようになる。順列の表記には、**式 A-18** で示す n 個の集合から r 個選ぶ方法のようにいくつかの記法がある。

式 A-18　順列の公式

$$P(n, r) = nPr = \frac{n!}{(n-r)!}$$

5 つのモノから 3 つ選ぶ方法の個数は、**式 A-19** に示す。

式 A-19　順列を解く

$$_5P_3 = \frac{5!}{(5-3)!} = 60$$

　0! は、0 による除算の問題を避けるため、記法として、0 ではなく 1 であることに注意する。

　順列では、モノの並び順が重要である。アルファベットの最初の 5 文字から 3 文字を選ぶ場合、例えば、(a, b, c) は、(a, c, b) とは異なる順列である。順序が問題ではない場合、順列ではなく、組合せを扱うことになる。**組合せ**（combination）では、n 個のモノの集合から選んだ r 個のモノの異なる集合の個数を求めるが、同じモノが異なる順序にある集合を異なるとは数えない。アルファベットの最初の 5 文字から 3 文字を選ぶ場合、(a, b, c) は、(a, c, b) と同じだと考える。順列同様、組合せにも複数の表記法があるので、**式 A-20** の n 個の集合から r 個選ぶ組合せの数の表記法のどれかを見かけることになるだろう。

式 A-20　組合せを書く異なる表記

$$C(n, r) = nCr = \binom{n}{r} = \frac{n!}{r!(n-r)!}$$

順序が問題でない場合、5つから3つ選ぶ組合せの数は、**式 A-21** のようになる。

式 A-21　組合せを解く

$$_5C_3 = \frac{5!}{3!(5-3)!} = 10$$

練習問題

この付録の概念の復習である。

算術法則と実数

初めの7節を電卓を使わずに行うと、つまり、代数の知識を使って手計算で行うと、数学理解の現状を正確に診断できるだろう。(xやyのような) 未知数を含む問題は、最も簡単な式に変換すればよい。

1. $3 + (-8) =$
2. $6/-3 =$
3. $(-8y)(-6z) =$
4. $2 + 5/10 =$
5. $(2 + 5)/10 =$
6. $6 + 3^2 - 5 =$
7. $(3 + 2)^2 =$
8. $[12(5) - 2(3)] / (3 \times 2) =$
9. $-(3 - 5x) =$
10. $6(4 + 2x) - x(5) =$
11. $3(4/x) =$
12. $5x(4 - 2) =$
13. $(5x + 6)(3) =$

指数、根

1. $2^0 =$
2. $(1/4)^2 =$
3. $(-x)^4 =$
4. $(x^3)^2 =$
5. $2^2(2^3) =$
6. $x^5(x^{-2}) =$
7. $(4 \times 2)^2 =$
8. $2^{-1} =$
9. $x^2/x^4 =$
10. $(2/3)^2 =$
11. $(7y^2)^1 =$
12. $(5/9)^{-1} =$
13. $x^5/x^{-2} =$
14. $(27/8)^{1/3} =$
15. $(4/9)^{1/2} =$
16. $\sqrt{x^4}$
17. $\sqrt[3]{27y^3}$
18. $\sqrt{4 \times 16}$
19. $\sqrt{\dfrac{25}{81}}$
20. $\sqrt[4]{\dfrac{x^4}{y^6}}$

対数

1. $e^0 =$
2. $\ln 1 =$
3. $\log_{10} 100 =$
4. $\log_{10} (5 \times 2) =$
5. $\ln e^3 =$

x の方程式を解く

1. $3x + 7 = 20$
2. $(1/3)x = 6$
3. $3(x + 2) = 2(x + 1)$
4. $4x = 3(x - 2) + 7$

連立方程式

1. $3x - 2y = 6$ かつ $x + 2y = 14$
2. $x + 3y = -1$ かつ $2x + y = 3$

一次方程式とデカルト座標

1. 方程式 $y = 3x + 2$ の直線について、次の表を埋めよ。

表 A-4　デカルト座標で解く

x	y
0	
	0
1	
-1	

2. 方程式 $y = -x + 5$ において、傾きと y 切片を求めよ。
3. 方程式 $y = 6 - 2x$ において、x が 2 増えると、y はどうなるか。
4. 次の 2 点 $(5, 3)$ と $(2, -1)$ の間の傾きを求めよ。
5. 傾きが -1 で点 $(2, 4)$ を通る直線について、$x = -3$ を通るときの y 座標を求めよ。

一次不等式

1. $a < b$ なら、$3a$ と $3b$ との関係はどうなるか。
2. $a < b$ なら、$-2a$ と $-2b$ との関係はどうなるか。
3. $5(2x - 1) > 8$ の不等式を x について解け。

4. $3x(2)\,GE\,4$ の不等式を x について解け。

分数、小数およびパーセント

1. $\dfrac{3x^2y}{1} =$

2. $\dfrac{5xy^3z^2}{6y^5} =$

3. $\dfrac{8}{10} + \dfrac{3}{15} =$

4. $\dfrac{8y^3}{2y} + \dfrac{9y^2}{3} =$

5. $\dfrac{5}{4} \times \dfrac{7}{3} =$

6. $\dfrac{3x}{7} \times \dfrac{2}{x} =$

7. $\dfrac{7}{5} \div \dfrac{14}{10} =$

8. $\dfrac{x}{3} \div \dfrac{2}{3x} =$

次の 4 問題には電卓を使ってよい。

9. 75 の 20% は何か。
10. 7/21 に等しい小数は何か。
11. 昨年 500 個販売して、今年販売が 10% 増えたなら、今年は何個売れたか。
12. 昨年 500 個販売して、今年販売が 20% 減少したなら、今年は何個売れたか。

階乗、順列および組合せ

この節には電卓を用いてよい。

1. $7! =$
2. $_6P_4 =$
3. $_8C_3 =$
4. $\dfrac{x!}{(x-1)!} =$
5. 全部で 15 人の選手から（9 人の）打順を選ぶ方法は何通りあるか（順序は勘定に入れる）？
6. 10 個の異なるモノから 5 つを選ぶ（順序は関係しない）異なる組合せはいくつあるか。

解答

算術法則と実数

1. $3 + (-8) = -5$
2. $6/-3 = -2$
3. $(-8y)(-6z) = 48yz$
4. $2 + 5/10 = 2.5$ または $2\,1/2$
5. $(2 + 5)/10 = 7/10$ または 0.7
6. $6 + 3^2 - 5 = 10$
7. $(3 + 2)^2 = 25$
8. $[12(5) - 2(3)] / (3 \times 2) = 9$
9. $-(3 - 5x) = -3 + 5x$
10. $6(4 + 2x) - x(5) = 24 + 12x - 5x = 24 + 7x$
11. $3(4/x) = 12/x$ または $12x^{-1}$
12. $5x(4 - 2) = 10x$
13. $(5x + 6)(3) = 15x + 18$

指数、根

1. $2^0 = 1$
2. $(1/4)^2 = 1/16$ または 0.0625
3. $(-x)^4 = x^4$
4. $(x^3)^2 = x^6$
5. $2^2(2^3) = 2^5 = 32$

6. $x^5(x^{-2}) = x^3$
7. $(4 \times 2)^2 = 8^2 = 64$
8. $2^{-1} = 1/2$ または 0.5
9. $x^2/x^4 = x^{-2}$ または $1/x^2$
10. $(2/3)^2 = 4/9$ または $0.444...$
11. $(7y^2)^1 = 7y^2$
12. $(5/9)^{-1} = 9/5$ または $1\,4/5$ または 1.8
13. $x^5/x^{-2} = x^7$
14. $(27/8)^{-1/3} = 2/3$
15. $(4/9)^{1/2} = 2/3$
16. $\sqrt{x^4} = x^2$
17. $\sqrt[3]{27y^3} = 3y$
18. 8
19. $\sqrt{\dfrac{25}{81}} = \dfrac{5}{9}$
20. $\sqrt[4]{\dfrac{x^4}{y^6}} = \dfrac{x}{y^{\frac{3}{2}}} = xy^{-\frac{3}{2}}$

対数

1. $e^0 = 1$
2. $\ln 1 = 0$
3. $\log_{10} 100 = 2$
4. $\log_{10} (5 \times 2) = 1$
5. $\ln e^3 = 3$

xの方程式を解く

1. $3x + 7 = 20:$　　$x = 13/3$ または $4\,1/3$
2. $(1/3)x = 6:$　　$x = 18$
3. $3(x + 2) = 2(x + 1):$　　$x = -4$

4. $4x = 3(x - 2) + 7:$ $x = 1$

連立方程式

1. $3x - 2y = 6$ かつ $x + 2y = 14:$ 解 = $(5, 4.5)$
2. $x + 3y = -1$ かつ $2x + y = 3:$ 解 = $(2, -1)$

一次方程式とデカルト座標

1.

x	y
0	2
-2/3	0
1	5
-1	-1

2. 傾き $= -1$, y 切片 $= 5$
3. y は 4 減少する。
4. $4/3$
5. $y_1 = 9$

一次不等式

1. $3a < 3b$
2. $-2a > -2b$
3. $10x > 13$ または $x > 13/10$
4. $x \text{ GE } 4/6$ または $x \text{ GE } 2/3$

分数、小数およびパーセント

1. $\dfrac{3x^2 y}{1} = 3x^2 y$

2. $\dfrac{5xy^3 z^2}{6y^5} = \dfrac{5xz^2}{6y^2}$

3. $\dfrac{8}{10} + \dfrac{3}{15} = \dfrac{24}{30} + \dfrac{6}{30} = 1$

4. $\dfrac{8y^3}{2y} + \dfrac{9y^2}{3} = 7y^2$

5. $\dfrac{5}{4} \times \dfrac{7}{3} = \dfrac{35}{12} = 2\dfrac{11}{12}$

6. $\dfrac{3x}{7} \times \dfrac{2}{x} = \dfrac{6}{7}$

7. $\dfrac{7}{5} \div \dfrac{14}{10} = \dfrac{7}{5} \times \dfrac{10}{14} = 1$

8. $\dfrac{x}{3} \div \dfrac{2}{3x} = \dfrac{x}{3} \times \dfrac{3x}{2} = \dfrac{x^2}{2}$

9. 15
10. 0.333
11. 550
12. 400

階乗、順列および組合せ

1. $7! = 5040$
2. $_6P_4 = 360$
3. $_8C_3 = 56$
4. x
5. $_{15}P_9 = 1{,}816{,}214{,}400$
6. $_{10}C_5 = 252$

付録 B
統計パッケージの紹介

　統計のキャリアを積むうちのどこかで、統計ソフトを使う必要性が生じるだろう。理論的な理解と電卓にも限界がある。幸運なことに、我々は、統計処理の仕事を楽にしてくれる多種類のソフトを利用可能な時代に生きている。ほとんどの統計家は、SAS や SPSS のような標準的な**統計パッケージ**を使っている。統計パッケージは、基本的にはソフトウェアルーチンの集まりで、共通のインターフェイスを持ち、統計分析やデータ管理のような関連業務を簡単に扱えるように設計してある。統計パッケージについて覚えておくべき主要事項は、どのコンピュータソフトウェアにも言えることだが、これは手段であって目的ではない。パッケージにはそれぞれの長所と短所とがあり、初心者のレベルでは、職場や学校で使えるものを使うという状況だろう。(例えば、新たな仕事で) 新しいパッケージを学ぶ場合でも、そう面倒なことはない。統計を理論的によく理解していて、最低限のコンピュータ能力があれば、どの統計パッケージでもどう使えばよいかわかるはずだ。

　しかし、上司や指導者が、あなたをそのパッケージについて専門家だと考えている場合、新たな統計パッケージを使って作業するのは、ちょっと怖くなるに違いない。印刷したマニュアルやオンラインヘルプも最初は役に立たないかもしれない。驚くほど多数の人がその問題のソフトウェアについて、自分がよく知っていると思っているが、実は、知らないということを自分だけがわかっている。この付録は、そのようなときのために、よく使われるパッケージについて、簡単な概略と、新規ユーザにとって重大な、あるいは、文書中に必ずしも明示されていない事項を示すものだ。

　この付録のもう 1 つの狙いは、各パッケージの強味と弱味、どんなユーザが一般的かということの理解である。もちろん、私は自分の経験でしか述べられないし、これは決定的なものではない。さまざまな種類のソフトウェアについて多くの評価記事が入手可能であり、具体的に必要な機能を備えたパッケージを部門で購入するために選ぶ必要があるなら、専門分野で「統計パッケージ比較」のような文面でインターネットや文献を調べる必要があるだろう。

Minitab

Minitab は、1980年代にペンシルバニア州立大学で開発された統計パッケージで、Minitab, Inc. という私企業が販売している。統計の初級クラスや業務および品質改善のアプリケーションで広く使われている。Minitab は、市販品だが、ウェブサイト http://www.minitab.com から、30日の試用版をダウンロードできる。

Minitab は、使いやすいので、統計の初級クラスで評判がよい。Minitab 社のウェブサイトの記述によれば、世界中の大学で最もよく使われる統計教育用のソフトだ。通常のインストールには、詳しいヘルプファイルとデモが付いており、初学者に評判がよい。しかし、メニューインターフェイスの多用や分析の選択を限られた個数にしているような機能は、初心者には学びやすいが、より高度なアプリケーション用には向いていない。

Minitab は、複数の形式でファイルをインポート/エクスポートできる。固有の Minitab ワークシート形式（拡張子 *.mtw）、Minitab プロジェクト形式（*.mpj）、Excel（*.xls）、テキスト（*.txt）形式のファイルが含まれる。データは、図 B-1 のような形式でファイルに格納される。行には数字の番号が、列には C1、C2 のような識別子が付く。図の影のついた列名の下の行に変数名が付けられる。データと変数名は、直接 Minitab ワークシートに入力できる。

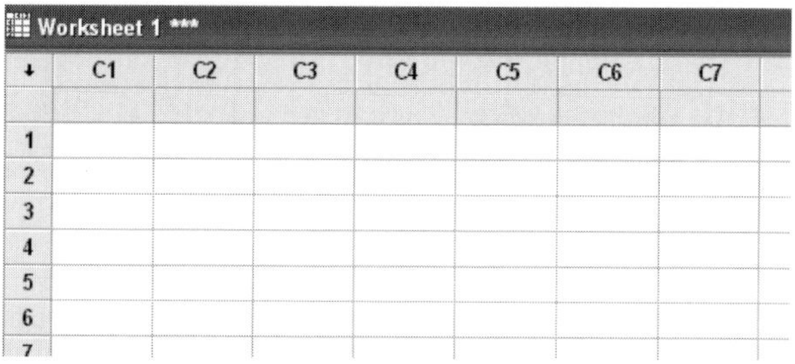

図 B-1　Minitab ワークシート

Minitab のコマンドは、メニューから起動する。コマンドは、セッションウィンドウに、テキスト表示の出力とともに記録される。二値ロジスティック回帰分析のセッションウィンドウの一部を図 B-2 に示す。グラフ表示はどれも別ウィンドウになる（これは、分析中に多数のウィンドウが開かれる結果を招く）。分析のすべての結果とデータ集合とは、Minitab プロジェクトとして保存でき、データ集合とグラフとは、複数の形式の別ファイルに保存できる。

```
MTB > Blogistic 'CHD' = CHD CAT AGE CHL SMK ECG;
      T

Results for: evans

Binary Logistic Regression: CHD versus CAT, AGE, CHL, SMK, ECG

Link Function: Logit


Response Information

Variable  Value   Count
CHD         1        71  (Event)
            0       538
        Total       609


Logistic Regression Table
                                                    Odds     95% CI
Predictor       Coef     SE Coef      Z      P     Ratio   Lower   Upper
Constant    -6.76472     1.13218  -5.97  0.000
CAT          0.776079    0.333091   2.33  0.020     2.17    1.13    4.17
AGE          0.0325374   0.0151541  2.15  0.032     1.03    1.00    1.06
CHL          0.0093670   0.0032332  2.90  0.004     1.01    1.00    1.02
SMK          0.828039    0.304211   2.72  0.006     2.29    1.26    4.15
ECG          0.416540    0.292459   1.42  0.154     1.52    0.85    2.69


Log-Likelihood = -201.337
Test that all slopes are zero: G = 35.884, DF = 5, P-Value = 0.000


Goodness-of-Fit Tests

Method            Chi-Square    DF       P
Pearson              588.700   586   0.461
Deviance             397.129   586   1.000
Hosmer-Lemeshow       16.062     8   0.041


Table of Observed and Expected Frequencies:
(See Hosmer-Lemeshow Test for the Pearson Chi-Square Statistic)

                                  Group
Value    1     2     3     4     5     6     7     8     9    10   Total
1
    Obs  0     2     5     9     6     8     8     4     6    23      71
    Exp  1.8   2.8   3.7   4.4   5.2   6.3   7.3   8.8  11.5  19.2
0
    Obs 60    59    56    52    55    53    53    57    55    38     538
    Exp 58.2  58.2  57.3  56.6  55.8  54.7  53.7  52.2  49.5  41.8
Total   60    61    61    61    61    61    61    61    61    61     609


Measures of Association:
(Between the Response Variable and Predicted Probabilities)

Pairs       Number  Percent  Summary Measures
Concordant   25869    67.7   Somers' D               0.36
Discordant   11933    31.2   Goodman-Kruskal Gamma   0.37
Ties           396     1.0   Kendall's Tau-a         0.08
Total        38198   100.0
```

図 B-2　Minitab セッションウィンドウ

　Minitab では、基本記述統計、グラフ表示、検出力および標本サイズ計算、乱数生成、さらに線形回帰やロジスティック回帰のような高度な統計分析のいくつかができる。しかし、そのオプションは、SPSS や SAS のような統計パッケージと比べると驚くほど限られている。Minitab の購入を検討しているなら、試用版を使って目的の分析を行って、利用目的に問題

なく使えるかどうか確かめたほうがよい。

　Minitab の最大の強みは、品質管理と関連する業務アプリケーションにある。同社のウェブサイトによれば、その分野では世界のリーダーだ。Minitab は、シックスシグマや品質改善トレーニングでよく教えられる統計パッケージである。Minitab で作られる品質管理に関わるものとしては、DOE（実験計画法）分析、ランチャート（折れ線図）、管理図（14 章の管理図は Minitab を使った）、時系列法、魚の骨図（特性要因図）、パレート図、能力分析等がある。

　Miniab にはマニュアル本も、統計の教科書もたくさんあり、アマゾンや技術系のブックサイトで探すことができる。さらに、Minitab のホームページ http://www.minitab.com には、チュートリアルや Minitab ユーザを支援する文書がある。ウェブで調べれば、多数のチュートリアルやヘルプサイトが見つかる。

SPSS

　SPSS は、1968 年に最初に世に出た汎用統計計算パッケージである。社会科学系（元の名前は、社会科学用統計パッケージだった）で広く使われるだけでなく、保健研究、業務、教育など他の分野でも使われている。このソフトウェアパッケージは、過去にいくつも名前があった。SPSS-X は 1980 年代にリリースされ（この名前は SPSS 用の listserv から来ている）、2009 年から 2010 年には PASW と呼ばれ、IBM が 2010 年に買収してからは新リリースは、IBM SPSS（2010 年 8 月のものは IBM SPSS Statistics 19.0 など）と呼ばれた。簡単にするため、あらゆる版に SPSS という呼び名を用いる。

　SPSS は、提供機能という点では Minitab と SAS の中間に位置する。Minitab よりも複雑で多くの分析機能を提供するが、SAS と比べるとその機能は限られている。他方、初心者の多くは、SPSS の方が SAS よりやさしいと感じ、多くの人が SPSS の方がデータのフォーマットや文書化の点で優れていると感じている。IBM の傘下に入ってから、予測分析のアプリケーション開発に力を入れているので、この分野に従事する人には向いているかもしれない。

　SPSS は、多くのフォーマットでデータを、普通の行列形式でない形式でもインポート／エクスポートできる。しかし、データ集合は、常に SPSS データファイルというシステムファイル（拡張子 *.sav を使う）の形式に変換される。変数形式、欠損値、変数および値のラベルなどのメタデータ（データについての情報）は、データ集合とともに保存される。データには 2 つのビュー、データビュー（図 B-3）と、メタデータを示す変数ビュー（図 B-4）とがある。どちらのウィンドウにも直接入力できるので、データはデータビューウィンドウで、変数名、ラベルなどは変数ビューウィンドウに入力できる。

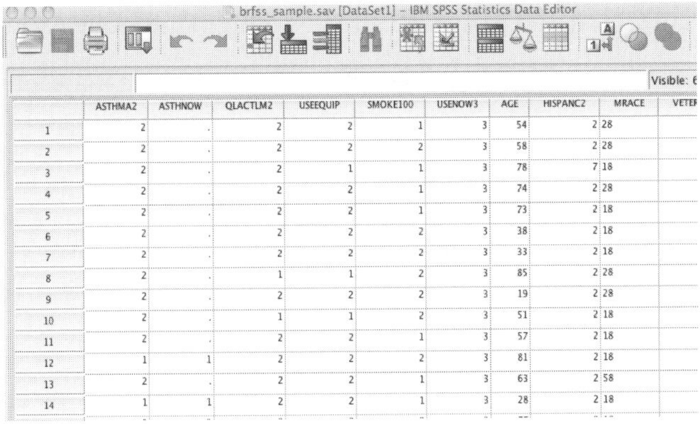

brfss_sample.sav [DataSet1] - IBM SPSS Statistics Data Editor

Visible: 6

	ASTHMA2	ASTHNOW	QLACTLM2	USEEQUIP	SMOKE100	USENOW3	AGE	HISPANC2	MRACE	VETER
1	2	.	2	2	1	3	54	2	28	
2	2	.	2	2	2	3	58	2	28	
3	2	.	2	1	1	3	78	7	18	
4	2	.	2	2	1	3	74	2	28	
5	2	.	2	2	1	3	73	2	18	
6	2	.	2	2	2	3	38	2	18	
7	2	.	2	2	2	3	33	2	18	
8	2	.	1	1	2	3	85	2	28	
9	2	.	2	2	2	3	19	2	28	
10	2	.	1	1	2	3	51	2	18	
11	2	.	2	2	1	3	57	2	18	
12	1	1	2	2	2	3	81	2	18	
13	2	.	2	2	1	3	63	2	58	
14	1	1	2	2	1	3	28	2	18	

図 B-3　SPSS データビュー

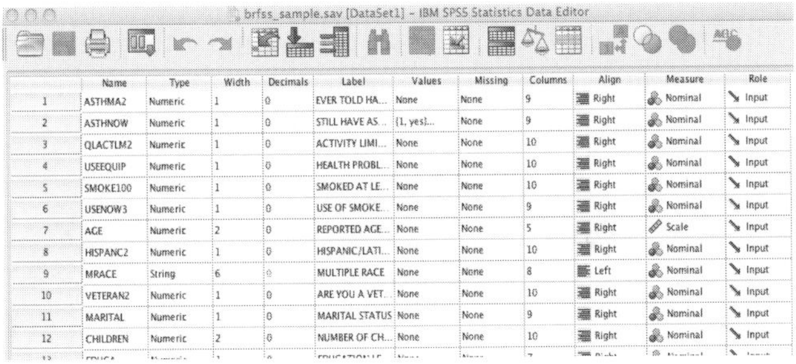

brfss_sample.sav [DataSet1] - IBM SPSS Statistics Data Editor

	Name	Type	Width	Decimals	Label	Values	Missing	Columns	Align	Measure	Role
1	ASTHMA2	Numeric	1	0	EVER TOLD HA...	None	None	9	Right	Nominal	Input
2	ASTHNOW	Numeric	1	0	STILL HAVE AS...	{1, yes}...	None	9	Right	Nominal	Input
3	QLACTLM2	Numeric	1	0	ACTIVITY LIMI...	None	None	10	Right	Nominal	Input
4	USEEQUIP	Numeric	1	0	HEALTH PROBL...	None	None	10	Right	Nominal	Input
5	SMOKE100	Numeric	1	0	SMOKED AT LE...	None	None	10	Right	Nominal	Input
6	USENOW3	Numeric	1	0	USE OF SMOKE...	None	None	9	Right	Nominal	Input
7	AGE	Numeric	2	0	REPORTED AGE...	None	None	5	Right	Scale	Input
8	HISPANC2	Numeric	1	0	HISPANIC/LATI...	None	None	10	Right	Nominal	Input
9	MRACE	String	6	0	MULTIPLE RACE	None	None	8	Left	Nominal	Input
10	VETERAN2	Numeric	1	0	ARE YOU A VET...	None	None	10	Right	Nominal	Input
11	MARITAL	Numeric	1	0	MARITAL STATUS	None	None	9	Right	Nominal	Input
12	CHILDREN	Numeric	2	0	NUMBER OF CH...	None	None	10	Right	Nominal	Input

図 B-4　SPSS 変数ビュー

SPSSは、構文（コンピュータプログラム）起動であり、構文ウィンドウに直接入力するか、テキスト / ワードプロセッサで書いて構文ウィンドウ（**図 B-5**）にコピーする。SPSS構文ファイルは、拡張子 *.sps である。SPSS構文は、**図 B-5** のコードの断片からもわかるように、比較的書きやすく理解しやすい。SPSSを使った経験がなくても、このコードが何をしているか見当がつくだろう。

> * で始まる行はコメント、実行部分ではなくプログラマにとってのメモである。実際のプログラムは、連続変数 exercise を二値変数 exerc_cat に変換して、新しい変数とその値にラベルを追加し、その 2 変数についてクロス集計表と度数表とを作るものだ。

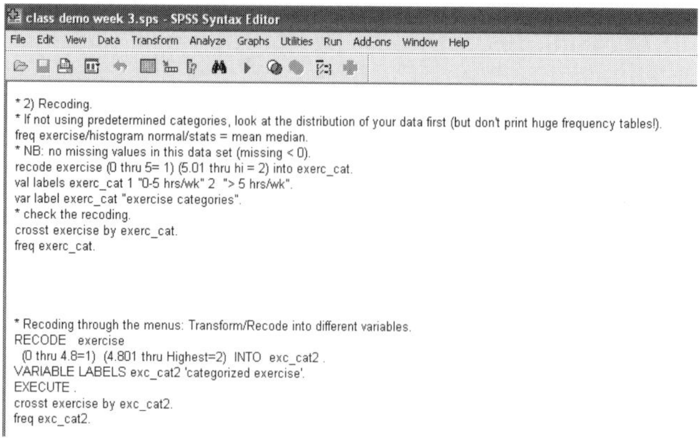
class demo week 3.sps - SPSS Syntax Editor
File Edit View Data Transform Analyze Graphs Utilities Run Add-ons Window Help
* 2) Recoding.
* If not using predetermined categories, look at the distribution of your data first (but don't print huge frequency tables!).
freq exercise/histogram normal/stats = mean median.
* NB: no missing values in this data set (missing < 0).
recode exercise (0 thru 5= 1) (5.01 thru hi = 2) into exerc_cat.
val labels exerc_cat 1 "0-5 hrs/wk" 2 "> 5 hrs/wk".
var label exerc_cat "exercise categories".
* check the recoding.
crosst exercise by exerc_cat.
freq exerc_cat.
* Recoding through the menus: Transform/Recode into different variables.
RECODE exercise
(0 thru 4.8=1) (4.801 thru Highest=2) INTO exc_cat2 .
VARIABLE LABELS exc_cat2 'categorized exercise'.
EXECUTE .
crosst exercise by exc_cat2.
freq exc_cat2.

図B-5　SPSS構文ウィンドウ

メニューインターフェイスを好む人もいるし、SPSSのほとんどの統計分析やデータ管理機能はどちらでもできる。私は、構文ファイルに保存するコードを作成する方法としてもメニューを愛用していて、両者のイイトコ取りをしている。あまりよく知らないコマンドのときに構文を書く手段としてメニューを使い、行った分析の記録として構文を保存し、次の分析のときにその構文を再利用したり変更したりする。**図B-5**の2番目の構文は、メニューインターフェイスを使って作られた。メニュー生成構文の印は、大文字のコマンド（RECODE、VARIABLE LABELSなど）だ。メニューシステムを使って構文を生成するには、メニューコマンドインターフェイスで、すべての関連する選択をして、**図B-6**に示すように、最後のステップでOKではなくPasteを選ぶ。これで、構文が、構文ファイルに保存されるか、既に開いている構文ファイルがあれば、その末尾に追加される。他方、単に分析を行うだけで、構文を保存しないなら、OKをクリックすれば、分析が直ちに始まる。どちらでも統計結果は同じだ。

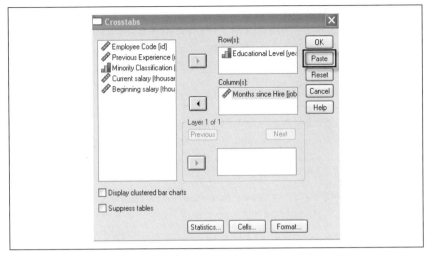

図 B-6　SPSS のメニューを使って構文を生成する

　この短い文章では、すべての分析を網羅できない。SPSS 機能の概観は、SPSS ウェブページ http://www.spss.com にある。SPSS は高価なプログラムだが、教育用は安価で、大学の多くはサイトライセンスを持っていて、学生や教職員に無料か低料金でのアクセスを提供している。

SAS

　SAS は、1960 年代にノースカロライナ州立大学で開発された統計ソフトウェアパッケージであり、1976 年以来、SAS インスティテュートによって販売されている商品だ。SAS は、SPSS よりも一段と複雑だ。使い方はより難しくなるが、利用可能な分析の種類も、分析を指定し実行する際の柔軟性もはるかに高い。SAS は構文システムであり、簡単な分析でも非常に多くの選択肢があるので、初心者は最初は圧倒されてしまう。データファイルやメタデータの管理もやさしくない。例えば、フォーマットは、データファイルとは別に保存され、データファイルを開くたびに、(SPSS のように、フォーマット情報をデータファイルに付与しないので) 構文上でフォーマットのある位置を指定する必要がある。しかし、SAS は、多くの専門領域で標準言語となっており、SAS の学習や利用についての支援が、SAS ウェブページ http://www.sas.com やヘルプデスク、多くの本やウェブサイトで、SPSS よりも得られやすくなっている。

　SAS は、多くの点で SPSS に似ている。包括的な統計パッケージであり、ここに列挙した

よりも多くの種類の分析が可能で、多くの形式のデータを読み書きできる。SAS は、個人で購入するには高価だが、学校や企業でサイトライセンスがあれば何とかなる。SAS と SPSS との大きな相違点は、SAS が基本的に構文基盤システムだということだ。統計家の多くは、（私も含めて）年寄りでグラフィックインターフェイスが普及する前からコンピュータを学んでいたということや、（SPSS で述べたように）構文を共有したり再利用できるので、構文で作業したがるものだ。さらに、構文を書くと、メニューをただクリックするよりも分析についてきちんと考えることができる。しかし、統計を始めたばかりの人には、メニューインターフェイスの欠如は、利点というよりは障害だろう。これは、誰かが書いたコードを必要に応じて手直しするという使い古された手法で緩和できるし、注釈付きの SAS コードは、インターネットにたくさんあるので、この手法を用いて自分で SAS プログラムの書き方を自習できる。

　SAS には 3 つの主要ウィンドウがある。構文ウィンドウは、構文を入力したり、他のテキスト / ワード処理プログラムから構文をコピーできる。ログウィンドウは SAS システムからの警告などのメッセージを含めてセッションで行われたすべての記録すなわちログを取る。出力ウィンドウは、統計手続きの出力を表示する（HTML、*.rtf ファイル、あるいは ODS システムなど他にも出力できる）。SAS を使うには、SAS データ集合を開くか、（Excel やテキスト形式のファイルのような）他の種類のデータをインポートして、コマンドを構文ウィンドウから入力し、出力ウィンドウの出力をチェックする。ログウィンドウと構文ウィンドウを図 B-7 に示す。

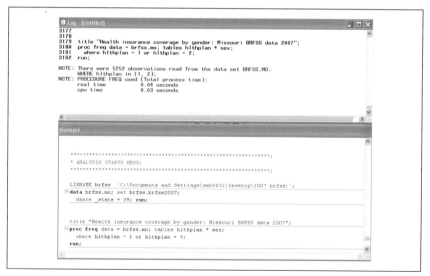

図 B-7　SAS ログウィンドウと構文ウィンドウ

構文ウィンドウ（Editor – Untitled2*）は、SAS プログラミングの 3 つの主機能を示す。第一に、SAS データファイルの位置が libname コマンドで宣言され、データファイルそのものが、library.datasetname という 2 部名で参照されること。この場合、ライブラリ y（実際の名前は何でもよく、多くの人が 1 文字の libname を書きやすいから使っている）を次の物理位置に存在すると宣言する。

C:\Documents and Settings\sboslaugh\Desktop\CHQE Projects\BH Dip Analysis\

それから、その位置に格納された y.sbdip0607 データ集合を参照する。
SAS プログラムは、基本的に 2 種類のステップからなる。

1. DATA ステップ　データファイルを開き、操作して、保存する。
2. PROC ステップ　ファイルを使って分析を行う。

ログウィンドウ（Log – (Untitled)）は、実行構文を表示するとともに SAS システムからのメッセージ（例えば「libname コマンドが成功した」）も表示する。
図 B-8 は、SAS 出力ウィンドウを示す。

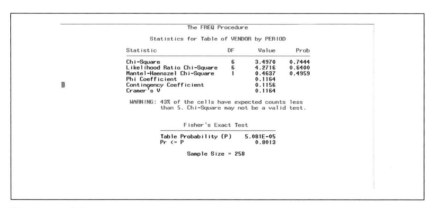

図 B-8　SAS 出力

SAS には他に 2 つのウィンドウがあり、下の隅にあるタブで切り替えられる。結果ウィンドウ（図 B-9）は、セッションで行われた結果の概要を示す。いずれかのフォルダをクリックすると、その詳細が表示される。エクスプローラーウィンドウ（図 B-10、図 B-11）は、さまざまな SAS ライブラリへのアクセスを可能にする（ユーザが作ったライブラリ（この場

合には y) は、libname コマンドで現在の SAS セッションに置いて宣言しておく必要がある)。
フォルダをクリックすると、次のレベルの詳細が表示される。

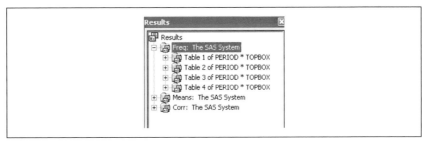

図 B-9　SAS 結果ウィンドウ

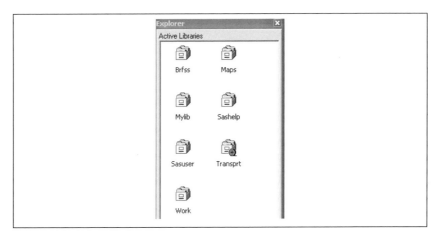

図 B-10　SAS エクスプローラーウィンドウ

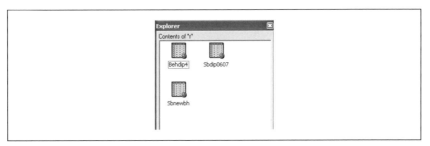

図 B-11　SAS エクスプローラーウィンドウからのデータライブラリ（3 つの SAS データファイル）の内容

SASデータ集合を(図B-12のように)スプレッドシートの形式で開けることにも注意する。SASは、これをビューテーブル形式と呼ぶ。エクスプローラーウィンドウで、これをクリックすると、この方法で直接データを入力したり編集したりできる。しかし、通常SASでは、構文を用いてこの種の処理を行う。

	WILLHLP	RSPREQ	CHLP	COORD	DISRSPCT	MEDS	MDATT
1	3.00	3.00	3.00	3.00	3.00	4.00	4.00
2	5.00	4.00	5.00	5.00	5.00	5.00	5.00
3	5.00	5.00	5.00	5.00	5.00	5.00	5.00
4	4.00	4.00	4.00	4.00	5.00	5.00	4.00
5	5.00	5.00	5.00	5.00	5.00	4.00	5.00
6	5.00	5.00	5.00	5.00	5.00	5.00	5.00
7	3.00	3.00	5.00	5.00	5.00	3.00	4.00
8	4.00	4.00	5.00	5.00	5.00	5.00	4.00
9	4.00	4.00	3.00	3.00	4.00	5.00	5.00
10	3.00	3.00	5.00	3.00	5.00	4.00	5.00

図B-12 ビューテーブル形式のSASデータ集合

SASを勉強するのにはよい教科書がたくさんあり、インターネットにもよい情報がある。そして、SASプログラマのコミュニティこそ、この言語を学ぼうとする人にとっての大きな長所となる。

R

Rはプログラミング言語であるとともに、Rのための既に書かれた統計ルーチン(ある作業をするために書かれたコンピュータプログラム)がたくさんあるので、統計パッケージとしても機能する。Rは、無料でインターネットからダウンロードして使えるので、この付録で紹介する他のパッケージのように、企業が販売やライセンスを売る製品ではないという点で異なる。Rは、非常に強力な言語で、世界中の統計家やプログラマにより、新たなルーチンが定常的に書かれ、インターネットで利用可能となっている。

無料というのは、争い難い値段なので、なぜすべての人が統計をするのにRを使っていないのか不思議に思えるかもしれない。答えは、この付録の他のパッケージに比べて使いにくいからだ。特に、初心者と、プログラマとして素質や経験のない人にはきつい。Rの使用には、SPSSやSASでプログラミングする場合よりもプログラマとして、何をしているかをもっとしっかり考える必要がある。これは、教育的には利点だが、ごく単純に簡単に統計結果を出したい人には、Rを使うために超えなければならない最初のハードルに必要な時間は大きすぎると感じられるかもしれない。

他方、Rを学習し始めるのが、統計の学習と同時であるなら、他のパッケージを学ぶのとそう遜色ないかもしれない。GUIの実装もいくつか利用できて、Rがもっと普及すれば、使

いやすい機能も開発されるようになるだろう。統計を始めるための教育用言語としてRを採用することが増えて、ある種の自然実験が始まっているので、10年も経てばこの質問の答えが出る。真剣に統計を自分の職業として考えるなら、Rには、現在利用可能なうちで最も強力かつ柔軟な言語で、近い将来、統計プログラミングの共通言語となる可能性もあることから、慣れておく必要がある。

Rを使うには、コンピュータにダウンロードする必要がある。一番やさしい方法は、CRAN（包括的Rアーカイブネットワーク）ウェブページ http://cran.r-project.org にアクセスして、指示に従えばよい。次のステップは、特別に心臓が強い[†]（か、エースプログラマか）でない限り、Rのよい教科書を探すことだ。沢山の本があり、http://www.r-project.org/ を含めてたくさんの情報がインターネットにある。

Rは、コマンド指向言語だ。コマンドプロンプトの後に、コマンドを入力すると、Rインタープリタが、すぐに、コマンドを実行するかエラーメッセージを返す。コマンドは、SPSSやSASと比べて簡潔で、未経験者には暗号のように見える。しかし、Rの経験を積めば、この効率性を評価するようになるだろう。この付録の他の言語と比べても、Rを使いこなす最上の方法は、基本的な学習教材を入手して、自分のコンピュータで簡単な例をやり通すことに尽きる。R言語の論理は、他の人の説明を読むよりも、使って練習した方がずっと理解しやすい。

Rについて、他に知っておくべきことは、(Java、C++、Smalltalk等と同様に) オブジェクト指向言語だということだ。これは、Rを使って作ったものすべてがオブジェクトで、他のコマンドでさらに操作できることを意味する。オブジェクトは、クラスのメンバーでもあり、それは、ある特性と内部構造があって、それについての演算が可能なことを意味する。

マイクロソフト Excel

マイクロソフトExcelは、厳密には、統計パッケージでは全くないが、統計パッケージのように使われることがある。Excelは、マイクロソフト社が提供するスプレッドシートアプリケーションで、(例えば、米国で販売されるコンピュータの多くにプリロードされて) 広く普及しており、使いやすく、いくつかの主要な統計パッケージがExcel形式のデータをインポート/エクスポートできるよう書かれたルーチンを用意しているので、データ管理に使われることも多い。Excelでは、統計のグラフや図を描いたり、統計分析をいくつか実行することもできる。ただし、統計的正確さという点でよく知られた欠陥 (http://www.statisticalengineering.com/Weibull/excel.html) があるので、基本的な表示や計算以上に使

[†] 訳注：次のステップは、自分でビルドすることを意味しているのだろうが、多くのバイナリが提供されているので、心臓が強くなくとも大丈夫。

うことは勧められない。他方、Excel がちょうどよいとか、授業で使っているソフトだということもあり得る。Excel がスプレッドシートアプリケーションであって、統計パッケージではないことを念頭において、使い続けるとよいだろう。

　Excel は、データをワークシートと呼ぶ個別のスプレッドシートに保存する。複数のワークシートは、ワークブックに集められる。個別のデータ点は、セル（ワークシートの中の四角の箱）に収められ行と列とで識別される。例えば、セル A1 は、列が A、行が 1 だ。個別ワークシートもワークブックも、拡張子 *.xls（新しい Office 2007 以降では *.xlsx）を使う。スプレッドシートは、行列形式のデータ集合と同じに見えるが、多くの機能を備えていて、例えば、行単位あるいは列単位のようなセルの集合に対して、組み込みの計算機能を提供する。Excel には、データをどのように保存するか、画面上にどのように表示するか、どう出力するかなどの選択肢が豊富にある。セル、行、あるいは列単位で、内容を文字列、数値データ、さまざまな日付形式などで扱える。

　図 **B-13** に（下のタブから Sheet1 とわかる）ワークシートが 3 つのワークシートを持つワークブック中に示されている。ワークシート間の移動は、ウィンドウ下部のタブ（この例では、Sheet1, Sheet2, Sheet3）をクリックする。行は、標準的な四角のデータ集合と同様、水平方向で、行 1、行 2 のようになる。列は垂直方向で、列 A、列 B となる。個別セルは、行と列で定義され、左上のセルが A1、その右が B1、下のセルが A2 となる。A1, A2 などはセル参照（cell reference）とも呼ばれる。

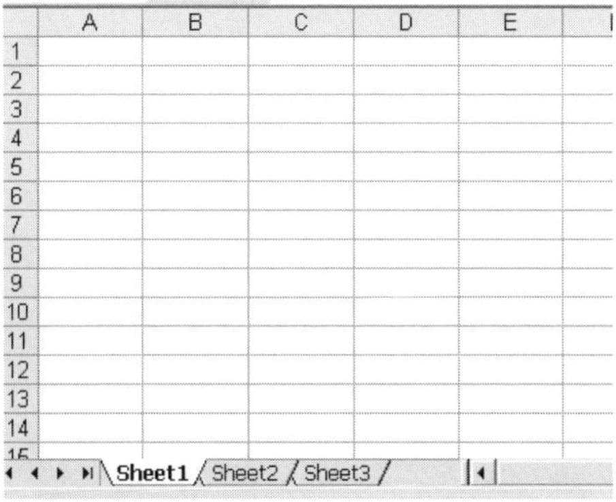

図 **B-13**　マイクロソフト Excel ワークシート

　データは、ワークシートに入力するが、データの種類を Excel が適当に判断してデフォルトの形式を与える。これは、書式設定というメニューコマンドを使って変更できる。図

B-14 に書式設定での選択肢の一部を示す。Excel を使って、分析のためのさまざまなプログラムに引き渡すデータを集める場合には、データ転送処理において、書式が失われたり取り違えが生じる危険があることを承知しておかねばならない。そのために、特に時刻や日付の変数（複雑で、プログラムによって格納方法もさまざまなので、プログラム間の変換でも間違いがしょっちゅう起こる）を扱うときには、すべての Excel データのインポートにテキスト形式を使い、分析するプログラムで形式を与える方を好む研究者もいる。

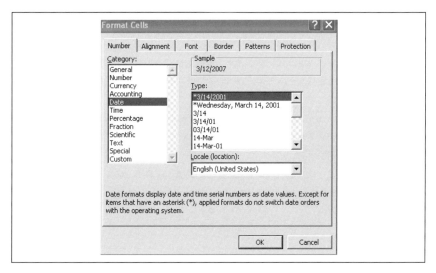

図 B-14　Excel で使える書式の例

　変数名は 1 行目に追加できる。統計パッケージの多くがデータのインポート時に、その名前を保持するオプションを用意しているが、Excel では変数名を含む行をデータ行に含めるのに対して、SPSS や SAS のようなプログラムでは、そうでないために、インポートされたファイルは、Excel よりも 1 行少なくなる。これを事例が失われたように思って慌てる人もいるが、実際には、データの保存方式の違いによるにすぎない。
　システム間のデータ転送で、気付かずにいる他の落とし穴には、変数名の規則がシステムによってまちまちだという事実がある。スプレッドシートで変数名に意味を持たせるべく時間を費やしたのに、統計パッケージにインポートしたら、Var1, Var2 のようになってしまうのは、がっかりさせられる。変数名もインポートしたいなら、目標プログラムの命名規則に従う。データを SPSS にインポートするなら、Excel スプレッドシートで名前を付けるときに、SPSS 命名規則に従うのだ。別のやり方としては、Excel では、($v1, v2$ のような）単純名を使い、

目標プログラムで、インポート後に変数に意味のある名前を割り当てるようにする。

Excel は、さまざまな図やグラフを作れる。図やグラフを作るには、ワークシートの挿入を使う。オブジェクトとして保存することも、マイクロソフト Word のような別のプログラムへ挿入することもできる。

Excel では、基本的な算術計算も簡単にでき、スプレッドシートの機能は、多数の行あるいは列からなる数の計算に便利だ。多数の組込み関数があって、セルの集まりに対して基本的な統計を取ったり、方程式を指定して算術演算を施すこともできる。どちらの場合も、関数や式がセルに入力され、計算結果の保存にも使われる。

付録 C
参考文献

まえがきおよび全体

- Abelson, Robert P. 1995. Statistics as Principled Argument. Hillsdale, NJ: Lawrence Erlbaum.
  Abelson, はイェール大学で42年間教え、統計を／統計でどのように考えるべきか優れた議論を展開している。

- Frey, Bruce. 鴨澤眞夫監訳、西沢直木訳、Statistics Hacks—統計の基本と世界を測るテクニック、オライリー・ジャパン、2007.
  Statistics Hacks は、日常生活の例を使って、統計的概念を説明する面白いレシピ集で、iPod のシャトルの「ランダム」シャッフルや Benford の法則を使い捏造データを検出するランダム性のテストなどの例がある。

- Huff, Darryl. 高木秀玄訳、統計でウソをつく法—数式を使わない統計学入門（ブルーバックス）、講談社、1968
  原書は1954年刊。ハフのこの本は、簡単な統計技法でさえも誤解や混乱さらには真っ赤な嘘をつくのに使えることを示す古典的な解説だ。過去の例や（特に）古臭いイラストで昔を思い出す読者は、この小冊子を有用で面白いと感じるだろう。

- Levitt, Steven D., and Stephen J. Dubner. 望月衛訳、ヤバい経済学、東洋経済新報社；増補改訂版、2007
  シカゴ大学経済学の著者は、このニューヨークタイムズのベストセラーで、経済理論と統計分析を使い、相撲に八百長があるかから中絶の合法化で犯罪発生率が下がるかまで、さまざまの疑問に答える。一般向けだが、一部の大学の必読書にもなっている。

- Salsburg, David. 竹内惠行、熊谷悦生（翻訳）統計学を拓いた異才たち（日経ビジネス人文庫）日本経済新聞出版社、2010.
  この一般向け歴史書は、フィッシャー、ピアソン、ネイマンといった先駆者の生涯と業績についての話を柱にして、20世紀の科学課題に統計確率がどのように適用されたかを述べたものである。

- Tucker, Martha A., and Nancy D. Anderson. 2004. Guide to Information Sources in Mathematics and Statistics. Westport, CT: Libraries Unlimited.
  数学と統計の参考書のガイドで、対象は司書だが研究者にも役立つ。カテゴリには、ツール、学術誌、事典、伝記、歴史的書籍、科学のための数学（例えば、他分野への数学応用）等がある。

1章

- Carmines, Edward G., and Richard A. Zeller. 1979. Reliability and Validity Assessment. Thousand Oaks, CA: Sage.
  Sage社の「緑の小冊子」シリーズの最初の一冊だが、信頼性や妥当性検証の古典的な手法を紹介し、因子分析法について論じる。

- Fleming, Thomas R. 2005.「Surrogate endpoints and FDA's accelerated approval process.」Health Affairs 24 (January/February): 67-78.
  Flemingは、臨床研究において薬などの処方の効果の定量的物証となる代替エンドポイント（surrogate endpoint）使用について検討し、代替エンドポイントで処置が一見効果的に見えても、真の臨床エンドポイントでは効果のない状況をいくつも述べている。

- Hand, D.J. 2004. Measurement Theory and Practice: The World Through Quantification. London: Arnold.
  Handは、測定の理論と実践について、心理学、薬学、物理系科学、経済学、社会科学といった分野での具体的な問題を含めて優れた議論を展開している。

- Michiels, Stefan, Aurelie Le Maitre, Marc Buyse, Tomasz Byrzykowski, Emilie Maillard, Jan Bogaerts, et al. 2009.「Surrogate endpoints for overall survival in locally advanced head and neck cancer: Meta-analyses of individual patient data.」The Lancet Oncology 10 (April): 341-350.
  104症例に基づいたこの論文で、Michielsらは、頭部や頸部での扁平上皮癌治療の

評価での 2 つの代替エンドポイントの有用性を検討している。無再発生存率が、局所治療法の全生存（真の臨床エンドポイント）よりも密接に相関していると結論付ける。

- Uebersax, John.「Kappa coefficients」. (http://www.john-uebersax.com/stat/kappa.htm)
Uebersax は、評価者間合意に関する合意統計全般の議論の一部として、カッパの利点と欠点とを論じている。

2 章

- Hacking, Ian. 2001. An Introduction to Probability and Inductive Logic. Cambridge: Cambridge University Press.
哲学の学生用に書かれた入門書だが、数式を使わずに統計の基本的な概念を紹介しているので万人向きだ。

- Mendenhall, William, et al. 2008. Introduction to Probability and Statistics. 13th ed. Pacific Grove, CA: Duxbury Press.
数学を取らなかった学生向けの広く使われている確率統計の教科書。

- Packel, Edward W. 2006. The Mathematics of Games and Gambling. Washington, D.C.: Mathematical Association of America.
Packel は（バックギャモン、ルーレット、ポーカーなどの）ゲームや賭博と数学および統計との関係を、高校数学程度の知識しかない人を仮定して説明している。イラストや問題が多数含まれている。

- Ross, Sheldon. 2005. A First Course in Probability. 7th ed. Prentice Hall.
Ross は、初歩の微積分をとった学生向けに、多数の例を挙げて確率論の基本を教える[†]。

3 章

- Cohen, J. 1994.「The earth is round (p $<$ - 05).」American Psychologist 49: 997-1003.
α = 0.05 を統計有意かどうかの絶対基準とする神格化に対する、最も声高な批判を行った古典的論文である。

[†] 訳注：第 9 版が 2012 年に Pearson から出版されている。

- Dorofeev, Sergey, and Peter Grant. 2006. Statistics for Real-Life Sample Surveys: Non-Simple-Random Samples and Weighted Data. Cambridge: Cambridge University Press.
  単純無作為抽出が可能でない場合（それがほとんどだが）調査データのサンプリングと分析について書かれたよいガイドである。

- Mosteller, Frederick, and John W. Tukey. 1977. Data Analysis and Regression: A Second Course in Statistics. Reading, MA: Addison Wesley.
  推測統計学の古典的教科書でデータ変換の章がある。

- National Institute of Standards and Technology. Engineering Statistics Handbook: Gallery of Distributions.（http://www.itl.nist.gov/div898/handbook/eda/section3/eda366.htm）
  19種類の統計分布を、図、式、利用法なども含めて提示している。

- Peterson, Ivars. 1997.「Sampling and the census: Improving the decennial count.」Science News(October 11).
  米国国勢調査のデータ収集の問題とサンプリング利用についての論争についてのよい論文。

- Rice Virtual Lab in Statistics.「Simulations/Demonstrations.」（http://onlinestatbook.com/stat_sim/index.html）
  このインターネットサイトには、中心極限定理、信頼区間、データ変換など統計概念を説明する多くのJavaシミュレーションへのリンクがある。

4章

- Cleveland, William S. 1993. Visualizing Data. Summit, NJ: Hobart Press.
  データの効果的な図示を多くの例で論じており、可視化と情報の効果的な図示の背後にある心理学上の原則の記述もある。

- Erceg-Hurn, David M., and Vikki M. Mirosevich. 2008.「Modern statistical methods: An easy way to maximize the accuracy and power of your research.」American Psychologist 63: 591-601.
  トリム平均を含めた頑健な統計手法とその広範な利用について論じている。

- Robbins, Naomi. 2004. Creating More Effective Graphs. Hoboken, NJ: Wiley.

同じ情報を提示するよい方法と悪い方法を示した読みやすい参考書であり、統計情報をより効果的にコミュニケーションするためのグラフィック技法について述べている。

- Tufte, Edward R. 2001. The Visual Display of Quantitative Information. 2nd ed. Cheshire, CT: Graphics Press.
  研究者が情報を表示する際、図を使う方法を変えた記念碑的なものだ。タフトの信奉者は、「Beautiful Evidence」(2006) を含めて他の著書も読むように薦めるだろう。

- Wand, M.P. 1996.「Data-based choice of histogram bin width.」The American Statistician 51(1): 59-73.
  大胆かつ数学的に、ヒストグラムで適切な要素数を決定するための各種の規則を技術的に検討したもの。

- Wilkins, Jesse L.M. 2000.「Why divide by N-1?」Illinois Mathematics Teacher (Fall): 13-18. (http://www.soe.vt.edu/tandl/pdf/Wilkins/Publications_Wilkins_Why_divide_by_n_1.pdf)
  統計の授業でいつも出てきて、答えるのが難しい、「なぜ、標本分散では、n ではなく ($n-1$) で割るのか。」という質問の答えを明快かつ詳細に説明している。

5章

- Agresti, Alan. 2002. Categorical Data Analysis. 2nd ed. Hoboken, NJ: Wiley.
  カテゴリデータ分析の標準的な教科書。初心者にはきつすぎるが、2×2の表から線形モデルまですべてを明快に述べている。

- Davenport, Ernest C., and Nader A. El-Sanhurry. 1991.「Phi/phimax: Review and synthesis.」Educational and Psychological Measurement 51(4): 821-828.
  phiの範囲をさまざまなデータ分布と絡めて論じ、可能な解を検討したもの。

6章

- Fisher, R.A. 1925.「Applications of 'student's'distribution.」Metron 5: 90-104.
  t 分布の特性を用いて平均の差の検定を論じている。

- Gosset, William Sealy. 1908.「The probable error of a mean.」Biometrika 6(1):1-

25.
これが、t 分布の特性を述べた原論文。

- Senn, S., and W. Richardson. 1994.「The first t-test.」Statistics in Medicine 13(8): 785-803.
  この論文は、医療臨床試験で t 検定を初めて用いたことについてのもの。

7章

- Case, Anne, and Christina Paxson. 2008.「Stature and status: Height, ability, and labor market outcomes.」Journal of Political Economy 116(3), 499-532.
  この論文は、身長と収入との正相関について、身長と認知関係の正相関から観察されたと論じている。

- Holland, Paul W. 1986.「Statistics and causal inference.」Journal of the American Statistical Association 81(396): 945-960.
  因果関係決定の必要性とある種のデータを分析するのに使える統計ツールとの困った関係の問題を論じている。

- Spearman, C. 1904.「The proof and measurement of association between two things.」American Journal of Psychology 15: 72-101.
  心理学の歴史の中で関連性尺度に関して最も影響のあった論文。

- Stanton, Jeffrey M. 2001.「Galton, Pearson, and the peas. A brief history of linear regression for statistics instructors.」Journal of Statistics Education 9(3).
  相関関係と回帰の背後にあるアイデアの発展に関する非常に読みやすい解説。

8章

- Cohen, J., P. Cohen, S.G. West, and L.S. Aiken. 2003. Applied Multiple Regression/Correlation Analysis for the Behavioral Sciences. 2nd ed. Hillsdale, NJ: Lawrence Erlbaum Associates.
  単純回帰や多重回帰を勉強するには優れた教科書。

- Dunteman, George H., and Moon-Ho R. Ho. 2006. An Introduction to Generalized Linear Models. Thousand Oaks, CA: SAGE Publications.
  Sage 社の「緑の小冊子」シリーズの薄い（72 ページ）本だが、数式を厭わない読

者には一般線形モデルの優れた概説である。

- Galton, Francis. 1886.「Regression towards mediocrity in hereditary stature.」Journal of the Anthropological Institute 15: 246-263.（http://galton.org/essays/1880-1889/galton-1886-jaigi-regression-stature.pdf）
平均への回帰についての原論文。

- Glass, G.V., P.D. Peckham, and J.R. Sanders. 1972.「Consequences of failure to meet assumptions underlying the analysis of variance and covariance.」Review of Educational Research 42: 237-288.
ANOVA や ANCOVA の裏にある仮定と、そのような仮定が満たされないときの分析結果についての技術的論文。

9章

- Fisher, R.A. 1931.「Studies in crop variation. I. An examination of the yield of dressed grain from Broadbalk.」Journal of Agricultural Science 11: 107-135.
ANOVA のもともとの実験と定式化について述べたもの。

- Miler, G.A., and J.P. Chaplin. 2001.「Misunderstanding analysis of covariance.」Journal of Abnormal Psychology 110(1): 40-48.
ANCOVA の適切な利用とこの技法が研究プロジェクトにおいてできることとできないことについての、明確な議論を与える。

10章

- Achen, Christopher H. 1982. Interpreting and Using Regression. Thousand Oaks, CA: Sage Publications.
Sage 社の「緑の小冊子」シリーズのこの本は、重線形回帰モデルの正しい（そして注意すべき）解釈の優れた解説である。

- Jacard, James, Robert Turrisi, and C.K. Wan. 1990. Interaction Effects in Multiple Regression. Thousand Oaks, CA: Sage Publications.
Sage 社の別の「緑の小冊子」シリーズで、回帰モデルの交互作用の理論と実践をわかりやすく総合して述べている。

- O'Brien, R.M. 2007.「A caution regarding rules of thumb for variance inflation factors.」Quality & Quantity 41: 673-690.

O'Brien は、通常の経験則は、多重共線性により引き起こされる問題を誇張しており、多重共線性に対する普通の解法は、問題を解くよりもより多くの問題を引き起こしていると論じている。

11章

- Bates, Douglas M., and Donald G. Watts. 1988. Nonlinear Regression Analysis and Its Applications. New York: Wiley.
  非線形モデルと曲線適合に関する実際的な教科書。

- Efron, Bradley. 1982. The Jackknife, the Bootstrap, and Other Resampling Plans. Philadephia: Society for Industrial and Applied Mathematics.
  再サンプリング手法に関する古典的な教科書。

- Hosmer, David W., and Stanley Lemeshow. 2000. Applied Logistic Regression, 2nd ed. New York: Wiley.
  大学院生や専門家に対する、ロジスティック回帰とその応用に関する実用的な本。

12章

- Gould, Stephen Jay. 1996. The Mismeasure of Man. W.W. Norton & Company.
  この優れた本は、知能テストの歴史という文脈で、個人の差異を理解するためのさまざまな多変数技法の利用（誤用）を述べる。

- Hartigan, J.A. 1975. Clustering Algorithms. New York: Wiley.
  距離尺度を含めたクラスタリングの基本概念を網羅した最近の古典で、すべてのアルゴリズムを実装できる詳細が含まれる。

13章

- Conover, W.J. 1999. Practical Nonparametric Statistics. Hoboken, NJ: Wiley.
  題名そのものとともに永続する本だ。特定の状況で適切なノンパラメトリック検定を行うにはどうすればよいかを学ぶ必要があるが、統計の長々しい理論は要らない人にとって大事な参考書である。Conover のこの本には、パラメトリック検定と等価なノンパラメトリック検定を探すための手軽な図表も含まれる。

- HealthKnowledge.「Parametric and non-parametric tests for comparing two or more groups.」(http://www.healthknowledge.org.uk/public-health-textbook/research-methods/1b-statistical-methods/parametric-nonparametric-tests)
  この一連の使いやすい図面は、英国保健省のオンライン公共保健コースの一部として作成されたものだが、さまざまな分析状況で適切なノンパラメトリック統計を探すのに役立つ。

- Mann, H.B., and D.R. Whitney. 1947.「On a test of whether one of two random variables is stochastically larger than the other.」Annals of Mathematical Statistics 18: 50-60.
  この論文は、不均一標本サイズに対するマン・ホイットニー＝ウィルコクソンU検定（Wilcoxon Mann Whitney-U test）を拡張したもの。

- Wilcoxon, F. 1945.「Individual comparisons by ranking methods.」Biometrics Bulletin 1: 80-83.
  均一標本サイズの Wilcoxon Mann Whitney-U 検定の原論文。

- Wilcoxon, F. 1957. Some Rapid Approximate Statistical Procedures. Stamford, CT: American Cyanamid. Revised with R.A. Wilcox, 1964.
  棄却限界値表が掲載されたウィルコクソンの符号順位検定の原論文と改訂版がある。

14章

- Clemen, Roger T. 2001. Making Hard Decisions: An Introduction to Decision Analysis. Pacific Grove, CA: Duxbury Press.
  この教科書は、意思決定の背後に潜む論理的哲学的問題を強調しながら、意思決定分析のさまざまな方式を論じる。

- The Economist Newspaper. 1997. Numbers Guide: The Essentials of Business Numeracy. Hoboken, NJ: Wiley.
  この手軽なポケットガイドは、仮説検定、意思決定理論、線形プログラミングに焦点を当て、指数、利息や抵当権問題を含めたビジネスで使う数値演算を記述する[†]。

- Gordon, Robert J. 1999.「The Boskin Commission Report and its aftermath.」

[†] 訳注：第6版が（2014/1/28）に出版されている。

Paper presented at the Conference on the Measurement of Inflation, Cardiff, Wales.（http://faculty-web.at.northwestern.edu/economics/gordon/346.pdf）
米国消費者指数（CPI）に関する批判をまとめたもので、CPIがインフレを誇張しているとした1995年のボスキン委員会報告により指摘された事項がある。

- Shumway, Robert, and David S. Stoffer. 2006. Time Series Analysis and Its Applications: With R Examples. New York: Springer.
この時系列のよく使われる教科書は、時系列分析を行うR（無料のコンピュータ言語）のコードを収めている。

- Tague, Nancy. 2005. The Quality Toolbox. 2nd ed. Milwaukee, WI: American Society for Quality.
この事典は、品質改善（QI）の簡単な歴史とアルファベット順のQIツールを収めており、箱ひげ図や仮説検定などの標準的な統計およびグラフ描画手続きから、管理図や魚の骨図のような高度なツールまで収録。

15章

- Cohen, Jacob. 2002.「A power primer.」Psychological Bulletin 112 (July).
検出力概念の読みやすい入門書で、前書きに、Cohenらがこれまで発表された研究で検出力への考慮が欠けていたということの研究が述べられている。

- Ahrens, Wolfgang, and Iris Pigeot, Eds. 2004. Handbook of Epidemiology. New York: Springer.
疫学へのこのガイド本は、各分野の専門家が書いた章で構成され、標本サイズ計算と検出力分析の章には薬学や疫学でよく使われる実験計画のための公式や例を掲載している。

- Hennekens, Charles H., and Julie E. Buring. 1987. Epidemiology in Medicine. Boston: Little, Brown.
基本概念から実験計画、分析の種類に至るまで読みやすい疫学の入門書。

- Pagano, Marcello, and Kimberlee Gauvreau. 2000. Principles of Biostatistics. 2nd ed. Pacific Grove, CA: Duxbury Press.
生物統計学のこの入門書は学部での講義に適している。次のRosnerの教科書より詳しくなくて使いやすい。

- Rosner, Bernard. Fundamentals of Biostatistics. 6th ed. Pacific Grove, CA: Duxbury Press, 2005.
  大学院生や Pagano と Gauvreau の教科書より理論的な詳細に取り組みたい人向けの生物統計学への優れた入門書。

- Rothman, Kenneth J., et al. 2008. Modern Epidemiology. 3rd ed. Philadelphia: Lippincott, Wilkins, and Williams.
  疫学全般を詳しく論じており、寄稿者による章を含めて、個別主題に取り組みたい学生に適している。

16章

- Crocker, Linda, and James Algina. 2006. Introduction to Classical and Modern Test Theory. Independence, KY: Wadsworth.
  古典的テスト理論に基づいたモデル記述に優れた標準的教科書の改訂版。

- Ebel, R.L. 1965. Measuring Educational Achievement. Englewood Cliffs, NJ: Prentice Hall.
  この教科書は、本書 16 章の項目識別規則の元ネタ。

- Embretson, Susan, and Steven Reise. 2000. Item Response Theory for Psychologists. Mahwah, NJ: Erlbaum.
  IRT（項目反応理論）への直感的な方法をとった入門的教科書で、多数の図、古典測定論との類比がある。

- Hambleton, Ronald K., et al. 1991. Fundamentals of Item Response Theory. Thousand Oaks, CA: Sage Publications.
  古典的テスト理論の限界をどう克服するかを説明する項目反応理論のよい入門書。

- Tanner, David E. 2001. Assessing Academic Achievement. Boston: Allyn and Bacon.
  まっとうな方式で書かれた教科書。教師や監督者のために書かれ、学校での試験と評価に関する主要事項を扱う。（真正評価、重大な影響をもたらすテスト、コンピュータ適応型テストなどの）最近の話題だけでなく古典的テスト理論、基準準拠試験対目標準拠試験のような伝統的なテーマも論じられている。

17章

- Boslaugh, Sarah. 2004. An Intermediate Guide to SPSS Programming: Using Syntax for Data Management. Thousand Oaks, CA: Sage.
  本書は、SPSS を使ってデータの管理分析を行う人向けに基本的な事柄を扱い、多くの作業のコードを示す。

- Cody, Ron. 1999. Cody's Data Cleaning Techniques Using SAS Software. Cary, NC: SAS Institute.
  Cody は、SAS を用いてデータの検査やクリーニングを行う技法を、多数の標準的手続きの例やそれを実行する SAS コードを含めて示す。

- Hernandez, M.J. 2003. Database Design for Mere Mortals: A Hands-On Guide to Relational Database Design. 2nd ed. Upper Saddle River, NJ: Addison Wesley.
  データベースを始める人向けの理論と実際のよい入門書、特定の製品によらず、どのようなデータベースでも使える原則を論じている。

- Levesque, Raynald. Raynald's SPSS Pages.（http://www.spsstools.net/）
  SPSS の経験豊かなプログラマ Raynald Levesque によるウェブサイト。ヒント、技法、サンプルコードが満載。

- Little, Roderick J.A., and Donald B. Rubin. 2002. Statistical Analysis with Missing Data. 2nd ed. Hoboken, NJ: Wiley.
  Little と Rubin が欠損データについて書いた本書は、この分野の標準的教科書だが、読者が数学的素養があり、その気でないと歯がたたない。

18章

- Christensen, Larry B. 2006. Experimental Methodology, 10th ed. Boston: Allyn & Bacon.
  研究や実験の計画設計を教育学や心理学の点から網羅した読みやすい入門書。

- Fisher, R.A. 1990. Statistical Methods, Experimental Design, and Scientific Inference: A Re-issue of Statistical Methods for Research Workers, the Design of Experiments, and Statistical Methods and Scientific Inference. Oxford: Oxford University Press.
  本章での実験設計やその課題のもともとの議論や原理について学びたいなら、原論

文に当たるよりも本書の方がよい。

- The Framingham Heart Study.（http://www.framinghamheartstudy.org/）
  薬学の歴史における予測的コホート研究での最大、最長、最も有名な研究の公式ウェブサイト。

- Martin, F., and D. Siddle. 2003.「The interactive effects of alcohol and Temazepam of P300 and reaction time.」Brain and Cognition, 53(1): 58-65.
  18章の実験計画の例で用いた論文。

- Robinson, W.S. 1950.「Ecological correlations and the behavior of individuals.」American Sociological Review 15(3): 351-357. Reprinted in the International Journal of Epidemiology (2009).（http://ije.oxfordjournals.org/content/early/2009/01/28/ije.dyn357.full.pdf+html）
  生態学的錯誤に関する古典的論文で、人種や出生国による読み書き能力の相関に関するデータを示している。

- Rosenbaum, Paul R., and Donald B. Rubin. 1983.「The central role of the propensity score in observational studies for causal effects.」Biometrika 70: 41-55.
  RosenbaumとRubinは、薬学の症例対照研究で今では普通に用いられている傾向スコアという概念をこの論文で示した。

- Shadish, William R., Thomas D. Cook, and Donald T. Campbell. 2001. Experimental and Quasi-Experimental Designs for Generalized Causal Inference. Florence, KY: Wadsworth Publishing.
  古典的な実験計画の教科書の改訂版。初心者に最適というわけではないが、本当に理解したい人には役立つ。

- Wolff, Alexander, Albert Chen, and Tim Smith. 2002.「That Old Black Magic.」Sports Illustrated 96 (January): 50-62.
  この記事は、「Sports Illustratedのジンクス」を、古典的な平均回帰とされる現象としてその妥当性を論じている。

19章

- Alley, Michael. 2003. The Craft of Scientific Presentations. New York: Springer.
  科学上のプレゼンのさまざまなスタイル（例えば、説明なのか説得なのかなど）を検討した本書は、多数の例とプレゼンの成功と失敗を分ける原則について述べる。

- LaMontaigne, Mario.「Planning a scientific presentation.」(http://www.biomech.uottawa.ca/english/teaching/apa6905/lectures/presentation-style.pdf)
  このスライドは、プレゼン用スライドの作り方を、まずくなる場合の愉快な例を含めて示す。

- 「Slides from NISS/ASA Technical Writing Workshop for Young Researchers . . . and Some Other Stuff.」(August 2007).（http://www.public.iastate.edu/~vardeman/RTGWritingStuff.html）
  このウェブサイトは、米国統計学会と米国統計サービスが主催したワークショップでの科学論文を書くためのスライドその他の情報をまとめたもので、初めて論文を書く学生や若手研究者を対象にしているが、経験者にも役立つ情報が多数含まれている。

- Ternes, Reuben. 2011.「Writing with statistics.」Purdue Online Writing Lab.（http://owl.english.purdue.edu/owl/resource/672/1/）
  学部学生用の統計についてコミュニケーションするためのガイド。OWL（Online Writing Lab）には、アブストラクトの書き方、参考文献の書き方、薬学、保健、工学における書き方など科学技術方面の作文に役立つ情報が他にもある。

- The OPEN Notebook.（http://www.theopennotebook.com）
  科学ジャーナリズム専門のウェブサイトとして、OPEN Notebookは、一般大衆を相手にして、技術的な助言と（Rebecca Sklootの「不死細胞ヒーラヘンリエッタ・ラックスの永遠なる人生」のような）有名な本や論文の執筆の舞台裏との組合せを提供する。

- United Nations Economic Commission for Europe. 2009. Making Data Meaningful.
  http://www.unece.org/fileadmin/DAM/stats/documents/writing/MDM_Part1_English.pdf
  http://www.unece.org/fileadmin/DAM/stats/documents/writing/MDM_Part2_English.pdf
  http://www.unece.org/fileadmin/DAM/stats/documents/writing/MDM_Part3_

English.pdf
この 3 部構成のガイドは、一般大衆や非専門家に統計情報を伝える必要のある管理者、広報担当、統計家およびその他の人々のために書かれた。第 1 部は、統計情報を大衆の想像力に訴え重要な情報を伝えるストーリーに変える方法を説明し、第 2 部は、統計を（言葉と図の両方で）提示する方法を論じ、第 3 部では、メディア関係を論じる。

20 章

- Good, Phillip I., and James W. Hardin. 2006. Common Errors in Statistics (and How to Avoid Them). Hoboken, NJ: Wiley.
  統計の方法論や推論でよくある誤りを避けるためのガイド。

- Alderson, Phil, and Sally Green, eds. 2009. The Cochrane Collaboration Learning Material for Reviewers.（http://www.cochrane-net.org/openlearning/）
  保健医療分野でのインフォームドコンセントなどを支援する目的の国際組織 The Cochrane Collaboration の活動を支援するために作られたもので、出版バイアスについて鋭い議論が含まれている。

- Huff, Darryl. 高木秀玄訳、統計でウソをつく法—数式を使わない統計学入門（ブルーバックス）、講談社、1968
  この付録の冒頭でも紹介したが、本章にも大いに関係する。

訳者による追加

- Allen B. Downey、黒川洋・黒川利明訳、Think Stats—プログラマのための統計入門、オライリー・ジャパン、2012

- Sharon Bertsch McGrayne、富永星訳、異端の統計学ベイズ、草思社、2013

- Allen B. Downey、黒川利明訳、Think Bayes—プログラマのためのベイズ推計入門、オライリー・ジャパン、2014

- 栗原伸一、入門統計学−検定から多変量解析・実験計画法まで−、オーム社、2011

- 芝祐順著、統計用語辞典、新曜社、1984

- 竹内啓編、統計学辞典、東洋経済新報社、1989

- 日本オペレーションズリサーチ学会、日本OR学会編、OR用語辞典、日科技連出版社、2000
- 岩崎学、時岡規夫、中西寛子著、実用統計用語事典、オーム社、2004
- 杉山高一、杉浦成昭、国友直人、藤越康祝編、統計データ科学事典、朝倉書店、2007

付録 D
よく使われる分布の確率表

 多くの事典やオンラインには、さまざまな分布の確率表がある。この付録の表は、読者の便宜と本文の例題を解くために載せた。

どの分布でも確率値の表示には複数の方法があるので、使い始める前に、2、3分でも表がどのようになっているか見ておくのが賢明だ。

 確率表は、統計用の電卓やソフトウェアパッケージが出現する前の時代の遺品でもあるが、今日の電子時代でも役に立つ。確率表を正しく使うには、問題になる分布を、研究課題にどう使えるか考える必要があるので、コンピュータソフトウェアパッケージで統計処理をする予定であっても、確率表で2、3分考えておくのはよいことだ。
 本章の表は、二項分布を除いて NIST/SEMATECH e-Handbook of Statistical Methods という公共のオンライン情報 (http://itl.nist.gov/div898/handbook/index.htm) から取った。二項分布もパブリックドメインのもので、University of New Brunswick のコンピュータ科学と数学の元教授 William Knight が作成した。
 正規分布のような連続分布では、分布の領域 (area) の確率 (その領域内のすべての結果の確率) を言い、分布の単一の点 (single point) の確率を言うのではないことに注意する。これは、$P(Z > 2.00)$ や $P(Z < -1.80)$ はよいが、$P(Z = 2.00)$ や $P(Z = -1.80)$ は意味がないということだ。この理由は技術的なもので、連続分布では、点 (例えば 2.00) は面積がなく、確率がない。この制約は連続分布特有のもので、二項分布のような離散分布なら、特定の値の確率を求められる。

標準正規分布

図 D-3 は、$(0 < x < |a|)$、変数 x の値が 0 とある値 a の絶対値との間にある確率を正規曲線の領域で表した表である。$a = 0.5$ なら、$(0 < x < 0.5)$ の領域は、図 D-1 の灰色の部分である。

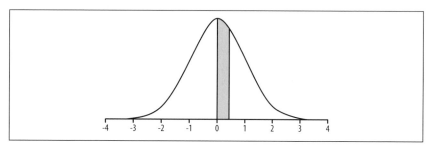

図 D-1　標準正規分布の $(0 < x < 0.5)$ の領域

図 D-3 の正規表から、この領域は、範囲 $(0, 0.5)$ の確率の値と等しく、0.19146 である（正規曲線の全領域は 1.0 であることを覚えておくこと）。この値は、x というラベルの列を 0.5 の行まで下がり、右に行って 0.00 というラベルの列を読む。行と列が交差する位置の値が、0 と a の絶対値の間（この場合は、0 と 0.5）の領域の確率である。この値 0.19146 は、0 と 0.5 の間の正規曲線の下の領域であるとともに、標準正規分布で 0 と 0.5 の間の確率でもある。

標準正規分布は、対称的なので、表には正の値しか載っていないが、0 より小さい a の値も容易に見つかる。例えば、$P(0 < x < 0.5) = P(0 > x > -0.5) = P(-0.5 < x < 0)$。図 D-2 の灰色の部分は、領域 $(-0.5 < x < 0)$ を示し、その領域と確率は 0.19146 だ。

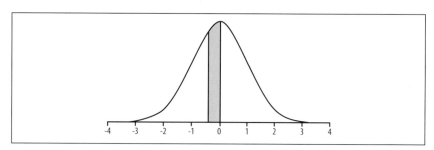

図 D-2　標準正規分布の $(-0.5 < x < 0)$ の領域

x	0.00	0.01	0.02	0.03	0.04	0.05	0.06	0.07	0.08	0.09
0.0	0.00000	0.00399	0.00798	0.01197	0.01595	0.01994	0.02392	0.02790	0.03188	0.03586
0.1	0.03983	0.04380	0.04776	0.05172	0.05567	0.05962	0.06356	0.06749	0.07142	0.07535
0.2	0.07926	0.08317	0.08706	0.09095	0.09483	0.09871	0.10257	0.10642	0.11026	0.11409
0.3	0.11791	0.12172	0.12552	0.12930	0.13307	0.13683	0.14058	0.14431	0.14803	0.15173
0.4	0.15542	0.15910	0.16276	0.16640	0.17003	0.17364	0.17724	0.18082	0.18439	0.18793
0.5	0.19146	0.19497	0.19847	0.20194	0.20540	0.20884	0.21226	0.21566	0.21904	0.22240
0.6	0.22575	0.22907	0.23237	0.23565	0.23891	0.24215	0.24537	0.24857	0.25175	0.25490
0.7	0.25804	0.26115	0.26424	0.26730	0.27035	0.27337	0.27637	0.27935	0.28230	0.28524
0.8	0.28814	0.29103	0.29389	0.29673	0.29955	0.30234	0.30511	0.30785	0.31057	0.31327
0.9	0.31594	0.31859	0.32121	0.32381	0.32639	0.32894	0.33147	0.33398	0.33646	0.33891
1.0	0.34134	0.34375	0.34614	0.34849	0.35083	0.35314	0.35543	0.35769	0.35993	0.36214
1.1	0.36433	0.36650	0.36864	0.37076	0.37286	0.37493	0.37698	0.37900	0.38100	0.38298
1.2	0.38493	0.38686	0.38877	0.39065	0.39251	0.39435	0.39617	0.39796	0.39973	0.40147
1.3	0.40320	0.40490	0.40658	0.40824	0.40988	0.41149	0.41308	0.41466	0.41621	0.41774
1.4	0.41924	0.42073	0.42220	0.42364	0.42507	0.42647	0.42785	0.42922	0.43056	0.43189
1.5	0.43319	0.43448	0.43574	0.43699	0.43822	0.43943	0.44062	0.44179	0.44295	0.44408
1.6	0.44520	0.44630	0.44738	0.44845	0.44950	0.45053	0.45154	0.45254	0.45352	0.45449
1.7	0.45543	0.45637	0.45728	0.45818	0.45907	0.45994	0.46080	0.46164	0.46246	0.46327
1.8	0.46407	0.46485	0.46562	0.46638	0.46712	0.46784	0.46856	0.46926	0.46995	0.47062
1.9	0.47128	0.47193	0.47257	0.47320	0.47381	0.47441	0.47500	0.47558	0.47615	0.47670
2.0	0.47725	0.47778	0.47831	0.47882	0.47932	0.47982	0.48030	0.48077	0.48124	0.48169
2.1	0.48214	0.48257	0.48300	0.48341	0.48382	0.48422	0.48461	0.48500	0.48537	0.48574
2.2	0.48610	0.48645	0.48679	0.48713	0.48745	0.48778	0.48809	0.48840	0.48870	0.48899
2.3	0.48928	0.48956	0.48983	0.49010	0.49036	0.49061	0.49086	0.49111	0.49134	0.49158
2.4	0.49180	0.49202	0.49224	0.49245	0.49266	0.49286	0.49305	0.49324	0.49343	0.49361
2.5	0.49379	0.49396	0.49413	0.49430	0.49446	0.49461	0.49477	0.49492	0.49506	0.49520
2.6	0.49534	0.49547	0.49560	0.49573	0.49585	0.49598	0.49609	0.49621	0.49632	0.49643
2.7	0.49653	0.49664	0.49674	0.49683	0.49693	0.49702	0.49711	0.49720	0.49728	0.49736
2.8	0.49744	0.49752	0.49760	0.49767	0.49774	0.49781	0.49788	0.49795	0.49801	0.49807
2.9	0.49813	0.49819	0.49825	0.49831	0.49836	0.49841	0.49846	0.49851	0.49856	0.49861
3.0	0.49865	0.49869	0.49874	0.49878	0.49882	0.49886	0.49889	0.49893	0.49896	0.49900
3.1	0.49903	0.49906	0.49910	0.49913	0.49916	0.49918	0.49921	0.49924	0.49926	0.49929
3.2	0.49931	0.49934	0.49936	0.49938	0.49940	0.49942	0.49944	0.49946	0.49948	0.49950
3.3	0.49952	0.49953	0.49955	0.49957	0.49958	0.49960	0.49961	0.49962	0.49964	0.49965
3.4	0.49966	0.49968	0.49969	0.49970	0.49971	0.49972	0.49973	0.49974	0.49975	0.49976
3.5	0.49977	0.49978	0.49978	0.49979	0.49980	0.49981	0.49981	0.49982	0.49983	0.49983
3.6	0.49984	0.49985	0.49985	0.49986	0.49986	0.49987	0.49987	0.49988	0.49988	0.49989
3.7	0.49989	0.49990	0.49990	0.49990	0.49991	0.49991	0.49992	0.49992	0.49992	0.49992
3.8	0.49993	0.49993	0.49993	0.49994	0.49994	0.49994	0.49994	0.49995	0.49995	0.49995
3.9	0.49995	0.49995	0.49996	0.49996	0.49996	0.49996	0.49996	0.49996	0.49997	0.49997
4.0	0.49997	0.49997	0.49997	0.49997	0.49997	0.49997	0.49998	0.49998	0.49998	0.49998

0からxの正規分布の下の領域

図 D-3　標準正規分布の確率表

　よく知らない分布表を扱うには、よく知っている値を探すことだ。例えば、1.96 という Z 値は 95% の両側信頼区間に関してよく知っているだろう。行 1.9、列 .06 の交点に、値 0.47500 が見つかる。これは $P(0 < x < 1.96)$ であり、倍にして確率 $P(-1.96 < x < 0)$ を足せば、0.95 すなわち 95% が得られる。別の観点では、標準正規分布の領域の 2.5%（0.025）が、値 1.96 の上側、同じく 2.5% が値 -1.96 の下側なので、標準正規分布の値の 5% だけが（-1.96, 1.96）の外にある。これは、正規分布に基づく統計検定でアルファ値に 0.05 をなぜ使うかという理由、範囲（-1.96, 1.96）の外の標準正規得点が有意だと翻訳される結果である。この極値は帰無仮説が真であれば、5% より少ない場合にしか生じない。

　いくつかの例でこの表がわかりやすくなる。結果の確率を探すことは、0 の両側の確率を足すことを含むことが多い。例えば、3 章（**式 3-2**）で母数分布 $x \sim N(100, 5^2)$ から、得点 105 の Z 値が 1.00 であると知った。少なくとも 105 の高さの値の確率を、母数分布 $x \sim N(100, 5^2)$ から求めることは、標準正規分布で Z 値が少なくとも 1.00 の確率を求めることである。$P(Z > 1.0)$ を求める最も容易な方法は、$Z = 1.00$ より下の領域を求めて、1.0（正規曲線の下の

全領域)からその領域を引くことだ。$Z = 1.00$ より下の領域には負の無限大から 0、0 から 1.00 の領域が含まれる。前者が 0.5（標準正規分布の半分は 0 以下、半分は 0 以上だから）なのはわかっており、後者は、表を使って 0.34134 とわかる。ゆえに、得点を X として、

$P(X < 105) = P(Z < =1.00) = 0.50000 + 0.34134 = 0.84134, P(X > 105) = P(Z > 1.00) = 1 - 0.84134$ すなわち 0.15866。

元の問題に戻ると、この結果は、得点が 105 より大きいのは、母数が ~ $N(100, 5^2)$ の分布なら、ほぼ 15.9% の機会である。さらに別の言い方では、そのような分布の得点 105 は、この母数のトップ 15.9% に入る。図 D-4 の灰色の部分がそうである。

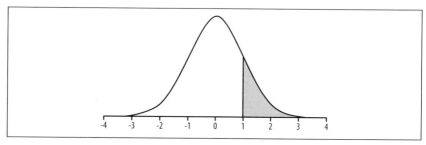

図 D-4　$P(Z > 1.00)$ の標準正規分布の領域

3 章（**式 3-3**）で母数分布 ~$N(100, 5^2)$ で値 95 の計算は、− 1.00 の Z 値に翻訳された。この得点以下で値の割合を調べたいと仮定しよう。これをするには、次の 2 つの事実を使う。

- 標準正規分布の定義から、0 以下の領域（負の無限大と 0 の間）は 0.5000。
- 1.00 と 0 の間の領域は 0.34134（0 と 1.00 との間の領域に等しい）。

ゆえに、− 1.00 より下の領域は、0.5000 − 0.34134 すなわち 0.15866。これは、$Z = 1.00$ より上の領域に等しく、標準正規分布の対称性を考えれば当然である。図 D-5 の灰色の部分がこの領域を表す。

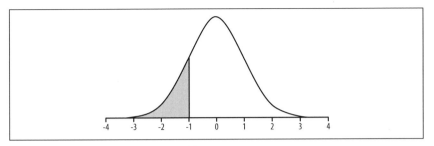

図 D-5 P(Z <－1.00) の標準正規分布の領域

確率表を使っていると、どの領域を計算しているのか混乱することがあるので、スケッチを書いて、答えを得るには足すのか引くのかをはっきり示すのがよい。

3章（**式 3-4**）では、母数が $\sim N(50, 10^2)$ での値 35 が、Z 値 -1.50 になると計算した。この母数分布で、35 より高得点の確率を計算するには、答えが -1.5 から 0 の領域と 0 より大きい（0 と正の無限大の間）領域を含むことに注意する。

$$P(Z > -1.5) = .43319 + 0.50000 = 0.93319$$

ゆえに、この母数の 35 以上の得点の確率は 93.3% で、**図 D-6** の灰色の部分に対応する。

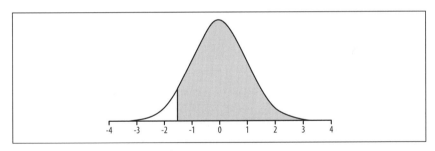

図 D-6 P(Z >－1.50) の標準正規分布の領域

標準正規分布表を使って確率を求めるためには、Z 値が単一の得点を表しても標本平均を表してもどちらでもよい。3章（**式 3-12**）では、平均が 50 標準偏差 10 の母数分布から抽出した、標本平均が 52 の標本数 30 の標本の Z 統計量を計算した。この標本平均は、Z 統計量 1.10 に該当する。この高さ以上の Z 統計量の確率を求めるためには、次の計算を行う。

$$P(Z > 1.10) = 1 - P(Z < 1.10) = 1 - (0.5000 + 0.36433) = 0.13567$$

これより低い得点の計算を求めるなら、次のように計算する。

$P(Z < 1.10) = (0.5000 + 0.36433) = 0.86433$

以前と同様、0.5000 は負の無限大から 0 の確率を表し、0.36433 は 0 から 1.10 の確率を表す。3 章の他の Z 分布の確率は次のようになる。

式 3-13（Z = 1.55）

$P(Z > 1.55) = 1 - P(Z < 1.55) = 1 - (0.50000 + 0.43943) = 0.06057$ $P(Z < 1.55) = (0.50000 + 0.43943) = 0.93943$

式 3-14（Z = 2.00）

$P(Z > 2.00) = 1 - P(Z < 2.00) = 1 - (0.50000 + 0.47725) = 0.02275$ $P(Z < 2.00) = (0.50000 + 0.47725) = 0.97725$

t 分布

t 分布は、自由度によって異なる分布を持つので、t 表は、いくつかの棄却値だけを示すように簡略化されるのが普通である（さもないと膨大になる）。**図 D-7** の表では、ν というラベルの列が自由度を表現し、0.10, 0.05 といった列が、ν で示される自由度の t 分布で棄却値を超える確率を表す。これは片側値で、t 分布が対称的なので、両側確率を求めるには、欲しい α 値の半分の確率の列を選べばよい。

自由度νのスチューデントのt分布の上方棄却値

棄却値を超える確率

ν	0.10	0.05	0.025	0.01	0.005	0.001
1.	3.078	6.314	12.706	31.821	63.657	318.313
2.	1.886	2.920	4.303	6.965	9.925	22.327
3.	1.638	2.353	3.182	4.541	5.841	10.215
4.	1.533	2.132	2.776	3.747	4.604	7.173
5.	1.476	2.015	2.571	3.365	4.032	5.893
6.	1.440	1.943	2.447	3.143	3.707	5.208
7.	1.415	1.895	2.365	2.998	3.499	4.782
8.	1.397	1.860	2.306	2.896	3.355	4.499
9.	1.383	1.833	2.262	2.821	3.250	4.296
10.	1.372	1.812	2.228	2.764	3.169	4.143
11.	1.363	1.796	2.201	2.718	3.106	4.024
12.	1.356	1.782	2.179	2.681	3.055	3.929
13.	1.350	1.771	2.160	2.650	3.012	3.852
14.	1.345	1.761	2.145	2.624	2.977	3.787
15.	1.341	1.753	2.131	2.602	2.947	3.733
16.	1.337	1.746	2.120	2.583	2.921	3.686
17.	1.333	1.740	2.110	2.567	2.898	3.646
18.	1.330	1.734	2.101	2.552	2.878	3.610
19.	1.328	1.729	2.093	2.539	2.861	3.579
20.	1.325	1.725	2.086	2.528	2.845	3.552
21.	1.323	1.721	2.080	2.518	2.831	3.527
22.	1.321	1.717	2.074	2.508	2.819	3.505
23.	1.319	1.714	2.069	2.500	2.807	3.485
24.	1.318	1.711	2.064	2.492	2.797	3.467
25.	1.316	1.708	2.060	2.485	2.787	3.450
26.	1.315	1.706	2.056	2.479	2.779	3.435
27.	1.314	1.703	2.052	2.473	2.771	3.421
28.	1.313	1.701	2.048	2.467	2.763	3.408
29.	1.311	1.699	2.045	2.462	2.756	3.396
30.	1.310	1.697	2.042	2.457	2.750	3.385
31.	1.309	1.696	2.040	2.453	2.744	3.375
32.	1.309	1.694	2.037	2.449	2.738	3.365
33.	1.308	1.692	2.035	2.445	2.733	3.356
34.	1.307	1.691	2.032	2.441	2.728	3.348
35.	1.306	1.690	2.030	2.438	2.724	3.340
36.	1.306	1.688	2.028	2.434	2.719	3.333
37.	1.305	1.687	2.026	2.431	2.715	3.326
38.	1.304	1.686	2.024	2.429	2.712	3.319
39.	1.304	1.685	2.023	2.426	2.708	3.313
40.	1.303	1.684	2.021	2.423	2.704	3.307
41.	1.303	1.683	2.020	2.421	2.701	3.301
42.	1.302	1.682	2.018	2.418	2.698	3.296
43.	1.302	1.681	2.017	2.416	2.695	3.291
44.	1.301	1.680	2.015	2.414	2.692	3.286
45.	1.301	1.679	2.014	2.412	2.690	3.281
46.	1.300	1.679	2.013	2.410	2.687	3.277
47.	1.300	1.678	2.012	2.408	2.685	3.273
48.	1.299	1.677	2.011	2.407	2.682	3.269
49.	1.299	1.677	2.010	2.405	2.680	3.265
50.	1.299	1.676	2.009	2.403	2.678	3.261
51.	1.298	1.675	2.008	2.402	2.676	3.258
52.	1.298	1.675	2.007	2.400	2.674	3.255
53.	1.298	1.674	2.006	2.399	2.672	3.251
54.	1.297	1.674	2.005	2.397	2.670	3.248
55.	1.297	1.673	2.004	2.396	2.668	3.245
56.	1.297	1.673	2.003	2.395	2.667	3.242
57.	1.297	1.672	2.002	2.394	2.665	3.239
58.	1.296	1.672	2.002	2.392	2.663	3.237
59.	1.296	1.671	2.001	2.391	2.662	3.234
60.	1.296	1.671	2.000	2.390	2.660	3.232
61.	1.296	1.670	2.000	2.389	2.659	3.229
62.	1.295	1.670	1.999	2.388	2.657	3.227
63.	1.295	1.669	1.998	2.387	2.656	3.225
64.	1.295	1.669	1.998	2.386	2.655	3.223
65.	1.295	1.669	1.997	2.385	2.654	3.220
66.	1.295	1.668	1.997	2.384	2.652	3.218
67.	1.294	1.668	1.996	2.383	2.651	3.216
68.	1.294	1.668	1.995	2.382	2.650	3.214
69.	1.294	1.667	1.995	2.382	2.649	3.213
70.	1.294	1.667	1.994	2.381	2.648	3.211
71.	1.294	1.667	1.994	2.380	2.647	3.209
72.	1.293	1.666	1.993	2.379	2.646	3.207
73.	1.293	1.666	1.993	2.379	2.645	3.206
74.	1.293	1.666	1.993	2.378	2.644	3.204
75.	1.293	1.665	1.992	2.377	2.643	3.202
76.	1.293	1.665	1.992	2.376	2.642	3.201
77.	1.293	1.665	1.991	2.376	2.641	3.199
78.	1.292	1.665	1.991	2.375	2.640	3.198
79.	1.292	1.664	1.990	2.374	2.640	3.197
80.	1.292	1.664	1.990	2.374	2.639	3.195
81.	1.292	1.664	1.990	2.373	2.638	3.194
82.	1.292	1.664	1.989	2.373	2.637	3.193
83.	1.292	1.663	1.989	2.372	2.636	3.191
84.	1.292	1.663	1.989	2.372	2.636	3.190
85.	1.292	1.663	1.988	2.371	2.635	3.189
86.	1.291	1.663	1.988	2.370	2.634	3.188
87.	1.291	1.663	1.988	2.370	2.634	3.187
88.	1.291	1.662	1.987	2.369	2.633	3.185
89.	1.291	1.662	1.987	2.369	2.632	3.184
90.	1.291	1.662	1.987	2.368	2.632	3.183
91.	1.291	1.662	1.986	2.368	2.631	3.182
92.	1.291	1.662	1.986	2.368	2.630	3.181
93.	1.291	1.661	1.986	2.367	2.630	3.180
94.	1.291	1.661	1.986	2.367	2.629	3.179
95.	1.291	1.661	1.985	2.366	2.629	3.178
96.	1.290	1.661	1.985	2.366	2.628	3.177
97.	1.290	1.661	1.985	2.365	2.627	3.176
98.	1.290	1.661	1.984	2.365	2.627	3.175
99.	1.290	1.660	1.984	2.365	2.626	3.175
100.	1.290	1.660	1.984	2.364	2.626	3.174
∞	1.282	1.645	1.960	2.326	2.576	3.090

図 D-7　t分布の選ばれた棄却値

自由度 20 $\alpha = 0.05$ の両側 t 検定の棄却値を求める場合を考えよう。0.025 の列を（0.05/2 = 0.025 なので）選び、行 $v = 20$ まで下がり、棄却値 2.086 が見つかる。これは、実験の t 統計量が 2.086 より大きい、すなわち、−2.086 より小さいなら帰無仮説を棄却することを意味する。

$v = 20$、$\alpha = 0.05$ で片側検定を行うのなら、0.05 という列を使い、行 $v = 20$ まで同様に下がり、棄却値が 1.725 とわかる。

t 表は、すべての t 値に適切な確率を与えるわけではないが、仮説検定にも使える。例えば、6 章の**式 6-6** で、自由度 14 の一標本 t 検定で t 統計量 −3.87 を計算した。α 値が 0.05 の両側検定では棄却値が 2.145（**図 D-7** では行が 14 で確率が 0.25）。データから計算した値はこれより大きかったので、帰無仮説を棄却した。

6 章の**式 6-11** で、自由度 18、$\alpha = 0.05$ の 2 つの独立群の両側 t 検定で、t 統計量 1.01 を計算した。**図 D-7** を見ると、この場合の棄却値は 2.101。データから計算した t 統計量は大きくなく（0 に近い）、このデータでは帰無仮説を棄却できない。

二項分布

二項分布は n と p の組合せで異なるために、二項表は極めて大きくなる。幸いにも正規分布が np と $n(1 − p)$ がともに 5 以上の場合には二項分布を近似するのに使えるので、n の大きな値のための表はあまり必要ない。ニューブランズウィック大学の William Knight 教授の作った二項確率と累積二項確率の表からとったものをここに示す。**図 D-8** は、$n = 3$ から 10 の二項確率を、**図 D-9** は、$n = 3$ から 10 の累積二項確率を示す。

```
N = 3
K \ P=.1    .2      .3      .4      .5      .6      .7      .8      .9
----------------------------------------------------------------------
0 | 0.729  0.512  0.343  0.216  0.125  0.064  0.027  0.008  0.001
1 | 0.243  0.384  0.441  0.432  0.375  0.288  0.189  0.096  0.027
2 | 0.027  0.096  0.189  0.288  0.375  0.432  0.441  0.384  0.243
3 | 0.001  0.008  0.027  0.064  0.125  0.216  0.343  0.512  0.729

N = 4
K \ P=.1    .2      .3      .4      .5      .6      .7      .8      .9
----------------------------------------------------------------------
0 | 0.6561 0.4096 0.2401 0.1296 0.0625 0.0256 0.0081 0.0016 0.0001
1 | 0.2916 0.4096 0.4116 0.3456 0.2500 0.1536 0.0756 0.0256 0.0036
2 | 0.0486 0.1536 0.2646 0.3456 0.3750 0.3456 0.2646 0.1536 0.0486
3 | 0.0036 0.0256 0.0756 0.1536 0.2500 0.3456 0.4116 0.4096 0.2916
4 | 0.0001 0.0016 0.0081 0.0256 0.0625 0.1296 0.2401 0.4096 0.6561

N = 5
K \ P=.1    .2      .3      .4      .5      .6      .7      .8      .9
----------------------------------------------------------------------
0 | 0.59049 0.32768 0.16807 0.07776 0.03125 0.01024 0.00243 0.00032 0.00001
1 | 0.32805 0.40960 0.36015 0.25920 0.15625 0.07680 0.02835 0.00640 0.00045
2 | 0.07290 0.20480 0.30870 0.34560 0.31250 0.23040 0.13230 0.05120 0.00810
3 | 0.00810 0.05120 0.13230 0.23040 0.31250 0.34560 0.30870 0.20480 0.07290
4 | 0.00045 0.00640 0.02835 0.07680 0.15625 0.25920 0.36015 0.40960 0.32805
5 | 0.00001 0.00032 0.00243 0.01024 0.03125 0.07776 0.16807 0.32768 0.59049

N = 6
K \ P=.1    .2      .3      .4      .5      .6      .7      .8      .9
----------------------------------------------------------------------
0 | 0.53144 0.26214 0.11765 0.04666 0.01562 0.00410 0.00073 0.00006 0.00000
1 | 0.35429 0.39322 0.30253 0.18662 0.09375 0.03686 0.01021 0.00154 0.00005
2 | 0.09842 0.24576 0.32414 0.31104 0.23438 0.13824 0.05954 0.01536 0.00122
3 | 0.01458 0.08192 0.18522 0.27648 0.31250 0.27648 0.18522 0.08192 0.01458
4 | 0.00122 0.01536 0.05954 0.13824 0.23438 0.31104 0.32414 0.24576 0.09842
5 | 0.00005 0.00154 0.01021 0.03686 0.09375 0.18662 0.30253 0.39322 0.35429
6 | 0.00000 0.00006 0.00073 0.00410 0.01562 0.04666 0.11765 0.26214 0.53144

N = 7
K \ P=.1    .2      .3      .4      .5      .6      .7      .8      .9
----------------------------------------------------------------------
0 | 0.47830 0.20972 0.08235 0.02799 0.00781 0.00164 0.00022 0.00001 0.00000
1 | 0.37201 0.36700 0.24706 0.13064 0.05469 0.01720 0.00357 0.00036 0.00001
2 | 0.12400 0.27525 0.31765 0.26127 0.16406 0.07741 0.02500 0.00430 0.00017
3 | 0.02296 0.11469 0.22689 0.29030 0.27344 0.19354 0.09724 0.02867 0.00255
4 | 0.00255 0.02867 0.09724 0.19354 0.27344 0.29030 0.22689 0.11469 0.02296
5 | 0.00017 0.00430 0.02500 0.07741 0.16406 0.26127 0.31765 0.27525 0.12400
6 | 0.00001 0.00036 0.00357 0.01720 0.05469 0.13064 0.24706 0.36700 0.37201
7 | 0.00000 0.00001 0.00022 0.00164 0.00781 0.02799 0.08235 0.20972 0.47830

N = 8
K \ P=.1    .2      .3      .4      .5      .6      .7      .8      .9
----------------------------------------------------------------------
0 | 0.43047 0.16777 0.05765 0.01680 0.00391 0.00066 0.00007 0.00000 0.00000
1 | 0.38264 0.33554 0.19765 0.08958 0.03125 0.00786 0.00122 0.00008 0.00000
2 | 0.14880 0.29360 0.29648 0.20902 0.10938 0.04129 0.01000 0.00115 0.00002
3 | 0.03307 0.14680 0.25412 0.27869 0.21875 0.12386 0.04668 0.00918 0.00041
4 | 0.00459 0.04588 0.13614 0.23224 0.27344 0.23224 0.13614 0.04588 0.00459
5 | 0.00041 0.00918 0.04668 0.12386 0.21875 0.27869 0.25412 0.14680 0.03307
6 | 0.00002 0.00115 0.01000 0.04129 0.10938 0.20902 0.29648 0.29360 0.14880
7 | 0.00000 0.00008 0.00122 0.00786 0.03125 0.08958 0.19765 0.33554 0.38264
8 | 0.00000 0.00000 0.00007 0.00066 0.00391 0.01680 0.05765 0.16777 0.43047

N = 9
K \ P=.1    .2      .3      .4      .5      .6      .7      .8      .9
----------------------------------------------------------------------
0 | 0.38742 0.13422 0.04035 0.01008 0.00195 0.00026 0.00002 0.00000 0.00000
1 | 0.38742 0.30199 0.15565 0.06047 0.01758 0.00356 0.00041 0.00002 0.00000
2 | 0.17219 0.30199 0.26683 0.16124 0.07031 0.02123 0.00386 0.00029 0.00000
3 | 0.04464 0.17616 0.26683 0.25082 0.16406 0.07432 0.02100 0.00275 0.00006
4 | 0.00744 0.06606 0.17153 0.25082 0.24609 0.16722 0.07351 0.01652 0.00083
5 | 0.00083 0.01652 0.07351 0.16722 0.24609 0.25082 0.17153 0.06606 0.00744
6 | 0.00006 0.00275 0.02100 0.07432 0.16406 0.25082 0.26683 0.17616 0.04464
7 | 0.00000 0.00029 0.00386 0.02123 0.07031 0.16124 0.26683 0.30199 0.17219
8 | 0.00000 0.00002 0.00041 0.00354 0.01758 0.06047 0.15565 0.30199 0.38742
9 | 0.00000 0.00000 0.00002 0.00026 0.00195 0.01008 0.04035 0.13422 0.38742

N =10
K \ P=.1    .2      .3      .4      .5      .6      .7      .8      .9
----------------------------------------------------------------------
 0 | 0.34868 0.10737 0.02825 0.00605 0.00098 0.00010 0.00001 0.00000 0.00000
 1 | 0.38742 0.26844 0.12106 0.04031 0.00977 0.00157 0.00014 0.00000 0.00000
 2 | 0.19371 0.30199 0.23347 0.12093 0.04395 0.01062 0.00143 0.00007 0.00000
 3 | 0.05740 0.20133 0.26683 0.21499 0.11719 0.04247 0.00900 0.00079 0.00001
 4 | 0.01116 0.08808 0.20012 0.25082 0.20508 0.11148 0.03676 0.00551 0.00014
 5 | 0.00149 0.02642 0.10292 0.20066 0.24609 0.20066 0.10292 0.02642 0.00149
 6 | 0.00014 0.00551 0.03676 0.11148 0.20508 0.25082 0.20012 0.08808 0.01116
 7 | 0.00001 0.00079 0.00900 0.04247 0.11719 0.21499 0.26683 0.20133 0.05740
 8 | 0.00000 0.00007 0.00145 0.01062 0.04395 0.12093 0.23347 0.30199 0.19371
 9 | 0.00000 0.00000 0.00014 0.00157 0.00977 0.04031 0.12106 0.26844 0.38742
10 | 0.00000 0.00000 0.00001 0.00010 0.00098 0.00605 0.02825 0.10737 0.34868
```

図 D-8　n = 3 から 10 の二項確率

```
N = 2
K \ P=.1    .2    .3    .4    .5    .6    .7    .8    .9
------------------------------------------------------------
0 | 0.81 0.64 0.49 0.36 0.25 0.16 0.09 0.04 0.01
1 | 0.99 0.96 0.91 0.84 0.75 0.64 0.51 0.36 0.19
2 | 1.00 1.00 1.00 1.00 1.00 1.00 1.00 1.00 1.00

N = 3
K \ P=.1    .2    .3    .4    .5    .6    .7    .8    .9
------------------------------------------------------------
0 | 0.729 0.512 0.343 0.216 0.125 0.064 0.027 0.008 0.001
1 | 0.972 0.896 0.784 0.648 0.500 0.352 0.216 0.104 0.028
2 | 0.999 0.992 0.973 0.936 0.875 0.784 0.657 0.488 0.271
3 | 1.000 1.000 1.000 1.000 1.000 1.000 1.000 1.000 1.000

N = 4
K \ P=.1    .2    .3    .4    .5    .6    .7    .8    .9
------------------------------------------------------------
0 | 0.6561 0.4096 0.2401 0.1296 0.0625 0.0256 0.0081 0.0016 0.0001
1 | 0.9477 0.8192 0.6517 0.4752 0.3125 0.1792 0.0837 0.0272 0.0037
2 | 0.9963 0.9728 0.9163 0.8208 0.6875 0.5248 0.3483 0.1808 0.0523
3 | 0.9999 0.9984 0.9919 0.9744 0.9375 0.8704 0.7599 0.5904 0.3439
4 | 1.0000 1.0000 1.0000 1.0000 1.0000 1.0000 1.0000 1.0000 1.0000

N = 5
K \ P=.1    .2    .3    .4    .5    .6    .7    .8    .9
------------------------------------------------------------
0 | 0.59049 0.32768 0.16807 0.07776 0.03125 0.01024 0.00243 0.00032 0.00001
1 | 0.91854 0.73728 0.52822 0.33696 0.18750 0.08704 0.03078 0.00672 0.00046
2 | 0.99144 0.94208 0.83692 0.68256 0.50000 0.31744 0.16308 0.05792 0.00856
3 | 0.99954 0.99328 0.96922 0.91296 0.81250 0.66304 0.47178 0.26272 0.08146
4 | 0.99999 0.99968 0.99757 0.98976 0.96875 0.92224 0.83193 0.67232 0.40951
5 | 1.00000 1.00000 1.00000 1.00000 1.00000 1.00000 1.00000 1.00000 1.00000

N = 6
K \ P=.1    .2    .3    .4    .5    .6    .7    .8    .9
------------------------------------------------------------
0 | 0.53144 0.26214 0.11765 0.04666 0.01562 0.00410 0.00073 0.00006 0.00000
1 | 0.88574 0.65536 0.42018 0.23328 0.10938 0.04096 0.01094 0.00160 0.00006
2 | 0.98415 0.90112 0.74431 0.54432 0.34375 0.17920 0.07047 0.01696 0.00127
3 | 0.99873 0.98304 0.92953 0.82080 0.65625 0.45568 0.25569 0.09888 0.01585
4 | 0.99994 0.99840 0.98906 0.95904 0.89062 0.76672 0.57982 0.34464 0.11426
5 | 1.00000 0.99987 0.99927 0.99590 0.98438 0.95334 0.88235 0.73786 0.46856
6 | 1.00000 1.00000 1.00000 1.00000 1.00000 1.00000 1.00000 1.00000 1.00000

N = 7
K \ P=.1    .2    .3    .4    .5    .6    .7    .8    .9
------------------------------------------------------------
0 | 0.47830 0.20972 0.08235 0.02799 0.00781 0.00164 0.00022 0.00001 0.00000
1 | 0.85031 0.57672 0.32942 0.15863 0.06250 0.01884 0.00379 0.00037 0.00001
2 | 0.97431 0.85197 0.64707 0.41990 0.22656 0.09626 0.02880 0.00467 0.00018
3 | 0.99727 0.96666 0.87396 0.71021 0.50000 0.28979 0.12604 0.03334 0.00273
4 | 0.99982 0.99533 0.97120 0.90374 0.77344 0.58010 0.35293 0.14803 0.02569
5 | 0.99999 0.99963 0.99621 0.96116 0.93750 0.84137 0.67058 0.42328 0.14969
6 | 1.00000 0.99999 0.99978 0.99836 0.99219 0.97201 0.91765 0.79028 0.52170
7 | 1.00000 1.00000 1.00000 1.00000 1.00000 1.00000 1.00000 1.00000 1.00000

N = 8
K \ P=.1    .2    .3    .4    .5    .6    .7    .8    .9
------------------------------------------------------------
0 | 0.43047 0.16777 0.05765 0.01680 0.00391 0.00066 0.00007 0.00000 0.00000
1 | 0.81310 0.50332 0.25530 0.10638 0.03516 0.00852 0.00129 0.00008 0.00000
2 | 0.96191 0.79692 0.55177 0.31539 0.14453 0.04981 0.01129 0.00123 0.00002
3 | 0.99498 0.94372 0.80590 0.59409 0.36328 0.17367 0.05797 0.01041 0.00043
4 | 0.99957 0.98959 0.94203 0.82633 0.63672 0.40591 0.19410 0.05628 0.00502
5 | 0.99998 0.99877 0.98871 0.95019 0.85547 0.68461 0.44823 0.20308 0.03809
6 | 1.00000 0.99992 0.99871 0.99148 0.96484 0.89362 0.74470 0.49668 0.18690
7 | 1.00000 1.00000 0.99993 0.99934 0.99609 0.98320 0.94235 0.83223 0.56953
8 | 1.00000 1.00000 1.00000 1.00000 1.00000 1.00000 1.00000 1.00000 1.00000

N = 9
K \ P=.1    .2    .3    .4    .5    .6    .7    .8    .9
------------------------------------------------------------
0 | 0.38742 0.13422 0.04035 0.01008 0.00195 0.00026 0.00002 0.00000 0.00000
1 | 0.77484 0.43621 0.19600 0.07054 0.01953 0.00380 0.00043 0.00003 0.00000
2 | 0.94703 0.73820 0.46283 0.23179 0.08984 0.02503 0.00429 0.00031 0.00000
3 | 0.99167 0.91436 0.72966 0.48261 0.25391 0.09935 0.02529 0.00307 0.00006
4 | 0.99911 0.98040 0.90119 0.73343 0.50000 0.26657 0.09881 0.01958 0.00089
5 | 0.99994 0.99693 0.97471 0.90065 0.74609 0.51739 0.27034 0.08564 0.00833
6 | 1.00000 0.99969 0.99571 0.97497 0.91016 0.76821 0.53717 0.26180 0.05297
7 | 1.00000 0.99998 0.99957 0.99620 0.98047 0.92946 0.80400 0.56379 0.22516
8 | 1.00000 1.00000 0.99998 0.99974 0.99805 0.98992 0.95965 0.86578 0.61258
9 | 1.00000 1.00000 1.00000 1.00000 1.00000 1.00000 1.00000 1.00000 1.00000

N =10
K \ P=.1    .2    .3    .4    .5    .6    .7    .8    .9
------------------------------------------------------------
0 | 0.34868 0.10737 0.02825 0.00605 0.00098 0.00010 0.00001 0.00000 0.00000
1 | 0.73610 0.37581 0.14931 0.04636 0.01074 0.00168 0.00014 0.00000 0.00000
2 | 0.92981 0.67780 0.38278 0.16729 0.05469 0.01229 0.00159 0.00008 0.00000
3 | 0.98720 0.87913 0.64961 0.38228 0.17188 0.05476 0.01059 0.00086 0.00001
4 | 0.99837 0.96721 0.84973 0.63310 0.37695 0.16624 0.04735 0.00637 0.00015
5 | 0.99985 0.99363 0.95265 0.83376 0.62305 0.36690 0.15027 0.03279 0.00163
6 | 0.99999 0.99914 0.98941 0.94524 0.82812 0.61772 0.35039 0.12087 0.01280
7 | 1.00000 0.99992 0.99841 0.98771 0.94531 0.83271 0.61722 0.32220 0.07019
8 | 1.00000 1.00000 0.99986 0.99832 0.98926 0.95364 0.85069 0.62419 0.26390
9 | 1.00000 1.00000 0.99999 0.99990 0.99902 0.99395 0.97175 0.89263 0.65132
10| 1.00000 1.00000 1.00000 1.00000 1.00000 1.00000 1.00000 1.00000 1.00000
```

図 D-9　n = 3 から 10 の累積二項確率

二項確率を求めるには、n（試行数）、k（成功数）、p（成功確率）を知る必要がある。まず n の表を探し、次に k の行を探し、p の列との交点を探す。それが、結果の二項確率（**表 D-8**）または累積二項確率（**表 D-9**）となる。例えば、3 章（**式 3-7**）では、$b(1;5, 0.5)$、5 試行で正確に 1 回の成功を $p = 0.5$ という確率を 0.16 と計算した。この確率を**表 D-8** で確認すると、$n = 5$ の表を探し、$k = 1$ の行と $p = 0.5$ の列との交点を探す。この確率は 0.15625 で、丸めると、計算した値と同じになる。もし、5 試行で 1 回以下の成功の確率、0 か 1 回の成功の確率を求めるなら、累積確率表（**図 D-9**）を使う。同じ手続きを経て、5 試行で $p = 0.5$ で 0 か 1 回の成功の確率は 0.18750 である。同じ値を**図 D-8** の成功が 0 回の確率と成功が 1 回の確率を加えることによって得る。すなわち、0.03125 + 0.156250 = 0.18750。

違った質問に答えよう。5 試行で少なくとも 1 回成功する $p = 0.5$ の確率はどうか。これに答える最もやさしい方法は、0 回成功の確率を計算して、その確率を 1 から引くことだ。$b(0;5, 0.5) = 0.03125$（0 回成功の確率）なので、0 より多く成功する確率、すなわち、1 回以上の成功の確率は 1 − 0.03125、すなわち 0.96875。

カイ二乗分布

カイ二乗分布は、**図 D-10** からわかるように対称的ではなく、そのために、上と下の棄却値が異なる。実際には、上棄却値がより広く使われるので、この付録には上棄却値しか含まれていない。カイ二乗分布の形は、自由度によって変化し、各分布で別の棄却値集合を持つ。スペースの関係で、自由度が 10 から 40 までのカイ二乗表を含めた。100 自由度までの表、下棄却値の表などは、NIST/SEMATECH e-Handbook of Statistical Methods（http://itl.nist.gov/div898/handbook/eda/section3/eda3674.htm）からオンラインで得られる。

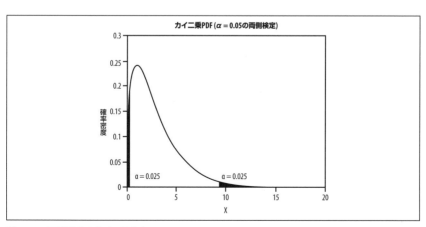

図 D-10 両側検定のカイ二乗分布

図 D-11 でカイ二乗表を使うには、自由度（ラベル ν）に対応する行を探し、横に行って（片側検定と想定し）正しい上側確率の列を探す。自由度 1、$\alpha = 0.05$ のカイ二乗検定は、棄却値が 3.841 だ。これは、統計検定で帰無仮説を棄却するために超えないといけない値である。別の言い方をすると、帰無仮説が成り立つには、自由度 1 の試験でカイ二乗検定が 3.841 以上の値になる確率が 5% しかないということだ。自由度 5 で、$\alpha = 0.01$ のカイ二乗検定なら、棄却値は 15.086 である。

5 章の**表 5-7** の例を考えよう。自由度 3 でカイ二乗検定が 21.8 を返した。**図 D-11** のカイ二乗の表から、$\alpha = 0.5$、自由度 3 の棄却値が 7.815 とわかる。値がそれより大きいから、帰無仮説を棄却できる。

自由度νのカイ二乗分布の上棄却値

ν	棄却値を超える確率				
	0.10	0.05	0.025	0.01	0.001
1	2.706	3.841	5.024	6.635	10.828
2	4.605	5.991	7.378	9.210	13.816
3	6.251	7.815	9.348	11.345	16.266
4	7.779	9.488	11.143	13.277	18.467
5	9.236	11.070	12.833	15.086	20.515
6	10.645	12.592	14.449	16.812	22.458
7	12.017	14.067	16.013	18.475	24.322
8	13.362	15.507	17.535	20.090	26.125
9	14.684	16.919	19.023	21.666	27.877
10	15.987	18.307	20.483	23.209	29.588
11	17.275	19.675	21.920	24.725	31.264
12	18.549	21.026	23.337	26.217	32.910
13	19.812	22.362	24.736	27.688	34.528
14	21.064	23.685	26.119	29.141	36.123
15	22.307	24.996	27.488	30.578	37.697
16	23.542	26.296	28.845	32.000	39.252
17	24.769	27.587	30.191	33.409	40.790
18	25.989	28.869	31.526	34.805	42.312
19	27.204	30.144	32.852	36.191	43.820
20	28.412	31.410	34.170	37.566	45.315
21	29.615	32.671	35.479	38.932	46.797
22	30.813	33.924	36.781	40.289	48.268
23	32.007	35.172	38.076	41.638	49.728
24	33.196	36.415	39.364	42.980	51.179
25	34.382	37.652	40.646	44.314	52.620
26	35.563	38.885	41.923	45.642	54.052
27	36.741	40.113	43.195	46.963	55.476
28	37.916	41.337	44.461	48.278	56.892
29	39.087	42.557	45.722	49.588	58.301
30	40.256	43.773	46.979	50.892	59.703
31	41.422	44.985	48.232	52.191	61.098
32	42.585	46.194	49.480	53.486	62.487
33	43.745	47.400	50.725	54.776	63.870
34	44.903	48.602	51.966	56.061	65.247
35	46.059	49.802	53.203	57.342	66.619
36	47.212	50.998	54.437	58.619	67.985
37	48.363	52.192	55.668	59.893	69.347
38	49.513	53.384	56.896	61.162	70.703
39	50.660	54.572	58.120	62.428	72.055
40	51.805	55.758	59.342	63.691	73.402

図 D-11　カイ二乗上側棄却値

付録 E
オンライン情報源

多くの統計に関する情報がインターネットで利用できるが、完全なリストが出されることはありえず、望むこともできない。あまりに多くの情報は、あまりに少ない情報同様に好ましくない。インターネット一般に言えることだが、オンラインの情報のすべてが正しいわけでも信頼できるわけでもない。個別情報が使用して適切なものかどうかは、したがってユーザ自身の責任による判断となる。ここに掲載するウェブページは、評判のある政府、大学の統計学部、統計専門家、統計製品として広く使われる製品のメーカーなどによって保守されているものだ。

一般情報源

- The Statistics Online Computational Resource (http://socr.ucla.edu/SOCR.html)
  UCLA統計オンライン計算情報源 (Statistics Online Computational Resource)。対話的ツールや教材など多くの情報が提供されている。

- Rice Virtual Lab in Statistics (http://onlinestatbook.com/rvls.html)
  オンライン教科書、シミュレーションとデモ、事例研究、統計分析ツールなどを含めた情報の集まり。

- 統計計算ウェブページ (http://statpages.org/index.html)
  生物統計学と薬理学の教授を退官した John C. Pezzullo が管理する、統計決定木、無料統計ソフト、オンライン電卓、図表プログラムなど多数のツールへのリンク。

- Wolfram Demonstrations Project: Statistics (http://demonstrations.wolfram.com/topic.html?topic=Statistics&limit=20)
  ウルフラムデモプロジェクトの統計に関する対話的ツールの集合。Mathematica が

なくても大丈夫。すべてがオープンソースで、Windows、Macintosh、Linuxの動く普通のコンピュータ上で稼働するようになっている。

- CAUSEweb（http://www.causeweb.org/resources/links.php）
  ヘルシンキ大学のJuha Puranenが取りまとめ、学部レベルの統計教育コンソーシアム（CAUSE）のウェブサイトが管理する統計教育に関する膨大なリンク集。教材、データ集合、デモ、統計ソフト、教科書といったカテゴリがある。多くのリンクは、教育者だけでなく統計の勉強に役立つ。

- 「Ask Dr. Math.」（http://mathforum.org/dr.math/）
  小学校程度から大学まで数学や統計の質問に答える探索可能なアーカイブ。

- Mathematics Review Manual, Department of Mathematics and Statistics, McMaster University（http://www.math.mcmaster.ca/lovric/rm/MathReviewManual.pdf）
  初等算術から代数まで基本概念の復習を、数学をどのように学び理解すべきかという助言とともに行う。トピックごとに例題とクイズがある。

- The World Wide Web Virtual Library: Statistics（http://www.stat.ufl.edu/vlib/statistics.html）
  フロリダ大学統計学部がまとめたリンク集。データ源、教育機関、専門家組織、ソフト提供企業、メーリングリスト、ニュースグループといったカテゴリがある。

- College Board: AP Statistics Course Home Page（http://apcentral.collegeboard.com/apc/public/courses/teachers_corner/2151.html）
  米国大学入試機構（College Board）が取りまとめた（米国の高校で教えられている）AP統計コースに関係するリンク集。試験そのもの（模擬試験も含む）、教材、コース関連の統計課題についての簡単な解説などのカテゴリがある。

用語集

- StatSoft Statistics Glossary（http://www.statsoft.com/textbook/statistics-glossary/）
  統計ソフトを作っている会社が管理している詳細な用語集。

- EXCITE! Glossary of Epidemiology Terms（http://www.cdc.gov/excite/library/glossary.htm）
  米国疾病対策センター（CDC）が管理する疫学用語集。定義は、CDCが保健専

門家の自習教材として開発した、「Principles of Epidemiology in Public Health Practice」第3版から取られている。

- Pocket Dictionary of Statistics（http://www.mhhe.com/business/opsci/bstat/keyterm.mhtml）
  Hardeo Sahai と Anwer Khurshid が書いて McGraw-Hill 社の高等教育部門が管理するビジネス統計で使われる用語集。

- Six Sigma Glossary（http://www.micquality.com/six_sigma_glossary/index.htm）
  シックスシグマの訓練コースや教材を販売する MiC Quality 社のウェブサイトで管理されているシックスシグマ品質管理プログラムで使われる用語集。

- A Glossary for Multilevel Analysis（http://www.paho.org/English/DD/AIS/be_v24n3-multilevel.htm）
  コロンビア大学の Ana V. Diez Roux 教授が執筆し、全米保健機構（PAHO）のウェブサイトで管理されるマルチレベル分析に関する用語集。

確率表

- 確率分布表（http://itl.nist.gov/div898/handbook/eda/section3/eda367.htm）
  米国 NIST による標準正規分布、t 分布、F 分布、カイ二乗分布のパブリックドメインな表。

オンライン電卓

- QuickCalcs: Online Calculators for Scientists（http://graphpad.com/quickcalcs/index.cfm）
  科学ソフトの会社 GraphPad が管理するページにある各種オンライン統計電卓。

- Applets for the Cybergnostics Project（http://www.stat.tamu.edu/~west/applets/）
  テキサス A&M 大学の統計学教授 R. Webster West が書いた統計電卓や統計概念のデモの集まり。これは、学生がシミュレーションをしたり、各種分布のパラメータを変えることで分布の形がどう変わるかを確かめることができるので役に立つ。

- Power and Sample Size Programs（http://www.epibiostat.ucsf.edu/biostat/

sampsize.html）
UCSF 疫学統計生物学部の教授 Steve Shiboski が管理するサイトにある検定力や標本サイズ計算、および関連情報やソフトへのリンク集。

- Java Applets for Power and Sample Size（http://homepage.stat.uiowa.edu/~rlenth/Power/）
アイオワ大学の統計保険科学教授 Russell V. Lenth が管理する、検定力および標本サイズの問題の多くへのグラフィックインターフェイス。ソフトは、そのまま走らせることもユーザの PC にダウンロードすることもできる。

オンライン教科書

- 一般統計カリキュラム E-Book（http://wiki.stat.ucla.edu/socr/index.php/EBook）
UCLA 統計オンライン計算情報による AP 統計コースのオンライン教科書。

- Statistics at Square One（http://www.bmj.com/about-bmj/resources-readers/publications/statistics-square-one）
医学分野の人に役立つ統計入門書で、第 9 版が出ている。

- Research Methods Knowledge Base（http://www.socialresearchmethods.net/kb/）
コーネル大学の政策分析管理の William M.K. Trochim 教授が作ったウェブ教科書で、社会科学研究計画コースで通常教えられる内容、研究計画、サンプリング、分析技法、結果の作文などを含む。

- StatSoft 電子統計教科書（http://www.statsoft.com/textbook/）
Statistica を作った会社によるこの教科書では、CHAID 分析、データマイニング技法、共分散構造分析などの高度な技法についての情報を含む。

付録 F
統計用語集

どのような専門に進むにせよ、必要な専門用語を学ぶという課題が欠かせない。この付録では、本書で使う用語と表記とを取りまとめた。統計用語については、「The Cambridge Dictionary of Statistics」（Cambridge University Press、2010）や「The Concise Encyclopedia of Statistics」（Springer、2008）のような辞典に詳細な記述がある[†]。

表 F-1　ギリシャ文字

大文字	小文字	呼び名	大文字	小文字	呼び名
A	α	アルファ	N	ν	ニュー
B	β	ベータ	Ξ	ξ	グザイ
Γ	γ	ガンマ	O	o	オミクロン
Δ	δ	デルタ	Π	δ	パイ
E	ε	イプシロン	P	ρ	ロー
Z	ζ	ジータ	Σ	σ	シグマ
H	η	イータ	T	τ	タウ
Θ	θ	シータ	Y	υ	ウプシロン
I	ι	イオタ	Φ	ϕ	ファイ
K	κ	カッパ	X	χ	カイ
Λ	λ	ラムダ	Ψ	ψ	プサイ
M	μ	ミュー	Ω	ω	オメガ

[†] 訳注：日本語では、芝祐順著、統計用語辞典、新曜社（1984）、竹内啓編、統計学辞典、東洋経済新報社（1989）、日本オペレーションズリサーチ学会、日本 OR 学会編、OR 用語辞典、日科技連出版社（2000）、岩崎学、時岡規夫、中西寛子著、実用統計用語事典、オーム社（2004）、杉山高一、杉浦成昭、国友直人、藤越康祝編、統計データ科学事典、朝倉書店（2007）等がある。

表 F-2　統計表記

記号	意味
S	標本空間（確率論）
E	イベント、事象（確率論）
$\cup$	和事象
$\cap$	積事象
$P(A)$	事象 A の確率
$P(A|B)$	事象 B を条件とする事象 A の確率
$P(\sim A)$	A の余事象の確率（not-A の確率）
e	自然対数の底、無理数 2.718...[†]
$\ln$	自然対数（底 e の対数）
$\log_x$	底 x の対数
x_i	標本 x の i 番目の要素
$\bar{x}$	標本平均
μ	母集団の平均
s	標本の標準偏差
σ	母集団の標準偏差
s^2	標本の分散
s_p^2	併合標本分散
σ^2	母集団の分散
n	標本サイズ
N	母集団のサイズ
r	標本相関
r_{pb}	点双列相関
r_s	スピアマンの順位相関（スピアマンのロー（ρ））
γ	グッドマン・クラスカルのガンマ（γ）
τ_a, τ_b, τ_c	ケンドールのタウ a、タウ b、タウ c
ϕ	ファイ（二値変数間の属性相関尺度）
P	合致対（順位相関）
Q	不一致対（順位相関）
ρ	母集団相関
χ^2	カイ二乗

[†] 訳注：原書の説明は、オイラー定数となっている。通常、γ（オイラー・マスケローニ定数）の方が、オイラー定数として通用している。

表 F-2 統計表記（続き）

記号	意味
O	観測値（カイ二乗）
E	期待値（カイ二乗）
$R \times C$	R 行 C 列の表
E	期待値（カイ二乗を計算するための）
H_0	帰無仮説
H_A, H_1	代替仮説
α	アルファ、第一種過誤の確率
β	ベータ、第二種過誤の確率
Σ	総和
nPk	順列
nCk	組合せ
$n!$	n の階乗、すなわち $n \times (n-1) \times (n-2) \times ... 1$
t	スチューデントの t（検定）
df	自由度
Z	標準正規得点／分布
SS	二乗和
MS	平均平方、二乗平均、不偏分散
I_t	時刻 t のインデックス（業務統計）
Q_{it}	時刻 t の製品 i の数量（業務統計）
P_{it}	時刻 t の製品 i の価格（業務統計）
T_t	長期安定傾向（時系列）
C_t	循環的効果（時系列）
S_t	季節的効果（時系列）
R_t	残差（エラー）効果傾向（時系列）
RR	リスク比（相対リスク）
OR	オッズ比
OR_{MH}	マンテル＝ヘンツェルのオッズ比
$D+, D-$	罹病、無病（疫学）
$E+, E-$	暴露、無暴露（疫学）
δ	デルタ、効果サイズ（標本サイズとベキ計算）
T	真の得点、真要素（測定理論）
E	誤差要素（測定理論）

表 F-2　統計表記（続き）

記号	意味
X	観測値（測定理論）
$\hat{\rho}_{xx'}$	推定信頼性（スピアマン＝ブラウン公式、測定理論）
α	アルファ係数（測定理論）
KR_{20}, KR_{21}	クーダー・リチャードソンの公式20、クーダー・リチャードソンの公式21（測定理論）

アルファ（α）
実験計画では、第一種過誤の確率、すなわち、真であるのに帰無仮説を棄却する確率。

横断調査（cross-sectional study）
データが単一時間点において収集された調査。

確率標本抽出（probability sampling）
母集団のメンバーのすべての組合せで選択確率が既知である標本抽出法。例としては、無作為抽出法や層別抽出法が含まれる。

カテゴリデータ（categorical data）
数値データ参照。

間隔尺度データ（interval data）
順序付けられて、続発する値間で等間隔になることが想定されるデータ。等間隔尺度データとも言う。

観測得点（observed score）
測定理論で、測定誤差も含めた、何かの観測値。

感度、感応性（sensitivity）
医療統計および疫学統計において、罹病している患者が試験で陽性と出る確率。

基準妥当性（criterion validity）
測定が他の何かに相関する妥当性の程度、例えば、知能テストの点数が学校での成績にどれだけよく相関するかなど。

偽薬（placebo）
研究計画において、結果に対して何の効果もないと期待される処置。

偶然誤差（random error）
　偶然による誤差。偶然誤差は、測定の精度を落とすが、バイアスを導入するわけではない。

系統誤差（systematic error）
　偶然以外の何らかの原因による誤差。系統誤差は、観測値を真の得点よりも常に高くまたは低くするので、バイアスを導入する。

検出力（power）
　調査計画において、帰無仮説を偽のときに棄却する確率。検出力 $= 1 - \beta$、すなわち $1 - P$（第二種の過誤）。

検出バイアス（detection bias）
　ある性質が他の人よりも一部の人によって検出されやすいことに起因するバイアス。

交互作用変数（interaction variable）
　他の2つの変数間の関係の水準が、この変数の水準に依存して変化する変数。例えば、変数 A と B との関係が変数 C の水準によって変わるなら、変数 C が変数 A, B の相互作用変数となる。

構成概念妥当性（construct validity）
　測定、もしくは、測定列が適切に構成要素（例えば、知能）を測定する妥当性の程度。

交絡変数（confounding variable）
　研究計画で、独立変数と従属変数の両方に相関する変数で、両者の因果関係には関わらないもの。

誤差得点（error score）
　測定理論において、観察された得点の誤差成分。

コホート（cohort）
　共通の時間関連因子を持つ人の集団（例えば、1959年生まれとか2000年大学入学とか）。

最頻値、モード（mode）
　変数の最も頻度の高い値。

三重盲検（triple blind）
　盲検法参照。

志願者バイアス（volunteer bias）
データを志願者の標本から収集したことに起因する選択バイアスの一種。

指数（index number）
業務統計や経済統計において、量的変化および／または商品または商品の組合せの価格の時間変化を測るのに使われる数。よく知られた例は、消費者物価指数（Consumer Price Index、CPI）。

四分位範囲（interquartile range）
変数の値の中央50%を含む数の範囲。

社会的欲求バイアス（social desirability bias）
人の持つできる限りよく見せたいという傾向に起因するバイアス。

従属変数（dependent variables）
研究計画において、他の計画に含まれる独立変数に影響されるものと仮定した変数。

自由度（degrees of freedom）
方程式もしくは統計において、自由に変化する値の個数。

順序尺度データ（ordinal data）
順序付けできるデータ。すなわち、順位付けできるが連続したデータ間の等間隔を仮定しないデータ。

情報バイアス（information bias）
データが収集記録される方法に起因するバイアス。

真の得点（true score）
測定理論において、誤差なしに測定できたときの値。

信頼性（reliability）
測定が時間経過を経ても一貫しているか、繰り返し可能かの程度。

制御変数（control variables）
試験設計に含まれる変数で、対象そのものを表すのではないが、対象変数に影響を及ぼし、研究者がその程度を制御したいがために導入された変数。

絶対値（absolute value）
正負の符号を除いた数の値。−4と4の絶対値はともに4。表記法：$|-4| = |4| = 4$

先験的仮説（a priori hypothesis）
試験が行われる前に規定された仮説。

選択バイアス（selection bias）
標本の選択方法に起因するバイアス。

想起バイアス（recall bias）
人生経験から、人によっては想起しやすい事象があることによるバイアス。

操作化（operationalization）
研究において、概念がどのように定義され測定されるかを規定する過程。

遡及研究（retrospective study）
既に起こってしまった事象についての調査。

第一種過誤（type I error）
研究計画において、真であるのに帰無仮説を棄却すること。

第二種過誤（type II error）
研究計画において、偽であるのに帰無仮説を棄却するのに失敗すること。

代用測定（proxy measurement）
別の測定の代用として行う測定。

妥当性（validity）
測定が、測定意図したものをどれだけ実際に近く測定できたかの程度。

単盲検（single blind）
盲検法参照。

中央値、メジアン（median）
数の集合が値の大小によって並べられたときの中央の値。

統計的有意（statistical significance）
偶然によるとは思われない結果。

特異度（specificity）
医療統計および疫学統計において、病気に罹っていない人が陰性となる確率。

独立変数(independent variable)
研究計画において、計画に含まれた他の従属変数に影響を及ぼすと信じられている変数。

内部整合性(internal consistency)
テスト理論において、測定手段(例えばテスト)における項目が同じことを測定する程度。

内容妥当性(content validity)
(試験のような)測定手段が、表そうとしている内容領域を適切に反映している妥当性の程度。

二重盲検(double blind)
盲検法を参照。

二値変数(binary variables、dichotomy variables)
2つの値しか取らない変数。

ノンパラメトリック統計(nonparametric statistics)
調査データが取られた母数の分布について一切仮定しないか、パラメトリック統計に比較してよりゆるやかな仮定を置く統計。

バイアス(bias)
系統的な誤差で、結果の誤った解釈につながりかねないもの。

パラメトリック統計(parametric statistics)
調査データが取られる母集団分布についての仮定に基づいた統計。

範囲(range)
変数の最大値と最小値との差異。

比(ratio)
2数の大きさの関係を表す手法。数は共通単位でなくてもよい。例えば、人口1000人当たりの病床数など。

非確率標本抽出(nonprobability sampling)
単位もしくは単位の組合せの選択確率が未知の標本抽出。例としては、恣意的標本抽出や割り当て抽出法がある。

比尺度データ(ratio data)
このデータは、順序付けられ、等間隔で、自然数のゼロ値を持つ。

標準誤差（standard error）
標本平均の標準分布の標準偏差。

標準偏差（standard deviation）
分散の平方根。数集合において、平均からの偏差の二乗の平均の平方根。

比率（rate）
仕事場における年ごとの傷害率のような、時間単位を含む割合。

平均（mean）
数の集合の算術平均。

分散（variance）
平均からの差異の二乗平均として計算された、数値範囲の散らばりの尺度。

ベータ（β）
研究計画では、第二種過誤の確率、すなわち、偽であるのに帰無仮説を棄却しない確率。

ポストホック検定（post hoc test）
他の試験を行った後に行われる試験検定。例えば、ANOVAのF検定の後で、どの群が他の群と異なるのかを調べるためにポストホック検定が行われる。

マクシマックス（maximax）
不確定さのもとでの意思決定手法で、最大の期待益を最大化するもの。

マクシミニ（maximin）
不確定さのもとでの意思決定手法で、最小の期待益を最大化するもの。

未回答者バイアス（nonresponse bias）
標本のメンバーで、調査に参加するのを拒否したり、要求された情報の提供を拒否することに起因するバイアス。

ミニマックス（minimax）
不確定さのもとでの意思決定手法で、機会損失を最小化するもの。

名義尺度データ（nominal data）
数値的意味を持たず、数値が（性別や色など）ラベルとしてしか働かないデータ。カテゴリデータとも呼ばれる。

盲検法（blinding）
研究計画では、検査参加者に対して、検査の重要な側面を知らないようにしておくこと、例えば、どの参加者が治療薬を投与され、どの参加者が偽薬を投与されたかを知らせないこと。単盲検法では、参加者に情報が明かされない。二重盲検法では、情報は、参加者にも治療を行う研究者にも明かされない。三重盲検法では、参加者、治療を行う研究者、データを評価する研究者のいずれにも明かされない。

有病率（prevalence）
医療統計および疫学統計において、ある時点での病気または病状の事例数。有病率は、新規および既存の事例を含む。

ユニークな識別子（unique identifier）
分析の単一単位に属するすべてのレコードを識別するのに使われる符号または変数。例えば、患者 ID とは、1 人の患者に提供されるすべての病院サービスで識別に使われる。

要因計画（factorial design）
2 つ以上のカテゴリ変数とそれらの交互作用を含む実験計画。完全要因計画では、変数のすべての組合せが測定に含まれる。

予測調査（prospective study）
時間の進行とともに個人が追跡される（データが収集される）調査。

離散データ（discrete data）
特定の値しか取らないデータ。

リッカート尺度（Likert scale）
心理学者のリッカートによって開発された順序評価尺度の一種。リッカート尺度では、文を提示して、人々に同意するか反対するかを順序尺度を用いて尋ねる。

罹病率（incidence）
医療統計および疫学統計において、ある期間での罹病の事例数、または、危険な状態にある人数。

連続データ（continuous data）
任意の値もしくはある範囲内の任意の値を取るデータ。

割合（proportion）
分子のすべての事例が分母にも含まれる比、例えば、米国における癌を患う女性の割合

では、分母が米国で癌を患う女性も男性も含めた全人口となる。

訳者あとがき

　初版は翻訳されているけれど、その後の版はなかなか翻訳されないという本は結構ある。例えば、Pamela McCorduck、"Machines Who Think"『機械は考える』だ。逆に、初版は翻訳されなかったけれど、第2版が翻訳された本というのは少ないのではないかと思う。この『統計クイックリファレンス』がなぜそうなったかという経緯を紹介しながら、この本の利点と使い方のヒントを述べておきたい。

　本書初版は、『Head First Statistics —頭とからだで覚える統計の基本』の監訳時2008年に手にとった。当時は翻訳の予定がなかった。昨年2013年に朝活読書会で統計の勉強（ついでに英語も）をするために採用した。10月の第1回で、第2版が出ていることがわかり、比較して、この第2版を読書会に使うことが決まった。

　オライリー・ジャパンの赤池さんが読書会のことを知って、一度わざわざ来て下さり、メンバーに感想を聞いたところ、これだけ基礎から応用まで実地に近いところまでまとめた本は無かったんじゃないですかという意見に集約された。というわけで、みなさんが本書を手にとっている次第なのだ。ここ数年での統計についてのニーズの高まりと広がりが本書出版の背中を押したということもあるだろう。

　一方で、いわゆる「ビッグデータ」ブームで、統計という技術・手法の背景にある考え方、統計の結果をどう解釈し、どう活用しているかの後処理の重要性が増しているのに、その部分には余り光が当たっていないというのが、私の問題意識だった。

　本書の序文で、著者は、「統計をする」ことよりも「統計的に考える」ことを伝えようとしていると述べているが、同感だ。ビッグデータは、素晴らしい果実だが、皆さんが身に付けるのは、このような果実の育て方であり、それを育む樹に必要なものは何かであり、良い果実、良い樹木、良い土壌を見分けるにはどうするかの鑑定眼ということだ。

　本書の末尾、第19、20章「統計についてのコミュニケーション」と「他人が提示した統計を批判する」は、直接統計に関わらない人にとっても重要なことで、これまでの類書で、

まとまって議論されることのなかったところだ。

冒頭の第1章「測定の基本概念」も第17章「データ管理」と並んで、本書でユニークであると同時に、統計の作業にとりかかる手前で重要でありながら、従来ともすると軽視されていた部分である。ただし、普通の統計の本のように、確率から入るほうが読む方も楽なのではないかという懸念は残った。（本書全体にも言えることだが）すっと頭に入らなければ、ざっと斜め読みして、後から戻るという手もある。「測定」というと物指しが頭に浮かぶので誤解を生みやすいのだが、これは実は、統計の対象となるデータを広い意味の数値空間でどのように分類・位置付けるかということなのだ。統計のそもそもの対象、その数値をどう取るか、そしてそれをどう管理するかがデータ管理の章を含めて、確率統計を使う前の重要な問題だということを理解しておかないと、出てきた数値に踊らされることになる。

第2章の確率から第13章のノンパラメトリック統計までは、他書と同様に幅広く統計の入門から先端技法まで扱っている。米国のこの手の入門書に共通することだが、最初は易しすぎるのに、最後の方は高度すぎて説明不足という感じがある。元々、ミニ百科的なところがあるので、不足部分は参考文献を含めて自分で補うということでこの辺りは割りきって欲しい。第14章から第16章は、応用分野を軸にした解説、第18章が実験計画ということで、応用統計分野もざっと網羅している。

付録についても述べておくべきだろう。数学の基本の復習がついているのには驚いたが、米国での状況や最近の日本での状況を考えると大事なところかもしれない。付録Bの統計パッケージの説明のところで、読者が突然担当になった時のためという配慮には苦笑してしまったが、この手の早わかりがあるに越したことはない。オライリーからも関係した書物が出ているので読むとよい。付録Cの参考文献、付録Eのウェブページは、もう少し勉強したい、あるいは、調べたい人には役立つと思う。訳者として、これはというものも追加した。付録Dの表、印刷の鮮明でないところもあるのが残念だが、著者の言うとおり自分の感覚を養うには大事なので、古臭いとバカにしないで活用して欲しい。最後のギリシャ文字、表記、用語集も意外と役立つのかなと思った。ミニ百科としては必要なところだ。ただ、完璧なものではないので、それは別途、統計事典などを使って欲しい。

本書の読み方は、基本は、必要なところをという卓上百科の使い方だろうが、ただし、統計全般をというのなら、読書会でもそうだったように、頭から第20章まで読み進め、途中で練習問題をこなすというのが、それなりに効果的だ。参考文献、訳注などをきっちり追いかけていると、かなりの時間を費やすことになるが、それだけの見返りはある。統計について、ひと通りのことがわかるし、それなりのことを述べられるようになっているはずだ。

なお、原書の誤植などの訂正が http://www.oreilly.com/catalog/errata.csp?isbn=0636920023074 にあることを伝えておきたい。2014/12/28時点で、102箇所のエントリがある（うち65個はこの翻訳の過程で見つかった）。本書は、それらの訂正を反映したものとなってい

るが、この後も修正が加えられる可能性があるし、もし、本書の内容がおかしいと思ったら遠慮せずに伝えて欲しい。

　翻訳の分担に関しては、1章を樋口、2、3、5章を木下、4章を本藤、6-9章を中山、序文から付録を含めて残りの10-20章を黒川が担当し、さらに全体にも編集部と一緒に手を加えた。

　最後になるが、原稿を読んでいただきいろいろと指摘いただいた千葉県立船橋啓明高等学校の大橋真也先生、本書の編集に尽力してくださったオライリー・ジャパンの赤池涼子さん、読書会に参加してくださった皆さん、翻訳者を支えて下さっている家族の方々に改めて感謝したい。

2014年師走　訳者を代表して
黒川 利明

索 引

数字

1グループ事後試験のみの設計
　（one-group pretest-posttest design）.........442
1次データ（primary data）...........................437
2×2表（two-by-two table）........................370
2次回帰モデル
　（quadratic regression model）............286-289
2次データ（secondary data）.......................437
3次回帰モデル
　（cubic regression model）..................286-289
80：20の法則（80-20 rule）...........................106

A

α（アルファ）
　第一種過誤の確率.....................................66
　定義..566
Access..426
ANCOVA（共分散分析）...........................235-241
ANOVA（分散分析）
　t検定と一元配置......................................159
　一元配置..207-212
　因子..225-245
　概要..195, 207
　仮定の違反..484
　三元配置..232-235
　二元配置..228-232
　ポストホック検定..............................212-214
AR（寄与リスク）...................................373-374
AR%（寄与リスクパーセント）.......................374
ASCII（American Standard Code for
　Information Interchange）..........................430

B

β（ベータ）
　第一種過誤の発生する確率.......................66
　定義..571

C

c管理図（c-chart）..352
『Caffeine and cortical arousal』....................288
Campbell, Donald T.
　（キャンベル、ドナルド・T）......438, 441, 443
Cattell, James（キャッテル、ジェームズ）...296
CI（累積罹病率）..363
CMA（中央移動平均）...................................339
Cook, Thomas D.
　（クック、トーマス・D）.............438, 441, 443
CPI（消費者物価指数）...........................331, 336
CV（変動係数）..96-97

D

Deming, W. Edwards
　（デミング、W・エドワーズ）............345, 352
DFA（判別関数分析）........................303, 307-310

E

EBCDIC（Extended Binary Coded Decimal
　Interchange Code）......................................431
EMA（指数移動平均）..339
『Engineering Statistics Handbook』.............171
Excel
　図示手法...98
　長方形データファイル...........................424
　データ管理...426
　統計パッケージとして使う..............526-529
　棒グラフ..101

F

F 検定（F-test）..212

G

GE（General Electric）...................................345
Gosset, William Sealy
　（ゴセット、ウィリアム・シーリー）.........161
GRE（大学院成績試験）...................................296

I

ICC（試験項目特性曲線）................................412

K

Kendall, Maurice
　（ケンドール、モーリス）....................148-149
Knight, William...554

L

LDF（線形判別関数）..307

Little, Donald B. 431-433

M

Microsoft Access...426
Minitab..516-518
MMPI-II（ミネソタ多面人格テスト）...........397
MTMM（multitrait, multimethod matrix）....14

N

Nelson, Lloyd S.（ネルソン、ロイド・S）... 351
NIST/SEMATECH e-Handbook of Statistical
　Methods 547
NNT（治療必要数）..374

O

OLS（最小二乗法）..53

P

p 値（p-value）
　Z 値..70
　概要..67-68
PCA（主成分分析）....................295, 298, 303
『Practical Nonparametric Statistics』...........313

R

R 言語（R programming language）
　...98, 525-526
R × C 表（R × C table）................................126
RDD（Random-Digit-Dialing）........................15
Rosenbaum, Paul...439
Rubin, Donald..439
Rubin, Roderick J.A................................431-433

S

SAS 521-525
SAT（学術適性試験）.......................................296

SD法（semantic differential scale）..............150
Shadish, William 438, 443
Shewhart, Walter
　（シューハート、ウォルター）..............345, 346
SMR（標準化死亡比率）..................370
SPSS 73, 518-521
　　長方形データファイル 424-425
　　箱ひげ図....................................108
SRS（単純無作為抽出）......................56
『Statistical Analysis with Missing Data』
　..431-433
Statistical Power Applet
　（Claremont Graduate University）..............385
『Symbolic Logic』.............................24

T

t 検定（t-test）
　　一標本................................161-164
　　ウェルチの t 検定.............................171
　　概要...159
　　統計検定の仮定.........................483-484
　　独立標本................................164-167
　　反復測定................................168-170
　　不等分散................................170-172
t 分布（t distribution）
　　概要......................................159-161
　　確率表...................................552-554
『The Mathematics of Games and Gambling』
　..44
『The Visual Display of Quantitative
　Information』................................98
Thurstone, Louis Leon
　（サーストン、ルイス・レオン）...............296
『Time Series and Its Applications』..............336
TQM（総合品質管理）........................345

U

u 管理図（u-chart）........................352

V

Velicer 偏相関手続き
　（Velicer partial correlation procedure）...297
Venn, John（ベン、ジョン）..........................24

Z

Z 値（Z-score）..........................48-50, 396
Z 統計量（Z-statistic）....................68-70
Z 分布（Z distribution）......................47

あ行

アクション（action）........................341
アブストラクト（abstract）..........................469
　　執筆.......................................464
粗比率（crude rate）........................365
アルファ係数（coefficient alpha）
　　クーダー・リチャードソンの公式
　　..406, 407
　　クロンバックのアルファ係数....12, 406-407
アンダーソン＝ダーリング検定
　（Anderson-Darling test）...............71
イェーツの連続性の補正
　（Yates's correction for continuity）...........136
意識バイアス（conscious bias）...................471
意思決定（decision-making）
　　確実性のもとでの.....................341
　　不確実性のもとでの...................341
　　リスクのもとでの.....................341
一意識別子（unique identifier）
　　...............................ユニークな識別子を参照
一元配置 ANOVA（one-way ANOVA）
　　t 検定 159
　　概要 207-212

一次元性の仮定
　（unidimensionality assumption）................413
一次不等式（linear inequality）.....................500
一次方程式（linear equations）..............196, 496
一標本 t 検定（one-sample t-test）..........161-164
一致率（percent agreement measures）......127
一般化線形モデル
　（General Linear Model：GLM）
　　2 次回帰モデル...................................286-289
　　3 次回帰モデル...................................286-289
　　ANCOVA...235-241
　　ANOVA..207-214
　　因子 ANOVA.....................................225-245
　　概要..195-197
　　勝手な曲線適合..................................286-289
　　研究計画...448
　　線形回帰..197-207
　　多項式回帰..286-289
　　多重線形回帰
　　　回帰モデル構築手法......................265-271
　　　概要..247
　　　各予測変数の結果................................255
　　　仮定..249
　　　交互作用項の追加........................257-258
　　　相関行列の作成...................................254
　　　ダミー変数...................................262-265
　　　データの回帰方程式...........................262
　　　標準化係数...255
　　　モデル構築の原則........................247-248
　　　モデルの変数...............................249-253
　　多重ロジスティック回帰...................283-286
　　ロジスティック回帰..........................277-283
一般向け（general public）.......................466-467
一変量（univariate）.......................................114

医療統計と疫学統計
　（medical and epidemiological statistics）
　　粗比率..365
　　オッズ比..374-377
　　概要...359
　　カテゴリ別比率................................365-370
　　検出力分析.......................................382-385
　　交絡..378-382
　　層別分析...380
　　比、割合、比率.......................................359
　　標準化...365-370
　　マンテル＝ヘンツェル（MH）
　　　共通オッズ比................................380-382
　　有病頻度の尺度..359
　　有病率...362-365
　　リスク比..370-374
　　罹病率...362-365
因子 ANOVA（factorial ANOVA）
　　ANCOVA...235-241
　　概要..225-226
　　交互作用..226-228
　　三元配置..232-235
　　二元配置..228-232
因子分析（Factor Analysis：FA）...........295-303
ウィルクスのラムダ（Wilks's lambda）........308
ウィルコクソンの順位和検定
　（Wilcoxon rank sum test）..................314-319
ウィルコクソンの符号順位検定
　（Wilcoxon signed ranks test）............323-325
ウィンザー化平均（Winsorized mean）..........87
ウェクスラー成人知能検査
　（Wechsler Adult Intelligence Scale）........396
ウェスタンエレクトリックの規則（Western
　Electric quality control rules）.................. 351
ウェルチの t 検定....................................171, 484

疫学統計および医療統計（epidemiological and medical statistics）
　粗比率..365
　オッズ比..374-377
　概要... 359
　カテゴリ別比率...............................365-370
　検出力分析......................................382-385
　交絡...378-382
　層別分析...380
　比、割合、比率..................................359
　標準化..365-370
　マンテル＝ヘンツェル（MH）
　　共通オッズ比................................380-382
　有病頻度の尺度................................. 359
　有病率...362
　リスク比...370-374
　罹病率..362-365
円グラフ（pie chart）..........................103
横断設計（cross-sectional design）........439-441
横断調査（cross-sectional study）.................566
応答（response）...............................447
応答バイアス（response bias）.....................471
応答変数（response variable）...............453-454
オッズ（odds）.................................377
オッズ比（odds ratio）...........................374-377
オムニバスF検定（omnibus F-test）............212
折れ線グラフ（line graph）.....................116-119
折れ棒モデル（broken stick model）...........297
オンラインの情報源（online resource）559-562

か行
回帰（regression）
　2次回帰モデル..................................286-289
　3次回帰モデル..................................286-289
　一次
　　概要..197-199

　　仮定..200-207
　　概要..195
　勝手な曲線適合...............................286-289
　多項式...286-289
　多重線形
　　回帰モデル構築手法................265-271
　　概要...247-248
　　各予測変数の結果........................255
　　仮定..249
　　交互作用項の追加.....................257-258
　　相関行列の作成..........................254
　　ダミー変数.................................262-265
　　データの回帰方程式.....................262
　　標準化係数......................................255
　　モデルの変数............................249-253
　　手計算.......................................214-216
　　独立変数と従属変数..................53-54
　　複数項ロジスティック.....................283-286
　　平均...443
　　モデル構築の原則.......................248-249
　　ロジスティック..........................277-283
回帰方程式（regression equation）.................53
回帰モデル構築手法
　（methods for building regression model）
　自動化...265
　段階的...265-269
　ブロック化......................................265-266
カイザー正規化（Kaiser normalization）......299
カイ二乗検定（chi-square test）
　イエーツの連続性の補正.........................136
　概要..131
　適合度...135
　独立...131-134
　マクネマー検定..............................139-140
　割合の等価性....................................134
階乗（factorial）.................................27, 504-506

外挿と傾向（extrapolation and trends）.......483
カイ二乗分布（chi-square distribution）
　...129, 557
科学計算（scientific calculator）....................493
学習バイアス（maturation bias）...................457
学術適性試験
　（Scholastic Aptitude Test：SAT）.............296
学術論文（scientific papers）
　共通の問題...471-473
　研究計画での課題..............................476-478
　執筆...464-465
　推測統計検定の不正な使用...............483-484
　統計による調査作業のチェックリスト
　　...473-475
確率（probability）
　事象..31
　条件付き...31-32
　定義..29-34
確率表（probability table）
　t分布...552-554
　カイ二乗分布....................................557-558
　概要..547
　二項分布..554
　標準正規分布...................................548-552
確率標本（probability sampling）........56-58, 566
確率分布（probability distribution）..........46-53
確率論（probability theory）
　概要..21
　確率の定義..29-34
　ギャンブル...43-44
　式...22-23
　定義..23-29
　ベイズの定理....................................34-36
加重移動平均
　（Weighted Moving Average：WMA）......340
加重総計（weighted sum）.............................333

加重総合指数
　（weighted composite index）....................332
仮説検定（hypothesis testing）...............63, 454
片側仮説（single-tailed hypothesis）.............63
傾き（slope）............................180, 196, 497-499
偏り（bias）...............................バイアスを参照
勝手な曲線適合（arbitrary curve-fitting）
　...286-289
ガットマン・カイザーの基準
　（Guttman-Kaiser criterion）...............297, 301
カッパ係数（kappa coefficient）.............127-129
過適合（overfitting）..............................286-289
カテゴリデータ（categorical data）...3, 125-149
　R×C表..126
　SD法..150
　一致の尺度....................................127-129
　カイ二乗検定
　　概要...131
　　適合度...135
　　独立...131-136
　　マクネマー検定..........................139-140
　　割合の等価性...................................134
　カイ二乗分布..129
　概要..125-126
　相関統計量....................................143-149
　フィッシャーの正確確率検定..........137-139
　名義尺度データ...3
　リッカート尺度......................................150
　割合..140-142
カテゴリデータの相関統計量（correlation
　statistics categorical data）................143-149
カテゴリ別比率（category-specific rate）
　...365-370
間隔尺度データ（interval data）
　概要..4
　定義..566

索引 | 585

観察研究（observational studies）.........439-441
間接標準化（indirect standardization）........369
完全直交計画（fully crossed design）...........436
観測値（observed value）................................131
観測得点（observed score）.................401, 566
感度（sensitivity）...566
幹葉図（stem-and-leaf plot）..........................106
ガンマ（gamma）....................................147-149
管理図（control chart）..................................346
関連性（association）..............................175-177
関連標本 t 検定（related samples t-test）........16
機会損失表（opportunity loss table）............343
記述統計（descriptive statistics）
　解釈 478-483
　概要 83
　推測統計との違い..........................45-46, 83
　図示手法
　　円グラフ 103
　　折れ線グラフ..............................116-119
　　概要..98-100
　　幹葉図ー...106
　　散布図........................114-116, 177-183
　　度数分布表................................98-100
　　二変量図...113
　　箱ひげ図......................................107-110
　　パレート図................................104-106
　　ヒストグラム............................110-113
　　棒グラフ.....................................100-103
　代表値ー...84-91
　　最頻値..88-91
　　選択の問題...479
　　中央値..88, 89
　　平均...84-91
　散らばりの測定
　　概要...91-92
　　範囲と四分位範囲 92

分散と標準偏差.............................93-97
外れ値..97-98
論文の批判 478-483
基準妥当性（criterion validity）.....................566
期待値（expected value）................................131
規範集団（norm group）................................394
基本線応答変数（baseline response variable）
　..454
帰無仮説（null hypothesis）............................63
偽薬（placebo）..566
偽薬効果（placebo effect）....................455, 566
キャッテル、ジェームズ（Cattell, James）...296
ギャンブル（gambling）............................43-44
キャンベル、ドナルド・T
　（Campbell, Donald T.）..............438, 441, 443
教育統計と心理統計
　（educational and psychological statistics）
　概要 393-394
　項目反応理論......................................411-416
　項目分析..408-411
　古典的試験理論..................................401-402
　試験作成..398-401
　総合テストの信頼性........................402-403
　内部整合性尺度..................................403-407
　パーセンタイル..................................394-396
　偏差値..396-398
共通の問題（common problems in
　presentations）.......................................471-473
　記述統計の解釈..................................478-483
　研究計画での課題..............................476-478
　推測統計検定の不正な使用.............483-484
　統計の誤用..471-473
　論文全体の評価..................................469-470
共分散分析（Analysis of Covariance：
　ANCOVA）..235-241

業務のための統計(business statistics)
　　決定分析..340-345
　　時系列..336-340
　　指数..331-336
　　品質改善..345-352
局所独立(local independence)....................413
寄与リスク(Attributable Risk:AR)....373-374
寄与リスクパーセント
　　(Attributable Risk Percentage:AR%).....374
ギリシャ文字アルファベットの表
　　(Greek alphabet table)..............................563
議論(discussion)..464
偶然誤差(random errors)
　　系統的誤差との違い................................9-10
　　定義...567
偶然正答レベルパラメータ
　　(pseudo-chance-level parameter).............415
偶然測定誤差(random measurement error)
　　..401
偶然の力(power of coincidence).................478
クーダー・リチャードソンの公式
　　(Kuder-Richardson formula)............406, 407
区間推定(interval estimate)...........................66
クック、トーマス・D(Cook, Thomas D.)
　　...438, 441, 443
グッドマン・クラスカルのガンマ
　　(Goodman and Kruskal's gamma)....147-149
組合せ(combination)....................................504
クラスカル＝ウォリスHの検定
　　(Kruskal-Wallis H test).....................321-323
クラスター標本(cluster sample)....................57
クラスター分析(Cluster analysis).......303-307
グラフ表示(graphical presentation)....480-483
グラフ表示のある検定力電卓
　　(graphical power calculator).....................385
クラメールのV(Cramer's V)..............144-145

グループ化された棒グラフ
　　(grouped bar chart)...................................102
グループ分けしたデータ(grouped data)
　　...86-87
グループ分けしたデータの平均
　　(grouped mean)...87
クロス集計表(cross-tabulation)..................370
クロンバックのアルファ係数
　　(Cronbach's alpha)(coefficient alpha)....12
傾向スコア(propensity score)....................439
傾向と外挿(trends and extrapolation).......483
経時的安定性の指標
　　(index of temporal stability).......................11
係数(coefficient)
　　安定度...11, 403
　　決定...189
　　精密度...406
　　等価..12, 403, 405
　　用語...196
系統測定誤差
　　(systematic measurement error).............401
系統的誤差(systematic errors)
　　偶然誤差との違い................................9-10
　　最小化...447
　　定義...567
系統的標本抽出(systematic sampling)....56-58
結果(result)
　　研究論文の批判..470
　　執筆...465
結果と結論(conclusions and results).........470
決定木(decision tree)..................................344
決定係数(coefficient of determination).....189
決定分析(decision analysis)................340-345
研究計画(research design)
　　概要...435
　　仮説検定とデータマイニングの比較........454

観察的研究 439-441
　　研究の分類 436
　　実験研究 446
　　実験データの収集 448-458
　　種類 436
　　準実験研究 441-444
　　遡及的調整 456
　　データの種類 437
　　統計についてのコミュニケーション
　　　　461-468
　　表記法 438
　　ブロック分けとラテン方陣 456
　　分析単位 437
　　優れた計画の要素 446-448
　　盲検法 455
　　問題 476-478
　　要因 436
　　要因計画 436
　　例 458-459
　　研究論文の批判 470
研究論文（research article）
　　記述統計の問題 478-483
　　共通の問題 471-473
　　研究計画での課題 476-478
　　執筆 464-465
　　推測統計検定の不正な使用 483-484
　　統計による調査作業のチェックリスト
　　　　473-475
検出力（power） 567
検出力分析（power analysis） 382-385, 447
検出バイアス（detection bias） 17, 567
限定（restriction） 378
ケンドール、モーリス（Kendall, Maurice）
　　　　148-149
ケンドールのタウ a（Kendall's tau-a） 148

ケンドールのタウ b（Kendall's tau-b）
　　　　148-149
ケンドールのタウ c（Kendall's tau-c） 149
硬貨（coin） 37
梗概（abstract） ....アブストラクトを参照
交互作用（interaction effects） 436
交互作用変数（interaction variable） 567
公式（formula） 22-23
構成概念妥当性（construct validity） 567
後退削除（backward removal） 266, 269-271
項目識別度（item discrimination） 409
項目難易度（item difficulty） 399, 407
項目反応理論（Item Response Theory：IRT）
　　　　411-416
項目分析（item analysis） 408-411
交絡（confounding） 378-382
交絡効果（confounding effect） 235
交絡変数（confounding variable） 567
コーエンのカッパ係数（Cohen's kappa）
　　　　127-129
コードブック（codebook） 421-423
国勢調査（Census） 54
国立標準技術研究所（National Institute of
　　Standards and Technology） 547
誤差得点（error score）
　　真の値 8-10
　　定義 567
ゴセット、ウィリアム・シーリー
　　（Gosset, William Sealy） 161
古典的試験理論（classical test theory）
　　　　401-402
古典的な実験計画
　　（classic experimental design） 436
コホート（cohort） 437, 567
コルモゴルフ＝スミルノフ検定
　　（Kolmogorov-Smirnov test） 71-73

根（root）..492-493

さ行

サーストン、ルイス・レオン
　（Thurstone, Louis Leon）..........................296
再検査信頼性（test-retest reliability）..............11
サイコロ（dice）..37
再試験法（test-retest method）......................403
最小二乗法（Ordinary Least Squares：OLS）
　回帰式...53
サイズに比例した抽出手法（sampling
　proportional to size technique）..................58
最頻値（mode）..88, 567
三角測量（triangulation）.................................13
三元配置 ANOVA（three-way ANOVA）
　..232-235
三重盲検法（triple blind）.......................455, 567
算術規則（arithmetic laws）
　演算順序..489-490
　数直線..488
　絶対値..488-489
算術平均（arithmetic mean）......22, 平均も参照
　式..22
　定義..571
散布図（scatterplot）...............114-116, 177-183
散布図行列（scatterplot matrixes）........177-178
サンプリング（sampling）...............................477
恣意的標本（convenience sample）.................55
志願者バイアス（volunteer bias）............15, 568
志願者標本（volunteer sample）......................55
識別性指標（index of discrimination）.........409
時系列（time series）...............................336-340
試験項目特性曲線
　（Item Characteristic Curve：ICC）..........412
試験再試験信頼性（test-retest reliability）
　...11, 403

試験作成（test construction）.................398-401
試験対策の授業（teaching to the test）........404
試験理論（test theory）...........................401-402
試行（trial）..23
事後検定（post hoc test）........................212-214
事後試験のみの設計（posttest only design）
　..441
事後試験のみ非等価群設計（posttest-only non-
　equivalent groups design）.........................442
自己相関（autocorrelated）............................337
施策時系列（interrupted time series）..........444
事象（event）..24
二乗和（sum of square）.........................186-187
指数（exponent）......................................490-491
指数（index number）....................331-336, 568
指数移動平均（Exponential Moving Average：
　EMA）...339
指数表記（scientific notation）........................27
自然状態（states of nature）...........................341
自然対数（natural logarithms）....................492
シックスシグマ（Six Sigma：6 σ）.....345, 350
実験計画（experimental design）
　概要..435, 446
　仮説検定とデータマイニング................454
　課題..476-478
　観察的研究.....................................439-441
　研究の分類..436
　実験研究..446
　実験データの収集........................448-458
　種類..43
　準実験研究....................................441-444
　遡及的調整..456
　措置レベルを指定する.....................452
　データ型..437
統計についてのコミュニケーション
　..461-468

索引 | 589

　同定 451
　表記法 438
　ブロック分けとラテン方陣 456
　分析単位 437
　盲検法 455
　よい設計の構成要素 446-448
　要因 436
　要因計画 436
　例 458-459
実験計画の設計（designing research studies）
　概要 435
　仮説検定とデータマイニング 454
　課題 476-478
　観察的研究 439-441
　計画の種類 436
　研究の分類 436
　実験研究 446
　実験データの収集 448-458
　準実験研究 441-444
　遡及的調整 456
　データの種類 437
　統計についてのコミュニケーション
　　461-468
　表記法 438
　ブロック分けとラテン方陣 456
　分析単位 437
　盲検法 455
　よい設計の構成要素 446-448
　要因 436
　要因計画 436
　例 458-459
実験単位（experimental unit）
　概要 446
　同定 449-451
実数（real number）..490
質問者バイアス（interviewer bias）................16

四分位範囲（interquartile range）...........92, 568
社会的欲求バイアス（social desirability bias）
　 ....17, 568
シャッフェ検定（Scheffe post hoc test）......213
従属変数（dependent variable）
　定義 568
　独立変数と従属変数 53-54
重大試験（high-stakes test）..........................404
集団準拠（norm-referenced）................394, 399
自由度（degrees of freedom）........................568
シューハート、ウォルター
　（Shewhart, Walter）............................345, 346
周辺値（marginals）..132
周辺度数（marginal frequency）....................370
主効果（main effect）......................................436
主成分分析（Principal Components Analysis：
　PCA）...295, 298, 303
出版バイアス（publication bias）..................475
手法（method）...464
順位和（rank sum）...314
準実験的（quasi-experimental）
　研究 441-444
　研究計画の種類 436
順序尺度データ（ordinal data）
　R × C 表 126
　一致の尺度 127-129
　概要 3-4, 126
　順位和 314
　定義 568
　平均順位 314
順序変数（ordinal variable）....................146-149
　ケンドールのタウ a................................148
　ケンドールのタウ b.........................148-149
　ケンドールのタウ c................................149
　スピアマンの順位相関係数.....................146
　ソマーズの d 係数 149

順列（permutation）..........................27, 504-506
条件付き確率（conditional probability）....31-32
消費者物価指数
　（Consumer Price Index：CPI）.........331, 336
情報（information）..1
情報打ち切り（informative censoring）..........16
情報バイアス（information bias）...........16, 568
症例対照研究（case-control studies）...374, 439
職場（workplace）...................................467-468
真の得点（true score）...................................568
シンプソンのパラドックス
　（Simpson's paradox）.................................156
信頼区間（confidence interval）
　t 検定...167
　　一標本 t 検定...................................163-164
　　概要...66-67
　　研究論文の批判..480
　　独立標本 t 検定..167
　　反復測定 t 検定..170
　　リスク比の信頼区間の計算.....................372
　　割合..385
信頼係数（confidence coefficient）.................66
信頼性（reliability）
　概要...10-12
　妥当性..10-14
　定義...568
信頼性係数（reliability coefficient）..............403
信頼性指数（reliability index）.....................402
心理統計学（psychometrics）........................393
心理統計と教育統計
　（psychological and educational statistics）
　概要...393-394
　項目反応理論.....................................411-416
　項目分析...408-411
　古典的試験理論..................................401-402
　試験作成...398-401

総合テストの信頼性.........................402-403
内部整合性尺度...............................403-407
百分位...394-396
偏差値...396-398
推測統計（inferential statistics）
　p 値...67-68
　Z 統計...68-70
　概要..45-46
　確率分布..46-53
　仮説検定..63
　記述統計量との違い.......................45-46, 83
　信頼区間..66-67
　推測統計検定の不正な使用.............483-484
　中心極限定理......................................58-62
　データ変換...70-74
　独立変数と従属変数.........................53-54
　平均...45
　母集団と標本.....................................54-58
数値データと文字列データ
　（numeric and string data）.........................430
数直線（number line）...................................488
図示手法（graphical method）
　円グラフ...103
　概要..98-100
　幹葉図..106
　度数分布表.......................................98-100
　二変量図
　　折れ線グラフ...............................116-119
　　概要..113
　　散布図.........................114-116, 177-183
　　箱ひげ図.......................................107-110
　　パレート図.................................104-106
　　ヒストグラム...............................110-113
　　棒グラフ.....................................100-103
スタナイン（stanines）..................................397

索引

スピアマン、チャールズ（Spearman, Charles）
....296, 402
スピアマン＝ブラウン公式
（Spearman-Brown prophecy formula）.....405
スピアマンの順位相関係数
（Spearman's rank-order coefficient）........146
スプレッドシート（spreadsheet）.................426
スポーツ・イラストレイテッドのジンクス
（Sports Illustrated jinx）.............................446
成果変数（outcome variable）........................277
正規化標準得点（normal score、normalized scores）..48-49, 396
正規分布（normal distribution）.........47-49, 110
　標準 548-552
制御（control）
　課題 478
　実験計画 451
制御変数（control variable）
　概要 53
　観察的研究 440
　定義 568
整合性（consistency）... 403, 内部整合性も参照
正準相関分析（Canonical Correlation Analysis：CCA）...295
正準判別関数
（canonical discriminant function）............308
生態学（ecology）
　錯誤 437
　妥当性 441
　調査 437
積事象（intersection）
　単純事象 25
　独立事象 33
　非独立事象 33
積率相関係数（product-moment correlation coefficient）...184

絶対値（absolute value）..................488-489, 568
絶対度数（absolute frequency）.......................99
折半法（split-half method）............................405
切片（intercept）...497
線形回帰（linear regression）
　3次回帰モデル 286-289
　概要 197-199
　勝手な曲線適合.................................286-289
　仮定 200-207
　手計算..214-216
線形代数（linear algebra）..............................178
線形判別関数（Linear Discriminant Functions：LDF）...307
先験的仮説（a priori hypothesis）..................569
前進追加（forward entry）..............266, 268-269
選択バイアス（selection bias）................15, 569
相関（correlation）
　概要 175
　可視化ツールとしての散布図..........177-178
　関連性...175-177
　決定係数 189
　相関係数...184-189
　統計的有意性の検定..........................188-189
　偏相関 265
　連続変数間の関係..............................178-183
相関統計量（correlation statistics）.......143-149
想起バイアス（recall bias）......................17, 569
総合指数（composite index）.........................332
総合品質管理（Total Quality Management：TQM）..345
操作化（operationalization）.......................6, 569
相対度数（relative frequency）................99, 102
相対リスク（relative risk）......................370-373
層別標本（stratified sample）...........................57
層別分析（stratified analysis）.......................380

双列相関係数（biserial correlation coefficient）
....410
遡及研究（retrospective study）............437, 570
遡及的調整（retrospective adjustment）......456
属性データ（attribute data）......................... 352
測定（measurement）
　概要 2
　偶然誤差と系統誤差との違い 9-10
　種類 2-7
　信頼性と妥当性 10-14
　内部整合性 403-407
測定誤差（measurement error）..................401
測定バイアス（measurement bias）...........14-17
措置と制御（treatments and control）..........451
ソマーズのd係数（Somers's d）..................149

た行

ダービン＝ワトソン統計量
　（Durbin-Watson statistic）..........................205
第一種過誤（Type I error）
　許容水準 66
　定義 569
大学院成績試験（Graduate Record
　Examination：GRE）..................................296
大規模標本のZ検定（large-sample Z test）
　..140-142
代数（algebra）..178
　概要 492-493
対数（logarithms, log）
　式を解く 494
対数回帰（logistic regression）..............277-283
代替エンドポイント（surrogate endpoint）.....8
代替形式法（alternate form method）..........403
大統領選挙（presidential election）.................19
第二種過誤（Type II error）
　許容水準 66

定義 569
代表値（central tendency）
　概要 84
　記述統計 84-88
　最頻値 88-91
　選択の問題 479
　中央値 88
　平均
　　記述統計 84-88
　　推測統計 45
代表値の測定（measures of central tendency）
　概要 84
　記述統計 84-88
　最頻値 88-91
　選択の問題 479
　中央値 88, 89
　中央値と最頻値との比較 88-91
　平均
　　記述統計 84-88
　　推測統計 45
代表標本（representative sample）...............471
代用測定（proxy measurement）...........6-8, 569
代用評価項目（surrogate endpoint）................8
互いに排反（mutual exclusive）......................26
多項式回帰（polynomial regression）....286-289
多重共線性（multicollinearity）....................249
多重線形回帰（multiple linear regression）
　回帰モデル構築手法........................265-271
　概要 247-248
　各予測変数の結果 255
　仮定 249
　交互作用項の追加 257-258
　相関行列の作成 254
　ダミー変数 262-265
　データの回帰方程式 262
　標準化係数 255

モデル構築の原則 247-248
　　モデルの変数 249-253
多重ロジスティック回帰
　　（multinomial logistic regression）......283-286
妥当性（validity）
　　概要 12
　　信頼性 10-14
　　定義 569
多変量（multivariate）....................................114
段階的手法（stepwise method）
　　概要 265-269
　　後退削除 266, 269-271
　　前進追加 266, 268-269
　　段階的 266
単純移動平均
　　（Simple Moving Average：SMA）.....338-339
単純事象（simple event）..................................24
単純指数（simple index number）................331
単純総合指数（simple composite index）.....332
単純無作為抽出
　　（Simple Random Sampling：SRS）.............56
単盲検法（single blind）........................455, 569
チェックリスト（checklist）...................473-475
中央移動平均
　　（Central Moving Average：CMA）...........339
中央値（median）..................................88, 89, 569
中央値検定（median test）.............................320
中間応答変数
　　（intermediate response variable）..............454
中心極限定理（central limit theorem）......58-62
調査（investigation）
長方形データファイル（rectangular data file）
　　..423-426
直接標準化（direct standardization）.....365-370
直接マッチング（direct matching）..............378
直交座標（rectangular coordinates）............496

直交性（orthogonality）..................................448
散らばり（dispersion, variability）..................67
　　概要 91-92
　　範囲と四分位範囲 92
　　分散と標準偏差 93-97
散らばりの測定（measures of dispersion,
variability, spread）
　　概要 91-92
　　範囲と四分位範囲 92
　　分散と標準偏差 93-97
治療必要数
　　（Number Needed to Treat：NNT）..........374
積み重ね棒グラフ（stacked bar chart）
　　...102, 103
釣り合い（balance）..448
定常データ（stationary data）........................337
データ（data）
　　欠損データ 431-433
　　研究論文の批判 470
　　実験データの収集 448-458
　　種類 2-7
　　情報をデータに変換する 1
　　分析単位 425
データ管理（data management）
　　新しいデータファイルを検査 427-430
　　アプローチ 420-421
　　概要 419-420
　　欠損データ 431-433
　　コードブック 421-423
　　スプレッドシートと
　　　　リレーショナルデータベース 426
　　データ入力ソフト 426
　　プロジェクト 421
　　変数名 429
　　文字列および数値データ 430
　　ユニークな識別子 428

データの種類（data type）..............................437
データベース（database）..............................426
データ変換（data transformation）............70-74
データマイニングと仮説検定
　　（data mining vs. hypothesis testing）........454
デカルト座標（Cartesian coordinates）........496
デミング，W・エドワーズ
　　（Deming, W. Edwards）....................345，352
天井効果（ceiling effect）................................109
点推定（point estimate）...................................66
点双列相関係数（point-biserial correlation
　　coefficient）...................................145-146, 410
電卓（calculator）
　　階乗キー..504
　　科学計算..493
　　グラフ表示のある検定力電卓.................385
統計（statistics）
　　記述統計の解釈..................................478-483
　　共通の問題..471-473
　　研究計画での課題..............................476-478
　　コミュニケーション........................461-468
　　推測統計の不正な利用.....................483-484
　　統計による調査作業のチェックリスト
　　　...473-475
　　統計の誤用...470-471
　　批判..469-470
統計記事の執筆（writing about statistics）
　　一般向けに書く..................................466-467
　　学術論文..464-465
　　記事..464-465
　　記述統計の問題..................................478-483
　　共通の問題..471-473
　　研究計画での課題..............................476-478
　　職場で書く..467-468
　　推測統計検定の不正な利用..............483-484

統計による調査作業のチェックリスト
　　...473-475
『統計でウソをつく法』
　　（How to Lie with Statistics）..............119, 387
統計的回帰（statistical regression）..............443
統計的推定（statistical inference）
　　..83，推測統計も参照
統計的有意性（statistical significance）
　　相関の検定...188-189
　　定義..569
統計についてのコミュニケーション
　　（communicating with statistics）........461-468
統計による調査作業のチェックリスト
　　（checklist for statistics based
　　investigations）.....................................473-475
統計の誤用（misusing statistics）..........470-471
統計パッケージ（statistical package）
　　Excel...526-529
　　Minitab...516-518
　　R言語...525-526
　　SAS...521-525
　　SPSS.......................................73, 518-521
　　概要..515
統計表記表（statistical notation table）
　　...563-566
統計用語（statistical term）....................563-572
統計用語集（glossary of statistical terms）
　　...563-572
等号に関する規則（properties of equality）
　　...493
同時度数（joint frequency）..................132, 370
同時連立方程式（systems of simultaneous
　　equation）..495-496
特異度（specificity）..569
独立試行（independent trial）..........................27

独立標本 t 検定（independent samples t-test）
....164-167, 386
独立変数（independent variable）
 従属変数..53-54
 定義...570
度数分布表（frequency table）
 図示手法..98-100
 利用した計算.....................................85-87
トランプ（playing cards）................................37
トリム平均（trimmed mean）..........................87

な行

ナイチンゲール、フローレンス
 （Nightingale, Florence）............................104
内部整合信頼性
 （internal consistency reliability）................12
内部整合性（internal consistency）..............570
 測定..403-407
内容妥当性（content validity）.................13, 570
生時系列（raw time series）...........................338
二元配置 ANOVA（two-way ANOVA）...228-232
二項分布（binomial distribution）........50-53, 554
二重盲検法（double blind）....................455, 570
二値（binary）
 データ...3
 変数..570
二標本 t 検定（two-sample t-test）
....164-167, 386
二分問題（dichotomous item）.......................399
二変量図（bivariate chart）
 折れ線グラフ..................................116-119
 概要..113
 散布図..114-116
ネピア対数（Napierian logarithms）.............492
ネルソン、ロイド・S（Nelson, Lloyd S.）...351

ネルソンの規則（Nelson quality control rule）
....351
ノンパラメトリック法
 （nonparametric statistics）
 概要..313
 定義..570
 パラメトリック統計.......................70, 313

は行

パーシェ指数（Paasche index）.............334-335
パーセンタイル（percentile）...92, 108, 394-396
パーセント（percentage）...............................387
バートレット検定（Bartlett test）.........171, 297
バイアス（bias）
 学習..457
 検出...17, 567
 最小化..447
 志願者...15, 568
 実験データの収集................................449
 質問者..16
 社会的欲求.....................................17, 568
 出版バイアス..475
 種類..14-17
 情報...16, 568
 選択...15, 569
 想起..17
 想起バイアス..569
 遡及的調整..456
 大統領選挙の予測..................................19
 定義..570
 未回答者...16, 571
背景（background）..464
配分転嫁（imputation）..................................423
箱ひげ図（boxplot）................................107-110
外れ値（outlier）..97-98
パラメータ（parameter）...........................45, 84

パラメトリック統計（parametric statistic）
....70, 313, 472, 570
パレート、ヴィルフレド（Pareto, Vilfredo）
....106
パレート図（Pareto chart）.....................104-106
範囲（range）...570
範囲と四分位範囲
　（range and interquartile range）.................92
反復測定 t 検定（epeated measures t-test）
....168-170
判別関数分析（Discriminant Function
　Analysis：DFA）...........................303, 307-310
比（ratio）
　概要... 359
　定義...571
ピアソンのカイ二乗検定（Pearson's chi-
square test）.....................カイ二乗検定を参照
ピアソンの相関係数
　（Pearson correlation coefficient）
　概要...143, 145, 175
　可視化ツールとしての散布図..........177-178
　関連性..175-177
　決定係数...189
　相関係数..184-189
　統計的有意性の検定..........................188-189
　連続変数間の関係..............................178-183
ピアレビュー（peer review）..................465-466
比較群を持つ事前試験後試験（pretest-
posttest design with comparison group）
....443
非確率標本抽出（nonprobability sampling）
....55-56, 571
被験者間計画（between-subjects design）
....314-323
被験者中心測定
　（subject-centered measurement）..............398

被験者内計画（within-subjects design）
....323-327, 457
比尺度データ（ratio data）
　概要...4-5
　定義...571
ヒストグラム（histogram）....................110-113
百分位（percentile）................................394-396
病因分画（etiologic fraction）........................374
標準化（standardization）........................365-370
標準化死亡比率
　（Standardized Mortality Ratio：SMR）....370
標準化得点（standardized score）..........396-398
標準化罹病比率
　（standardized morbidity ratio）.................369
標準誤差（standard error）....................480, 571
標準正規分布（standard normal distribution）
....47, 548-552
標準偏差（standard deviation）
　正規分布...47-49
　定義...571
　標本..96
　分散..93-97
　母集団..95
標本（sample）
　一標本 t 検定..................................161-164
　関連標本 t 検定..168
　記述統計
　　標準偏差の式...96
　　分散を求める...95
　　母集団...83-84
　　国勢調査...54
　推測統計
　　平均...45
　　母集団..46, 54-58
　　二標本 t 検定..................................164-167
標本空間（sample space）................................23

標本サイズ計算（sample size calculation）
....385-387
標本分布（sampling distribution）..................59
表面的妥当性（face validity）..........................13
比率（rate）
　　粗比率...365
　　概要... 359-362
　　定義...571
品質改善（Quality Improvement：QI）
....345- 352
頻度マッチング（frequency matching）.......378
ファイ係数（phi coefficient）..........144-145, 411
ファンネル・プロット（funnel plot）............475
フィッシャーの正確確率検定
　　（Fisher's Exact Test）..........................137-139
複合試験（composite test）
　　信頼性..402-403
　　得点...399
複合事象（compound event）..........................24
複雑無作為標本（complex random sample）
....57
複数形態の信頼性
　　（multiple-forms reliability）..........................11
複数度数の信頼性
　　（multiple-occasions reliability）..................11
符号検定（sign test）..319
不等分散のt検定
　　（unequal variance t-test）....................170-172
負の識別度（negative discrimination）.........409
不変（invariant）...413
ブラウン・フォーサイス検定
　　（Brown-Forsythe test）...............................170
フリードマン検定（Friedman test）.......325-327
ブロック化（blocking）....................265-267, 456
分割表（contingency table）
　　2×2 表..370

R × C 表..126
文献調査（literature review）.........................464
　　研究論文の批判.................................470
　　執筆...464
分散（variance）
　　式...94
　　推測統計..46
　　定義...571
　　標準偏差..93-97
分散分析（Analysis of Variance：ANOVA）
　　t 検定と一元配置.................................159
　　一元配置.......................................207-212
　　因子...225-245
　　概要... 195, 207
　　仮定の違反...484
　　三元配置.......................................232-235
　　二元配置.......................................228-232
　　ポストホック...............................212-214
分数（fraction）..502-504
分析単位（unit of analysis）...................425, 437
平滑化（smoothing）.......................................338
平均（mean）
　　記述統計..84-88
　　式...22
　　推測統計..45
　　定義...571
　　偏差の合計を求める....................................94
平均回帰（regression to the mean）.............443
平均項目間相関
　　（average inter-item correlation）.................12
平均項目全相関
　　（average item-total correlation）.................12
平均順位（mean rank）...................................314
平行形態の信頼性（parallel-forms reliability）
....11
ベイズ、トーマス（Bayes, Thomas）.............36

ベイズの定理 (Bayes' theorem) 34-36
併並存的妥当性 (concurrent validity) 13
ベーレンズ=フィッシャー問題
　　(Behrens-Fisher problem) 170
ベルヌーイ過程 (Bernoulli process) 50
ベルヌーイ試行 (Bernoulli trial) 50
ベン、ジョン (Venn, John) 24
偏差 (deviation score) 186
　　平均値から偏差の合計を求める 94
ベン図 (Venn diagram) 24
変数名 (variable name) 429
偏相関 (partial correlation) 265
変動 (variation) 347
変動係数 (Coefficient of Variation : CV)
　　...96-97
変動性 (variation) 477
棒グラフ (bar chart) 100-103
方程式 (equation)
　　一次不等式 500
　　一次方程式 196
　　グラフ 496-500
　　線形 496
　　解く 493-496
　　連立方程式 495-496
方程式のグラフ (graphing equations)
　　...496-500
保持因子の決定基準
　　(criterion for factor retention) 297
母集団 (population)
　　記述統計
　　　　標準偏差の公式 95
　　　　標本 83-84
　　　　分散の計算 94
　　　　平均 84-88
　　研究計画での課題 477

推測統計
　　標本 54-58
　　分散 46
　　平均 45
母数 (parameter) 45, 84
ポストホック検定 (post hoc test)
　　...212-214, 571
ホテリングの正準相関分析 (Hotelling's
　　Canonical Correlation Analysis) 295

ま行

マイクロソフト Excel (Microsoft Excel)
　　図示手法 98
　　長方形データファイル 424
　　データ管理 426
　　統計パッケージとして使う 526-529
　　棒グラフ 101
前向きコホート研究
　　(prospective cohort study) 436
マクシミニ手続き (maximin decision making
　　procedure) 343-344, 571
マクスマックス手続き (maximax decision
　　making procedure) 343-344, 571
マクネマーのカイ二乗検定
　　(McNemar's chi-square test) 139-140
正の識別度 (positive discrimination) 409
マッチング (matching) 378
マハラノビス距離 (Mahalanobis distance)
　　..304
マン・ホイットニーの U 検定
　　(Mann-Whitney U test) 319
マンテル=ヘンツェル共通オッズ比 (Mantel-
　　Haenszel common odds ratio) 380-382
マンハッタン距離 (Manhattan distance) 304

未回答者バイアス（nonresponse bias）
....16, 571
ミニマックス手続き（minimax decision making procedure）.....................343-344, 571
ミネソタ多面人格テスト（Minnesota Multiphase Personality Inventory-II：MMPI-II）..397
名義尺度データ（nominal data）
　概要..2-3
　定義...571
メジアン（median）......................中央値を参照
盲検（blinding）...455, 572
モード（mode）...........................最頻値を参照
目標準拠試験（criterion-referenced test）
....399
文字列データと数値データ
（string and numeric data）..........................430
モトローラ（Motorola）..................................345

や行

ユークリッド距離（Euclidean distance）.....304
尤度（likelihood）....................................281, 454
有病頻度（disease frequency）.......................359
有病率（prevalence）........................362-365, 572
床効果（floor effect）..109
ユニークな識別子（unique identifier）
　定義...566
　データ管理..428
要因（factor）..436
要因計画（factorial design）..................436, 572
要素の組合せ（combinations of element）
....28-29
余事象（complement of event）..................25-26
予測（forecasting）...336
予測調査（prospective study）...............436, 572

四分相関係数
（tetrachoric correlation coefficient）........411

ら行

ラグ（lag）...337
ラスパイレス指数（Laspeyres index）...333-334
ラッシュ、ジョージ（Rasch, Georg）...........414
ラッシュモデル（Rasch model）...................414
ラテン方陣（Latin square）............................457
乱塊法（randomized block design）.............457
ランダム化（randomization）........................378
ランダムデジットダイヤリング
（Random-Digit-Dialing：RDD）..................15
ランチャート（run chart）....................346-349
リーベン検定（Levene's test）.......................170
離散データ（discrete data）
　定義...572
　連続データとの違い......................................5
離散分布（discrete distribution）...............50-53
リスク比（risk ratio）...............................370-374
リッカート、レンシス（Likert, Rensis）.......151
リッカート尺度（Likert scale）........19, 150, 572
罹病比率（Incidence Rate：IR）....................363
罹病率（incidence）.........................362-365, 570
罹病率密度（Incidence Density：ID）..........363
両側仮説（two-tailed hypotheses）..................63
リレーショナルデータベース
（relational database）...................................426
理論的な確率分布
（theoretical probability distribution）
　概要..46
　連続分布...46, 47-49
累積度数（cumulative frequency）................100
累積罹病率（Cumulative Incidence：CI）....363
連続データ（continuous data）
　定義...572

離散データとの違い 5
連続変数（continuous variable）............178-183
連立方程式（systems of equation）........495-496
ローリング平均（rolling average）................338
ロジスティック回帰（logistic regression）
....277-283
ロジット成果変数（logit outcome variable）
....277, 283
 2次 286-289
 回帰モデル構築手法 265-271
 概要 247-248
 各予測変数の結果 255
 仮定 249
 仮定の違反 484
 交互作用項の追加 257-258
 相関行列の作成 254
 多項式回帰 286-289
 多重ロジスティック回帰 283-286
 ダミー変数 262-265
 データの回帰方程式 262
 標準化係数 255
 モデル構築の原則 248-249
 モデルの変数 249
ロビンソン、W.S.（Robinson, W.S.）.............437
論文（article）
 記述統計の問題 478-483
 共通の問題 471-473
 研究計画での課題 476-478

 研究論文 464-465
 執筆 464-465
 推測統計検定の不正な使用..............483-484
 統計による調査作業のチェックリスト
473-475
 評価 469-470
論文クラブ（journal club）..........................485
論文誌（journal）
 記述統計の問題 478-483
 共通の問題 471-473
 研究計画での課題 476-478
 執筆 463-466
 推測統計検定の不正な使用..............483-484
 統計による調査作業のチェックリスト
473-475
 ピアレビュー 465-466

わ行

和事象（union）
 互いに排反 32
 互いに排反でない 32
 単純事象 24
割合（proportion）
 概要 359
 公式 359
 大規模標本のZ検定.........................140-142
 定義 572
割り当て抽出（quota sampling）....................55

● 著者紹介

Sarah Boslaugh（サラ・ボスラフ）

ニューヨーク市立大で調査・評価学の PhD を取得。統計アナリストとして 20 年にわたり、ニューヨーク市教育委員会、ニューヨーク市立大学研究所、モンテフィオーリ医療センター、バージニア州社会福祉課、マゼラン健康サービス、ワシントン大学医学部、BJC ヘルスケアをはじめ、さまざまな組織に勤務し、統計の教育を担当。現在はケネソー州立大学で助成および提案申請を担当。著書に、「An Intermediate Guide to SPSS Programming: Using Syntax for Data Management」（SAGE Publications、2004）、「Secondary Data Sources for Public Health」（Cambridge University Press、2007）、「Healthcare Systems Around the World: A Comparative Guide」（SAGE Publications、2013）がある。

● 訳者紹介

黒川 利明（くろかわ としあき）

1972 年、東京大学教養学部基礎科学科卒。東芝㈱、新世代コンピュータ技術開発機構、日本 IBM、㈱CSK（現 SCSK㈱）、金沢工業大学を経て、2013 年よりデザイン思考教育研究所主宰。

過去に文部科学省科学技術政策研究所客員研究官として、ICT 人材育成やビッグデータ、クラウド・コンピューティングに関わり、現在情報規格調査会 SC22 C#、CLI、スクリプト系言語 SG 主査として、C# などの JIS 作成、標準化に携わっている。他に、IEEE SOFTWARE Advisory Board メンバー、規格開発エキスパート、町田市介護予防サポーター、次世代サポーター、カルノ㈱データサイエンティスト、ICES 創立メンバーとして、データサイエンティスト教育、デザイン思考教育、標準化人材育成、地域学習支援活動などに関わる。

著書に、『Service Design and Delivery ― How Design Thinking Can Innovate Business and Add Value to Society』（Business Expert Press）、『クラウド技術とクラウドインフラ ― 黎明期から今後の発展へ』（共立出版）、『情報システム学入門』（牧野書店）、『ソフトウェア入門』（岩波書店）、『渕一博 ― その人とコンピュータ・サイエンス』（近代科学社）など。訳書に『Python によるファイナンス 第 2 版』、『Python 計算機科学新教本 ― 新定番問題を解決する探索アルゴリズム、k 平均法、ニューラルネットワーク』、『Python による Web スクレイピング 第 2 版』、『Modern C++ チャレンジ』、『問題解決の Python プログラミング ― 数学パズルで鍛えるアル

ゴリズム的思考』、『データサイエンスのための統計学入門 — 予測、分類、統計モデリング、統計的機械学習と R プログラミング』、『R ではじめるデータサイエンス』、『Effective Debugging』、『Optimized C++ — 最適化、高速化のためのプログラミングテクニック』、『C クイックリファレンス 第 2 版』、『Python からはじめる数学入門』、『Effective Python — Python プログラムを改良する 59 項目』、『Think Bayes — プログラマのためのベイズ統計入門』（オライリー・ジャパン）、『Python 機械学習 事例とベストプラクティス』、『pandas クックブック — Python によるデータ処理のレシピ』（朝倉書店）、『メタ・マス！』（白揚社）、『セクシーな数学』（岩波書店）、『コンピュータは考える［人工知能の歴史と展望］』（培風館）など。共訳書に『アルゴリズムクイックリファレンス 第 2 版』、『Think Stats 第 2 版 — プログラマのための統計入門』、『統計クイックリファレンス 第 2 版』、『入門データ構造とアルゴリズム』、『プログラミング C# 第 7 版』（オライリー・ジャパン）、『情報検索の基礎』、『Google PageRank の数理』（共立出版）など。

木下 哲也（きのした てつや）
1967 年、川崎市生まれ。早稲田大学理工学部卒業。1991 年、松下電器産業株式会社に入社。全文検索技術とその技術を利用した Web アプリケーション、VoIP によるネットワークシステムなどの研究開発に従事。2000 年に退社し、現在は主に IT 関連の技術書の翻訳、監訳に従事。訳書、監訳書に『Enterprise JavaBeans 3.1 第 6 版』、『大規模 Web アプリケーション開発入門』、『キャパシティプランニング―リソースを最大限に活かすサイト分析・予測・配置』、『XML Hacks』、『Head First デザインパターン』、『Web 解析 Hacks』、『アート・オブ・SQL』、『ネットワークウォリア』、『Head First C#』、『Head First ソフトウェア開発』、『Head First データ解析』、『R クックブック』、『JavaScript クイックリファレンス 第 6 版』、『アート・オブ・R プログラミング』、『入門データ構造とアルゴリズム』、『R クイックリファレンス第 2 版』、『入門 機械学習』、『データサイエンス講義』（以上すべてオライリー・ジャパン）などがある。

中山 智文（なかやま ともふみ）
2014 年 東京理科大学理学部第一部数学科卒業。シリコンバレー留学を経て、現在は東京大学大学院新領域創成科学研究科の博士課程にて機械学習の応用研究に従事。カラクリ株式会社取締役 CTO。

本藤 孝（ほんどう たかし）
アンダーセンコンサルティング（現アクセンチュア）にてIT及びマネージメントコンサルティングに従事。その後、NIFベンチャーズ（現大和企業投資）でヨーロッパ、イスラエルへのベンチャー投資を行う事業部の立ち上げメンバーとして、数々のベンチャー投資を実施。ベンチャーキャピタルのFGCを創設。同社の代表パートナーに就任し、現在は国内外の複数社の取締役も務めている。Eastern Michigan University、BBA in Marketing 卒。同大学、MBA in Finance 修了。

樋口 匠（ひぐち たくみ）
1982年生。2006年ペンシルベニア州立テンプル大学を休学し、株式会社フロントラインにて学習塾の教室長を務める。2012年4月Globable, LLC（合同会社）を設立し代表に就任。企業向けの研修や大学・専門学校向けの講義を提供（www.globable.jp）。他、2012年より算数オリンピックへの作問・解説校正などで関わり、2013年より株式会社公務員試験協会の登録講師として、学生向けの公務員試験・就職対策講座等を担当している。

● カバーの説明

　表紙の動物はヨーロッパケアシガニ（thornback crab、spiny spider crab、学名 Maja squinado、Maja brachydactyla）。クモガニの仲間で大西洋北東部と地中海に生息する。ヨーロッパ最大のカニで、甲長は5〜20センチほど。目の間に角状の2本の突起があり、また甲羅の両脇に6つの突起があるのが特徴。全身は赤みがかっていて、ピンク、茶色、黄色のまだら模様が入る。甲羅の表面は小さな突起で覆われており、英語名の「thornback」（「針の背中」の意味）もここから来ている。

　海岸でも姿を見ることはあるが、水深30〜180メートル付近に多く生息している。普通は単独で行動するが、繁殖期には何万匹と集まり、巨大な集団を形成する。このカニの個体数が多い年は、ロブスター漁用のカゴに群がるので、長年、ロブスター漁師の頭痛の種となっている。このカニ自体も身が美味なので、漁の対象となる。

　オスのはさみは華奢に見えるが実際には非常に強力で、小さなムラサキガイ殻をこじ開け、中身を食べる。また、はさみの関節が柔軟なので、普通甲殻類は甲羅の両脇を持てばはさまれることはないが、このカニの場合は、背中にはさみが届いてしまうので危険だ。オスと比べるとメスのはさみはひと回り小さく、柔軟性にも欠けるので、オスより攻撃に弱い。天敵はロブスターやベラ、イカで、ヨーロッパケアシガニをはじめクモガニの多くの種は、海藻や海綿、藻屑などを体に付着させてカモフラージュし身を守る。

統計クイックリファレンス 第2版

2015年1月22日	初版第1刷発行	
2020年6月11日	初版第2刷発行	
著　　　者	Sarah Boslaugh（サラ・ボスラフ）	
訳　　　者	黒川 利明（くろかわ としあき）、木下 哲也（きのした てつや）	
	中山 智文（なかやま ともふみ）、本藤 孝（ほんどう たかし）	
	樋口 匠（ひぐち たくみ）	
発　行　人	ティム・オライリー	
印　　　刷	日経印刷株式会社	
発　行　所	株式会社オライリー・ジャパン	
	〒160-0002　東京都新宿区四谷坂町12番22号	
	Tel　（03）3356-5227	
	Fax　（03）3356-5263	
	電子メール　japan@oreilly.co.jp	
発　売　元	株式会社オーム社	
	〒101-8460　東京都千代田区神田錦町3-1	
	Tel　（03）3233-0641（代表）	
	Fax　（03）3233-3440	

Printed in Japan（ISBN978-4-87311-710-2）
乱丁、落丁の際はお取り替えいたします。

本書は著作権上の保護を受けています。本書の一部あるいは全部について、株式会社オライリー・ジャパンから文書による許諾を得ずに、いかなる方法においても無断で複写、複製することは禁じられています。